建设工程监理知识问答

李明安　编著

中国建筑工业出版社

图书在版编目（CIP）数据

建设工程监理知识问答/李明安编著.—北京：中国建筑
工业出版社，2014.7
ISBN 978-7-112-17091-3

Ⅰ.①建… Ⅱ.①李… Ⅲ.①建设工程-监理工作-问题
解答 Ⅳ.①TU712-44

中国版本图书馆 CIP 数据核字(2014)第 152222 号

本书以新修订的《建设工程监理规范》GB/T 50319—2013、《建筑工程施工质量验收统一标准》GB 50300—2013、《建设工程监理合同（示范文本）》GF-2012-0202 以及修订和完善的有关工程建设的法律法规规章、各专业质量验收规范等为依据，采用问答的形式，简明扼要地介绍了建设工程监理的工作内容、程序、方法和措施。尤其用了大量篇幅介绍了建筑结构工程、设备安装工程、建筑节能与绿色施工以及市政公用工程等专业基础知识。全书共 8 章，共编写 750 道题，具有很强的系统性和可操作性，专业基础知识全面，可作为建设工程监理人员业务培训教材以及现场监理人员工作指导用书，也可作为相关专业人士学习、应用的参考书。

* * *

责任编辑：郦锁林　赵晓菲
责任设计：陈　旭
责任校对：张　颖　赵　颖

建设工程监理知识问答
李明安　编著

*

中国建筑工业出版社出版、发行（北京西郊百万庄）
各地新华书店、建筑书店经销
北京红光制版公司制版
北京云浩印刷有限责任公司印刷

*

开本：787×1092 毫米　1/16　印张：28½　字数：712 千字
2014 年 7 月第一版　2016 年 9 月第五次印刷
定价：**72.00** 元
ISBN 978-7-112-17091-3
（25877）

前　言

为了进一步提高建设工程监理人员的水平，满足建设工程监理人员教育培训的要求，应重庆市建设监理协会邀请，编者以新修订的《建设工程监理规范》GB/T 50319—2013、《建筑工程施工质量验收统一标准》GB 50300—2013、《建设工程监理合同（示范文本）》GF-2012-0202以及修订和完善的有关工程建设的法律法规规章、各专业施工质量验收规范为依据，采用问答的形式，简明扼要地介绍了建设工程监理的工作内容、程序、方法和措施。尤其用了大量篇幅介绍了建筑结构工程、设备安装工程、建筑节能与绿色施工以及市政公用工程等专业基础知识，内容丰富，专业深度适中，使监理人员易读、易懂、易掌握，并方便监理人员在工作过程中使用、查阅、学习。

全书共8章，第1章建设工程监理基本知识与相关法规规章，第2章建设工程合同管理，第3章建设工程质量、造价和进度控制，第4章建设工程安全生产管理的监理工作，第5章建筑结构工程，第6章建筑设备安装工程，第7章建筑节能与绿色施工，第8章市政公用工程，共编写750道题，具有很强的系统性和可操作性，专业基础知识全面，可作为建设工程监理人员业务培训教材以及现场监理人员工作指导用书，也可作为相关专业人士学习、应用的参考书。

本书由李明安教授级高级工程师编著，重庆市建设监理协会陈东光副会长、史红秘书长、重庆大学教授许远明审定。编写过程中，编者参阅并引用了部分著作及各专业验收规范、标准，在此对相关著作的作者深表谢意。

限于编写时间短、要求知识面广以及编者水平、阅历，本书难免有不足之处，恳请广大读者和专家批评指正。

李明安

2014 年 5 月 20 日

3

目　　录

第1章　建设工程监理基本知识与相关法规规章

本章依据《建设工程监理规范》GB/T 50319—2013 及工程建设的相关法规规章，介绍了建设工程监理的工作依据、内容、方法、监理人员的工作职责以及建设工程监理的相关规定。共编写 38 道题。

第1节　建设工程监理基本知识

1001　什么是建设工程监理？

答：依据《建设工程监理规范》GB/T 50319—2013，建设工程监理是指工程监理单位受建设单位委托，根据法律法规、工程建设标准、勘察设计文件及合同，在施工阶段对建设工程质量、造价、进度进行控制，对合同、信息进行管理，对工程建设相关方的关系进行协调，并履行建设工程安全生产管理法定职责的服务活动。

1002　实施建设工程监理应遵循哪些主要依据？

答：依据《建设工程监理规范》GB/T 50319—2013，实施建设工程监理应遵循下列主要依据：

（1）建设工程相关法律、法规及工程建设标准。

（2）建设工程勘察设计文件。

（3）建设工程监理合同及其他合同文件。

1003　建设工程监理工作主要包括哪些内容？

答：依据《建设工程监理合同（示范文本）》GF-2012-0202，除专用条件另有约定外，监理工作内容主要包括：

（1）收到工程设计文件后编制监理规划，并在第一次工地会议 7 天前报建设单位。根据有关规定和监理工作需要，编制监理实施细则。

（2）熟悉工程设计文件，并参加由建设单位主持的图纸会审和设计交底会议。

（3）参加由建设单位主持的第一次工地会议；主持监理例会并根据工程需要主持或参加专题会议。

（4）审查施工单位提交的施工组织设计，重点审查其中的质量安全技术措施、专项施工方案与工程建设强制性标准的符合性。

（5）检查施工单位工程质量、安全生产管理制度及组织机构和人员资格。

（6）检查施工单位专职安全生产管理人员的配备情况。

（7）审查施工单位提交的施工进度计划，核查施工单位对施工进度计划的调整。

（8）检查施工单位为工程提供服务的试验室。

（9）审核施工分包单位资质条件。

（10）查验施工单位的施工测量放线成果。

（11）审查工程开工条件，对条件具备的签发开工令。

（12）审查施工单位报送的工程材料、构配件、设备质量证明文件的有效性和符合性，并按规定对用于工程的材料采取平行检验或见证取样方式进行抽检。

（13）审核施工单位提交的工程款支付申请，签发工程款支付证书，并报建设单位审核、批准。

（14）在巡视、旁站和检验过程中，发现工程质量、施工安全存在事故隐患的，要求施工单位整改并报建设单位。

（15）经建设单位同意，签发工程暂停令和工程复工令。

（16）审查施工单位提交的采用新材料、新工艺、新技术、新设备的论证材料及相关验收标准。

（17）验收隐蔽工程、分项工程、分部工程。

（18）审查施工单位提交的工程变更申请，协调处理施工进度调整、费用索赔、合同争议等事项。

（19）审查施工单位提交的竣工验收申请，编写工程质量评估报告。

（20）参加工程竣工验收，签署竣工验收意见。

（21）审查施工单位提交的竣工结算申请并报建设单位。

（22）编制、整理工程监理归档文件并报建设单位。

1004 项目监理机构由哪些人员组成？

答：依据《建设工程监理规范》GB/T 50319—2013，项目监理机构的监理人员应由总监理工程师、专业监理工程师和监理员组成，且专业配套、数量应满足建设工程监理工作需要，必要时可设总监理工程师代表。

（1）总监理工程师是指由工程监理单位法定代表人书面任命，负责履行建设工程监理合同、主持项目监理机构工作的注册监理工程师。

（2）总监理工程师代表是指经工程监理单位法定代表人同意，由总监理工程师书面授权，代表总监理工程师行使其部分职责和权力，具有工程类注册执业资格或具有中级及以上专业技术职称、3年及以上工程实践经验并经监理业务培训的人员。

（3）专业监理工程师是指由总监理工程师授权，负责实施某一专业或某一岗位的监理工作，有相应监理文件签发权，具有工程类注册执业资格或具有中级及以上专业技术职称、2年及以上工程实践经验并经监理业务培训的人员。

（4）监理员是指从事具体监理工作，具有中专及以上学历并经过监理业务培训的人员。

1005 什么情形项目监理机构可设置总监理工程师代表？

答：依据《建设工程监理规范》GB/T 50319—2013，下列情形项目监理机构可设置总监理工程师代表：

（1）工程规模较大、专业较复杂，总监理工程师难以处理多个专业工程时，可按专业设置总监理工程师代表。

（2）一个建设工程监理合同中包含多个相对独立的施工合同，可按施工合同段设置总监理工程师代表。

（3）工程规模较大、地域比较分散，可按工程地域设置总监理工程师代表。

1006　总监理工程师应履行哪些职责？

答： 依据《建设工程监理规范》GB/T 50319—2013，总监理工程师应履行下列职责：

（1）确定项目监理机构人员及其岗位职责。

（2）组织编制监理规划，审批监理实施细则。

（3）根据工程进展及监理工作情况调配监理人员，检查监理人员工作。

（4）组织召开监理例会。

（5）组织审核分包单位资格。

（6）组织审查施工组织设计、（专项）施工方案。

（7）审查工程开复工报审表，签发工程开工令、暂停令和复工令。

（8）组织检查施工单位现场质量、安全生产管理体系的建立及运行情况。

（9）组织审核施工单位的付款申请，签发工程款支付证书，组织审核竣工结算。

（10）组织审查和处理工程变更。

（11）调解建设单位与施工单位的合同争议，处理工程索赔。

（12）组织验收分部工程，组织审查单位工程质量检验资料。

（13）审查施工单位的竣工申请，组织工程竣工预验收，组织编写工程质量评估报告，参与工程竣工验收。

（14）参与或配合工程质量、安全事故的调查和处理。

（15）组织编写监理月报、监理工作总结，组织整理监理文件资料。

1007　总监理工程师不得将哪些工作委托给总监理工程师代表？

答： 依据《建设工程监理规范》GB/T 50319—2013，总监理工程师不得将下列工作委托给总监理工程师代表：

（1）组织编制监理规划，审批监理实施细则。

（2）根据工程进展及监理工作情况调配监理人员。

（3）组织审查施工组织设计、（专项）施工方案。

（4）签发工程开工令、暂停令和复工令。

（5）签发工程款支付证书，组织审核竣工结算。

（6）调解建设单位与施工单位的合同争议，处理工程索赔。

（7）审查施工单位的竣工申请，组织工程竣工预验收，组织编写工程质量评估报告，参与工程竣工验收。

（8）参与或配合工程质量、安全事故的调查和处理。

1008 专业监理工程师应履行哪些职责？

答： 依据《建设工程监理规范》GB/T 50319—2013，专业监理工程师应履行下列职责：

(1) 参与编制监理规划，负责编制监理实施细则。

(2) 审查施工单位提交的涉及本专业的报审文件，并向总监理工程师报告。

(3) 参与审核分包单位资格。

(4) 指导、检查监理员工作，定期向总监理工程师报告本专业监理工作实施情况。

(5) 检查进场的工程材料、构配件和设备的质量。

(6) 验收检验批、隐蔽工程、分项工程，参与验收分部工程。

(7) 处置发现的质量问题和安全事故隐患。

(8) 进行工程计量。

(9) 参与工程变更的审查和处理。

(10) 组织编写监理日志，参与编写监理月报。

(11) 收集、汇总、参与整理监理文件资料。

(12) 参与工程竣工预验收和竣工验收。

1009 监理员应履行哪些职责？

答： 依据《建设工程监理规范》GB/T 50319—2013，监理员应履行下列职责：

(1) 检查施工单位投入工程的人力、主要设备的使用及运行状况。

(2) 进行见证取样。

(3) 复核工程计量有关数据。

(4) 检查工序施工结果。

(5) 发现施工作业中的问题，及时指出并向专业监理工程师报告。

1010 建设工程监理包括哪些主要工作制度？

答： 根据工程特点，建设工程监理主要工作制度包括：

(1) 审查复核制度

①总监理工程师应及时组织专业监理工程师对施工组织设计、（专项）施工方案进行审查，需要修改的，由总监理工程师签发书面意见，施工单位修改后重新报审。符合要求的，由总监理工程师签认。

②审查施工单位现场的质量、安全生产管理组织机构、管理制度、安全生产许可证、专职安全生产管理人员和特种作业人员的资格。

③审核分包单位资质以及检查为工程提供服务的试验室。

④核查施工机械和设施的安全许可验收手续。

⑤检查、复核施工单位报送的施工控制测量成果及保护措施。

⑥审查施工单位报送的工程开工报审表及有关资料，具备开工条件的，由总监理工程师签署审核意见，报建设单位批准后，签发工程开工令。

(2) 整改制度

①监理通知单。项目监理机构发现施工存在质量问题或安全事故隐患的，应及时签发监理通知单，要求施工单位整改。整改完毕后，应根据施工单位报送的监理通知回复单对整改情况进行复查，提出复查意见。

②工程暂停令。项目监理机构发现施工存在重大质量、安全事故隐患，或发生质量、安全事故的，总监理工程师应及时签发工程暂停令，暂停部分或全部在施工程的施工，责令施工单位限期整改，施工单位拒不整改或不停止施工的，项目监理机构应及时向有关主管部门报送监理报告。

（3）监理会议制度

①第一次工地会议：工程开工前，由建设单位主持召开，参加会议的人员应包括：建设单位驻现场代表、项目监理机构人员、施工单位项目经理及相关人员。必要时，可邀请设计单位相关人员和与工程建设有关的其他单位人员参加。

②监理交底会议：工程开工前，由总监理工程师主持，会议的中心内容是贯彻项目监理规划，介绍监理工作内容、程序和方法，提出监理资料报审及管理要求。参加会议的人员应包括：项目监理机构人员、施工单位项目经理及相关人员，必要时，可邀请建设单位及相关人员参加。监理交底会议也可与首次监理例会合并召开。

③监理例会：每周定期召开一次，由总监理工程师或其授权的专业监理工程师主持，建设单位驻现场代表、项目监理机构人员、施工单位项目经理及相关人员参加。必要时，可邀请设计单位相关人员和与工程建设有关的其他单位人员参加。

④监理专题会议：根据工程需要，不定期召开，由总监理工程师或其授权的专业监理工程师主持或参加，建设单位、施工单位、项目监理机构相关人员参加，解决工程监理过程中的工程专项问题。

⑤监理工作会议：每月一次，由总监理工程师主持，项目监理机构全体人员参加。主要分析总结项目监理机构的工作情况，针对存在的问题，提出具体整改措施。

（4）巡视检查与验收制度

①项目监理机构应安排监理人员对工程施工质量以及施工现场安全防护情况进行巡视检查，并做好巡视检查记录。发现质量问题或安全事故隐患时，按其严重程度及时向施工单位发出相应的监理指令，责令其消除质量问题或安全事故隐患。

②项目监理机构应安排监理人员参加施工单位每周组织施工现场的安全防护、临时用电、起重机械、脚手架、消防设施等安全检查。

③项目监理机构应组织相关单位进行有针对性的质量问题、安全事故隐患专项检查，每月应不少于1次，并提出检查意见。

④项目监理机构应巡视检查危险性较大的分部分项工程专项施工方案实施情况。发现未按专项施工方案实施的，应签发监理通知单，要求施工单位按专项施工方案实施。

⑤项目监理机构应查验施工单位报送的用于工程的材料、构配件和设备的质量证明文件，并应按有关规定、建设工程监理合同约定，对用于工程的材料进行见证取样、平行检验。

⑥项目监理机构应对施工单位报验的隐蔽工程、检验批、分项工程和分部工程进行验收，对验收合格的应给予签认；对验收不合格的应拒绝签认，同时应要求施工单位在指定的时间内整改并重新报验。

（5）监理日志与日记制度

①项目监理日志，应由总监理工程师根据工程实际情况指定一名专业监理工程师每日对监理工作及工程施工进展情况进行详细记录。

②监理日记，项目监理机构所有监理人员每日应对自己所进行的监理工作及本专业工程施工进展情况进行详细记录。

③监理日志记录人员应字迹清晰、工整、数字准确、用语规范、内容严谨；记录内容必须真实、齐全；应反映工程监理活动的具体内容及其深度，体现时间、地点、相关人员以及事情的起因、经过和结果。

④总监理工程师应定期审阅监理日志、监理日记，全面了解监理工作情况，审阅后应予以签认。

（6）监理工作报告制度

①监理员发现施工存在质量问题或安全事故隐患时，应及时向专业监理工程师或总监理工程师报告；专业监理工程师发现施工存在重大质量问题或安全事故隐患时，应及时向总监理工程师报告；总监理工程师应及时向建设单位和工程监理单位报告，必要时应向有关主管部门报告。

②项目监理机构每月应向建设单位、工程监理单位报送上月监理工作月报。必要时，将安全生产管理的监理工作报告报送政府有关主管部门。

③总监理工程师应定期或不定期向工程监理单位汇报项目监理机构监理工作情况。

④专题工作报告，针对监理工作范围内工程专项问题，项目监理机构以书面形式报送建设单位。

（7）事故报告制度

①事故发生后，事故现场监理人员应当立即向总监理工程师报告。

②总监理工程师应立即向建设单位和工程监理单位报告，并签发工程暂停令，暂停部分或全部在施工程的施工，同时，应要求施工单位采取有效措施，抢救伤员并保护事故现场，防止事故扩大。

③总监理工程师应要求施工单位按事故等级及报告程序向有关主管部门报告。

④总监理工程师应根据事故发展情况，及时向工程监理单位通报事故情况。

（8）资料管理与归档制度

①总监理工程师应指定一名监理人员负责建设工程监理文件资料的收集、整理、传递和归档。

②项目监理机构应采用计算机技术进行监理文件资料管理，实现监理文件资料管理的科学化、标准化、程序化和规范化。

③专业监理工程师应及时整理和签认用于工程的材料、构配件和设备的质量验收资料，以及隐蔽工程、检验批、分项工程和分部工程的验收资料。

④项目监理机构应及时整理、汇总、组卷和归档监理文件资料，按规定向建设单位移交需要归档的监理文件资料，并办理移交手续。

（9）教育培训制度

①项目监理机构应定期或不定期组织相关监理人员学习有关建设工程的法律法规、规范、规程和技术标准。参加有关主管部门和工程监理单位组织的建设工程监理继续教育和

专业技术培训。

②项目监理机构应根据需要，组织相关监理人员进行监理工作经验交流和总结。

（10）监理人员管理制度

①认真学习、贯彻国家有关建设工程监理的法律法规。公平、独立、诚信、科学地开展建设工程监理与相关服务活动。

②严格按照法律法规、标准、工程设计文件、建设工程有关合同文件实施监理，保护建设单位利益，公平合理地处理相关方事宜。

③发扬严肃认真、科学求实的工作作风，尊重客观事实，准确反映工程建设情况。

④遵守职业道德，树立监理人员的良好形象。不得接收施工单位的任何礼金，不得以个人名义，利用监理工作之便，为施工单位招揽业务。对建设单位有关技术文件资料，按规定保守机密，不得泄露。

⑤努力钻研业务，不断更新知识、提高监理业务水平和工作能力。树立团队精神，履行监理职责，圆满完成建设工程监理合同约定的工作内容。

1011 建设工程监理有哪些主要工作方法？

答：建设工程监理主要工作方法有：审查、巡视、监理指令、监理报告、量测、旁站、见证取样、验收和平行检验等。

（1）审查：工程实施过程中，项目监理机构应依据有关工程建设法律、法规、规范、规程及技术标准、工程设计文件、工程建设合同等对施工单位报送的有关工程建设的技术文件、报审或报验的相关资料等进行审查。审查可分为程序性与实质性审查。

（2）巡视：项目监理机构对施工现场进行的定期或不定期的检查活动。

（3）监理指令：监理指令可分为口头指令、工作联系单、监理通知单、工程暂停令等。

（4）监理报告：项目监理机构采用监理报告向建设单位或有关主管部门报告监理工作情况。

（5）量测：项目监理机构对工程实体或工程量通过工具进行计量、测量等取得数据。

（6）旁站：项目监理机构对工程关键部位或关键工序的施工质量进行的监督活动。

（7）见证取样：项目监理机构对施工单位进行的涉及结构安全的试块、试件及工程材料现场取样、封样、送检工作的监督活动。

（8）验收：工程施工质量在施工单位自行检查合格的基础上，由工程施工质量验收责任方组织，工程建设相关单位参加，对检验批、分项、分部、单位工程及其隐蔽工程的质量进行抽样检验，对技术文件进行审核，并根据设计文件和相关标准以书面形式对工程施工质量是否达到合格做出确认。

（9）平行检验：项目监理机构在施工单位自检的同时，按有关规定、建设工程监理合同约定对同一检验项目进行的检测试验活动。

1012 建设工程监理规划编制依据有哪些？

答：依据《建设工程监理规范》GB/T 50319—2013，监理规划编制依据有：

（1）建设工程法律、法规及工程建设标准。

（2）建设工程勘察设计文件。

（3）建设工程监理合同及其他合同文件。

（4）其他有关文件资料。

1013 建设工程监理规划编审应遵循哪些程序？

答：依据《建设工程监理规范》GB/T 50319—2013，监理规划编审应遵循下列程序：

（1）总监理工程师组织专业监理工程师编制

①监理规划应针对建设工程实际情况进行编制，应在签订建设工程监理合同及收到工程设计文件后由总监理工程师组织编制。

②总监理工程师主持召开监理规划编制会议，确定参与编制的各专业负责人及专业监理工程师，布置编制任务和要求，明确编制工作职责，确定编制进度。

③各专业监理工程师收集相关资料后按要求进行编写。

（2）总监理工程师签认后由工程监理单位技术负责人审批

①监理规划编写完后，总监理工程师签字并报送监理单位技术负责人审批。

②监理单位技术负责人组织相关专业的专家对监理规划的完整性、深度、主要控制措施和方法、工作流程、工作制度、各专业之间接口等进行审核，符合要求后，由监理单位技术负责人审批签认，并加盖监理单位印章。

③监理规划应在召开第一次工地会议前报送建设单位。

（3）在实施建设工程监理过程中，实际情况或条件发生变化而需要调整监理规划时，应由总监理工程师组织专业监理工程师修改，并应经工程监理单位技术负责人批准后报建设单位。

1014 建设工程监理规划应包括哪些主要内容？

答：依据《建设工程监理规范》GB/T 50319—2013，监理规划是项目监理机构全面开展建设工程监理工作的指导性文件，应包括下列主要内容：

（1）工程概况。

（2）工程参建单位（监理规范无此款，建议编制时增加）。

（3）监理工作的范围、内容和目标。

（4）监理工作依据。

（5）监理组织形式、人员配备及进退场计划、监理人员岗位职责。

（6）监理工作制度。

（7）工程质量控制。

（8）工程造价控制。

（9）工程进度控制。

（10）安全生产管理的监理工作。

（11）合同与信息管理。

（12）组织协调。

（13）旁站监理（监理规范无此款，建议编制时增加）。

（14）监理实施细则编制计划（监理规范无此款，建议编制时增加）。

（15）监理工作设施。

1015　建设工程监理实施细则编制依据有哪些？

答：依据《建设工程监理规范》GB/T 50319—2013，监理实施细则编制依据有：
（1）监理规划。
（2）工程建设标准、工程设计文件。
（3）施工组织设计、（专项）施工方案。

1016　建设工程监理实施细则编审应遵循哪些程序？

答：依据《建设工程监理规范》GB/T 50319—2013，监理实施细则编审应遵循下列程序：
（1）各专业监理工程师应组织本专业监理人员进行编制
①各专业监理工程师应根据监理规划列出的编制监理实施细则计划目录，在相应工程施工开始前，按要求组织本专业监理人员召开监理实施细则编写会议，布置编写任务和分工，明确编写工作职责，确定编写进度。
②各专业监理工程师组织相关监理人员收集资料、讨论并按要求进行编写。
（2）监理实施细则编写完成后应报总监理工程师审批。

1017　建设工程监理实施细则应包括哪些主要内容？

答：依据《建设工程监理规范》GB/T 50319—2013，监理实施细则是针对某一专业或某一方面建设工程监理工作的操作性文件，应包括下列主要内容：
（1）专业工程特点。
（2）监理工作流程。
（3）监理工作要点。
（4）监理工作方法及措施。

1018　什么情形应编制监理实施细则？编制时间有何要求？

答：依据《建设工程监理规范》GB/T 50319—2013，对专业性较强、危险性较大的分部分项工程，项目监理机构应编制监理实施细则。

监理实施细则可随工程进展编制，应在相应工程施工开始编制完成，前由专业监理工程师编制，并报总监理工程师审批后实施。在实施建设工程监理过程中，监理实施细则可根据实际情况进行补充、修改，并应经总监理工程师批准后实施。

1019　监理日志应包括哪些主要内容？

答：依据《建设工程监理规范》GB/T 50319—2013，监理日志是项目监理机构每日对建设工程监理工作及施工进展情况所做的记录，应包括下列主要内容：
（1）天气和施工环境情况。
（2）当日施工进展情况。
（3）当日监理工作情况，包括旁站、巡视、见证取样、平行检验等情况。

（4）当日存在的问题及处理情况。

（5）其他有关事项。

1020 监理月报应包括哪些主要内容？

答： 依据《建设工程监理规范》GB/T 50319—2013，监理月报是项目监理机构每月向建设单位、监理单位提交的建设工程监理工作及建设工程实施情况等分析总结报告。监理月报应包括下列主要内容：

（1）本月工程实施情况。

（2）本月监理工作情况。

（3）本月施工中存在的问题及处理情况。

（4）下月监理工作重点。

1021 工程质量评估报告应包括哪些主要内容？

答： 依据《建设工程监理规范》GB/T 50319—2013，单位工程竣工预验收合格后，总监理工程师应向建设单位提交工程质量评估报告。工程质量评估报告应包括下列主要内容：

（1）工程概况。

（2）工程各参建单位。

（3）工程质量验收情况。

（4）工程质量事故及其处理情况。

（5）竣工资料审查情况。

（6）工程质量评估结论。

1022 监理工作总结应包括哪些主要内容？

答： 依据《建设工程监理规范》GB/T 50319—2013，当监理工作结束时，项目监理机构应向建设单位、监理单位提交监理工作总结。监理工作总结应包括下列主要内容：

（1）工程概况。

（2）项目监理机构。

（3）建设工程监理合同履行情况。

（4）监理工作成效。

（5）监理工作中发现的问题及其处理情况。

（6）说明和建议。

1023 监理文件资料应包括哪些主要内容？

答： 依据《建设工程监理规范》GB/T 50319—2013，监理文件资料应包括下列主要内容：

（1）勘察设计文件、建设工程监理合同及其他合同文件。

（2）监理规划、监理实施细则。

（3）设计交底和图纸会审会议纪要。

（4）施工组织设计、（专项）施工方案、施工进度计划报审文件资料。

（5）分包单位资格报审文件资料。

（6）施工控制测量成果报验文件资料。

（7）总监理工程师任命书，工程开工令、暂停令、复工令，工程开工、复工报审文件资料。

（8）工程材料、构配件、设备报验文件资料。

（9）见证取样和平行检验文件资料。

（10）工程质量检查报验资料及工程有关验收资料。

（11）工程变更、费用索赔及工程延期文件资料。

（12）工程计量、工程款支付文件资料。

（13）监理通知单、工作联系单与监理报告。

（14）第一次工地会议、监理例会、专题会议等会议纪要。

（15）监理月报、监理日志、旁站记录。

（16）工程质量或生产安全事故处理文件资料。

（17）工程质量评估报告及竣工验收监理文件资料。

（18）监理工作总结。

1024　什么是建设工程相关服务？

答： 依据《建设工程监理规范》GB/T 50319—2013，建设工程相关服务是指工程监理单位受建设单位委托，按照建设工程监理合同约定，在建设工程勘察、设计、保修等阶段提供的服务活动。

1025　工程勘察设计阶段服务包括哪些主要工作？

答： 依据《建设工程监理规范》GB/T 50319—2013，通常情况，监理单位受建设单位的委托，在工程勘察设计阶段的服务包括下列主要工作：

（1）工程监理单位应协助建设单位编制工程勘察设计任务书和选择工程勘察设计单位，并应协助签订工程勘察设计合同。

（2）工程监理单位应审查勘察单位提交的勘察方案，提出审查意见，并应报建设单位。变更勘察方案时，应按原程序重新审查。

（3）工程监理单位应检查勘察现场及室内试验主要岗位操作人员的资格，及所使用设备、仪器计量的检定情况。

（4）工程监理单位应检查勘察进度计划执行情况、督促勘察单位完成勘察合同约定的工作内容、审核勘察单位提交的勘察费用支付申请表，以及签发勘察费用支付证书，并应报建设单位。

（5）工程监理单位应检查勘察单位执行勘察方案的情况，对重要点位的勘探与测试应进行现场检查。

（6）工程监理单位应审查勘察单位提交的勘察成果报告，并应向建设单位提交勘察成果评估报告，同时应参与勘察成果验收。

勘察成果评估报告应包括下列内容：

①勘察工作概况。

②勘察报告编制深度、与勘察标准的符合情况。

③勘察任务书的完成情况。

④存在问题及建议。

⑤评估结论。

（7）工程监理单位应依据设计合同及项目总体计划要求审查各专业、各阶段设计进度计划。

（8）工程监理单位应检查设计进度计划执行情况、督促设计单位完成设计合同约定的工作内容、审核设计单位提交的设计费用支付申请表，以及签认设计费用支付证书，并应报建设单位。

（9）工程监理单位应审查设计单位提交的设计成果，并应提出评估报告。评估报告应包括下列主要内容：

①设计工作概况。

②设计深度、与设计标准的符合情况。

③设计任务书的完成情况。

④有关部门审查意见的落实情况。

⑤存在的问题及建议。

（10）工程监理单位应审查设计单位提出的新材料、新工艺、新技术、新设备在相关部门的备案情况。必要时应协助建设单位组织专家评审。

（11）工程监理单位应审查设计单位提出的设计概算、施工图预算，提出审查意见，并应报建设单位。

（12）工程监理单位应分析可能发生索赔的原因，并应制定防范对策。

（13）工程监理单位应协助建设单位组织专家对设计成果进行评审。

（14）工程监理单位可协助建设单位向政府有关部门报审有关工程设计文件，并应根据审批意见，督促设计单位予以完善。

（15）工程监理单位应根据勘察设计合同，协调处理勘察设计延期、费用索赔等事宜。

1026 工程保修期阶段服务包括哪些主要工作？

答：依据《建设工程监理规范》GB/T 50319—2013，通常情况，监理单位受建设单位的委托，在工程保修期阶段的服务包括下列主要工作：

（1）承担工程保修阶段的服务工作时，工程监理单位应定期进行回访。

（2）对建设单位或使用单位提出的工程质量缺陷，工程监理单位应安排监理人员进行检查和记录，并应要求施工单位予以修复，同时应监督实施，合格后应予以签认。

（3）工程监理单位应对工程质量缺陷原因进行调查，并应与建设单位、施工单位协商确定责任归属。对非施工单位原因造成的工程质量缺陷，应核实施工单位申报的修复工程费用，并应签认工程款支付证书，同时应报建设单位。

1027 设备采购监理工作应包括哪些主要内容？

答：依据《建设工程监理规范》GB/T 50319—2013，设备采购监理工作应包括下列主要内容：

（1）项目监理机构应编制设备采购工作计划，并应协助建设单位编制设备采购方案。

（2）采用招标方式进行设备采购时，项目监理机构应协助建设单位按有关规定组织设备采购招标。采用其他方式进行设备采购时，项目监理机构应协助建设单位进行询价。

（3）项目监理机构应协助建设单位进行设备采购合同谈判，并应协助签订设备采购合同。

（4）设备采购文件资料应包括下列主要内容：

①建设工程监理合同及设备采购合同。

②设备采购招投标文件。

③工程设计文件和图纸。

④市场调查、考察报告。

⑤设备采购方案。

⑥设备采购工作总结。

1028　设备监造工作应包括哪些主要内容？

答：依据《建设工程监理规范》GB/T 50319—2013，设备监造工作应包括下列主要内容：

（1）项目监理机构应编制设备监造工作计划，并应协助建设单位编制设备监造方案。

（2）项目监理机构应检查设备制造单位的质量管理体系，并应审查设备制造单位报送的设备制造生产计划和工艺方案。

（3）项目监理机构应审查设备制造的检验计划和检验要求，并应确认各阶段的检验时间、内容、方法、标准，以及检测手段、检测设备和仪器。

（4）专业监理工程师应审查设备制造的原材料、外购配套件、元器件、标准件以及坯料的质量证明文件及检验报告，并应审查设备制造单位提交的报验资料，符合规定时应予以签认。

（5）项目监理机构应对设备制造过程进行监督和检查，对主要及关键零部件的制造工序应进行抽检。

（6）项目监理机构应要求设备制造单位按批准的检验计划和检验要求进行设备制造过程的检验工作，并应做好检验记录。项目监理机构应对检验结果进行审核，认为不符合质量要求时，应要求设备制造单位进行整改、返修或返工。当发生质量失控或重大质量事故时，应由总监理工程师签发暂停令，提出处理意见，并应及时报告建设单位。

（7）项目监理机构应检查和监督设备的装配过程。

（8）在设备制造过程中如需要对设备的原设计进行变更时，项目监理机构应审查设计变更，并应协调处理因变更引起的费用和工期调整，同时应报建设单位批准。

（9）项目监理机构应参加设备整机性能检测、调试和出厂验收，符合要求后应予以签认。

（10）在设备运往现场前，项目监理机构应检查设备制造单位对待运设备采取的防护和包装措施，并应检查是否符合运输、装卸、储存、安装的要求，以及随机文件、装箱单和附件是否齐全。

（11）设备运到现场后，项目监理机构应参加设备制造单位按合同约定与接收单位的交接工作。

（12）专业监理工程师应按设备制造合同的约定审查设备制造单位提交的付款申请，提出审查意见，并应由总监理工程师审核后签发支付证书。

（13）专业监理工程师应审查设备制造单位提出的索赔文件，提出意见后报总监理工程师，并应由总监理工程师与建设单位、设备制造单位协商一致后签署意见。

（14）专业监理工程师应审查设备制造单位报送的设备制造结算文件，提出审查意见，并应由总监理工程师签署意见后报建设单位。

（15）设备监造文件资料应包括下列主要内容：

①建设工程监理合同及设备采购合同。

②设备监造工作计划。

③设备制造工艺方案报审资料。

④设备制造的检验计划和检验要求。

⑤分包单位资格报审资料。

⑥原材料、零配件的检验报告。

⑦工程暂停令、工程开工、复工报审资料。

⑧检验记录及试验报告。

⑨变更资料。

⑩会议纪要。

⑪来往函件。

⑫监理通知单与工作联系单。

⑬监理日志。

⑭监理月报。

⑮质量事故处理文件。

⑯索赔文件。

⑰设备验收文件。

⑱设备交接文件。

⑲支付证书和设备制造结算审核文件。

⑳设备监造工作总结。

第2节　建设工程监理相关法规规章

1029　工程建设法规体系可分为哪些层次？

答： 工程建设法规体系可分为5个层次，即：法律、行政法规、部门规章、地方性法规和地方规章。

（1）法律：指由全国人民代表大会及其常务委员会通过的规范工程建设活动的法律规范，以国家主席令的形式予以公布。如《中华人民共和国建筑法》。

（2）行政法规：指由国务院通过的规范工程建设活动的法律规范，以总理令的形式予以公布。行政法规的名称通常为条例、规定、办法、决定等。如《建设工程质量管理条例》。

（3）部门规章：指国务院建设主管部门通过的以部长令的形式发布的各项规章，或由国务院建设主管部门与国务院其他有关部门联合通过并发布的规章。如《工程监理企业资质管理规定》。

（4）地方性法规：指在不与宪法、法律、行政法规相抵触的前提下，由省、自治区、直辖市人民代表大会及其常务委员会通过并发布的工程建设方面的法律规范。

（5）地方规章：指省、自治区、直辖市以及省会城市和经国务院批准的较大城市的人民政府，根据法律和国务院行政法规通过并发布的工程建设方面的规章。

1030　《建设工程质量管理条例》中监理单位有哪些质量责任和义务？

答：依据《建设工程质量管理条例》国务院令第 279 号，监理单位的质量责任和义务有：

（1）工程监理单位应当依法取得相应等级的资质证书，并在其资质等级许可的范围内承担工程监理业务。禁止工程监理单位超越本单位资质等级许可的范围或者以其他工程监理单位的名义承担工程监理业务。禁止工程监理单位允许其他单位或者个人以本单位的名义承担工程监理业务。工程监理单位不得转让工程监理业务。

（2）工程监理单位与被监理工程的施工承包单位以及建筑材料、建筑构配件和设备供应单位有隶属关系或者其他利害关系的，不得承担该项建设工程的监理业务。

（3）工程监理单位应当依照法律、法规以及有关技术标准、设计文件和建设工程承包合同，代表建设单位对施工质量实施监理，并对施工质量承担监理责任。

（4）工程监理单位应当选派具备相应资格的总监理工程师和监理工程师进驻施工现场。未经监理工程师签字，建筑材料、建筑构配件和设备不得在工程上使用或者安装，施工单位不得进行下一道工序的施工。未经总监理工程师签字，建设单位不拨付工程款，不进行竣工验收。

（5）监理工程师应当按照工程监理规范的要求，采取旁站、巡视和平行检验等形式，对建设工程实施监理。

1031　建设工程质量最低保修期限有哪些规定？

答：依据《建筑工程质量管理条例》国务院令第 279 号，在正常使用条件下，建筑工程的最低保修期限为：

（1）基础设施工程、房屋建筑的地基基础工程和主体结构工程，为设计文件规定的该工程的合理使用年限。

（2）屋面防水工程、有防水要求的卫生间、房间和外墙面的防渗漏，为 5 年。

（3）供热与供冷系统，为 2 个供暖期、供冷期。

（4）电气管线、给排水管道、设备安装和装修工程，为 2 年。

其他项目的保修期限由建设单位与施工单位约定。建设工程的保修期，自竣工验收合格之日起计算。

1032　施工图设计文件审查应包括哪些内容？

答：依据《房屋建筑和市政基础设施工程施工图设计文件审查管理办法》住房和城乡建设部令第 13 号，建设单位应当将施工图送施工图审查机构审查。施工图审查机构按照有关法律、法规，对施工图涉及公共利益、公众安全和工程建设强制性标准的内容进行审查。审查应包括下列主要内容：

（1）是否符合工程建设强制性标准。

（2）地基基础和主体结构的安全性。

（3）是否符合民用建筑节能强制性标准，对执行绿色建筑标准的项目，还应当审查是否符合绿色建筑标准。

（4）勘察设计企业和注册执业人员以及相关人员是否按规定在施工图上加盖相应的图章和签字。

（5）法律、法规、规章规定必须审查的其他内容。

1033　工程监理企业有哪些资质等级？

答：依据《工程监理企业资质管理规定》建设部令第 158 号，工程监理企业资质分为综合资质、专业资质和事务所资质。其中，综合资质、事务所资质不分级别。专业资质按照工程性质和技术特点划分为若干工程类别。专业资质分为甲级、乙级，其中，房屋建筑、水利水电、公路、市政公用专业资质可设立丙级。

1034　建设工程标准分为哪些等级？

答：依据《中华人民共和国标准化法》，我国标准分为国家标准（GB）、行业标准（JGJ 建筑工程技术规范、JG 建筑工程类、JC 建筑材料类等）、地方标准（DB）和企业标准（QB）四个等级。国家标准、行业标准又分为强制性标准和推荐性标准。保障人体健康，人身、财产安全的标准和法律、行政法规规定强制执行的标准是强制性标准，其他标准是推荐性标准。

强制性标准，必须执行，推荐性标准，国家鼓励企业自愿采用。

1035　什么是建设工程标准强制性条文？

答：建设工程标准强制性条文是指建设工程国家标准、行业标准中涉及人体健康，安全以及环保等并用黑体字印刷的条款。建设工程标准强制性条文要求必须严格执行。

目前实施的《中华人民共和国工程建设标准强制性条文》（房屋建筑部分）2013 年版，是在 2009 年版基础上，纳入了 2013 年 5 月 31 日前新发布的房屋建筑国家标准和行业标准中涉及人体健康，安全以及环保等方面的强制性条文。

1036　什么是安全玻璃？建筑物哪些部位必须使用安全玻璃？

答：依据《建筑安全玻璃管理规定》发改运行［2003］2116 号，安全玻璃是指符合现行国家标准的钢化玻璃、夹层玻璃及由钢化玻璃或夹层玻璃组合加工而成的其他玻璃制品，如安全中空玻璃等。单片半钢化玻璃（热增强玻璃）、单片夹丝玻璃不属于安全玻璃。

建筑物需要以玻璃作为建筑材料的下列部位必须使用安全玻璃：

（1）7 层及 7 层以上建筑物外开窗。

（2）面积大于 1.5m² 的窗玻璃或玻璃底边离最终装修面小于 500mm 的落地窗。

（3）幕墙（全玻幕除外）。

（4）倾斜装配窗、各类天棚（含天窗、采光顶）、吊顶。

（5）观光电梯及其外围护。

（6）室内隔断、浴室围护和屏风。

（7）楼梯、阳台、平台走廊的栏板和中庭内栏板。

（8）用于承受行人行走的地面板。

（9）水族馆和游泳池的观察窗、观察孔。

（10）公共建筑物的出入口、门厅等部位。

（11）易遭受撞击、冲击而造成人体伤害的其他部位。

注：本款第（11）项是指《建筑玻璃应用技术规程》JGJ 113 和《玻璃幕墙工程技术规范》JGJ 102 所称的部位。其中在第（3）、（4）、（5）项所列部位的安全玻璃安装施工完成后，由建设单位组织设计、施工、监理等有关单位进行中间验收，未经中间验收或验收不合格的，不得进行下一道工序施工。

1037　注册监理工程师有哪些权利和义务？

答： 依据《注册监理工程师管理规定》建设部令第 147 号，注册监理工程师有下列权利和义务：

（1）享有下列权利：

①使用注册监理工程师称谓。

②在规定范围内从事执业活动。

③依据本人能力从事相应的执业活动。

④保管和使用本人的注册证书和执业印章。

⑤对本人执业活动进行解释和辩护。

⑥接受继续教育。

⑦获得相应的劳动报酬。

⑧对侵犯本人权利的行为进行申诉。

（2）履行下列义务：

①遵守法律、法规和有关管理规定。

②履行管理职责，执行技术标准、规范和规程。

③保证执业活动成果的质量，并承担相应责任。

④接受继续教育，努力提高执业水准。

⑤在本人执业活动所形成的建设工程监理文件上签字、加盖执业印章。

⑥保守在执业中知悉的国家秘密和他人的商业、技术秘密。

⑦不得涂改、倒卖、出租、出借或者以其他形式非法转让注册证书或者执业印章。

⑧不得同时在两个或者两个以上单位受聘或者执业。

⑨在规定的执业范围和聘用单位业务范围内从事执业活动。

⑩协助注册管理机构完成相关工作。

1038 注册监理工程师有哪些法律责任？

答：注册监理工程师的法律责任主要有：

（1）依据《建设工程质量管理条例》国务院令第 279 号第 72 条，注册监理工程师因过错造成质量事故的，责令停止执业 1 年；造成重大质量事故的，吊销执业资格证书，5 年以内不予注册；情节特别恶劣的，终身不予注册。

（2）依据《建设工程安全生产管理条例》国务院令第 393 号第 58 条，注册监理工程师未执行法律、法规和工程建设强制性标准的，责令停止执业 3 个月以上 1 年以下；情节严重的，吊销执业资格证书，5 年内不予注册；造成重大安全事故的，终身不予注册；构成犯罪的，依照刑法有关规定追究刑事责任。

第2章 建设工程合同管理

本章依据《建设工程监理规范》、《建设工程监理合同（示范文本）》以及《建设工程施工合同（示范文本）》等，介绍了建设工程合同管理的基本知识、主要任务和方法。共编写25道题。

第1节 建设工程合同管理内容

2001 建设工程合同管理的主要任务是什么？

答： 建设工程合同管理的主要任务应包括施工招标的策划与实施；合同计价方式及合同文本的选择；合同谈判及合同条件的确定；合同协议书的签署；合同履行检查；合同变更、违约及纠纷的处理；合同订立和履行的总结评价等。

项目监理机构应依据建设工程监理合同约定进行施工合同管理，处理工程暂停及复工、工程变更、工程延期及工期延误、索赔、施工合同争议与解除等事宜。

2002 建设工程合同有哪些计价方式？

答： 建设工程合同计价方式有：总价合同、单价合同和成本加酬金合同。

（1）总价合同：是指合同当事人约定以施工图、已标价工程量清单或预算书及有关条件进行合同价格计算、调整和确认的建设工程施工合同，在约定的范围内合同总价不作调整。总价合同也称作总价包干合同，即当工程内容和有关条件不发生变化时，建设单位支付给承包单位的价款总额也不发生变化。

（2）单价合同：指合同当事人约定以工程量清单及其综合单价进行合同价格计算、调整和确认的建设工程施工合同，在约定的范围内合同单价不作调整。即在合同中明确每项工程内容的单位价格（如每米、每平方米或者每立方米的价格），实际支付时则根据每一个子项的实际完成工程量乘以该子项的合同单价计算该项工作的应付工程款。

（3）成本加酬金合同：工程最终合同价格将按照工程的实际成本再加上一定的酬金进行计算。在签订合同时，工程实际成本往往不能确定，只能确定酬金的取值比例或者计算原则。

2003 什么情况总监理工程师应及时签发工程暂停令？

答： 依据《建设工程监理规范》GB/T 50319—2013，项目监理机构发现下列情况之一时，总监理工程师应及时签发工程暂停令：

（1）建设单位要求暂停施工且工程需要暂停施工的。

（2）施工单位未经批准擅自施工或拒绝项目监理机构管理的。

（3）施工单位未按审查通过的工程设计文件施工的。

（4）施工单位违反工程建设强制性标准的。

（5）施工存在重大质量、安全事故隐患或发生质量、安全事故的。

总监理工程师签发工程暂停令应事先征得建设单位同意，在紧急情况下未能事先报告的，应在事后及时向建设单位作出书面报告。

2004　项目监理机构如何处理施工单位提出的工程变更？

答：依据《建设工程监理规范》GB/T 50319—2013，项目监理机构可按下列程序处理施工单位提出的工程变更：

（1）总监理工程师组织专业监理工程师审查施工单位提出的工程变更申请，提出审查意见。对涉及工程设计文件修改的工程变更，应由建设单位转交原设计单位修改工程设计文件。必要时，项目监理机构应建议建设单位组织设计、施工等单位召开论证工程设计文件修改方案的专题会议。

（2）总监理工程师组织专业监理工程师对工程变更费用及工期影响作出评估。

（3）总监理工程师组织建设单位、施工单位等共同协商确定工程变更费用及工期变化，会签工程变更单。

（4）项目监理机构根据批准的工程变更文件监督施工单位实施工程变更。

2005　工程变更价款确定有哪些原则？

答：依据《建设工程监理规范》GB/T 50319—2013，工程变更价款确定的原则如下：

（1）合同中已有适用于变更工程的价格，按合同已有的价格计算、变更合同价款。

（2）合同中有类似于变更工程的价格，可参照类似价格变更合同价款。

（3）合同中没有适用或类似于变更工程的价格，总监理工程师应与建设单位、施工单位就工程变更价款进行充分协商达成一致；如双方达不成一致，由总监理工程师按照成本加利润的原则确定工程变更的合理单价或价款，如有异议，按施工合同约定的争议程序处理。

2006　项目监理机构如何处理施工单位提出的工程延期？

答：依据《建设工程监理规范》GB/T 50319—2013，项目监理机构应按下列程序处理施工单位提出的工程延期：

（1）施工单位提出工程延期要求符合施工合同约定时，项目监理机构应予以受理。

（2）当影响工期事件具有持续性时，项目监理机构应对施工单位提交的阶段性工程临时延期报审表进行审查，并应签署工程临时延期审核意见后报建设单位。

当影响工期事件结束后，项目监理机构应对施工单位提交的工程最终延期报审表进行审查，并应签署工程最终延期审核意见后报建设单位。

（3）项目监理机构在批准工程临时、工程最终延期前，均应与建设单位和施工单位协商。

2007　项目监理机构批准工程延期应同时满足哪些条件？

答：依据《建设工程监理规范》GB/T 50319—2013，项目监理机构批准工程延期应同时满足下列条件：

（1）施工单位在施工合同约定的期限内提出工程延期。

（2）因非施工单位原因造成施工进度滞后。

（3）施工进度滞后影响到施工合同约定的工期。

2008　项目监理机构处理费用索赔的主要依据有哪些？

答：依据《建设工程监理规范》GB/T 50319—2013，项目监理机构处理费用索赔的主要依据应包括下列内容：

（1）工程建设相关法律法规。

（2）工程勘察设计文件、施工合同文件。

（3）工程建设标准。

（4）索赔事件的有关证据。

2009　项目监理机构如何处理施工单位提出的费用索赔？

答：依据《建设工程监理规范》GB/T 50319—2013，项目监理机构可按下列程序处理施工单位提出的费用索赔：

（1）受理施工单位在施工合同约定的期限内提交的费用索赔意向通知书。

（2）收集与索赔有关的资料。

（3）受理施工单位在施工合同约定的期限内提交的费用索赔报审表。

（4）审查费用索赔报审表。需要施工单位进一步提交详细资料时，应在施工合同约定的期限内发出通知。

（5）与建设单位和施工单位协商一致后，在施工合同约定的期限内签发费用索赔报审表，并报建设单位。

2010　项目监理机构批准费用索赔应同时满足哪些条件？

答：依据《建设工程监理规范》GB/T 50319—2013，项目监理机构批准费用索赔应同时满足下列条件：

（1）施工单位在施工合同约定的期限内提出费用索赔。

（2）索赔事件是因非施工单位原因造成，且符合施工合同约定。

（3）索赔事件造成施工单位直接经济损失。

2011　项目监理机构如何处理施工合同的解除

答：依据《建设工程监理规范》GB/T 50319—2013，项目监理机构应按下列情形处理施工合同的解除。

（1）因建设单位原因导致施工合同解除时，项目监理机构应按施工合同约定与建设单位和施工单位按下列款项协商确定施工单位应得款项，并应签发工程款支付证书。

①施工单位按施工合同约定已完成的工作应得款项。

②施工单位按批准的采购计划订购工程材料、构配件和设备的款项。

③施工单位撤离施工设备至原基地或其他目的地的合理费用。

④施工单位人员的合理遣返费用。

⑤施工单位合理的利润补偿。

⑥施工合同约定的建设单位应支付的违约金。

（2）因施工单位原因导致施工合同解除时，项目监理机构应按施工合同约定，从下列款项中确定施工单位应得款项或偿还建设单位的款项，并应与建设单位和施工单位协商后，书面提交施工单位应得款项或偿还建设单位款项的证明：

①施工单位已按施工合同约定实际完成的工作应得款项和已给付的款项。

②施工单位已提供的材料、构配件、设备和临时工程等的价值。

③对已完工程进行检查和验收、移交工程资料、修复已完工程质量缺陷等所需的费用。

④施工合同约定的施工单位应支付的违约金。

（3）因非建设单位、施工单位原因导致施工合同解除时，项目监理机构应按施工合同约定处理合同解除后的有关事宜。

第 2 节　建设工程监理、施工合同示范文本

2012　建设工程监理合同文件的解释顺序是什么？

答：依据《建设工程监理合同（示范文本）》GF-2012-0202，组成合同的各项文件应互相解释，互为说明。除专用合同条款另有约定外，合同文件的解释顺序如下：

（1）协议书。

（2）中标通知书（适用于招标工程）或委托书（适用于非招标工程）。

（3）专用条件及附录 A、附录 B。

（4）通用条件。

（5）投标文件（适用于招标工程）或监理与相关服务协议书（适用于非招标工程）。

双方签订的补充协议与其他文件发生矛盾或歧义时，属于同一类内容的文件，应以最新签署的为准。

2013　工程施工全部或部分暂停时监理单位应如何处理？

答：依据《建设工程监理合同（示范文本）》GF-2012-0202，在合同有效期内，因非监理人的原因导致工程施工全部或部分暂停，委托人可通知监理人要求暂停全部或部分工作。监理人应立即安排停止工作，并将开支减至最小。除不可抗力外，由此导致监理人遭受的损失应由委托人予以补偿。暂停部分监理与相关服务时间超过 182 天，监理人可发出解除合同约定的该部分义务的通知；暂停全部工作时间超过 182 天，监理人可发出解除合同的通知，合同自通知到达委托人时解除。委托人应将监理与相关服务的酬金支付至合同解除日，且应承担合同约定的责任。

2014　什么是附加工作？附加工作酬金如何计算？

答：依据《建设工程监理合同（示范文本）》GF-2012-0202，附加工作是指合同约定的正常工作以外监理人的工作。附加工作酬金是指监理人完成附加工作，委托人应给付监

理人的金额。附加工作酬金按下列方法确定：

（1）除不可抗力外，因非监理人原因导致监理人履行合同期限延长、内容增加时，监理人应当将此情况与可能产生的影响及时通知委托人。增加的监理工作时间、工作内容应视为附加工作。

附加工作酬金＝合同期限延长时间（天）×正常工作酬金÷协议书约定的监理与相关服务期限（天）。

（2）合同生效后，如果实际情况发生变化使得监理人不能完成全部或部分工作时，监理人应立即通知委托人。除不可抗力外，其善后工作以及恢复服务的准备工作应为附加工作，监理人用于恢复服务的准备时间不应超过 28 天。

附加工作酬金＝善后工作及恢复服务的准备工作时间（天）×正常工作酬金÷协议书约定的监理与相关服务期限（天）。

2015　建设工程监理合同中项目监理机构人员调整有哪些约定？

答：依据《建设工程监理合同（示范文本）》GF-2012-0202，监理人可根据工程进展和工作需要调整项目监理机构人员。监理人更换总监理工程师时，应提前 7 天向委托人书面报告，经委托人同意后方可更换；监理人更换项目监理机构其他监理人员，应以相当资格与能力的人员替换，并通知委托人。

监理人应及时更换有下列情形之一的监理人员：

（1）有严重过失行为的。

（2）有违法行为不能履行职责的。

（3）涉嫌犯罪的。

（4）不能胜任岗位职责的。

（5）严重违反职业道德的。

（6）专用条件约定的其他情形。

2016　建设工程施工合同文件的解释顺序是什么？

答：依据《建设工程施工合同（示范文本）》GF-2013-0201，组成合同的各项文件应互相解释，互为说明。除专用合同条款另有约定外，合同文件的解释顺序如下：

（1）合同协议书。

（2）中标通知书（如果有）。

（3）投标函及其附录（如果有）。

（4）专用合同条款及其附件。

（5）通用合同条款。

（6）技术标准和要求。

（7）图纸。

（8）已标价工程量清单或预算书。

（9）其他合同文件。

上述各项合同文件包括合同当事人就该项合同文件所作出的补充和修改，属于同一类内容的文件，应以最新签署的为准。在合同订立及履行过程中形成的与合同有关的文件均构成合同文件组成部分，并根据其性质确定优先解释顺序。

2017 发包人向承包人提供施工现场、施工条件和基础资料有哪些约定？

答：依据《建设工程施工合同（示范文本）》GF-2013-0201，发包人向承包人提供施工现场、施工条件和基础资料应符合下列约定：

（1）提供施工现场：除专用合同条款另有约定外，发包人应最迟于开工日期7天前向承包人移交施工现场。

（2）提供施工条件：除专用合同条款另有约定外，发包人应负责提供施工所需要的条件，包括：

①将施工用水、电力、通信线路等施工所必需的条件接至施工现场内。

②保证向承包人提供正常施工所需要的进入施工现场的交通条件。

③协调处理施工现场周围地下管线和邻近建筑物、构筑物、古树名木的保护工作，并承担相关费用。

④按照专用合同条款约定应提供的其他设施和条件。

（3）提供基础资料：发包人应在移交施工现场前向承包人提供施工现场及工程施工所必需的毗邻区域内供水、排水、供电、供气、供热、通信、广播电视等地下管线资料，气象和水文观测资料，地质勘察资料，相邻建筑物、构筑物和地下工程等有关基础资料，并对所提供资料的真实性、准确性和完整性负责。按照法律规定确需在开工后方能提供的基础资料，发包人应尽其努力及时在相应工程施工前的合理期限内提供，合理期限应以不影响承包人的正常施工为限。

（4）逾期提供的责任：因发包人原因未能按合同约定及时向承包人提供施工现场、施工条件、基础资料的，由发包人承担由此增加的费用和（或）延误的工期。

2018 建设工程施工合同中隐蔽工程检查有哪些约定？

答：依据《建设工程施工合同（示范文本）》GF-2013-0201，隐蔽工程检查有下列约定：

（1）承包人自检

承包人应当对工程隐蔽部位进行自检，并经自检确认是否具备覆盖条件。

（2）检查程序

①工程隐蔽部位经承包人自检确认具备覆盖条件的，承包人应在共同检查前48小时书面通知监理人检查，通知中应载明隐蔽检查的内容、时间和地点，并应附有自检记录和必要的检查资料。

②监理人应按时到场并对隐蔽工程及其施工工艺、材料和工程设备进行检查。经监理人检查确认质量符合隐蔽要求，并在验收记录上签字后，承包人才能进行覆盖。经监理人检查质量不合格的，承包人应在监理人指示的时间内完成修复，并由监理人重新检查，由此增加的费用和（或）延误的工期由承包人承担。

③除专用合同条款另有约定外，监理人不能按时进行检查的，应在检查前24小时向承包人提交书面延期要求，但延期不能超过48小时，由此导致工期延误的，工期应予以顺延。监理人未按时进行检查，也未提出延期要求的，视为隐蔽工程检查合格，承包人可

自行完成覆盖工作，并作相应记录报送监理人，监理人应签字确认。监理人事后对检查记录有疑问的，可约定重新检查。

（3）重新检查

承包人覆盖工程隐蔽部位后，发包人或监理人对质量有疑问的，可要求承包人对已覆盖的部位进行钻孔探测或揭开重新检查，承包人应遵照执行，并在检查后重新覆盖恢复原状。经检查证明工程质量符合合同要求的，由发包人承担由此增加的费用和（或）延误的工期，并支付承包人合理的利润；经检查证明工程质量不符合合同要求的，由此增加的费用和（或）延误的工期由承包人承担。

（4）承包人私自覆盖

承包人未通知监理人到场检查，私自将工程隐蔽部位覆盖的，监理人有权指示承包人钻孔探测或揭开检查，无论工程隐蔽部位质量是否合格，由此增加的费用和（或）延误的工期均由承包人承担。

2019　建设工程施工合同中承包人提出索赔的程序是什么？

答：依据《建设工程施工合同（示范文本）》GF-2013-0201，承包人根据合同约定，认为有权得到追加付款和（或）延长工期的，应按下列程序向发包人提出索赔：

（1）承包人应在知道或应当知道索赔事件发生后 28 天内，向监理人递交索赔意向通知书，并说明发生索赔事件的事由；如承包人未在 28 天内发出索赔意向通知书的，即丧失要求追加付款和（或）延长工期的权利。

（2）承包人应在发出索赔意向通知书后 28 天内，向监理人正式递交索赔报告；索赔报告应详细说明索赔理由以及要求追加的付款金额和（或）延长的工期，并附必要的记录和证明材料。

（3）索赔事件具有持续影响的，承包人应按合理时间间隔继续递交延续索赔通知，说明持续影响的实际情况和记录，列出累计的追加付款金额和（或）工期延长天数。

（4）在索赔事件影响结束后 28 天内，承包人应向监理人递交最终索赔报告，说明最终要求索赔的追加付款金额和（或）延长的工期，并附必要的记录和证明材料。

2020　建设工程施工合同中承包人提出索赔的处理有哪些约定？

答：依据《建设工程施工合同（示范文本）》GF-2013-0201，承包人提出索赔的处理有如下约定：

（1）监理人应在收到索赔报告后 14 天内完成审查并报送发包人。监理人对索赔报告存在异议的，有权要求承包人提交全部原始记录副本。

（2）发包人应在监理人收到索赔报告或有关索赔的进一步证明材料后的 28 天内，由监理人向承包人出具经发包人签认的索赔处理结果。发包人逾期答复的，则视为认可承包人的索赔要求。

（3）承包人接受索赔处理结果的，索赔款项在当期进度款中进行支付；承包人不接受索赔处理结果的，按照合同争议解决约定处理。

2021　建设工程施工合同中发包人提出索赔的处理有哪些约定?

答: 依据《建设工程施工合同(示范文本)》GF-2013-0201,发包人根据合同约定,认为有权得到赔付金额和(或)延长缺陷责任期的,应通过监理人按下列约定向承包人发出索赔通知,并附有详细的证明。

(1)发包人应在知道或应当知道索赔事件发生后 28 天内通过监理人向承包人提出索赔意向通知书,如发包人未在 28 天内发出索赔意向通知书的,即丧失要求赔付金额和(或)延长缺陷责任期的权利。

(2)发包人应在发出索赔意向通知书后 28 天内,通过监理人向承包人正式递交索赔报告。

(3)对发包人索赔的处理如下:

①承包人收到发包人提交的索赔报告后,应及时审查索赔报告的内容、查验发包人证明材料。

②承包人应在收到索赔报告或有关索赔的进一步证明材料后 28 天内,将索赔处理结果答复发包人。如果承包人未在上述期限内作出答复的,则视为对发包人索赔要求的认可。

③承包人接受索赔处理结果的,发包人可从应支付给承包人的合同价款中扣除赔付的金额或延长缺陷责任期;发包人不接受索赔处理结果的,按照合同争议解决约定处理。

2022　什么是质量保证金?质量保证金的扣留有哪些约定?

答: 依据《建设工程施工合同(示范文本)》GF-2013-0201,质量保证金是指按照合同约定承包人用于保证其在缺陷责任期内履行缺陷修补义务的担保。承包人提供质量保证金的方式有:

①质量保证金保函;②相应比例的工程款;③双方约定的其他方式。除专用合同条款另有约定外,质量保证金原则上采用质量保证金保函的方式。

质量保证金的扣留有下列三种方式:

(1)在支付工程进度款时逐次扣留,在此情形下,质量保证金的计算基数不包括预付款的支付、扣回以及价格调整的金额。

(2)工程竣工结算时一次性扣留质量保证金。

(3)双方约定的其他扣留方式。

除专用合同条款另有约定外,质量保证金的扣留原则上采用上述第(1)种方式。

发包人累计扣留的质量保证金不得超过结算合同价格的 5%,如承包人在发包人签发竣工付款证书后 28 天内提交质量保证金保函,发包人应同时退还扣留的作为质量保证金的工程价款。

2023　什么是缺陷责任期?缺陷责任期有哪些约定?

答: 依据《建设工程施工合同(示范文本)》GF-2013-0201,缺陷责任期是指承包人按照合同约定承担缺陷修复义务,且发包人预留质量保证金的期限,自工程实际竣工日期起计算。

缺陷责任期内有下列约定：

（1）缺陷责任期自实际竣工日期起计算，合同当事人应在专用合同条款约定缺陷责任期的具体期限，但该期限最长不超过 24 个月。单位工程先于全部工程进行验收，经验收合格并交付使用的，该单位工程缺陷责任期自单位工程验收合格之日起算。因发包人原因导致工程无法按合同约定期限进行竣工验收的，缺陷责任期自承包人提交竣工验收申请报告之日起开始计算；发包人未经竣工验收擅自使用工程的，缺陷责任期自工程转移占有之日起开始计算。

（2）工程竣工验收合格后，因承包人原因导致的缺陷或损坏致使工程、单位工程或某项主要设备不能按原定目的使用的，则发包人有权要求承包人延长缺陷责任期，并应在原缺陷责任期届满前发出延长通知，但缺陷责任期最长不能超过 24 个月。

（3）任何一项缺陷或损坏修复后，经检查证明其影响了工程或工程设备的使用性能，承包人应重新进行合同约定的试验和试运行，试验和试运行的全部费用应由责任方承担。

（4）除专用合同条款另有约定外，承包人应于缺陷责任期届满后 7 天内向发包人发出缺陷责任期届满通知，发包人应在收到缺陷责任期满通知后 14 天内核实承包人是否履行缺陷修复义务，承包人未能履行缺陷修复义务的，发包人有权扣除相应金额的维修费用。发包人应在收到缺陷责任期届满通知后 14 天内，向承包人颁发缺陷责任期终止证书。

2024　什么是保修期？保修期修复费用有哪些约定？

答：依据《建设工程施工合同（示范文本）》GF-2013-0201，保修期是指承包人按照合同约定对工程承担保修责任的期限，从工程竣工验收合格之日起计算。具体分部分项工程的保修期由合同当事人在专用合同条款中约定，但不得低于法定最低保修年限。发包人未经竣工验收擅自使用工程的，保修期自转移占有之日起算。

保修期内修复的费用按照下列约定处理：

（1）保修期内，因承包人原因造成工程的缺陷、损坏，承包人应负责修复，并承担修复的费用以及因工程的缺陷、损坏造成的人身伤害和财产损失。

（2）保修期内，因发包人使用不当造成工程的缺陷、损坏，可以委托承包人修复，但发包人应承担修复的费用，并支付承包人合理利润。

（3）因其他原因造成工程的缺陷、损坏，可以委托承包人修复，发包人应承担修复的费用，并支付承包人合理的利润，因工程的缺陷、损坏造成的人身伤害和财产损失由责任方承担。

（4）因承包人原因造成工程的缺陷或损坏，承包人拒绝维修或未能在合理期限内修复缺陷或损坏，且经发包人书面催告后仍未修复的，发包人有权自行修复或委托第三方修复，所需费用由承包人承担。但修复范围超出缺陷或损坏范围的，超出范围部分的修复费用由发包人承担。

2025　什么是不可抗力？不可抗力后果的承担有哪些约定？

答：依据《建设工程施工合同（示范文本）》GF-2013-0201，不可抗力是指合同当事人在签订合同时不可预见，在合同履行过程中不可避免且不能克服的自然灾害和社会性突发事件，如地震、海啸、瘟疫、骚乱、戒严、暴动、战争和专用合同条款中约定的其他情形。

不可抗力引起的后果及造成的损失由合同当事人按照法律规定及合同约定各自承担。不可抗力导致的人员伤亡、财产损失、费用增加和（或）工期延误等后果，由合同当事人按下列原则承担：

（1）永久工程、已运至施工现场的材料和工程设备的损坏，以及因工程损坏造成的第三人人员伤亡和财产损失由发包人承担。

（2）承包人施工设备的损坏由承包人承担。

（3）发包人和承包人承担各自人员伤亡和财产的损失。

（4）因不可抗力影响承包人履行合同约定的义务，已经引起或将引起工期延误的，应当顺延工期，由此导致承包人停工的费用损失由发包人和承包人合理分担，停工期间必须支付的工人工资由发包人承担；

（5）因不可抗力引起或将引起工期延误，发包人要求赶工的，由此增加的赶工费用由发包人承担。

（6）承包人在停工期间按照发包人要求照管、清理和修复工程的费用由发包人承担。不可抗力发生后，合同当事人均应采取措施尽量避免和减少损失的扩大，任何一方当事人没有采取有效措施导致损失扩大的，应对扩大的损失承担责任。

因合同一方迟延履行合同义务，在迟延履行期间遭遇不可抗力的，不免除其违约责任。

第3章　建设工程质量、造价和进度控制

本章依据《建设工程监理规范》、《建筑工程检测试验技术管理规范》、《建筑工程施工质量验收统一标准》、《建设工程工程量清单计价规范》以及相关法规文件，介绍了建设工程质量、造价和进度控制的主要任务、内容、方法和措施。共编写83道题。

第1节　建设工程质量控制

3001　建设工程质量控制的主要任务是什么？

答：建设工程质量控制的主要任务就是按照动态控制原理，通过采取有效措施，在满足工程造价和进度要求的前提下，实现预定的工程质量目标。

施工阶段质量控制的主要任务是通过对施工投入、施工和安装过程、施工产出品（分项工程、分部工程、单位工程等）进行全过程控制，对施工单位及其人员的资格、材料和设备、施工机械、施工方案、施工环境等实施控制，按标准实现预定的施工质量目标。

3002　建设工程质量控制包括哪些主要内容？

答：依据《建设工程监理规范》GB/T 50319—2013，项目监理机构质量控制包括下列主要内容：

（1）监理人员应熟悉工程设计文件，并应参加建设单位主持的图纸会审和设计交底会议。

（2）工程开工前，项目监理机构审查施工单位现场的质量管理组织机构、管理制度及专职管理人员和特种作业人员的资格。

（3）总监理工程师应组织专业监理工程师审查施工单位报审的施工方案，符合要求后应予以签认。施工方案审查应包括下列基本内容：①编审程序应符合相关规定。②工程质量保证措施应符合有关标准。

（4）专业监理工程师应审查施工单位报送的新材料、新工艺、新技术、新设备的质量认证材料和相关验收标准的适用性，必要时，应要求施工单位组织专题论证，审查合格后报总监理工程师签认。

（5）专业监理工程师应检查、复核施工单位报送的施工控制测量成果及保护措施，签署意见。专业监理工程师应对施工单位在施工过程中报送的施工测量放线成果进行查验。

（6）专业监理工程师应检查施工单位为工程提供服务的试验室。

（7）项目监理机构应审查施工单位报送的用于工程的材料、构配件和设备的质量证明文件，并应按有关规定、建设工程监理合同约定，对用于工程的材料进行见证取样、平行检验。

项目监理机构对已进场经检验不合格的工程材料、构配件和设备，应要求施工单位限

期将其撤出施工现场。

（8）专业监理工程师应审查施工单位定期提交影响工程质量的计量设备的检查和检定报告。

（9）项目监理机构应根据工程特点和施工单位报送的施工组织设计，确定旁站的关键部位、关键工序，安排监理人员进行旁站，并应及时记录旁站情况。

（10）项目监理机构应安排监理人员对工程施工质量进行巡视。

（11）项目监理机构应根据工程特点、专业要求，以及建设工程监理合同约定，对施工质量进行平行检验。

（12）项目监理机构应对施工单位报验的隐蔽工程、检验批、分项工程和分部工程进行验收，对验收合格的应给予签认；对验收不合格的应拒绝签认，同时应要求施工单位在指定的时间内整改并重新报验。

对已同意覆盖的工程隐蔽部位质量有疑问的，或发现施工单位私自覆盖工程隐蔽部位的，项目监理机构应要求施工单位对该隐蔽部位进行钻孔探测、剥离或其他方法进行重新检验。

（13）项目监理机构发现施工存在质量问题的，或施工单位采用不适当的施工工艺，或施工不当，造成工程质量不合格的，应及时签发监理通知单，要求施工单位整改。整改完毕后，项目监理机构应根据施工单位报送的监理通知回复单对整改情况进行复查，提出复查意见。

（14）对需要返工处理或加固补强的质量缺陷，项目监理机构应要求施工单位报送经设计等相关单位认可的处理方案，并应对质量缺陷的处理过程进行跟踪检查，同时应对处理结果进行验收。

（15）对需要返工处理或加固补强的质量事故，项目监理机构应要求施工单位报送质量事故调查报告和经设计等相关单位认可的处理方案，并应对质量事故的处理过程进行跟踪检查，同时应对处理结果进行验收。项目监理机构应及时向建设单位提交质量事故书面报告，并应将完整的质量事故处理记录整理归档。

（16）项目监理机构应审查施工单位提交的单位工程竣工验收报审表及竣工资料，组织工程竣工预验收。存在问题的，应要求施工单位及时整改；合格的，总监理工程师应签认单位工程竣工验收报审表。

（17）工程竣工预验收合格后，项目监理机构应编写工程质量评估报告，并应经总监理工程师和工程监理单位技术负责人审核签字后报建设单位。

（18）项目监理机构应参加由建设单位组织的竣工验收，对验收中提出的整改问题，应督促施工单位及时整改。工程质量符合要求的，总监理工程师应在工程竣工验收报告中签署意见。

3003 什么是施工图纸会审？施工图纸会审包括哪些主要内容？

答：施工图纸会审是指建设单位在收到审查合格的施工图设计文件后，组织相关单位进行熟悉和审查施工图纸及时发现施工图纸错误并进行修改的活动。

施工图纸会审应包括下列主要内容：

（1）审查施工图纸是否满足建设工程立项的功能、安全、经济、适用的需求。

（2）施工图纸是否已经设计审查机构审查合格。

（3）施工图纸与说明是否齐全；设计深度是否达到规范要求，施工图纸中是否已注明工程合理使用年限。

（4）设计地震烈度是否符合当地要求；消防是否满足要求；施工安全、环境卫生有无保证。

（5）总平面与施工图的几何尺寸、平面位置、标高等是否一致。工艺管道、电气线路、设备装置、运输道路与建筑物之间或相互间有无矛盾，布置是否合理。

（6）建筑结构与各专业图纸本身是否有差错及矛盾，标注有无遗漏；建筑图与结构图的平面尺寸及标高是否一致；建筑图与结构图的表示方法是否清楚；是否符合制图标准，预留、预埋件是否表示清楚；钢筋的构造要求是否表示清楚。

（7）施工图纸中所列各种标准图册，非标准图、重复调用的图纸等技术文件是否完整。

（8）施工图纸中所用的材料、构配件和设备等是否符合现行规范、规程和技术标准的要求。

（9）地基处理方法是否合理，建筑与结构构造是否存在不便于施工的技术问题，或容易导致质量、安全、造价增加等方面的问题。

3004　什么是设计交底？设计交底包括哪些主要内容？

答：设计交底是指在施工图纸完成并经审查合格后，设计单位在设计文件交付施工时，按法律规定的义务就施工图设计向施工单位、监理单位和建设单位等做出详细说明。

设计交底应包括下列主要内容：

（1）施工图设计总体介绍，设计的意图说明；就特殊工艺要求，建筑、结构、工艺、设备等各专业在施工中的难点、疑点和容易发生的问题进行说明。

（2）对施工单位、监理单位、建设单位等就设计图纸提出的意见、建议或疑义逐条进行答复。

3005　图纸会审与设计交底时监理人员应熟悉哪些主要内容？

答：依据《建设工程监理规范》GB/T 50319—2013，图纸会审与设计交底时监理人员应熟悉下列主要内容：

（1）设计主导思想、设计构思、采用的设计规范、各专业设计说明等。

（2）工程设计文件对主要工程材料、构配件和设备的要求，对所采用的新材料、新工艺、新技术、新设备的要求，对施工技术的要求以及涉及工程质量、施工安全应特别注意的事项等。

（3）设计单位对建设单位、施工单位和监理单位提出的意见和建议的答复。

项目监理机构如发现工程设计文件中存在不符合建设工程质量标准或施工合同约定的质量要求时，应通过建设单位向设计单位提出书面意见或建议。

3006　施工组织设计包括哪些主要内容？其审查的程序和基本内容是什么？

答：依据《建设工程监理规范》GB/T 50319—2013 及《建设工程施工合同（示范文本）》GF-2013-0201，施工组织设计包括的主要内容、审查的程序和基本内容如下：

（1）施工组织设计包括以下主要内容：

①施工方案。

②施工现场平面布置图。

③施工进度计划和保证措施。

④劳动力及材料供应计划。

⑤施工机械设备的选用。

⑥质量保证体系及措施。

⑦安全生产、文明施工措施。

⑧环境保护、成本控制措施。

⑨合同当事人约定的其他内容。

（2）施工组织设计审查的程序：

①施工单位编制的施工组织设计经施工单位技术负责人审核签认后，与施工组织设计报审表一并报送项目监理机构。

②总监理工程师应及时组织专业监理工程师进行审查，需要修改的，由总监理工程师签发书面意见，退回修改；符合要求的，由总监理工程师签认。

③已签认的施工组织设计由项目监理机构报送建设单位。

④施工组织设计在实施过程中，施工单位如需做较大的变更，应经总监理工程师审查同意。

（3）施工组织设计审查的基本内容：

①编审程序应符合相关规定。

②施工进度、施工方案及工程质量保证措施应符合施工合同要求。

③资金、劳动力、材料、设备等资源供应计划应满足工程施工需要。

④安全技术措施应符合工程建设强制性标准。

⑤施工总平面布置应科学合理。

3007　审核分包单位资格应包括哪些基本内容？其报审程序是什么？

答：依据《建设工程监理规范》GB/T 50319—2013，项目监理机构审核分包单位资格的基本内容及程序如下：

（1）分包单位资格审核应包括下列基本内容：

①营业执照、企业资质等级证书。

②安全生产许可文件。

③类似工程业绩。

④专职管理人员和特种作业人员的资格。

（2）分包单位资格报审程序：

①分包工程开工前，施工单位应将分包单位资格报审表及相关资料报送项目监理机构。

②专业监理工程师进行审查并提出意见，符合要求后，应由总监理工程师审核并签署意见。

③施工单位与分包单位签订工程分包合同，分包单位进场施工。

3008　检查施工单位为工程提供服务的试验室应包括哪些主要内容？

答：依据《建设工程监理规范》GB/T 50319—2013，专业监理工程师应检查施工单位为工程提供服务的试验室，检查应包括下列主要内容：

（1）试验室的资质等级及试验范围。

（2）法定计量部门对试验设备出具的计量检定证明。

（3）试验室管理制度。

（4）试验人员资格证书。

3009　项目监理机构如何检查、复核施工控制测量的成果？

答：依据《建设工程监理规范》GB/T 50319—2013，项目监理机构应按下列程序及内容检查、复核施工控制测量的成果：

（1）施工控制测量成果报审程序：

①施工单位应将施工控制测量成果报验表及相关资料报送项目监理机构。

②专业监理工程师应检查、复核施工单位报送的施工控制测量成果及保护措施，并签署意见。

（2）施工控制测量成果检查、复核的内容：

①施工单位测量人员的资格证书及测量设备检定证书。

②施工平面控制网、高程控制网和临时水准点的测量成果及控制桩的保护措施。

3010　项目监理机构如何审查工程开工条件？

答：依据《建设工程监理规范》GB/T 50319—2013，项目监理机构应按下列程序和工程开工条件进行审查：

（1）开工条件报审程序：

①施工单位应将工程开工报审表及相关资料报送项目监理机构。

②总监理工程师应组织专业监理工程师审查工程开工报审表及相关资料，同时具备下列条件时，应由总监理工程师签署审核意见，并应报建设单位批准后，总监理工程师签发工程开工令。

（2）工程开工应同时具备下列条件：

①设计交底和图纸会审已完成。

②施工组织设计已由总监理工程师签认。

③施工单位现场质量、安全生产管理体系已建立，管理及施工人员已到位，施工机械具备使用条件，主要工程材料已落实。

④进场道路及水、电、通信等已满足开工要求。

3011　第一次工地会议由谁主持召开？会议包括哪些主要内容？

答：依据《建设工程监理规范》GB/T 50319—2013，在工程正式开工前，由建设单位主持召开第一次工地会议。项目监理机构负责整理会议纪要，并经与会各方代表会签后及时发出。

会议包括下列主要内容：

（1）建设单位、监理单位和施工单位分别介绍各自驻现场的组织机构、人员及分工。

（2）建设单位介绍工程开工准备情况。

（3）施工单位介绍施工准备情况。

（4）建设单位代表和总监理工程师对施工准备情况提出意见和要求。

（5）总监理工程师介绍监理规划的主要内容。

（6）研究确定工程各参建单位在施工过程中参加监理例会的主要人员，召开监理例会的周期、时间、地点及主要议题。

（7）其他有关事项。

3012 监理交底会议由谁主持召开？会议包括哪些主要内容？

答： 依据《建设工程监理规范》GB/T 50319—2013，监理交底会议由总监理工程师主持，中心内容是贯彻监理规划。项目监理机构负责整理监理交底会议纪要，并经与会各方代表会签后及时发出。通常情况下监理交底会议可与首次监理例会合并召开。

会议应包括下列主要内容：

（1）明确本工程适用的国家及有关工程建设监理的政策、法规和标准。

（2）阐明有关合同约定的各参建单位责任、权利和义务。

（3）介绍监理工作内容、程序、方法和措施。

（4）提出有关监理文件资料报审及管理要求。

3013 监理例会由谁主持召开？例会包括哪些主要内容？

答： 依据《建设工程监理规范》GB/T 50319—2013，监理例会由总监理工程师或其授权的专业监理工程师主持。监理例会召开的时间、地点应在第一次工地会议上协商确定。监理例会一般应每周召开一次。监理例会纪要由项目监理机构负责整理，并经与会各方代表会签后及时发出。

监理例会包括下列主要内容：

（1）检查上次例会议定事项的落实情况，分析未完事项原因。

（2）检查分析工程进度计划完成情况，提出下一阶段进度目标及其落实措施。

（3）检查分析工程质量、施工安全管理状况，针对存在的问题提出改进措施。

（4）检查工程量核定及工程款支付情况。

（5）解决需要协调的有关事项。

（6）其他有关事项。

3014 专题会议由谁主持召开？什么情况应组织召开？

答： 依据《建设工程监理规范》GB/T 50319—2013，专题会议是由总监理工程师或其授权的专业监理工程师主持或参加的，为解决工程监理过程中的工程专项问题而不定期召开的会议。专题会议纪要的内容包括会议主要议题、会议内容、与会单位、参加人员及召开时间等。会议纪要由项目监理机构负责整理，并经与会各方会签后及时发出。

项目监理机构应根据工程需要及时组织专题会议，解决施工过程中的各种专项问题，尤其是遇到重大工程变更、重大工程质量问题、重大施工安全事故、影响工程进度、质量和施工安全的重大外部干扰因素（如供水供电、地下地质异常、自然灾情预报等），项目监理机构应立即报告建设单位组织专题会议。

3015　监理人员对工程施工质量巡视应包括哪些主要内容？

答： 依据《建设工程监理规范》GB/T 50319—2013，监理人员对工程施工质量巡视应包括下列主要内容：

（1）施工单位是否按工程设计文件、工程建设标准和批准的施工组织设计、（专项）施工方案施工。

（2）使用的工程材料、构配件和设备是否合格。

（3）施工现场管理人员，特别是施工质量管理人员是否到位。

（4）特种作业人员是否持证上岗。

3016　工程材料、构配件和设备进场质量查验应包括哪些主要内容？

答： 项目监理机构对工程材料、构配件和设备进场质量查验应包括下列主要内容：

（1）用于工程的材料、构配件和设备，进场时必须具有产品质量证明文件、质量检验报告、生产许可证等。施工单位自检合格后，向项目监理机构报送工程材料、构配件和设备报审、报验表及相关资料。

（2）项目监理机构应及时对材料、构配件和设备的品种、规格、包装、外观和尺寸等进行查验，并对质量证明文件等相关资料进行审查，符合要求后，方可签署工程材料、构配件和设备报审表。对不符合要求的，以书面通知限期退场。

（3）对专业验收规范规定需要进行见证取样和送检或有异议的材料、构配件和设备，项目监理机构应要求施工单位抽样复验，复验应为见证取样和送检。经确认其质量合格后方可用于工程。

（4）对进口材料和设备，项目监理机构尚应检查商检证明和中文的质量合格证明文件、规格、型号、性能检测报告以及中文安装使用维修和试验要求等技术文件。

（5）对重要设备开箱检查时，项目监理机构应参与检查，相关参建单位应派代表参加。设备开箱检查应按下列项目进行，并做好记录：

①箱号、箱数以及包装情况。

②设备的名称、型号和规格。

③装箱清单、设备的技术文件资料及专用工具。

④设备有无缺损件，表面有无损坏和锈蚀等。

⑤其他需要记录的情况。

对设备的性能、参数、运转情况，则应根据设备的类型进行专项检验和测试，项目监理机构应参与专项检验和测试。

（6）项目监理机构应组织对工地交货的大型设备的检验，由厂方运至工地后组装、调整和试验，并经自检合格后再进行复验。

3017　项目监理机构如何处理工程中的"四新"技术？

答： 依据《建设工程监理规范》GB/T 50319—2013，"四新"技术是指"新材料、新工艺、新技术、新设备"。工程中采用"四新"技术时，专业监理工程师应审查施工单位报送的"四新"技术的质量认证材料和相关验收标准的适用性，必要时，应要求施工单位组织专题论证，审查合格后报总监理工程师签认。

3018　工程施工质量检查验收应包括哪些主要内容？

答：工程施工质量检查验收应包括下列主要内容：

（1）工程开工前检查。主要检查是否具备工程开工条件，开工后是否能够保持连续正常施工，能否保证工程质量。

（2）施工工序检查。各施工工序应按施工技术标准进行质量控制，每道施工工序完成后，经施工单位自检符合规定后，才能进行下道工序施工。各专业工种之间的相关工序应进行交接检验，并形成记录。

对于项目监理机构提出检查要求的重要工序，应经专业监理工程师检查认可，才能进行下道工序施工。

（3）隐蔽工程验收。施工过程中，所有隐蔽工程必须经专业监理工程师验收、签认后方可进行隐蔽掩盖。

（4）停工后复工前检查。因客观因素暂停施工或处理施工质量事故等暂停施工复工之前，必须经专业监理工程师检查、签认，具备复工条件后方可复工。

（5）检验批、分项工程、分部工程完工后验收。经施工单位自检合格，经项目监理机构验收并签署验收记录后，方能进行下道工序施工。

（6）成品保护检查。检查成品有无保护措施以及保护措施是否有效可靠。

3019　工程施工质量检查有哪些主要方法？

答：工程施工质量检查主要方法有：目测法、量测法（实测法）和试验法。

（1）目测法：即凭借人的感官进行质量状况判断。依据质量标准的要求，运用目测法进行施工质量检查的要领可归纳为"看、摸、敲、照"四个字。

①看：是根据质量标准的要求进行外观检查。

②摸：是通过触摸手感进行检查、鉴别。

③敲：是运用敲击工具进行音感检查。

④照：是通过人工光源或反射光照射，检查难以看到或光线较暗的部位。

（2）量测法：即通过实测数据与施工规范、质量标准的要求及允许偏差值进行对照，以此判断检查对象的质量是否符合要求，其手段可概括为"靠、量、吊、套"四个字。

①靠：是用直尺、塞尺检查。诸如墙面、地面、路面等的平整度。

②量：是指用测量工具和计量仪表等进行检查。

③吊：是利用托线板以及线坠吊线检查垂直度。

④套：是以方尺套方，辅以塞尺检查。如对阴阳角的方正、踢脚线的垂直度检查等。

（3）试验法：即通过必要的试验手段对质量进行判断的检查方法，主要包括下列内容。

①理化试验：工程中常用的理化试验包括物理力学性能检验和化学成分及化学性能测定等两个方面。物理力学性能检验，包括各种力学指标的测定，如抗拉强度、抗压强度、抗弯强度等，以及各种物理性能方面的测定，如密度、含水量、凝结时间及抗渗、耐磨

等。化学成分及化学性能测定，如钢筋中的硫含量，混凝土粗骨料中的活性氧化硅成分，以及耐酸、耐碱、抗腐蚀性等。此外，根据规定有时还需进行现场试验，例如，对桩或地基的静载试验、防水层的蓄水或淋水试验等。

②无损检测：利用专门的仪器仪表从表面探测结构物、材料、设备的内部组织结构或损伤情况。常用的无损检测方法有超声波探伤、X 射线探伤等。

3020　工程施工工序检查有哪些要求？

答：依据《建筑工程施工质量验收统一标准》GB 50300—2013，工程施工工序检查有下列要求：

（1）各施工工序应按施工技术标准进行质量控制，每道施工工序完成后，经施工单位自检符合规定后，才能进行下道工序施工。各专业工种之间的相关工序应进行交接检验，并形成记录。

（2）对于项目监理机构提出检查要求的重要工序，应经专业监理工程师检查认可，才能进行下道工序施工。在监理工作中，项目监理机构应在《监理实施细则》中，明确列出项目监理机构提出检查要求的重要工序，并预先通知施工单位。施工单位在项目监理机构提出检查要求的每一道重要工序完成后，应通知项目监理机构进行检查，确认符合规定后方可进行下道工序施工。

3021　什么是旁站？如何确定旁站的关键部位或关键工序？

答：依据《建设工程监理规范》GB/T 50319—2013，旁站是指项目监理机构对工程的关键部位或关键工序的施工质量进行的监督活动。

项目监理机构应根据工程特点和施工单位报送的施工组织设计，确定旁站的关键部位、关键工序。其确定原则为：应将影响工程主体结构安全的、完工后无法检测其质量的或返工会造成较大损失的部位及其施工过程作为旁站的关键部位、关键工序。

3022　旁站过程中监理人员应注意哪些主要事项？

答：旁站过程中监理人员应注意下列主要事项：

（1）项目监理机构应根据工程特点和施工单位报送的施工组织设计，确定旁站的关键部位、关键工序，并书面通知施工单位。

（2）施工单位在需要实施旁站的关键部位、关键工序施工前，应书面通知项目监理机构；项目监理机构应及时安排监理人员实施旁站。

（3）旁站人员应熟悉施工图纸，检查施工准备情况，包括施工人员到位情况、施工机械及施工材料准备情况，当施工准备情况符合要求后方可允许施工。

（4）旁站人员应认真履行职责，检查施工过程中的施工方法、施工工艺以及质量、安全保证措施的执行情况；及时发现和处理施工过程中出现的质量问题，如实准确地做好旁站记录。

（5）监理人员实施旁站时，发现存在严重质量问题或安全事故隐患的，应及时向专业监理工程师或总监理工程师报告，由总监理工程师下达局部暂停施工指令或采取其他应急措施。

（6）旁站记录必须做到：内容真实、准确、及时，并与监理日志相符合。对旁站工的关键部位或关键工序，应按照时间或工序形成完整的记录；必要时可进行拍照和摄影，记录当时的施工过程。

3023　什么是平行检验？平行检验的依据是什么？

答： 依据《建设工程监理规范》GB/T 50319—2013，平行检验是指项目监理机构在施工单位自检的同时，按有关规定、建设工程监理合同约定对同一检验项目进行的检测试验活动。

项目监理机构应根据工程特点、专业要求，以及建设工程监理合同约定，对工程施工质量进行平行检验。

3024　什么是见证取样？见证取样和送检人员应注意哪些主要事项？

答： 依据《建设工程监理规范》GB/T 50319—2013，见证取样是指项目监理机构对施工单位进行的涉及结构安全的试块、试件及工程材料现场取样、封样、送检工作的监督活动。

见证取样和送检人员应注意下列主要事项：

（1）检测机构必须经省级以上建设行政主管部门对其资质认可和质量技术监督部门对其计量认证。

（2）见证取样人员应具备建筑工程施工试验知识，并经培训考核合格，取得见证取样人员培训合格证书。

（3）见证取样数量、抽样检验方法应严格按工程建设标准及施工合同约定执行。

（4）见证取样人员必须对见证取样和送检的过程进行见证，且必须确保见证取样和送检过程的真实性。

（5）见证取样和送检的检测报告，应加盖检测机构"见证试验"专用章，由施工单位汇总后纳入工程施工技术档案。

3025　哪些试块、试件和材料必须实施见证取样和送检？

答： 依据《房屋建筑工程和市政基础设施工程实行见证取样和送检的规定》建建〔2000〕211号，下列试块、试件和材料必须实施见证取样和送检：

（1）用于承重结构的混凝土试块。

（2）用于承重墙体的砌筑砂浆试块。

（3）用于承重结构的钢筋及连接接头试件。

（4）用于承重墙的砖与混凝土小型砌块。

（5）用于拌制混凝土和砌筑砂浆的水泥。

（6）用于承重结构的混凝土中使用的掺加剂。

（7）地下、屋面、厕浴间使用的防水材料。

（8）国家规定必须实行见证取样和送检的其他试块、试件和材料。

3026　工程材料、设备的进场检测应包括哪些主要内容？

答： 依据《建筑工程检测试验技术管理规范》JGJ 190—2010，工程材料、设备的进场检测应包括材料性能复试和设备性能测试。进场材料性能复试与设备性能测试的项目和主要检测参数，应依据国家现行相关标准、设计文件和合同要求确定。

常用建筑材料进场复试项目、主要检测参数和取样依据可按《建筑工程检测试验技术管理规范》JGJ 190—2010 的规定确定。

对不能在施工现场制取试样或不适于送检的大型构配件及设备等，可由监理单位与施工单位等协商在供货方提供的检测场所进行检测。

3027 施工过程质量检测试验应包括哪些项目？

答：依据《建筑工程检测试验技术管理规范》JGJ 190—2010，施工过程质量检测试验项目应包括：土方回填、地基与基础、基坑支护、结构工程、装饰装修 5 类。施工过程质量检测试验项目、主要检测试验参数和取样依据可按表 3-1 确定。

施工过程质量试验项目、主要检测试验参数和取样依据   表 3-1

序号	类别	检测试验项目	主要检测试验参数	取样依据	备注
1	土方回填	土工击实	最大干密度	《土工试验方法标准》GB/T 50123	
			最优含水率		
		压实程度	压实系数 *	《建筑地基基础设计规范》GB 50007	
2	地基与基础	换填地基	压实系数 * 或承载力	《建筑地基处理技术规范》JGJ 79	
		加固地基、复合地基	承载力	《建筑地基基础工程施工质量验收规范》GB 50202	
		桩基	承载力	《建筑基桩检测技术规范》JGJ 106	
			桩身完整性		钢桩除外
3	基坑支护	土钉墙	土钉抗拔力	《建筑基坑支护技术规程》JGJ 120	
		水泥土墙	墙身完整性		
			墙体强度		设计有要求时
		锚杆、锚索	锁定力		
4	结构工程	钢筋连接	机械连接工艺检验 *	抗拉强度	《钢筋机械连接技术规程》JGJ 107	
			机械连接现场检验			
			钢筋焊接工艺检验 *	抗拉强度	《钢筋焊接及验收规程》JGJ 18	
				弯曲		适用于闪光对焊、气压焊接头
			闪光对焊	抗拉强度		
				弯曲		
			气压焊	抗拉强度		
				弯曲		适用于水平连接筋
			电弧焊、电渣压力焊、预埋件钢筋 T 形接头	抗拉强度		
			网片焊接	抗剪力		热轧带肋钢筋
				抗拉强度		冷轧带肋钢筋
				抗剪力		

序号	类别	检测试验项目		主要检测试验参数	取样依据	备注
4	结构工程	混凝土	混凝土配合比设计	工作性	《普通混凝土配合比设计规程》JGJ 55	指工作度、坍落度和坍落扩展度等
				强度等级		
			混凝土性能	标准养护试件强度	《混凝土结构工程施工质量验收规范》GB 50204 《混凝土外加剂应用技术规范》GB50119 《建筑工程冬期施工规范》JGJ 104	同条件养护 28d 转标准养护 28d 试件强度和受冻临界强度试件按冬期施工相关要求增设，其他同条件试件根据施工需要留置
				同条件试件强度＊（受冻临界、拆模、张拉、放张和临时负荷等）		
				同条件养护 28d 转标准养护 28d 试件强度		
				抗渗性能	《地下防水工程质量验收规范》GB 50208 《混凝土结构工程施工质量验收规范》GB 50204	有抗渗要求时
		砌筑砂浆	砂浆配合比设计	强度等级	《砌筑砂浆配合比设计规程》JGJ 98	
				稠度		
			砂浆力学性能	标准养护试件强度	《砌体结构工程施工质量验收规范》GB 50203	
				同条件养护试件强度		冬期施工时增设
		钢结构	网架结构焊接球节点、螺栓球节点	承载力	《钢结构工程施工质量验收规范》GB 50205	安全等级一级、L≥40m 且设计有要求时
			焊缝质量	焊缝探伤		
			后锚固（植筋、锚栓）	抗拔承载力	《混凝土结构后锚固技术规程》JGJ 145	
5	装饰装修	饰面砖粘贴		粘结强度	《建筑工程饰面砖粘结强度检验标准》JGJ 110	

注：带有"＊"标志的检测试验项目或检测试验参数可由企业实验室试验，其他检测试验项目或检测试验参数的检测应符合相关规定。

3028 工程实体质量与使用功能检测应包括哪些项目？

答：依据《建筑工程检测试验技术管理规范》JGJ 190—2010，工程实体质量与使用功能检测项目应包括实体质量及使用功能 2 类。工程实体质量与使用功能检测项目、主要检测参数和取样依据可按表 3-2 的确定。

工程实体质量与使用功能检测项目、主要检测参数和取样依据　　表 3-2

序号	类别	检测项目	主要检测参数	取样依据
1	实体质量	混凝土结构	钢筋保护层厚度	《混凝土结构工程施工质量验收规范》GB 50204
			结构实体检验用同条件养护试件强度	
		围护结构	外窗气密性能（适用于严寒、寒冷、夏热冬冷地区）	《建筑节能工程质量验收规范》GB 50411
			外墙节能构造	
2	使用功能	室内环境污染物	氡	《民用建筑工程室内环境污染控制规范》GB 50325
			甲醛	
			苯	
			氨	
			TVOC	
		系统节能性能	室内温度	《建筑节能工程施工质量验收规范》GB 50411
			供热系统室外管网的水力平衡度	
			供热系统的补水率	
			室外管网的热输送效率	
			各风口的风量	
			通风与空调系统的总风量	
			空调机组的水流量	
			空调系统冷热水、冷却水总流量	
			平均照度与照明功率密度	

3029　什么是隐蔽工程？隐蔽工程验收有哪些规定？

答：（1）隐蔽工程是指在下道工序施工后将被掩盖，不易进行质量检查的工程，如钢筋混凝土工程中的钢筋工程，地基与基础工程中的混凝土基础和桩基础等。

（2）隐蔽工程验收应符合下列规定：

①隐蔽工程完成后，在被掩盖前必须进行质量验收。隐蔽工程可能是一个检验批，也可能是一个分项工程或子分部工程，所以可按检验批或分项工程、子分部工程进行验收。

如隐蔽工程为检验批时，其质量验收应由专业监理工程师组织施工单位项目专业质量检查员、专业工长等进行。

②施工单位应对隐蔽工程质量进行自检，合格后填写隐蔽工程质量验收记录及隐蔽工程报审、报验表，并报送项目监理机构。

③专业监理工程师对施工单位所报资料进行审查，并组织相关人员到现场进行实体检查、验收，同时应留有照片、影像等资料。

④对验收不合格的工程，专业监理工程师应要求施工单位进行整改，合格后予以复查；对验收合格的工程，专业监理工程师应签认隐蔽工程报审、报验表及质量验收记录，准予进行下一道工序施工。

3030　什么是工程质量缺陷？工程质量缺陷处理程序是什么？

答： 工程质量缺陷是指工程不符合国家或行业的有关技术标准、设计文件及合同对质量的要求。

工程质量缺陷发生后，项目监理机构应按下列程序进行处理：

（1）工程质量缺陷发生后，项目监理机构应签发监理通知单，责成施工单位进行处理。

（2）施工单位进行质量缺陷调查，分析质量缺陷产生的原因，并提出经设计等相关单位认可的处理方案。

（3）项目监理机构应审查施工单位报送的质量缺陷处理方案，并签署意见。

（4）施工单位按审查合格的处理方案实施处理，项目监理机构对处理过程进行跟踪检查，对处理结果进行验收。

（5）质量缺陷处理完毕后，项目监理机构应根据施工单位报送的监理通知回复单对质量缺陷处理情况进行复查，并提出复查意见。

（6）处理记录整理归档。

3031　什么是工程质量事故？工程质量事故等级如何划分？

答： 依据《关于做好房屋建筑和市政基础设施工程质量事故报告和调查处理工作的通知》建质〔2010〕111号，工程质量事故是指由于建设、勘察、设计、施工、监理等单位违反工程质量有关法律法规和工程建设标准，使工程产生结构安全、重要使用功能等方面的质量缺陷，造成人身伤亡或者重大经济损失的事故。

根据工程质量事故造成的人员伤亡或者直接经济损失，工程质量事故可分为4个等级：

（1）特别重大事故，是指造成30人以上死亡，或者100人以上重伤，或者1亿元以上直接经济损失的事故。

（2）重大事故，是指造成10人以上30人以下死亡，或者50人以上100人以下重伤，或者5000万元以上1亿元以下直接经济损失的事故。

（3）较大事故，是指造成3人以上10人以下死亡，或者10人以上50人以下重伤，或者1000万元以上5000万元以下直接经济损失的事故。

（4）一般事故，是指造成3人以下死亡，或者10人以下重伤，或者100万元以上1000万元以下直接经济损失的事故。

该等级划分所称的"以上"包括本数，所称的"以下"不包括本数。

3032　工程质量事故处理程序是什么？

答： 工程质量事故发生后，项目监理机构应按下列程序进行处理：

（1）工程质量事故发生后，总监理工程师应签发工程暂停令，暂停质量事故部位和与其有关联的部位施工。要求施工单位采取必要措施，防止事故扩大并保护好现场。同时要求质量事故发生单位迅速按事故类别、等级、报告程序向相应的主管部门报告。

（2）要求施工单位进行质量事故调查，分析质量事故产生的原因，并报送质量事故调查报告。对由质量事故调查组处理的，项目监理机构应积极配合，客观地提供相应证据。

（3）根据施工单位的质量事故调查报告或质量事故调查组提出的处理意见，项目监理机构应要求施工单位报送经设计等相关单位认可的技术处理方案。质量事故技术处理方案一般由施工单位提出，经原设计单位同意签认，并报建设单位批准。对于涉及结构安全和加固处理等重大技术处理方案，一般应由设计单位提出。必要时，应要求相关单位组织专家论证，以确保处理方案可靠、可行，并满足结构安全和使用功能的要求。

（4）技术处理方案经相关各方签认后，项目监理机构应要求施工单位制定详细的施工方案并实施处理。项目监理机构对处理过程进行跟踪检查，对处理结果进行验收。必要时应组织有关单位对处理结果进行鉴定。

（5）质量事故处理完毕后，具备复工条件时，施工单位提出工程复工申请，项目监理机构应审查施工单位报送的工程复工报审表及相关材料，符合要求后，总监理工程师及时签署审核意见，并报建设单位批准后签发工程复工令。

（6）项目监理机构应及时向建设单位提交质量事故书面报告，并应将完整的质量事故处理记录整理归档。质量事故书面报告应包括下列主要内容：

①工程及各参建单位名称。

②质量事故发生的时间、地点、工程部位。

③事故发生的简要经过、造成工程损伤状况、伤亡人数和直接经济损失的初步估计。

④事故发生原因的初步判断。

⑤事故发生后采取的措施及处理方案。

⑥事故处理的过程及结果。

3033　什么是建筑工程施工质量验收？

答：依据《建筑工程施工质量验收统一标准》GB 50300—2013，建筑工程施工质量验收是指建筑工程质量在施工单位自行检查合格的基础上，由工程质量验收责任方组织，工程建设相关单位参加，对检验批、分项、分部、单位工程及其隐蔽工程的质量进行抽样检验，对技术文件进行审核，并根据设计文件和相关标准以书面形式对工程质量是否达到合格做出确认。

3034　建筑工程质量验收有哪些层次？

答：依据《建筑工程施工质量验收统一标准》GB 50300—2013，为更加科学地评价建筑工程质量和有利于对其验收，建筑工程施工质量验收层次划分为单位工程、分部工程、分项工程和检验批。检验批是工程施工质量验收的最小单位。

3035　什么是单位工程？单位工程划分的原则是什么？

答：依据《建筑工程施工质量验收统一标准》GB 50300—2013，单位工程是指具备独立设计文件、独立施工条件并能形成独立使用功能的建筑物或构筑物。

对于建筑工程，单位工程应按下列原则划分：

（1）具备独立施工条件并能形成独立使用功能的建筑物或构筑物为一个单位工程。如一所学校中的一栋教学楼、办公楼，某城市的广播电视塔等。

（2）对于规模较大的单位工程，可将其能形成独立使用功能的部分划分为一个子单位工程。

子单位工程的划分一般可根据工程的建筑设计分区、使用功能的显著差异、结构缝的设置等实际情况，施工前，应由建设、监理、施工单位商定划分方案，并据此收集整理施工技术资料和验收。

3036　什么是分部工程？分部工程划分的原则是什么？

答：依据《建筑工程施工质量验收统一标准》GB 50300—2013，分部工程是单位工程的组成部分。对于建筑工程，分部工程应按下列原则划分：

（1）分部工程的划分可按专业性质、工程部位确定。如建筑工程划分为地基与基础、主体结构、建筑装饰装修、屋面、建筑给水排水及供暖、通风与空调、建筑电气、智能建筑、建筑节能、电梯十个分部工程。

（2）当分部工程较大或较复杂时，可按材料种类、施工特点、施工程序、专业系统及类别将分部工程划分为若干子分部工程。

如建筑工程的主体结构分部工程中包含了混凝土结构、砌体结构、钢结构、钢管混凝土结构、型钢混凝土结构、铝合金结构、木结构等子分部工程。

3037　什么是分项工程？分项工程划分的原则是什么？

答：依据《建筑工程施工质量验收统一标准》GB 50300—2013，分项工程是分部工程的组成部分。分项工程可按主要工种、材料、施工工艺、设备类别进行划分。如建筑工程主体结构分部工程中，混凝土结构子分部工程按主要工种分为模板、钢筋、混凝土等分项工程；按施工工艺又分为预应力、现浇结构、装配式结构等分项工程。

建筑工程分项工程的具体划分详见《建筑工程施工质量验收统一标准》GB 50300—2013及相关专业验收规范的规定。

3038　什么是检验批？检验批划分的原则是什么？

答：依据《建筑工程施工质量验收统一标准》GB 50300—2013，检验批是指按相同的生产条件或按规定的方式汇总起来供抽样检验用的，由一定数量样本组成的检验体。检验批是建筑工程质量验收划分中的最小验收单位。分项工程可由一个或若干个检验批组成。

检验批可根据施工、质量控制和专业验收的需要，按工程量、楼层、施工段、变形缝进行划分。施工前，应由施工单位制定分项工程和检验批的划分方案，并由项目监理机构审核。对于《建筑工程施工质量验收统一标准》GB 50300—2013及相关专业验收规范未涵盖的分项工程和检验批，可由建设单位组织监理、施工等单位协商确定。

通常，多层及高层建筑的分项工程可按楼层或施工段来划分检验批；单层建筑的分项工程可按变形缝等划分检验批；地基基础的分项工程一般划分为一个检验批，有地下层的基础工程可按不同地下层划分检验批；屋面工程的分项工程可按不同楼层屋面划分为不同的检验批；其他分部工程中的分项工程，一般按楼层划分检验批；对于工程量较少的分项工程可划分为一个检验批。

安装工程一般按一个设计系统或设备组别划分为一个检验批。

室外工程一般划分为一个检验批。散水、台阶、明沟等含在地面检验批中。

3039 室外工程的划分原则是什么？

答：依据《建筑工程施工质量验收统一标准》GB 50300—2013，室外工程可根据专业类别和工程规模按表 3-3 的规定划分子单位工程、分部工程和分项工程。

室外工程的划分　　　　　　　　　　　　　　　表 3-3

单位工程	子单位工程	分部工程
室外设施	道路	路基、基层、面层、广场与停车场、人行道、人行地道、挡土墙、附属构筑物
	边坡	土石方、挡土墙、支护
附属建筑及室外环境	附属建筑	车棚，围墙，大门，挡土墙
	室外环境	建筑小品，亭台，水景，连廊，花坛，场坪绿化，景观桥

3040 建筑工程施工质量应按哪些要求进行验收？

答：依据《建筑工程施工质量验收统一标准》GB 50300—2013，建筑工程施工质量应按下列要求进行验收：

（1）工程施工质量验收均应在施工单位自检合格的基础上进行。

（2）参加工程施工质量验收的各方人员应具备相应的资格。

（3）检验批的质量应按主控项目和一般项目验收。

（4）对涉及结构安全、节能、环境保护和主要使用功能的试块、试件及材料，应在进场时或施工中按规定进行见证检验。

（5）隐蔽工程在隐蔽前应由施工单位通知项目监理机构进行验收，并应形成验收文件，验收合格后方可继续施工。

（6）对涉及结构安全、节能、环境保护和使用功能的重要分部工程，应在验收前按规定进行抽样检验。

（7）工程的观感质量应由验收人员现场检查，并应共同确认。

3041 检验批质量检验有哪些抽样方案？

答：依据《建筑工程施工质量验收统一标准》GB 50300—2013，检验批质量检验，可根据检验项目的特点在下列抽样方案中选取：

（1）计量、计数或计量—计数的抽样方案。

（2）一次、二次或多次抽样方案。

（3）对重要的检验项目，当有简易快速的检验方法时，选用全数检验方案。

（4）根据生产连续性和生产控制稳定性情况，采用调整型抽样方案。

（5）经实践证明有效的抽样方案。

3042 什么是计数检验和计量检验？

答：依据《建筑工程施工质量验收统一标准》GB 50300—2013，计数检验是指通过确定抽样样本中不合格的个体数量，对样本总体质量做出判定的检验方法。计量检验是指以抽样样本的检测数据计算总体均值、特征值或推定值，并以此判断或评估总体质量的检验方法。

3043 采用计数抽样时检验批最小抽样数量应符合哪些要求？

答：依据《建筑工程施工质量验收统一标准》GB 50300—2013，检验批抽样样本应随机抽取，满足分布均匀、具有代表性的要求，抽样数量应符合有关专业验收规范的规定。当采用计数抽样时，检验批最小抽样数量应符合表 3-4 的要求。

检验批最小抽样数量　　　　　　　　　　　　　　　　　　表 3-4

检验批的容量	最小抽样数量	检验批的容量	最小抽样数量
2～15	2	151～280	13
16～25	3	281～500	20
26～90	5	501～1200	32
91～150	8	1201～3200	50

明显不合格的个体可不纳入检验批，但应进行处理，使其满足有关专业验收规范的规定，对处理的情况应予以记录并重新验收。

3044 符合什么条件时可按相关专业验收规范调整抽样复验、试验数量？

答：依据《建筑工程施工质量验收统一标准》GB 50300—2013，符合下列条件之一时，可按相关专业验收规范的规定适当调整抽样复验、试验数量，调整后的抽样复验、试验方案应由施工单位编制，并报送项目监理机构审核确认。

（1）同一项目中由相同施工单位施工的多个单位工程，使用同一生产厂家的同品种、同规格、同批次的材料、构配件、设备。

（2）同一施工单位在现场加工的成品、半成品、构配件用于同一项目中的多个单位工程。

（3）在同一项目中，针对同一抽样对象已有检验成果可以重复利用。

3045 什么是主控项目和一般项目？

答：依据《建筑工程施工质量验收统一标准》GB 50300—2013，主控项目和一般项目为：

（1）主控项目

①主控项目是指建筑工程中对安全、节能、环境保护和主要使用功能起决定性作用的检验项目。如钢筋连接的主控项目为：纵向受力钢筋的连接方式应符合设计要求。

②主控项目：对应于合格质量水平的错判概率 α 和漏判概率 β 均不宜超过 5%。

③主控项目是对检验批的基本质量起决定性影响的检验项目，是保证工程安全和使用功能的重要检验项目，因此必须全部符合有关专业验收规范的规定。

（2）一般项目

①一般项目是指除主控项目以外的检验项目。

②一般项目：对应于合格质量水平的错判概率 α 不宜超过 5%，漏判概率 β 不宜超过 10%。

③为了使检验批的质量满足工程安全和使用功能的基本要求，保证工程质量，各专业质量验收规范应对各检验批的一般项目的合格质量给予明确的规定。

（3）错判概率是指合格批被判为不合格批的概率，即合格批被拒收的概率，用 α 表示。漏判概率是指不合格批被判为合格批的概率，即不合格批被误收的概率，用 β 表示。

3046　检验批质量验收程序是什么？

答： 依据《建筑工程施工质量验收统一标准》GB 50300—2013，检验批质量验收应由专业监理工程师组织施工单位项目专业质量检查员、专业工长等按下列程序进行。

（1）验收前，施工单位应先对施工完成的检验批进行自检，合格后由项目专业质量检查员、专业工长填写检验批质量验收记录及检验批报审、报验表，并报送项目监理机构。

（2）专业监理工程师对施工单位所报资料进行审查，并组织相关人员到现场进行主控项目和一般项目的实体检查、验收。对验收不合格的检验批，专业监理工程师应要求施工单位进行整改，合格后予以复验；对验收合格的检验批，专业监理工程师应签认检验批报审、报验表及质量验收记录，准许进行下道工序施工。

3047　检验批质量验收合格应符合哪些规定？

答： 依据《建筑工程施工质量验收统一标准》GB 50300—2013，检验批质量验收合格应符合下列规定：

（1）主控项目的质量经抽样检验均应合格。

（2）一般项目的质量经抽样检验合格。当采用计数抽样时，合格点率应符合有关专业验收规范的规定，且不得存在严重缺陷。对于计数抽样的一般项目，正常检验一次抽样可按表 3-5 判定、正常检验二次抽样可按表 3-6 判定。抽样方案应在抽样前确定。

一般项目正常检验一次性抽样判定　　　　　　　　　　　　　　表 3-5

样本容量	合格判定数	不合格判定数	样本容量	合格判定数	不合格判定数
5	1	2	32	7	8
8	2	3	50	10	11
13	3	4	80	14	15
20	5	6	125	21	22

一般项目正常检验二次性抽样判定 表3-6

抽样次数	样本容量	合格判定数	不合格判定数	抽样次数	样本容量	合格判定数	不合格判定数
(1)	3	0	2	(1)	20	3	6
(2)	6	1	2	(2)	40	9	10
(1)	5	0	3	(1)	32	5	9
(1)	10	3	4	(2)	64	12	13
(1)	8	1	3	(1)	50	7	11
(2)	16	4	5	(2)	100	18	19
(1)	13	2	5	(1)	80	11	16
(2)	26	6	7	(2)	160	26	27

注：1. (1) 和 (2) 表示抽样次数，(2) 对应的样本容量为两次抽样的累计数量。

　　2. 样本容量在表 3-5 或表 3-6 给出的数值之间时，合格判定数可通过插值并四舍五入取整确定。

（3）具有完整的施工操作依据、质量验收记录。

检验批是工程质量验收的最小单位，是分项工程、分部工程、单位工程质量验收的基础。

检验批的合格与否主要取决于对主控项目和一般项目的检验结果。主控项目是对检验批的基本质量起决定性影响的检验项目，是保证工程安全和使用功能的重要检验项目，须从严要求，因此要求主控项目必须全部符合有关专业验收规范的规定。这意味着主控项目不允许有不符合要求的检验结果，必须全部合格。如混凝土、砂浆强度等级是保证混凝土结构、砌体强度的重要性能，必须全部达到要求。

对于一般项目，虽然允许存在一定数量的不合格点，但某些不合格点的指标与合格要求偏差较大或存在严重缺陷时，仍将影响使用功能或观感的要求，对这些部位应进行维修处理。

为了使检验批的质量满足工程安全和使用功能的基本要求，保证工程质量，各专业质量验收规范应对各检验批的主控项目、一般项目的合格质量给予明确的规定。如《混凝土结构工程施工质量验收规范》GB 50204 规定，钢筋安装验收时的主控项目为：受力钢筋的品种、级别、规格和数量必须符合设计要求。

质量控制资料反映了检验批从原材料到最终验收的各施工工序的操作依据，检查情况以及保证质量所必需的管理制度等。对其完整性的检查，实际是对过程控制的确认，这是检验批质量验收合格的前提。

3048　分项工程质量验收程序是什么？

答： 依据《建筑工程施工质量验收统一标准》GB 50300—2013，分项工程质量验收应由专业监理工程师组织施工单位项目专业技术负责人等按下列程序进行。

（1）验收前，施工单位应先对施工完成的分项工程进行自检，合格后由项目专业技术负责人填写分项工程质量验收记录及分项工程报审、报验表，并报送项目监理机构。

（2）专业监理工程师对施工单位所报资料逐项进行审查，符合要求后签认分项工程报审、报验表及质量验收记录。

3049　分项工程质量验收合格应符合哪些规定?

答: 依据《建筑工程施工质量验收统一标准》GB 50300—2013,分项工程质量验收合格应符合下列规定:

(1) 所含检验批的质量均应验收合格。

(2) 所含检验批的质量验收记录应完整。

分项工程验收是在检验批的基础上进行的。一般情况下,检验批和分项工程两者具有相同或相近的性质,只是批量的大小不同而已。分项工程质量验收合格规定比较简单,只要构成分项工程的各检验批的质量验收资料完整,且各检验批均已验收合格,则分项工程质量验收合格。

3050　分部工程质量验收程序是什么?

答: 依据《建筑工程施工质量验收统一标准》GB 50300—2013,分部工程质量验收应由总监理工程师组织施工单位项目负责人和项目技术负责人等按下列程序进行。

(1) 验收前,施工单位应先对施工完成的分部工程进行自检,合格后填写分部工程质量验收记录及分部工程报验表,并报送项目监理机构。

(2) 总监理工程师应组织相关人员进行检查、验收,对验收不合格的分部工程,应要求施工单位进行整改,合格后予以复验。对验收合格的分部工程,应签认分部工程报验表及验收记录。

(3) 勘察、设计单位项目负责人和施工单位技术、质量部门负责人应参加地基与基础分部工程的验收。设计单位项目负责人和施工单位技术、质量部门负责人应参加主体结构、节能分部工程的验收。

3051　分部工程质量验收合格应符合哪些规定?

答: 依据《建筑工程施工质量验收统一标准》GB 50300—2013,分部工程质量验收合格应符合下列规定:

(1) 所含分项工程的质量均应验收合格。

(2) 质量控制资料应完整。

(3) 有关安全、节能、环境保护和主要使用功能的抽样检验结果应符合相应规定。

(4) 观感质量应符合要求。

分部工程质量验收是以所含各分项工程质量验收为基础进行的。首先,组成分部工程的各分项工程必须已验收合格且相应的质量控制资料齐全、完整,这是验收的基本条件。此外,由于各分项工程的性质不尽相同,因此作为分部工程不能简单地组合而加以验收,尚须进行以下两方面的检查项目:

一是涉及安全、节能、环境保护和主要使用功能的地基与基础、主体结构和设备安装等分部工程应进行有关的见证检验或抽样检验。

二是观感质量验收,这类检查往往难以定量,只能以观察、触摸或简单量测的方式进行观感质量验收,并结合验收人的主观判断,检查结果并不给出"合格"或"不合格"的结论，而是综合给出"好"、"一般"、"差"的质量评价结果。对于"差"的检查点应进行返修处理。

3052 单位工程质量验收程序是什么？

答： 依据《建筑工程施工质量验收统一标准》GB 50300—2013，单位工程质量验收应按下列程序进行：

（1）预验收

①单位工程完成后，施工单位应依据验收规范、设计图纸等组织有关人员进行自检，对检查发现的问题进行必要的整改。符合要求后填写单位工程竣工验收报审表，以及质量竣工验收记录、质量控制资料核查记录、安全和功能检验资料核查以及观感质量检查记录等，并将单位工程竣工验收报审表及有关竣工资料报送项目监理机构。

②总监理工程师应组织各专业监理工程师审查施工单位提交的单位工程竣工验收报审表及相关竣工资料，并对工程质量进行竣工预验收。存在施工质量问题时，应由施工单位整改，整改完毕后，总监理工程师应签认单位工程竣工验收报审表及相关资料，并向建设单位提交工程质量评估报告。

③符合规定后由施工单位向建设单位提交工程竣工报告和完整的质量控制资料，申请工程竣工验收。

④单位工程中的分包工程完工后，分包单位应对所承包的工程项目进行自检，并应按标准规定的程序进行验收。验收时，总包单位应派人参加。验收合格后，分包单位应将所分包工程的质量控制资料整理完整，并移交给总包单位。

（2）验收

①建设单位收到施工单位提交的工程竣工报告和项目监理机构提交的工程质量评估报告后，应由建设单位项目负责人组织勘察、设计、监理、施工等单位项目负责人进行单位工程验收。对验收中提出的整改问题，项目监理机构应督促施工单位整改。工程质量符合要求的，总监理工程应在工程竣工验收报告中签署验收意见。

②在一个单位工程中，对满足生产要求或具备使用条件，施工单位已自检，项目监理机构已预验收的子单位工程，建设单位可组织进行验收。由几个施工单位负责施工的单位工程，当其中的子单位工程已按设计完成，并经自检，项目监理机构已预验收，也可按规定的程序组织正式验收，办理交工手续。在整个单位工程验收时，已验收的子单位工程验收资料应作为单位工程验收的附件。

3053 单位工程质量验收合格应符合哪些规定？

答： 依据《建筑工程施工质量验收统一标准》GB 50300—2013，单位工程质量验收合格应符合下列规定：

（1）所含分部工程的质量均应验收合格。

（2）质量控制资料应完整。

（3）所含分部工程中有关安全、节能、环境保护和主要使用功能的检验资料应完整。

（4）主要使用功能的抽查结果应符合相关专业质量验收规范的规定。

（5）观感质量应符合要求。

3054　质量控制资料应包括哪些主要内容？

答：依据《建筑工程施工质量验收统一标准》GB 50300—2013，质量控制资料反映了工程从原材料到最终验收的各施工工序的操作依据，检查情况以及保证质量所必需的管理制度等。对其完整性的检查，实际是对过程控制的确认。验收时应重点检查质量控制资料是否齐全、有无遗漏，从而达到完整无缺的要求。

质量控制资料包括下列主要内容：

（1）图纸会审记录、设计变更通知单、工程洽商记录、竣工图。

（2）工程定位测量、放线记录。

（3）原材料出厂合格证书及进场检验、试验报告。

（4）施工试验报告及见证检测报告。

（5）隐蔽工程验收记录。

（6）施工记录。

（7）按专业质量验收规范规定的抽样检验、试验记录。

（8）分项、分部工程质量验收记录。

（9）工程质量事故调查处理资料。

（10）新技术论证、备案及施工记录。

3055　工程施工质量验收不符合要求的应如何处理？

答：依据《建筑工程施工质量验收统一标准》GB 50300—2013，建筑工程施工质量验收不符合要求的应按下列情况进行处理：

（1）经返工或返修的检验批，应重新进行验收。检验批验收时，对于主控项目不能满足验收规范规定或一般项目超过偏差限值的样本数量不符合验收规定时，应及时进行处理。其中，对于严重的质量缺陷应重新施工；一般的质量缺陷可通过返修、更换予以解决，允许施工单位在采取相应的措施后重新验收。如能够符合相应的专业验收规范要求，应认为该检验批合格。

（2）经有资质的检测机构检测鉴定能够达到设计要求的检验批，应予以验收。当个别检验批发现问题，难以确定能否验收时，应请具有资质的法定检测机构进行检测鉴定。当鉴定结果认为能够达到设计要求时，该检验批可以通过验收。这种情况通常出现在某检验批的材料试块强度不满足设计要求时。

（3）经有资质的检测机构检测鉴定达不到设计要求，但经原设计单位核算认可能够满足安全和使用功能的检验批，可予以验收。如经检测鉴定达不到设计要求，但经原设计单位核算、鉴定，仍可满足相关设计规范和使用功能要求时，该检验批可予以验收。这主要是因为一般情况下，标准、规范的规定是满足安全和功能的最低要求，而设计往往在此基础上留有一些余量。在一定范围内，会出现不满足设计要求而符合相应规范要求的情况，两者并不矛盾。

（4）经返修或加固处理的分项、分部工程，满足安全及使用功能要求时，可按技术处理方案和协商文件的要求予以验收。经法定检测机构检测鉴定后认为达不到规范的相应要求，即不能满足最低限度的安全储备和使用功能时，则必须按技术处理方案进行加固或处理，使之能满足安全使用的基本要求。这样可能会造成一些永久性的影响，如增大结构外形尺寸，影响一些次要的使用功能等。但为了避免建筑物的整体或局部拆除，避免社会财富更大的损失，在不影响安全和主要使用功能条件下，可按技术处理方案和协商文件进行验收，责任方应按法律法规承担相应的经济责任和接受处罚。需要特别注意的是，这种方法不能作为降低质量要求、变相通过验收的一种出路。

（5）经返修或加固处理仍不能满足安全或重要使用要求的分部工程及单位工程，严禁验收。分部工程及单位工程经返修或加固处理后仍不能满足安全或重要的使用功能时，表明工程质量存在严重缺陷。重要的使用功能不满足要求时，将导致建筑物无法正常使用，安全不满足要求时，将危及人身健康或财产安全，严重时会给社会带来巨大的安全隐患，因此，对这类工程严禁通过验收，更不得擅自投入使用，需要专门研究处置方案。

（6）工程质量控制资料应齐全完整。当部分资料缺失时，应委托有资质的检测机构按有关标准进行相应的实体检验或抽样试验。实际工程中偶尔会遇到因遗漏检验或资料丢失而导致部分施工验收资料不全的情况，使工程无法正常验收。对此可有针对性地进行工程质量检验，采取实体检测或抽样试验的方法确定工程质量状况。上述工作应由有资质的检测机构完成，出具的检验报告可用于工程施工质量验收。

3056　什么是住宅工程质量分户验收？分户验收包括哪些主要内容？

答：依据《关于做好住宅工程质量分户验收工作的通知》建质〔2009〕291号，住宅工程质量分户验收是指建设单位组织施工、监理等单位，在住宅工程各检验批、分项、分部工程验收合格的基础上，在住宅工程竣工验收前，依据国家有关工程质量验收标准，对每户住宅及相关公共部位的观感质量和使用功能等进行检查验收，并出具验收合格证明的活动。

分户验收包括下列主要内容：
（1）地面、墙面和顶棚质量。
（2）门窗质量。
（3）栏杆、护栏质量。
（4）防水工程质量。
（5）室内主要空间尺寸。
（6）给水排水系统安装质量。
（7）室内电气工程安装质量。
（8）建筑节能和采暖工程质量。
（9）有关合同中规定的其他内容。

3057　住宅工程质量分户验收程序是什么？

答：依据《关于做好住宅工程质量分户验收工作的通知》建质〔2009〕291号，分户验收由施工单位提出申请，建设单位组织实施，施工单位项目负责人、项目总监理工程师及相关质量、技术人员参加，对所涉及的部位、数量按分户验收内容进行检查验收。已经预选物业公司的项目，物业公司应当派人参加分户验收。

住宅工程质量分户验收应按下列程序进行：

（1）根据分户验收的内容和住宅工程的具体情况确定检查部位、数量。

（2）按照国家现行有关标准规定的方法，以及分户验收的内容适时进行检查。

（3）每户住宅和规定的公共部位验收完毕，应填写《住宅工程质量分户验收表》，建设单位和施工单位项目负责人、项目总监理工程师分别签字。

（4）分户验收合格后，建设单位必须按户出具《住宅工程质量分户验收表》，并作为《住宅质量保证书》的附件，一同交给住户。

（5）分户验收不合格的，施工单位应及时进行返修，项目监理机构负责复查。返修完成后重新组织分户验收。

3058　工程应符合哪些要求方可进行竣工验收？

答： 依据《房屋建筑和市政基础设施工程竣工验收规定》建质〔2013〕171 号，工程应符合下列要求方可进行竣工验收：

（1）完成工程设计和合同约定的各项内容。

（2）施工单位在工程完工后对工程质量进行了检查，确认工程质量符合有关法律、法规和工程建设强制性标准，符合设计文件及合同要求，并提出工程竣工报告。工程竣工报告应经项目经理和施工单位有关负责人审核签字。

（3）对于委托监理的工程项目，监理单位对工程进行了质量评估，具有完整的监理资料，并提出工程质量评估报告。工程质量评估报告应经总监理工程师和监理单位技术负责人审核签字。

（4）勘察、设计单位对勘察、设计文件及施工过程中由设计单位签署的设计变更通知书进行了检查，并提出质量检查报告。质量检查报告应经该项目勘察、设计负责人和勘察、设计单位有关负责人审核签字。

（5）有完整的技术档案和施工管理资料。

（6）有工程使用的主要建筑材料、建筑构配件和设备的进场试验报告，以及工程质量检测和功能性试验资料。

（7）建设单位已按合同约定支付工程款。

（8）有施工单位签署的工程质量保修书。

（9）对于住宅工程，进行分户验收并验收合格，建设单位按户出具《住宅工程质量分户验收表》。

（10）建设主管部门及工程质量监督机构责令整改的问题全部整改完毕。

（11）法律、法规规定的其他条件。

3059　工程竣工验收的程序是什么？

答： 依据《房屋建筑和市政基础设施工程竣工验收规定》建质〔2013〕171 号，工程竣工验收应按下列程序进行：

（1）工程完工后，施工单位向建设单位提交工程竣工报告，申请工程竣工验收。实行监理的工程，工程竣工报告须经总监理工程师签署意见。

（2）建设单位收到工程竣工报告后，对符合竣工验收要求的工程，组织勘察、设计、施工、监理等单位组成验收组，制定验收方案。对于重大工程和技术复杂工程，根据需要可邀请有关专家参加验收组。

（3）建设单位应当在工程竣工验收7个工作日前将验收的时间、地点及验收组名单书面通知负责监督该工程的工程质量监督机构。

（4）建设单位组织工程竣工验收。

①建设、勘察、设计、施工、监理单位分别汇报工程合同履约情况和在工程建设各个环节执行法律、法规和工程建设强制性标准的情况。

②审阅建设、勘察、设计、施工、监理单位的工程档案资料。

③实地查验工程质量。

④对工程勘察、设计、施工、设备安装质量和各管理环节等方面作出全面评价，形成经验收组人员签署的工程竣工验收意见。

参与工程竣工验收的建设、勘察、设计、施工、监理等各方不能形成一致意见时，应当协商提出解决的方法，待意见一致后，重新组织工程竣工验收。

3060　工程竣工验收报告应包括哪些主要内容？

答： 依据《房屋建筑和市政基础设施工程竣工验收规定》建质〔2013〕171号，工程竣工验收合格后，建设单位应当及时提出工程竣工验收报告。

工程竣工验收报告应包括下列主要内容：

（1）工程概况。

（2）建设单位执行基本建设程序情况。

（3）对工程勘察、设计、施工、监理等方面的评价。

（4）工程竣工验收时间、程序、内容和组织形式。

（5）工程竣工验收意见。

（6）工程竣工验收报告还应附有下列文件：

①施工许可证。

②施工图设计文件审查意见。

③施工单位提交的工程竣工报告；监理单位提交的工程质量评估报告；勘察、设计单位提交的质量检查报告；以及施工单位签署的工程质量保修书等规定的文件。

④验收组人员签署的工程竣工验收意见。

⑤法规、规章规定的其他有关文件。

第2节　建设工程造价控制

3061　建设工程造价由哪些项目组成？

答： 建设工程造价由建筑安装工程费用，设备及工器具购置费，工程建设其他费用，预备费，建设期利息等组成。

（1）建筑安装工程费

建筑安装工程费是指用于建筑工程和安装工程的费用。建筑工程费是指为建造永久性建筑物和构筑物所需要的费用。安装工程费是指各种机电设备装配和安装工程的费用。建筑安装工程费按照工程造价形成由分部分项工程费、措施项目费、其他项目费、规费、税金组成。分部分项工程费、措施项目费、其他项目费包含人工费、材料费、施工机具使用费、企业管理费和利润。

（2）设备及工器具购置费

设备及工器具购置费是指为工程购置或自制的达到固定资产标准的设备和新建、扩建工程配置的设备、工器具及生产家具所需的费用。它由设备购置费和工具器具及生产家具购置费组成，设备购置费包括设备原价和设备运杂费。

（3）工程建设其他费用

工程建设其他费用是指从工程筹建起到工程竣工验收交付使用为止的整个建设期间，除建筑安装工程费用和设备、工具器具购置费以外的，为保证工程建设顺利完成和交付使用后能够正常发挥效能而发生的各项费用。包括：

①土地使用费，指通过划拨方式取得土地使用权而支付的土地征用及迁移补偿费，或通过土地使用权出让方式取得土地使用权而支付的土地使用权出让金。

②与项目建设有关的费用，一般包括建设单位管理费、可行性研究费、研究试验费、勘察设计费、环境影响评价费、劳动安全卫生评价费、临时设施费、建设工程监理费、工程保险费、引进技术和进口设备其他费、特殊设备安全监督检验费、市政公用设施费等。

③与未来企业生产经营有关的其他费用，如联合试运转费、生产准备费、办公和生活家具购置费等。

（4）预备费

按我国现行规定，预备费包括基本预备费和涨价预备费。

①基本预备费是指在工程实施过程中可能发生难以预料的支出，而需要事先预留的费用，又称不可预见费。主要指设计变更及施工过程中可能增加工程量等费用。

②涨价预备费是指工程在建设期内可能发生材料、设备、人工等价格上涨、费率变化等因素影响，引起投资增加，需要事先预留的费用。

（5）建设期利息

建设期利息是指工程借款在建设期内发生并计入固定资产的利息，包括借款利息及手续费、管理费等。

3062 建筑安装工程费按照工程造价形成由哪些项目组成？

答： 依据《建筑安装工程费用项目组成》建标［2013］44 号，建筑安装工程费按照工程造价形成由分部分项工程费、措施项目费、其他项目费、规费、税金组成，分部分项工程费、措施项目费、其他项目费包含人工费、材料费、施工机具使用费、企业管理费和利润。

（1）分部分项工程费，是指各专业工程的分部分项工程应予列支的各项费用。

（2）措施项目费，是指为完成建设工程施工，发生于该工程施工前和施工过程中的技术、生活、安全、环境保护等方面的费用。包括：①安全文明施工费（环境保护费、文明施工费、安全施工费、临时设施费）；②夜间施工增加费；③二次搬运费；④冬雨季施工增加费；⑤已完工程及设备保护费；⑥工程定位复测费；⑦特殊地区施工增加费；⑧大型机械设备进出场及安拆费；⑨脚手架工程费。

（3）其他项目费，包括：①暂列金额；②计日工；③总承包服务费。

（4）规费，是指按国家法律、法规规定，由省级政府和省级有关权力部门规定必须缴纳或计取的费用。包括：①社会保险费（养老保险费，失业保险费，医疗保险费，生育保险费，工伤保险费）；②住房公积金；③工程排污费；其他应列而未列入的规费，按实际发生计取。

（5）税金，是指国家税法规定的应计入建筑安装工程造价内的营业税、城市维护建设税、教育费附加以及地方教育附加。

3063 建筑安装工程费按照费用构成要素划分由哪些项目组成？

答：依据《建筑安装工程费用项目组成》建标〔2013〕44号，建筑安装工程费按照费用构成要素划分由人工费、材料（包含工程设备，下同）费、施工机具使用费、企业管理费、利润、规费和税金组成。其中人工费、材料费、施工机具使用费、企业管理费和利润包含在分部分项工程费、措施项目费、其他项目费中。

（1）人工费：是指按工资总额构成规定，支付给从事建筑安装工程施工的生产工人和附属生产单位工人的各项费用。包括：①计时工资或计件工资；②奖金；③津贴补贴；④加班加点工资；⑤特殊情况下支付的工资。

（2）材料费：是指施工过程中耗费的原材料、辅助材料、构配件、零件、半成品或成品、工程设备的费用。包括：①材料原价；②运杂费；③运输损耗费；④采购及保管费。

（3）施工机具使用费：是指施工作业所发生的施工机械、仪器仪表使用费或其租赁费。包括：

①施工机械使用费（折旧费，大修理费，经常修理费，安拆费及场外运费，人工费，燃料动力费，税费）；②仪器仪表使用费。

（4）企业管理费：是指建筑安装企业组织施工生产和经营管理所需的费用。包括：①管理人员工资；②办公费；③差旅交通费；④固定资产使用费；⑤工具用具使用费；⑥劳动保险和职工福利费；⑦劳动保护费；⑧检验试验费；⑨工会经费；⑩职工教育经费；⑪财产保险费；⑫财务费；⑬税金；⑭其他。

（5）利润：是指施工企业完成所承包工程获得的盈利。

（6）规费：是指按国家法律、法规规定，由省级政府和省级有关权力部门规定必须缴纳或计取的费用。包括：①社会保险费（养老保险费，失业保险费，医疗保险费，生育保险费，工伤保险费）；②住房公积金；③工程排污费；其他应列而未列入的规费，按实际发生计取。

（7）税金：是指国家税法规定的应计入建筑安装工程造价内的营业税、城市维护建设税、教育费附加以及地方教育附加。

3064 建设工程造价控制的主要任务是什么？

答：建设工程造价控制的主要任务就是按照动态控制原理，通过采取有效措施，在满足工程质量和进度要求的前提下，力求使工程实际造价不超过预定造价目标。

施工阶段造价控制的主要任务是通过工程计量、工程付款控制、工程变更费用控制、预防并处理好费用索赔、挖掘降低工程造价潜力等使工程实际费用支出不超过计划投资。

3065　项目监理机构工程造价控制包括哪些主要内容？

答：依据《建设工程监理规范》GB/T 50319—2013，项目监理机构工程造价控制包括下列主要内容：

（1）依据施工合同有关条款、施工图纸，对工程进行风险分析，找出工程造价最易突破的部分和最易发生费用索赔的因素和部位，并制定防范性对策。

（2）项目监理机构应按程序进行工程计量和付款签证。

（3）项目监理机构应编制月完成工程量统计表，对实际完成量与计划完成量进行比较分析，发现偏差的，应提出调整建议，并应在监理月报中向建设单位报告。

（4）项目监理机构应按程序进行工程竣工结算款审核。

3066　建设工程造价控制有哪些主要措施？

答：建设工程造价控制主要措施有组织措施、技术措施、经济措施和合同措施等。

（1）组织措施：建立造价控制目标体系，明确项目监理机构中造价控制的人员及其岗位职责，制定造价控制工作流程和相应的工作制度，如造价报告制度、协调会议制度等。

（2）技术措施：严格审查施工图设计、施工组织设计和施工方案，合理支付施工措施费；控制工程变更，并对工程变更进行技术经济分析和审核；按合理工期组织施工，避免不必要的赶工费，深入技术领域研究挖掘节约造价的可能性。

（3）经济措施：编制资金使用计划，对工程造价目标进行风险分析，并制定防范性对策；将计划目标进行分解，在工程实施全过程中对造价计划值的执行进行跟踪检查，并将造价计划值与实际值进行比较分析，发现偏差及时采取措施纠偏；进行工程计量；严格审核各项费用支出，建立行之有效的造价控制激励机制和约束机制。

（4）合同措施：通过合同条款约定，明确工程造价不得超出计划目标值；做好工程施工记录，保存好各种文件资料，为处理可能发生的索赔提供依据，参与处理索赔事宜；参与合同的拟订、修改、补充工作，在合同条款中规避工程造价增加的风险。

3067　什么是工程计量？工程计量原则是什么？

答：（1）依据《建设工程监理规范》GB/T 50319—2013，工程计量是指根据工程设计文件及施工合同约定，项目监理机构对施工单位申报的合格工程的工程量进行的核验。

（2）依据《建设工程施工合同（示范文本）》GF-2013-0201，工程计量原则为：

按照合同约定的工程量计算规则、设计图纸及变更指示等进行计量。工程量计算规则应以相关的国家标准、行业标准等为依据，由合同当事人在专用合同条款中约定。

3068　项目监理机构如何进行工程计量和付款签证？

答：依据《建设工程监理规范》GB/T 50319—2013，项目监理机构应按下列程序进行工程计量和付款签证：

（1）专业监理工程师对施工单位在工程款支付报审表中提交的工程量和支付金额进行复核，确定实际完成的工程量，提出到期应支付给施工单位的金额，并提出相应的支持性材料。

（2）总监理工程师对专业监理工程师的审查意见进行审核，签认后报建设单位审批。

（3）总监理工程师根据建设单位的审批意见，向施工单位签发工程款支付证书。

3069　项目监理机构如何进行工程竣工结算款审核？

答： 依据《建设工程监理规范》GB/T 50319—2013，项目监理机构应按下列程序进行工程竣工结算款审核：

（1）专业监理工程师审查施工单位提交的工程竣工结算款支付申请，提出审查意见。

（2）总监理工程师对专业监理工程师的审查意见进行审核，签认后报建设单位审批，同时抄送施工单位，并就工程竣工结算事宜与建设单位、施工单位协商；达成一致意见的，根据建设单位审批意见向施工单位签发工程竣工结算款支付证书；不能达成一致意见的，应按施工合同约定处理。

3070　合同价款调整的程序是什么？

答： 依据《建设工程工程量清单计价规范》GB 50500—2013，合同价款调整应按下列程序进行：

（1）出现合同价款调增事项（不含工程量偏差、计日工、现场签证、索赔）后的14天内，承包人应向发包人提交合同价款调增报告并附上相关资料；承包人在14天内未提交合同价款调增报告的，应视为承包人对该事项不存在调整价款请求。

（2）出现合同价款调减事项（不含工程量偏差、索赔）后的14天内，发包人应向承包人提交合同价款调减报告并附相关资料；发包人在14天内未提交合同价款调减报告的，应视为发包人对该事项不存在调整价款请求。

（3）发（承）包人应在收到承（发）包人合同价款调增（减）报告及相关资料之日起14天内对其核实，予以确认的应书面通知承（发）包人。当有疑问时，应向承（发）包人提出协商意见。发（承）包人在收到合同价款调增（减）报告之日起14天内未确认也未提出协商意见的，应视为承（发）包人提交的合同价款调增（减）报告已被发（承）包人认可。发（承）包人提出协商意见的，承（发）包人应在收到协商意见后的14天内对其核实，予以确认的应书面通知发（承）包人。承（发）包人在收到发（承）包人的协商意见后14天内既不确认也未提出不同意见的，应视为发（承）包人提出的意见已被承（发）包人认可。

（4）发包人与承包人对合同价款调整的不同意见不能达成一致的，只要对发承包双方履约不产生实质影响，双方应继续履行合同义务，直到其按照合同约定的争议解决方式得到处理。

（5）经发承包双方确认调整的合同价款，作为追加（减）合同价款，应与工程进度款或结算款同期支付。

3071　工程量出现偏差时合同价款如何调整？

答： 依据《建设工程工程量清单计价规范》GB 50500—2013，合同履行期间，当应予计算的实际工程量与招标工程量清单出现偏差，且符合下列规定时，发承包双方应调整合同价款。

（1）对于任一招标工程量清单项目，当因工程量偏差和工程变更等原因导致工程量偏差超过 15% 时，可进行调整。当工程量增加 15% 以上时，增加部分的工程量的综合单价应予调低；当工程量减少 15% 以上时，减少后剩余部分的工程量的综合单价应予调高。

可按下列公式调整：

① 当 $Q_1 > 1.15Q_0$ 时，$S = 1.15Q_0 \times P_0 + (Q_1 - 1.15Q_0) \times P_1$

② 当 $Q_1 < 0.85Q_0$ 时，$S = Q_1 \times P_1$

式中　S——调整后的某一分部分项工程费结算价。

　　Q_1——最终完成的工程量。

　　Q_0——招标工程量清单中列出的工程量。

　　P_1——按照最终完成工程量重新调整后的综合单价。

　　P_0——承包人在工程量清单中填报的综合单价。

（2）当工程量出现超过 15% 的变化，且该变化引起相关措施项目相应发生变化时，如按系数或单一总价方式计价的，工程量增加的措施项目费调增，工程量减少的措施项目费调减。

第 3 节　建设工程进度控制

3072　建设工程进度控制主要任务是什么？

答： 建设工程进度控制主要任务就是按照动态控制原理，通过采取有效措施，在满足工程质量和造价要求的前提下，力求使工程实际工期不超过计划工期目标。

施工阶段进度控制的主要任务是通过完善建设工程控制性进度计划、审查施工单位提交的进度计划、做好施工进度动态控制工作、协调各相关单位之间的关系、预防并处理好工期索赔，力求实际施工进度满足计划施工进度的要求。

3073　建设工程进度控制应包括哪些主要内容？

答： 依据《建设工程监理规范》GB/T 50319—2013，进度控制应包括下列主要内容：

（1）根据建设单位和施工单位签订的工程施工合同，确定工程施工总工期，并按总工期计划确定阶段性进度控制目标。

（2）项目监理机构应审查施工单位报审的施工总进度计划和阶段性施工进度计划，提出审查意见，并应由总监理工程师审核后报建设单位。

（3）项目监理机构应检查施工进度计划的实施情况，发现实际进度严重滞后于计划进度且影响合同工期时，应签发监理通知单，要求施工单位采取调整措施加快施工进度。总监理工程师应向建设单位报告工期延误风险。

（4）项目监理机构应比较分析工程施工实际进度与计划进度，预测实际进度对工程总工期的影响，并应在监理月报中向建设单位报告工程实际进展情况。

3074 建设工程施工进度计划审查应包括哪些基本内容？

答： 依据《建设工程监理规范》GB/T 50319—2013，施工进度计划审查应包括下列基本内容：

（1）施工进度计划应符合施工合同中工期的约定。

（2）施工进度计划中主要工程项目无遗漏，应满足分批投入试运、分批动用的需要，阶段性施工进度计划应满足总进度控制目标的要求。

（3）施工顺序的安排应符合施工工艺要求。

（4）施工人员、工程材料、施工机械等资源供应计划应满足施工进度计划的需要。

（5）施工进度计划应符合建设单位提供的资金、施工图纸、施工场地、物资等施工条件。

3075 建设工程进度控制有哪些主要措施？

答： 建设工程进度控制主要措施包括组织措施、技术措施、经济措施和合同措施等。

（1）组织措施：建立进度控制目标体系，明确项目监理机构中进度控制的人员及其岗位职责，制定进度控制工作流程和相应的工作制度，如进度报告制度、进度计划实施中的检查分析制度、进度协调会议制度等。

（2）技术措施：选用有利于实现施工总进度目标的工程设计技术和施工技术，严格审查施工组织设计和施工进度计划的可行性。定期跟踪和收集进度计划的执行情况及其相关信息，分析偏差的主要原因，确定相应的纠偏措施。

（3）经济措施：编制与总进度计划相适应的各类资源需求和供应计划，及时办理工程预付款和工程进度款支付手续；建立行之有效的进度控制激励机制。

（4）合同措施：加强合同管理，协调合同工期与进度计划之间的关系，保证合同中进度目标的实现；控制合同变更，对各方提出的工程变更应严格审查；加强风险管理，在合同中应充分考虑影响进度的风险因素，并制定对策；加强索赔管理，公平地处理索赔。

3076 建设工程进度计划编制主要程序是什么？

答： 建设工程进度计划编制应按下列主要程序进行：

（1）确定进度计划目标

进度计划目标的确定，往往需要考虑各方面因素，经过充分论证，才能确定。在实际工程中，可以按照下列方法进行：参照过去同类或相似工程进行推算；采用建设定额工期；按照建设单位的实际要求确定。

（2）确定进度计划工作任务和时间

利用工作分解结构确定工作任务和子项任务，同时估计和确定完成各项任务所需时间。确定工作的起止时间和里程碑。

（3）明确机构、人员与岗位

利用组织分解结构确定承担工作任务和子项任务的机构、人员与岗位。

（4）检查各工作任务之间的逻辑关系

检查各工作任务和子任务之间的逻辑关系。这些关系基本可以被分成两种类型：完全线性的（即前一项工作完成结束后才可以进行后一项工作）；部分滞后的（即前一项工作部分完成后就可以开始后一项工作），要对每一项工作和与之关联的其他工作作出类型分析。

（5）草拟进度计划

通过上述程序，就可获得草拟一个进度计划所需的全部信息：工作任务目录、完成工作任务所需时间及工作任务之间的逻辑关系，将这三者按时间顺序进行组合，就可以得到一个草拟的进度计划，或进度计划初稿。

（6）完善并优化进度计划

仔细研究草拟的进度计划，应考虑如下事项：工作时间估算的现实性，工作任务之间逻辑关系的准确性，是否有未排入计划的疏漏工作任务，各岗位任务分配的均衡性与适当性，是否有可能导致工作任务搁浅的瓶颈等。

3077　进度计划表示方式有哪些？

答：进度计划通常借助两种方式，即文字说明与进度计划图表。其中文字说明是用文字形式说明各时间段内应完成的工程建设任务及所需达到的工程形象进度要求。进度计划图表是指用图表形式来表达工程建设各项工作任务的具体时间顺序安排。目前，进度计划的表示方式主要有横道图和网络计划两种形式。

（1）横道图

横道图又称甘特图，是美国人甘特（Gantt）在 20 世纪 20 年代提出的。是一种最简单、运用最广泛的传统的进度计划方法。横道图进度计划，是一个二维的平面图，横向表示进度并与时间相对应，纵向表示工作内容。

每一水平横道线显示每项工作的开始和结束时间，每一横道的长度表示该项工作的持续时间。根据工程进度计划的需要，度量工程进度的时间单位可以用月、旬、周或天表示。

（2）网络计划

网络计划是用网络图形式表达出来的进度计划，其基本原理是用网络图表达项目活动之间的逻辑关系，并在此基础上进行网络分析，计算网络中各项时间参数，确定关键工作与关键线路，利用时差调整与优化网络计划，求得最短工期。同时，还可考虑成本与资源问题，求得项目计划方案的综合优化。网络计划可分为双代号网络计划和单代号网络计划。

3078　什么是网络计划的计算工期、要求工期和计划工期？

答：工期泛指完成整个任务所需要的时间，在网络计划中一般有：计算工期（T_c）、要求工期（T_r）、计划工期（T_p）。

（1）计算工期（T_c）

计算工期（T_c）：是在网络计划持续时间 D_{i-j} 确定下通过计算所得到的工期，是网络计划持续时间之和最长的线路。网络计划的线路是由开始节点到结束节点的工作所连成。

$$T_c = ET_n = LT_n$$

式中　ET_n——结束节点 n 的最早时间，即所有节点最早时间的最大值。

LT_n——结束节点 n 的最迟时间，即在保持计算工期不变的前提下，该节点必须结束的时间。

（2）要求工期（T_r）

要求工期（T_r）：任务委托人要求的指令性工期。

（3）计划工期（T_p）

计划工期（T_p）：是根据要求工期 T_r 和计算工期 T_c 所确定的作为实施目标的工期。

当规定了要求工期时：$T_p \leqslant T_r$，且 $T_c \leqslant T_p$，否则根据确定的持续时间 D_{i-j} 所安排网络计划不符合目标工期要求。

当未规定要求工期时：可令计划工期等于计算工期，$T_p = T_c$。

3079　什么是网络计划的时差？

答：在网络计划中，如果最迟开始时间和最早开始时间不同，说明该活动的开始时间就可以推迟，这个可以推迟的机动时间就称为时差。一般情况下，时差可以分为总时差和自由时差两种。

（1）工作总时差（TF_{i-j}）

工作总时差（TF_{i-j}）是指在不影响计划工期的前提下，本工作可以利用的机动时间，用 TF_{i-j} 表示工作 $i-j$ 的总时差，如图 3-1 所示。

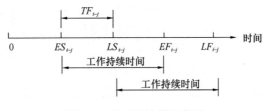

图 3-1　总时差计算示意图

在计划工期已经确定的情况下，如图 3-1 中 ES_{i-j} 表示工作 $i-j$ 的最早开始时间，LS_{i-j} 表示工作 $i-j$ 的最迟开始时间；相应的 EF_{i-j} 表示最早完成时间，LF_{i-j} 表示最迟完成时间。

由图 3-1 可见，总时差 $TF_{i-j} = LS_{i-j} - ES_{i-j}$；显然，$TF_{i-j} = LF_{i-j} - EF_{i-j}$。

总时差在网络计划中是个非常重要的时间参数，在网络计划的资源优化、网络计划的调整等方面都要利用总时差。

（2）工作自由时差（FF_{i-j}）

工作自由时差（FF_{i-j}）是指在不影响其紧后工作最早开始的前提下，本工作可以利用的机动时间。如果本工作的最早开始时间为 ES_{i-j}，其紧后工作的最早开始时间是 ES_{j-k}，在数轴上的表示如图 3-2 所示。

由图 3-2 可见，$FF_{i-j} = ES_{j-k} - D_{i-j} - ES_{i-j} = ES_{j-k} - EF_{i-j}$。图中的 D_{i-j} 为工作的持续时间，EF_{i-j} 为工作的最早完成时间。

自由时差也是个非常重要的时间参数，在调整工作时间安排时，自由时差首先应该被利用。

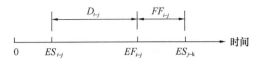

图 3-2　自由时差计算示意图

3080　什么是网络计划的关键线路和关键工作？

答： 在网络计划中，工作持续时间之和最长的线路为关键线路。或总时差为零或为最小值的工作串联起来的线路为关键线路。

关键工作是指关键线路上的工作，即延长其持续时间就会影响计划工期的工作。关键工作是网络计划中总时差最小的工作。

当计划工期 T_p＝计算工期 T_c 时，关键工作的总时差为 0。

当要求工期 T_r＞计算工期 T_c 时，关键工作的总时差最小，但大于 0。

当计算工期不能满足计划工期时，可采取措施通过压缩关键工作的持续时间，以满足计划工期要求。

3081　建设工程进度计划检查有哪些主要方法？

答： 建设工程进度计划检查主要方法有横道图比较法、S 形曲线比较法、香蕉形曲线比较法、前锋线比较法等。

（1）横道图比较法

横道图比较法是将工程实施过程中，检查实际进度收集到的数据，经加工整理后直接用横道线平行绘于原计划的横道线处，进行实际进度与计划进度直观比较的方法。

利用横道图进行进度计划检查时，应使用与原横道进度计划图相同的时间单位，将实际进度情况记录在横道图上，可以很直观地比较计划进度和实际进度。

（2）S 形曲线比较法

由于从整个工程进展的全过程看，单位时间内完成的工作任务量一般都随着时间的递增而呈现出两头少、中间多的分布规律，即工程的开工和收尾阶段完成的工作任务量少而中间阶段完成的工作任务量多。这样以横坐标表示进度时间，以纵坐标表示累计完成工作任务量而绘制出来的曲线将是一条 S 形曲线。

S 形曲线比较法就是将进度计划确定的计划累计完成工作任务量和实际累计完成工作量分别绘制成 S 形曲线，并通过两者的比较借以判断实际进度与计划进度相比是超前还是滞后，进而得出其他各种有关进度信息的进度计划执行情况检查方法。

（3）香蕉形曲线比较法

根据网络计划原理，网络计划中任何一项工作均可具有最早开始和最迟必须开始这两种不同的开始时间，而通过 S 形曲线比较法可知，一项计划工作任务随着时间的推移其逐日累计完成的工作任务量可以用 S 形曲线表示，于是，网络计划中的任何一项工作，其逐日累计完成的工作任务量就必然可以借助于两条 S 形曲线概括表示：

①按工作的最早开始时间安排计划进度而绘制的 S 形曲线称 ES 曲线。

②按工作的最迟开始时间安排计划进度而绘制的 S 形曲线称 LS 曲线。

由于两条曲线除在开始点和结束点相互重合以外，ES 曲线上的其余各点均落在 LS 曲线的左侧，从而使得两条曲线围合成一个形如香蕉的闭合曲线圈，故将其称为香蕉形曲线。通常，在工程实施过程中进度控制的理想状况是，在任一时刻按实际进度描出的点均落在香蕉形曲线区域内，这说明实际工程进度被控制在工作的最早开始时间和最迟必须开始时间的要求范围之内，因而呈现正常状态，而一旦按实际进度描出的点落在 ES 曲线的上方（左侧）或 LS 曲线的下方（右侧），则说明与计划要求相比实际进度超前或滞后，此时已产生了进度偏差。

（4）前锋线比较法

前锋线比较法主要适用于时标网络计划的实际进度与计划进度比较方法。前锋线是指在原时标网络计划上，从检查时刻的时间标点出发，用点划线依次将各项工作实际进展位置点连接，最终结束于检查时刻的时间标点而形成的对应于检查时刻各项工作实际进度前锋点的折线，故前锋线又可称为实际进度前锋线。换言之，前锋线比较法是借助于实际进度前锋线比较工程实际与计划进度偏差的方法。

3082　如何分析进度偏差对后续工作及总工期的影响？

答：当工程实施进度与计划进度比较出现偏差时，应运用网络计划原理，对总时差和自由时差进行分析，就可以判别这种进度偏差是对后续工作有影响，还是对总工期有影响。分析判断过程如下：

（1）分析出现进度偏差的工作是否在关键线路上

如果出现进度偏差的工作是关键线路上的工作，即该工作为关键工作，说明无论其偏差大小，都必将对后续工作的最早开始时间和总工期产生影响，必须采取相应措施调整进度计划。如果出现进度偏差的工作是非关键线路上的工作，则需要根据进度偏差值与总时差和自由时差的关系作进一步分析。

（2）分析进度偏差是否大于总时差

对于非关键线路上工作的偏差，首先应判断该进度偏差是否大于总时差。如果大于，则说明此进度偏差必将影响其后续工作的最早开始时间和总工期，出现偏差的工作已成为关键线路上的工作，必须采取相应调整措施；如果不大于，则此进度偏差不影响总工期。至于对后续工作的影响程度，还需要根据进度偏差值与其自由时差的关系作进一步分析。

（3）分析进度偏差是否大于自由时差

对于非关键线路上工作的偏差，首先应判断该进度偏差是否大于自由时差。如果大于，则说明此偏差必定影响后续工作的最早开始时间，此时应根据后续工作的限制条件确定调整方法。如果后续工作的最早开始时间不能调整，则需要对本工作完成过程中的偏差在本工作后续过程中调整；如果本工作后续过程中不能调整，就只能调整后续工作的最早开始时间。如果不大于，说明此偏差对后续工作不会产生影响，原进度计划可不作调整。

3083　建设工程进度计划调整有哪些主要方法？

答：建设工程进度计划调整的主要方法如下：

（1）调整关键线路方法

①当关键线路的实际进度比计划进度拖后时，应在尚未完成的关键工作中，选择资源

强度小或费用低的工作缩短其持续时间，并重新计算未完成部分的时间参数，将其作为一个新计划实施。

②当关键线路的实际进度比计划进度超前时，若不拟提前工期，应选用资源占用量大或者直接费用高的后续关键工作，适当延长其持续时间，以降低其资源强度或费用；当确定要提前工期时，应将计划尚未完成的部分作为一个新计划，重新确定关键工作的持续时间，按新计划实施。

（2）调整非关键工作时差方法

非关键工作时差调整应在其时差的范围内进行，以便充分利用资源、降低成本或满足工作需要。每一次调整后都必须重新计算时间参数，观察该调整对计划全局的影响。可采用以下几种调整方法：

①将工作在其最早开始时间与最迟开始时间范围内移动。

②延长工作的持续时间。

③缩短工作的持续时间。

（3）调整工作量方法

①不打乱原网络进度计划的逻辑关系，只对局部逻辑关系进行调整。

②增减工作量应重新计算时间参数，分析对原网络进度计划的影响。当对工期有影响时，应采取调整措施，以保证计划工期不变。

（4）调整逻辑关系方法

逻辑关系调整只有当实际情况要求改变施工方法或组织方法时才可进行。调整时应避免影响原计划工期和其他工作的顺利进行。

（5）调整工作持续时间方法

当发现某些工作的原持续时间估计有误或实现条件不充分时，应重新估算其持续时间，并重新计算时间参数，尽量使原计划工期不受影响。

（6）调整资源投入方法

当资源供应发生异常时，应采用资源优化方法对计划进行调整，或采取应急措施，使其对工期的影响最小。

第4章　建设工程安全生产管理的监理工作

本章依据《建设工程监理规范》、施工现场相关安全技术规范以及有关安全生产的法律、法规和规章等，介绍了建设工程安全生产管理的监理工作内容、相关规定以及安全技术基本知识。共编写 66 道题。

第1节　监理工作内容与相关规定

4001　安全生产管理的监理工作应包括哪些主要内容？

答：依据《建设工程监理规范》GB/T 50319—2013，安全生产管理的监理工作应包括下列主要内容：

（1）项目监理机构应根据法律法规、工程建设强制性标准，履行建设工程安全生产管理的监理职责，并应将安全生产管理的监理工作内容、方法和措施纳入监理规划及监理实施细则。

（2）项目监理机构应审查施工单位现场安全生产管理规章制度的建立和实施情况，并应审查施工单位安全生产许可证及施工单位项目经理、专职安全生产管理人员和特种作业人员的资格，同时应核查施工机械和设施的安全许可验收手续。

（3）项目监理机构应审查施工单位报审的专项施工方案，符合要求的，应由总监理工程师签认后报建设单位。超过一定规模危险性较大的分部分项工程专项施工方案，应检查施工单位组织专家进行论证、审查的情况，以及是否附具安全验算结果。项目监理机构应要求施工单位按已批准的专项施工方案组织施工。专项施工方案需要调整时，施工单位应按程序重新提交项目监理机构审查。

（4）项目监理机构应巡视检查危险性较大的分部分项工程专项施工方案实施情况。发现未按专项施工方案实施时，应签发监理通知单，要求施工单位按专项施工方案实施。

（5）项目监理机构在实施监理过程中，发现工程存在安全事故隐患时，应签发监理通知单，要求施工单位整改；情况严重时，应签发工程暂停令，并应及时报告建设单位。施工单位拒不整改或不停止施工时，项目监理机构应及时向有关主管部门报送监理报告。

4002　监理人员应熟悉哪些有关安全的法律、法规和规章？

答：监理人员应熟悉下列有关安全的主要法律、法规和规章：

(1)《中华人民共和国安全生产法》。

(2)《建设工程安全生产管理条例》（国务院令第 393 号）。

(3)《生产安全事故报告和调查处理条例》（国务院令第 493 号）。

(4)《危险性较大的分部分项工程安全管理办法》（建质〔2009〕87 号）。

(5)《建筑施工企业安全生产管理机构设置及专职安全生产管理人员配备办法》（建质〔2008〕91 号）。

（6）其他相关规章、规范性文件。

4003　《建设工程安全生产管理条例》中监理单位有哪些安全管理职责？

答： 依据《建设工程安全生产管理条例》国务院令第 393 号，监理单位安全管理职责包括：

（1）工程监理单位应当审查施工组织设计中的安全技术措施或者专项施工方案是否符合工程建设强制性标准。

（2）监理单位在实施监理过程中，发现存在安全事故隐患的，应当要求施工单位整改；情况严重的，应当要求施工单位暂时停止施工，并及时报告建设单位。施工单位拒不整改或不停止施工的，工程监理单位应当及时向主管部门报告。

（3）工程监理单位应当按照法律、法规和工程建设强制性标准实施监理，并对建设工程安全生产承担监理责任。

4004　专项施工方案编制和审查有哪些规定？

答： 依据《危险性较大的分部分项工程安全管理办法》建质〔2009〕87 号，危险性较大的分部分项工程专项施工方案编制和审查应符合下列规定：

（1）危险性较大的分部分项工程专项施工方案（以下简称"专项方案"），是指施工单位在编制施工组织（总）设计的基础上，针对危险性较大的分部分项工程单独编制的安全技术措施文件。

（2）施工单位应当在危险性较大的分部分项工程施工前编制专项方案；对于超过一定规模的危险性较大的分部分项工程，施工单位应当组织专家对专项方案进行论证。实行施工总承包的，由施工总承包单位组织召开专家论证会。

（3）建筑工程实行施工总承包的，专项方案应当由施工总承包单位组织编制。其中，起重机械安装拆卸工程、深基坑工程、附着式升降脚手架等专业工程实行分包的，其专项方案可由专业承包单位组织编制。

（4）专项方案应当由施工单位技术部门组织本单位施工技术、安全、质量等部门的专业技术人员进行审核，经审核合格的，由施工单位技术负责人签字。实行施工总承包的，专项方案应当由总承包单位技术负责人及相关专业承包单位技术负责人签字。

不需专家论证的专项方案，经施工单位审核合格后报监理单位，由项目总监理工程师审核签字。

（5）专项方案应当包括下列内容：

①工程概况：危险性较大分部分项工程概况、施工平面布置、施工要求和技术保证条件。

②编制依据：相关法律法规、规范性文件、标准、规范及图纸、施工组织设计等。

③施工计划：包括施工进度计划、材料与设备计划。

④施工工艺技术：技术参数、工艺流程、施工方法、检查验收等。

⑤施工安全保证措施：组织保障、技术措施、应急预案、监测监控等。

⑥劳动力计划：专职安全生产管理人员、特种作业人员等。

⑦计算书及相关图纸。

（6）专项施工方案审查的基本内容

专项施工方案审查应包括下列基本内容：

①编审程序应符合相关规定。

②安全技术措施应符合工程建设强制性标准。

4005　专项施工方案报审程序是什么？

答：依据《建设工程监理规范》GB/T 50319—2013，专项施工方案报审程序如下：

（1）施工单位应当在危险性较大分部分项工程施工前编制专项施工方案，并向项目监理机构报送编制的专项施工方案；对超过一定规模的危险性较大的分部分项工程，专项施工方案应由施工单位组织专家进行论证，并将论证报告作为专项施工方案的附件报送项目监理机构。

（2）项目监理机构对专项施工方案进行审查并签署意见；总监理工程师审核并签署意见。当需要施工单位修改时，应由总监理工程师签署书面意见要求施工单位修改后再报。

（3）对超过一定规模的危险性较大的分部分项工程，专项施工方案应经建设单位审批并签署意见。

4006　危险性较大的分部分项工程包括哪些内容？

答：依据《危险性较大的分部分项工程安全管理办法》建质［2009］87号，危险性较大的分部分项工程包括：

（1）基坑支护、降水工程

开挖深度超过3m（含3m）或虽未超过3m但地质条件和周边环境复杂的基坑（槽）支护、降水工程。

（2）土方开挖工程

开挖深度超过3m（含3m）的基坑（槽）的土方开挖工程。

（3）模板工程及支撑体系

①各类工具式模板工程：包括大模板、滑模、爬模、飞模等工程。

②混凝土模板支撑工程：搭设高度5m及以上；搭设跨度10m及以上；施工总荷载10kN/ m² 及以上；集中线荷载15kN/m及以上；高度大于支撑水平投影宽度且相对独立无联系构件的混凝土模板支撑工程。

③承重支撑体系：用于钢结构安装等满堂支撑体系。

（4）起重吊装及安装拆卸工程

①采用非常规起重设备、方法，且单件起吊重量在10kN及以上的起重吊装工程。

②采用起重机械进行安装的工程。

③起重机械设备自身的安装、拆卸。

（5）脚手架工程

①搭设高度24m及以上的落地式钢管脚手架工程。

②附着式整体和分片提升脚手架工程。

③悬挑式脚手架工程。

④吊篮脚手架工程。

⑤自制卸料平台、移动操作平台工程。

⑥新型及异型脚手架工程。

（6）拆除、爆破工程

①建筑物、构筑物拆除工程。

②采用爆破拆除的工程。

（7）其他

①建筑幕墙安装工程。

②钢结构、网架和索膜结构安装工程。

③人工挖扩孔桩工程。

④地下暗挖、顶管及水下作业工程。

⑤预应力工程。

⑥采用新技术、新工艺、新材料、新设备及尚无相关技术标准的危险性较大的分部分项工程。

4007　超过一定规模的危险性较大的分部分项工程包括哪些内容？

答： 依据《危险性较大的分部分项工程安全管理办法》建质〔2009〕87 号，超过一定规模的危险性较大的分部分项工程包括：

（1）深基坑工程

①开挖深度超过 5m（含 5m）的基坑（槽）的土方开挖、支护、降水工程。

②开挖深度虽未超过 5m，但地质条件、周围环境和地下管线复杂，或影响毗邻建筑（构筑）物安全的基坑（槽）的土方开挖、支护、降水工程。

（2）模板工程及支撑体系

①工具式模板工程：包括滑模、爬模、飞模工程。

②混凝土模板支撑工程：搭设高度 8m 及以上；搭设跨度 18m 及以上；施工总荷载 $15kN/m^2$ 及以上；集中线荷载 20kN/m 及以上。

③承重支撑体系：用于钢结构安装等满堂支撑体系，承受单点集中荷载 700kg 以上。

（3）起重吊装及安装拆卸工程。

①采用非常规起重设备、方法，且单件起吊重量在 100kN 及以上的起重吊装工程。

②起重量 300kN 及以上的起重设备安装工程；高度 200m 及以上内爬起重设备的拆除工程。

（4）脚手架工程

①搭设高度 50m 及以上落地式钢管脚手架工程。

②提升高度 150m 及以上附着式整体和分片提升脚手架工程。

③架体高度 20m 及以上悬挑式脚手架工程。

（5）拆除、爆破工程

①采用爆破拆除的工程。

②码头、桥梁、高架、烟囱、水塔或拆除中容易引起有毒有害气（液）体或粉尘扩散、易燃易爆事故发生的特殊建、构筑物的拆除工程。

③可能影响行人、交通、电力设施、通信设施或其他建、构筑物安全的拆除工程。

④文物保护建筑、优秀历史建筑或历史文化风貌区控制范围的拆除工程。

（6）其他

①施工高度 50m 及以上的建筑幕墙安装工程。

②跨度大于 36m 及以上钢结构安装工程；跨度大于 60m 及以上的网架和索膜结构安装工程。

③开挖深度超过 16m 的人工挖孔桩工程。

④地下暗挖工程、顶管工程、水下作业工程。

⑤采用新技术、新工艺、新材料、新设备及尚无相关技术标准的危险性较大的分部分项工程。

4008 施工组织设计中安全技术措施的审查应包括哪些主要内容？

答：依据《关于落实建设工程安全生产监理责任的若干意见》建市〔2006〕248 号，施工组织设计中安全技术措施的审查应包括下列主要内容：

（1）施工单位编制的地下管线保护措施方案是否符合强制性标准要求。

（2）基坑支护与降水、土方开挖与边坡防护、模板、起重吊装、脚手架、拆除、爆破等分部分项工程的专项施工方案是否符合强制性标准要求。

（3）施工现场临时用电施工组织设计或安全用电技术措施和电气防火措施是否符合强制性标准要求。

（4）冬期、雨期等季节性施工方案的制定是否符合强制性标准要求。

（5）施工总平面布置图是否符合安全生产的要求，办公、宿舍、食堂、道路等临时设施设置以及排水、防火措施是否符合强制性标准要求。

4009 施工企业安全生产管理"三类人员"包括哪些人员？

答：依据《关于印发〈建筑施工企业主要负责人、项目负责人和专职安全生产管理人员安全生产考核管理暂行规定〉的通知》建质〔2004〕59 号，施工企业安全生产管理"三类人员"包括：

（1）建筑施工企业主要负责人：是指对本企业日常生产经营活动和安全生产工作全面负责、有生产经营决策权的人员，包括企业法定代表人、经理、企业分管安全生产工作的副经理等。

（2）建筑施工企业项目负责人：是指由企业法定代表人授权，负责建设工程项目管理的负责人（项目经理）等。

（3）建筑施工企业专职安全生产管理人员：是指在企业专职从事安全生产管理工作的人员，包括企业安全生产管理机构的负责人及其工作人员和施工现场专职安全生产管理人员。

4010 施工单位配备项目专职安全生产管理人员有哪些要求？

答：依据《关于印发〈建筑施工企业安全生产管理机构设置及专职安全生产管理人员配备办法〉的通知》建质〔2008〕91 号，施工单位配备项目专职安全生产管理人员应满足下列要求：

（1）施工单位专职安全生产管理人员是指经建设主管部门或者其他有关部门安全生产考核合格取得安全生产考核合格证书，并在建筑施工企业及其项目从事安全生产管理工作的专职人员。

（2）总承包单位配备项目专职安全生产管理人员应当满足下列要求：

①建筑工程、装修工程按照建筑面积配备：

1 万 m² 以下的工程不少于 1 人；1 万～5 万 m² 的工程不少于 2 人；5 万 m² 及以上的工程不少于 3 人，且按专业配备专职安全生产管理人员。

②土木工程、线路管道、设备安装工程按照工程合同价配备：

5000 万元以下的工程不少于 1 人；5000 万～1 亿元的工程不少于 2 人；1 亿元及以上的工程不少于 3 人，且按专业配备专职安全生产管理人员。

（3）分包单位配备项目专职安全生产管理人员应当满足下列要求：

①专业承包单位应当配置至少 1 人，并根据所承担的分部分项工程的工程量和施工危险程度增加。

②劳务分包单位施工人员在 50 人以下的，应当配备 1 名专职安全生产管理人员；50～200 人的，应当配备 2 名专职安全生产管理人员；200 人及以上的，应当配备 3 名及以上专职安全生产管理人员，并根据所承担的分部分项工程施工危险实际情况增加，不得少于工程施工人员总人数的 0.5%。

（4）采用新技术、新工艺、新材料或致害因素多、施工作业难度大的工程项目，项目专职安全生产管理人员的数量应当根据施工实际情况，在上述规定的配备标准上增加。

4011　建筑施工特种作业人员上岗有哪些规定？

答：依据《关于印发〈建筑施工特种作业人员管理规定〉的通知》建质[2008]75 号，建筑施工特种作业人员是指在房屋建筑和市政工程施工活动中，从事可能对本人、他人及周围设备设施的安全造成重大危害作业的人员。建筑施工特种作业人员上岗应符合下列规定：

（1）建筑施工特种作业人员必须经建设主管部门考核合格，取得建筑施工特种作业人员操作资格证书，方可上岗从事相应作业。

（2）资格证书有效期为两年。有效期满需要延期的，建筑施工特种作业人员应当于期满前 3 个月内向原考核发证机关申请办理延期复核手续。延期复核合格的，资格证书有效期延期 2 年。

（3）建筑施工特种作业人员应当参加年度安全教育培训或者继续教育，每年不得少于 24 小时。

（4）建筑施工特种作业包括：

①建筑电工。

②建筑架子工。

③建筑起重信号司索工。

④建筑起重机械司机。

⑤建筑起重机械安装拆卸工。

⑥高处作业吊篮安装拆卸工。

⑦经省级以上人民政府建设主管部门认定的其他特种作业。

4012　施工单位对新入场从业人员的三级安全教育包括哪些内容？

答：新入场从业人员是指新入场的学徒工、实习生、委托培训人员、合同工、新分配的院校学生、参加劳动的学生、临时借调人员、劳务分包人员等。对新入场人员实行三级安全教育，即公司级、项目部级、班组级安全教育。教育内容包括：

（1）公司级安全教育内容：国家、省市及有关部门制定的安全生产方针、政策、法规、标准、规程；安全生产基本知识；本单位安全生产情况及安全生产规章制度和劳动纪律；从业人员安全生产权利和义务；有关事故案例等。培训时间不少于15h。

（2）项目部级安全教育内容：本项目的安全生产状况；本项目工作环境、工程特点及危险因素；所从事工种可能遭受的职业伤害和伤亡事故；所从事工种的安全职责、操作技能及强制性标准；自救互救、急救方法、疏散和现场紧急情况的处理、发生安全生产事故的应急处理措施；安全设备设施、个人防护用品的使用和维护；预防事故和职业危害的措施及应注意的安全事项；有关事故案例；其他需要培训的内容。培训时间不少于15h。

（3）班组级安全教育内容：本工种、本岗位安全操作规程；岗位之间工作衔接配合的安全与职业卫生事项；劳动纪律、岗位责任、主要工作内容、本工种发生过的案例分析；其他需要培训的内容。培训时间不少于20h。

4013　生产安全事故等级如何划分？

答：依据《生产安全事故报告和调查处理条例》国务院令第493号，根据生产安全事故造成的人员伤亡或者直接经济损失，生产安全事故可分为四个等级：

（1）特别重大事故，是指造成30人以上死亡，或者100人以上重伤（包括急性工业中毒，下同），或者1亿元以上直接经济损失的事故。

（2）重大事故，是指造成10人以上30人以下死亡，或者50人以上100人以下重伤，或者5000万元以上1亿元以下直接经济损失的事故。

（3）较大事故，是指造成3人以上10人以下死亡，或者10人以上50人以下重伤，或者1000万元以上5000万元以下直接经济损失的事故。

（4）一般事故，是指造成3人以下死亡，或者10人以下重伤，或者1000万元以下直接经济损失的事故。

该等级划分所称的"以上"包括本数，所称的"以下"不包括本数。

4014　生产安全事故发生后应如何报告和应急处理？

答：依据《生产安全事故报告和调查处理条例》国务院令第493号，生产安全事故发生后报告和应急处理如下：

（1）事故发生后，事故现场有关人员应当立即向本单位负责人报告。

（2）单位负责人接到报告后，应当于1小时内向事故发生地县级以上人民政府安全生产监督管理部门和负有安全生产监督管理职责的有关部门报告。

（3）情况紧急时，事故现场有关人员可以直接向事故发生地县级以上人民政府安全生产监督管理部门和负有安全生产监督管理职责的有关部门报告。

（4）报告事故应当包括下列内容：

①事故发生单位概况。

②事故发生的时间、地点以及事故现场情况。

③事故的简要经过。

④事故已经造成或者可能造成的伤亡人数（包括下落不明的人数）和初步估计的直接经济损失。

⑤已经采取的措施。

⑥其他应当报告的情况。

（5）事故发生单位负责人接到事故报告后，应当立即启动事故相应应急预案，或者采取有效措施，组织抢救，防止事故扩大，减少人员伤亡和财产损失。

（6）事故发生后，有关单位和人员应当妥善保护事故现场以及相关证据，任何单位和个人不得破坏事故现场、毁灭相关证据。

因抢救人员、防止事故扩大以及疏通交通等原因，需要移动事故现场物件的，应当做出标志，绘制现场简图并做出书面记录，妥善保存现场重要痕迹、物证。

4015　监理单位如何监督建设工程安全文明施工费的使用？

答： 依据《建筑工程安全防护、文明施工措施费用及使用管理规定》建办[2005]89 号，监理单位应当对施工单位落实安全防护、文明施工措施情况进行现场监督。对施工单位已经落实的安全防护、文明施工措施，总监理工程师或者造价专业工程师应当及时审查并签认所发生的费用。监理单位发现施工单位未落实施工组织设计及专项施工方案中安全防护和文明施工措施的，有权责令其立即整改；对施工单位拒不整改或未按期限要求完成整改的，监理单位应当及时向建设单位和建设行政主管部门报告，必要时责令其暂停施工。

4016　建设工程安全文明施工费包括哪些项目？

答： 依据《建筑工程安全防护、文明施工措施费用及使用管理规定》建办 [2005] 89 号及《建筑安装工程费用项目组成》建标 [2013] 44 号，安全文明施工费是指按照国家现行的建筑施工安全、施工现场环境与卫生标准和有关规定，购置和更新施工安全防护用具及设施、改善安全生产条件和作业环境所需要的费用。

安全文明施工费包括：环境保护费、文明施工费、安全施工费、临时设施费。其中安全施工费由临边、洞口、交叉、高处作业安全防护费，危险性较大工程安全措施及其他费用组成。

4017　建设工程安全文明施工措施包括哪些项目清单？

答： 依据《建筑工程安全防护、文明施工措施费用及使用管理规定》建办 [2005] 89 号，建设工程安全防护、文明施工措施项目清单见表4-1。

建设工程安全防护、文明施工措施项目清单

表 4-1

类别	项目名称	具 体 要 求
文明施工与环境保护	安全警示标志牌	在易发伤亡事故（或危险）处设置明显的、符合国家标准要求的安全警示标志牌
	现场围挡	（1）现场采用封闭围挡，高度不小于1.8m； （2）围挡材料可采用彩色、定型钢板、砖、混凝土砌块等墙体
	五板一图	在进门处悬挂工程概况、管理人员名单及监督电话、安全生产、文明施工、消防保卫五板；施工现场总平面图

类别	项目名称		具 体 要 求
文明施工与环境保护	企业标志		现场出入的大门应设有本企业标识或企业标识
	场容场貌		(1) 道路畅通； (2) 排水沟、排水设施通畅； (3) 工地地面硬化处理； (4) 绿化
	材料堆放		(1) 材料、构件、料具等堆放时，悬挂有名称、品种、规格等标牌； (2) 水泥和其他易飞扬细颗粒建筑材料应密闭存放或采取覆盖等措施； (3) 易燃、易爆和有毒有害物品分类存放
	现场防火		消防器材配置合理，符合消防要求
	垃圾清运		施工现场应设置密闭式垃圾站，施工垃圾、生活垃圾应分类存放。施工垃圾必须采用相应容器或管道运输
临时设施	现场办公、生活设施		(1) 施工现场办公、生活区与作业区分开设置，保持安全距离； (2) 工地办公室、现场宿舍、食堂、厕所、饮水、休息场所符合卫生和安全要求
	施工现场临时用电	配电线路	(1) 按照 TN-S 系统要求配备五芯电缆、四芯电缆和三芯电缆； (2) 按要求架设临时用电线路的电杆、横担、瓷夹、瓷瓶等，或电缆埋地的地沟； (3) 对靠近施工现场的外电线路，设置木质、塑料等绝缘体的防护设施
		配电箱、开关箱	(1) 按三级配电要求，配备总配电箱、分配电箱、开关箱三类标准电箱。开关箱应符合一机、一箱、一闸、一漏。三类电箱中的各类电器应是合格品； (2) 按两级保护的要求，选取符合容量要求和质量合格的总配电箱和开关箱中的漏电保护器
		接地保护装置	施工现场保护零钱的重复接地应不少于三处
安全施工	临边洞口交叉高处作业防护	楼板、屋面、阳台等临边防护	用密目式安全立网全封闭，作业层另加两边防护栏杆和18cm高的踢脚板。
		通道口防护	设防护棚，防护棚应为不小于5cm厚的木板或两道相距50cm竹笆。两侧应沿栏杆架用密目式安全网封闭
		预留洞口防护	用木板全封闭。短边超过1.5m长的洞口，除封闭外四周还应设有防护栏杆
		电梯井口防护	设置定型化、工具化、标准化的防护门；在电梯井内每隔两层（不大于10m）设置一道安全水平网
		楼梯边防护	设1.2m高的定型化、工具化、标准化的防护栏杆，18cm高的踢脚板。
		垂直方向交叉作业防护	设置防护隔离棚或其他设施
		高空作业防护	有悬挂安全带的悬索或其他设施；有操作平台；有上下的梯子或其他形式的通道
其他			

4018　高大模板支撑系统专项施工方案应包括哪些主要内容？

答：依据《建设工程高大模板支撑系统施工安全监督管理导则》建质〔2009〕254 号，高大模板支撑系统是指建设工程施工现场混凝土构件模板支撑高度超过 8m，或搭设跨度超过 18m，或施工总荷载大于 $15kN/m^2$，或集中线荷载大于 $20kN/m$ 的模板支撑系统。高大模板支撑系统专项施工方案应当包括下列主要内容：

（1）编制说明及依据：相关法律、法规、规范性文件、标准、规范及图纸（国标图集）、施工组织设计等。

（2）工程概况：高大模板工程特点、施工平面及立面布置、施工要求和技术保证条件，具体明确支模区域、支模标高、高度、支模范围内的梁截面尺寸、跨度、板厚、支撑的地基情况等。

（3）施工计划：施工进度计划、材料与设备计划等。

（4）施工工艺技术：高大模板支撑系统的基础处理、主要搭设方法、工艺要求、材料的力学性能指标、构造设置以及检查、验收要求等。

（5）施工安全保证措施：模板支撑体系搭设及混凝土浇筑区域管理人员组织机构、施工技术措施、模板安装和拆除的安全技术措施、施工应急救援预案，模板支撑系统在搭设、钢筋安装、混凝土浇捣过程中及混凝土终凝前后模板支撑体系位移的监测监控措施等。

（6）劳动力计划：包括专职安全生产管理人员、特种作业人员的配置等。

（7）计算书及相关图纸：验算项目及计算内容包括模板、模板支撑系统的主要结构强度和截面特征及各项荷载设计值及荷载组合，梁、板模板支撑系统的强度和刚度计算，梁板下立杆稳定性计算，立杆基础承载力验算，支撑系统支撑层承载力验算，转换层下支撑层承载力验算等。每项计算列出计算简图和截面构造大样图，注明材料尺寸、规格、纵横支撑间距。

附图包括支模区域立杆、纵横水平杆平面布置图，支撑系统立面图、剖面图，水平剪刀撑布置平面图及竖向剪刀撑布置投影图，梁板支模大样图，支撑体系监测平面布置图及连墙件布设位置及节点大样图等。

4019　高大模板支撑系统搭设与拆除有哪些要求？

答：依据《建设工程高大模板支撑系统施工安全监督管理导则》建质〔2009〕254 号，高大模板支撑系统搭设与拆除应符合下列要求：

（1）高大模板支撑系统搭设

①高大模板支撑系统的地基承载力、沉降等应能满足方案设计要求。如遇松软土、回填土，应根据设计要求进行平整、夯实，并采取防水、排水措施，按规定在模板支撑立柱底部采用具有足够强度和刚度的垫板。

②对于高大模板支撑体系，其高度与宽度相比大于两倍的独立支撑系统，应加设保证整体稳定的构造措施。

③高大模板工程搭设的构造要求应当符合相关技术规范要求，支撑系统立柱接长严禁搭接；应设置扫地杆、纵横向支撑及水平垂直剪刀撑，并与主体结构的墙、柱牢固拉接。

④搭设高度 2m 以上的支撑架体应设置作业人员登高措施。作业面应按有关规定设置

安全防护设施。

⑤模板支撑系统应为独立的系统，禁止与物料提升机、施工升降机、塔吊等起重设备钢结构架体机身及其附着设施相连接；禁止与施工脚手架、物料周转料平台等架体相连接。

（2）高大模板支撑系统拆除

①高大模板支撑系统拆除前，项目技术负责人、项目总监理工程师应核查混凝土同条件试块强度报告，浇筑混凝土达到拆模强度后方可拆除，并履行拆模审批签字手续。

②高大模板支撑系统的拆除作业必须自上而下逐层进行，严禁上下层同时拆除作业，分段拆除的高度不应大于两层。设有附墙连接的模板支撑系统，附墙连接必须随支撑架体逐层拆除，严禁先将附墙连接全部或数层拆除后再拆支撑架体。

③高大模板支撑系统拆除时，严禁将拆卸的杆件向地面抛掷，应有专人传递至地面，并按规格分类均匀堆放。

④高大模板支撑系统搭设和拆除过程中，地面应设置围栏和警戒标志，并派专人看守，严禁非操作人员进入作业范围。

4020 施工现场应在哪些部位设置安全警示标志？

答：依据《建设工程安全生产管理条例》国务院令第 393 号，施工单位应当在施工现场入口处、施工起重机械、临时用电设施、脚手架、出入通道口、楼梯口、电梯井口、孔洞口、桥梁口、隧道口、基坑边沿、爆破物及有害危险气体和液体存放处等危险部位，设置明显的安全警示标志。安全警示标志必须符合国家标准。

第 2 节　安全防护与脚手架搭设

4021 建筑施工安全技术交底有哪些规定？

答：依据《建筑施工安全技术统一规范》GB 50870—2013，安全技术交底应符合下列规定：

（1）安全技术交底的内容应针对施工过程中潜在危险因素，明确安全技术措施内容和作业程序要求。

（2）危险等级为Ⅰ级（事故后果很严重）、Ⅱ级（事故后果严重）的分部分项工程、机械设备及设施安装拆卸的施工作业，应单独进行安全技术交底。

（3）安全技术交底的内容应包括：工程项目和分部分项工程的概况、施工过程的危险部位和环节及可能导致生产安全事故的因素、针对危险因素采取的具体预防措施、作业中应遵守的安全操作规程以及应注意的安全事项、作业人员发现事故隐患应采取的措施、发生事故后应及时采取的避险和救援措施。

（4）施工单位应建立分级、分层次的安全技术交底制度。安全技术交底应有书面记录，交底双方应履行签字手续，书面记录应在交底者、被交底者和安全管理者三方留存备查。

4022 建筑施工生产安全事故应急预案包括哪些主要内容？

答：依据《建筑施工安全技术统一规范》GB 50870—2013，建筑施工生产安全事故应急预案包括下列主要内容：

（1）建筑施工中潜在的风险及其类别、危险程度。

（2）发生紧急情况时应急救援组织机构与人员职责分工、权限。

（3）应急救援设备、器材、物资的配置、选择、使用方法和调用程序；为保持其持续的适用性，对应急救援设备、器材、物资进行维护和定期检测的要求。

（4）应急救援技术措施时选择和采用。

（5）与企业内部相关职能部门以及外部（政府、消防、救险、医疗等）相关单位或部门的信息报告、联系方法。

（6）组织抢险急救、现场保护、人员撤离或疏散等活动的具体安排等。

4023　安全帽、安全带和安全网的质量与使用有哪些要求？

答：安全帽、安全带和安全网称之为施工现场的"三宝"。

（1）安全帽：

①安全帽的选用必须有产品检验合格证，购入的产品经验收后，方准使用。

②安全帽的使用期：塑料帽不超过两年半；玻璃钢帽不超过三年半。

③对到期的安全帽要进行抽查测试，合格后方可继续使用，以后每年抽检一次，抽检不合格则该批安全帽报废。

④如果发现开裂、下凹、老化、裂痕和磨损等情况，应及时更换，确保使用安全。

（2）安全带：

①高处作业必须系挂安全带，应高挂低用，杜绝低挂高用。

②安全带使用前应检查绳带有无变质、卡环是否有裂纹，卡簧弹跳性是否良好。高处作业安全带必须挂在固定处。禁止把安全带挂在移动或带尖锐棱角或不牢固的物件上。

③凡在坠落高度基准面 2m 以上（含 2m）无法采取可靠防护措施的高处作业人员必须正确使用安全带。

④安全带在使用两年后应抽验一次。

⑤使用频繁的安全带，要经常做外观检查，发现异常时，应立即更换新绳，使用期为 3～5 年，发现异常应提前报废。

（3）安全网：

①安全网绳不得损坏和腐朽，搭设好的水平安全网在承受 100kg 重的砂袋假人，从 10m 高处的冲击后，网绳、系绳、边绳不断。搭设安全网支撑杆间距不得大于 4m。

②无外脚手架或采用单排外脚手架和工具式脚手架时，凡高度在 4m 以上的建筑物，首层四周必须搭设固定 3m 宽的水平安全网（20m 以上的建筑物搭设 6m 宽双层安全网），网底距下方物体表面不得小于 3m（20m 以上的建筑物不得小于 5m）。安全网下方不得堆放物品。

③在施工程 20m 以上的建筑每隔 4 层（10m）应固定一道 3m 宽的水平安全网。安全网的外边沿应高于内边沿 50～60cm。

④扣件式钢管外脚手架，必须立挂密目安全网，沿外架子内侧进行封闭，安全网之间必须连接牢固，并与架体固定。

⑤施工现场使用的安全网、密目式安全网必须符合国家标准。

4024　施工现场"四口"的安全防护有哪些要求？

答：依据《建筑施工高处作业安全技术规范》JGJ 80—91，施工现场"四口"是指楼梯口、电梯井口、预留洞口、通道口。施工现场"四口"的安全防护应符合下列要求：

（1）施工现场边长 1.5m 以下的孔洞，用坚实盖板盖住，有防止挪动、位移的措施。

边长 1.5m 以上的孔洞，四周应设防护栏杆，洞口下张设水平安全网，并封闭严密。结构施工中伸缩缝和后浇带处应加固定盖板防护。

（2）电梯井口应设高度不低于 1.2m 的防护栏杆或固定栅门。电梯井内应每隔两层并最多隔 10m 设一道水平安全网。

（3）管道井和烟道口必须采取有效防护措施，防止人员、物体坠落。墙面等处的竖向洞口必须设置固定式防护门并有警示标志。结构施工中电梯井和管道竖井不得作为垂直运输通道和垃圾通道。

（4）楼梯踏步及休息平台处，应设防护栏杆并加挂密目安全网。阳台栏板应随层安装，不能随层安装的，必须在阳台临边处设防护栏杆，并立挂密目安全网。

（5）建筑物出入口应搭设宽于出入通道两侧的防护棚，建筑高度超过 24m 的棚顶应满铺不小于 50mm 厚度的脚手板。通道两侧用密目安全网封闭。多层建筑防护棚长度不小于 3m，高层不小于 6m，防护棚高度不低于 3m。

4025　施工现场"临边"的安全防护有哪些要求？

答：依据《建筑施工高处作业安全技术规范》JGJ 80—91，施工现场"临边"是指深度超过 2m 的槽、坑、沟的周边；在施工程无外脚手架的屋面（作业面）和框架结构楼层的周边；井字架、龙门架、外用电梯和脚手架与建筑物的通道、上下跑道和斜侧道的两侧边；尚未安装栏板、栏杆阳台、料台、挑平台的周边；在施工程楼梯口的梯段边。施工现场"临边"的安全防护应符合下列要求：

（1）临边必须设置防护栏杆，防护栏杆由上、下两道横杆及栏杆柱组成，上杆离地高度 1.0～1.2m，下杆离地高度 0.5～0.6m。坡度大于 1：2.2 的斜屋面，防护栏杆应高于 1.5m，并加挂安全立网。除经设计计算外，横杆长度大于 2m 时，必须加设栏杆柱；给排水沟槽、桥梁工程、泥浆池等临边危险部位应进行有效防护。

（2）各种垂直运输卸料平台临边防护必须到位，侧边设 1.2m 高防护栏杆和安全网全封闭，进料口设置防护门。

（3）栏杆柱的固定：当在基坑四周固定时，可采用钢管并打入地面 500～700mm 深。钢管离边口的距离，不应小于 500mm。当基坑周边采用板桩时，钢管可打在板桩外侧。当在混凝土楼面、屋面或墙面固定时，可用预埋件与钢管或钢筋焊牢。

（4）栏杆柱的固定及其与横杆的连接，其整体构造应使防护栏杆在上杆任何处，能经受任何方向的 1000N 外力。当栏杆所处位置有发生人群拥挤、车辆冲击或物件碰撞等可能时，应加大横杆截面或加密柱距。

（5）防护栏杆必须自上而下用安全立网封闭，或在栏杆下边设置严密固定的高度不低于 180mm 的挡脚板。挡脚板上如有孔眼，不应大于 25mm。板下边距离底面的空隙不应大于 10mm。

4026　建筑施工交叉作业安全防护有哪些要求？

答：依据《建筑施工高处作业安全技术规范》JGJ 80—91，建筑施工交叉作业安全防护应符合下列要求：

（1）支模、粉刷、砌墙等各工种进行上下立体交叉作业时，不得在同一垂直方向上操作。下层作业的位置，必须处于依上层高度确定的可能坠落范围半径之外。不符合以上条件时，应设置安全防护层。

（2）钢模板、脚手架等拆除时，下方不得有其他操作人员。

（3）钢模板部件拆除后，临时堆放处离楼层边沿不应小于 1m，堆放高度不得超过 1m，楼层边口、通道口、脚手架边缘等处，严禁堆放任何拆下物件。

（4）结构施工自二层起，凡人员进出通道口（包括井架、施工用电梯的进出通道口），均应搭设安全防护棚。高度超过 24m 的层次上的交叉作业，应设双层防护。

（5）由于上方施工可能坠落物件或处于起重机起重臂回转范围之内的通道，在其受影响的范围内，必须搭设顶部能防止穿透的双层防护廊。

4027　建筑施工扣件式钢管脚手架立杆布置有哪些规定？

答：依据《建筑施工扣件式钢管脚手架安全技术规范》JGJ 130—2011，立杆布置应符合下列规定：

（1）每根立杆底部应设置底座或垫板。

（2）脚手架必须设置纵、横向扫地杆。纵向扫地杆应采用直角扣件固定在距钢管底端不大于 200mm 处的立杆上。横向扫地杆应采用直角扣件固定在紧靠纵向扫地杆下方的立杆上。

（3）脚手架立杆基础不在同一高度上时，必须将高处的纵向扫地杆向低处延长两跨与立杆固定，高低差不应大于 1m。靠边坡上方的立杆轴线到边坡的距离不应小于 500mm。

（4）单、双排脚手架底层步距均不应大于 2m。

（5）单排、双排与满堂脚手架立杆接长除顶层顶步外，其余各层各步接头必须采用对接扣件连接。

（6）脚手架立杆的对接、搭接应符合下列规定：

①当立杆采用对接接长时，立杆的对接扣件应交错布置，两根相邻立杆的接头不应设置在同步内，同步内隔一根立杆的两个相隔接头在高度方向错开的距离不宜小于 500mm；各接头中心至主节点的距离不宜大于步距的 1/3。

②当立杆采用搭接接长时，搭接长度不应小于 1m，并应采用不少于 2 个旋转扣件固定。端部扣件盖板的边缘至杆端距离不应小于 100mm。

（7）脚手架立杆顶端栏杆宜高出女儿墙上端 1m，宜高出檐口上端 1.5m。

4028　建筑施工扣件式钢管脚手架纵向水平杆构造有哪些规定？

答：依据《建筑施工扣件式钢管脚手架安全技术规范》JGJ 130—2011，纵向水平杆构造应符合下列规定：

（1）纵向水平杆应设置在立杆内侧，单根杆长度不应小于 3 跨。

（2）纵向水平杆接长应采用对接扣件连接或搭接，并应符合下列规定：

①两根相邻纵向水平杆的接头不应设置在同步或同跨内；不同步或不同跨两个相邻接头在水平方向错开的距离不应小于 500mm；各接头中心至最近主节点的距离不应大于纵距的 1/3。

②搭接长度不应小于 1m，应等间距设置 3 个旋转扣件固定，端部扣件盖板边缘至搭接纵向水平杆杆端的距离不应小于 100mm。

（3）当使用冲压钢脚手板、木脚手板、竹串片脚手板时，纵向水平杆应作为横向水平杆的支座，用直角扣件固定在立杆上；当使用竹笆脚手板时，纵向水平杆应采用直角扣件固定在横向水平杆上，并应等间距设置，间距不应大于 400mm。

4029　建筑施工扣件式钢管脚手架横向水平杆构造有哪些规定？

答：依据《建筑施工扣件式钢管脚手架安全技术规范》JGJ 130—2011，横向水平杆的构造应符合下列规定：

（1）作业层上非主节点处的横向水平杆，宜根据支承脚手板的需要等间距设置，最大间距不应大于纵距的 1/2。

（2）当使用冲压钢脚手板、木脚手板、竹串片脚手板时，双排脚手架的横向水平杆两端均应采用直角扣件固定在纵向水平杆上；单排脚手架的横向水平杆的一端应用直角扣件固定在纵向水平杆上，另一端应插入墙内，插入长度不应小于 180mm。

（3）当使用竹笆脚手板时，双排脚手架的横向水平杆两端，应用直角扣件固定在立杆上；单排脚手架的横向水平杆的一端，应用直角扣件固定在立杆上，另一端应插入墙内，插入长度不应小于 180mm。

（4）主节点处必须设置一根横向水平杆，用直角扣件扣接且严禁拆除。

4030　建筑施工扣件式钢管脚手架连墙件布置有哪些规定？

答：依据《建筑施工扣件式钢管脚手架安全技术规范》JGJ 130—2011，连墙件布置应符合下列规定：

（1）脚手架连墙件数量的设置除应满足规范的计算要求外，还应符合表 4-2 的规定。

连墙件布置最大间距　　　　　　　　　　　　表 4-2

搭设方法	高度	竖向间距（h）	水平间距（l_a）	每根连墙件覆盖面积（m²）
双排落地	≤50m	$3h$	$3l_a$	≤40
双排悬挑	>50m	$2h$	$3l_a$	≤27
单排	≤24m	$3h$	$3l_a$	≤40

注：h—步距；l_a—纵距。

（2）连墙件的布置应符合下列规定。

①连墙件应靠近主节点设置，偏离主节点的距离不应大于 300mm。

②连墙件应从底层第一步纵向水平杆处开始设置，当该处设置有困难时，应采用其他可靠措施固定。

③连墙件应优先采用菱形布置，或采用方形、矩形布置。

（3）开口型脚手架的两端必须设置连墙件，连墙件的垂直间距不应大于建筑物的层高，并且不应大于 4m。

（4）连墙件中的连墙杆应呈水平设置，当不能水平设置时，应向脚手架一端下斜连接。

（5）对高度 24m 以上的双排脚手架，应采用刚性连墙件与建筑物连接。

（6）当脚手架下部暂不能设连墙件时应采取防倾覆措施。当搭设抛撑时，抛撑应采用通长杆件，并用旋转扣件固定在脚手架上，与地面的倾角应在 45°～60°之间；连接点中心至主节点的距离不应大于 300mm。抛撑应在连墙件搭设后方可拆除。

（7）架高超过 40m 且有风涡流作用时，应采取抗上升翻流作用的连墙措施。

4031　建筑施工扣件式钢管单、双排脚手架剪刀撑设置有哪些规定？

答：依据《建筑施工扣件式钢管脚手架安全技术规范》JGJ 130—2011，单、双排脚手架剪刀撑设置应符合下列规定：

（1）每道剪刀撑跨越立杆的根数应按表 4-3 的规定确定。每道剪刀撑宽度不应小于 4 跨，且不应小于 6m，斜杆与地面的倾角应在 45°～60°之间。

剪刀撑跨越立杆的最多根数　　　　　　　　　　　　　　　　表 4-3

剪刀撑斜杆与地面的倾角 α	45°	50°	60°
剪刀撑跨越立杆的最多根数 n	7	6	5

（2）剪刀撑斜杆的接长应采用搭接或对接。搭接应符合规范的规定。

（3）剪刀撑斜杆应用旋转扣件固定在与之相交的横向水平杆的伸出端或立杆上，旋转扣件中心线至主节点的距离不应大于 150mm。

（4）高度在 24m 及以上的双排脚手架应在外侧全立面连续设置剪刀撑；高度在 24m 以下的单、双排脚手架，均必须在外侧两端、转角及中间间隔不超过 15m 的立面上，各设置一道剪刀撑，并应由底至顶连续设置。

4032　建筑施工扣件式钢管脚手架、脚手板设置有哪些规定？

答：依据《建筑施工扣件式钢管脚手架安全技术规范》JGJ 130—2011，脚手板设置应符合下列规定：

（1）作业层脚手板应铺满、铺稳、铺实。

（2）冲压钢脚手板、木脚手板、竹串片脚手板等，应设置在三根横向水平杆上。当脚手板长度小于 2m 时，可采用两根横向水平杆支承，但应将脚手板两端与横向水平杆可靠固定，严防倾翻。脚手板的铺设应采用对接平铺或搭接铺设。脚手板对接平铺时，接头处必须设两根横向水平杆，脚手板外伸长度应取 130～150mm，两块脚手板外伸长度的和不应大于 300mm；脚手板搭接铺设时，接头应支在横向水平杆上，搭接长度不应小于 200mm，其伸出横向水平杆的长度不应小于 100mm。

（3）竹笆脚手板应按其主竹筋垂直于纵向水平杆方向铺设，且应对接平铺，四个角应用直径不小于 1.2mm 的镀锌钢丝固定在纵向水平杆上。

（4）作业层端部脚手板探头长度应取 150mm，其板的两端均应固定于支承杆件上。

4033　建筑施工扣件式钢管单、双排脚手架拆除作业有哪些规定？

答：依据《建筑施工扣件式钢管脚手架安全技术规范》JGJ 130—2011，单、双排脚手架拆除作业应符合下列规定：

（1）单、双排脚手架拆除作业必须由上而下逐层进行，严禁上下同时作业；连墙件必须随脚手架逐层拆除，严禁先将连墙件整层或数层拆除后再拆脚手架；分段拆除高差大于两步时，应增设连墙件加固。

（2）当脚手架拆至下部最后一根长立杆的高度（约 6.5m）时，应先在适当位置搭设临时抛撑加固后，再拆除连墙件。当单、双排脚手架采取分段、分立面拆除时，对不拆除的脚手架两端，应先按规范有关规定设置连墙件和横向斜撑加固。

（3）架体拆除作业应设专人指挥，当有多人同时操作时，应明确分工、统一行动，且应具有足够的操作面。

（4）卸料时各构配件严禁抛掷至地面。

第 3 节　安全用电与消防管理

4034　施工现场用电有哪些规定？

答：依据《建设工程施工现场消防安全技术规范》GB 50720—2011，施工现场用电应符合下列规定：

（1）施工现场供用电设施的设计、施工、运行和维护应符合现行国家标准《建设工程施工现场供用电安全规范》GB 50194 的有关规定。

（2）电气线路应具有相应的绝缘强度和机械强度，严禁使用绝缘老化或失去绝缘性能的电气线路，严禁在电气线路上悬挂物品。破损、烧焦的插座、插头应及时更换。

（3）电气设备与可燃、易燃易爆危险品和腐蚀性物品应保持一定的安全距离。

（4）有爆炸和火灾危险的场所，应按危险场所等级选用相应的电气设备。

（5）配电屏上每个电气回路应设置漏电保护器、过载保护器，距配电屏 2m 范围内不应堆放可燃物，5m 范围内不应设置可能产生较多易燃、易爆气体、粉尘的作业区。

（6）可燃材料库房不应使用高热灯具，易燃易爆危险品库房内应使用防爆灯具。

（7）普通灯具与易燃物的距离不宜小于 300mm，聚光灯、碘钨灯等高热灯具与易燃物的距离不宜小于 500mm。

（8）电气设备不应超负荷运行或带故障使用。

（9）严禁私自改装现场供用电设施。

（10）应定期对电气设备和线路的运行及维护情况进行检查。

4035　施工现场临时用电组织设计应包括哪些内容？

答：依据《施工现场临时用电安全技术规范》JGJ 46—2005，施工现场临时用电组织设计应包括下列内容：

（1）现场勘测。

（2）确定电源进线、变电所或配电室、配电装置、用电设备位置及线路走向。

(3) 进行负荷计算。

(4) 选择变压器。

(5) 设计配电系统:设计配电线路,选择导线或电缆;设计配电装置,选择电器;设计接地装置;绘制临时用电工程图纸,主要包括用电工程总平面图、配电装置布置图、配电系统接线图、接地装置设计图。

(6) 设计防雷装置。

(7) 确定防护措施。

(8) 制定安全用电措施和电气防火措施。

4036 施工现场临时用电组织设计编制和审批程序是什么?

答:依据《施工现场临时用电安全技术规范》JGJ 46—2005,临时用电组织设计及变更时,必须履行"编制、审核、批准"程序,由电气工程技术人员组织编制,经相关部门审核及具有法人资格企业的技术负责人批准后实施。变更用电组织设计时应补充有关图纸资料。

临时用电工程必须经编制、审核、批准部门和使用单位共同验收,合格后方可投入使用。

4037 施工现场临时用电三相四线制低压电力系统设置有哪些规定?

答:依据《施工现场临时用电安全技术规范》JGJ 46—2005,施工现场临时用电工程专用的电源中性点直接接地的 220/380V 三相四线制低压电力系统设置,应符合下列规定:

(1) 采用三级配电系统。

(2) 采用 TN-S 接零保护系统。

(3) 采用二级漏电保护系统。

4038 施工现场临时用电电缆线路敷设有哪些规定?

答:依据《施工现场临时用电安全技术规范》JGJ 46—2005,临时用电电缆线路敷设应符合下列规定:

(1) 电缆中必须包含全部工作芯线和用作保护零线或保护线的芯线。需要三相四线制配电的电缆线路必须采用五芯电缆。五芯电缆必须包含淡蓝、绿/黄二种颜色绝缘芯线。淡蓝色芯线必须用作 N 线;绿/黄双色芯线必须用作 PE 线,严禁混用。

(2) 电缆线路应采用埋地或架空敷设,严禁沿地面明设,并应避免机械损伤和介质腐蚀。埋地电缆路径应设方位标志。

(3) 电缆类型应根据敷设方式、环境条件选择。埋地敷设宜选用铠装电缆;当选用无铠装电缆时,应能防水、防腐。架空敷设宜选用无铠装电缆。

(4) 电缆直接埋地敷设的深度不应小于 0.7m,并应在电缆紧邻上、下、左、右侧均匀敷设不小于 50mm 厚的细砂,然后覆盖砖或混凝土板等硬质保护层。

(5) 埋地电缆在穿越建筑物、构筑物、道路、易受机械损伤、介质腐蚀场所及引出地面从 2.0m 高到地下 0.2m 处,必须加设防护套管,防护套管内径不应小于电缆外径的 1.5 倍。

（6）埋地电缆与其附近外电电缆和管沟的平行间距不得小于 2m，交叉间距不得小于 1m。

（7）埋地电缆的接头应设在地面上的接线盒内，接线盒应能防水、防尘、防机械损伤，并应远离易燃、易爆、易腐蚀场所。

（8）架空电缆应沿电杆、支架或墙壁敷设，并采用绝缘子固定，绑扎线必须采用绝缘线，固定点间距应保证电缆能承受自重所带来的荷载，敷设高度应符合规范架空线路敷设高度的要求，但沿墙壁敷设时最大弧垂距地不得小于 2.0m。架空电缆严禁沿脚手架、树木或其他设施敷设。

（9）在建工程内的电缆线路必须采用电缆埋地引入，严禁穿越脚手架引入。电缆垂直敷设应充分利用在建工程的竖井、垂直孔洞等，并宜靠近用电负荷中心，固定点每楼层不得少于一处。电缆水平敷设宜沿墙或门口刚性固定，最大弧垂距地不得小于 2.0m。

（10）电缆线路必须有短路保护和过载保护，短路保护和过载保护电器与电缆的选配应符合规范要求。

4039　施工现场临时用电配电箱及开关箱的设置有哪些规定？

答： 依据《施工现场临时用电安全技术规范》JGJ 46—2005，配电箱及开关箱的设置应符合下列规定：

（1）配电系统应设置配电柜或总配电箱、分配电箱、开关箱，实行三级配电。配电系统宜使三相负荷平衡。220V 或 380V 单相用电设备宜接入 220/380V 三相四线系统；当单相照明线路电流大于 30A 时，宜采用 220/380V 三相四线制供电。

（2）总配电箱以下可设若干分配电箱；分配电箱以下可设若干开关箱。总配电箱应设在靠近电源的区域，分配电箱应设在用电设备或负荷相对集中的区域，分配电箱与开关箱的距离不得超过 30m，开关箱与其控制的固定式用电设备的水平距离不宜超过 3m。

（3）每台用电设备必须有各自专用的开关箱，严禁用同一个开关箱直接控制 2 台及 2 台以上用电设备（含插座）。

（4）动力配电箱与照明配电箱宜分别设置。当合并设置为同一配电箱时，动力和照明应分路配电；动力开关箱与照明开关箱必须分设。

（5）配电箱、开关箱应装设在干燥、通风及常温场所，不得装设在有严重损伤作用的瓦斯、烟气、潮气及其他有害介质中，亦不得装设在易受外来固体物撞击、强烈振动、液体浸溅及热源烘烤场所。否则，应予清除或做防护处理。

（6）配电箱、开关箱周围应有足够 2 人同时工作的空间和通道，不得堆放任何妨碍操作、维修的物品，不得有灌木、杂草。

（7）配电箱、开关箱应采用冷轧钢板或阻燃绝缘材料制作，钢板厚度应为 1.2～2.0mm，其中开关箱箱体钢板厚度不得小于 1.2mm，配电箱箱体钢板厚度不得小于 1.5mm，箱体表面应做防腐处理。

（8）配电箱、开关箱应装设端正、牢固。固定式配电箱、开关箱的中心点与地面的垂直距离应为 1.4～1.6m。移动式配电箱、开关箱应装设在坚固、稳定的支架上。其中心点与地面的垂直距离宜为 0.8～1.6m。

（9）配电箱、开关箱内的电器（含插座）应先安装在金属或非木质阻燃绝缘电器安装板上，然后方可整体紧固在配电箱、开关箱箱体内。金属电器安装板与金属箱体应做电气连接。

（10）配电箱的电器安装板上必须分设 N 线端子板和 PE 线端子板。N 线端子板必须与金属电器安装板绝缘；PE 线端子板必须与金属电器安装板做电气连接。进出线中的 N 线必须通过 N 线端子板连接；PE 线必须通过 PE 线端子板连接。

（11）配电箱、开关箱内的连接线必须采用铜芯绝缘导线。导线绝缘的颜色标志应按规范要求配置并排列整齐；导线分支接头不得采用螺栓压接，应采用焊接并做绝缘包扎，不得有外露带电部分。

（12）配电箱、开关箱的金属箱体、金属电器安装板以及电器正常不带电的金属底座、外壳等必须通过 PE 线端子板与 PE 线做电气连接，金属箱门与金属箱体必须通过采用编织软铜线做电气连接。

（13）配电箱、开关箱中导线的进线口和出线口应设在箱体的下底面。

（14）配电箱、开关箱的进、出线口应配置固定线卡，进出线应加绝缘护套并成束卡固在箱体上，不得与箱体直接接触。移动式配电箱、开关箱的进、出线应采用橡皮护套绝缘电缆，不得有接头。

（15）配电箱、开关箱的电源进线端严禁采用插头和插座做活动连接。

（16）配电箱、开关箱外形结构应能防雨、防尘。

4040　施工现场临时用电配电箱的电器设置有哪些原则？

答：依据《施工现场临时用电安全技术规范》JGJ 46—2005，电器设置应符合下列原则：

（1）配电箱

①当总路设置总漏电保护器时，还应装设总隔离开关、分路隔离开关以及总断路器、分路断路器或总熔断器、分路熔断器。当所设总漏电保护器是同时具备短路、过载、漏电保护功能的漏电断路器时，可不设总断路器或总熔断器。

②当各分路设置分路漏电保护器时，还应装设总隔离开关、分路隔离开关以及总断路器、分路断路器或总熔断器、分路熔断器。当分路所设漏电保护器是同时具备短路、过载、漏电保护功能的漏电断路器时，可不设分路断路器或分路熔断器。

③隔离开关应设置于电源进线端，应采用分断时具有可见分断点，并能同时断开电源所有极的隔离电器。如采用分断时具有可见分断点的断路器，可不另设隔离开关。

④熔断器应选用具有可靠灭弧分断功能的产品。

⑤总开关电器的额定值、动作整定值应与分路开关电器的额定值、动作整定值相适应。

（2）分配电箱

分配电箱应装设总隔离开关、分路隔离开关以及总断路器、分路断路器或总熔断器、分路熔断器。其设置和选择应符合本题（1）款配电箱的要求。

（3）开关箱

①开关箱必须装设隔离开关、断路器或熔断器，以及漏电保护器。当漏电保护器是同时具有短路、过载、漏电保护功能的漏电断路器时，可不装设断路器或熔断器。隔离开关

应采用分断时具有可见分断点，能同时断开电源所有极的隔离电器，并应设置于电源进线端。当断路器是具有可见分断点时，可不另设隔离开关。

②开关箱中的隔离开关只可直接控制照明电路和容量不大于 3.0kW 的动力电路，但不应频繁操作。容量大于 3.0kW 的动力电路应采用断路器控制，操作频繁时还应附设接触器或其他启动控制装置。

③开关箱中各种开关电器的额定值和动作整定值应与其控制用电设备的额定值和特性相适应。

4041 施工现场临时用电漏电保护器设置有哪些要求？

答：依据《施工现场临时用电安全技术规范》JGJ 46—2005，漏电保护器设置应符合下列要求：

（1）漏电保护器应装设在总配电箱、开关箱靠近负荷的一侧，且不得用于启动电气设备的操作。

（2）漏电保护器的选择应符合现行国家标准《剩余电流动作保护器的一般要求》GB/Z 6829 和《漏电保护器安装和运行的要求》GB 13955 的规定。

（3）开关箱中漏电保护器的额定漏电动作电流不应大于 30mA，额定漏电动作时间不应大于 0.1s。使用于潮湿或有腐蚀介质场所的漏电保护器应采用防溅型产品，其额定漏电动作电流不应大于 15mA，额定漏电动作时间不应大于 0.1s。

（4）总配电箱中漏电保护器的额定漏电动作电流应大于 30mA，额定漏电动作时间应大于 0.1s，但其额定漏电动作电流与额定漏电动作时间的乘积不应大于 30mA·s。

（5）总配电箱和开关箱中漏电保护器的极数和线数必须与其负荷侧负荷的相数和线数一致。

（6）配电箱、开关箱中的漏电保护器宜选用无辅助电源型（电磁式）产品，或选用辅助电源故障时能自动断开的辅助电源型（电子式）产品。当选用辅助电源故障时不能自动断开的辅助电源型（电子式）产品时，应同时设置缺相保护。

4042 施工现场机械设备及高架设施防雷有哪些规定？

答：依据《施工现场临时用电安全技术规范》JGJ 46—2005，施工现场机械设备及高架设施防雷应符合下列规定：

（1）施工现场内的起重机、井字架、龙门架等机械设备，以及钢脚手架和正在施工的在建工程等的金属结构，当在相邻建筑物、构筑物等设施的防雷装置接闪器的保护范围以外时，应按表 4-4 规定安装防雷装置。当最高机械设备上避雷针（接闪器）的保护范围能覆盖其他设备，且又最后退出现场，则其他设备可不设防雷装置。

施工现场内机械设备及高架设施需安装防雷装置的规定　　　　表 4-4

地区年平均雷暴日（d）	机械设备高度（m）
≤15	≥50
>15，<40	≥32
≥40，<90	≥20
≥90 及雷害特别严重地区	≥12

（2）机械设备或设施的防雷引下线可利用该设备或设施的金属结构体，但应保证电气连接。

（3）机械设备上的避雷针（接闪器）长度应为 1～2m。塔式起重机可不另设避雷针（接闪器）。

（4）安装避雷针（接闪器）的机械设备，所有固定的动力、控制、照明、信号及通信线路，宜采用钢管敷设。钢管与该机械设备的金属结构体应做电气连接。

（5）施工现场内所有防雷装置的冲击接地电阻值不得大于 30Ω。

（6）做防雷接地机械上的电气设备，所连接的 PE 线必须同时做重复接地，同一台机械电气设备的重复接地和机械的防雷接地可共用同一接地体，但接地电阻应符合重复接地电阻值的要求。

4043　施工现场哪些场所应使用安全特低电压照明器？

答： 依据《施工现场临时用电安全技术规范》JGJ 46—2005，下列特殊场所应使用安全特低电压照明器：

（1）隧道、人防工程、高温、有导电灰尘、比较潮湿或灯具离地面高度低于 2.5m 等场所的照明，电源电压应不大于 36V。

（2）潮湿和易触及带电体场所的照明，电源电压不得大于 24V。

（3）特别潮湿的场所、导电良好的地面、锅炉或金属容器内的照明，电源电压不得大于 12V。

4044　施工现场使用行灯应符合哪些要求？

答： 依据《施工现场临时用电安全技术规范》JGJ 46—2005，使用行灯应符合下列要求：

（1）电源电压不大于 36V。

（2）灯体与手柄应坚固、绝缘良好并耐热耐潮湿。

（3）灯头与灯体结合牢固，灯头无开关。

（4）灯泡外部有金属保护网。

（5）金属网、反光罩、悬吊挂钩固定在灯具的绝缘部位上。

4045　施工现场消防安全技术交底应包括哪些主要内容？

答： 依据《建设工程施工现场消防安全技术规范》GB 50720—2011，施工作业前，施工现场的施工管理人员应向作业人员进行消防安全技术交底。消防安全技术交底应包括下列主要内容：

（1）施工过程中可能发生火灾的部位或环节。

（2）施工过程应采取的防火措施及应配备的临时消防设施。

（3）初起火灾的扑救方法及注意事项。

（4）逃生方法及路线。

4046　施工现场消防安全检查应包括哪些主要内容？

答：依据《建设工程施工现场消防安全技术规范》GB 50720—2011，施工过程中，施工现场的消防安全负责人应定期组织消防安全管理人员对施工现场的消防安全进行检查。消防安全检查应包括下列主要内容：

（1）可燃物及易燃易爆危险品的管理是否落实。

（2）动火作业的防火措施是否落实。

（3）用火、用电、用气是否存在违章操作，电、气焊及保温防水施工是否执行操作规程。

（4）临时消防设施是否完好有效。

（5）临时消防车道及临时疏散设施是否畅通。

4047　在建工程及临时用房的哪些场所应配置灭火器？

答：依据《建设工程施工现场消防安全技术规范》GB 50720—2011，在建工程及临时用房的下列场所应配置灭火器：

（1）易燃易爆危险品存放及使用场所。

（2）动火作业场所。

（3）可燃材料存放、加工及使用场所。

（4）厨房操作间、锅炉房、发电机房、变配电房、设备用房、办公用房、宿舍等临时用房。

（5）其他具有火灾危险的场所。

4048　灭火器类型选择有哪些规定？

答：依据《建筑灭火器配置设计规范》GB 50140—2005，灭火器类型选择应符合下列规定：

（1）A类火灾：固体物质火灾。A类火灾场所应选择水型灭火器、磷酸铵盐干粉灭火器、泡沫灭火器或卤代烷灭火器。

（2）B类火灾：液体火灾或可熔化固体物质火灾。B类火灾场所应选择泡沫灭火器、碳酸氢钠干粉灭火器、磷酸铵盐干粉灭火器、二氧化碳灭火器、灭B类火灾的水型灭火器或卤代烷灭火器。极性溶剂的B类火灾应选择灭B类火灾的抗溶性灭火器。

（3）C类火灾：气体火灾。C类火灾场所应选择磷酸铵盐干粉灭火器、碳酸氢钠干粉灭火器、二氧化碳灭火器或卤代烷灭火器。

（4）D类火灾：金属火灾。D类火灾场所应选择灭金属火灾的专用灭火器。

（5）E类火灾（带电火灾）：物体带电燃烧的火灾。E类火灾场所应选择磷酸铵盐干粉灭火器、碳酸氢钠干粉灭火器、二氧化碳灭火器或卤代烷灭火器。但不得选用装有金属喇叭喷筒的二氧化碳型灭火器。

4049　施工现场用火作业有哪些规定？

答：依据《建设工程施工现场消防安全技术规范》GB 50720—2011，施工现场用火作业应符合下列规定：

（1）动火作业应办理动火许可证；动火许可证的签发人收到动火申请后，应前往现场查验并确认动火作业的防火措施落实后，再签发动火许可证。

（2）动火操作人员应具有相应资格。

（3）焊接、切割、烘烤或加热等动火作业前，应对作业现场的可燃物进行清理；作业现场及其附近无法移走的可燃物应采用不燃材料对其覆盖或隔离。

（4）施工作业安排时，宜将动火作业安排在使用可燃建筑材料的施工作业前进行。确需在使用可燃建筑材料的施工作业之后进行动火作业时，应采取可靠的防火措施。

（5）裸露的可燃材料上严禁直接进行动火作业。

（6）焊接、切割、烘烤或加热等动火作业应配备灭火器材，并应设置动火监护人进行现场监护，每个动火作业点均应设置1个监护人。

（7）五级（含五级）以上风力时，应停止焊接、切割等室外动火作业；确需动火作业时，应采取可靠的挡风措施。

（8）动火作业后，应对现场进行检查，并应在确认无火灾危险后，动火操作人员再离开。

（9）具有火灾、爆炸危险的场所严禁明火。

（10）施工现场不应采用明火取暖。

（11）厨房操作间炉灶使用完毕后，应将炉火熄灭，排油烟机及油烟管道应定期清理油垢。

4050　施工现场用气有哪些规定？

答：依据《建设工程施工现场消防安全技术规范》GB 50720—2011，施工现场用气应符合下列规定：

（1）储装气体的罐瓶及其附件应合格、完好和有效；严禁使用减压器及其他附件缺损的氧气瓶，严禁使用乙炔专用减压器、回火防止器及其他附件缺损的乙炔瓶。

（2）气瓶运输、存放、使用时，应符合下列规定：

①气瓶应保持直立状态，并采取防倾倒措施，乙炔瓶严禁横躺卧放。

②严禁碰撞、敲打、抛掷、滚动气瓶。

③气瓶应远离火源，与火源的距离不应小于10m，并应采取避免高温和防止曝晒的措施。

④燃气储装瓶罐应设置防静电装置。

（3）气瓶应分类储存，库房内应通风良好；空瓶和实瓶同库存放时，应分开放置，空瓶和实瓶的间距不应小于1.5m。

（4）气瓶使用时，应符合下列规定：

①使用前，应检查气瓶及气瓶附件的完好性，检查连接气路的气密性，并采取避免气体泄漏的措施，严禁使用已老化的橡皮气管。

②氧气瓶与乙炔瓶的工作间距不应小于5m，气瓶与明火作业点的距离不应小于10m。

③冬季使用气瓶，气瓶的瓶阀、减压器等发生冻结时，严禁用火烘烤或用铁器敲击瓶阀，严禁猛拧减压器的调节螺丝。

④氧气瓶内剩余气体的压力不应小于0.1MPa。

⑤气瓶用后应及时归库。

4051 可燃材料及易燃易爆危险品管理有哪些规定？

答：依据《建设工程施工现场消防安全技术规范》GB 50720—2011，可燃材料及易燃易爆危险品管理应符合下列规定：

(1) 用于在建工程的保温、防水、装饰及防腐等材料的燃烧性能等级应符合设计要求。

(2) 可燃材料及易燃易爆危险品应按计划限量进场。进场后，可燃材料宜存放于库房内，露天存放时，应分类成垛堆放，垛高不应超过 2m，单垛体积不应超过 50m³，垛与垛之间的最小间距不应小于 2m，且应采用不燃或难燃材料覆盖；易燃易爆危险品应分类专库储存，库房内应通风良好，并应设置严禁明火标志。

(3) 室内使用油漆及其有机溶剂、乙二胺、冷底子油等易挥发产生易燃气体的物资作业时，应保持良好通风，作业场所严禁明火，并应避免产生静电。

(4) 施工产生的可燃、易燃建筑垃圾或余料，应及时清理。

4052 施工现场临时用房防火有哪些规定？

答：依据《建设工程施工现场消防安全技术规范》GB 50720—2011，临时用房防火应符合下列规定：

(1) 宿舍、办公用房的防火设计应符合下列规定：

①建筑构件的燃烧性能等级应为 A 级。当采用金属夹芯板材时，其芯材的燃烧性能等级应为 A 级。

②建筑层数不应超过 3 层，每层建筑面积不应大于 300m²。

③层数为 3 层或每层建筑面积大于 200m² 时，应设置至少 2 部疏散楼梯，房间疏散门至疏散楼梯的最大距离不应大于 25m。

④单面布置用房时，疏散走道的净宽度不应小于 1.0m；双面布置用房时，疏散走道的净宽度不应小于 1.5m。

⑤疏散楼梯的净宽度不应小于疏散走道的净宽度。

⑥宿舍房间的建筑面积不应大于 30m²，其他房间的建筑面积不宜大于 100m²。

⑦房间内任一点至最近疏散门的距离不应大于 15m，房门的净宽度不应小于 0.8m；房间建筑面积超过 50m² 时，房门的净宽度不应小于 1.2m。

⑧隔墙应从楼地面基层隔断至顶板基层底面。

(2) 发电机房、变配电房、厨房操作间、锅炉房、可燃材料库房及易燃易爆危险品库房的防火设计应符合下列规定：

①建筑构件的燃烧性能等级应为 A 级。

②层数应为 1 层，建筑面积不应大于 200m²。

③可燃材料库房单个房间的建筑面积不应超过 30m²，易燃易爆危险品库房单个房间的建筑面积不应超过 20m²。

④房间内任一点至最近疏散门的距离不应大于 10m，房门的净宽度不应小于 0.8m。

(3) 其他防火设计应符合下列规定：

①宿舍、办公用房不应与厨房操作间、锅炉房、变配电房等组合建造。

②会议室、文化娱乐室等人员密集的房间应设置在临时用房的第一层，其疏散门应向疏散方向开启。

4053　施工现场在建工程防火有哪些规定？

答：依据《建设工程施工现场消防安全技术规范》GB 50720—2011，在建工程防火应符合下列规定：

（1）在建工程作业场所的临时疏散通道应采用不燃、难燃材料建造，并应与在建工程结构施工同步设置，也可利用在建工程施工完毕的水平结构、楼梯。

（2）在建工程作业场所临时疏散通道的设置应符合下列规定：

①耐火极限不应低于 0.5h。

②设置在地面上的临时疏散通道，其净宽度不应小于 1.5m；利用在建工程施工完毕的水平结构、楼梯作临时疏散通道时，其净宽度不宜小于 1.0m；用于疏散的爬梯及设置在脚手架上的临时疏散通道，其净宽度不应小于 0.6m。

③临时疏散通道为坡道，且坡度大于 25°时，应修建楼梯或台阶踏步或设置防滑条。

④临时疏散通道不宜采用爬梯，确需采用时，应采取可靠固定措施。

⑤临时疏散通道的侧面为临空面时，应沿临空面设置高度不小于 1.2m 的防护栏杆。

⑥临时疏散通道设置在脚手架上时，脚手架应采用不燃材料搭设。

⑦临时疏散通道应设置明显的疏散指示标识。

⑧临时疏散通道应设置照明设施。

（3）既有建筑进行扩建、改建施工时，必须明确划分施工区和非施工区。施工区不得营业、使用和居住；非施工区继续营业、使用和居住时，应符合下列规定：

①施工区和非施工区之间应采用不开设门、窗、洞口的耐火极限不低于 3.0h 的不燃烧体隔墙进行防火分隔。

②非施工区内的消防设施应完好和有效，疏散通道应保持畅通，并应落实日常值班及消防安全管理制度。

③施工区的消防安全应配有专人值守，发生火情应能立即处置。

④施工单位应向居住和使用者进行消防宣传教育，告知建筑消防设施、疏散通道的位置及使用方法，同时应组织疏散演练。

⑤外脚手架搭设不应影响安全疏散、消防车正常通行及灭火救援操作，外脚手架搭设长度不应超过该建筑物外立面周长的 1/2。

（4）外脚手架、支模架的架体宜采用不燃或难燃材料搭设，下列工程的外脚手架、支模架的架体应采用不燃材料搭设：

①高层建筑。

②既有建筑改造工程。

（5）下列安全防护网应采用阻燃型安全防护网：

①高层建筑外脚手架的安全防护网。

②既有建筑外墙改造时，其外脚手架的安全防护网。

③临时疏散通道的安全防护网。

（6）作业场所应设置明显的疏散指示标志，其指示方向应指向最近的临时疏散通道入口。

（7）作业层的醒目位置应设置安全疏散示意图。

4054 施工现场临时室外消防给水系统设置有哪些规定？

答：依据《建设工程施工现场消防安全技术规范》GB 50720—2011，施工现场临时室外消防给水系统设置应符合下列规定：

（1）给水管网宜布置成环状。

（2）临时室外消防给水干管的管径，应根据施工现场临时消防用水量和干管内水流计算速度计算确定，且不应小于$DN100$。

（3）室外消火栓应沿在建工程、临时用房和可燃材料堆场及其加工场均匀布置，与在建工程、临时用房和可燃材料堆场及其加工场的外边线的距离不应小于5m。

（4）消火栓的间距不应大于120m。

（5）消火栓的最大保护半径不应大于150m。

4055 在建工程临时室内消防给水系统设置有哪些规定？

答：依据《建设工程施工现场消防安全技术规范》GB 50720—2011，在建工程临时室内消防给水系统设置应符合下列规定：

（1）室内消防竖管设置应符合下列规定：

①消防竖管的设置位置应便于消防人员操作，其数量不应少于2根，当结构封顶时，应将消防竖管设置成环。

②消防竖管的管径应根据在建工程临时消防用水量、竖管内水流计算速度计算确定，且不应小于$DN100$。

（2）在建工程的临时室内消防用水量不应小于表4-5的规定。

在建工程的临时室内消防用水量 表4-5

建筑高度、在建工程体积（单体）	火灾延续时间（h）	消火栓用水量（L/s）	每支水枪最小流量（L/s）
24m<建筑高度≤50m 或 30000m³<体积≤50000m³	1	10	5
建筑高度>50m 或体积>50000m³	1	15	5

（3）设置室内消防给水系统的在建工程，应设置消防水泵接合器。消防水泵接合器应设置在室外便于消防车取水的部位，与室外消火栓或消防水池取水口的距离宜为15～40m。

（4）设置临时室内消防给水系统的在建工程，各结构层均应设置室内消火栓接口及消防软管接口，并应符合下列规定：

①消火栓接口及软管接口应设置在位置明显且易于操作的部位。

②消火栓接口的前端应设置截止阀。

③消火栓接口或软管接口的间距，多层建筑不应大于50m，高层建筑不应大于30m。

（5）在建工程结构施工完毕的每层楼梯处应设置消防水枪、水带及软管，且每个设置点不应少于 2 套。

（6）高度超过 100m 的在建工程，应在适当楼层增设临时中转水池及加压水泵。中转水池的有效容积不应少于 10m³，上、下两个中转水池的高差不宜超过 100m。

（7）临时消防给水系统的给水压力应满足消防水枪充实水柱长度不小于 10m 的要求；给水压力不能满足要求时，应设置消火栓泵，消火栓泵不应少于 2 台，且应互为备用；消火栓泵宜设置自动启动装置。

（8）当外部消防水源不能满足施工现场的临时消防用水量要求时，应在施工现场设置临时贮水池。临时贮水池宜设置在便于消防车取水的部位，其有效容积不应小于施工现场火灾延续时间内一次灭火的全部消防用水量。

（9）施工现场临时消防给水系统应与施工现场生产、生活给水系统合并设置，但应设置将生产、生活用水转为消防用水的应急阀门。应急阀门不应超过 2 个，且应设置在易于操作的场所，并应设置明显标识。

（10）严寒和寒冷地区的现场临时消防给水系统应采取防冻措施。

第 4 节　操作平台、起重机械与拆除工程

4056　模板支撑和拆卸时悬空作业有哪些规定？

答：依据《建筑施工高处作业安全技术规范》JGJ 80—91，模板支撑和拆卸时的悬空作业，必须遵守下列规定：

（1）支模应按规定的作业程序进行，模板未固定前不得进行下一道工序。严禁在连接件和支撑件上攀登上下，并严禁在上下同一垂直面上装、拆模板。结构复杂的模板，装、拆应严格按照施工组织设计的措施进行。

（2）支设高度在 3m 以上的柱模板，四周应设斜撑，并应设立操作平台。低于 3m 的可使用马凳操作。

（3）支设悬挑形式的模板时，应有稳固的立足点。支设临空构筑物模板时，应搭设支架或脚手架。模板上有预留洞时，应在安装后将洞盖没。混凝土板上拆模后形成的临边或洞口，应按规范有关规定进行防护。拆模高处作业，应配置登高用具或搭设支架。

4057　混凝土浇筑时悬空作业有哪些规定？

答：依据《建筑施工高处作业安全技术规范》JGJ 80—91，混凝土浇筑时的悬空作业，必须遵守下列规定：

（1）浇筑离地 2m 以上框架、过梁、雨篷和小平台时，应设操作平台，不得直接站在模板或支撑件上操作。

（2）浇筑拱形结构，应自两边拱脚对称地相向进行。浇筑储仓，下口应先行封闭，并搭设脚手架以防人员坠落。

（3）特殊情况下如无可靠的安全设施，必须系好安全带并扣好保险钩，或架设安全网。

4058 构件吊装和管道安装悬空作业有哪些规定？

答：依据《建筑施工高处作业安全技术规范》JGJ 80—91，构件吊装和管道安装时的悬空作业，必须遵守下列规定：

（1）钢结构的吊装，构件应尽可能在地面组装，并应搭设进行临时固定、电焊、高强螺栓连接等工序的高空安全设施，随构件同时上吊就位。拆卸时的安全措施，亦应一并考虑和落实。高空吊装预应力钢筋混凝土屋架、桁架等大型构件前，也应搭设悬空作业中所需的安全设施。

（2）悬空安装大模板、吊装第一块预制构件、吊装单独的大中型预制构件时，必须站在操作平台上操作。吊装中的大模板和预制构件以及石棉水泥板等屋面板上，严禁站人和行走。

（3）安装管道时必须有已完结构或操作平台为立足点，严禁在安装中的管道上站立和行走。

4059 移动式操作平台使用有哪些规定？

答：依据《建筑施工高处作业安全技术规范》JGJ 80—91，移动式操作平台使用应符合下列规定：

（1）操作平台应由专业技术人员按现行的相应规范进行设计，计算书及图纸应编入施工组织设计。

（2）操作平台的面积不应超过 $10m^2$，高度不应超过 5m。应进行稳定验算，并采用措施减少立柱的长细比。

（3）装设轮子的移动式操作平台，轮子与平台的接合处应牢固可靠，立柱底端离地面不得超过 80mm。

（4）操作平台可采用 ϕ（48～51）×3.5mm 钢管以扣件连接，亦可采用门架式或承插式钢管脚手架部件，按产品使用要求进行组装。平台的次梁，间距不应大于 40cm；台面应满铺 3cm 厚的木板。

（5）操作平台四周必须按临边作业要求设置防护栏杆，并应搭设登高扶梯。

4060 悬挑式钢操作平台有哪些规定？

答：依据《建筑施工高处作业安全技术规范》JGJ 80—91，悬挑式钢操作平台应符合下列规定：

（1）悬挑式钢操作平台应按现行的相应规范进行设计，其结构构造应能防止左右晃动，计算书及图纸应编入施工组织设计。

（2）悬挑式钢操作平台的搁支点与上部拉结点，必须位于建筑物上，不得设置在脚手架等施工设备上。

（3）斜拉杆或钢丝绳，构造上宜两边各设前后两道，两道中的每一道均应作单道受力计算。

（4）应设置 4 个经过验算的吊环。吊运平台时应使用卡环，不得使吊钩直接钩挂吊环。

（5）钢操作平台安装时，钢丝绳应采用专用的挂钩挂牢，采取其他方式时卡头的卡子不得少于 3 个。建筑物锐角利口围系钢丝绳处应加衬软垫物，钢平台外口应略高于内口。

（6）钢操作平台左右两侧必须装置固定的防护栏杆。

（7）钢操作平台吊装，需待横梁支撑点电焊固定，接好钢丝绳，调整完毕，经过检查验收，方可松卸起重吊钩，上下操作。

（8）钢操作平台使用时，应有专人进行检查，发现钢丝绳有锈蚀损坏应及时调换，焊缝脱焊应及时修复。

（9）操作平台上应显著地标明容许荷载值。操作平台上人员和物料的总重量，严禁超过设计的容许荷载。应配备专人监督。

4061　塔式起重机安装、拆卸专项方案应包括哪些主要内容？

答：依据《建筑施工塔式起重机安装、使用、拆卸安全技术规范》JGJ 196—2010，塔式起重机安装、拆卸专项方案应包括下列主要内容：

（1）塔式起重机安装专项施工方案：

①工程概况。

②安装位置平面和立面图。

③所选用的塔式起重机型号及性能技术参数。

④基础和附着装置的设置。

⑤爬升工况及附着节点详图。

⑥安装顺序和安全质量要求。

⑦主要安装部件的重量和吊点位置。

⑧安装辅助设备的型号、性能及布置位置。

⑨电源的设置。

⑩施工人员配置。

⑪吊索具和专用工具的配备。

⑫安装工艺程序。

⑬安全装置的调试。

⑭重大危险源和安全技术措施。

⑮应急预案等。

（2）塔式起重机拆卸专项方案：

①工程概况。

②塔式起重机位置的平面和立面图。

③拆卸顺序。

④部件的重量和吊点位置。

⑤拆卸辅助设备的型号、性能及布置位置。

⑥电源的设置。

⑦施工人员配置。

⑧吊索具和专用工具的配备。

⑨重大危险源和安全技术措施。

⑩应急预案等。

4062　塔式起重机的安装有哪些规定？

答：依据《建筑施工塔式起重机安装、使用、拆卸安全技术规范》JGJ 196—2010，塔式起重机的安装应符合下列规定：

（1）塔式起重机安装单位必须具有从事塔式起重机安装、拆卸业务的资质。

（2）塔式起重机安装单位应具备安全管理保证体系，有健全的安全管理制度。

（3）塔式起重机安装作业应配备下列人员：

①持有安全生产考核合格证书的项目负责人和安全负责人、机械管理人员。

②具有建筑施工特种作业操作资格证书的建筑起重机械安装拆卸工、起重司机、起重信号工、司索工等特种作业操作人员。

（4）塔式起重机应具有特种设备制造许可证、产品合格证、制造监督检验证明，并已在县级以上地方建设主管部门备案登记。

（5）安装前应根据专项施工方案，对起重机基础的下列项目进行检查，确认合格后方可实施：

①基础的位置、标高、尺寸。

②基础的隐蔽工程验收记录和混凝土强度报告等相关资料。

③安装辅助设备的基础、地基承载力、预埋件等。

④基础的排水措施。

（6）安装所使用的钢丝绳、卡环、吊钩和辅助支架等起重机具均应符合规程的规定，并应经检查合格后方可使用。

（7）安装作业中应统一指挥，明确指挥信号。当视线受阻、距离过远时，应采用对讲机或多级指挥。

（8）自升式塔式起重机的顶升加节应符合规程的规定；塔式起重机的独立高度、悬臂高度应符合使用说明书的要求。

（9）塔式起重机与架空输电线的安全距离应符合现行国家标准《塔式起重机安全规程》GB 5144 的规定。

（10）当多台塔式起重机在同一施工现场交叉作业时，应采取防碰撞的安全措施。任意两台塔式起重机之间的最小架设距离应符合下列规定：

①低位塔式起重机的起重臂端部与另一台塔式起重机的塔身之间的距离不得小于 2m。

②高位塔式起重机的最低位置的部件（或吊钩升至最高点或平衡重的最低部位）与低位塔式起重机中处于最高位置部件之间的垂直距离不得小于 2m。

（11）雨雪、浓雾天严禁进行安装作业。安装时塔式起重机最大高度处的风速应符合使用说明书的要求，且风速不得超过 12m/s。

（12）塔式起重机不宜在夜间进行安装作业；当需在夜间进行塔式起重机安装和拆卸作业时，应保证提供足够的照明。

（13）当遇特殊情况安装作业不能连续进行时，必须将已安装的部位固定牢靠并达到安全状态，经检查确认无隐患后，方可停止作业。

（14）塔式起重机的安全装置必须齐全，并应按程序进行调试合格。

（15）连接件及其防松防脱件严禁用其他代用品代用。连接件及其防松防脱件应使用力矩扳手或专用工具紧固连接螺栓。

（16）安装单位自检合格后，应委托有相应资质的检验检测机构进行检测，检验检测机构应出具检测报告书。

（17）经自检、检测合格后，应由总承包单位组织出租、安装、使用、监理等单位进行验收，合格后方可使用。

（18）在塔式起重机的安装阶段，进入现场的作业人员必须佩戴安全帽、防滑鞋、安全带等防护用品，无关人员严禁进入作业区域内。在安装作业期间，应设警戒区。

4063 塔式起重机的使用有哪些规定？

答： 依据《建筑施工塔式起重机安装、使用、拆卸安全技术规范》JGJ 196—2010，塔式起重机的使用应符合下列规定：

（1）塔式起重机起重司机、起重信号工、司索工等操作人员应取得特种作业人员资格证书，严禁无证上岗。

（2）塔式起重机使用前，应对起重司机、起重信号工、司索工等作业人员进行安全技术交底。

（3）塔式起重机的力矩限制器、重量限制器、变幅限位器、行走限位器、高度限位器等安全保护装置不得随意调整和拆除，严禁用限位装置代替操纵机构。

（4）塔式起重机回转、变幅、行走、起吊动作前应示意警示。起吊时应统一指挥，明确指挥信号；当指挥信号不清楚时，不得起吊。

（5）作业中遇突发故障，应采取措施将吊物降落到安全地点，严禁吊物长时间悬挂在空中。

（6）遇有风速在 12m/s 及以上的大风或大雨、大雪、大雾等恶劣天气时，应停止作业。雨雪过后，应先经过试吊，确认制动器灵敏可靠后方可进行作业。夜间施工应有足够照明，照明的安装应符合现行国家标准《施工现场临时用电安全技术规范》JGJ 46 的要求。

（7）塔式起重机不得起吊重量超过额定载荷的吊物，并不得起吊重量不明的吊物。

（8）当塔式起重机使用高度超过 30m 时应配置障碍灯，起重臂根部铰点高度超过 50m 时应配备风速仪。

（9）实行多班作业的设备，应执行交接班制度，认真填写交接班记录，接班司机经检查确认无误后，方可开机作业。

（10）塔式起重机的主要部件和安全装置等应进行经常性检查，每月不得少于一次，并应有记录；当发现有安全隐患时，应及时进行整改。

（11）当塔式起重机使用周期超过一年时，应按规程规定进行一次全面检查，合格后方可继续使用。

（12）塔式起重机使用时，起重臂和吊物下方严禁有人员停留；物件吊运时，严禁从人员上方通过。严禁用塔式起重机载运人员。

（13）在塔式起重机的使用阶段，进入现场的作业人员必须佩戴安全帽、防滑鞋、安全带等防护用品，无关人员严禁进入作业区域内。

4064 塔式起重机的拆卸有哪些规定？

答：依据《建筑施工塔式起重机安装、使用、拆卸安全技术规范》JGJ 196—2010，塔式起重机的拆卸应符合下列规定：

（1）塔式起重机拆卸单位必须具有从事塔式起重机安装、拆卸业务的资质。

（2）塔式起重机拆卸单位应具备安全管理保证体系，有健全的安全管理制度。

（3）塔式起重机拆卸作业应配备下列人员：

①持有安全生产考核合格证书的项目负责人和安全负责人、机械管理人员。

②具有建筑施工特种作业操作资格证书的建筑起重机械安装拆卸工、起重司机、起重信号工、司索工等特种作业操作人员。

（4）塔式起重机拆卸作业宜连续进行；当遇特殊情况，拆卸作业不能继续时，应采取措施保证塔式起重机处于安全状态。

（5）当用于拆卸作业的辅助起重设备设置在建筑物上时，应明确设置位置、锚固方法，并应对辅助起重设备的安全性及建筑物的承载能力等进行验算。

（6）拆卸前应检查主要结构件、连接件、电气系统、起升机构、回转机构、变幅机构、顶升机构等项目。发现隐患应采取措施，解决后方可进行拆卸作业。

（7）附着式塔式起重机应明确附着装置的拆卸顺序和方法。

（8）自升式塔式起重机每次降节前，应检查顶升系统和附着装置的连接等，确认完好后方可进行作业。

（9）拆卸时应先降节、后拆除附着装置。

（10）拆卸完毕后，为塔式起重机拆卸作业而设置的所有设施应拆除，清理场地上作业时所用的吊索具、工具等各种零配件和杂物。

（11）在塔式起重机的拆卸阶段，进入现场的作业人员必须佩戴安全帽、防滑鞋、安全带等防护用品，无关人员严禁进入作业区域内。在拆卸作业期间，应设警戒区。

4065 人工拆除建筑工程有哪些规定？

答：依据《建筑拆除工程安全技术规范》JGJ 147—2004，人工拆除工程时应符合下列规定：

（1）进行人工拆除作业时，楼板上严禁人员聚集或堆放材料，作业人员应站在稳定的结构或脚手架上操作，被拆除的构件应有安全的放置场所。

（2）人工拆除施工应从上至下、逐层拆除分段进行，不得垂直交叉作业。作业面的孔洞应封闭。

（3）人工拆除建筑墙体时，严禁采用掏掘或推倒的方法。

（4）拆除建筑的栏杆、楼梯、楼板等构件，应与建筑结构整体拆除进度相配合，不得先行拆除。建筑的承重梁、柱，应在其所承载的全部构件拆除后，再进行拆除。

（5）拆除梁或悬挑构件时，应采取有效的下落控制措施，方可切断两端的支撑。

（6）拆除柱子时，应沿柱子底部剔凿出钢筋，使用手动倒链定向牵引，再采用气焊切割柱子三面钢筋，保留牵引方向正面的钢筋。

（7）拆除管道及容器时，必须在查清残留物的性质，并采取相应措施确保安全后，方可进行拆除施工。

4066　机械拆除建筑工程有哪些规定？

答：依据《建筑拆除工程安全技术规范》JGJ 147—2004，机械拆除工程时应符合下列规定：

（1）当采用机械拆除建筑时，应从上至下、逐层分段进行；应先拆除非承重结构，再拆除承重结构。拆除框架结构建筑，必须按楼板、次梁、主梁、柱子的顺序进行施工。对只进行部分拆除的建筑，必须先将保留部分加固，再进行分离拆除。

（2）施工中必须由专人负责监测被拆除建筑的结构状态，做好记录。当发现有不稳定状态的趋势时，必须停止作业，采取有效措施，消除隐患。

（3）拆除施工时，应按照施工组织设计选定的机械设备及吊装方案进行施工，严禁超载作业或任意扩大使用范围。供机械设备使用的场地必须保证足够的承载力，作业中机械不得同时回转、行走。

（4）进行高处拆除作业时，对较大尺寸的构件或沉重的材料，必须采用起重机具及时吊下。拆卸下来的各种材料应及时清理，分类堆放在指定场所，严禁向下抛掷。

（5）采用双机抬吊作业时，每台起重机载荷不得超过允许载荷的80%，且应对第一吊进行试吊作业，施工中必须保持两台起重机同步作业。

（6）拆除吊装作业的起重机司机，必须严格执行操作规程。信号指挥人员必须按照现行国家标准《起重吊运指挥信号》GB 5082的规定作业。

（7）拆除钢屋架时，必须采用绳索将其拴牢，待起重机吊稳后，方可进行气焊切割作业。吊运过程中，应采用辅助措施使被吊物处于稳定状态。

（8）拆除桥梁时应先拆除桥面的附属设施及挂件、护栏等。

第5章 建筑结构工程

本章依据建筑结构各专业验收规范，介绍了地基与基础工程、基坑支护、边坡工程、模板工程、钢筋工程、混凝土工程、大体积混凝土、砌体结构工程、钢结构工程、地下防水工程、建筑装饰装修工程、屋面工程、人防工程等专业技术知识。共编写 220 道题。

第1节 地基与基础工程

5001 土方开挖的原则是什么？

答： 依据《建筑地基基础工程施工质量验收规范》GB 50202—2002，土方开挖的顺序、方法必须与设计工况相一致，并遵循"开槽支撑，先撑后挖，分层开挖，严禁超挖"的原则。

5002 基坑降水有哪些规定？

答： 依据《建筑基坑支护技术规程》JGJ120—2012，基坑降水应符合下列规定：

（1）基坑降水可采用管井、真空井点、喷射井点等方法，并宜按表 5-1 的适用条件选用。

各种降水方法的适用条件 表 5-1

方法	土类	渗透系数（m/d）	降水深度（m）
管井	粉土、砂土、碎石土	0.1～200.0	不限
真空井点	黏性土、粉土、砂土	0.005～20.0	单级井点＜6 多级井点＜20
喷射井点	黏性土、粉土、砂土	0.005～20.0	＜20

（2）降水后基坑内的水位应低于坑底 0.5m。当主体结构有加深的电梯井、集水井时，坑底应按电梯井、集水井底面考虑或对其另行采取局部地下水控制措施。基坑采用截水结合坑外减压降水的地下水控制方法时，尚应规定降水井水位的最大降深值和最小降深值。

（3）降水井在平面布置上应沿基坑周边形成闭合状。当地下水流速较小时，降水井宜等间距布置；当地下水流速较大时，在地下水补给方向宜适当减小降水井间距。对宽度较小的狭长形基坑，降水井也可在基坑一侧布置。

（4）真空井点降水的井间距宜取 0.8～2.0m；喷射井点降水的井间距宜取 1.5～3.0m；当真空井点、喷射井点的井口至设计降水水位的深度大于 6m 时，可采用多级井点降水，多级井点上下级的高差宜取 4～5m。

（5）管井的施工应符合下列要求：

①管井的成孔施工工艺应适合地层特点，对不易塌孔、缩颈的地层宜采用清水钻进；

钻孔深度宜大于降水井设计深度 0.3～0.5m。

②采用泥浆护壁时，应在钻进到孔底后清除孔底沉渣并立即置入井管、注入清水，当泥浆比重不大于 1.05 时，方可投入滤料；遇塌孔时不得置入井管，滤料填充体积不应小于计算量的 95%。

③填充滤料后，应及时洗井，洗井应直至过滤器及滤料滤水畅通，并应抽水检验井的滤水效果。

（6）真空井点和喷射井点的施工应符合下列要求：

①真空井点和喷射井点的成孔工艺可选用清水或泥浆钻进、高压水套管冲击工艺（钻孔法、冲孔法或射水法），对不易塌孔、缩颈的地层也可选用长螺旋钻机成孔；成孔深度宜大于降水井设计深度 0.5～1.0m。

②钻进到设计深度后，应注水冲洗钻孔、稀释孔内泥浆；滤料填充应密实均匀，滤料宜采用粒径为 0.4～0.6mm 的纯净中粗砂。

③成井后应及时洗孔，并应抽水检验井的滤水效果；抽水系统不应漏水、漏气。

④抽水时的真空度应保持在 55kPa 以上，且抽水不应间断。

（7）抽水系统在使用期的维护应符合下列要求：

①降水期间应对井水位和抽水量进行监测，当基坑侧壁出现渗水时，应检查井的抽水效果，并采取有效措施。

②采用管井时，应对井口采取防护措施，井口宜高于地面 200mm 以上，应防止物体坠入井内。

③冬季负温环境下，应对抽排水系统采取防冻措施。

5003　基坑降水与排水施工质量检验标准和方法是什么？

答：依据《建筑地基基础工程施工质量验收规范》GB 50202—2002，降水与排水施工质量检验标准和方法应符合表 5-2 规定。

降水与排水施工质量检验标准　　　　　　　　　　　表 5-2

序号	检查项目	允许值或允许偏差		检查方法
		单位	数值	
1	排水沟坡度	‰	1～2	目测：坑内不积水，沟内排水通畅
2	井管（点）垂直度	%	1	插管时目测
3	井管（点）间距（与设计相比）	%	≤150	用钢尺量
4	井管（点）插入深度（与设计相比）	mm	≤200	水准仪
5	过滤砂砾料填灌（与计算值相比）	mm	≤5	检查回填料用量
6	井点真空度：轻型井点 　　　　　喷射井点	kPa kPa	>60 >93	真空度表 真空度表
7	电渗井点阴阳极距离：轻型井点 　　　　　　　　　喷射井点	mm mm	80～100 120～150	用钢尺量 用钢尺量

5004　基坑开挖有哪些规定？

答：依据《建筑基坑支护技术规程》JGJ120—2012，基坑开挖应符合下列规定：

（1）当支护结构构件强度达到开挖阶段的设计强度时，方可下挖基坑；对采用预应力锚杆的支护结构，应在锚杆施加预加力后，方可下挖基坑；对土钉墙，应在土钉、喷射混凝土面层的养护时间大于 2d 后，方可下挖基坑。

（2）应按支护结构设计规定的施工顺序和开挖深度分层开挖，严禁掏底施工。

（3）锚杆、土钉的施工作业面与锚杆、土钉的高差不宜大于 500mm。

（4）开挖时，挖土机械不得碰撞或损害锚杆、腰梁、土钉墙面、内支撑及其连接件等构件，不得损害已施工的基础桩。

（5）当基坑采用降水时，应在降水后开挖地下水位以下的土方。

（6）当开挖揭露的实际土层性状或地下水情况与设计依据的勘察资料明显不符，或出现异常现象、不明物体时，应停止开挖，在采取相应处理措施后方可继续开挖。

（7）基坑开挖接近基底 200mm 时，应配合人工清底，不得超挖或扰动基底持力土层的原状结构。

（8）软土基坑开挖除应符合上述（1）～（7）款外尚应符合下列规定：

①应按分层、分段、对称、均衡、适时的原则开挖。

②当主体结构采用桩基础且基础桩已施工完成时，应根据开挖面下软土的性状，限制每层开挖厚度，不得造成基础桩偏位。

③对采用内支撑的支护结构，宜采用局部开槽方法浇筑混凝土支撑或安装钢支撑；开挖到支撑作业面后，应及时进行支撑的施工。

④对重力式水泥土墙，沿水泥土墙方向应分区段开挖，每一开挖区段的长度不宜大于 40m。

（9）当基坑开挖面上方的锚杆、土钉、支撑未达到设计要求时，严禁向下超挖土方。

（10）采用锚杆或支撑的支护结构，在未达到设计规定的拆除条件时，严禁拆除锚杆或支撑。

（11）基坑周边施工材料、设施或车辆荷载严禁超过设计要求的地面荷载限值。

5005 土方开挖工程质量检验标准和方法是什么？

答：依据《建筑地基基础工程施工质量验收规范》GB 50202—2002，土方开挖工程质量检验标准应符合表 5-3 规定。

土方开挖工程质量检验标准　　　　　　　　　　　　　表 5-3

项目	序号	项目	允许偏差或允许值（mm）					检验方法
			柱基、基坑、基槽	挖方场地平整		管沟	地（路）面基层	
				人工	机械			
主控项目	1	标高	−50	±30	±50	−50	−50	水准仪
	2	长度、宽度（由设计中心线向两边量）	+200 −50	+300 −100	+500 −150	+100		经纬仪、用钢尺量
	3	边坡	设计要求					观察或用坡度尺检查
一般项目	1	表面平整度	20	20	50	20	20	用 2m 靠尺和楔形塞尺检查
	2	基底土性	设计要求					观察或土样分析

注：地（路）面基层的偏差只适用于直接在挖、填方上做地（路）面的基层。

5006　基坑回填有哪些规定？

答：依据《建筑地基基础工程施工质量验收规范》GB 50202—2002 及《地下铁道工程施工及验收规范》GB 50299—1999（2003 年版），基坑回填应符合下列规定：

（1）基坑回填前，应将基坑内积水、杂物清理干净，符合回填的虚土应压实，并经隐检合格后方可回填。

（2）基坑回填料应符合设计要求，除纯黏土、淤泥、粉砂、杂土，有机质含量大于8％的腐殖土、过湿土、冻土和大于 150mm 粒径的石块外，其他均可回填。

（3）回填土使用前应分别取样测定其最大干容重和最佳含水量并做压实试验，确定填料含水量控制范围、铺土厚度和压实遍数等参数。填土厚度和压实遍数应根据土质，压实系数及所用机具确定。如无试验依据，应符合表 5-4 的规定。

填土施工时的分层厚度及压实遍数　　　　　　　　　表 5-4

压实机具	分层厚度（mm）	每层压实遍数
平碾	250～300	6～8
振动压实机	250～350	3～4
柴油打夯机	200～250	3～4
人工打夯	＜200	3～4

（4）回填土为黏性土或砂质土时，应在最佳含水量下填筑，如含水量偏大应翻松晾干或加干土拌匀；如含水量偏低，应洒水湿润，并增加压实遍数或使用重型压实机械碾压。回填料为碎石类土时，回填或碾压前应洒水湿润。

（5）基坑回填应分层、水平压实；基坑回填高程不一致时，应从低处逐层填压；基坑分段回填接茬处，已填土坡应挖台阶，其宽度不得小于 1m，高度不得大于 0.5m。

（6）基坑回填土采用机械碾压时，搭接宽度不得小于 200mm。人工夯填时，夯与夯之间重叠不得小于 1/3 夯底宽度。回填时，机械或机具不得碰撞结构及防水保护层。

（7）基坑回填碾压过程中，应取样检查回填土密实度。机械碾压时，每层填土按基坑长度 50m 或基坑面积为 1000m² 时取一组，人工夯实时，每层填土按基坑长度 25m 或基坑面积为 500m² 时取一组；每组取样点不得少于 6 个，其中部和两边各取两个。遇有填料类别和特征明显变化或压实质量可疑处应增加取样点位。

（8）基坑回填碾压密实度应满足设计要求，如设计无要求时，应符合规范的规定。

（9）基坑雨季回填时应集中力量，分段施工，取、运、填、平、压各工序应连续作业。雨前应及时压完已填土层并将表面压平后，做成一定坡势。雨中不得填筑非透水性土质。

（10）基坑不宜冬期回填。如必须施工时，应有可靠的防冻措施。除按常规施工要求外，尚应符合下列规定：

①每层铺土厚度应比常温施工减少 20％～25％，并适当增加压实密实度。

②冻土块填料含量不得大于 15％，粒径不得大于 150mm，均匀铺填、逐层压实。建筑物、地下管线、道路工程设计高程 1m 范围内不得回填冻土块。

③基坑回填前，应清除回填面上积雪和保温材料。

④集中力量，分段施工，取、运、填、平、压各工序应连续作业。

⑤基面压实后立即覆盖保温，必要时可洒盐水。

⑥加强测试，严格控制填料含水量。

5007　基坑支护结构的安全等级划分有何规定？

答： 依据《建筑基坑支护技术规程》JGJ120—2012，基坑支护结构的安全等级按表5-5划分。

支护结构的安全等级　　　　　　　　　　　　　　　　表5-5

安全等级	破 坏 后 果
一级	支护结构失效、土体过大变形对基坑周边环境或主体结构施工安全的影响很严重
二级	支护结构失效、土体过大变形对基坑周边环境或主体结构施工安全的影响严重
三级	支护结构失效、土体过大变形对基坑周边环境或主体结构施工安全的影响不严重

5008　各类基坑支护结构的适用条件是什么？

答： 依据《建筑基坑支护技术规程》JGJ120—2012，各类基坑支护结构的适用条件见表5-6。

各类基坑支护结构的适用条件　　　　　　　　　　　　　表5-6

结构类型		适 用 条 件		
		安全等级	基坑深度、环境条件、土类和地下水条件	
支挡式结构	锚拉式结构	一级二级三级	适用于较深的基坑	（1）排桩适用于可采用降水或截水帷幕的基坑（2）地下连续墙宜同时用作主体地下结构外墙，可同时用于截水（3）锚杆不宜用在软土层和高水位的碎石土、砂土层中（4）当邻近基坑有建筑物地下室、地下构筑物等，锚杆的有效锚固长度不足时，不应采用锚杆（5）当锚杆施工会造成基坑周边建（构）筑物的损害或违反城市地下空间规划等规定时，不应采用锚杆
	支撑式结构		适用于较深的基坑	
	悬臂式结构		适用于较浅的基坑	
	双排桩		当锚拉式、支撑式和悬臂式结构不适用时，可考虑采用双排桩	
	支护结构与主体结构结合的逆作法		适用于基坑周边环境条件很复杂的深基坑	
土钉墙	单一土钉墙	二级三级	适用于地下水位以上或降水的非软土基坑，且基坑深度不宜大于12m	当基坑潜在滑动面内有建筑物、重要地下管线时，不宜采用土钉墙
	预应力锚杆复合土钉墙		适用于地下水位以上或降水的非软土基坑，且基坑深度不宜大于15m	
	水泥土桩复合土钉墙		用于非软土基坑时，基坑深度不宜大于12m；用于淤泥质土基坑时，基坑深度不宜大于6m；不宜用在高水位的碎石土、砂土层中	
	微型桩复合土钉墙		适用于地下水位以上或降水的基坑，用于非软土基坑时，基坑深度不宜大于12m；用于淤泥质土基坑时，基坑深度不宜大于6m	
重力式水泥土墙		二级三级	适用于淤泥质土、淤泥基坑，且基坑深度不宜大于7m	
放坡		三级	（1）施工场地满足放坡条件（2）放坡与上述支护结构形式结合	

注：1. 当基坑不同部位的周边环境条件、土层性状、基坑深度等不同时，可在不同部位采用不同的支护形式。
　　2. 支护结构可采用上、下部以不同结构类型组合的形式。

5009 基坑支护排桩施工有哪些规定?

答: 依据《建筑基坑支护技术规程》JGJ120—2012,排桩应符合下列规定:

(1) 应根据土层的性质、地下水条件及基坑周边环境要求等选择混凝土灌注桩、型钢桩、钢管桩、钢板桩、型钢水泥土搅拌桩等桩型。

(2) 采用混凝土灌注桩时,对悬臂式排桩,支护桩的桩径宜大于或等于 600mm;对锚拉式排桩或支撑式排桩,支护桩的桩径宜大于或等于 400mm;排桩的中心距不宜大于桩直径的 2.0 倍。

(3) 采用混凝土灌注桩时,支护桩的桩身混凝土强度等级、钢筋配置和混凝土保护层厚度应符合下列规定:

①桩身混凝土强度等级不宜低于 C25。

②纵向受力钢筋宜选用 HRB400、HRB500 钢筋,单桩的纵向受力钢筋不宜少于 8 根,其净间距不应小于 60mm;支护桩顶部设置钢筋混凝土构造冠梁时,纵向钢筋伸入冠梁的长度宜取冠梁厚度;冠梁按结构受力构件设置时,桩身纵向受力钢筋伸入冠梁的锚固长度符合现行国家标准《混凝土结构设计规范》GB 50010 对钢筋锚固的有关规定;当不能满足锚固长度的要求时,其钢筋末端可采取机械锚固措施。

③箍筋可采用螺旋式箍筋,箍筋直径不应小于纵向受力钢筋最大直径的 1/4,且不应小于 6mm;箍筋间距宜取 100~200mm,且不应大于 400mm 及桩的直径。

④沿桩身配置的加强箍筋应满足钢筋笼起吊安装要求,宜选用 HPB300、HRB400 钢筋,其间距宜取 1000~2000mm。

⑤纵向受力钢筋的保护层厚度不应小于 35mm;采用水下灌注混凝土工艺时,不应小于 50mm。

⑥当采用沿截面周边非均匀配置纵向钢筋时,受压区的纵向钢筋根数不应少于 5 根;当施工方法不能保证钢筋的方向时,不应采用沿截面周边非均匀配置纵向钢筋的形式。

⑦当沿桩身分段配置纵向受力主筋时,纵向受力钢筋的搭接应符合现行国家标准《混凝土结构设计规范》GB 50010 的相关规定。

(4) 支护桩顶部应设置混凝土冠梁。冠梁的宽度不宜小于桩径,高度不宜小于桩径的 0.6 倍。冠梁钢筋应符合现行国家标准《混凝土结构设计规范》GB 50010 对梁的构造配筋要求。冠梁用作支撑或锚杆的传力构件或按空间结构设计时,尚应按受力构件进行截面设计。

(5) 排桩桩间土应采取防护措施。桩间土防护措施宜采用内置钢筋网或钢丝网的喷射混凝土面层。喷射混凝土面层的厚度不宜小于 50mm,混凝土强度等级不宜低于 C20,混凝土面层内配置的钢筋网的纵横向间距不宜大于 200mm。钢筋网或钢丝网宜采用横向拉筋与两侧桩体连接,拉筋直径不宜小于 12mm,拉筋锚固在桩内的长度不宜小于 100mm。钢筋网宜采用桩间土内打入直径不小于 12mm 的钢筋钉固定,钢筋钉打入桩间土中的长度不宜小于排桩净间距的 1.5 倍且不应小于 500mm。

(6) 采用降水的基坑,在有可能出现渗水的部位应设置泄水管,泄水管应采取防止土颗粒流失的反滤措施。

(7) 混凝土灌注桩设有预埋件时,应根据预埋件的用途和受力特点的要求,控制其安装位置及方向。

（8）排桩的施工偏差应符合下列规定：

①桩位的允许偏差应为 50mm。

②桩垂直度的允许偏差应为 0.5%。

③预埋件位置的允许偏差应为 20mm。

④桩的其他施工允许偏差应符合现行行业标准《建筑桩基技术规范》JGJ94 的规定。

（9）采用混凝土灌注桩时，其质量检测应符合下列规定：

①应采用低应变动测法检测桩身完整性，检测桩数不宜少于总桩数的 20%，且不得少于 5 根。

②当根据低应变动测法判定的桩身完整性为Ⅲ类或Ⅳ类时，应采用钻芯法进行验证，并应扩大低应变动测法检测的数量。

5010　基坑支护锚杆的应用与布置有哪些规定？

答：依据《建筑基坑支护技术规程》JGJ120—2012，锚杆的应用与布置应符合下列规定：

（1）锚杆的应用：

①锚拉结构宜采用钢绞线锚杆；承载力要求较低时，也可采用钢筋锚杆；当环境保护不允许在支护结构使用功能完成后锚杆杆体滞留在地层内时，应采用可拆芯钢绞线锚杆。

②在易塌孔的松散或稍密的砂土、碎石土、粉土、填土层，高液性指数的饱和黏性土层，高水压力的各类土层中，钢绞线锚杆、钢筋锚杆宜采用套管护壁成孔工艺。

③锚杆注浆宜采用二次压力注浆工艺。

④锚杆锚固段不宜设置在淤泥、淤泥质土、泥炭、泥炭质土及松散填土层内。

⑤在复杂地质条件下，应通过现场试验确定锚杆的适用性。

（2）锚杆的布置：

①锚杆的水平间距不宜小于 1.5m；多层锚杆，其竖向间距不宜小于 2.0m；当锚杆的间距小于 1.5m 时，应根据群锚效应对锚杆抗拔承载力进行折减或改变相邻锚杆的倾角。

②锚杆锚固段的上覆土层厚度不宜小于 4.0m。

③锚杆倾角宜取 15°～25°，且不应大于 45°，不应小于 10°；锚杆的锚固段宜设置在强度较高的土层内。

④当锚杆上方存在天然地基的建筑物或地下构筑物时，宜避开易塌孔、变形的土层。

5011　基坑支护钢绞线锚杆和钢筋锚杆的构造有哪些规定？

答：依据《建筑基坑支护技术规程》JGJ 120—2012，钢绞线锚杆和钢筋锚杆的构造应符合下列规定：

（1）锚杆成孔直径宜取 100～150mm。

（2）锚杆自由段的长度不应小于 5m，且应穿过潜在滑动面并进入稳定土层不小于 1.5m；钢绞线、钢筋杆体在自由段应设置隔离套管。

（3）土层中的锚杆锚固段长度不宜小于 6m。

（4）锚杆杆体的外露长度应满足腰梁、台座尺寸及张拉锁定的要求。

（5）锚杆杆体用钢绞线应符合现行国家标准《预应力混凝土用钢绞线》GB/T 5224 的有关规定。

（6）钢筋锚杆的杆体宜选用预应力螺纹钢筋、HRB 400、HRB 500 螺纹钢筋。

（7）应沿锚杆杆体全长设置定位支架；定位支架应能使相邻定位支架中点处锚杆杆体的注浆固结体保护层厚度不小于 10mm，定位支架的间距宜根据锚杆杆体的组装刚度确定，对自由段宜取 1.5～2.0m；对锚固段宜取 1.0～1.5m；定位支架应能使各根钢绞线相互分离。

（8）锚具应符合现行国家标准《预应力筋用锚具、夹具和连接器》GB/T 14370 的规定。

（9）锚杆注浆应采用水泥浆或水泥砂浆，注浆固结体强度不宜低于 20MPa。

5012　基坑支护锚杆腰梁有哪些规定？

答： 依据《建筑基坑支护技术规程》JGJ 120—2012，锚杆腰梁应符合下列规定：

（1）锚杆腰梁可采用型钢组合梁或混凝土梁。锚杆腰梁应按受弯构件设计。锚杆腰梁的正截面、斜截面承载力，对混凝土腰梁，应符合现行国家标准《混凝土结构设计规范》GB 50010 的规定；对型钢组合腰梁，应符合现行国家标准《钢结构设计规范》GB 50017 的规定。当锚杆锚固在混凝土冠梁上时，冠梁应按受弯构件设计。

（2）锚杆腰梁应根据实际约束条件按连续梁或简支梁计算。计算腰梁内力时，腰梁的荷载应取结构分析时得出的支点力设计值。

（3）型钢组合腰梁可选用双槽钢或双工字钢，槽钢之间或工字钢之间应用缀板焊接为整体构件，焊缝连接应采用贴角焊。双槽钢或双工字钢之间的净间距应满足锚杆杆体平直穿过的要求。

（4）采用型钢组合腰梁时，腰梁应满足在锚杆集中荷载作用下的局部受压稳定与受扭稳定的构造要求。当需要增加局部受压和受扭稳定性时，可在型钢翼缘端口处配置加劲肋板。

（5）混凝土腰梁、冠梁宜采用斜面与锚杆轴线垂直的梯形截面；腰梁、冠梁的混凝土强度等级不宜低于 C25。采用梯形截面时，截面的上边水平尺寸不宜小于 250mm。

5013　基坑支护锚杆施工偏差有哪些要求？

答： 依据《建筑基坑支护技术规程》JGJ 120—2012，锚杆施工偏差应符合下列要求：

（1）钻孔孔位的允许偏差应为 50mm。

（2）钻孔倾角的允许偏差应为 3°。

（3）杆体长度不应小于设计长度。

（4）自由段的套管长度允许偏差应为 ±50mm。

5014　基坑支护预应力锚杆张拉锁定有哪些要求？

答： 依据《建筑基坑支护技术规程》JGJ 120—2012，预应力锚杆张拉锁定应符合下列要求：

（1）当锚杆固结体的强度达到 15MPa 或设计强度的 75% 后，方可进行锚杆的张拉锁定。

（2）拉力型钢绞线锚杆宜采用钢绞线束整体张拉锁定的方法。

（3）锚杆锁定前，应按锚杆抗拔承载力检测值（表5-7）进行锚杆预张拉；锚杆张拉应平缓加载，加载速率不宜大于 $0.1N_k/min$（N_k 锚杆轴向拉力标准值（kN））；在张拉值下的锚杆位移和压力表压力应保持稳定，当锚头位移不稳定时，应判定此根锚杆不合格。

（4）锁定时的锚杆拉力应考虑锁定过程的预应力损失量；预应力损失量宜通过对锁定前、后锚杆拉力的测试确定；缺少测试数据时，锁定时的锚杆拉力可取锁定值的1.1倍~1.15倍。

（5）锚杆锁定应考虑相邻锚杆张拉锁定引起的预应力损失，当锚杆预应力损失严重时，应进行再次锁定；锚杆出现锚头松弛、脱落、锚具失效等情况时，应及时进行修复并对其进行再次锁定。

（6）当锚杆需要再次张拉锁定时，锚具外杆体的长度和完好程度应满足张拉要求。

5015　基坑支护锚杆抗拔承载力的检测有哪些规定？

答：依据《建筑基坑支护技术规程》JGJ 120—2012，锚杆抗拔承载力的检测应符合下列规定：

（1）检测数量不应少于锚杆总数的5%，且同一土层中的锚杆检测数量不应少于3根。

（2）检测试验应在锚固段注浆固结体强度达到15MPa或达到设计强度的75%后进行。

（3）检测锚杆应采用随机抽样的方法选取。

（4）抗拔承载力检测值应按表5-7确定。

锚杆的抗拔承载力检测值　　　　　　　　　　　　　　表5-7

支护结构的安全等级	抗拔承载力检测值与轴向拉力标准值的比值
一级	≥1.4
二级	≥1.3
三级	≥1.2

（5）检测试验应按《建筑基坑支护技术规程》JGJ 120—2012 的验收试验方法进行。

（6）当检测的锚杆不合格时，应扩大检测数量。

5016　基坑支护土钉墙构造有哪些要求？

答：依据《建筑基坑支护技术规程》JGJ 120—2012，土钉墙构造应符合下列要求：

（1）土钉墙、预应力锚杆复合土钉墙的坡比（土钉墙坡比是指其墙面垂直高度与水平宽度的比值）不宜大于1：0.2；当基坑较深、土的抗剪强度较低时，宜取较小坡比。对砂土、碎石土、松散填土，确定土钉墙坡度时应考虑开挖时坡面的局部自稳能力。微型桩、水泥土桩复合土钉墙，应采用微型桩、水泥土桩与土钉墙面层贴合的垂直墙面。

（2）土钉墙宜采用洛阳铲成孔的钢筋土钉。对易塌孔的松散或稍密的砂土、稍密的粉土、填土，或易缩径的软土宜采用打入式钢管土钉。对洛阳铲成孔或钢管土钉打入困难的土层，宜采用机械成孔的钢筋土钉。

（3）土钉水平间距和竖向间距宜为 1~2m；当基坑较深、土的抗剪强度较低时，土钉间距应取小值。土钉倾角宜为 5°~20°。土钉长度应按各层土钉受力均匀、各土钉拉力与相应土钉极限承载力的比值相近的原则确定。

（4）成孔注浆型钢筋土钉的构造要求：

①成孔直径宜取 70~120mm。

②土钉钢筋宜选用 HRB400、HRB500 钢筋，钢筋直径宜取 16~32mm。

③应沿土钉全长设置对中定位支架，其间距宜取 1.5~2.5m，土钉钢筋保护层厚度不宜小于 20mm。

④土钉孔注浆材料可采用水泥浆或水泥砂浆，其强度不宜低于 20MPa。

（5）钢管土钉的构造要求：

①钢管的外径不宜小于 48mm，壁厚不宜小于 3mm；钢管的注浆孔应设置在钢管末端 $l/2$~$2l/3$（l 为钢管土钉的总长度）范围内；每个注浆截面的注浆孔宜取 2 个，且应对称布置，注浆孔的孔径宜取 5~8mm，注浆孔外应设置保护倒刺。

②钢管的连接采用焊接时，接头强度不应低于钢管强度；钢管焊接可采用数量不少于 3 根、直径不小于 16mm 的钢筋沿截面均匀分布拼焊，双面焊接时钢筋长度不应小于钢管直径的 2 倍。

（6）土钉墙高度不大于 12m 时，喷射混凝土面层的构造要求：

①喷射混凝土面层厚度宜取 80~100mm。

②喷射混凝土设计强度等级不宜低于 C20。

③喷射混凝土面层中应配置钢筋网和通长的加强钢筋，钢筋网宜采用 HPB300 级钢筋，钢筋直径宜取 6~10mm，钢筋间距宜取 150~250mm；钢筋网间的搭接长度应大于 300mm；加强钢筋的直径宜取 14~20mm；当充分利用土钉杆体的抗拉强度时，加强钢筋的截面面积不应小于土钉杆体截面面积的 1/2。

（7）土钉与加强钢筋宜采用焊接连接，其连接应满足承受土钉拉力的要求；当在土钉拉力作用下喷射混凝土面层的局部受冲切承载力不足时，应采用设置承压钢板等加强措施。

（8）当土钉墙后存在滞水时，应在含水土层部位的墙面设置泄水孔或采取其他疏水措施。

5017 采用预应力锚杆复合土钉墙时预应力锚杆有哪些要求？

答： 依据《建筑基坑支护技术规程》JGJ 120—2012，采用预应力锚杆复合土钉墙时，预应力锚杆应符合下列要求：

（1）宜采用钢绞线锚杆。

（2）用于减小地面变形时，锚杆宜布置在土钉墙的较上部位；用于增强面层抵抗土压力的作用时，锚杆应布置在土压力较大及墙背土层较软弱的部位。

（3）锚杆的拉力设计值不应大于土钉墙墙面的局部受压承载力。

（4）预应力锚杆应设置自由段，自由段长度应超过土钉墙坡体的潜在滑动面。

（5）锚杆与喷射混凝土面层之间应设置腰梁连接，腰梁可采用槽钢腰梁或混凝土腰梁，腰梁与喷射混凝土面层应紧密接触，腰梁规格应根据锚杆拉力设计值确定。

（6）除符合上述规定外，锚杆的构造尚应符合规程有关构造的规定。

5018 基坑支护土钉墙施工偏差有哪些要求?

答：依据《建筑基坑支护技术规程》JGJ 120—2012，土钉墙的施工偏差应符合下列
要求：

(1) 土钉位置的允许偏差应为 100mm。
(2) 土钉倾角的允许偏差应为 3°。
(3) 土钉杆体长度不应小于设计长度。
(4) 钢筋网间距的允许偏差应为 ±30mm。
(5) 微型桩桩位的允许偏差应为 50mm。
(6) 微型桩垂直度的允许偏差应为 0.5%。

5019 基坑支护土钉墙的质量检测有哪些规定?

答：依据《建筑基坑支护技术规程》JGJ 120—2012，土钉墙的质量检测应符合下列
规定：

(1) 应对土钉的抗拔承载力进行检测，土钉检测数量不宜少于土钉总数的 1%，且同
一土层中的土钉检测数量不应少于 3 根；对安全等级为二级、三级的土钉墙，抗拔承载
力检测值分别不应小于土钉轴向拉力标准值的 1.3 倍、1.2 倍；检测土钉应采用随机抽样
的方法选取；检测试验应在注浆固结体强度达到 10 MPa 或达到设计强度的 70% 后进行，
应按规程规定的试验方法进行；当检测的土钉不合格时，应扩大检测数量。

(2) 应进行土钉墙面层喷射混凝土的现场试块强度试验，每 500m² 喷射混凝土面积
的试验数量不应少于一组，每组试块不应少于 3 个。

(3) 应对土钉墙的喷射混凝土面层厚度进行检测，每 500m² 喷射混凝土面积的检测
数量不应少于一组，每组的检测点不应少于 3 个；全部检测点的面层厚度平均值不应小于
厚度设计值，最小厚度不应小于厚度设计值的 80%。

(4) 复合土钉墙中的预应力锚杆，应按规程的规定进行抗拔承载力检测。

(5) 复合土钉墙中的水泥土搅拌桩或旋喷桩用作截水帷幕时，应按规程的规定进行质
量检测。

5020 基坑监测项目选择有哪些规定?

答：依据《建筑基坑支护技术规程》JGJ 120—2012，应根据支护结构类型和地下水
控制方法，按表 5-8 选择基坑监测项目，并应根据支护结构的具体形式、基坑周边环境的
重要性及地质条件的复杂性确定监测点部位及数量。选用的监测项目及其监测部位应能够
反映支护结构的安全状态和基坑周边环境受影响的程度。

基坑监测项目选择　　　　　　　　　　　　　表 5-8

监测项目	支护结构的安全等级		
	一级	二级	三级
支护结构顶部水平位移	应测	应测	应测
基坑周边建（构）筑物、地下管线、道路沉降	应测	应测	应测

续表

监测项目	支护结构的安全等级		
	一级	二级	三级
坑边地面沉降	应测	应测	宜测
支护结构深部水平位移	应测	应测	选测
锚杆拉力	应测	应测	选测
支撑轴力	应测	应测	选测
挡土构件内力	应测	宜测	选测
支撑立柱沉降	应测	宜测	选测
挡土构件、水泥土墙沉降	应测	宜测	选测
地下水位	应测	应测	选测
土压力	宜测	选测	选测
孔隙水压力	宜测	选测	选测

注：表内各监测项目中，仅选择实际基坑支护形式所含有的内容。

5021　基坑监测有哪些规定？

答： 依据《建筑基坑支护技术规程》JGJ 120—2012，基坑监测有下列规定：

（1）应根据支护结构的具体形式、基坑周边环境的重要性及地质条件的复杂性确定监测点部位及数量。

（2）对安全等级为一级、二级的支护结构，在基坑开挖过程与支护结构使用期内，必须进行支护结构的水平位移监测和基坑开挖影响范围内建（构）筑物、地面的沉降监测。

（3）支挡式结构顶部水平位移监测点的间距不宜大于 20m，土钉墙、重力式挡墙顶部水平位移监测点的间距不宜大于 15m，且基坑各边的监测点不应少于 3 个。基坑周边有建筑物的部位、基坑各边中部及地质条件较差的部位应设置监测点。

（4）基坑周边建筑物沉降监测点应设置在建筑物的结构墙、柱上，并应分别沿平行、垂直于坑边的方向上布设。在建筑物邻基坑一侧，平行于坑边方向上的测点间距不宜大于 15m。垂直于坑边方向上的测点，宜设置在柱、隔墙与结构缝部位。垂直于坑边方向上的布点范围应能反映建筑物基础的沉降差。必要时，可在建筑物内部布设测点。

（5）对坑边地面沉降、支护结构深部水平位移、锚杆拉力、支撑轴力、立柱沉降、挡土构件沉降、水泥土墙沉降、挡土构件内力、地下水位、土压力、孔隙水压力进行监测时，监测点应布设在邻近建筑物、基坑各边中部及地质条件较差的部位，监测点或监测面不宜少于 3 个。

（6）坑边地面沉降监测点应设置在支护结构外侧的土层表面或柔性地面上。与支护结构的水平距离宜在基坑深度的 0.2 倍范围以内。有条件时，宜沿坑边垂直方向在基坑深度的 1～2 倍范围内设置多个测点，每个监测面的测点不宜少于 5 个。

（7）各类水平位移观测、沉降观测的基准点应设置在变形影响范围外，且基准点数量不应少于两个。

（8）各监测项目应在基坑开挖前或测点安装后测得稳定的初始值，且次数不应少于两次。

（9）支护结构顶部水平位移的监测频次应符合下列要求：

①基坑向下开挖期间，监测不应少于每天一次，直至开挖停止后连续三天的监测数值稳定。

②当地面、支护结构或周边建筑物出现裂缝、沉降，遇到降雨、降雪、气温骤变，基坑出现异常的渗水或漏水，坑外地面荷载增加等各种环境条件变化或异常情况时，应立即进行连续监测，直至连续三天的监测数值稳定。

③当位移速率大于前次监测的位移速率时，则应进行连续监测。

④在监测数值稳定期间，应根据水平位移稳定值的大小及工程实际情况定期进行监测。

5022 基坑监测现场巡查包括哪些内容？

答： 依据《建筑基坑支护技术规程》JGJ 120—2012，在支护结构施工、基坑开挖期间以及支护结构使用期内，应对支护结构和周边环境的状况随时进行巡查，现场巡查时应检查有无下列现象及其发展情况：

（1）基坑外地面和道路开裂、沉陷。

（2）基坑周边建（构）筑物、围墙开裂、倾斜。

（3）基坑周边水管漏水、破裂，燃气管漏气。

（4）挡土构件表面开裂。

（5）锚杆锚头松动，锚具夹片滑动，腰梁及支座变形，连接破损等。

（6）支撑构件变形、开裂。

（7）土钉墙土钉滑脱，土钉墙面层开裂和错动。

（8）基坑侧壁和截水帷幕渗水、漏水、流砂等。

（9）降水井抽水异常，基坑排水不通畅。

5023 基坑监测当出现什么危险征兆时应立即报警？

答： 依据《建筑基坑支护技术规程》JGJ 120—2012，当出现下列危险征兆时应立即报警：

（1）支护结构位移达到设计规定的位移限值。

（2）支护结构位移速率增长且不收敛。

（3）支护结构构件的内力超过其设计值。

（4）基坑周边建（构）筑物、道路、地面的沉降达到设计规定的沉降、倾斜限值；基坑周边建（构）筑物、道路、地面开裂。

（5）支护结构构件出现影响整体结构安全性的损坏。

（6）基坑出现局部坍塌。

（7）开挖面出现隆起现象。

（8）基坑出现流土、管涌现象。

5024 混凝土灌注桩的桩位偏差有哪些规定？

答： 依据《建筑地基基础工程施工质量验收规范》GB 50202—2002，灌注桩的桩位偏差应符合表 5-9 的规定，桩顶标高至少要比设计标高高出 0.5m，桩底清孔质量按不同的成桩工艺有不同的要求，应按现行规范要求执行。每浇筑 50m³ 必须有 1 组试件，小于 50m³ 的桩，每根桩必须有 1 组试件。

灌注桩的平面位置和垂直度的允许偏差　　　　　　　　　　表 5-9

序号	成孔方法		桩径允许偏差（mm）	垂直度允许偏差（%）	桩位允许偏差（mm）	
					1～3 根、单排桩基垂直于中心线方向和群桩基础的边桩	条形桩基沿中心线方向和群桩基础的中间桩
1	泥浆护壁钻孔桩	$D \leqslant 1000mm$	±50	<1	$D/6$，且不大于 100	$D/4$，且不大于 150
		$D > 1000mm$	±50		$100+0.01H$	$150+0.01H$
2	套管成孔灌注桩	$D \leqslant 500mm$	−20	<1	70	150
		$D > 500mm$			100	150
3	干成孔灌注桩		−20	<1	70	150
4	人工挖孔桩	混凝土护壁	+50	<0.5	50	150
		钢套管护壁	+50	<1	100	200

注：1. 桩径允许偏差的负值是指个别断面。

2. 采用复打、反插法施工的桩，其桩径允许偏差不受上表限制。

3. H 为施工现场地面标高与桩顶设计标高的距离，D 为设计桩径。

5025　工程桩检测有哪些规定？

答：依据《建筑地基基础工程施工质量验收规范》GB 50202—2002，工程桩检测应符合下列规定：

（1）工程桩承载力的检测：对于地基基础设计等级为甲级或地质条件复杂，成桩质量可靠性低的灌注桩，应采用静载荷试验的方法进行检验，检验桩数不应少于总数的 1%，且不应少于 3 根，当总桩数少于 50 根时，不应少于 2 根。

（2）工程桩桩身质量的检测：对设计等级为甲级或地质条件复杂，成桩质量可靠性低的灌注桩，抽检数量不应少于总数的 30%，且不应少于 20 根；其他桩基工程的抽检数量不应少于总数的 20%，且不应少于 10 根；对混凝土预制桩及地下水位以上且终孔后经过核验的灌注桩，检验数量不应少于总桩数的 10%，且不得少于 10 根。每个柱子承台下不得少于 1 根。

5026　常用的地基处理方法有哪些？适用范围是什么？

答：依据《建筑地基处理技术规范》JGJ 79—2012，常用的地基处理方法与适用范围如下：

（1）换填垫层。适用于浅层软弱土层或不均匀土层的地基处理。换填垫层的厚度应根据置换软弱土的深度以及下卧土层的承载力确定，厚度宜为 0.5～3.0m。

（2）预压地基。适用于处理淤泥质土、淤泥、冲填土等饱和黏性土地基。按处理工艺分为堆载预压、真空预压、真空和堆载联合预压。

（3）压实地基和夯实地基。适用于处理大面积填土地基。夯实地基可分为强夯和强夯置换处理地基。强夯适用于砂石土、砂土、低饱和度的粉土与黏性土、湿陷性黄土、素填土和杂填土等地基；强夯置换适用于高饱和度粉土与软塑～流塑的黏性土地基上对变形要求不严格的工程。

（4）复合地基。包括振冲碎石桩和沉管砂石桩复合地基、水泥土搅拌桩复合地基、旋喷桩复合地基、灰土挤密桩和土挤密桩复合地基、夯实水泥土桩复合地基、水泥粉煤灰碎石桩复合地基、柱锤冲扩桩复合地基、多桩型复合地基。其适用范围见规范的要求。

（5）注浆加固：适用于建筑地基的局部加固处理，适用于砂土、粉土、黏性土和人工填土等地基加固，加固材料可选用水泥浆液、硅化浆液和碱液等固化剂。

（6）微型桩加固。适用于既有建筑地基加固或新建建筑的地基处理，微型桩按桩型和施工工艺，可分为树根桩、预制桩和注浆钢管桩等。

5027 地基处理工程检验有哪些规定？

答：依据《建筑地基基础工程施工质量验收规范》GB 50202—2002，地基处理工程检验应符合下列规定：

（1）对灰土地基、砂和砂石地基、土工合成材料地基、粉煤灰地基、强夯地基、注浆地基、预压地基，其竣工后的结果（地基强度或承载力）必须达到设计要求的标准。

检验数量：每单位工程不应少于 3 点，$1000m^2$ 以上工程，每 $100m^2$ 应至少有 1 点，$3000m^2$ 以上工程，每 $300m^2$ 至少有 1 点。每一独立基础下至少应有 1 点，基槽每 20 延米应有 1 点。

（2）对水泥土搅拌桩复合地基、高压喷射注浆桩复合地基、砂桩地基、振冲桩复合地基、土和灰土挤密桩复合地基、水泥粉煤灰碎石桩复合地基及夯实水泥土桩复合地基，其承载力检验，数量为总数的 $0.5\%\sim1\%$，但不应少于 3 处。有单桩强度检验要求时，数量为总数的 $0.5\%\sim1\%$，但不应少于 3 根。

5028 天然地基基础基槽检验包括哪些要点？

答：依据《建筑地基基础工程施工质量验收规范》GB 50202—2002，天然地基基础基槽检验包括下列要点：

（1）基槽开挖后，应检验下列内容：

①核对基坑的位置、平面尺寸、坑底标高。

②核对基坑土质和地下水情况。

③空穴、古墓、古井、防空掩体及地下埋设物的位置、深度、性状。

（2）遇到下列情况之一时，应在基坑底普遍进行轻型动力触探：

①持力层明显不均匀。

②浅部有软弱下卧层。

③有浅埋的坑穴、古墓、古井等，直接观察难以发现时。

④勘察报告或设计文件规定应进行轻型动力触探时。

（3）采用轻型动力触探进行基槽检验时，检验深度及间距按表 5-10 执行。

轻型动力触探检验深度及间距（m）　　　　表 5-10

排列方式	基槽宽度	检验深度	检验间距
中心一排	<0.8	1.2	1.0～1.5m 视地层复杂情况定
两排错开	0.8～2.0	1.5	
梅花型	>2.0	2.1	

（4）遇下列情况之一时，可不进行轻型动力触探：

①基坑不深处有承压水层，触探可造成冒水涌砂时。

②持力层为砾石层或卵石层，且其厚度符合设计要求时。

（5）基槽检验应填写验槽记录或检验报告。

第 2 节　边　坡　工　程

5029　边坡支护结构常用形式有哪些?

答：依据《建筑边坡工程技术规范》GB 50330—2013，建筑边坡支护结构形式应考虑场地地质和环境条件、边坡高度、边坡侧压力的大小和特点、对边坡变形控制的难易程度以及边坡工程安全等级等因素，可按表 5-11 选定。

边坡支护结构常用形式　　　　表 5-11

支护结构 ＼ 条件	边坡环境条件	边坡高度 H（m）	边坡工程安全等级	备　注
重力式挡墙	场地允许，坡顶无重要建（构）筑物	土质边坡，$H \leqslant 10$；岩质边坡，$H \leqslant 12$	一、二、三级	不利于控制边坡变形。土方开挖后边坡稳定较差时不应采用
悬臂式挡墙、扶壁式挡墙	填方区	悬臂式挡墙，$H \leqslant 6$；扶壁式挡墙 $H \leqslant 10$	一、二、三级	适用于土质边坡
桩板式挡墙		悬臂式，$H \leqslant 15$；锚拉式，$H \leqslant 25$	一、二、三级	桩嵌固段土质较差时不宜采用，当对挡墙变形要求较高时宜采用锚拉式桩板挡墙
板肋式或格构式锚杆挡墙		土质边坡 $H \leqslant 15$；岩质边坡 $H \leqslant 30$	一、二、三级	边坡高度较大或稳定性较差时宜采用逆作法施工。对挡墙变形有较高要求的边坡，宜采用预应力锚杆
排桩式锚杆挡墙	坡顶建（构）筑物需要保护，场地狭窄	土质边坡 $H \leqslant 15$；岩质边坡 $H \leqslant 30$	一、二、三级	有利于对边坡变形控制。适用于稳定性较差的土质边坡、有外倾软弱结构面的岩质边坡、垂直开挖施工尚不能保证稳定的边坡

续表

支护结构	边坡环境条件	边坡高度 H (m)	边坡工程安全等级	备 注
岩石锚喷支护		Ⅰ类岩质边坡,H≤30	一、二、三级	适用于岩质边坡
		Ⅱ类岩质边坡,H≤30	二、三级	
		Ⅲ类岩质边坡,H≤15	二、三级	
坡率法	坡顶无重要建(构)筑物,场地有放坡条件	土质边坡,H≤10;岩质边坡,H≤25	一、二、三级	不良地质段,地下水发育区、软塑及流塑状土时不应采用

5030 哪些边坡工程的设计及施工应进行专门论证?

答: 依据《建筑边坡工程技术规范》GB 50330—2013,下列边坡工程的设计及施工应进行专门论证:

(1)岩质边坡高度 H>30m 以上,土质边坡高度 H>15m 以上的边坡工程。

(2)地质和环境条件复杂、稳定性极差的一级边坡工程。

(3)边坡塌滑区有重要建(构)筑物、稳定性较差的边坡工程。

(4)采用新结构、新技术的一、二级边坡工程。

5031 边坡工程安全等级划分有何规定?

答: 依据《建筑边坡工程技术规范》GB 50330—2013,边坡工程应根据其损坏后可能造成的破坏后果(危及人的生命、造成经济损失、产生不良社会影响)的严重性、边坡类型和边坡高度等因素,按表5-12确定边坡工程安全等级。

边坡工程安全等级　　　　　　　　　　　　　表 5-12

边坡类型		边坡高度 H (m)	破坏后果	安全等级
岩质边坡	岩体类型为Ⅰ类或Ⅱ类	H≤30	很严重	一级
			严重	二级
			不严重	三级
	岩体类型为Ⅲ类或Ⅳ类	15<H≤30	很严重	一级
			严重	二级
		H≤15	很严重	一级
			严重	二级
			不严重	三级
土质边坡		10<H≤15	很严重	一级
			严重	二级

续表

边坡类型	边坡高度 H（m）	破坏后果	安全等级
土质边坡	H≤10	很严重	一级
		严重	二级
		不严重	三级

注：1. 一个边坡工程的各段，可根据实际情况采用不同的安全等级。

2. 对危害性极严重、环境和地质条件复杂的边坡工程，其安全等级应根据工程情况适当提高。

3. 很严重：造成重大人员伤亡或财产损失；严重：可能造成人员伤亡或财产损失；不严重：可能造成财产损失。

5032　坡顶有重要建（构）筑物的边坡支护结构形式有哪些规定？

答：依据《建筑边坡工程技术规范》GB 50330—2013，对坡顶有重要建（构）筑物的下列边坡应优先采用排桩式锚杆挡墙、锚拉式桩板挡墙或抗滑桩板式挡墙等主动受力、变形较小、对边坡稳定性和建筑物地基基础扰动小的支护结构：

（1）建（构）筑物基础置于塌滑区内的边坡。

（2）存在外倾软弱结构面或坡体软弱、开挖后稳定性较差的边坡。

（3）建（构）筑物及管线等对变形控制有较高要求的边坡。

（4）采用其他支护方案在施工期可能降低边坡稳定性的边坡。

5033　什么情况边坡支护结构宜采用预应力锚杆？

答：依据《建筑边坡工程技术规范》GB 50330—2013，下列情况宜采用预应力锚杆：

（1）边坡变形控制要求严格时。

（2）边坡在施工期稳定性很差时。

（3）高度较大的土质边坡采用锚杆支护时。

（4）高度较大且存在外倾软弱结构面的岩质边坡采用锚杆支护时。

（5）滑坡整治采用锚杆支护时。

5034　锚杆（索）支护结构构造设计有哪些规定？

答：依据《建筑边坡工程技术规范》GB 50330—2013，锚杆（索）支护结构构造设计应符合下列规定：

（1）锚杆总长度应为锚固段、自由段和外锚头的长度之和，并应符合下列规定：

①锚杆自由段长度应为外锚头到潜在滑裂面的长度；预应力锚杆自由段长度应不小于5.0m，且应超过潜在滑裂面1.5m。

②锚杆锚固段长度应按规范的规定进行计算。同时，土层锚杆的锚固段长度不应小于4.0m，并不宜大于10.0m；岩石锚杆的锚固段长度不应小于3.0m，且不宜大于45D（D为锚杆锚固段钻孔直径）和6.5m，预应力锚索不宜大于55D（D为锚杆锚固段钻孔直径）和8.0m。

③位于软质岩中的预应力锚索，可根据地区经验确定最大锚固长度。

④当计算锚固段长度超过构造要求长度时，应采取改善锚固段岩土体质量、压力灌

浆、扩大锚固段直径、采用荷载分散型锚杆等，提高锚杆承载能力。

（2）锚杆的钻孔直径应符合下列规定：

①钻孔内的锚杆钢筋面积不超过钻孔面积的20％。

②钻孔内的锚杆钢筋保护层厚度，对永久性锚杆不应小于25mm，对临时性锚杆不应小于15mm。

（3）锚杆的倾角宜采用10°～35°，并应避免对相邻构筑物产生不利影响。

（4）锚杆隔离架应沿锚杆轴线方向每隔1～3m设置一个，对土层应取小值，对岩层可取大值。

（5）预应力锚杆传力结构应符合下列规定：

①预应力锚杆传力结构应有足够的强度、刚度、韧性和耐久性。

②强风化或软弱破碎岩质边坡和土质边坡宜采用框架格构型钢筋混凝土传力结构。

③对Ⅰ、Ⅱ类及完整性好的Ⅲ类岩质边坡，宜采用墩座或地梁型钢筋混凝土传力结构。

④传力结构与坡面的结合部位应做好防排水设计及防腐措施。

⑤承压板及过渡管宜由钢板和钢管制成，过渡管钢管壁厚不宜小于5mm。

（6）当锚固段岩体破碎、渗（失）水量大时，应对岩体作灌浆加固处理。

（7）永久性锚杆的防腐蚀处理应符合下列规定：

①非预应力锚杆的自由段位于岩土层中时，可采用除锈、刷沥青船底漆和沥青玻纤布缠裹二层进行防腐蚀处理。

②对采用钢绞线、精轧螺纹钢制作的预应力锚杆（索），其自由段可按第①款进行防腐蚀处理后装入套管中；自由段套管两端100～200mm长度范围内用黄油充填，外绕扎工程胶布固定。

③对位于无腐蚀性岩土层内的锚固段，水泥浆或水泥砂浆保护层厚度应不小于25mm；对位于腐蚀性岩土层内的锚固段，应采取特殊防腐蚀处理，且水泥浆或水泥砂浆保护层厚度不应小于50mm。

④经过防腐蚀处理后，非预应力锚杆的自由段外端应埋入钢筋混凝土构件内50mm以上；对预应力锚杆，其锚头的锚具经除锈、涂防腐漆三度后应采用钢筋网罩、现浇混凝土封闭，且混凝土强度等级不应低于C30，厚度不应小于100mm，混凝土保护层厚度不应小于50mm。

5035　锚杆的灌浆有哪些规定？

答：依据《建筑边坡工程技术规范》GB 50330—2013，锚杆的灌浆应符合下列规定：

（1）灌浆前应清孔，排放孔内积水。

（2）注浆管宜与锚杆同时放入孔内；向水平孔或下倾孔内注浆时，注浆管出浆口应插入距孔底100～300mm处，浆液自下而上连续灌注；向上倾斜的钻孔内注浆时，应在孔口设置密封装置。

（3）孔口溢出浆液或排气管停止排气并满足注浆要求时，可停止注浆。

（4）根据工程条件和设计要求确定灌浆方法和压力，确保钻孔灌浆饱满和浆体密实。

（5）浆体强度检验用试块的数量每30根锚杆不应少于一组，每组试块不应少于6个。

5036　锚杆挡墙可分为哪些形式?

答:依据《建筑边坡工程技术规范》GB 50330—2013,锚杆挡墙可分为下列形式:

(1)根据挡墙的结构形式可分为板肋式锚杆挡墙、格构式锚杆挡墙和排桩式锚杆挡墙。

(2)根据锚杆的类型可分为非预应力锚杆挡墙和预应力锚杆(索)挡墙。

5037　哪些边坡宜采用排桩式锚杆挡墙支护?

答:依据《建筑边坡工程技术规范》GB 50330—2013,下列边坡宜采用排桩式锚杆挡墙支护:

(1)位于滑坡区或切坡后可能引发滑坡的边坡。

(2)切坡后可能沿外倾软弱结构面滑动、破坏后果严重的边坡。

(3)高度较大、稳定性较差的土质边坡。

(4)边坡塌滑区内有重要建筑物基础的Ⅳ类岩质边坡和土质边坡。

5038　锚杆挡墙构造设计有哪些规定?

答:依据《建筑边坡工程技术规范》GB 50330—2013,锚杆挡墙构造设计应符合下列规定:

(1)锚杆挡墙支护结构立柱的间距宜采用 2.0~6.0m。

(2)锚杆挡墙支护中锚杆的布置应符合下列规定:

①锚杆上下排垂直间距、水平间距均不宜小于 2.0m。

②当锚杆间距小于上述规定或锚固段岩土层稳定性较差时,锚杆宜采用长短相间的方式布置。

③第一排锚杆锚固体上覆土层的厚度不宜小于 4.0m,上覆岩层的厚度不宜小于 2.0m。

④第一锚点位置可设于坡顶下 1.5~2.0m 处。

⑤锚杆的倾角宜采用 10°~35°。

⑥锚杆布置应尽量与边坡走向垂直,并应与结构面呈较大倾角相交。

⑦立柱位于土层时宜在立柱底部附近设置锚杆。

(3)立柱、挡板和格构梁的混凝土强度等级不应小于 C25。

(4)立柱的截面尺寸除应满足强度、刚度和抗裂要求外,还应满足挡板的支座宽度、锚杆钻孔和锚固等要求。肋柱截面宽度不宜小于 300mm,截面高度不宜小于 400mm;钻孔桩直径不宜小于 500mm,人工挖孔桩直径不宜小于 800mm。

(5)立柱基础应置于稳定的地层内,可采用独立基础、条形基础或桩基础等形式。

(6)对永久性边坡,现浇挡板和拱板厚度不宜小于 200mm。

(7)锚杆挡墙立柱宜对称配筋;当第一锚点以上悬臂部分内力较大或柱顶设单锚时,可根据立柱的内力包络图采用不对称配筋做法。

(8)格构梁截面尺寸应按强度、刚度和抗裂要求计算确定,且格构梁截面宽度和截面高度均不宜小于 300mm 。

（9）锚杆挡墙现浇混凝土构件的伸缩缝间距不宜大于 $20\sim25\mathrm{m}$。

（10）锚杆挡墙立柱的顶部宜设置钢筋混凝土构造连梁。

（11）当锚杆挡墙的锚固区内有建（构）筑物基础传递较大荷载时，除应验算挡墙的整体稳定性外，还应适当加长锚杆，并采用长短相间的设置方法。

5039 岩石锚喷支护应符合哪些规定？

答：依据《建筑边坡工程技术规范》GB 50330—2013，岩石锚喷支护应符合下列规定：

（1）对永久性岩质边坡（基坑边坡）进行整体稳定性支护时，Ⅰ类岩质边坡可采用混凝土锚喷支护；Ⅱ类岩质边坡宜采用钢筋混凝土锚喷支护；Ⅲ类岩质边坡应采用钢筋混凝土锚喷支护，且边坡高度不宜大于 $15\mathrm{m}$。

（2）对临时性岩质边坡（基坑边坡）进行整体稳定性支护时，Ⅰ、Ⅱ类岩质边坡可采用混凝土锚喷支护；Ⅲ类岩质边坡宜采用钢筋混凝土锚喷支护，且边坡高度不应大于 $25\mathrm{m}$。

（3）对边坡局部不稳定岩石块体，可采用锚喷支护进行局部加固。

5040 岩石锚喷支护构造设计有哪些规定？

答：依据《建筑边坡工程技术规范》GB 50330—2013，岩石锚喷支护构造设计应符合下列规定：

（1）系统锚杆的设置宜符合下列规定：

①锚杆布置宜采用行列式排列或菱形排列。

②锚杆间距宜为 $1.25\sim3.00\mathrm{m}$，且不应大于锚杆长度的一半；对Ⅰ、Ⅱ类岩体边坡最大间距不应大于 $3.00\mathrm{m}$，对Ⅲ、Ⅳ类岩体边坡最大间距不应大于 $2.00\mathrm{m}$。

③锚杆安设倾角宜为 $10°\sim20°$。

④应采用全粘结锚杆。

（2）锚喷支护用于岩质边坡整体支护时，其面板应符合下列规定：

①对永久性边坡，Ⅰ类岩质边坡喷射混凝土面板厚度不应小于 $50\mathrm{mm}$，Ⅱ类岩质边坡喷射混凝土面板厚度不应小于 $100\mathrm{mm}$，Ⅲ类岩体边坡钢筋网喷射混凝土面板厚度不应小于 $150\mathrm{mm}$；对临时性边坡，Ⅰ类岩质边坡喷射混凝土面板厚度不应小于 $50\mathrm{mm}$，Ⅱ类岩质边坡喷射混凝土面板厚度不应小于 $80\mathrm{mm}$，Ⅲ类岩体边坡钢筋网喷射混凝土面板厚度不应小于 $100\mathrm{mm}$。

②钢筋直径宜为 $6\sim12\mathrm{mm}$，钢筋间距宜为 $100\sim250\mathrm{mm}$，单层钢筋网喷射混凝土面板厚度不应小于 $80\mathrm{mm}$，双层钢筋网喷射混凝土面板厚度不应小于 $150\mathrm{mm}$；钢筋保护层厚度不应小于 $25\mathrm{mm}$。

③锚杆钢筋与面板的连接应有可靠的连接构造措施。

（3）岩质边坡坡面防护应符合下列规定：

①锚杆布置宜采用行列式排列，也可采用菱形排列。

②应采用全粘结锚杆，锚杆长度为 $3\sim6\mathrm{m}$，锚杆倾角宜为 $15°\sim25°$，钢筋直径可采用 $16\sim22\mathrm{mm}$；钻孔直径为 $40\sim70\mathrm{mm}$。

③Ⅰ、Ⅱ类岩质边坡可采用混凝土锚喷防护，Ⅲ类岩质边坡宜采用钢筋混凝土锚喷防护，Ⅳ类岩质边坡应采用钢筋混凝土锚喷防护。

④混凝土喷层厚度可采用 50～80mm，Ⅰ、Ⅱ类岩质边坡可取小值，Ⅲ、Ⅳ类岩质边坡宜取大值。

⑤可采用单层钢筋网，钢筋直径为 6～10mm，间距 150～200mm。

（4）喷射混凝土强度等级，对永久性边坡不应低于 C25，对防水要求较高的不应低于 C30；对临时性边坡不应低于 C20。喷射混凝土 1d 龄期的抗压强度设计值不应小于 5MPa。

（5）喷射混凝土与岩面的粘结力，对整体状和块状岩体不应低于 0.80MPa，对碎裂状岩体不应低于 0.40MPa。喷射混凝土与岩面粘结力试验应符合现行国家标准《锚杆喷射混凝土支护技术规范》GB 50086 的规定。

（6）面板宜沿边坡纵向每隔 20～25m 的长度分段设置竖向伸缩缝。

（7）坡体泄水孔及截水、排水沟等的设置应符合规范的相关规定。

5041　边坡工程监测项目选择有哪些规定？

答： 依据《建筑边坡工程技术规范》GB 50330—2013，边坡工程可根据安全等级、地质环境、边坡类型、支护结构类型和变形控制要求，按表 5-13 选择监测项目。

边坡工程监测项目表　　　　　　　　　　表 5-13

测试项目	测点布置位置	边坡工程安全等级		
		一级	二级	三级
坡顶水平位移和垂直位移	支护结构顶部或预估支护结构变形最大处	应测	应测	应测
地表裂缝	墙顶背后 1.0H（岩质）～1.5H（土质）范围内	应测	应测	选测
坡顶建（构）筑物变形	边坡坡顶建筑物基础、墙面和整体倾斜	应测	应测	选测
降雨、洪水与时间关系	—	应测	应测	选测
锚杆（索）拉力	外锚头或锚杆主筋	应测	选测	可不测
支护结构变形	主要受力构件	应测	选测	可不测
支护结构应力	应力最大处	选测	选测	可不测
地下水、渗水与降雨关系	出水点	应测	选测	可不测

注：1. 在边坡塌滑区内有重要建（构）筑物，破坏后果严重时，应加强对支护结构的应力监测。

2. H—边坡高度（m）。

5042　边坡工程监测有哪些规定？

答： 依据《建筑边坡工程技术规范》GB 50330—2013，边坡工程监测应符合下列规定：

（1）坡顶位移观测，应在每一典型边坡段的支护结构顶部设置不少于 3 个监测点的观测网，观测位移量、移动速度和移动方向。

（2）锚杆拉力和预应力损失监测，应选择有代表性的锚杆（索），测定锚杆（索）应力和预应力损失。

（3）非预应力锚杆的应力监测根数不宜少于锚杆总数 3%，预应力锚索的应力监测根数不宜少于锚索总数的 5%，且均不应少于 3 根。

（4）监测工作可根据设计要求、边坡稳定性、周边环境和施工进程等因素进行动态调整。

（5）边坡工程施工初期，监测宜每天一次，且应根据地质环境复杂程度、周边建（构）筑物、管线对边坡变形敏感程度、气候条件和监测数据调整监测时间及频率；当出现险情时应加强监测。

（6）一级永久性边坡工程竣工后的监测时间不宜少于 2 年。

5043 边坡工程遇到哪些情况时应及时报警？

答： 依据《建筑边坡工程技术规范》GB 50330—2013，边坡工程施工过程中及监测期间遇到下列情况时应及时报警，并采取相应的应急措施：

（1）有软弱外倾结构面的岩土边坡支护结构坡顶有水平位移迹象或支护结构受力裂缝有发展；无外倾结构面的岩质边坡或支护结构构件的最大裂缝宽度达到国家现行相关标准的允许值；土质边坡支护结构坡顶的最大水平位移已大于边坡开挖深度的 1/500 或 20mm，以及其水平位移速度已连续 3d 大于 2mm/d。

（2）土质边坡坡顶邻近建筑物的累计沉降、不均匀沉降或整体倾斜已大于现行国家标准《建筑地基基础设计规范》GB 50007 规定允许值的 80%，或建筑物的整体倾斜度变化速度已连续 3d 每天大于 0.00008。

（3）坡顶邻近建筑物出现新裂缝、原有裂缝有新发展。

（4）支护结构中有重要构件出现应力骤增、压屈、断裂、松弛或破坏的迹象。

（5）边坡底部或周围岩土体已出现可能导致边坡剪切破坏的迹象或其他可能影响安全的征兆。

（6）根据当地工程经验判断已出现其他必须报警的情况。

5044 边坡工程质量检验有哪些规定？

答： 依据《建筑边坡工程技术规范》GB 50330—2013，边坡工程质量检验应符合下列规定：

（1）边坡支护结构的原材料质量检验应包括下列内容：

①材料出厂合格证检查。

②材料现场抽检。

③锚杆浆体和混凝土的配合比试验，强度等级检验。

（2）锚杆的质量验收应按规范的规定执行。软土层锚杆质量验收应按国家现行有关标准执行。

（3）灌注桩检验可采取低应变动测法、预埋管声波透射法或其他有效方法，并应符合下列规定：

①对低应变检测结果有怀疑的灌注桩，应采用钻芯法进行补充检测；钻芯法应进行单孔或跨孔声波检测，混凝土质量与强度评定按国家现行有关标准执行。

②对一级边坡桩，当长边尺寸不小于 2.0m 或桩长超过 15.0m 时，应采用声波透射法检验桩身完整性；当对桩身质量有怀疑时，可采用钻芯法进行复检。

（4）钢筋位置、间距、数量和保护层厚度可采用钢筋探测仪复检，当对钢筋规格有怀疑时可直接凿开检查。

（5）喷射混凝土护壁厚度和强度的检验应符合下列规定：

①可用凿孔法或钻孔法检测面板护壁厚度，每 100m² 抽检一组；芯样直径为 100mm 时，每组不应少于 3 个点。

②厚度平均值应大于设计厚度，最小值不应小于设计厚度的 80%。

③混凝土抗压强度的检测和评定应符合现行国家标准《建筑结构检测技术标准》GB/T 50344 的有关规定。

第 3 节　模　板　工　程

5045　模板及支架设计荷载应包括哪些？

答： 依据《混凝土结构工程施工规范》GB 50666—2011，模板及支架设计荷载应包括下列内容：

（1）永久荷载应包括：模板及支架自重 G_1；新浇筑混凝土自重 G_2；钢筋自重 G_3；新浇筑混凝土对模板侧面的压力 G_4 等。

（2）可变荷载宜包括：施工人员及施工设备产生的荷载 Q_1；混凝土下料产生的水平荷载 Q_2；泵送混凝土或不均匀堆载等因素产生的附加水平荷载 Q_3 及风荷载 Q_4 等。

参与模板及支架承载力计算的各项荷载，见表 5-14。

参与模板及支架承载力计算的各项荷载　　　　表 5-14

计 算 内 容		参与荷载项
模板	底面模板的承载力	$G_1+G_2+G_3+Q_1$
	侧面模板的承载力	G_4+Q_2
支架	支架水平杆及节点的承载力	$G_1+G_2+G_3+Q_1$
	立杆的承载力	$G_1+G_2+G_3+Q_1+Q_4$
	支架结构的整体稳定	$G_1+G_2+G_3+Q_1+Q_3$ $G_1+G_2+G_3+Q_1+Q_4$

注：表中的"＋"仅表示各项荷载参与组合，而不表示代数相加。

5046　模板及支架的变形限值有何规定？

答： 依据《混凝土结构工程施工规范》GB 50666—2011，模板及支架的变形限值应根据结构工程要求确定，并宜符合下列规定：

（1）对结构表面外露的模板，其挠度限值宜取为模板构件计算跨度的 1/400。

（2）对结构表面隐蔽的模板，其挠度限值宜取为模板构件计算跨度的 1/250。

（3）支架的轴向压缩变形限值或侧向挠度限值，宜取为计算高度或计算跨度的 1/1000。

5047 支架立柱和竖向模板安装在土层上时有哪些规定？

答：依据《混凝土结构工程施工规范》GB 50666—2011，支架立柱和竖向模板安装在土层上时应符合下列规定：

（1）应设置具有足够强度和支承面积的垫板。

（2）土层应坚实，并应有排水措施；对湿陷性黄土、膨胀土，应有防水措施；对冻胀性土，应有防冻胀措施。

（3）对软土地基，必要时可采用堆载预压的方法调整模板面板安装高度。

5048 扣件式钢管模板支架搭设有哪些规定？

答：依据《混凝土结构工程施工规范》GB 50666—2011 及《建筑施工扣件式钢管脚手架安全技术规范》JGJ 130—2011，采用扣件式钢管作模板支架时，支架搭设应符合下列规定：

（1）模板支架搭设所采用的钢管、扣件规格，应符合设计要求；立杆纵距、立杆横距、支架步距以及构造要求，应符合专项施工方案的要求。

（2）立杆纵距、立杆横距不应大于 1.5m，支架步距不应大于 2.0m；立杆纵向和横向宜设置扫地杆，纵向扫地杆距立杆底部不宜大于 200mm，横向扫地杆宜设置在纵向扫地杆的下方；立杆底部宜设置底座或垫板。

（3）立杆基础不在同一高度上时，必须将高处的纵向扫地杆向低处延长两跨与立杆固定，高低差不应大于 1m。靠边坡上方的立杆轴线到边坡的距离不应小于 500mm。

（4）立杆接长除顶层步距可采用搭接外，其余各层步距接头应采用对接扣件连接，两个相邻立杆的接头不应设置在同一步距内。

（5）立杆步距的上下两端应设置双向水平杆，水平杆与立杆的交错点应采用扣件连接，双向水平杆与立杆的连接扣件之间的距离不应大于 150mm。

（6）支架周边应连续设置竖向剪刀撑。支架长度或宽度大于 6m 时，应设置中部纵向或横向的竖向剪刀撑，剪刀撑的间距和单幅剪刀撑的宽度均不宜大于 8m，剪刀撑与水平杆的夹角宜为 45°～60°；支架高度大于 3 倍步距时，支架顶部宜设置一道水平剪刀撑，剪刀撑应延伸至周边。

（7）立杆、水平杆、剪刀撑的搭接长度，不应小于 0.8m，且不应少于 2 个扣件连接，扣件盖板边缘至杆端不应小于 100mm。

（8）扣件螺栓的拧紧力矩不应小于 40N·m，且不应大于 65N·m。

（9）支架立杆搭设的垂直偏差不宜大于 1/200。

5049 扣件式钢管高大模板支架搭设有哪些规定？

答：依据《混凝土结构工程施工规范》GB 50666—2011，采用扣件式钢管作高大模板支架时，支架搭设除应符合扣件式钢管模板支架搭设规定外，尚应符合下列规定：

（1）宜在支架立杆顶端插入可调托座，可调托座螺杆外径不应小于 36mm，螺杆插入钢管的长度不应小于 150mm，螺杆伸出钢管的长度不应大于 300mm，可调托座伸出顶层水平杆的悬臂长度不应大于 500mm。

（2）立杆纵距、横距不应大于 1.2m，支架步距不应大于 1.8m。

（3）立杆顶层步距内采用搭接时，搭接长度不应小于 1m，且不应少于 3 个扣件连接。

（4）立杆纵向和横向应设置扫地杆；纵向扫地杆距立杆底部不宜大于 200mm。

（5）宜设置中部纵向或横向的竖向剪刀撑，剪刀撑的间距不宜大于 5m；沿支架高度方向搭设的水平剪刀撑的间距不宜大于 6m。

（6）立杆的搭设垂直偏差不宜大于 1/200，且不宜大于 100mm。

（7）应根据周边结构的情况，采取有效的连接措施加强支架整体稳固性。

5050　碗扣式、盘扣式或盘销式钢管架模板支架搭设有哪些规定？

答：依据《混凝土结构工程施工规范》GB 50666—2011，采用碗扣式、盘扣式或盘销式钢管架作模板支架时，支架搭设应符合下列规定：

（1）碗扣架、盘扣架或盘销架的水平杆与立柱的扣接应牢靠，不应滑脱。

（2）立杆上的上、下层水平杆间距不应大于 1.8m。

（3）插入立杆顶端可调托座伸出顶层水平杆的悬臂长度不应大于 650mm，螺杆插入钢管的长度不应小于 150mm，其直径应满足与钢管内径间隙不大于 6mm 的要求。架体最顶层的水平杆步距应比标准步距缩小一个节点间距。

（4）立柱间应设置专用斜杆或扣件钢管斜杆加强模板支架。

5051　模板安装与拆除有哪些要求？

答：依据《混凝土结构工程施工规范》GB 50666—2011，模板安装与拆除应符合下列要求：

（1）模板安装

①安装模板时，应进行测量放线，并应采取保证模板位置准确的定位措施。对竖向构件的模板及支架，应根据混凝土一次浇筑高度和浇筑速度，采取竖向模板抗侧移、抗浮和抗倾覆措施。对水平构件的模板及支架，应结合不同的支架和模板面板形式，采取支架间、模板间及模板与支架间的有效拉结措施。对可能承受较大风荷载的模板，应采取防风措施。

②对跨度不小于 4m 的梁、板，其模板施工起拱高度宜为梁、板跨度的 1/1000～3/1000。起拱不得减少构件的截面高度。

③模板安装应保证混凝土结构构件各部分形状、尺寸和相对位置准确，并应防止漏浆。

④模板安装应与钢筋安装配合进行，梁柱节点的模板宜在钢筋安装后安装。

⑤模板与混凝土接触面应清理干净并涂刷脱模剂，脱模剂不得污染钢筋和混凝土接槎处。

⑥后浇带的模板及支架应独立设置。

⑦固定在模板上的预埋件、预留孔和预留洞均不得遗漏，且应安装牢固、位置准确。

（2）模板拆除

①模板拆除时，可采取先支的后拆、后支的先拆，先拆非承重模板、后拆承重模板的顺序，并应从上而下进行拆除。

②底模及支架应在混凝土强度达到设计要求后再拆除；当设计无具体要求时，同条件养护的混凝土立方体试件抗压强度应符合规范的规定。

③当混凝土强度能保证其表面及棱角不受损伤时，方可拆除侧模。

④多个楼层间连续支模的底层支架拆除时间，应根据连续支模的楼层间荷载分配和混凝土强度的增长情况确定。

⑤快拆支架体系的支架立杆间距不应大于 2m。拆模时应保留立杆并顶托支承楼板，拆模时的混凝土强度可按规范中构件跨度为 2m 的规定确定。

⑥对后张预应力混凝土结构构件，侧模宜在预应力筋张拉前拆除；底模及支架不应在结构构件建立预应力前拆除。

5052 现浇混凝土结构模板安装的偏差及检验方法有哪些规定？

答：依据《混凝土结构工程施工质量验收规范》GB 50204—2015，现浇结构模板安装的偏差及检验方法应符合表 5-15 的规定。检查数量：在同一检验批内，对梁、柱和独立基础，应抽查构件数量的 10%，且不应少于 3 件；对墙和板，应按有代表性的自然间抽查 10%，且不应少于 3 间；对大空间结构，墙可按相邻轴线间高度 5m 左右划分检查面，板可按纵、横轴线划分检查面，抽查 10%，且均不应少于 3 面。

现浇结构模板安装的允许偏差及检验方法 表 5-15

项目		允许偏差（mm）	检验方法
轴线位置		5	钢尺检查
底模上表面标高		±5	水准仪或拉线、尺量
模板内部尺寸	基础	±10	尺量
	柱、墙、梁	±5	尺量
	楼梯相邻踏步高差	5	尺量
柱、墙垂直度	层高≤6m	8	经纬仪或吊线、尺量
	层高>6m	10	经纬仪或吊线、尺量
相邻模板表面高差		2	尺量
表面平整度		5	2m靠尺和塞尺量测

注：检查轴线位置，当有纵横两个方向时，沿纵、横两个方向量测，并取其中偏差的较大值。

5053 模板支架质量检查有哪些规定？

答：依据《混凝土结构工程施工规范》GB 50666—2011，模板支架质量检查应符合下列规定：

（1）采用扣件式钢管作模板支架时质量检查：

①梁下支架立杆间距的偏差不宜大于 50mm，板下支架立杆间距的偏差不宜大于 100mm；水平杆间距的偏差不宜大于 50mm。

②应检查支架顶部承受模板荷载的水平杆与支架立杆连接的扣件数量，采用双扣件构造设置的抗滑移扣件，其上下应顶紧，间隙不应大于 2mm。

③支架顶部承受模板荷载的水平杆与支架立杆连接的扣件拧紧力矩，不应小于

40N·m,且不应大于 65N·m;支架每步双向水平杆应与立杆扣接,不得缺失。

(2) 采用碗扣式、盘扣式或盘销式钢管作模板支架时质量检查:

①插入立杆顶端可调托座伸出顶层水平杆的悬臂长度,不应超过 650mm。

②水平杆杆端与立杆连接的碗扣、插接和盘销的连接状况,不应松脱。

③按规定设置的竖向和水平斜撑。

第 4 节 钢 筋 工 程

5054 钢筋牌号和表面轧制标志有何规定?

答:依据《钢筋混凝土用钢第 2 部分:热轧带肋钢筋》GB 1499.2—2007,钢筋牌号和表面轧制标志应符合下列规定:

(1) 钢筋牌号由英文缩写＋屈服强度特征值构成,如 HPB235、HPB300,HPB 为热轧光圆钢筋英文缩写;HRB335,HRB 为热轧带肋钢筋英文缩写;HRBF335,HRBF 细晶粒钢筋英文缩写;RRB400,RRB 为余热处理钢筋英文缩写。

(2) 各种钢筋表面轧制标志,如 HRB335、HRB400、HRB500 分别为 3、4、5 表示;HRBF335、HRBF400、HRBF500 分别为 C3、C4、C5 表示;RRB400 为 K4。对于牌号带 E 的热轧带肋钢筋,如 HRB335E 为 3E、HRBF400E 为 C4E。(牌号带 E 的钢筋是专门为满足重要结构构件抗震性能要求生产的钢筋)。

(3) 厂名以汉语拼音字头表示,公称直径毫米数以阿拉伯数字表示。公称直径不大于 10mm 的钢筋,可不轧制标志,可采用挂标牌方法。牌号带 E(如 HRB400E、HRBF400E 等)的钢筋,应在标牌及质量证明书上明示。

5055 钢筋进场检查有哪些规定?

答:依据《混凝土结构工程施工规范》GB 50666—2011,钢筋进场检查应符合下列规定:

(1) 应检查钢筋的质量证明文件,质量证明文件包括产品合格证和出厂检验报告等。

(2) 应按国家现行有关标准的规定抽样检验钢筋的屈服强度、抗拉强度、伸长率、弯曲性能及单位长度重量偏差。

(3) 经产品认证符合要求的钢筋,其检验批量可扩大一倍。在同一工程中,同一厂家、同一牌号、同一规格的钢筋连续三次进场检验均一次检验合格时,其后的检验批量可扩大一倍。

(4) 钢筋的外观质量。

(5) 当无法准确判断钢筋品种、牌号时,应增加化学成分、晶粒度等检验项目。

5056 成型钢筋进场检查有哪些规定?

答:依据《混凝土结构工程施工规范》GB 50666—2011,成型钢筋进场检查应符合下列规定:

(1) 成型钢筋进场时,应检查成型钢筋的质量证明文件(专业加工企业提供的产品合格证、出厂检验报告)、成型钢筋所用材料质量证明文件及检验报告,并应抽样检验成型钢筋的屈服强度、抗拉强度、伸长率和重量偏差。检验批量可由合同约定，同一工程、同一原材料来源、同一组生产设备生产的成型钢筋，检验批量不宜大于30t。

（2）钢筋调直后，应检查力学性能和单位长度重量偏差。但采用无延伸功能的机械设备调直的钢筋，可不进行调直后力学性能和单位长度重量偏差的检查。

5057　钢筋力学性能和重量偏差的检验有哪些规定？

答： 依据《混凝土结构工程施工质量验收规范》GB 50204—2015，钢筋进场时，应按国家现行相关标准的规定抽取试件作屈服强度、抗拉强度、伸长率、弯曲性能和重量偏差检验，检验结果应符合相应标准的规定。检验应按相关产品标准规定的检验批划分及取样数量、方法等执行。

（1）热轧光圆钢筋和热轧带肋钢筋：

依据国家标准《钢筋混凝土用钢　第 1 部分：热轧光圆钢筋》GB 1499.1—2008 和《钢筋混凝土用钢　第 2 部分：热轧带肋钢筋》GB 1499.2—2007，每检验批由同一牌号、同一炉罐号、同一规格的钢筋组成，每批重量不大于 60t。超过 60t 的部分，每增加 40t（或不足 40t 的余量），增加 1 个拉伸试件和 1 个弯曲试件。每检验批抽取 5 个试件，先进行重量偏差检验，再取其中 2 个试件进行力学性能检验（通常，任选 2 个试件进行拉伸试验、任选 2 个试件进行弯曲试验）。对重量偏差检验试件应从每检验批不同根钢筋上截取，数量不少于 5 支，每支试件长度不小于 500mm 。

（2）冷轧带肋钢筋：依据《冷轧带肋钢筋混凝土构件技术规程》JGJ 95—2011，按同一厂家、同一牌号、同一直径、同一交货状态的划分原则分检验批进行抽样检验。

①CRB550、CRB600H 钢筋的重量偏差、拉伸试验和弯曲试验的检验批重量不应超过 10t，每个检验批由 3 个试件组成。应随机抽取 3 捆（盘），从每捆（盘）抽一根钢筋（钢筋一端），并在任一端截去 500mm 后取一个长度不小于 300mm 的试件。3 个试件均应进行重量偏差检验，再取其中 2 个试件分别进行拉伸试验和弯曲试验。

②CRB650、CRB650H、CRB800、CRB800H 和 CRB970 钢筋的重量偏差、拉伸试验和反复弯曲试验的检验批重量不应超过 5t。当连续 10 批且每批的检验结果均合格时，可改为重量不超过 10t 为一个检验批进行检验。每个检验批由 3 个试件组成。应随机抽取 3 盘，从每盘任一端截去 500mm 后取一个长度不小于 300mm 的试件。3 个试样均应进行重量偏差检验，再取其中 2 个试件分别进行拉伸试验和反复弯曲试验。

（3）冷轧扭钢筋：依据《冷轧扭钢筋混凝土构件技术规程》JGJ 115—2006，检验批由同一型号、同一强度等级、同一规格、同一台（套）轧机生产的钢筋组成。每批应不大于 20t，不足 20t 应按一批计。应从每批冷轧扭钢筋中随机抽取 3 根试件，先进行外观、截面尺寸、重量偏差的检验，合格后再取 2 根进行拉伸试验，一根进行冷弯试验。

（4）预应力混凝土钢绞线：依据《预应力混凝土用钢绞线》GB/T 5224—2003，每批钢绞线由同一牌号、同一规格、同一生产工艺捻制的钢绞线组成。每批重量不大于 60t。检验项目及抽取试件数量应符合规范的规定。

（5）预应力混凝土钢丝：依据《预应力混凝土用钢绞线》GB/T 5223—2002，每批钢丝由同一牌号、同一规格、同一加工状态的钢丝组成。每批重量不大于 60t。检验项目及抽取试件数量应符合规范的规定。

5058　钢筋调直有哪些规定？

答：依据《混凝土结构工程施工规范》GB 50666—2011，钢筋调直应符合下列规定：

钢筋宜采用无延伸功能的机械设备进行调直，也可采用冷拉方法调直。当采用冷拉方法调直时，HPB300 光圆钢筋的冷拉率不宜大于 4％；HRB335、HRB400、HRB500、HRBF335、HRBF400、HRBF500 及 RRB400 带肋钢筋的冷拉率不宜大于 1％。钢筋调直过程中不应损伤带肋钢筋的横肋。调直后的钢筋应平直，不应有局部弯折。

5059　盘卷钢筋调直后的力学性能和重量偏差检验有哪些规定？

答：依据《混凝土结构工程施工质量验收规范》GB 50204—2015，盘卷钢筋调直后应进行力学性能和重量偏差检验，其强度应符合国家现行有关标准的规定，其断后伸长率、重量偏差应符合表 5-16 的规定。力学性能和重量偏差检验应符合下列规定：

（1）应对 3 个试件先进行重量偏差检验，再取其中 2 个试件进行力学性能检验。

（2）重量偏差应按下式计算：

$$\Delta = (W_d - W_0)/W_0 \times 100$$

式中　Δ——重量偏差（％）；

$\quad W_d$——3 个调直钢筋试件的实际重量之和（kg）；

$\quad W_0$——钢筋理论重量（kg），取每米理论重量（kg/m）与 3 个调直钢筋试件长度之和（m）的乘积。

（3）检验重量偏差时，试件切口应平滑并与长度方向垂直，其长度不应小于 500mm；长度和重量的量测精度分别不应低于 1mm 和 1g。

采用无延伸功能的机械设备调直的钢筋，可不进行调直后力学性能和重量偏差的检验。

检查数量：同一设备加工的同一牌号、同一规格的调直钢筋，重量不大于 30t 为一批；每批见证抽取 3 个试件。

检验方法：检查抽样检验报告。

盘卷钢筋调直后的断后伸长率、重量偏差要求　　　　表 5-16

钢筋牌号	断后伸长率 A（％）	重量偏差（％）	
		直径 6～12mm	直径 14～16mm
HPB300	≥21	≥−10	—
HRB335、HRBF335	≥16	≥−8	≥−6
HRB400、HRBF400	≥15		
RRB400	≥13		
HRB500、HRBF500	≥14		

注：断后伸长率 A 的量测标距为 5 倍钢筋直径。

5060　抗震设防结构其纵向受力钢筋性能有哪些要求？

答：依据《混凝土结构工程施工质量验收规范》GB 50204—2015，对有抗震设防要求的结构，其纵向受力钢筋的性能应满足设计要求；当设计无具体要求时，对按一、二、三级抗震等级设计的框架和斜撑构件（含梯段）中的纵向受力普通钢筋应采用 HRB335E、HRB400E、HRB500E、HRBF335E、HRBF400E 或 HRBF500E 钢筋，其强度和最大力下总伸长率的实测值应符合下列规定：

（1）抗拉强度实测值与屈服强度实测值的比值不应小于 1.25。

（2）屈服强度实测值与屈服强度标准值的比值不应大于 1.30。

（3）最大力下总伸长率不应小于 9%。

5061 钢筋加工时应注意什么？

答：依据《混凝土结构工程施工规范》GB 50666—2011，钢筋加工时应注意：

（1）钢筋加工前应将表面清理干净。表面有颗粒状、片状老锈或损伤的钢筋不得使用。

（2）钢筋加工宜在常温状态下进行，加工过程中不应对钢筋进行加热。钢筋应一次弯折到位。

（3）当发现钢筋脆断、焊接性能不良或力学性能显著不正常等现象时，应对该批钢筋进行化学成分检验或其他专项检验。

5062 钢筋加工的允许偏差有何规定？

答：依据《混凝土结构工程施工质量验收规范》GB 50204—2015，钢筋加工的形状、尺寸应符合设计要求，其偏差应符合表 5-17 的规定。

检查数量：同一设备加工的同一类型钢筋、每工作班抽查不应少于 3 件。

钢筋加工的允许偏差 表 5-17

项　　目	允许偏差（mm）
受力钢筋沿长度方向的净尺寸	±10
弯起钢筋的弯折位置	±20
箍筋外廓尺寸	±5

5063 钢筋弯折的弯弧内直径有哪些规定？

答：依据《混凝土结构工程施工质量验收规范》GB 50204—2015，钢筋弯折的弯弧内直径应符合下列规定：

（1）光圆钢筋，不应小于钢筋直径的 2.5 倍。

（2）335MPa 级、400MPa 级带肋钢筋，不应小于钢筋直径的 4 倍。

（3）500MPa 级带肋钢筋，当直径为 28mm 以下时不应小于钢筋直径的 6 倍，当直径为 28mm 及以上时不应小于钢筋直径的 7 倍。

（4）箍筋弯折处尚应不应小于纵向受力钢筋的直径。

检查数量：同一设备加工的同一类型钢筋，每工作班抽查不应少于 3 件。

检查方法：尺量。

5064 钢筋接头设置有哪些规定？

答：依据《混凝土结构工程施工质量验收规范》GB 50204—2015，钢筋接头设置应符合下列规定：

（1）钢筋接头的位置应符合设计和施工方案要求。有抗震设防要求的结构中，梁端、柱端箍筋加密区范围内不应进行钢筋搭接。同一纵向受力钢筋不宜设置两个或两个以上接头。接头末端至钢筋弯起点的距离不应小于钢筋直径的 10 倍。

（2）当纵向受力钢筋采用机械连接接头或焊接接头时，同一连接区段内纵向受力钢筋的接头面积百分率应符合设计要求；当设计无具体要求时，应符合下列规定：

①受拉接头，不宜大于 50％；受压接头，可不受限制。

②直接承受动力荷载的结构构件中，不宜采用焊接；当采用机械连接时，不应超过 50％。

注：1 接头连接区段是指长度为 35d 且不小于 500mm 的区段，d 为相互连接两根钢筋的直径较小值。

2 同一连接区段内纵向受力钢筋接头面积百分率为接头中点位于该连接区段内的纵向受力钢筋截面面积与全部纵向受力钢筋截面面积的比值。

（3）当纵向受力钢筋采用绑扎搭接接头时，接头设置应符合下列规定：

①接头的横向净间距不应小于钢筋直径，且不应小于 25mm。

②同一连接区段内，纵向受拉钢筋的接头面积百分率应符合设计要求；当设计无具体要求时，应符合下列规定：

a 梁类、板类及墙类构件，不宜超过 25％；基础筏板，不宜超过 50％。

b 柱类构件，不宜超过 50％。

c 当工程中确有必要增大接头面积百分率时，对梁类构件，不应大于 50％。

注：1 接头连接区段是指长度为 1.3 倍搭接长度的区段。搭接长度取相互连接两根钢筋中较小值直径计算。

2 同一连接区段内纵向受力钢筋接头面积百分率为接头中点位于该连接区段长度内的纵向受力钢筋截面面积与全部纵向受力钢筋截面面积的比值。

（4）检查数量：在同一检验批内，对梁、柱和独立基础，应抽查构件数量的 10％，且不应少于 3 件；对墙和板，应按有代表性的自然间抽查 10％，且不应少于 3 间；对大空间结构，墙可按相邻轴线间高度 5m 左右划分检查面，板可按纵横轴线划分检查面，抽查 10％，且均不应少于 3 面。

5065 梁柱类构件受力钢筋搭接长度范围内箍筋设置有哪些规定？

答：依据《混凝土结构工程施工质量验收规范》GB 50204—2015，梁、柱类构件纵向受力钢筋搭接长度范围内箍筋的设置应符合设计要求；当设计无具体要求时，应符合下列规定：

（1）箍筋直径不应小于搭接钢筋较大直径的 1/4。

（2）受拉搭接区段的箍筋间距不应大于搭接钢筋较小直径的 5 倍，且不应大于 100mm。

（3）受压搭接区段的箍筋间距不应大于搭接钢筋较小直径的 10 倍，且不应大于 200mm。

（4）当柱中纵向受力钢筋直径大于 25mm 时，应在搭接接头两个端面外 100mm 范围内各设置二道箍筋，其间距宜为 50mm。

检查数量：在同一检验批内，应抽查构件数量的 10%，且不少于 3 件。

5066 钢筋绑扎有哪些规定？

答： 依据《混凝土结构工程施工规范》GB 50666—2011，钢筋绑扎应符合下列规定：

（1）钢筋绑扎搭接接头应在接头中心和两端用铁丝扎牢。

（2）墙、柱、梁钢筋骨架中各竖向面钢筋网交叉点应全数绑扎；板上部钢筋网的交叉点应全数绑扎，底部钢筋网除边缘部分外可间隔交错绑扎。

（3）梁、柱的箍筋弯钩及焊接封闭箍筋的焊点应沿纵向受力钢筋方向错开设置。

（4）构造柱纵向钢筋宜与承重结构同步绑扎。

（5）梁及柱中箍筋、墙中水平分布钢筋、板中钢筋距构件边缘的起始距离宜为 50mm。

5067 混凝土结构构件交接处的钢筋位置有哪些要求？

答： 依据《混凝土结构工程施工规范》GB 50666—2011，构件交接处的钢筋位置应符合设计要求。当设计无具体要求时，应保证主要受力构件中主要受力方向的钢筋位置。框架节点处梁纵向受力钢筋宜放在柱纵向钢筋内侧；当主次梁底部标高相同时，次梁下部钢筋应放在主梁下部钢筋之上；剪力墙水平分布钢筋宜放在外侧，并宜在墙端弯折锚固。

5068 钢筋的计算截面面积及理论重量有何规定？

答： 依据《混凝土结构工程施工规范》GB 50666—2011，钢筋的计算截面面积及理论重量应符合表 5-18 的规定。

钢筋的计算截面面积及理论重量 表 5-18

公称直径（mm）	不同根数钢筋的计算截面面积（mm²）									单根钢筋理论重量（kg/m）
	1	2	3	4	5	6	7	8	9	
6	28.3	57	85	113	142	170	198	226	255	0.222
8	50.3	101	151	201	252	302	352	402	453	0.395
10	78.5	157	236	314	393	471	550	628	707	0.617
12	113.1	226	339	452	565	678	791	904	1017	0.888
14	153.9	308	461	615	769	923	1077	1231	1385	1.21
16	201.1	402	603	804	1005	1206	1407	1608	1809	1.58
18	254.5	509	763	1017	1272	1527	1781	2036	2290	2.00
20	314.2	628	942	1256	1570	1884	2199	2513	2827	2.47
22	380.1	760	1140	1520	1900	2281	2661	3041	3421	2.98
25	490.9	982	1473	1964	2454	2945	3436	3927	4418	3.85
28	615.8	1232	1847	2463	3079	3695	4310	4926	5542	4.83
32	804.2	1609	2413	3217	4021	4826	5630	6434	7238	6.31
36	1017.9	2036	3054	4072	5089	6107	7125	8143	9161	7.99
40	1256.6	2513	3770	5027	6283	7540	8796	10053	11310	9.87
50	1963.5	3928	5892	7856	9820	11784	13748	15712	17676	15.42

5069　纵向受力钢筋最小搭接长度有何规定？

答： 依据《混凝土结构工程施工规范》GB 50666—2011，纵向受力钢筋的最小搭接长度应符合下列规定：

（1）当纵向受拉钢筋的绑扎搭接接头面积百分率不大于 25% 时，其最小搭接长度应符合表 5-19 的规定。

纵向受拉钢筋的最小搭接长度　　　　　　　　　　　　　　表 5-19

钢筋类型		混凝土强度等级								
		C20	C25	C30	C35	C40	C45	C50	C55	≥C60
光面钢筋	300 级	48d	41d	37d	34d	31d	29d	28d	—	—
带肋钢筋	335 级	46d	40d	36d	33d	30d	29d	27d	26d	25d
	400 级	—	48d	43d	39d	36d	34d	33d	31d	30d
	500 级	—	58d	52d	47d	43d	41d	39d	38d	36d

注：d 为搭接钢筋直径。两根直径不同钢筋的搭接长度，以较细钢筋的直径计算。

（2）当纵向受拉钢筋搭接接头面积百分率为 50% 时，其最小搭接长度应按表中的数值乘以系数 1.15 取用；当接头面积百分率为 100% 时，应按表中的数值乘以系数 1.35 取用；当接头面积百分率为 25%～100% 的其他中间值时，修正系数可按内插取值。

（3）纵向受拉钢筋的最小搭接长度根据（1）～（2）款确定后，按下列规定进行修正。但在任何情况下，受拉钢筋的搭接长度不应小于 300mm。

①当带肋钢筋的直径大于 25mm 时，其最小搭接长度应按相应数值乘以系数 1.1 取用。

②环氧树脂涂层的带肋钢筋，其最小搭接长度应按相应数值乘以系数 1.25 取用。

③当施工过程中受力钢筋易受扰动时，其最小搭接长度应按相应数值乘以系数 1.1 取用。

④末端采用弯钩或机械锚固措施的带肋钢筋，其最小搭接长度可按相应数值乘以系数 0.6 取用。

⑤当带肋钢筋的混凝土保护层厚度为搭接钢筋直径的 3 倍，且配有箍筋时，其最小搭接长度可按相应数值乘以系数 0.8 取用；当带肋钢筋的混凝土保护层厚度为搭接钢筋直径的 5 倍，且配有箍筋时，其最小搭接长度可按相应数值乘以系数 0.7 取用；当带肋钢筋的混凝土保护层厚度大于搭接钢筋直径的 3 倍且小于 5 倍，且配有箍筋时，修正系数可按内插取值。

⑥有抗震设防要求的受力钢筋的最小搭接长度，一、二级抗震等级应按相应数值乘以系数 1.15 采用，三级抗震等级应按相应数值乘以系数 1.05 采用。

注：第④和第⑤项情况同时存在时，可仅选其中之一执行。

（4）纵向受压钢筋绑扎搭接时，其最小搭接长度应根据（1）～（3）款的规定确定相应数值后，乘以系数 0.7 取用。在任何情况下，受压钢筋的搭接长度不应小于 200mm。

5070 纵向受拉钢筋锚固长度有何规定？

答：钢筋的锚固有直线锚固、弯钩锚固和机械锚固三种形式。当锚固区长度满足直线锚固时，应采用直线锚固。纵向受拉钢筋锚固长度见表5-20。

纵向受拉钢筋锚固长度 l_a （mm）　　　　　　　　　　　　　表 5-20

钢筋种类	锚固钢筋直径 (mm)	混凝土强度等级								
		C20	C25	C30	C35	C40	C45	C50	C55	≥C60
HPB300	≤22	39d	34d	30d	28d	25d	24d	23d	22d	21d
HRB335、HRBF335	≤25	38d	33d	29d	27d	25d	23d	22d	21d	21d
	>25	42d	36d	32d	30d	28d	25d	24d	23d	23d
HRB400、HRBF400	≤25	—	40d	35d	32d	29d	28d	27d	26d	25d
	>25	—	44d	39d	35d	32d	31d	30d	29d	28d
HRB500、HRBF500	≤25	—	48d	43d	39d	36d	34d	32d	31d	30d
	>25	—	53d	47d	43d	40d	37d	35d	34d	33d

注：1. 当存在下列情况时，表中锚固长度应乘以下列修正系数：

    a. 对采用环氧树脂涂层的带肋钢筋，其锚固长度应乘以修正系数1.25。

    b. 对施工过程中易受扰动的钢筋，其锚固长度应乘以修正系数1.10。

    c. 锚固钢筋的混凝土保护层厚度为3d时，修正系数可取0.80；保护层厚度为5d时，修正系数可取0.70；保护层厚度为3d～5d时，按内插取值。

    d. 当钢筋的锚固条件多于一项时修正系数可按连乘计算，但修正系数不应小于0.6。

  2. 任何情况下，纵向受拉钢筋的锚固长度不应小于200mm。

  3. 对于一、二级抗震等级的钢筋，其锚固长度应乘以修正系数1.15；对于三级抗震等级的钢筋，其锚固长度应乘以修正系数1.05。

5071 钢筋焊接接头力学性能检验有哪些规定？

答：依据《钢筋焊接及验收规程》JGJ 18—2012，钢筋焊接接头包括闪光对焊接头、电弧焊接头、电渣压力焊接头、气压焊接头和箍筋闪光对焊接头、预埋件钢筋 T 形接头的连接方式。

接头力学性能检验时，应在接头外观检查合格后随机抽取试件进行试验，并应符合表5-21的规定。

钢筋焊接接头力学性能检验　　　　　　　　　　　　　表 5-21

序号	焊接接头方式	检 验 批 划 分
1	钢筋闪光对焊接头	（1）同一台班内，由同一个焊工完成的300个同牌号、同直径钢筋焊接接头应作为一批。当同一台班内焊接的接头数量较少，可在一周之内累计计算；累计仍不足300个接头时，应按一批计算。 （2）力学性能检验时，应从每批接头中随机切取6个接头，其中3个做拉伸试验，3个做弯曲试验。 （3）异径钢筋接头可只做拉伸试验

序号	焊接接头方式	检 验 批 划 分
2	钢筋电弧焊接头	(1) 在现浇混凝土结构中，应以 300 个同牌号钢筋、同形式接头作为一批。在房屋结构中，应在不超过连续二楼层中 300 个同牌号钢筋、同形式接头作为一批；每批随机切取 3 个接头，做拉伸试验。 (2) 在装配式结构中，可按生产条件制作模拟试件，每批 3 个，做拉伸试验。 (3) 钢筋与钢板搭接焊接头可只进行外观质量检查。 注：在同一批中若有 3 种不同直径的钢筋焊接接头，应在最大直径钢筋接头和最小直径钢筋接头中分别切取 3 个试件进行拉伸试验
3	钢筋电渣压力焊接头	(1) 在现浇钢筋混凝土结构中，应以 300 个同牌号钢筋接头作为一批。 (2) 在房屋结构中，应在不超过连续二楼层中 300 个同牌号钢筋接头作为一批；当不足 300 个接头时，仍应作为一批。 (3) 每批随机切取 3 个接头试件做拉伸试验。 注：(1) 在同一批中若有 3 种不同直径的钢筋焊接接头，应在最大直径钢筋接头和最小直径钢筋接头中分别切取 3 个试件进行拉伸试验。 (2) 电渣压力焊应用于柱、墙等构筑物现浇混凝土结构中竖向受力钢筋的连接；不得用于梁、板等构件中水平钢筋的连接
4	钢筋气压焊接头	(1) 在现浇钢筋混凝土结构中，应以 300 个同牌号钢筋接头作为一批；在房屋结构中，应在不超过连续二楼层中 300 个同牌号钢筋接头作为一批；当不足 300 个接头时，仍应作为一批。 (2) 在柱、墙的竖向钢筋连接中，应从每批接头中随机切取 3 个接头做拉伸试验；在梁、板的水平钢筋连接中，应另取 3 个接头做弯曲试验。 (3) 在同一批中，异径钢筋气压焊接头可只做拉伸试验。 注：在同一批中若有 3 种不同直径的钢筋焊接接头，应在最大直径钢筋接头和最小直径钢筋接头中分别切取 3 个试件进行拉伸试验
5	箍筋闪光对焊接头	(1) 在同一台班内，由同一焊工完成的 600 个同牌号、同直径箍筋闪光对焊接头作为一个检验批；如超出 600 个接头，其超出部分可以与下一台班完成接头累计计算。 (2) 每一检验批中。应随机抽查 5% 的接头进行外观质量检查。 (3) 每个检验批中应随机切取 3 个对焊接头做拉伸试验
6	预埋件钢筋 T 形接头	(1) 力学性能检验时，应以 300 件同类型预埋件作为一批。一周内连续焊接时，可累计计算。当不足 300 件时，亦应按一批计算。 (2) 应从每批预埋件中随机切取 3 个接头做拉伸试验。试件的钢筋长度应大于或等于 200mm，钢板（锚板）的长度和宽度应等于 60mm，并视钢筋直径的增大而适当增大

5072　钢筋机械连接接头型式检验有哪些规定？

答：依据《钢筋机械连接技术规程》JGJ 107—2010，钢筋机械连接接头型式检验应符合下列规定：

（1）在下列情况时应进行型式检验：

①确定接头性能等级时。

②材料、工艺、规格进行改动时。

③型式检验报告超过 4 年时。

（2）用于型式检验的钢筋应符合有关钢筋标准的规定。

（3）对每种型式、级别、规格、材料、工艺的钢筋机械连接接头，型式检验试件不应少于9个：单向拉伸试件不应少于3个，高应力反复拉压试件不应少于3个，大变形反复拉压试件不应少于3个。同时应另取3根钢筋试件做抗拉强度试验。全部试件均应在同一根钢筋上截取。

（4）用于型式检验的直螺纹或锥螺纹接头试件应散件送达检验单位，由型式检验单位或在其监督下由接头技术提供单位按规程规定的拧紧扭矩进行装配，拧紧扭矩值应记录在检验报告中，型式检验试件必须采用未经过预拉的试件。

（5）型式检验的试验方法应按规程的规定进行，当试验结果符合下列规定时评为合格：

①强度检验：每个接头试件的强度实测值均应符合规程中相应接头等级的强度要求。

②变形检验：对残余变形和最大力总伸长率，3个试件实测值的平均值应符合规程的规定。

（6）型式检验应由国家、省部级主管部门认可的检测机构进行，并应按规程规定格式出具检验报告和评定结论。

5073 钢筋机械连接接头工艺检验有哪些规定？

答：依据《钢筋机械连接技术规程》JGJ 107—2010，钢筋机械连接接头工艺检验应符合下列规定：

（1）每种规格钢筋的接头试件不应少于3根。

（2）每根试件的抗拉强度和3根接头试件的残余变形的平均值均应符合《钢筋机械连接技术规程》JGJ 107—2010的规定。

（3）接头试件在测量残余变形后可再进行抗拉强度试验，并宜按《钢筋机械连接技术规程》JGJ 107—2010中的单向拉伸加载制度进行试验。

（4）第一次工艺检验中1根试件抗拉强度或3根试件的残余变形平均值不合格时，允许再抽3根试件进行复检，复检仍不合格时判为工艺检验不合格。

5074 钢筋机械连接接头性能等级与选定有哪些规定？

答：依据《钢筋机械连接技术规程》JGJ 107—2010，接头性能等级划分与选定应符合下列规定：

（1）接头应根据抗拉强度、残余变形以及高应力和大变形条件下反复拉压性能的差异，分为下列三个性能等级：

①I级：接头抗拉强度等于被连接钢筋的实际抗拉强度或不小于1.10倍钢筋抗拉强度标准值，残余变形小并具有高延性及反复拉压性能。

②Ⅱ级：接头抗拉强度不小于被连接钢筋抗拉强度标准值，残余变形较小并具有高延性及反复拉压性能。

③Ⅲ级：接头抗拉强度不小于被连接钢筋屈服强度标准值的1.25倍，残余变形较小并具有一定的延性及反复拉压性能。

（2）接头等级的选定应符合下列规定：

①混凝土结构中要求充分发挥钢筋强度或对延性要求高的部位应优先选用Ⅱ级接头。

当在同一连接区段内必须实施 100％钢筋接头的连接时，应采用Ⅰ级接头。

②混凝土结构中钢筋应力较高但对接头延性要求不高的部位，可采用Ⅲ级接头。

5075　钢筋机械连接接头的检验与验收有哪些规定？

答：依据《钢筋机械连接技术规程》JGJ 107—2010，钢筋机械连接接头包括套筒挤压接头、锥螺纹接头、镦粗直螺纹接头、滚轧直螺纹接头、熔融金属充填接头、水泥灌浆充填接头。接头的检验应符合下列规定：

（1）工程中应用钢筋机械接头时，应由该技术提供单位提交有效的型式检验报告。

（2）钢筋连接工程开始前，应对不同钢筋生产厂的进场钢筋进行接头工艺检验；施工过程中，更换钢筋生产厂时，应补充进行工艺检验。

（3）接头安装前应检查连接件产品合格证及套筒表面生产批号标识；产品合格证应包括适用钢筋直径和接头性能等级、套筒类型、生产单位、生产日期以及可追溯产品原材料力学性能和加工质量的生产批号。

（4）现场检验应按规程进行接头的抗拉强度试验，加工和安装质量检验；对接头有特殊要求的结构，应在设计图纸中另行注明相应的检验项目。

（5）接头的现场检验应按验收批进行。同一施工条件下采用同一批材料的同等级、同型式、同规格接头，应以 500 个为一个验收批进行检验与验收，不足 500 个也应作为一个验收批。

（6）螺纹接头安装后应按验收批抽取其中 10％的接头进行拧紧扭矩校核，拧紧扭矩值不合格数超过被校核接头数的 5％时，应重新拧紧全部接头，直到合格为止。

（7）对接头的每一验收批，必须在工程结构中随机截取 3 个接头试件作抗拉强度试验，按设计要求的接头等级进行评定。当 3 个接头试件的抗拉强度均符合相应等级的强度要求时，该验收批应评为合格。如有 1 个试件的抗拉强度不符合要求，应再取 6 个试件进行复检。复检中如仍有 1 个试件的抗拉强度不符合要求，则该验收批应评为不合格。

（8）现场检验连续 10 个验收批抽样试件抗拉强度试验一次合格率为 100％时，验收批接头数量可扩大 1 倍。

（9）现场截取抽样试件后，原接头位置的钢筋可采用同等规格的钢筋进行搭接连接，或采用焊接及机械连接方法补接。

（10）对抽检不合格的接头验收批，应由建设单位会同设计等有关方面研究后提出处理方案。

5076　钢筋机械连接施工有哪些规定？

答：依据《混凝土结构工程施工规范》GB 50666—2011，钢筋机械连接施工应符合下列规定：

（1）加工钢筋接头的操作人员应经专业培训合格后上岗，钢筋接头的加工应经工艺检验合格后方可进行。

（2）机械连接接头的混凝土保护层厚度宜符合现行国家标准《混凝土结构设计规范》GB 50010 中受力钢筋的混凝土保护层最小厚度规定，且不得小于 15mm。接头之间的横向净间距不宜小于 25mm。

（3）螺纹接头安装后应使用专用扭力扳手校核拧紧扭力矩。挤压接头压痕直径的波动范围应控制在允许波动范围内，并使用专用量规进行检验。

（4）机械连接接头的适用范围、工艺要求、套筒材料及质量要求等应符合现行标准《钢筋机械连接技术规程》JGJ 107 的有关规定。

5077 钢筋焊接施工有哪些规定？

答：依据《混凝土结构工程施工规范》GB 50666—2011，钢筋焊接施工应符合下列规定：

（1）从事钢筋焊接施工的焊工应持有钢筋焊工考试合格证，并应按照合格证规定的范围上岗操作。

（2）在钢筋工程焊接施工前，参与该项工程施焊的焊工应进行现场条件下的焊接工艺试验，经试验合格后，方可进行焊接。焊接过程中，如果钢筋牌号、直径发生变更，应再次进行焊接工艺试验。工艺试验使用的材料、设备、辅料及作业条件均应与实际施工一致。

（3）细晶粒热轧钢筋及直径大于 28mm 的普通热轧钢筋，其焊接参数应经试验确定；余热处理钢筋不宜焊接。

（4）电渣压力焊只应使用于柱、墙等构件中竖向受力钢筋的连接。不得用于梁、板等构件中水平钢筋的连接。

（5）钢筋焊接接头的适用范围、工艺要求、焊条及焊剂选择、焊接操作及质量要求等应符合现行标准《钢筋焊接及验收规程》JGJ 18 的有关规定。

5078 钢筋连接施工质量检查有哪些规定？

答：依据《混凝土结构工程施工规范》GB 50666—2011，钢筋连接施工质量检查应符合下列规定：

（1）钢筋焊接和机械连接施工前均应进行工艺检验。机械连接应检查有效的型式检验报告。

（2）钢筋焊接接头和机械连接接头应全数检查外观质量，搭接连接接头应抽检搭接长度。

（3）螺纹接头应抽检拧紧扭矩值。

（4）施工中应检查钢筋接头百分率。

（5）应按现行行业标准《钢筋机械连接技术规程》JGJ 107、《钢筋焊接及验收规程》JGJ 18 的有关规定抽取钢筋焊接接头、机械连接接头试件作力学性能检验。

5079 钢筋隐蔽工程验收包括哪些主要内容？

答：依据《混凝土结构工程施工质量验收规范》GB 50204—2015，浇筑混凝土之前，应进行钢筋隐蔽工程验收，其主要内容包括：

（1）纵向受力钢筋的牌号、规格、数量、位置。

（2）钢筋的连接方式、接头位置、接头质量、接头面积百分率、搭接长度、锚固方式及锚固长度。

（3）箍筋、横向钢筋的牌号、规格、数量、间距、位置，箍筋弯钩的弯折角度及平直段长度。

（4）预埋件的规格、数量、位置。

5080 钢筋安装允许偏差和检验方法有哪些规定？

答： 依据《混凝土结构工程施工质量验收规范》GB 50204—2015，钢筋安装允许偏差和检验方法应符合表 5-22 的规定。受力钢筋保护层厚度的合格点率应达到 90% 及以上，且不得有超过表中数值 1.5 倍的尺寸偏差。

检查数量：在同一检验批内，对梁、柱和独立基础，应抽查构件数量的 10%，且不应少于 3 件；对墙和板，应按有代表性的自然间抽查 10%，且不应少于 3 间；对大空间结构，墙可按相邻轴线间高度 5m 左右划分检查面，板可按纵、横轴线划分检查面，抽查 10%，且均不应少于 3 面。

钢筋安装允许偏差和检验方法

表 5-22

项目		允许偏差（mm）	检验方法
绑扎钢筋网	长、宽	±10	尺量
	网眼尺寸	±20	尺量连续三档，取最大偏差值
绑扎钢筋骨架	长	±10	尺量
	宽、高	±5	尺量
纵向受力钢筋	锚固长度	−20	尺量
	间距	±10	尺量两端、中间各一点，取最大偏差值
	排距	±5	
纵向受力钢筋、箍筋的混凝土保护层厚度	基础	±10	尺量
	柱、梁	±5	尺量
	板、墙、壳	±3	尺量
绑扎箍筋、横向钢筋间距		±20	尺量连续三档，取最大偏差值
钢筋弯起点位置		20	尺量
预埋件	中心线位置	5	尺量
	水平高差	+3，0	塞尺量测

注：检查中心线位置时，沿纵、横两个方向量测，并取其中偏差的较大值。

5081 预应力隐蔽工程验收包括哪些主要内容？

答： 依据《混凝土结构工程施工质量验收规范》GB 50204—2015，浇筑混凝土之前，应进行预应力隐蔽工程验收，其主要内容包括：

（1）预应力筋的品种、规格、级别、数量和位置。

（2）成孔管道的规格、数量、位置、形状、连接以及灌浆孔、排气兼泌水孔。

（3）局部加强钢筋的牌号、规格、数量和位置。

（4）预应力筋锚具和连接器及锚垫板的品种、规格、数量和位置。

5082 预应力筋张拉与放张有哪些规定？

答：依据《混凝土结构工程施工规范》GB 50666—2011，预应力筋张拉与放张应符合下列规定：

（1）施加预应力时，混凝土强度应符合设计要求；且同条件养护的混凝土立方体抗压强度，应符合下列规定：

①不应低于设计混凝土强度等级值的75%。

②采用消除应力钢丝或钢绞线作为预应力筋的先张法构件，尚不应低于30MPa。

③不应低于锚具供应商提供的产品技术手册要求的混凝土最低强度要求。

④对后张法预应力梁和板，现浇结构混凝土的龄期分别不宜小于7d和5d。

注：为防止混凝土早期裂缝而施加预应力时，可不受本款的限制，但应满足局部受压承载力的要求。

（2）预应力筋的张拉控制应力应符合设计及专项施工方案的要求。当施工中需要超张拉时，调整后的张拉控制应力应符合规范的有关规定。

（3）预应力筋的张拉顺序应符合设计要求，并应符合下列规定：

①应根据结构受力特点、施工方便及操作安全等因素确定张拉顺序。

②预应力筋宜按均匀、对称的原则张拉。

③现浇预应力混凝土楼盖，宜先张拉楼板、次梁的预应力筋，后张拉主梁的预应力筋。

④对预制屋架等平卧叠浇构件，应从上而下逐榀张拉。

（4）后张预应力筋应根据设计和专项施工方案的要求采用一端或两端张拉。采用两端张拉时，宜两端同时张拉，也可一端先张拉锚固，另一端补张拉。当设计无具体要求时，应符合下列规定：

①有粘结预应力筋长度不大于20m时，可一端张拉，大于20m时，宜两端张拉；预应力筋为直线形时，一端张拉的长度可延长至35m。

②无粘结预应力筋长度不大于40m时，可一端张拉，大于40m时，宜两端张拉。

（5）后张有粘结预应力筋应整束张拉；对直线形或平行编排的有粘结预应力钢绞线束，当能确保各根钢绞线不受叠压影响时，也可逐根张拉。

（6）预应力筋张拉时，应从零拉力加载至初拉力后，量测伸长值初读数，再以均匀速率加载至张拉控制力。对塑料波纹管内的预应力筋，张拉力达到张拉控制力后宜持荷2～5min。

（7）预应力筋张拉过程中应避免预应力筋断裂或滑脱。当发生断裂或滑脱时，应符合下列规定：

①对后张法预应力结构构件，断裂或滑脱的数量严禁超过同一截面预应力筋总根数的3%，且每束钢丝或每根钢绞线不得超过一根；对多跨双向连续板，其同一截面应按每跨计算。

②对先张法预应力构件，在浇筑混凝土前发生断裂或滑脱的预应力筋必须更换。

（8）先张法预应力筋的放张顺序，应符合下列规定：

①宜采取缓慢放张工艺进行逐根或整体放张。

②对轴心受压构件，所有预应力筋宜同时放张。

③对受弯或偏心受压的构件，应先同时放张预压应力较小区域的预应力筋，再同时放张预压应力较大区域的预应力筋。

④当不能按上述①～③款的规定放张时，应分阶段、对称、相互交错放张。

⑤放张后，预应力筋的切断顺序，宜从张拉端开始依次切向另一端。

（9）后张法预应力筋张拉锚固后，如遇特殊情况需卸锚时，应采用专门的设备和工具。

（10）预应力筋张拉或放张时，应采取有效的安全防护措施，预应力筋两端正前方不得站人或穿越。

（11）预应力筋张拉时，应对张拉力、压力表读数、张拉伸长值、锚固回缩值及异常情况处理等作出详细记录。

第 5 节 混 凝 土 工 程

5083 水泥进场有哪些规定？

答：依据《混凝土结构工程施工质量验收规范》GB 50204—2015 及《混凝土结构工程施工规范》GB 50666—2011，水泥进场时应符合下列规定：

（1）水泥进场时应对其品种、代号、强度等级、包装或散装编号、出厂日期等进行检查，并应对水泥的强度、安定性和凝结时间进行检验，检验结果应符合现行国家标准《通用硅酸盐水泥》GB 175 等的相关规定。

（2）当使用中对水泥质量受环境影响或水泥出厂超过三个月（快硬硅酸盐水泥超过一个月）时，应进行复验，并按复验结果使用。

（3）检查数量：按同一厂家、同一品种、同一代号、同一强度等级、同一批号且连续进场的水泥，袋装不超过 200t 为一批，散装不超过 500t 为一批，每批抽样不应少于一次。检验方法：检查质量证明文件和抽样检验报告。

（4）水泥进场检验，当满足下列条件之一时，其检验批容量可扩大一倍：①获得认证的产品；②同一厂家、同一品种、同一规格的产品，连续三次进场检验均一次检验合格。

5084 水泥的选用应符合哪些规定？

答：依据《混凝土结构工程施工规范》GB 50666—2011，水泥的选用应符合下列规定：

（1）水泥品种与强度等级应根据设计、施工要求，以及工程所处环境条件确定。

（2）普通混凝土结构宜选用通用硅酸盐水泥；有特殊需要时，也可选用其他品种水泥。

（3）对于有抗渗、抗冻融要求的混凝土，宜选用硅酸盐水泥或普通硅酸盐水泥。

（4）处于潮湿环境的混凝土结构，当使用碱活性骨料时，宜采用低碱水泥。

5085 混凝土用骨料和矿物掺合料进场复验有哪些规定？

答：《混凝土结构工程施工规范》GB 50666—2011，混凝土用骨料和矿物掺合料进场复验应符合下列规定：

（1）骨料：应对粗骨料的颗粒级配、含泥量、泥块含量、针片状含量指标进行检验，压碎指标可根据工程需要进行检验。应对细骨料颗粒级配、含泥量、泥块含量指标进行检验。当设计文件有要求或结构处于易发生碱骨料反应环境中时，应对骨料进行碱活性检验。抗冻等级 F100 及以上的混凝土用骨料，应进行坚固性检验。骨料不超过 400m³ 或 600t 为一检验批。

（2）矿物掺合料：应对矿物掺合料细度（比表面积）、需水量比（流动度比）、活性指数（抗压强度比）、烧失量指标进行检验。粉煤灰、矿渣粉、沸石粉不超过 200t 为一检验批，硅灰不超过 30t 为一检验批。

（3）外加剂：应按外加剂产品标准规定对其主要匀质性指标和掺外加剂混凝土性能指标进行检验。同一品种外加剂不超过 50t 为一检验批。经产品认证符合要求的外加剂，其检验批量可扩大一倍。在同一工程中，同一生产厂家、同一品种、同一规格的外加剂，连续三次进场检验均一次合格时，其后的检验批量可扩大一倍。

5086 拌制混凝土用水有哪些规定？

答： 依据《混凝土结构工程施工质量验收规范》GB 50204—2015 及《混凝土结构工程施工规范》GB 50666—2011，拌制混凝土用水应符合下列规定：

（1）混凝土拌制用水应符合现行行业标准《混凝土用水标准》JGJ 63 的规定。拌制混凝土宜采用饮用水，采用饮用水时可不检验。

（2）当采用中水、搅拌站清洗水或施工现场循环水等其他水源时，应对其水质成分进行检验。同一水源检查不应少于一次。

（3）未经处理的海水严禁用于钢筋混凝土结构和预应力混凝土结构中混凝土的拌制。

5087 混凝土外加剂进场时有哪些规定？

答： 依据《混凝土结构工程施工质量验收规范》GB 50204—2015，混凝土外加剂进场时应对其品种、性能、出厂日期等进行检查，并应对外加剂的相关性能指标进行检验，检验结果应符合现行国家标准《混凝土外加剂》GB 8076 和《混凝土外加剂应用技术规范》GB 50119 等的规定。

检查数量：按同一厂家、同一品种、同一性能、同一批号且连续进场的混凝土外加剂，不超过 50t 为一批，每批抽样数量不应少于一次。外加剂进场检验，当满足下列条件之一时，其检验批容量可扩大一倍：①获得认证的产品；②同一厂家、同一品种、同一规格的产品，连续三次进场检验均一次检验合格。

检验方法：检查质量证明文件和抽样检验报告。

5088 混凝土强度等级划分有哪些规定？

答： 依据《混凝土强度检验评定标准》GB/T 50107—2010，混凝土强度等级应按立方体抗压强度标准值划分，混凝土强度等级采用符号 C 与立方体抗压强度标准值（以 N/mm² 计）表示。立方体抗压强度标准值应为按标准方法制作和养护的边长为 150mm 的立方体试件，用标准试验方法在 28d 龄期测得的混凝土抗压强度值，其标准成型方法、标准养护条件及强度试验方法应根据现行国家标准《普通混凝土力学性能试验方法标准》

GB/T 50081 的规定执行。

5089　混凝土浇筑前应做好哪些准备工作？

答：依据《混凝土结构工程施工规范》GB 50666—2011，混凝土浇筑前应做好下列准备工作：

（1）隐蔽工程验收和技术复核。

（2）对操作人员进行技术交底。

（3）根据施工方案中的技术要求，检查并确认施工现场具备实施条件。

（4）施工单位应填报浇筑申请单，并经项目监理机构签认。

5090　首次使用的混凝土配合比开盘鉴定包括哪些内容？

答：依据《混凝土结构工程施工规范》GB 50666—2011，首次使用的混凝土配合比应进行开盘鉴定，开盘鉴定应包括下列内容：

（1）混凝土的原材料与配合比设计所采用原材料的一致性。

（2）出机混凝土工作性与配合比设计要求的一致性。

（3）混凝土强度。

（4）混凝土凝结时间。

（5）工程有要求时，尚应包括混凝土耐久性能等。

5091　混凝土强度试件取样与留置有哪些规定？

答：依据《混凝土结构工程施工质量验收规范》GB 50204—2015 及《混凝土强度检验评定标准》GB/T 50107—2010，用于检验混凝土强度的试件应在浇筑地点随机抽取。对同一配合比混凝土，取样与试件留置应符合下列规定：

（1）每拌制 100 盘且不超过 $100m^3$ 时，取样不得少于一次。

（2）每工作班拌制不足 100 盘时，取样不得少于一次。

（3）连续浇筑超过 $1000m^3$ 时，每 $200m^3$ 取样不得少于一次。

（4）每一楼层取样不得少于一次。

（5）每次取样应至少留置一组标准养护试件，同条件养护试件的留置组数应根据实际需要确定。每组 3 个试件应由同一盘或同一车的混凝土中取样制作。

（6）有耐久性指标要求时，应在施工现场随机抽取试件进行耐久性检验，其检验结果应符合国家现行有关标准的规定和设计要求。同一配合比的混凝土，取样不应少于一次，留置试件数量应符合国家现行标准《普通混凝土长期性能和耐久性能试验方法标准》GB/T 50082 和《混凝土耐久性检验评定标准》JGJ/T 193 的规定。

（7）有抗冻要求时，应在施工现场进行混凝土含气量检验，其检验结果应符合国家现行有关标准的规定和设计要求。同一配合比的混凝土，取样不应少于一次，取样数量应符合现行国家标准《普通混凝土拌合物性能试验方法标准》GB/T 50080 的规定。

5092　混凝土坍落度和维勃稠度的质量检查有哪些规定？

答：依据《混凝土结构工程施工规范》GB 50666—2011，混凝土坍落度和维勃稠度的质量检查应符合下列规定：

（1）混凝土工作性应以坍落度和维勃稠度表示，坍落度适用于塑性和流动性混凝土，维勃稠度适用于干硬性混凝土。其检验方法，应符合现行国家标准《普通混凝土拌合物性能试验方法标准》GB/T 50080 的有关规定。

（2）坍落度、维勃稠度的允许偏差应符合表 5-23 的规定。

（3）预拌混凝土的坍落度检查应在交货地点进行。

（4）坍落度大于 220mm 的混凝土，可根据需要测定其坍落扩展度，扩展度的允许偏差为 ±30mm。

混凝土坍落度和维勃稠度的允许偏差　　　　　　　　　　表 5-23

坍落度（mm）			
设计值（mm）	≤ 40	50～90	≥ 100
允许偏差（mm）	±10	±20	±30
维勃稠度（s）			
设计值（s）	≥11	10～6	≤5
允许偏差（s）	±3	±2	±1

5093　混凝土施工缝和后浇带的留设位置有哪些规定？

答：依据《混凝土结构工程施工规范》GB 50666—2011，施工缝和后浇带的留设位置应符合下列规定：

（1）施工缝和后浇带的留设位置应在混凝土浇筑之前确定。施工缝和后浇带宜留设在结构受剪力较小且便于施工的位置。受力复杂的结构构件或有防水抗渗要求的结构构件，施工缝留设位置应经设计单位确认。

（2）水平施工缝的留设位置应符合下列规定：

①柱、墙施工缝可留设在基础、楼层结构顶面，柱施工缝与结构上表面的距离宜为 0～100mm，墙施工缝与结构上表面的距离宜为0～300mm。

②柱、墙施工缝也可留设在楼层结构底面，施工缝与结构下表面的距离宜为 0～50mm；当板下有梁托时，可留设在梁托下 0～20mm。

③高度较大的柱、墙、梁以及厚度较大的基础，可根据施工需要在其中部留设水平施工缝；当因施工缝留设改变受力状态而需要调整构件配筋时，应经设计单位确认。

④特殊结构部位留设水平施工缝应经设计单位确认。

（3）竖向施工缝和后浇带的留设位置应符合下列规定：

①有主次梁的楼板施工缝应留设在次梁跨度中间 1/3 范围内。

②单向板施工缝应留设在与跨度方向平行的任何位置。

③楼梯梯段施工缝宜设置在梯段板跨度端部 1/3 范围内。

④墙的施工缝宜设置在门洞口过梁跨中 1/3 范围内，也可留设在纵横墙交接处。

⑤后浇带留设位置应符合设计要求。

⑥特殊结构部位留设竖向施工缝应经设计单位确认。

（4）设备基础施工缝留设位置应符合下列规定：

①水平施工缝应低于地脚螺栓底端，与地脚螺栓底端的距离应大于 150mm；当地脚

螺栓直径小于 30mm 时，水平施工缝可留设在深度不小于地脚螺栓埋入混凝土部分总长度的 3/4 处。

②竖向施工缝与地脚螺栓中心线的距离不应小于 250mm，且不应小于螺栓直径的 5 倍。

（5）承受动力作用的设备基础施工缝留设位置，应符合下列规定：

①标高不同的两个水平施工缝，其高低接合处应留设成台阶形，台阶的高宽比不应大于 1.0。

②竖向施工缝或台阶形施工缝的断面处应加插钢筋，插筋数量和规格应由设计确定。

③施工缝的留设应经设计单位确认。

（6）施工缝、后浇带留设界面，应垂直于结构构件和纵向受力钢筋。结构构件厚度或高度较大时，施工缝或后浇带界面宜采用专用材料封挡。

（7）混凝土浇筑过程中，因特殊原因需临时设置施工缝时，施工缝留设应规整，并宜垂直于构件表面，必要时可采取增加插筋、事后修凿等技术措施。

（8）施工缝和后浇带应采取钢筋防锈或阻锈等保护措施。

5094　混凝土浇筑有哪些规定？

答： 依据《混凝土结构工程施工规范》GB 50666—2011，混凝土浇筑应符合下列规定：

（1）混凝土入模温度不应低于 5℃，且不应高于 35℃。

（2）混凝土浇筑应保证混凝土的均匀性和密实性。混凝土宜一次连续浇筑。

（3）混凝土运输、输送、浇筑过程中严禁加水；混凝土运输、输送、浇筑过程中散落的混凝土严禁用于混凝土结构构件的浇筑。

（4）混凝土应分层浇筑，分层厚度应符合规范的规定，上层混凝土应在下层混凝土初凝之前浇筑完毕。

（5）混凝土浇筑的布料点宜接近浇筑位置，应采取减少混凝土下料冲击的措施，并应符合下列规定：

①宜先浇筑竖向结构构件，后浇筑水平结构构件。

②浇筑区域结构平面有高差时，宜先浇筑低区部分，再浇筑高区部分。

（6）混凝土浇筑和振捣应采取防止模板、钢筋、钢构、预埋件及其定位件移位的措施。

（7）混凝土浇筑后，在混凝土初凝前和终凝前，宜分别对混凝土裸露表面进行抹面处理。

（8）混凝土应布料均衡。浇筑时应对模板及支架进行观察和维护，发生异常情况应及时进行处理。

5095　柱、墙混凝土浇筑时倾落高度有哪些规定？

答： 依据《混凝土结构工程施工规范》GB 50666—2011，柱、墙模板内混凝土浇筑不得发生离析，倾落高度应符合表 5-24 的规定；当不能满足要求时，应加设串筒、溜管、溜槽等装置。

柱、墙模板内混凝土浇筑倾落高度限值（m） 表 5-24

条 件	浇筑倾落高度限值
粗骨料粒径大于 25mm	≤3
粗骨料粒径小于等于 25mm	≤6

注：当有可靠措施能保证混凝土不产生离析时，混凝土倾落高度可不受本表限制。

5096 柱、墙混凝土设计强度等级高于梁、板时混凝土浇筑有何规定？

答：依据《混凝土结构工程施工规范》GB 50666—2011，柱、墙混凝土设计强度等级高于梁、板混凝土设计强度等级时，混凝土浇筑应符合下列规定：

（1）柱、墙混凝土设计强度比梁、板混凝土设计强度高一个等级时，柱、墙位置梁、板高度范围内的混凝土经设计单位确认，可采用与梁、板混凝土设计强度等级相同的混凝土进行浇筑。

（2）柱、墙混凝土设计强度比梁、板混凝土设计强度高两个等级及以上时，应在交界区域采取分隔措施；分隔位置应在低强度等级的构件中，且距高强度等级构件边缘不应小于 500mm。

（3）宜先浇筑强度等级高的混凝土，后浇筑强度等级低的混凝土。

5097 施工缝或后浇带处混凝土浇筑有哪些规定？

答：依据《混凝土结构工程施工规范》GB 50666—2011，施工缝或后浇带处混凝土浇筑应符合下列规定：

（1）结合面应采用粗糙面；并应清除浮浆、松动石子、软弱混凝土层。

（2）结合面处应洒水湿润，但不得有积水。

（3）施工缝处已浇筑混凝土的强度不应小于 1.2MPa。

（4）柱、墙水平施工缝水泥砂浆接浆层厚度不应大于 30mm，接浆层水泥砂浆应与混凝土浆液成分相同。

（5）后浇带混凝土强度等级及性能应符合设计要求；当设计无具体要求时，后浇带混凝土强度等级宜比两侧混凝土提高一级，并宜采用减少收缩的技术措施。

5098 超长结构混凝土浇筑有哪些规定？

答：依据《混凝土结构工程施工规范》GB 50666—2011，超长结构混凝土浇筑应符合下列规定：

（1）可留设施工缝分仓浇筑，分仓浇筑间隔时间不应少于 7d。

（2）当留设后浇带时，后浇带封闭时间不得少于 14d。

（3）超长整体基础中调节沉降的后浇带，混凝土封闭时间应通过监测确定，应在差异沉降稳定后封闭后浇带。

（4）后浇带封闭时间尚应经设计单位确认。

5099 型钢混凝土结构浇筑有哪些规定？

答：依据《混凝土结构工程施工规范》GB 50666—2011，型钢混凝土结构浇筑应符合下列规定：

（1）混凝土粗骨料最大粒径不应大于型钢外侧混凝土保护层厚度的 1/3，且不宜大于 25mm。

（2）浇筑应有足够的下料空间，并应使混凝土充盈整个构件各部位。

（3）型钢周边混凝土浇筑宜同步上升，混凝土浇筑高差不应大于 500mm。

5100　钢管混凝土结构浇筑有哪些规定？

答：依据《混凝土结构工程施工规范》GB 50666—2011，钢管混凝土结构浇筑应符合下列规定：

（1）宜采用自密实混凝土浇筑。

（2）混凝土应采取减少收缩的技术措施。

（3）钢管截面较小时，应在钢管壁适当位置留有足够的排气孔，排气孔孔径不应小于 20mm；浇筑混凝土应加强排气孔观察，并应确认浆体流出和浇筑密实后再封堵排气孔。

（4）当采用粗骨料粒径不大于 25mm 的高流态混凝土或粗骨料粒径不大于 20mm 的自密实混凝土时，混凝土最大倾落高度不宜大于 9m；倾落高度大于 9m 时，宜采用串筒、溜槽、溜管等辅助装置进行浇筑。

（5）混凝土从管顶向下浇筑时应符合下列规定：

①浇筑应有足够的下料空间，并应使混凝土充盈整个钢管。

②输送管端内径或斗容器下料口内径应小于钢管内径，且每边应留有不小于 100mm 的间隙。

③应控制浇筑速度和单次下料量，并应分层浇筑至设计标高。

④混凝土浇筑完毕后应对管口进行临时封闭。

（6）混凝土从管底顶升浇筑时应符合下列规定：

①应在钢管底部设置进料输送管，进料输送管应设止流阀门，止流阀门可在顶升浇筑的混凝土达到终凝后拆除。

②应合理选择混凝土顶升浇筑设备，配备上、下方通信联络工具，并应采取有效控制混凝土顶升或停止的措施。

③应控制混凝土顶升速度，并均衡浇筑至设计标高。

5101　自密实混凝土浇筑有哪些规定？

答：依据《混凝土结构工程施工规范》GB 50666—2011，自密实混凝土浇筑应符合下列规定：

（1）应根据结构部位、结构形状、结构配筋等确定合适的浇筑方案。

（2）自密实混凝土粗骨料最大粒径不宜大于 20mm。

（3）浇筑应能使混凝土充填到钢筋、预埋件、预埋钢构件周边及模板内各部位。

（4）自密实混凝土浇筑布料点应结合拌合物特性选择适宜的间距，必要时可通过试验确定混凝土布料点下料间距。

5102 清水混凝土结构浇筑有哪些规定？

答：依据《混凝土结构工程施工规范》GB 50666—2011，清水混凝土结构浇筑应符合下列规定：

（1）应根据结构特点进行构件分区，同一构件分区应采用同批混凝土，并应连续浇筑。

（2）同层或同区内混凝土构件所用材料牌号、品种、规格应一致，并应保证结构外观色泽符合要求。

（3）竖向构件浇筑时应严格控制分层浇筑的间歇时间。

5103 预应力结构混凝土浇筑有哪些规定？

答：依据《混凝土结构工程施工规范》GB 50666—2011，预应力结构混凝土浇筑应符合下列规定：

（1）应避免成孔管道破损、移位或连接处脱落，并应避免预应力筋、锚具及锚垫板等移位。

（2）预应力锚固区等配筋密集部位应采取保证混凝土浇筑密实的措施。

（3）先张法预应力混凝土构件，应在张拉后及时浇筑混凝土。

5104 振动棒振捣混凝土有哪些规定？

答：依据《混凝土结构工程施工规范》GB 50666—2011，振动棒振捣混凝土应符合下列规定：

（1）应按分层浇筑厚度分别进行振捣，振动棒的前端应插入前一层混凝土中，插入深度不应小于50mm。

（2）振动棒应垂直于混凝土表面并快插慢拔均匀振捣；当混凝土表面无明显塌陷、有水泥浆出现、不再冒气泡时，应结束该部位振捣。

（3）振动棒与模板的距离不应大于振动棒作用半径的50%；振捣插点间距不应大于振动棒作用半径的1.4倍。

5105 特殊部位混凝土应采取哪些加强振捣措施？

答：依据《混凝土结构工程施工规范》GB 50666—2011，特殊部位的混凝土应采取下列加强振捣措施：

（1）宽度大于0.3m的预留洞底部区域，应在洞口两侧进行振捣，并应适当延长振捣时间；宽度大于0.8m的洞口底部，应采取特殊的技术措施。

（2）后浇带及施工缝边角处应加密振捣点，并应适当延长振捣时间。

（3）钢筋密集区域或型钢与钢筋结合区域，应选择小型振动棒辅助振捣、加密振捣点，并应适当延长振捣时间。

（4）基础大体积混凝土浇筑流淌形成的坡脚，不得漏振。

5106 混凝土雨期施工有哪些规定？

答：依据《混凝土结构工程施工规范》GB 50666—2011，雨期施工应符合下列规定：

（1）雨期施工期间，水泥和矿物掺合料应采取防水和防潮措施，并应对粗骨料、细骨料的含水率进行监测，及时调整混凝土配合比。

（2）雨期施工期间，应选用具有防雨水冲刷性能的模板脱模剂。

（3）雨期施工期间，混凝土搅拌、运输设备和浇筑作业面应采取防雨措施，并应加强施工机械检查维修及接地接零检测工作。

（4）雨期施工期间，除应采用防护措施外，小雨、中雨天气不宜进行混凝土露天浇筑，且不应进行大面积作业的混凝土露天浇筑；大雨、暴雨天气不应进行混凝土露天浇筑。

（5）雨后应检查地基面的沉降，并应对模板及支架进行检查。

（6）雨期施工期间，应采取防止模板内积水的措施。模板内和混凝土浇筑分层面出现积水时，应在排水后再浇筑混凝土。

（7）混凝土浇筑过程中，因雨水冲刷致使水泥浆流失严重的部位，应采取补救措施后再继续施工。

（8）在雨天进行钢筋焊接时，应采取挡雨等安全措施。

（9）混凝土浇筑完毕后，应及时采取覆盖塑料薄膜等防雨措施。

（10）台风来临前，应对尚未浇筑混凝土的模板及支架采取临时加固措施；台风结束后，应检查模板及支架，已验收合格的模板及支架应重新办理验收手续。

5107 混凝土冬期施工有哪些规定？

答： 依据《混凝土结构工程施工规范》GB 50666—2011，冬期施工应符合下列规定：

（1）根据当地多年气象资料统计，当室外日平均气温连续 5 日稳定低于 5℃时，应采取冬期施工措施；当室外日平均气温连续 5 日稳定高于 5℃时，可解除冬期施工措施。

（2）冬期施工配制混凝土宜选用硅酸盐水泥或普通硅酸盐水泥；采用蒸汽养护时，宜采用矿渣硅酸盐水泥。

（3）用于冬期施工混凝土的粗、细骨料中，不得含有冰、雪冻块及其他易冻裂物质。

（4）冬期施工混凝土用外加剂，应符合现行国家标准《混凝土外加剂应用技术规范》GB 50119 的有关规定。采用非加热养护方法时，混凝土中宜掺入引气剂、引气型减水剂或含有引气组分的外加剂，混凝土含气量宜控制在 3.0%～5.0%。

（5）冬期施工混凝土配合比，应根据施工期间环境气温、原材料、养护方法、混凝土性能要求等经试验确定，并宜选择较小的水胶比和坍落度。

（6）混凝土拌合物的出机温度不宜低于 10℃，入模温度不应低于 5℃；预拌混凝土或需远距离运输的混凝土，混凝土拌合物的出机温度可根据距离经热工计算确定，但不宜低于 15℃。大体积混凝土的入模温度可根据实际情况适当降低。

（7）混凝土分层浇筑时，分层厚度不应小于 400mm。在被上一层混凝土覆盖前，已浇筑层的温度应满足热工计算要求，且不得低于 2℃。

（8）采用加热方法养护现浇混凝土时，应根据加热产生的温度应力对结构的影响采取措施，并应合理安排混凝土浇筑顺序与施工缝留置位置。

（9）混凝土冬期施工应加强对骨料含水率、防冻剂掺量检查，以及原材料、入模温度、实体温度和强度监测；应依据气温的变化，检查防冻剂掺量是否符合配合比与防冻剂说明书的规定，并应根据需要调整配合比。

（10）混凝土冬期施工期间，应按国家现行有关标准的规定对混凝土拌合水温度、外加剂溶液温度、骨料温度、混凝土出机温度、浇筑温度、入模温度以及养护期间混凝土内部和大气温度进行测量。

（11）冬期施工混凝土强度试件的留置除应符合现行国家标准《混凝土结构工程施工质量验收规范》GB 50204 的有关规定外，尚应增加不少于 2 组的同条件养护试件。同条件养护试件应在解冻后进行试验。

5108　冬期浇筑的混凝土受冻临界强度有哪些规定？

答：依据《混凝土结构工程施工规范》GB 50666—2011，冬期浇筑的混凝土，其受冻临界强度应符合下列规定：

（1）当采用蓄热法、暖棚法、加热法施工时，采用硅酸盐水泥、普通硅酸盐水泥配制的混凝土，不应低于设计混凝土强度等级值的 30%；采用矿渣硅酸盐水泥、粉煤灰硅酸盐水泥、火山灰质硅酸盐水泥、复合硅酸盐水泥配制的混凝土时，不应低于设计混凝土强度等级值的 40%。

（2）当室外最低气温不低于 -15℃ 时，采用综合蓄热法、负温养护法施工的混凝土受冻临界强度不应低于 4.0MPa；当室外最低气温不低于 -30℃ 时，采用负温养护法施工的混凝土受冻临界强度不应低于 5.0MPa。

（3）强度等级等于或高于 C50 的混凝土，不宜低于设计混凝土强度等级值的 30%。

（4）有抗渗要求的混凝土，不宜低于设计混凝土强度等级值的 50%。

（5）有抗冻耐久性要求的混凝土，不宜低于设计混凝土强度等级值的 70%。

（6）当采用暖棚法施工的混凝土中掺入早强剂时，可按综合蓄热法受冻临界强度取值。

（7）当施工需要提高混凝土强度等级时，应按提高后的强度等级确定受冻临界强度。

5109　混凝土结构冬期施工养护有哪些规定？

答：依据《混凝土结构工程施工规范》GB 50666—2011，混凝土结构冬期施工养护应符合下列规定：

（1）当室外最低气温不低于 -15℃ 时，对地面以下的工程或表面系数不大于 $5m^{-1}$ 的结构，宜采用蓄热法养护，并应对结构易受冻部位加强保温措施；对表面系数为 $5m^{-1}\sim15m^{-1}$ 的结构，宜采用综合蓄热法养护。采用综合蓄热法养护时，混凝土中应掺加具有减水、引气性能的早强剂或早强型外加剂。

（2）对不易保温养护且对强度增长无具体要求的一般混凝土结构，可采用掺防冻剂的负温养护法进行养护。

（3）当上述第（1）、（2）款不能满足施工要求时，可采用暖棚法、蒸汽加热法、电加热法等方法进行养护，但应采取降低能耗的措施。

（4）混凝土浇筑后，对裸露表面应采取防风、保湿、保温措施，对边、棱角及易受冻部位应加强保温。在混凝土养护和越冬期间，不得直接对负温混凝土表面浇水养护。

（5）混凝土强度未达到受冻临界强度和设计要求时，应继续进行养护。当混凝土表面温度与环境温度之差大于 20℃时，拆模后的混凝土表面应立即进行保温覆盖。

5110 混凝土养护有哪些规定？

答：依据《混凝土结构工程施工规范》GB 50666—2011，混凝土养护应符合下列规定：

（1）混凝土浇筑后应及时进行保湿养护，保湿养护可采用洒水、覆盖、喷涂养护剂等方式。养护方式应根据现场条件、环境温湿度、构件特点、技术要求、施工操作等因素确定。

（2）养护的时间：

①采用硅酸盐水泥、普通硅酸盐水泥或矿渣硅酸盐水泥配制的混凝土，不应少于 7d；采用其他品种水泥时，养护时间应根据水泥性能确定。

②采用缓凝型外加剂、大掺量矿物掺合料配制的混凝土，不应少于 14d。

③抗渗混凝土、强度等级 C60 及以上的混凝土，不应少于 14d。

④后浇带混凝土的养护的时间不应少于 14d。

⑤地下室底层墙、柱和上部结构首层墙、柱，宜适当增加养护时间。

⑥大体积混凝土养护时间应根据施工方案确定。

（3）洒水养护：

①洒水养护宜在混凝土裸露表面覆盖麻袋或草帘后进行，也可采用直接洒水、蓄水等养护方式；洒水养护应保证混凝土处于湿润状态；

②洒水养护用水应符合规范的规定，混凝土养护用水应与拌制用水相同。

③当日最低温度低于 5℃时，不应采用洒水养护。

（4）覆盖养护：

①覆盖养护宜在混凝土裸露表面覆盖塑料薄膜、塑料薄膜加麻袋、塑料薄膜加草帘进行。

②塑料薄膜应紧贴混凝土裸露表面，塑料薄膜内应保持有凝结水。

③覆盖物应严密，覆盖物的层数应按施工方案确定。

（5）喷涂养护剂养护：

①应在混凝土裸露表面喷涂覆盖致密的养护剂进行养护。

②养护剂应均匀喷涂在结构构件表面，不得漏喷；养护剂应具有可靠的保湿效果，保湿效果可通过试验检验。

③养护剂使用方法应符合产品说明书的有关要求。

（6）基础大体积混凝土裸露表面应采用覆盖养护方式；当混凝土浇筑体表面以内 40mm～100mm 位置的温度与环境温度的差值小于 25℃时，可结束覆盖养护。覆盖养护结束但尚未到达养护时间要求时，可采用洒水养护方式直至养护结束。

（7）柱、墙混凝土养护方法：

①地下室底层和上部结构首层柱、墙混凝土带模养护时间，不应少于 3d；带模养护结束后，可采用洒水养护方式继续养护，也可采用覆盖养护或喷涂养护剂养护方式继续养护。

②其他部位柱、墙混凝土可采用洒水养护；也可采用覆盖养护或喷涂养护剂养护。

（8）混凝土强度达到 1.2 MPa 前，不得在其上踩踏、堆放物料、安装模板及支架。

（9）同条件养护试件的养护条件应与实体结构部位养护条件相同，并应妥善保管。

（10）施工现场应具备混凝土标准试件制作条件，并应设置标准试件养护室或养护箱。标准试件养护应符合国家现行有关标准的规定。

5111 混凝土结构施工质量检查包括哪些内容？

答：依据《混凝土结构工程施工规范》GB 50666—2011，混凝土结构施工质量检查可分为过程控制检查和拆模后的实体质量检查。过程控制检查应在混凝土施工过程中，按施工段划分和工序安排及时进行；拆模后的实体质量检查应在混凝土表面未做处理和装饰前进行。施工质量检查内容包括：

（1）混凝土浇筑前应检查混凝土送料单，核对混凝土配合比，确认混凝土强度等级，检查混凝土运输时间，测定混凝土坍落度，必要时还应测定混凝土扩展度。

（2）混凝土结构施工过程中，应进行下列检查：

①模板：

a. 模板及支架位置、尺寸。

b. 模板的变形和密封性。

c. 模板涂刷脱模剂及必要的表面湿润。

d. 模板内杂物清理。

②钢筋及预埋件：

a. 钢筋的规格、数量。

b. 钢筋的位置。

c. 钢筋的混凝土保护层厚度。

d. 预埋件规格、数量、位置及固定。

③混凝土拌合物：

a. 坍落度、入模温度等。

b. 大体积混凝土的温度测控。

④混凝土施工：

a. 混凝土输送、浇筑、振捣等。

b. 混凝土浇筑时模板的变形、漏浆等。

c. 混凝土浇筑时钢筋和预埋件位置。

d. 混凝土试件制作。

e. 混凝土养护。

（3）混凝土结构拆除模板后应进行下列检查：

①构件的轴线位置、标高、截面尺寸、表面平整度、垂直度。

②预埋件的数量、位置。

③构件的外观缺陷。

④构件的连接及构造做法。

⑤结构的轴线位置、标高、全高垂直度。

（4）混凝土结构拆模后实体质量检查方法与判定，应符合现行国家标准《混凝土结构工程施工质量验收规范》GB 50204 等有关规定。

5112　检验评定混凝土强度用的试件尺寸有哪些规定?

答:依据《混凝土强度检验评定标准》GB/T 50107—2010,检验评定混凝土强度用的试件尺寸应为按标准方法制作和养护的边长为 150mm 的立方体标准尺寸,当采用非标准尺寸试件时,应将其抗压强度乘以尺寸折算系数,折算成边长为 150mm 的标准尺寸试件的抗压强度,折算系数应按表 5-25 取用。

<table>
<tr><td colspan="2">混凝土试件尺寸及强度的尺寸折算系数　　　　　　　　　　　表 5-25</td></tr>
<tr><td>试件尺寸 (mm)</td><td>强度的尺寸折算系数</td></tr>
<tr><td>100×100×100</td><td>0.95</td></tr>
<tr><td>150×150×150</td><td>1.00</td></tr>
<tr><td>200×200×200</td><td>1.05</td></tr>
</table>

注:当混凝土强度等级不低于 C60 时,宜采用标准尺寸试件;使用非标准尺寸试件时,尺寸换算系数应由试验确定,其试件数量不应少于 30 对组。

5113　混凝土试件强度代表值的确定有哪些规定?

答:依据《混凝土强度检验评定标准》GB/T 50107—2010,每组混凝土试件强度代表值的确定应符合下列规定:

(1) 取 3 个试件强度的算术平均值作为每组试件的强度代表值。

(2) 当一组试件中强度的最大值或最小值与中间值之差超过中间值的 15% 时,取中间值作为该组试件的强度代表值。

(3) 当一组试件中强度的最大值和最小值与中间值之差均超过中间值的 15% 时,该组试件的强度不应作为评定的依据。

(4) 对掺矿物掺合料的混凝土进行强度评定时,根据设计规定,可采用大于 28d 龄期的混凝土强度。

5114　混凝土强度的检验评定方法是什么?

答:依据《混凝土强度检验评定标准》GB/T 50107—2010,混凝土强度的检验评定有下列 2 种方法:

(1) 统计方法评定

①当连续生产的混凝土,生产条件在较长时间内保持一致,且同一品种、同一强度等级混凝土的强度变异性保持稳定时,可采用标准差已知方案的统计方法。一般适合于大批量连续生产的情况,可以采用上一个生产周期的标准差,主要适用于预制混凝土构件生产和预拌混凝土搅拌站。

②当生产连续性较差,即在生产中无法维持基本相同的生产条件,或生产周期较短,无法积累强度数据以及计算可靠的标准差参数,此时检验评定只能直接根据每一检验批抽样的样本强度数据确定时,可采用标准差未知方案的统计方法。为了提高检验的可靠性,标准要求每批样本组数不少于 10 组。

（2）非统计方法评定

当用于评定的样本容量小于 10 组时，应采用非统计方法评定混凝土强度。非统计方法适用于零星少量混凝土强度评定，其评定方法与要求详见《混凝土强度检验评定标准》GB/T 50107 的有关规定。

5115 混凝土底模及其支架拆除时混凝土强度应符合哪些规定？

答：依据《混凝土结构工程施工规范》GB 50666—2011，混凝土底模及其支架拆除时混凝土强度应符合设计要求；当设计无具体要求时，同条件养护的混凝土立方体试件抗压强度应符合表 5-26 的规定。

底模拆除时的混凝土强度要求 表 5-26

构件类型	构件跨度（m）	达到设计混凝土强度等级值的百分率（%）
板	≤2	≥50
	>2，≤8	≥75
	>8	≥100
梁、拱、壳	≤8	≥75
	>8	≥100
悬臂构件	≥100	
悬臂构件	≥100	

5116 混凝土现浇结构的位置和尺寸偏差及检验方法有何规定？

答：依据《混凝土结构工程施工质量验收规范》GB 50204—2015，混凝土现浇结构的位置和尺寸偏差及检验方法应符合表 5-27 的规定。

检查数量：按楼层、结构缝或施工段划分检验批。在同一检验批内，对梁、柱和独立基础，应抽查构件数量的 10%，且不少于 3 件；对墙和板，应按有代表性的自然间抽查 10%，且不少于 3 间；对大空间结构，墙可按相邻轴线间高度 5m 左右划分检查面，板可按纵、横轴线划分检查面，抽查 10%，且均不少于 3 面；对电梯井应全数检查。

现浇结构位置和尺寸允许偏差及检验方法 表 5-27

项目			允许偏差（mm）	检验方法
轴线位置	整体基础		15	经纬仪及尺量
	独立基础		10	经纬仪及尺量
	柱、墙、梁		8	尺量
垂直度	层高	≤6m	10	经纬仪或吊线、尺量
		>6m	12	经纬仪或吊线、尺量
	全高（H）≤300m		$H/30000+20$	经纬仪、尺量
	全高（H）>300m		$H/10000$ 且≤80	经纬仪、尺量
标高	层高		±10	水准仪或拉线、尺量
	全高		±30	水准仪或拉线、尺量

续表

项目		允许偏差（mm）	检验方法
截面尺寸	基础	+15，−10	尺量
	柱、梁、板、墙	+10，−5	尺量
	楼梯相邻踏步高差	6	尺量
电梯井	中心位置	10	尺量
	长、宽尺寸	+25，0	尺量
表面平整度		8	2m 靠尺和塞尺量测
预埋件中心位置	预埋板	10	尺量
	预埋螺栓	5	尺量
	预埋管	5	尺量
	其他	10	尺量
预留洞、孔中心线位置		15	尺量

注：1. 检查柱轴线、中心线位置时，沿纵、横两个方向量测，并取其中偏差的较大值。
　　2. H 为全高，单位为 mm。

5117　混凝土现浇结构质量缺陷分类有哪些规定？

答：依据《混凝土结构工程施工质量验收规范》GB 50204—2015 及《混凝土结构工程施工规范》GB 50666—2011，混凝土现浇结构质量缺陷可分为尺寸偏差缺陷和外观质量缺陷。尺寸偏差缺陷和外观质量缺陷可分为一般缺陷和严重缺陷。混凝土结构尺寸偏差超出规范规定，但尺寸偏差对结构性能和使用功能未构成影响时，应属于一般缺陷；而尺寸偏差对结构性能和使用功能构成影响时，应属于严重缺陷。

外观质量缺陷应由项目监理机构、施工单位等各方根据其对结构性能和使用功能影响的严重程度，按表 5-28 确定。

现浇结构外观质量缺陷　　　　　　　　　　　　　　表 5-28

名称	现象	严重缺陷	一般缺陷
露筋	构件内钢筋未被混凝土包裹而外露	纵向受力钢筋有露筋	其他钢筋有少量露筋
蜂窝	混凝土表面缺少水泥浆而形成石子外露	构件主要受力部位有蜂窝	其他部位有少量蜂窝
孔洞	混凝土中孔穴深度和长度均超过保护层厚度	构件主要受力部位有孔洞	其他部位有少量孔洞
夹渣	混凝土中夹有杂物且深度超过保护层厚度	构件主要受力部位有夹渣	其他部位有少量夹渣
疏松	混凝土中局部不密实	构件主要受力部位有疏松	其他部位有少量疏松
裂缝	裂隙从混凝土表面延伸至混凝土内部	构件主要受力部位有影响结构性能或使用功能的裂缝	其他部位有少量不影响结构性能或使用功能的裂缝

续表

名称	现象	严重缺陷	一般缺陷
连接部位缺陷	构件连接处混凝土有缺陷或连接钢筋、连接件松动	连接部位有影响结构传力性能的缺陷	连接部位有基本不影响结构传力性能的缺陷
外形缺陷	缺棱掉角、棱角不直、翘曲不平、飞边凸肋等	清水混凝土构件有影响使用功能或装饰效果的外形缺陷	其他混凝土构件有不影响使用功能的外形缺陷
外表缺陷	构件表面麻面、掉皮、起砂、沾污等	具有重要装饰效果的清水混凝土构件有外表缺陷	其他混凝土构件有不影响使用功能的外表缺陷

5118 混凝土现浇结构质量缺陷修整有哪些规定？

答：依据《混凝土结构工程施工规范》GB 50666—2011，施工过程中发现混凝土结构质量缺陷时，应认真分析缺陷产生的原因。对严重质量缺陷，项目监理机构应要求施工单位报送经设计等相关单位认可的处理方案，并对处理过程进行跟踪检查，对处理结果进行验收。质量缺陷修整应符合下列规定：

（1）混凝土结构外观一般缺陷修整：

①对露筋、蜂窝、孔洞、夹渣、疏松、外表缺陷，应凿除胶结不牢固部分的混凝土，清理表面，洒水湿润后应用 1：2～1：2.5 水泥砂浆抹平。

②应封闭裂缝。

③连接部位缺陷、外形缺陷可与面层装饰施工一并处理。

（2）混凝土结构外观严重缺陷修整：

①对露筋、蜂窝、孔洞、夹渣、疏松、外表缺陷，应凿除胶结不牢固部分的混凝土至密实部位，清理表面，支设模板，洒水湿润，涂抹混凝土界面剂，应采用比原混凝土强度等级高一级的细石混凝土浇筑密实，养护时间不应少于 7d。

②开裂缺陷修整应符合下列规定：

a. 民用建筑的地下室、卫生间、屋面等接触水介质的构件，均应注浆封闭处理。民用建筑不接触水介质的构件，可采用注浆封闭、聚合物砂浆粉刷或其他表面封闭材料进行封闭。

b. 无腐蚀介质工业建筑的地下室、屋面、卫生间等接触水介质的构件，以及有腐蚀介质的所有构件，均应注浆封闭处理。无腐蚀介质工业建筑不接触水介质的构件，可采用注浆封闭、聚合物砂浆粉刷或其他表面封闭材料进行封闭。

③清水混凝土的外形和外表严重缺陷，宜在水泥砂浆或细石混凝土修补后用磨光机械磨平。

（3）混凝土结构尺寸偏差一般缺陷，可结合装饰工程进行修整。

（4）混凝土结构尺寸偏差严重缺陷，应会同设计单位共同制定修整方案，结构修整后应重新检查验收。

5119 混凝土结构实体检验有哪些规定？

答：依据《混凝土结构工程施工质量验收规范》GB 50204—2015，混凝土结构实体

检验应符合下列规定：

（1）对涉及混凝土结构安全的有代表性的部位应进行结构实体检验。结构实体检验应包括混凝土强度、钢筋保护层厚度、结构位置与尺寸偏差以及合同约定的项目；必要时可检验其他项目。

（2）结构实体检验应由项目监理机构组织施工单位实施，并见证实施过程。施工单位应制定结构实体检验专项方案，并经项目监理机构审核批准后实施。除结构位置与尺寸偏差外的结构实体检验项目，应由具有相应资质的检测机构完成。

（3）结构实体混凝土强度应按不同强度等级分别检验，检验方法宜采用同条件养护试件方法；当未取得同条件养护试件强度或同条件养护试件强度不符合要求时，可采用回弹-取芯法进行检验。结构实体混凝土同条件养护试件强度检验、结构实体混凝土回弹-取芯法强度检验应符合规范的相关规定。

（4）钢筋保护层厚度检验、结构位置与尺寸偏差检验应符合规范的相关规定。

（5）结构实体检验中，当混凝土强度或钢筋保护层厚度检验结果不满足要求时，应委托具有资质的检测机构按国家现行有关标准的规定进行检测。

5120　混凝土同条件养护试件的取样和留置有哪些规定？

答：依据《混凝土结构工程施工质量验收规范》GB 50204—2015，混凝土同条件养护试件的取样和留置应符合下列规定：

（1）同条件养护试件所对应的结构构件或结构部位，应由施工、监理等各方共同选定，且同条件养护试件的取样宜均匀分布于工程施工周期内。

（2）同条件养护试件应在混凝土浇筑入模处见证取样。

（3）同条件养护试件应留置在靠近相应结构构件的适当位置，并应采取相同的养护方法。

（4）同一强度等级的同条件养护试件不宜少于 10 组，且不应少于 3 组。每连续两层楼取样不应少于 1 组；每 2000m³ 取样不得少于 1 组。

5121　混凝土同条件养护试件等效养护龄期及强度有哪些规定？

答：依据《混凝土结构工程施工质量验收规范》GB 50204—2015，混凝土同条件养护试件等效养护龄期及强度应符合下列规定：

（1）混凝土同条件养护试件应在达到等效养护龄期后进行混凝土强度实体检验。等效养护龄期应根据同条件养护试件强度与在标准养护条件下 28d 龄期试件强度相等的原则确定。

（2）混凝土强度检验时的等效养护龄期可取日平均温度逐日累计达到 600℃·d 时所对应的龄期，且不应小于 14d。日平均温度为 0℃ 及以下的龄期不计入。

（3）冬期施工时，等效养护龄期计算时温度可取结构构件实际养护温度，也可根据结构构件的实际养护条件，按照同条件养护试件强度与在标准养护条件下 28d 龄期试件强度相等的原则由项目监理机构、施工单位等各方共同确定。

（4）每组同条件养护试件的强度值应根据强度试验结果按现行国家标准《普通混凝土力学性能试验方法标准》GB/T 50081 的规定确定。

（5）对同一强度等级的同条件养护试件，其强度值应除以 0.88 后按现行国家标准《混凝土强度检验评定标准》GB/T 50107 的有关规定进行评定，评定结果符合要求时可判结构实体混凝土强度合格。

5122　采用回弹法检测混凝土抗压强度有哪些规定？

答： 依据《回弹法检测混凝土抗压强度技术规程》JGJ/T 23—2011，采用回弹法检测混凝土抗压强度应符合下列规定：

（1）回弹仪在检测前后，均应在钢砧上做率定试验，并应符合规程的规定。

（2）混凝土强度可按单个构件或按批量检测，并符合下列规定：

①对于混凝土生产工艺、强度等级相同，原材料、配合比、养护条件基本一致且龄期相近的一批同类构件的检测应采用批量检测。按批量进行检测时，应随机抽取构件，抽检数量不宜少于同批构件总数的 30% 且不宜少于 10 件。当检验批构件数量大于 30 个时，抽样构件数量可适当调整，并不得少于国家现行有关标准规定的最少抽样数量。

②单个构件的检测：

a. 对于一般构件，测区数不宜少于 10 个。当受检构件数量大于 30 个且不需提供单个构件推定强度或受检构件某一方向尺寸不大于 4.5m 且另一方向尺寸不大于 0.3m 时，每个构件的测区数量可适当减少，但不应少于 5 个。

b. 相邻两测区的间距不应大于 2m，测区离构件端部或施工缝边缘的距离不宜大于 0.5m，且不宜小于 0.2m。

c. 测区宜选在能使回弹仪处于水平方向的混凝土浇筑侧面，当不能满足这一要求时，也可选在使回弹仪处于非水平方向的混凝土浇筑表面或底面。

d. 测区宜布置在构件的两个对称的可测面上，当不能布置在对称的可测面上时，也可布置在同一可测面上，且应均匀分布。在构件的重要部位及薄弱部位应布置测区，并应避开预埋件。

e. 测区的面积不宜大于 $0.04m^2$。

f. 测区表面应为混凝土原浆面，并应清洁、平整，不应有疏松层、浮浆、油垢、涂层以及蜂窝、麻面。

g. 对于弹击时产生颤动的薄壁、小型构件，应进行固定。

（3）测区应标有清晰的编号，并宜在记录纸上绘制测区布置示意图和描述外观质量情况。

（4）当检测条件与规程的适用条件有较大差异时，可采用在构件上钻取的混凝土芯样或同条件试块对测区混凝土强度换算值进行修正。对同一强度等级混凝土修正时，芯样数量不应少于 6 个，公称直径宜为 100mm，高径比应为 1。芯样应在测区内钻取，每个芯样应只加工一个试件。同条件试块修正时，试块数量不应少于 6 个，试块边长应为 150mm。计算时混凝土强度修正量及测区混凝土强度换算值的修正应符合规程的规定。

（5）回弹值测量：

①测量回弹值时，回弹仪的轴线应始终垂直于混凝土检测面，并应缓慢施压，准确读数，快速复位。

②每一测区应读取 16 个回弹值，每一测点的回弹值读数应精确至 1。测点宜在测区范围内均匀分布，相邻两测点的净距离不宜小于 20mm。测点距外露钢筋、预埋件的距离不宜小于 30mm；测点不应在气孔或外露石子上，同一测点应只弹击一次。

（6）碳化深度值测量：

①回弹值测量完毕后，应在有代表性的测区上测量碳化深度值，测点数不应少于构件测区数的 30%，应取其平均值作为该构件每一测区的碳化深度值。当碳化深度值级差大于 2.0mm 时，应在每一测区分别测量碳化深度值。

②碳化深度值的测量方法：

a. 可采用小锤或电钻等工具在测区表面形成直径约 15mm 的孔洞。其深度应大于混凝土的碳化深度。

b. 应清除孔洞中的粉末和碎屑，但不得用水擦洗。

c. 应采用浓度为 1%～2% 的酚酞酒精溶液滴在孔洞内壁的边缘处。当已碳化与未碳化界限清晰时，应采用碳化深度测量仪测量已碳化与未碳化混凝土交界面到混凝土表面的垂直距离，并应测量 3 次，每次读数应精确至 0.25mm。

d. 应取三次测量的平均值作为检测结果，并应精确至 0.5mm。

（7）检测泵送混凝土强度时，测区应选在混凝土浇筑侧面。

（8）回弹值计算：

计算测区平均回弹值时，应从该测区的 16 个回弹值中剔除 3 个最大值和 3 个最小值，其余的 10 个回弹值按规程计算其算术平均值。非水平方向检测混凝土侧面时，测区的平均回弹值应予修正。按规程中测强曲线或计算公式进行测区混凝土强度换算，最后得出混凝土强度推定值。

5123　结构实体钢筋保护层厚度检验有哪些规定？

答：依据《混凝土结构工程施工质量验收规范》GB 50204—2015，结构实体钢筋保护层厚度检验应符合下列规定：

（1）结构实体钢筋保护层厚度检验构件的选取应均匀分布，并应符合下列规定：

①对非悬挑梁板类构件，应各抽取构件数量的 2% 且不少于 5 个构件进行检验。

②对悬挑梁，应抽取构件数量的 5% 且不少于 10 个构件进行检验；当悬挑梁数量少于 10 个时，应全数检验。

③对悬挑板，应抽取构件数量的 10% 且不少于 20 个构件进行检验；当悬挑板数量少于 20 个时，应全数检验。

（2）对选定的梁类构件，应对全部纵向受力钢筋的保护层厚度进行检验，对选定的板类构件，应抽取不少于 6 根纵向受力钢筋的保护层厚度进行检验。对每根钢筋，应选择有代表性的不同部位测量 3 点取平均值。

（3）钢筋保护层厚度的检验，可采用非破损或局部破损的方法，也可采用非破损方法并用局部破损方法进行校准。当采用非破损方法检验时，所使用的检测仪器应经过计量检验，检测操作应符合相应规程的规定。钢筋保护层厚度检验的检测误差不应大于 1mm。

（4）钢筋保护层厚度检验时，纵向受力钢筋保护层厚度的允许偏差：对梁类构件为

＋10mm，－7mm；对板类构件为＋8mm，－5mm。

（5）梁类、板类构件纵向受力钢筋的保护层厚度应分别进行验收，并应符合下列规定：

①当全部钢筋保护层厚度检验的合格点率为90％及以上时，可判为合格。

②当全部钢筋保护层厚度检验的合格点率小于90％但不小于80％，可再抽取相同数量的构件进行检验；当按两次抽样总和计算的合格点率为90％及以上时，仍可判为合格。

③每次抽样检验结果中不合格点的最大偏差均不应大于规范规定允许偏差的1.5倍。

第6节　大体积混凝土

5124　什么是大体积混凝土?

答: 依据《大体积混凝土施工规范》GB 50496—2009，大体积混凝土是指混凝土结构物实体最小尺寸不小于1m的大体量混凝土，或预计会因混凝土中胶凝材料水化引起的温度变化和收缩而导致有害裂缝产生的混凝土。

5125　大体积混凝土配合比设计有哪些规定?

答: 依据《混凝土结构工程施工规范》GB 50666—2011，大体积混凝土配合比设计应符合下列规定:

（1）在保证混凝土强度及工作性要求的前提下，应控制水泥用量，宜选用中、低水化热水泥，并宜掺加粉煤灰、矿渣粉;

（2）温度控制要求较高的大体积混凝土，其胶凝材料用量、品种等宜通过水化热和绝热温升试验确定;

（3）宜采用高性能减水剂。

（4）遇有下列情况时，应重新进行配合比设计:

①当混凝土性能指标有变化或有其他特殊要求时。

②当原材料品质发生显著改变时。

③同一配合比的混凝土生产间断三个月以上时。

5126　大体积混凝土施工有哪些要求?

答: 依据《大体积混凝土施工规范》GB 50496—2009，大体积混凝土工程施工除应满足设计规范及生产工艺的要求外，尚应符合下列要求:

（1）大体积混凝土的设计强度等级宜为C25～C40，并可采用混凝土60d或90d的强度作为混凝土配合比设计、混凝土强度评定及工程验收的依据。

（2）大体积混凝土的结构配筋除应满足结构强度和构造要求外，还应结合大体积混凝土的施工方法配置控制温度和收缩的构造钢筋。

（3）大体积混凝土置于岩石类地基上时，宜在混凝土垫层上设置滑动层。

（4）设计中宜采用减少大体积混凝土外部约束的技术措施。

（5）设计中宜根据工程的情况提出温度场和应变的相关测试要求。

（6）大体积混凝土工程施工前，宜对施工阶段大体积混凝土浇筑体的温度、温度应力及收缩应力进行试算，并确定施工阶段大体积混凝土浇筑体的升温峰值，里表温差及降温速率的控制指标，制定相应的温控技术措施。

（7）大体积混凝土的浇筑应符合下列规定：

①混凝土浇筑厚度应根据所用振捣器的作用深度及混凝土的和易性确定，整体连续浇筑时宜为 300～500mm。

②整体分层连续浇筑或推移式连续浇筑，应缩短间歇时间，并应在前层混凝土初凝之前将次层混凝土浇筑完毕。层间最长的间歇时间不应大于混凝土的初凝时间。混凝土的初凝时间应通过试验确定。当层间间隔时间超过混凝土的初凝时间时，层面应按施工缝处理。

③混凝土浇筑宜从低处开始，沿长边方向自一端向另一端进行。当混凝土供应量有保证时，亦可多点同时浇筑。

④混凝土宜采用二次振捣工艺。

（8）大体积混凝土施工采取分层间歇浇筑混凝土时，水平施工缝的处理应符合下列规定：

①在已硬化的混凝土表面，应清除表面的浮浆、松动的石子及软弱混凝土层。

②在上层混凝土浇筑前，应用清水冲洗混凝土表面的污物，并应充分润湿，但不得有积水。

③混凝土应振捣密实，并应使新旧混凝土紧密结合。

（9）大体积混凝土底板与侧墙相连接的施工缝，当有防水要求时，应采取钢板止水带处理措施。

（10）在大体积混凝土浇筑过程中，应采取防止受力钢筋、定位筋、预埋件等移位和变形的措施，并应及时清除混凝土表面的泌水。

（11）大体积混凝土浇筑面应及时进行二次抹压处理。

5127 大体积混凝土施工温度控制有哪些规定？

答：依据《混凝土结构工程施工规范》GB 50666—2011，大体积混凝土施工时，应对混凝土进行温度控制，并应符合下列规定：

（1）混凝土入模温度不宜大于 30℃；混凝土浇筑体最大温升值不宜大于 50℃。

（2）在覆盖养护或带模养护阶段，混凝土浇筑体表面以内 40～100mm 位置处的温度与混凝土浇筑体表面温度差值不应大于 25℃；结束覆盖养护或拆模后，混凝土浇筑体表面以内 40～100mm 位置处的温度与环境温度差值不应大于 25℃。

（3）混凝土浇筑体内部相邻两测温点的温度差值不应大于 25℃。

（4）混凝土降温速率不宜大于 2.0℃/d；当有可靠经验时，降温速率可适当放宽。

5128 基础大体积混凝土测温点设置有哪些规定？

答：依据《混凝土结构工程施工规范》GB 50666—2011，基础大体积混凝土测温点设置应符合下列规定：

（1）宜选择具有代表性的两个交叉竖向剖面进行测温，竖向剖面交叉位置宜通过基础中部区域。

（2）每个竖向剖面的周边及以内部位应设置测温点，两个竖向剖面交叉处应设置测温点；混凝土浇筑体表面测温点应设置在保温覆盖层底部或模板内侧表面，并应与两个剖面上的周边测温点位置及数量对应；环境测温点不应少于2处。

（3）每个剖面的周边测温点应设置在混凝土浇筑体表面以内40～100mm位置处；每个剖面的测温点宜竖向、横向对齐；每个剖面竖向设置的测温点不应少于3处，间距不应小于0.4m且不宜大于1.0m；每个剖面横向设置的测温点不应少于4处，间距不应小于0.4m且不应大于10m。

（4）对基础厚度不大于1.6m，裂缝控制技术措施完善的工程可不进行测温。

5129　柱、墙、梁大体积混凝土测温点设置有哪些规定？

答：依据《混凝土结构工程施工规范》GB 50666—2011，柱、墙、梁大体积混凝土测温点设置应符合下列规定：

（1）柱、墙、梁结构实体最小尺寸大于2m，且混凝土强度等级不低于C60时，应进行测温。

（2）宜选择沿构件纵向的两个横向剖面进行测温，每个横向剖面的周边及中部区域应设置测温点；混凝土浇筑体表面测温点应设置在模板内侧表面，并应与两个剖面上的周边测温点位置及数量对应；环境测温点不应少于1处。

（3）每个横向剖面的周边测温点应设置在混凝土浇筑体表面以内40～100mm位置处；每个横向剖面的测温点宜对齐；每个剖面的测温点不应少于2处，间距不应小于0.4m且不宜大于1.0m。

（4）可根据第一次测温结果，完善温差控制技术措施，后续施工可不进行测温。

5130　大体积混凝土测温及测温频率有哪些规定？

答：依据《混凝土结构工程施工规范》GB 50666—2011，大体积混凝土测温及测温频率应符合下列规定：

（1）大体积混凝土测温

①宜根据每个测温点被混凝土初次覆盖时的温度确定各测点部位混凝土的入模温度。

②浇筑体周边表面以内测温点、浇筑体表面测温点、环境测温点的测温，应与混凝土浇筑、养护过程同步进行。

③应按测温频率要求及时提供测温报告，测温报告应包含各测温点的温度数据、温差数据、代表点位的温度变化曲线、温度变化趋势分析等内容。

④混凝土浇筑体表面以内40～100mm位置的温度与环境温度的差值小于20℃时，可停止测温。

（2）大体积混凝土测温频率：

①第1天至第4天，每4h不应少于一次。

②第5天至第7天，每8h不应少于一次。

③第7天至测温结束，每12h不应少于一次。

第 7 节　砌 体 结 构 工 程

5131　砌筑砂浆试块强度合格标准有哪些规定？

答：依据《砌体结构工程施工质量验收规范》GB 50203—2011，砌筑砂浆试块强度验收时其强度合格标准应符合下列规定：

（1）同一验收批砂浆试块强度平均值应大于或等于设计强度等级值的 1.10 倍。

（2）同一验收批砂浆试块抗压强度的最小一组平均值应大于或等于设计强度等级值的 85%。

（3）砌筑砂浆的验收批，同一类型、强度等级的砂浆试块不应少于 3 组；同一验收批砂浆只有 1 组或 2 组试块时，每组试块抗压强度平均值应大于或等于设计强度等级值的 1.10 倍；对于建筑结构的安全等级为一级或设计使用年限为 50 年及以上的房屋，同一验收批砂浆试块的数量不得少于 3 组。

（4）砂浆强度应以标准养护，28d 龄期的试块抗压强度为准。

（5）制作砂浆试块的砂浆稠度应与配合比设计一致。

抽检数量：每一检验批且不超过 250m³ 砌体的各类、各强度等级的普通砌筑砂浆，每台搅拌机应至少抽检一次。验收批的预拌砂浆、蒸压加气混凝土砌块专用砂浆，抽检可为 3 组。

检验方法：在砂浆搅拌机出料口或在湿拌砂浆的储存容器出料口随机取样制作砂浆试块（现场拌制的砂浆，同盘砂浆只应作 1 组试块），试块标养 28d 后作强度试验。预拌砂浆中的湿拌砂浆稠度应在进场时取样检验。

5132　砌体结构不得在哪些墙体或部位设置脚手眼？

答：依据《砌体结构工程施工质量验收规范》GB 50203—2011，不得在下列墙体或部位设置脚手眼：

（1）120mm 厚墙、清水墙、料石墙、独立柱和附墙柱。

（2）过梁上与过梁成 60°角的三角形范围及过梁净跨度 1/2 的高度范围内。

（3）宽度小于 1m 的窗间墙。

（4）门窗洞口两侧石砌体 300mm，其他砌体 200mm 范围内；转角处石砌体 600mm，其他砌体 450mm 范围内。

（5）梁或梁垫下及其左右 500mm 范围内。

（6）设计不允许设置脚手眼的部位。

（7）轻质墙体。

（8）夹心复合墙外叶墙。

5133　砌体结构检验批的划分有哪些规定？

答：依据《砌体结构工程施工质量验收规范》GB 50203—2011，砌体结构检验批的划分应同时符合下列规定：

（1）所用材料类型及同类型材料的强度等级相同。

（2）不超过 250m³ 砌体。

（3）主体结构砌体一个楼层（基础砌体可按一个楼层计），填充墙砌体量少时可多个楼层合并。

5134 砌体结构水平灰缝饱满度检验有哪些规定？

答：依据《砌体结构工程施工质量验收规范》GB 50203—2011，砌体灰缝砂浆应密实饱满，砖墙水平灰缝的砂浆饱满度不得低于 80%；砖柱水平灰缝和竖向灰缝饱满度不得低于 90%。小砌块砌体水平灰缝和竖向灰缝的砂浆饱满度，按净面积计算不得低于 90%。

检验方法：用百格网检查砖（小砌块）底面与砂浆的粘结痕迹面积，每处检测 3 块砖（小砌块），取其平均值。

抽检数量：每检验批抽查不应少于 5 处。

5135 砖砌体转角和交接处的砌筑有哪些规定？

答：依据《砌体结构工程施工质量验收规范》GB 50203—2011，砖砌体的转角处和交接处应同时砌筑，严禁无可靠措施的内外墙分砌施工。在抗震设防烈度为 8 度及 8 度以上地区，对不能同时砌筑而又必须留置的临时间断处应砌成斜槎，普通砖砌体斜槎水平投影长度不应小于高度的 2/3，多孔砖砌体的斜槎长高比不应小于 1/2。斜槎高度不得超过一步脚手架的高度。抽检数量：每检验批抽查不应少于 5 处。

5136 混凝土小型砌块砌体浇筑芯柱混凝土有哪些规定？

答：依据《砌体结构工程施工质量验收规范》GB 50203—2011，芯柱混凝土宜选用专用小砌块灌孔混凝土。浇筑芯柱混凝土应符合下列规定：

（1）每次连续浇筑的高度宜为半个楼层，但不应大于 1.8m。

（2）浇筑芯柱混凝土时，砌筑砂浆强度应大于 1MPa。

（3）清除孔内掉落的砂浆等杂物，并用水冲淋孔壁。

（4）浇筑芯柱混凝土前，应先注入适量与芯柱混凝土成分相同的去石砂浆。

（5）每浇筑 400～500mm 高度捣实一次，或边浇筑边捣实。

5137 毛石挡土墙的砌筑有哪些规定？

答：依据《砌体结构工程施工质量验收规范》GB 50203—2011，毛石挡土墙的砌筑应按分层高度砌筑，并应符合下列规定：

（1）每砌 3～4 皮为一个分层高度，每个分层高度应将顶层石块砌平。

（2）两个分层高度间分层处的错缝不得小于 80mm。

（3）挡土墙的泄水孔当设计无规定时，施工应符合下列规定：

①泄水孔应均匀设置，在每米高度上间隔 2m 左右设置一个泄水孔。

②泄水孔与土体间铺设长宽各为 300mm、厚 200mm 的卵石或碎石作疏水层。

（4）挡土墙内侧回填土必须分层夯填，分层松土厚度宜为 300mm。墙顶土面应有适当坡度使流水流向挡土墙外侧面。

5138　砖砌体尺寸、位置的允许偏差及检验有哪些规定？

答： 依据《砌体结构工程施工质量验收规范》GB 50203—2011，砖砌体尺寸、位置的允许偏差及检验应符合表 5-29 的规定。

砖砌体尺寸、位置的允许偏差及检验　　　　　　　表 5-29

项次	项　目			允许偏差（mm）	检验方法	每检验批抽检数量
1	轴线位移			10	用经纬仪和尺或用其他测量仪器检查	承重墙、柱全数检查
2	基础、墙、柱顶面标高			±15	用水准仪和尺检查	不应少于 5 处
3	墙面垂直度	每层		5	用 2m 托线板检查	不应少于 5 处
		全高	≤10m	10	用经纬仪、吊线和尺或用其他测量仪器检查	外墙全部阳角
			>10m	20		
4	表面平整度	清水墙、柱		5	用 2m 靠尺和楔形塞尺检查	不应少于 5 处
		混水墙、柱		8		
5	水平灰缝平直度	清水墙		7	拉 5m 线和尺检查	不应少于 5 处
		混水墙		10		
6	门窗洞口高、宽（后塞口）			±10	用尺检查	不应少于 5 处
7	外墙上下窗口偏移			20	以底层窗口为准，用经纬仪或吊线检查	不应少于 5 处
8	清水墙游丁走缝			20	以每层第一皮砖为准，用吊线和尺检查	不应少于 5 处

5139　填充墙砌体尺寸、位置的允许偏差及检验有哪些规定？

答： 依据《砌体结构工程施工质量验收规范》GB 50203—2011，填充墙砌体尺寸、位置的允许偏差及检验应符合表 5-30 规定。

填充墙砌体尺寸、位置的允许偏差及检验　　　　　　　表 5-30

项次	项　目		允许偏差（mm）	检验方法	每检验批抽检数量
1	轴线位移		10	用尺检查	不应少于 5 处
2	垂直度（每层）	≤3m	5	用 2m 托线板或吊线、尺检查	不应少于 5 处
		>3m	10		
3	表面平整度		8	用 2m 靠尺和楔形塞尺检查	不应少于 5 处
4	门窗洞口高、宽（后塞口）		±10	用尺检查	不应少于 5 处
5	外墙上、下窗口偏移		20	用经纬仪或吊线检查	不应少于 5 处

5140　砌体结构砖及砌块进场复验有哪些规定?

答:依据《砌体结构工程施工质量验收规范》GB 50203—2011,砖及砌块进场应对其强度进行复验。抽检数量如下:

(1)烧结普通砖、混凝土实心砖,每一生产厂家,每15万块为一验收批,不足15万块时按1批计,抽检数量为1组。

(2)烧结多孔砖、混凝土多孔砖、蒸压灰砂砖及蒸压粉煤灰砖,每一生产厂家,每10万块各为一验收批,不足10万块时按1批计,抽检数量为1组。

(3)普通混凝土小型空心砌块和轻骨料混凝土小型空心砌块(简称小砌块):每一生产厂家,每1万块小砌块为一验收批,不足1万块也按一批计;抽检数量为1组;用于多层以上建筑的基础和底层的小砌块抽检数量不应少于2组。

5141　砌体结构出现什么情况可采用现场检验方法进行实体检测?

答:依据《砌体结构工程施工质量验收规范》GB 50203—2011,当施工中或验收时出现下列情况,可采用现场检验方法对砂浆或砌体强度进行实体检测,并判定其强度:

(1)砂浆试块缺乏代表性或试块数量不足。

(2)对砂浆试块的试验结果有怀疑或有争议。

(3)砂浆试块的试验结果,不能满足设计要求。

(4)发生工程事故,需要进一步分析事故原因。

第8节　钢结构工程

5142　钢结构工程哪些钢材应进行抽样复验?

答:依据《钢结构工程施工质量验收规范》GB 50205—2001,对属于下列情况之一的钢材,应进行抽样复验,其复验结果应符合现行国家产品标准和设计要求。

(1)国外进口钢材。

(2)钢材混批。

(3)板厚等于或大于40mm,且设计有Z向性能要求的厚板。

(4)建筑结构安全等级为一级,大跨度钢结构中主要受力构件所采用的钢材。

(5)设计有复验要求的钢材。

(6)对质量有疑义的钢材。

5143　钢结构工程焊接材料有哪些规定?

答:依据《钢结构工程施工质量验收规范》GB 50205—2001,焊接材料应符合下列规定:

(1)焊接材料的品种、规格、性能等应符合现行国家产品标准和设计要求。应检查焊接材料的质量合格证明文件、中文标志及检验报告等。

(2)重要钢结构采用的焊接材料应进行抽样复验,复验结果应符合现行国家产品标准和设计要求。检查数量:全数检查。

（3）焊条外观不应有药皮脱落、焊芯生锈等缺陷；焊剂不应受潮结块。检查数量：按量抽查 1%，且不应少于 10 包。

（4）焊钉及焊接瓷环的规格、尺寸及偏差应符合现行国家标准《圆柱头焊钉》GB10433 中的规定。检查数量：按量抽查 1%，且不应少于 10 套。

5144　钢结构工程焊缝质量检验有哪些规定？

答：依据《钢结构工程施工质量验收规范》GB 50205—2001，焊缝质量检验应符合下列规定：

（1）设计要求全焊透的一、二级焊缝应采用超声波探伤进行内部缺陷的检验，超声波探伤不能对缺陷作出判断时，应采用射线探伤，其内部缺陷分级及探伤方法应符合现行国家标准《钢焊缝手工超声波探伤方法和探伤结果分级》GB 11345 或《钢熔化焊对接接头射线照相和质量分级》GB 3323 的规定。

（2）焊接球节点网架焊缝、螺栓球节点网架焊缝及圆管 T、K、Y 形节点相贯线焊缝，其内部缺陷分级及探伤方法应分别符合国家现行标准《焊接球节点钢网架焊缝超声波探伤方法及质量分级法》JG/T 3034.1、《螺栓球节点钢网架焊缝超声波探伤方法及质量分级法》JG/T 3034.2、《建筑钢结构焊接技术规程》JGJ 81 的规定。

（3）一级、二级焊缝的质量等级及缺陷分级应符合表 5-31 的规定。

一、二级焊缝质量等级及缺陷分级　　　　　　　　表 5-31

焊缝质量等级		一级	二级
内部缺陷 超声波探伤	评定等级	Ⅱ	Ⅲ
	检验等级	B 级	B 级
	探伤比例	100%	20%
内部缺陷 射线探伤	评定等级	Ⅱ	Ⅲ
	检验等级	AB 级	AB 级
	探伤比例	100%	20%

注：探伤比例的计数方法应按下列原则确定：
1. 对工厂制作焊缝，应按每条焊缝计算百分比，且探伤长度应不小于 200mm，当焊缝长度不足 200mm 时，应对整条焊缝进行探伤。
2. 对现场安装焊缝，应按同一类型、同一施焊条件的焊缝条数计算百分比，探伤长度应不小于 200mm。并应不少于 1 条焊缝。

（4）焊缝表面不得有裂纹、焊瘤等缺陷。一级、二级焊缝不得有表面气孔、夹渣、弧坑裂纹、电弧擦伤等缺陷。且一级焊缝不得有咬边、未焊满、根部收缩等缺陷。

检查数量：每批同类构件抽查 10%，且不应少于 3 件；被抽查构件中，每一类型焊缝按条数抽查 5%，且不应少于 1 条；每条检查 1 处，总抽查数不应少于 10 处。

5145　钢结构工程高强度螺栓连接有哪些规定？

答：依据《钢结构工程施工质量验收规范》GB 50205—2001，高强度螺栓连接应符合下列规定：

（1）钢结构制作和安装单位应按规范的规定分别进行高强度螺栓连接摩擦面的抗滑移系数试验和复验，现场处理的构件摩擦面应单独进行摩擦面抗滑移系数试验，其结果应符合设计要求。应检查摩擦面抗滑移系数试验报告和复验报告。

（2）高强度大六角头螺栓连接副终拧完成 1h 后、48h 内应进行终拧扭矩检查，检查结果应符合规范的规定。检查数量：按节点数抽查 10%，且不应少于 10 个，每个被抽查节点按螺栓数抽查 10%，且不应少于 2 个。

（3）扭剪型高强度螺栓连接副终拧后，除因构造原因无法使用专用扳手终拧掉梅花头者外，未在终拧中拧掉梅花头的螺栓数不应大于该节点螺栓数的 5%。对所有梅花头未拧掉的扭剪型高强度螺栓连接副应采用扭矩法或转角法进行终拧并作标记，且按规范的规定进行终拧扭矩检查。检查数量：按节点数抽查 10%，但不应少于 10 个节点，被抽查节点中梅花头未拧掉的扭剪型高强度螺栓连接副全数进行终拧扭矩检查。

（4）高强度螺栓连接副的施拧顺序和初拧、复拧扭矩应符合设计要求和国家现行行业标准《钢结构高强度螺栓连接的设计施工及验收规程》JGJ 82 的规定。检查数量：全数检查资料。检验方法：检查扭矩扳手标定记录和螺栓施工记录。

（5）高强度螺栓连接副终拧后，螺栓丝扣外露应为 2～3 扣，其中允许有 10% 的螺栓丝扣外露 1 扣或 4 扣。检查数量：按节点数抽查 5%，且不应少于 10 个。

（6）高强度螺栓连接摩擦面应保持干燥、整洁，不应有飞边、毛刺、焊接飞溅物、焊疤、氧化铁皮、污垢等，除设计要求外摩擦面不应涂漆。

（7）高强度螺栓应自由穿入螺栓孔。高强度螺栓孔不应采用气割扩孔，扩孔数量应征得设计同意，扩孔后的孔径不应超过 1.2d（d 为螺栓直径）。

（8）螺栓球节点网架总拼完成后，高强度螺栓与球节点应紧固连接，高强度螺栓拧入螺栓球内的螺纹长度不应小于 1.0d（d 为螺栓直径），连接处不应出现有间隙、松动等未拧紧情况。检查数量：按节点数抽查 5%，且不应少于 10 个。

5146 钢构件外形尺寸主控项目的允许偏差有何规定？

答：依据《钢结构工程施工质量验收规范》GB 50205—2001，钢构件外形尺寸主控项目的允许偏差应符合表 5-32 的规定。

钢构件外形尺寸主控项目的允许偏差（mm）　　　　表 5-32

项　　目	允　许　偏　差
单层柱、梁、桁架受力支托（支承面）表面至第 1 个安装孔距离	±1.0
多节柱铣平面至第 1 个安装孔距离	±1.0
实腹梁两端最外侧安装孔距离	±3.0
构件连接处的截面几何尺寸	±3.0
柱、梁连接处的腹板中心线偏移	2.0
受压构件（杆件）弯曲矢高	$l/1000$（l 为长度），且不应大于 10.0

5147 主体结构整体垂直度和整体平面弯曲的允许偏差有何规定？

答：依据《钢结构工程施工质量验收规范》GB 50205—2001，主体结构整体垂直度和整体平面弯曲的允许偏差应符合下列规定：

（1）单层钢结构主体结构的整体垂直度和整体平面弯曲的允许偏差应符合下列规定。

①主体结构的整体垂直度允许偏差（mm）：$H/1000$，且不应大于 25.0；H 为主体结构的高度。

②主体结构的整体平面弯曲允许偏差（mm）：$L/1500$，且不应大于 25.0；L 为主体结构的长度。

检查数量：对主要立面全部检查。对每个所检查的立面，除两列角柱外，尚应至少选取一列中间柱。检验方法：采用经纬仪、全站仪等测量。

（2）多层及高层钢结构主体结构的整体垂直度和整体平面弯曲的允许偏差应符合下列规定。

①主体结构的整体垂直度允许偏差（mm）：$(H/2500+10.0)$，且不应大于 50.0；H 为主体结构的高度。

②主体结构的整体平面弯曲允许偏差（mm）：$L/1500$，且不应大于 25.0；L 为主体结构的长度。

检查数量：对主要立面全部检查。对每个所检查的立面，除两列角柱外，尚应至少选取一列中间柱。检验方法：对于整体垂直度，可采用激光经纬仪、全站仪测量，也可根据各节柱的垂直度允许偏差累计（代数和）计算。对于整体平面弯曲，可按产生的允许偏差累计（代数和）计算。

5148　钢网架结构安装有哪些规定？

答：依据《钢结构工程施工质量验收规范》GB 50205—2001，钢网架结构安装应符合下列规定：

（1）钢网架结构支座定位轴线的位置、支座锚栓的规格应符合设计要求。支承面顶板的位置、标高、水平度以及支座锚栓位置的允许偏差应符合规范的规定。检查数量：按支座数抽查 10%，且不应少于 4 处。

（2）支承垫块的种类、规格、摆放位置和朝向，必须符合设计要求和国家现行有关标准的规定。橡胶垫块与刚性垫块之间或不同类型刚性垫块之间不得互换使用。检查数量：按支座数抽查 10%，且不应少于 4 处。

（3）网架支座锚栓的紧固应符合设计要求。检查数量：按支座数抽查 10%，且不应少于 4 处。

（4）小拼单元的允许偏差应符合表 5-33 的规定。检查数量：按单元数抽查 5%，且不应少于 5 个。中拼单元的允许偏差应符合表 5-34 的规定。检查数量：全数检查。

小拼单元的允许偏差（mm）　　　　　　　　　　　表 5-33

项　　目		允 许 偏 差
节点中心偏移		2.0
焊接球节点与钢管中心的偏移		1.0
杆件轴线的弯曲矢高		$L_1/1000$，且不应大于 5.0
锥体型小拼单元	弦杆长度	±2.0
	锥体高度	±2.0
	上弦杆对角线长度	±3.0

续表

项　　目			允许偏差
平面桁架型小拼单元	跨长	≤24m	+3.0 −7.0
		>24m	+5.0 −10.0
	跨中高度		±3.0
	跨中拱度	设计要求起拱	±$L/5000$
		设计未要求起拱	+10.0

注：L_1 为杆件长度；L 为跨长。

中拼单元的允许偏差（mm） 表 5-34

项　　目		允许偏差
单元长度≤20m，拼接长度	单跨	±10.0
	多跨连续	±5.0
单元长度>20m，拼接长度	单跨	±20.0
	多跨连续	±10.0

（5）对建筑结构安全等级为一级，跨度 40m 及以上的公共建筑钢网架结构，且设计有要求时，应按下列项目进行节点承载力试验，其结果应符合下列规定：

①焊接球节点应按设计指定规格的球及其匹配的钢管焊接成试件，进行轴心拉、压承载力试验，其试验破坏荷载值大于或等于 1.6 倍设计承载力为合格。

②螺栓球节点应按设计指定规格的球最大螺栓孔螺纹进行抗拉强度保证荷载试验，当达到螺栓的设计承载力时，螺孔、螺纹及封板仍完好无损为合格。

检查数量：每项试验做 3 个试件。检验方法：在万能试验机上进行检验，检查试验报告。

（6）钢网架结构总拼完成后及屋面工程完成后应分别测量其挠度值，且所测的挠度值不应超过相应设计值的 1.15 倍。

检查数量：跨度 24m 及以下钢网架结构测量下弦中央一点；跨度 24m 以上钢网架结构测量下弦中央一点及各向下弦跨度的四等分点。检验方法：用钢尺和水准仪实测。

（7）钢网架结构安装完成后，其安装的允许偏差应符合表 5-35 的规定。

钢网架结构安装的允许偏差（mm） 表 5-35

项　　目	允许偏差	检验方法
纵向、横向长度	$L/2000$，且不应大于 30.0 −$L/2000$，且不应大于−30.0	用钢尺实测
支座中心偏移	$L/3000$，且不应大于 30.0	用钢尺和经纬仪实测
周边支承网架相邻支座高差	$L/400$，且不应大于 15.0	用钢尺和水准仪实测
支座最大高差	30.0	
多点支承网架相邻支座高差	$L_1/800$，且不应大于 30.0	

注：1. L 为纵向、横向长度；
　　2. L_1 为相邻支座间距。

5149　钢结构防腐涂料涂装有哪些规定？

答：依据《钢结构工程施工质量验收规范》GB 50205—2001，钢结构防腐涂料涂装应符合下列规定：

（1）涂装前钢材表面除锈应符合设计要求和国家现行有关标准的规定。处理后的钢材表面不应有焊渣、焊疤、灰尘、油污、水和毛刺等。检查数量：按构件数抽查 10%，且同类构件不应少于 3 件。检验方法：用铲刀检查和用现行国家标准《涂装前钢材表面锈蚀等级和除锈等级》GB 8923 规定的图片对照观察检查。

（2）涂料、涂装遍数、涂层厚度均应符合设计要求。当设计对涂层厚度无要求时，涂层干漆膜总厚度：室外应为 $150\mu m$，室内应为 $125\mu m$，其允许偏差为 $-25\mu m$。每遍涂层干漆膜厚度的允许偏差为 $-5\mu m$。

检查数量：按构件数抽查 10%，且同类构件不应少于 3 件。检验方法：用干漆膜测厚仪检查。每个构件检测 5 处，每处的数值为 3 个相距 50mm 测点涂层干漆膜厚度的平均值。

（3）构件表面不应误涂、漏涂，涂层不应脱皮和返锈等。涂层应均匀、无明显皱皮、流坠、针眼和气泡等。

（4）当钢结构处在有腐蚀介质环境或外露且设计有要求时，应进行涂层附着力测试，在检测处范围内，当涂层完整程度达到 70% 以上时，涂层附着力达到合格质量标准的要求。检查数量：按构件数抽查 1%，不应少于 3 件，每件测 3 处。检验方法：按照现行国家标准《漆膜附着力测定法》GB 1720 或《色漆和清漆、漆膜的划格试验》GB 9286 执行。

（5）涂装完成后，构件的标志、标记和编号应清晰完整。

5150　钢结构防火涂料涂装有哪些规定？

答：依据《钢结构工程施工质量验收规范》GB 50205—2001，钢结构防火涂料涂装应符合下列规定：

（1）防火涂料涂装前钢材表面除锈及防锈底漆涂装应符合设计要求和国家现行有关标准的规定。检查数量：按构件数抽查 10%，且同类构件不应少于 3 件。检验方法：表面除锈用铲刀检查和用现行国家标准《涂装前钢材表面锈蚀等级和除锈等级》GB8923 规定的图片对照观察检查。底漆涂装用干漆膜测厚仪检查，每个构件检测 5 处，每处的数值为 3 个相距 50mm 测点涂层干漆膜厚度的平均值。

（2）钢结构防火涂料的粘结强度、抗压强度应符合国家现行标准《钢结构防火涂料应用技术规程》CECS24：90 的规定。检验方法应符合现行国家标准《建筑构件防火喷涂材料性能试验方法》GB 9978 的规定。检查数量：每使用 100t 或不足 100t 薄涂型防火涂料应抽检一次粘结强度；每使用 500t 或不足 500t 厚涂型防火涂料应抽检一次粘结强度和抗压强度。检验方法：检查复检报告。

（3）薄涂型防火涂料的涂层厚度应符合有关耐火极限的设计要求。厚涂型防火涂料涂层的厚度，80% 及以上面积应符合有关耐火极限的设计要求，且最薄处厚度不应低于设计要求的 85%。

检查数量：按同类构件数抽查 10%，且均不应少于 3 件。检验方法：用涂层厚度测量仪、测针和钢尺检查。测量方法应符合国家现行标准《钢结构防火涂料应用技术规程》CECS24：90 及《钢结构工程施工质量验收规范》GB 50205—2001 的规定。

（4）薄涂型防火涂料涂层表面裂纹宽度不应大于 0.5mm；厚涂型防火涂料涂层表面裂纹宽度不应大于 1 mm。检查数量：按同类构件数抽查 10%，且均不应少于 3 件。

5151 钢结构工程有关安全及功能的检验和见证检测包括哪些项目？

答： 依据《钢结构工程施工质量验收规范》GB 50205—2001，钢结构分部（子分部）工程有关安全及功能的检验和见证检测项目按表 5-36 进行检验应在其分项工程验收合格后进行。

钢结构分部（子分部）工程有关安全及功能的检验和见证检测项目　　表 5-36

项次	项　目	抽检数量及检验方法	合格质量标准
1	见证取样和送检试验项目： （1）钢材及焊接材料复验 （2）高强度螺栓预拉力、扭矩系数复验 （3）摩擦面抗滑移系数复验 （4）网架节点承载力试验	见规范的规定	符合设计要求和国家现行有关产品标准的规定
2	焊缝质量： （1）内部缺陷 （2）外观缺陷 （3）焊缝尺寸	一、二级焊缝按焊缝处数随机抽检 3%，且不应少于 3 处；检验采用超声波或射线探伤及规范规定的方法	符合规范的规定
3	高强度螺栓施工质量 （1）终拧扭矩 （2）梅花头检查 （3）网架螺栓球节点	按节点数随机抽检 3%，且不应少于 3 个节点；检验方法按规范的规定执行	符合规范的规定
4	柱脚及网架支座 （1）锚栓紧固 （2）垫板、垫块 （3）二次灌浆	按柱脚及网架支座数随机抽检 10%，且不应少于 3 个；采用观察和尺量等方法进行检验	符合设计要求和规范的规定
5	主要构件变形 （1）钢屋（托）架、桁架、钢梁、吊车梁等垂直度和侧向弯曲 （2）钢柱垂直度 （3）网架结构挠度	除网架结构外，其他按构件数随机抽检 3%，且不应少于 3 个；检验方法按规范的规定执行	符合规范的规定
6	主体结构尺寸 （1）整体垂直度 （2）整体平面弯曲	见规范的规定	符合规范的规定

5152 钢结构工程有关观感质量检查应包括哪些项目？

答： 依据《钢结构工程施工质量验收规范》GB 50205—2001，钢结构分部（子分部）工程有关观感质量检查项目按表 5-37 进行。

钢结构分部（子分部）工程有关观感质量检查项目　　表 5-37

项次	项　目	抽检数量	合格标准
1	普通涂层表面	随机抽查 3 个轴线结构构件	符合规范要求
2	防火涂层表面	随机抽查 3 个轴线结构构件	符合规范要求
3	压型金属板表面	随机抽查 3 个轴线间压型金属板表面	符合规范要求
4	钢平台、钢梯、钢栏杆	随机抽查 10%	连接牢固，无明显外观缺陷

第 9 节　地下防水工程

5153　地下工程防水等级和防水标准有哪些规定？

答： 依据《地下防水工程质量验收规范》GB 50208—2011，地下工程防水等级是根据工程的性质、重要程度、使用功能要求等来确定的，防水等级分为四级。防水等级标准应符合表 5-38 的规定。

地下工程防水等级标准　　表 5-38

防水等级	防　水　标　准
一级	不允许渗水，结构表面无湿渍
二级	不允许漏水，结构表面可有少量湿渍。 房屋建筑地下工程：总湿渍面积不应大于总防水面积（包括顶板、墙面、地面）的 1/1000；任意 100m² 防水面积上的湿渍不超过 2 处，单个湿渍的最大面积不大于 0.1m²。 其他地下工程：总湿渍面积不应大于总防水面积的 2/1000；任意 100m² 防水面积上的湿渍不超过 3 处，单个湿渍的最大面积不大于 0.2m²；其中，隧道工程平均渗水量不大于 0.05L/（m²·d），任意 100m² 防水面积上的渗水量不大于 0.15L/（m²·d）
三级	有少量漏水点，不得有线流和漏泥砂。 任意 100m² 防水面积上的漏水或湿渍点数不超过 7 处，单个漏水点的最大漏水量不大于 2.5L/d，单个湿渍的最大面积不大于 0.3m²
四级	有漏水点，不得有线流和漏泥砂。 整个工程平均漏水量不大于 2L/（m²·d），任意 100m² 防水面积上的平均漏水量不大于 4L/（m²·d）

5154　地下工程防水混凝土设计抗渗等级有何规定？

答： 依据《地下工程防水技术规范》GB 50108—2008，防水混凝土的抗渗等级是以 28d 龄期的标准试件，按标准试验方法进行试验时所能承受的最大水压力来确定，防水混凝土设计抗渗等级分为 P6、P8、P10、P12 四级，并应符合表 5-39 的规定。

防水混凝土设计抗渗等级　　表 5-39

工程埋置深度 H（m）	设计抗渗等级	工程埋置深度 H（m）	设计抗渗等级
$H<10$	P6	$20 \leqslant H<30$	P10
$10 \leqslant H<20$	P8	$H \geqslant 30$	P12

注：1. 本表适用于Ⅰ、Ⅱ、Ⅲ类围岩（土层及软弱围岩）；

2. 山岭隧道防水混凝土的抗渗等级可按国家现行有关标准执行。

5155 地下工程防水混凝土的适用条件是什么?

答: 依据《地下防水工程质量验收规范》GB 50208—2011，防水混凝土适用于抗渗等级不小于 P6 的地下混凝土结构。不适用于环境温度高于 80℃的地下工程。处于侵蚀性介质中，防水混凝土的耐侵蚀性要求应符合现行国家标准《工业建筑防腐蚀设计规范》(GB 50046) 和《混凝土结构耐久性设计规范》GB 50476 的有关规定。

5156 地下工程防水材料的进场验收有哪些规定?

答: 依据《地下防水工程质量验收规范》GB 50208—2011，防水材料的进场验收应符合下列规定:

(1) 对材料的外观、品种、规格、包装、尺寸和数量等进行检查验收，并经项目监理机构或建设单位代表检查确认，形成相应验收记录。

(2) 对材料的质量证明文件进行检查，并经项目监理机构或建设单位代表检查确认，纳入工程技术档案。

(3) 材料进场后应按规范的规定抽样检验，检验应执行见证取样和送检制度，并出具材料进场检验报告。

(4) 材料的物理性能检验项目全部指标达到标准规定时，即为合格;若有一项指标不符合标准规定，应在受检产品中重新取样进行该项指标复验，复验结果符合标准规定，则判定该批材料为合格。

(5) 地下工程使用的防水材料及其配套材料，应符合现行行业标准《建筑防水涂料中有害物质限量》JC 1066 的规定，不得对周围环境造成污染。

5157 地下防水工程检验批划分和抽样检验数量有哪些规定?

答: 依据《地下防水工程质量验收规范》GB 50208—2011，地下防水工程的分项工程检验批和抽样检验数量应符合下列规定:

(1) 主体结构防水工程和细部构造防水工程应按结构层、变形缝或后浇带等施工段划分检验批。

(2) 特殊施工法结构防水工程应按隧道区间、变形缝等施工段划分检验批。

(3) 排水工程和注浆工程应各为一个检验批。

(4) 各检验批的抽样检验数量:细部构造应为全数检查，其他均应符合规范的规定。

5158 地下防水混凝土原材料的选择有哪些规定?

答: 依据《地下防水工程质量验收规范》GB 50208—2011，地下防水混凝土原材料的选择应符合下列规定:

(1) 水泥的选择:

①宜采用普通硅酸盐水泥或硅酸盐水泥，采用其他品种水泥时应经试验确定。

②在受侵蚀性介质作用时，应按介质的性质选用相应的水泥品种。

③不得使用过期或受潮结块的水泥，并不得将不同品种或强度等级的水泥混合使用。

(2) 砂、石的选择:

①砂宜选用中粗砂，含泥量不应大于 3.0%，泥块含量不宜大于 1.0%。

②不宜使用海砂；在没有使用河砂的条件时，应对海砂进行处理后才能使用，且控制氯离子含量不得大于 0.06%。

③碎石或卵石的粒径宜为 5～40mm，含泥量不应大于 1.0%，泥块含量不应大于 0.5%。

④对长期处于潮湿环境的重要结构混凝土用砂、石，应进行碱活性检验。

（3）矿物掺合料的选择：

①粉煤灰的级别不应低于Ⅱ级，烧失量不应大于 5%。

②硅粉的比表面积不应小于 15000m²/kg，SiO_2 含量不应小于 85%。

③粒化高炉矿渣粉的品质要求应符合现行国家标准《用于水泥和混凝土中的粒化高炉矿渣粉》GB/T 18046 的有关规定。

（4）混凝土拌合用水，应符合现行行业标准《混凝土用水标准》JGJ 63 的有关规定。

（5）外加剂的选择：

①外加剂的品种和用量应经试验确定，所用外加剂应符合现行国家标准《混凝土外加剂应用技术规范》GB 50119 的质量规定。

②掺加引气剂或引气型减水剂的混凝土，其含气量宜控制在 3%～5%。

③考虑外加剂对硬化混凝土收缩性能的影响。

④严禁使用对人体产生危害、对环境产生污染的外加剂。

5159　地下防水混凝土的配合比有哪些规定？

答：依据《地下防水工程质量验收规范》GB 50208—2011，地下防水混凝土的配合比应经试验确定，并应符合下列规定：

（1）试配要求的抗渗水压值应比设计值提高 0.2MPa。

（2）混凝土胶凝材料总量不宜小于 320kg/m³，其中水泥用量不宜小于 260kg/m³，粉煤灰掺量宜为胶凝材料总量的 20%～30%，硅粉的掺量宜为胶凝材料总量的 2%～5%。

（3）水胶比不得大于 0.5，有侵蚀性介质时水胶比不宜大于 0.45。

（4）砂率宜为 35%～40%，泵送时可增至 45%。

（5）灰砂比宜为 1∶1.5～1∶2.5。

（6）混凝土拌合物的氯离子含量不应超过胶凝材料总量的 0.1%；混凝土中各类材料的总碱量即 Na_2O 当量不得大于 3kg/m³。

5160　防水混凝土浇筑过程质量控制有哪些规定？

答：依据《地下防水工程施工质量验收规范》GB 50208—2011，防水混凝土浇筑过程质量控制应符合下列规定：

（1）防水混凝土的原材料、配合比及坍落度必须符合设计要求。

（2）防水混凝土采用预拌混凝土时，入泵坍落度宜控制在 120～160mm，坍落度每小时损失不应大于 20mm，坍落度总损失值不应大于 40mm。

（3）混凝土在浇筑地点的坍落度，每工作班至少检查两次，坍落度试验应符合现行国家标准《普通混凝土拌合物性能试验方法标准》GB/T 50080 的有关规定。混凝土坍落度允许偏差应符合表 5-40 的规定。

（4）泵送混凝土在交货地点的入泵坍落度，每工作班至少检查两次，混凝土入泵时的坍落度允许偏差应符合表 5-41 的规定。

混凝土坍落度允许偏差（mm）　　　　　　　　　　表 5-40

规定坍落度	允许偏差
≤40	±10
50～90	±15
>90	±20

混凝土入泵时的坍落度允许偏差（mm）　　　　　　　表 5-41

所需坍落度	允许偏差
≤100	±20
>100	±30

（5）当防水混凝土拌合物在运输后出现离析，必须进行二次搅拌。当坍落度损失后不能满足施工要求时，应加入原水胶比的水泥浆或掺加同品种的减水剂进行搅拌，严禁直接加水。

（6）防水混凝土的抗压强度和抗渗性能必须符合设计要求。

（7）防水混凝土结构的施工缝、变形缝、后浇带、穿墙管、埋设件等设置和构造必须符合设计要求。

（8）防水混凝土结构厚度不应小于 250mm，其允许偏差应为 +8mm，-5mm；主体结构迎水面钢筋保护层厚度不应小于 50mm，其允许偏差为 ±5mm。

（9）防水混凝土分项工程检验批的抽样检验数量，应按混凝土外露面积每 100m² 抽查 1 处，每处 10m²，且不得少于 3 处。

5161　地下防水混凝土抗压强度与抗渗性能试件的制作有哪些规定？

答：依据《地下防水工程施工质量验收规范》GB 50208—2011，防水混凝土抗压强度与抗渗性能试件制作应符合下列规定：

（1）防水混凝土抗压强度试件，应在混凝土浇筑地点随机取样后制作，并应符合下列规定：

①同一工程、同一配合比的混凝土，取样频率和试件留置组数应符合现行国家标准《混凝土结构工程施工质量验收规范》GB 50204 的有关规定。

②抗压强度试验应符合现行国家标准《普通混凝土力学性能试验方法标准》GB/T 50081 的有关规定。

③结构构件的混凝土强度评定应符合现行国家标准《混凝土强度检验评定标准》GB/T 50107 的有关规定。

（2）防水混凝土的抗渗性能应采用标准条件下养护混凝土抗渗试件的试验结果评定，试件应在混凝土浇筑地点随机取样后制作，并应符合下列规定：

①连续浇筑混凝土每 500m³ 应留置一组 6 个抗渗试件，且每项工程不得少于两组；采用预拌混凝土的抗渗试件，留置组数应视结构的规模和要求而定。

②抗渗性能试验应符合现行国家标准《普通混凝土长期性能和耐久性能试验方法标准》GB/T 50082—2009 的有关规定。

5162 地下防水混凝土施工缝留设与施工有哪些规定？

答：依据《地下防水工程施工质量验收规范》GB 50208—2011 及《地下工程防水技术规范》GB 50108—2008，施工缝留设与施工应符合下列规定：

（1）防水混凝土应连续浇筑，宜少留施工缝。当留设施工缝时，应符合下列规定：

①墙体水平施工缝应留设在高出底板表面不小于 300mm 的墙体上。拱、板与墙结合的水平施工缝，宜留在拱、板和墙交接处以下 150～300mm 处。墙体有预留洞时，施工缝距孔洞边缘不应小于 300mm。

②垂直施工缝应避开地下水和裂隙水较多的地段，并宜与变形缝相结合。

③施工缝防水构造应符合设计要求及国家标准的有关规定。

（2）施工缝施工应符合下列规定：

①在施工缝处继续浇筑混凝土时，已浇筑的混凝土抗压强度不应小于 1.2MPa。

②水平施工缝浇筑混凝土前，应将其表面浮浆和杂物清除，然后铺设净浆、涂刷混凝土界面处理剂或水泥基渗透结晶型防水涂料，再铺 30～50mm 厚的 1:1 水泥砂浆，并及时浇筑混凝土。

③垂直施工缝浇筑混凝土前，应将其表面清理干净，再涂刷混凝土界面处理剂或水泥基渗透结晶型防水涂料，并及时浇筑混凝土。

④中埋式止水带及外贴式止水带埋设位置应准确，固定应牢靠。

⑤遇水膨胀止水条应具有缓膨胀性能；止水条与施工缝基面应密贴，中间不得有空鼓、脱离等现象；止水条应牢固地安装在缝表面或预留凹槽内；止水条采用搭接连接时，搭接宽度不得小于 30mm。

⑥遇水膨胀止水胶应采用专用注胶器挤出粘结在施工缝表面，并做到连续、均匀、饱满、无气泡和孔洞，挤出宽度及厚度应符合设计要求；止水胶挤出成形后，固化期内应采取临时保护措施；止水胶固化前不得浇筑混凝土。

5163 大体积防水混凝土施工有哪些规定？

答：依据《地下工程防水技术规范》GB 50108—2008，大体积防水混凝土的施工，应符合下列规定：

（1）大体积防水混凝土的施工应采取材料选择、温度控制、保温保湿等技术措施。在设计许可的情况下，掺粉煤灰混凝土设计强度的龄期宜为 60d 或 90d。

（2）宜选用水化热低和凝结时间长的水泥。

（3）宜掺入减水剂、缓凝剂等外加剂和粉煤灰、磨细矿渣粉等掺合料。

（4）炎热季节施工时，应采取降低原材料温度、减少混凝土运输时吸收外界热量等降温措施，入模温度不应大于 30℃。

（5）混凝土内部预埋管道，宜进行水冷散热。

（6）应采取保温保湿养护。混凝土中心温度与表面温度的差值不应大于 25℃，表面温度与大气温度的差值不应大于 20℃，温降梯度不得大于 3℃/d，养护时间不应少于 14d。

（7）防水混凝土的冬期施工，应符合下列规定：

①混凝土入模温度不应低于 5℃；

②混凝土养护应采用综合蓄热法、蓄热法、暖棚法、掺化学外加剂等方法，不得采用电热法或蒸气直接加热法；

③应采取保湿保温措施。

（8）防水混凝土终凝后应立即进行养护，养护时间不得少于 14d。

5164 地下防水工程穿墙管施工有哪些规定？

答： 依据《地下防水工程施工质量验收规范》GB 50208—2011，穿墙管施工应符合下列规定：

（1）穿墙管用遇水膨胀止水条、密封材料以及防水构造必须符合设计要求。

（2）固定式穿墙管应加焊止水环或环绕遇水膨胀止水圈，并做好防腐处理；穿墙管应在主体结构迎水面预留凹槽，槽内应用密封材料嵌填密实。

（3）套管式穿墙管的套管与止水环及翼环应连续满焊，并做好防腐处理；套管内表面应清理干净，穿墙管与套管之间应用密封材料和橡胶密封圈进行密封处理，并采用法兰盘及螺栓进行固定。

（4）穿墙盒的封口钢板与混凝土结构墙上预埋的角钢应焊严，并从钢板上的预留浇注孔注入改性沥青密封材料或细石混凝土，封填后将浇注孔用钢板焊接封闭。

（5）当主体结构迎水面有柔性防水层时，防水层与穿墙管连接处应增设加强层。

（6）密封材料嵌填应密实、连续、饱满，粘结牢固。

5165 地下防水工程埋设件施工有哪些规定？

答： 依据《地下防水工程施工质量验收规范》GB 50208—2011，埋设件施工应符合下列规定：

（1）埋设件用密封材料及防水构造必须符合设计要求。

（2）埋设件应位置准确，固定牢靠；埋设件应进行防腐处理。

（3）埋设件端部或预留孔、槽底部的混凝土厚度不得少于 250mm；当混凝土厚度小于 250mm 时，应局部加厚或采取其他防水措施。

（4）结构迎水面的埋设件周围应预留凹槽，凹槽内应用密封材料填实。

（5）用于固定模板的螺栓必须穿过混凝土结构时，可采用工具式螺栓或螺栓加堵头，螺栓上应加焊止水环。拆模后留下的凹槽应用密封材料封堵密实，并用聚合物水泥砂浆抹平。

（6）预留孔、槽内的防水层应与主体防水层保持连续。

（7）密封材料嵌填应密实、连续、饱满，粘结牢固。

5166 地下防水工程桩头施工有哪些规定？

答： 依据《地下防水工程施工质量验收规范》GB 50208—2011，桩头施工应符合下列规定：

（1）桩头用聚合物水泥防水砂浆、水泥基渗透结晶型防水涂料、遇水膨胀止水条或止水胶和密封材料必须符合设计要求。

（2）桩头防水构造必须符合设计要求。

（3）桩头混凝土应密实，如发现渗漏水应及时采取封堵措施。

（4）桩头顶面和侧面裸露处应涂刷水泥基渗透结晶型防水涂料，并延伸到结构底板垫层 150mm 处；桩头四周 300mm 范围内应抹聚合物水泥防水砂浆过渡层。

（5）结构底板防水层应做在聚合物水泥防水砂浆过渡层上并延伸至桩头侧壁，其与桩头侧壁接缝处应采用密封材料嵌填。

（6）桩头的受力钢筋根部应采用遇水膨胀止水条或止水胶，并应采取保护措施。

（7）遇水膨胀止水条及遇水膨胀止水胶的施工应符合规范的规定。

（8）密封材料嵌填应密实、连续、饱满，粘结牢固。

5167　地下防水工程水泥砂浆防水层施工有哪些规定？

答： 依据《地下防水工程施工质量验收规范》GB 50208—2011，水泥砂浆防水层施工应符合下列规定：

（1）水泥砂浆防水层应采用聚合物水泥防水砂浆；掺外加剂或掺合料的防水砂浆。

（2）水泥砂防水层所用原材料、配合比、粘结强度和抗渗性能必须符合设计要求。

（3）水泥砂浆防水层应分层铺抹或喷涂，铺抹时应压实、抹平，最后一层表面应提浆压光；水泥砂浆防水层表面平整度的允许偏差应为 5mm。

（4）水泥砂浆防水层的平均厚度应符合设计要求，最小厚度不得小于设计厚度的 85％。

（5）防水层各层应紧密粘合，每层宜连续施工；必须留设施工缝时，应采用阶梯坡形槎，但与阴阳角的距离不得小于 200mm。

（6）水泥砂浆终凝后应及时进行养护，养护温度不宜低于 5℃，并应保持砂浆表面湿润，养护时间不得少于 14d。聚合物水泥防水砂浆未达到硬化状态时，不得浇水养护或直接受雨水冲刷，硬化后应采用干湿交替的养护方法。潮湿环境中，可在自然条件下养护。

（7）水泥砂浆防水层分项工程检验批的抽样检验数量，应按施工面积每 100m² 抽查 1 处，每处 10m²，且不得少于 3 处。

5168　地下防水工程防水卷材铺贴有哪些规定？

答： 依据《地下防水工程施工质量验收规范》GB 50208—2011 及《地下工程防水技术规范》GB 50108—2008，防水卷材铺贴应符合下列规定：

（1）卷材防水层应采用高聚物改性沥青类防水卷材和合成高分子类防水卷材。所选用的基层处理剂、胶粘剂、密封材料等均应与铺贴的卷材相匹配，并必须符合设计要求。

（2）铺贴防水卷材前，基面应干净、干燥，并应涂刷基层处理剂；当基面潮湿时，应涂刷湿固化型胶粘剂或潮湿界面隔离剂。

（3）基层阴阳角应做成圆弧或 45°坡角，其尺寸应根据卷材品种确定；在转角处、变形缝、施工缝、穿墙管等部位应铺贴卷材加强层，加强层宽度不应小于 500mm。

（4）防水卷材的搭接宽度应符合表 5-42 的要求。铺贴双层卷材时，上下两层和相邻两幅卷材的接缝应错开 1/3～1/2 幅宽，且两层卷材不得相互垂直铺贴。卷材搭接宽度的允许偏差应为 -10mm。

（5）采用外防外贴法铺贴卷材防水层时，立面卷材接槎的搭接宽度，高聚物改性沥青类卷材应为 150mm，合成高分子类卷材应为 100mm，且上层卷材应盖过下层卷材。

防水卷材的搭接宽度　　　　　　　　表 5-42

卷材品种	搭接宽度（mm）
弹性体改性沥青防水卷材	100
改性沥青聚乙烯胎防水卷材	100
自粘聚合物改性沥青防水卷材	80
三元乙丙橡胶防水卷材	100/60（胶粘剂/胶结带）
聚氯乙烯防水卷材	60/80（单面焊/双面焊）
	100（胶结剂）
聚乙烯丙纶复合防水卷材	100（粘结料）
高分子自粘胶膜防水卷材	70/80（自粘胶/胶结带）

（6）卷材与基面、卷材与卷材间的粘结应紧密、牢固；铺贴完成的卷材应平整顺直，搭接尺寸应准确，不得产生扭曲和皱折。

（7）卷材防水层分项工程检验批的抽检数量，应按铺贴面积每 100m² 抽查 1 处，每处 10m²，且不得少于 3 处。

（8）卷材防水层完工并经验收合格后应及时做保护层。保护层应符合规范的规定。

5169　地下防水工程涂料防水层施工有哪些规定？

答：依据《地下防水工程质量验收规范》GB 50208—2011，涂料防水层施工应符合下列规定：

（1）涂料防水层所用的材料及配合比必须符合设计要求。

（2）多组分涂料应按配合比准确计量，搅拌均匀，并应根据有效时间确定每次配制的用量。

（3）涂料应分层涂刷或喷涂，涂层应均匀，涂刷应待前遍涂层干燥成膜后进行；每遍涂刷时应交替改变涂层的涂刷方向，同层涂膜的先后搭压宽度宜为 30～50mm。

（4）涂料防水层的甩槎处接槎宽度不应小于 100mm，接涂前应将其甩槎表面处理干净。

（5）采用有机防水涂料时，基层阴阳角处应做成圆弧；在转角处、变形缝、施工缝、穿墙管等部位应增加胎体增强材料和增涂防水涂料，宽度不应小于 500mm。

（6）胎体增强材料的搭接宽度不应小于 100mm，上下两层和相邻两幅胎体的接缝应错开 1/3 幅宽，且上下两层胎体不得相互垂直铺贴。

（7）涂料防水层的平均厚度应符合设计要求，最小厚度不得低于设计厚度的 90%。

（8）涂料防水层分项工程检验批的抽检数量，应按涂层面积每 100m² 抽查 1 处，每处 10m²，且不得少于 3 处。

（9）涂料防水层完工并经验收合格后应及时做保护层。保护层应符合规范的规定。

5170　地下工程防水材料进场抽样检验有哪些规定？

答：依据《地下防水工程质量验收规范》GB 50208—2011，地下工程防水材料进场抽样检验应符合表 5-43 的规定。

地下工程防水材料进场抽样检验 表 5-43

序号	材料名称	抽样数量	外观质量检验	物理性能检验
1	高聚物改性沥青类防水卷材	大于1000卷抽5卷，每500~1000卷抽4卷，100~499卷抽3卷，100卷以下抽2卷，进行规格尺寸和外观质量检验。在外观质量检验合格的卷材中，任取一卷作物理性能检验	断裂、折皱、孔洞、剥离、边缘不整齐、胎体露白、未浸透、撒布材料粒度、颜色，每卷卷材的接头	可溶物含量，拉力，延伸率，低温柔度，热老化后低温柔度，不透水性
2	合成高分子类防水卷材		折痕、杂质、胶块、凹痕，每卷卷材的接头	断裂拉伸强度，断裂伸长率，低温弯折性，不透水性，撕裂强度
3	有机防水涂料	每5t为一批，不足5t按一批抽样	均匀黏稠体，无凝胶，无结块	潮湿基面粘结强度，涂膜抗渗性，浸水168h后拉伸强度，浸水168h后断裂伸长率，耐水性
4	无机防水涂料	每10t为一批，不足10t按一批抽样	液体组分：无杂质、凝胶的均匀乳液 固体组分：无杂质、结块的粉末	抗折强度，粘结强度，抗渗性
5	膨润土防水材料	每100卷为一批，不足100卷按一批抽样；100卷以下抽5卷，进行尺寸偏差和外观质量检验。在外观质量检验合格的卷材中，任取一卷作物理性能检验	表面平整，厚度均匀，无破洞、破边，无残留断针，针刺均匀	单位面积质量，膨润土膨胀指数，渗透系数，滤失量
6	混凝土建筑接缝用密封胶	每2t为一批，不足2t按一批抽样	细腻、均匀膏状物或黏稠液体，无气泡、结皮和凝胶现象	流动性、挤出性、定伸粘结性
7	橡胶止水带	每月同标记的止水带产量为一批抽样	尺寸公差；开裂、缺胶，海绵状、中心孔偏心、凹痕、气泡、杂质、明疤	拉伸强度，扯断伸长率，撕裂强度
8	腻子型遇水膨胀止水条	每5000m为一批，不足5000m按一批抽样	尺寸公差；柔软、弹性匀质，色泽均匀，无明显凹凸	硬度，7d膨胀率，最终膨胀率，耐水性
9	遇水膨胀止水胶	每5t为一批，不足5t按一批抽样	细腻、黏稠、均匀膏状物，无气泡、结皮和凝胶	表干时间，拉伸强度，体积膨胀倍率
10	弹性橡胶密封垫材料	每月同标记的密封垫材料产量为一批抽样	尺寸公差；开裂、缺胶，凹痕、气泡、杂质、明疤	硬度、伸长率、拉伸强度、压缩永久变形
11	遇水膨胀橡胶密封垫胶料	每月同标记的膨胀橡胶产量为一批抽样	尺寸公差；开裂、缺胶，凹痕、气泡、杂质、明疤	硬度、拉伸强度、扯断伸长率、体积膨胀倍率、低温弯折
12	聚合物水泥防水砂浆	每10t为一批，不足10t按一批抽样	干粉类：均匀，无结块；乳液类：液体经搅拌后均匀无沉淀，粉料均匀，无结块	7d粘结强度，7d抗渗性，耐水性

5171 地下防水工程哪些部位应作好隐蔽工程验收记录？

答：依据《地下防水工程质量验收规范》GB 50208—2011，地下防水工程对下列部位应作好隐蔽工程验收记录：

（1）防水层的基层。

（2）防水混凝土结构和防水层被掩盖的部位。

（3）施工缝、变形缝、后浇带等防水构造做法。

（4）管道穿过防水层的封固部位。

（5）渗排水层、盲沟和坑槽。

（6）结构裂缝注浆处理部位。

（7）衬砌前围岩渗漏水处理部位。

（8）基坑的超挖和回填。

第 10 节　建筑装饰装修工程

5172 建筑装饰装修工程进场材料有哪些规定？

答：依据《建筑装饰装修工程质量验收规范》GB 50210—2001，建筑装饰装修工程材料进场应符合下列规定：

（1）建筑装饰装修工程所用材料的品种、规格和质量应符合设计要求和国家现行有关标准的规定。严禁使用国家明令淘汰的材料。

（2）建筑装饰装修工程所用材料应符合国家有关建筑装饰装修材料有害物质限量标准的规定。

（3）所有材料进场时应对品种、规格、外观和尺寸进行验收。材料包装应完好，应有产品合格证书、中文说明书及相关性能的检测报告；进口产品应按规定进行商品检验。

（4）材料进场后，需要进行复验的材料种类及项目应符合规范的规定。同一厂家生产的同一品种、同一类型的进场材料应至少抽取一组样品进行复验，对需进行见证检测时，应进行见证检测，当合同另有约定时应按合同执行。

（5）建筑装饰装修工程所使用的材料应按设计要求进行防火、防腐和防虫处理。

5173 建筑装饰装修工程施工有哪些规定？

答：依据《建筑装饰装修工程质量验收规范》GB 50210—2001，建筑装饰装修工程施工应符合下列规定：

（1）建筑装饰装修工程施工中，严禁违反设计文件擅自改动建筑主体、承重结构或主要使用功能；严禁未经设计确认和有关部门批准擅自拆改水、暖、电、燃气、通信等配套设施。

（2）施工单位应遵守有关环境保护的法律法规，并应采取有效措施控制施工现场的各种粉尘、废气、废弃物、噪声、振动等对周围环境造成的污染和危害。

（3）建筑装饰装修工程施工前应有主要材料的样板或做样板间（件），并应经有关各方确认。

（4）墙面采用保温材料的建筑装饰装修工程，所用保温材料的类型、品种、规格及施工工艺应符合设计要求。

（5）管道、设备等的安装及调试应在建筑装饰装修工程施工前完成，当必须同步进行时，应在饰面层施工前完成。装饰装修工程不得影响管道、设备等的使用和维修。涉及燃气管道的建筑装饰装修工程必须符合有关安全管理的规定。

（6）建筑装饰装修工程的电器安装应符合设计要求和国家现行标准的规定。严禁不经穿管直接埋设电线。

（7）室内外装饰装修工程施工的环境条件应满足施工工艺的要求。施工环境温度不应低于 5℃。当必须在低于 5℃气温下施工时，应采取保证工程质量的有效措施。

（8）建筑装饰装修工程施工过程中应做好半成品、成品的保护，防止污染和损坏。

5174　建筑装饰装修隐蔽工程验收主要包括哪些项目？

答：依据《建筑装饰装修工程质量验收规范》GB 50210—2001，隐蔽工程验收主要包括下列项目：

（1）抹灰工程

①抹灰总厚度大于或等于 35mm 时的加强措施。

②不同材料基体交接处的加强措施。

（2）吊顶工程

①吊顶内管道、设备的安装及水管试压。

②木龙骨防火、防腐处理。

③预埋件或拉结筋。

④吊杆安装。

⑤龙骨安装。

⑥填充材料的设置。

（3）门窗工程

①预埋件和锚固件。

②隐蔽部位的防腐、填嵌处理。

（4）轻质隔墙工程

①骨架隔墙中设备管线的安装及水管试压。

②木龙骨防火、防腐处理。

③预埋件或拉结筋。

④龙骨安装。

⑤填充材料的设置。

（5）饰面板（砖）工程

①预埋件（或后置埋件）。

②连接节点。

③防水层。

（6）幕墙工程

①预埋件（或后置埋件）。

②构件的连接节点。

③变形缝及墙面转角处的构造节点。

④幕墙防雷装置。

⑤幕墙防火构造。

(7) 细部工程

①预埋件 (或后置埋件)。

②护栏与预埋件的连接节点。

5175 建筑装饰装修进场材料复验有哪些规定?

答: 依据《建筑装饰装修工程质量验收规范》GB 50210—2001,进场材料复验应符合下列规定:

(1) 抹灰工程应对水泥的凝结时间和安定性进行复验。

(2) 吊顶工程应对人造木板的甲醛含量进行复验。

(3) 轻质隔墙工程应对人造木板的甲醛含量进行复验。

(4) 饰面板 (砖) 工程应对下列材料及其性能指标进行复验:

①室内用花岗石的放射性。

②粘贴用水泥的凝结时间、安定性和抗压强度。

③外墙陶瓷面砖的吸水率。

④寒冷地区外墙陶瓷面砖的抗冻性。

(5) 门窗工程应对下列材料及其性能指标进行复验:

①人造木板的甲醛含量。

②建筑外墙金属窗、塑料窗的抗风压性能、空气渗透性能和雨水渗漏性能。

(6) 幕墙工程应对下列材料及其性能指标进行复验:

①铝塑复合板的剥离强度。

②石材的弯曲强度;寒冷地区石材的耐冻融性;室内用花岗石的放射性。

③玻璃幕墙用结构胶的邵氏硬度、标准条件拉伸粘结强度、相容性试验;石材用结构胶的粘结强度;石材用密封胶的污染性。

(7) 细部工程应对人造木板的甲醛含量进行复验。

5176 抹灰工程检验批划分及检查数量有哪些规定?

答: 依据《建筑装饰装修工程质量验收规范》GB 50210—2001,抹灰工程检验批划分及检查数量应符合下列规定:

(1) 检验批应按下列规定划分:

①相同材料、工艺和施工条件的室外抹灰工程每 500~1000m² 应划分为一个检验批,不足 500m² 也应划分为一个检验批。

②相同材料、工艺和施工条件的室内抹灰工程每 50 个自然间 (大面积房间和走廊按抹灰面积 30m² 为一间) 应划分为一个检验批,不足 50 间也应划分为一个检验批。

(2) 检查数量应符合下列规定:

①室内每个检验批应至少抽查 10%,并不得少于 3 间;不足 3 间时应全数检查。

②室外每个检验批每 100m² 应至少抽查一处，每处不得小于 10m²。

5177　抹灰工程施工有哪些规定？

答：依据《建筑装饰装修工程质量验收规范》GB 50210—2001，抹灰工程施工应符合下列规定：

（1）抹灰工程所用材料的品种和性能应符合设计要求。水泥的凝结时间和安定性复验应合格。砂浆的配合比应符合设计要求。

（2）抹灰工程应分层进行。当抹灰总厚度大于或等于 35mm 时，应采取加强措施。不同材料基体交接处表面的抹灰，应采取防止开裂的加强措施，当采用加强网时，加强网与各基体的搭接宽度不应小于 100mm。

（3）抹灰层与基层之间及各抹灰层之间必须粘结牢固，抹灰层应无脱层、空鼓，面层应无爆灰和裂缝。

（4）外墙抹灰工程施工前应先安装钢木门窗框、护栏等，并应将墙上的施工孔洞堵塞密实。

（5）抹灰用的石灰膏的熟化期不应少于 15d；罩面用的磨细石灰粉的熟化期不应少于 3d。

（6）室内墙面、柱面和门洞口的阳角做法应符合设计要求。设计无要求时，应采用 1∶2 水泥砂浆做暗护角，其高度不应低于 2m，每侧宽度不应小于 50mm。

（7）当要求抹灰层具有防水、防潮功能时，应采用防水砂浆。

（8）各种砂浆抹灰层，在凝结前应防止快干、水冲、撞击、振动和受冻，在凝结后应采取措施防止沾污和损坏。水泥砂浆抹灰层应在湿润条件下养护。

（9）抹灰工程质量的允许偏差和检验方法应符合规范的规定。

5178　门窗工程检验批划分及检查数量有哪些规定？

答：依据《建筑装饰装修工程质量验收规范》GB 50210—2001，门窗工程检验批划分及检查数量应符合下列规定：

（1）检验批应按下列规定划分：

①同一品种、类型和规格的木门窗、金属门窗、塑料门窗及门窗玻璃每 100 樘应划分为一个检验批，不足 100 樘也应划分为一个检验批。

②同一品种、类型和规格的特种门每 50 樘应划分为一个检验批，不足 50 樘也应划分为一个检验批。

（2）检查数量应符合下列规定：

①木门窗、金属门窗、塑料门窗及门窗玻璃，每个检验批应至少抽查 5%，并不得少于 3 樘，不足 3 时樘应全数检查；高层建筑的外窗，每个检验批应至少抽查 10%，并不得少于 6 樘，不足 6 樘时应全数检查。

②特种门每个检验批应至少抽查 50%，并不得少于 10 樘，不足 10 樘时应全数检查。

5179　门窗工程安装有哪些规定？

答：依据《建筑装饰装修工程质量验收规范》GB 50210—2001，门窗工程安装应符合下列规定：

（1）木门窗的木材品种、材质等级、规格、尺寸、框扇的线型及人造木板的甲醛含量应符合设计要求。木门窗的防火、防腐、防虫处理应符合设计要求。

（2）木门窗的品种、类型、规格、开启方向、安装位置及连接方式应符合设计要求。

（3）金属门窗的品种、类型、规格、尺寸、性能、开启方向、安装位置、连接方式及铝合金门窗的型材壁厚应符合设计要求。金属门窗的防腐处理及填嵌、密封处理应符合设计要求。

（4）塑料门窗的品种、类型、规格、尺寸、开启方向、安装位置、连接方式及填嵌密封处理应符合设计要求，内衬增强型钢的壁厚及设置应符合国家现行产品标准的质量要求。

（5）玻璃的品种、规格、尺寸、色彩、图案和涂膜朝向应符合设计要求。单块玻璃大于 $1.5m^2$ 时应使用安全玻璃。

（6）门窗安装前，应对门窗洞口尺寸进行检验。

（7）金属门窗和塑料门窗安装应采用预留洞口的方法施工，不得采用边安装边砌口或先安装后砌口的方法施工。

（8）木门窗与砖石砌体、混凝土或抹灰层接触处应进行防腐处理并应设置防潮层；埋入砌体或混凝土中的木砖应进行防腐处理。

（9）当金属窗或塑料窗组合时，其拼樘料的尺寸、规格、壁厚应符合设计要求。

（10）建筑外门窗的安装必须牢固。在砌体上安装门窗严禁用射钉固定。

（11）门窗安装的允许偏差和检验方法应符合规范的规定。

5180 门窗性能现场检测有哪些规定？

答： 依据《建筑门窗工程检测技术规程》JGJ/T 205—2010，门窗性能现场检测应符合下列规定：

（1）门窗性能现场检测宜包括外门窗气密性能、水密性能、抗风压性能和隔声性能。对于易受人体或物体碰撞的建筑门窗，宜进行撞击性能的检测。

（2）门窗性能现场检测工作宜由第三方检测机构承担。

（3）除有特殊的检测要求外，门窗性能现场检测的样品应在安装质量检验合格的批次中随机抽取。

（4）采用静压箱检测外门窗气密性能、水密性能、抗风压性能时，应符合现行行业标准《建筑外窗气密、水密、抗风压性能现场检测方法》JG/T 211 的相关规定。

（5）外门窗气密性能、水密性能、抗风压性能现场检测结果应以设计要求为基准，按现行国家标准《建筑外门窗气密、水密、抗风压性能分级及检测方法》GB/T 7106 的相应指标评定。

（6）外门窗高度或宽度大于 1500mm 时，其水密性能宜用现场淋水的方法检测。外门窗水密性能现场淋水检测应符合规程的规定。

（7）外门窗高度或宽度大于 1500mm 时，其抗风压性能宜用静载方法检测。外门窗抗风压性能的静载检测应符合规程的规定。

（8）门窗现场撞击性能检测应符合规程的规定。

（9）外窗空气隔声性能的检测应符合现行国家标准《声学建筑和建筑构件隔声测量第 5 部分：外墙构件和外墙空气声隔声的现场测量》GB/T19889.5 的有关规定。

5181　吊顶工程检验批划分及检查数量有哪些规定？

答： 依据《建筑装饰装修工程质量验收规范》GB 50210—2001，吊顶工程检验批划分及检查数量应符合下列规定：

（1）检验批应按下列规定划分：同一品种的吊顶工程每 50 间（大面积房间和走廊按吊顶面积 30m² 为一间）应划分为一个检验批，不足 50 间也应划分为一个检验批。

（2）检查数量应符合下列规定：每个检验批应至少抽查 10%，并不得少于 3 间；不足 3 间时应全数检查。

5182　吊顶工程安装有哪些规定？

答： 依据《建筑装饰装修工程质量验收规范》GB 50210—2001，吊顶工程安装应符合下列规定：

（1）安装龙骨前，应按设计要求对房间净高、洞口标高和吊顶内管道、设备及其支架的标高进行交接检验。

（2）吊顶工程的木吊杆、木龙骨和木饰面板必须进行防火处理，并应符合有关设计防火规范的规定。

（3）吊顶工程中的预埋件、钢筋吊杆和型钢吊杆应进行防锈处理。

（4）吊顶标高、尺寸、起拱和造型应符合设计要求。

（5）吊顶工程中的预埋件、钢筋吊杆和型钢吊杆应进行防锈处理。

（6）安装饰面板前应完成吊顶内管道和设备的调试及验收。

（7）吊杆距主龙骨端部距离不得大于 300mm，当大于 300mm 时，应增加吊杆。当吊杆长度大于 1.5m 时，应设置反支撑。当吊杆与设备相遇时，应调整并增设吊杆。

（8）重型灯具、电扇及其他重型设备严禁安装在吊顶工程的龙骨上。

（9）饰面板上的灯具、烟感器、喷淋头、风口箅子等设备的位置应合理、美观，与饰面板的交接应吻合、严密。

5183　轻质隔墙工程检验批划分及检查数量有哪些规定？

答： 依据《建筑装饰装修工程质量验收规范》GB 50210—2001，轻质隔墙工程检验批划分及检查应符合下列规定：

（1）检验批应按下列规定划分：

同一品种的轻质隔墙工程每 50 间（大面积房间和走廊按轻质隔墙的墙面 30m² 为一间）应划分为一个检验批，不足 50 间也应划分为一个检验批。

（2）检查数量应符合下列规定：

板材隔墙、骨架隔墙工程的检查数量为：每个检验批应至少抽查 10%，并不得少于 3 间；不足 3 间时应全数检查。

活动隔墙、玻璃隔墙工程的检查数量为：每个检验批应至少抽查 20%，并不得少于 6 间；不足 6 间时应全数检查。

5184 饰面板（砖）工程检验批划分及检查数量有哪些规定？

答： 依据《建筑装饰装修工程质量验收规范》GB 50210—2001，饰面板（砖）工程检验批划分及检查数量应符合下列规定：

（1）检验批应按下列规定划分

①相同材料、工艺和施工条件的室内饰面板（砖）工程 50 间（大面积房间和走廊按施工面积 $30m^2$ 为一间）应划分为一个检验批，不足 50 间也应划分为一个检验批。

②相同材料、工艺和施工条件的室外饰面板（砖）工程每 $500\sim1000m^2$ 应划分为一个检验批，不足 $500m^2$ 也应划分为一个检验批。

（2）检查数量应符合下列规定

①室内每个检验批应至少抽查 10%，并不得少于 3 间；不足 3 间时应全数检查。

②室外每个检验批每 $100m^2$ 应至少抽查一处，每处不得小于 $10m^2$。

5185 现场粘贴的外墙饰面砖粘结强度检验有哪些要求？

答： 依据《外墙饰面砖粘结强度检验标准》JGJ 110—2008，外墙饰面砖粘结强度检验应符合下列要求：

（1）外墙饰面砖粘贴前应对饰面砖样板件粘结强度进行检验。

（2）项目监理机构应从粘贴外墙饰面砖的施工人员中随机抽选一人，在每种类型的基层上各粘贴至少 $1m^2$ 饰面砖样板件，每种类型的样板件应各制取一组 3 个饰面砖粘结强度试样。待强度达到要求后对样板件的饰面砖粘结强度进行检验。检验合格后，应按合格的粘结料配合比和施工工艺进行大面积施工。

（3）现场粘贴的外墙饰面砖工程完工后，应对饰面砖粘结强度进行检验。现场粘贴饰面砖粘结强度检验应以每 $1000m^2$ 同类墙体饰面砖为一个检验批，不足 $1000m^2$ 应按 $1000m^2$ 计，每批应取一组 3 个试样，每相邻的三个楼层应至少取一组试样，试样应随机抽取，取样间距不得小于 500mm。

（4）现场粘贴的同类饰面砖，当一组试样均符合下列两项指标要求时，其粘结强度应定为合格；当一组试样均不符合下列两项指标要求时，其粘结强度应定为不合格；当一组试样只符合下列两项指标的一项要求时，应在该组试样原取样区域内重新抽取两组试样检验，若检验结果仍有一项不符合下列指标要求时，则该组饰面砖粘结强度应定为不合格：

①每组试样平均粘结强度不应小于 0.4MPa。

②每组可有一个试样的粘结强度小于 0.4MPa，但不应小于 0.3MPa。

5186 民用建筑室内装修材料进场检验有哪些规定？

答： 依据《民用建筑工程室内环境污染控制规范》GB50325－2010（2013 年版），民用建筑室内装修材料进场检验应符合下列规定：

（1）民用建筑工程中，建筑主体采用的无机非金属建筑材料和建筑装修采用的花岗岩、瓷质砖、磷石膏制品必须有放射性指标检测报告，并应符合规范的有关规定。

（2）民用建筑工程室内饰面采用的天然花岗岩石材或瓷质砖使用面积大于 $200m^2$ 时，

应对不同产品、不同批次材料分别进行放射性指标的抽查复验。

（3）民用建筑工程室内装修中采用的人造木板及饰面人造木板，必须有游离甲醛含量和游离甲醛释放量检测报告，并应符合设计要求和规范的有关规定。

（4）民用建筑工程室内装修中采用的人造木板或饰面人造木板面积大于 500m² 时，应对不同产品、不同批次材料的游离甲醛含量和游离甲醛释放量分别进行抽查复验。

（5）民用建筑工程室内装修中所采用的水性涂料、水性胶粘剂、水性处理剂必须有同批次产品的挥发性有机化合物（VOC）和游离甲醛含量检测报告；溶剂型涂料、溶剂型胶粘剂必须有同批次产品的挥发性有机化合物（VOC）、苯、甲苯十二甲苯、游离甲苯二异氰酸酯（TDI）含量检测报告，并应符合设计要求和规范的有关规定。

（6）建筑材料和装修材料的检测项目不全或对检测结果有疑问时，必须将材料送有资格的检测机构进行检验，检验合格后方可使用。

5187　民用建筑工程室内环境质量验收有哪些规定？

答：依据《民用建筑工程室内环境污染控制规范》GB50325－2010（2013 年版），民用建筑工程室内环境质量验收，应在工程完工至少 7d 以后、工程交付使用前进行，并应符合下列规定：

（1）民用建筑工程所用建筑材料和装修材料的类别、数量和施工工艺等，应符合设计要求和规范的有关规定；

（2）民用建筑工程验收时，必须进行室内环境污染物浓度检测，其限量应符合规范的规定。

（3）应抽检每个建筑单体有代表性的房间室内环境污染物浓度，氡、甲醛、氨、苯、TVOC 的抽检量不得少于房间总数的 5%，每个建筑单体不得少于 3 间，当房间总数少于 3 间时，应全数检测。

（4）凡进行了样板间室内环境污染物浓度检测且检测结果合格的，抽检量减半，并不得少于 3 间。

（5）室内环境污染物浓度检测点数设置：当房间使用面积＜50m² 时，设检测点 1 个；当房间使用面积≥50m²、＜100m² 时，设检测点 2 个；当房间使用面积≥100m²、＜500m² 时，设检测点不少于 3 个；当房间使用面积≥500m²、＜1000m² 时，设检测点不少于 5 个；当房间使用面积≥1000m²、＜3000m² 时，设检测点不少于 6 个；当房间使用面积≥3000m² 时，每 1000m² 设检测点不少于 3 个。

（6）当房间内有 2 个及以上检测点时，应采用对角线、斜线、梅花状均衡布点，并取各点检测结果的平均值作为该房间的检测值。

（7）环境污染物浓度现场检测点应距内墙面不小于 0.5m、距楼地面高度 0.8～1.5m。检测点应均匀分布，避开通风道和通风口。

（8）甲醛、苯、氨、总挥发性有机化合物（TVOC）浓度检测时，对采用集中空调的民用建筑工程，应在空调正常运转的条件下进行；对采用自然通风的民用建筑工程，检测应在对外门窗关闭 1h 后立即进行。对甲醛、苯、氨、TVOC 取样检测时，装饰装修工程中完成的固定式家具，应保持正常使用状态。

（9）氡浓度检测时，对采用集中空调的民用建筑工程，应在空调正常运转的条件下进行；对采用自然通风的民用建筑工程，应在房间的对外门窗关闭 24h 后进行。

（10）当室内环境污染物浓度的全部检测结果符合规范规定时，应判定该工程室内环境质量合格。

（11）室内环境质量验收不合格的民用建筑工程，严禁投入使用。

5188 建筑地面工程施工质量检验有哪些规定？

答：依据《建筑地面工程施工质量验收规范》GB 50209—2010，建筑地面工程施工质量检验应符合下列规定：

（1）基层（各构造层）和各类面层的分项工程的施工质量验收应按每一层次或每层施工段（或变形缝）划分检验批，高层建筑的标准层可按每三层（不足三层按三层计）划分检验批。

（2）每检验批应以各子分部工程的基层（各构造层）和各类面层所划分的分项工程按自然间（或标准间）检验，抽查数量应随机检验不应少于 3 间；不足 3 间，应全数检查；其中走廊（过道）应以 10 延长米为 1 间，工业厂房（按单跨计）、礼堂、门厅应以两个轴线为 1 间计算。

（3）有防水要求的建筑地面子分部工程的分项工程施工质量每检验批抽查数量应按其房间总数随机检验不应少于 4 间，不足 4 间，应全数检查。

（4）检验方法应符合下列规定：

①检查允许偏差应采用钢尺、直尺、靠尺、楔形塞尺、坡度尺、游标卡尺和水准仪。

②检查空鼓应采用敲击的方法。

③检查防水隔离层应采用蓄水方法，蓄水深度最浅处不得小于 10mm，蓄水时间不得少于 24h；检查有防水要求的建筑地面的面层应采用泼水方法。

④检查各类面层（含不需铺设部分或局部面层）表面的裂纹、脱皮、麻面和起砂等缺陷，应采用观感的方法。

5189 厕浴间和有防水要求的建筑地面有哪些规定？

答：依据《建筑地面工程施工质量验收规范》GB50209－2010，厕浴间和有防水要求的建筑地面必须设置防水隔离层。楼层结构必须采用现浇混凝土或整块预制混凝土板，混凝土强度等级不应小于 C20；房间的楼板四周除门洞外应做混凝土翻边，高度不应小于 200mm，宽同墙厚，混凝土强度等级不应小于 C20。施工时结构层标高和预留孔洞位置应准确，严禁乱凿洞。防水隔离层厚度应符合设计要求；防水隔离层严禁渗漏，排水的坡向应正确、排水通畅。

5190 幕墙工程检验批划分及检查数量有哪些规定？

答：依据《建筑装饰装修工程质量验收规范》GB 50210—2001，幕墙工程检验批划分及检查数量应符合下列规定：

（1）检验批应按下列规定划分：

①相同设计、材料、工艺和施工条件的幕墙工程每 500～1000m² 应划分为一个检验批，不足 500m² 也应划分为一个检验批。

②同一单位工程的不连续的幕墙工程应单独划分检验批。

③对于异型或有特殊要求的幕墙，检验批的划分应根据幕墙的结构、工艺特点及幕墙工程规模，由项目监理机构和施工单位协商确定。

（2）检查数量应符合下列规定：

①每个检验批每 100m² 应至少抽查一处，每处不得小于 10m²。

②对于异型或有特殊要求的幕墙工程，应根据幕墙的结构和工艺特点，由项目监理机构和施工单位协商确定。

5191　幕墙工程施工有哪些规定？

答：依据《建筑装饰装修工程质量验收规范》GB 50210—2001，幕墙工程施工应符合下列规定：

（1）幕墙工程所使用的各种材料、构件和组件的质量，应符合设计要求及国家现行产品标准和工程技术规范的规定。

（2）幕墙及其连接件应具有足够的承载力、刚度和相对于主体结构的位移能力。幕墙构架立柱的连接金属角码与其他连接件应采用螺栓连接，并应有防松动措施。

（3）隐框、半隐框幕墙所采用的结构粘结材料必须是中性硅酮结构密封胶，其性能必须符合《建筑用硅酮结构密封胶》GB16776 的规定；硅酮结构密封胶必须在有效期内使用。

（4）立柱和横梁等主要受力构件，其截面受力部分的壁厚应经计算确定，且铝合金型材壁厚不应小于 3.0mm，钢型材壁厚不应小于 3.5mm。

（5）隐框、半隐框幕墙构件中板材与金属框之间硅酮结构密封胶的粘结宽度，应分别计算风荷载标准值和板材自重标准值作用下硅酮结构密封胶的粘结宽度，并取其较大值，且不得小于 7.0mm。

（6）硅酮结构密封胶应打注饱满，并应在温度 15～30℃、相对湿度 50％以上、洁净的室内进行；不得在现场墙上打注。

（7）幕墙工程的防火除应符合现行国家标准《建筑设计防火规范》GB 50016 和《高层民用建筑设计防火规范》GB 50045 的有关规定外，还应符合下列规定：

①应根据防火材料的耐火极限决定防火层的厚度和宽度，并应在楼板处形成防火带。

②防火层应采取隔离措施。防火层的衬板应采用经防腐处理且厚度不小于 1.5mm 的钢板，不得采用铝板。

③防火层的密封材料应采用防火密封胶。

④防火层与玻璃不应直接接触，一块玻璃不应跨两个防火分区。

（8）主体结构与幕墙连接的各种预埋件，其数量、规格、位置和防腐处理必须符合设计要求。

（9）幕墙的金属框架与主体结构预埋件的连接、立柱与横梁的连接及幕墙面板的安装必须符合设计要求，安装必须牢固。

（10）单元幕墙连接处和吊挂处的铝合金型材的壁厚应通过计算确定，并不得小于 5.0mm。

（11）幕墙的金属框架与主体结构应通过预埋件连接，预埋件应在主体结构混凝土施工时埋入，预埋件的位置应准确。当没有条件采用预埋件连接时，应采用其他可靠的连接措施，并应通过试验确定其承载力。

（12）立柱应采用螺栓与角码连接，螺栓直径应经过计算，并不应小于 10mm。不同金属材料接触时应采用绝缘垫片分隔。

（13）幕墙的抗震缝、伸缩缝、沉降缝等部位的处理应保证缝的使用功能和饰面的完整性。

5192 玻璃幕墙工程施工有哪些规定？

答：依据《建筑装饰装修工程质量验收规范》GB 50210—2001，玻璃幕墙工程施工应符合下列规定：

（1）玻璃幕墙工程所使用的各种材料、构件和组件的质量，应符合设计要求及国家现行产品标准和工程技术规范的规定。

（2）玻璃幕墙使用的玻璃应符合下列规定：

①幕墙应使用安全玻璃，玻璃的品种、规格、颜色、光学性能及安装方向应符合设计要求。

②幕墙玻璃的厚度不应小于 6.0mm。全玻幕墙肋玻璃的厚度不应小于 12mm。

③幕墙的中空玻璃应采用双道密封。明框幕墙的中空玻璃应采用聚硫密封胶及丁基密封胶；隐框和半隐框幕墙的中空玻璃应采用硅酮结构密封胶及丁基密封胶；镀膜面应在中空玻璃的第 2 或第 3 面上。

④幕墙的夹层玻璃应采用聚乙烯醇缩丁醛（PVB）胶片干法加工合成的夹层玻璃。点支承玻璃幕墙夹层玻璃的夹层胶片（PVB）厚度不应小于 0.76mm。

⑤钢化玻璃表面不得有损伤；8.0mm 以下的钢化玻璃应进行引爆处理。

⑥所有幕墙玻璃均应进行边缘处理。

（3）玻璃幕墙与主体结构连接的各种预埋件、连接件、紧固件必须安装牢固，其数量、规格、位置、连接方法和防腐处理应符合设计要求。

（4）各种连接件、紧固件的螺栓应有防松动措施；焊接连接应符合设计要求和焊接规范的规定。

（5）隐框或半隐框玻璃幕墙，每块玻璃下端应设置两个铝合金或不锈钢托条，其长度不应小于 100mm，厚度不应小于 2mm，托条外端应低于玻璃外表面 2mm。

（6）明框玻璃幕墙的玻璃安装应符合下列规定：

①玻璃槽口与玻璃的配合尺寸应符合设计要求和技术标准的规定。

②玻璃与构件不得直接接触，玻璃四周与构件凹槽底部应保持一定的空隙，每块玻璃下部应至少放置两块宽度与槽口宽度相同、长度不小于 100mm 的弹性定位垫块；玻璃两边嵌入量及空隙应符合设计要求。

③ 玻璃四周橡胶条的材质、型号应符合设计要求，镶嵌应平整，橡胶条长度应比边框内槽长 1.5%～2.0%，橡胶条在转角处应斜面断开，并应用胶粘剂粘结牢固后嵌入槽内。

（7）高度超过 4m 的全玻幕墙应吊挂在主体结构上，吊夹具应符合设计要求，玻璃与玻璃、玻璃与玻璃肋之间的缝隙，应采用硅酮结构密封胶填嵌严密。

（8）点支承玻璃幕墙应采用带万向头的活动不锈钢爪，其钢爪间的中心距离应大于 250mm。

（9）玻璃幕墙四周、玻璃幕墙内表面与主体结构之间的连接节点、各种变形缝、墙角的连接节点应符合设计要求和技术标准的规定。

（10）玻璃幕墙应无渗漏。

（11）玻璃幕墙结构胶和密封胶的打注应饱满、密实、连续、均匀、无气泡，宽度和厚度应符合设计要求和技术标准的规定。

（12）玻璃幕墙的防雷装置必须与主体结构的防雷装置可靠连接。

5193　石材幕墙工程所用材料有哪些要求？

答： 依据《建筑装饰装修工程质量验收规范》GB 50210—2001，石材幕墙工程所用材料的品种、规格、性能和等级，应符合设计要求及国家现行产品标准和工程技术规范的规定。石材的弯曲强度不应小于 8.0MPa；吸水率应小于 0.8%。石材幕墙的铝合金挂件厚度不应小于 4.0mm，不锈钢挂件厚度不应小于 3.0mm。

5194　非幕墙式建筑外保温系统及外墙装饰防火有哪些规定？

答：《民用建筑外保温系统及外墙装饰防火暂行规定》公通〔2009〕46 号，非幕墙式建筑外保温系统及外墙装饰防火应符合下列规定：

（1）住宅建筑应符合下列规定：

①高度大于等于 100m 的建筑，其保温材料的燃烧性能应为 A 级。

②高度大于等于 60m 小于 100m 的建筑，其保温材料的燃烧性能不应低于 B2 级。当采用 B2 级保温材料时，每层应设置水平防火隔离带。

③高度大于等于 24m 小于 60m 的建筑，其保温材料的燃烧性能不应低于 B2 级。当采用 B2 级保温材料时，每两层应设置水平防火隔离带。

④高度小于 24m 的建筑，其保温材料的燃烧性能不应低于 B2 级。其中，当采用 B2 级保温材料时，每三层应设置水平防火隔离带。

（2）其他民用建筑应符合下列规定：

①高度大于等于 50m 的建筑，其保温材料的燃烧性能应为 A 级。

②高度大于等于 24m 小于 50m 的建筑，其保温材料的燃烧性能应为 A 级或 B1 级。其中，当采用 B1 级保温材料时，每两层应设置水平防火隔离带。

③高度小于 24m 的建筑，其保温材料的燃烧性能不应低于 B2 级。其中，当采用 B2 级保温材料时，每层应设置水平防火隔离带。

（3）外保温系统应采用不燃或难燃材料作防护层。防护层应将保温材料完全覆盖。首层的防护层厚度不应小于 6mm，其他层不应小于 3mm。

（4）采用外墙外保温系统的建筑，其基层墙体耐火极限应符合现行防火规范的有关规定。

（5）需要设置防火隔离带时，应沿楼板位置设置宽度不小于 300mm 的 A 级保温材料。防火隔离带与墙面应进行全面积粘贴。

（6）建筑外墙的装饰层，除采用涂料外，应采用不燃材料。当建筑外墙采用可燃保温材料时，不宜采用着火后易脱落的瓷砖等材料。

5195 幕墙式建筑外保温系统及外墙装饰防火有哪些规定？

答：《民用建筑外保温系统及外墙装饰防火暂行规定》公通（2009）46 号，幕墙式建筑外保温系统及外墙装饰防火应符合下列规定：

（1）建筑高度大于等于 24m 时，保温材料的燃烧性能应为 A 级。

（2）建筑高度小于 24m 时，保温材料的燃烧性能应为 A 级或 B1 级。其中，当采用 B1 级保温材料时，每层应设置水平防火隔离带。

（3）保温材料应采用不燃材料作防护层。防护层应将保温材料完全覆盖。防护层厚度不应小于 3mm。

（4）采用金属、石材等非透明幕墙结构的建筑，应设置基层墙体，其耐火极限应符合现行防火规范关于外墙耐火极限的有关规定；玻璃幕墙的窗间墙、窗槛墙、裙墙的耐火极限和防火构造应符合现行防火规范关于建筑幕墙的有关规定。

（5）基层墙体内部空腔及建筑幕墙与基层墙体、窗间墙、窗槛墙及裙墙之间的空间，应在每层楼板处采用防火封堵材料封堵。

（6）需要设置防火隔离带时，应沿楼板位置设置宽度不小于 300mm 的 A 级保温材料。防火隔离带与墙面应进行全面积粘贴。

（7）建筑外墙的装饰层，除采用涂料外，应采用不燃材料。当建筑外墙采用可燃保温材料时，不宜采用着火后易脱落的瓷砖等材料。

5196 涂饰工程检验批划分及检查数量有哪些规定？

答：依据《建筑装饰装修工程质量验收规范》GB 50210—2001，涂饰工程检验批及检查数量应符合下列规定：

（1）检验批应按下列规定划分：

①室外涂饰工程每一栋楼的同类涂料涂饰的墙面每 500～1000m² 应划分为一个检验批，不足 500m² 也应划分为一个检验批。

②室内涂饰工程同类涂料涂饰的墙面每 50 间（大面积房间和走廊按涂饰面积 30m² 为 1 间）应划分为一个检验批，不足 50 间也应划分为一个检验批。

（2）检查数量应符合下列规定：

①室外涂饰工程每 100m² 应至少检查一处，每处不得小于 10m²。

②室内涂饰工程每个检验批应至少抽查 10%，并不得少于 3 间；不足 3 间时应全数检查。

5197 涂饰工程基层处理应符合哪些要求？

答：依据《建筑装饰装修工程质量验收规范》GB 50210—2001，涂饰工程基层处理应符合下列要求：

（1）新建筑物的混凝土或抹灰基层在涂饰涂料前应涂刷抗碱封闭底漆。

（2）旧墙面在涂饰涂料前应清除疏松的旧装修层，并涂刷界面剂。

（3）混凝土或抹灰基层涂刷溶剂型涂料时，含水率不得大于 8%；涂刷乳液型涂料时，含水率不得大于 10%。木材基层的含水率不得大于 12%。

（4）基层腻子应平整、坚实、牢固，无粉化、起皮和裂缝。内墙腻子的粘结强度应符合《建筑室内用腻子》JG/T3049 的规定。

（5）厨房、卫生间墙面必须使用耐水腻子。

（6）水性涂料涂饰工程施工的环境温度应在 5～35℃ 之间。

（7）涂饰工程应在涂层养护期满后进行质量验收。

5198　软包工程检验批划分及检查数量有哪些规定？

答：依据《建筑装饰装修工程质量验收规范》GB 50210—2001，软包工程检验批及检查数量应符合下列规定：

（1）检验批应按下列规定划分：

同一品种的软包工程每 50 间（大面积房间和走廊按施工面积 $30m^2$ 为 1 间）应划分为一个检验批，不足 50 间也应划分为一个检验批。

（2）检查数量应符合下列规定：

软包工程每个检验批应至少抽查 20%，并不得少于 6 间，不足 6 间时应全数检查。

5199　软包工程质量验收有哪些规定？

答：依据《建筑装饰装修工程质量验收规范》GB 50210—2001，软包工程质量验收应符合下列规定：

（1）软包面料、内衬材料及边框的材质、颜色、图案、燃烧性能等级和木材的含水率应符合设计要求及国家现行标准的有关规定。

（2）软包工程的安装位置及构造做法应符合设计要求。

（3）软包工程的龙骨、衬板、边框应安装牢固，无翘曲，拼缝应平直。

（4）单块软包面料不应有接缝，四周应绷压严密。

（5）软包工程表面应平整、洁净，无凹凸不平及皱折；图案应清晰、无色差，整体应协调美观。

（6）清漆涂饰木制边框的颜色、木纹应协调一致。

（7）软包工程安装的允许偏差和检验方法应符合表 5-44 的规定。

软包工程安装的允许偏差和检验方法　　　　表 5-44

项次	项目	允许偏差（mm）	检验方法
1	垂直度	3	用 1m 垂直检测尺检查
2	边框宽度、高度	0；−2	用钢尺检查
3	对角线长度差	3	用钢尺检查
4	裁口、线条接缝高低差	1	用钢直尺和塞尺检查

5200　建筑外墙防水工程质量检验有哪些规定？

答：依据《建筑外墙防水工程技术规程》JGJ/T 235—2011，建筑外墙防水工程质量

检验应符合下列规定：

（1）外墙防水材料应有产品合格证和出厂检验报告，材料的品种、规格、性能等应符合国家现行有关标准和设计要求。

（2）进场的防水材料应现场抽样复验，不合格的材料不得用于工程中。

（3）外墙防水工程的施工质量应符合设计要求和现行规范的规定。

（4）外墙防水层完工后应进行检验验收。防水层渗漏检查应在雨后或持续淋水 30min 后进行。

（5）外墙防水应按照外墙面面积 500～1000m² 为一个检验批，不足 500m² 时也应划分为一个检验批。每个检验批每 100m² 应至少抽查一处，每处不得小于 10m²，且不得少于 3 处；节点构造应全部进行检查。

（6）外墙防水材料现场抽样数量和复验项目应按表 5-45 的要求执行。

防水材料现场抽样数量和复验项目　　　　　　　　　　　表 5-45

序号	材料名称	现场抽样数量	复验项目（外观质量）
1	普通防水砂浆	每 10m³ 为一批，不足 10m³ 按一批抽样	均匀，无凝结团状
2	聚合物水泥防水砂浆	每 10t 为一批，不足 10t 按一批抽样	包装完好无损，标明产品名称、规格、生产日期、生产厂家、产品有效期
3	防水涂料	每 5t 为一批，不足 5t 按一批抽样	包装完好无损，标明产品名称、规格、生产日期、生产厂家、产品有效期
4	防水透气膜	每 3000m² 为一批，不足 3000m² 按一批抽样	包装完好无损，标明产品名称、规格、生产日期、生产厂家、产品有效期
5	密封材料	每 1t 为一批，不足 1t 按一批抽样	均匀膏状物，无结皮、凝胶或不易分散的固体团状
6	耐碱玻璃纤维网布	每 3000m² 为一批，不足 3000m² 按一批抽样	均匀，无团状，平整，无褶皱
7	热镀锌电焊网	每 3000m² 为一批，不足 3000m² 按一批抽样	网面平整，网孔均匀，色泽基本均匀

5201　建筑装饰装修工程有关安全和功能检测应包括哪些项目？

答：依据《建筑装饰装修工程质量验收规范》GB 50210—2001，建筑装饰装修工程有关安全和功能检测项目包括：

（1）门窗工程

① 建筑外墙金属窗的抗风压性能、空气渗透性能和雨水渗漏性能。

② 建筑外墙塑料窗的抗风压性能、空气渗透性能和雨水渗漏性能。

（2）饰面板（砖）工程

① 饰面板后置埋件的现场拉拔强度。

② 饰面砖样板件的粘结强度。

（3）幕墙工程

① 硅酮结构胶的相容性试验。

② 幕墙后置埋件的现场拉拔强度。

③ 幕墙的抗风压性能、空气渗透性能、雨水渗漏性能及平面变形性能。

第 11 节 屋 面 工 程

5202 屋面工程质量验收有哪些主要规定？

答： 依据《屋面工程质量验收规范》GB 50207—2012，屋面工程质量验收主要规定有：

（1）屋面工程应根据建筑物的性质、重要程度、使用功能要求，按不同屋面防水等级进行设防。屋面防水等级和设防要求应符合现行国家标准的有关规定。

（2）屋面工程所用的防水、保温材料应有产品合格证书和性能检测报告，材料的品种、规格、性能等必须符合国家现行产品标准和设计要求。产品质量应由经过省级以上建设行政主管部门对其资质认可和质量技术监督部门对其计量认证的质量检测单位进行检测。

（3）屋面工程使用的材料应符合国家现行有关标准对材料有害物质限量的规定，不得对周围环境造成污染。

（4）防水、保温材料进场检验报告的全部项目指标均达到技术标准规定应为合格；不合格材料不得在工程中使用。

（5）屋面工程各构造层的组成材料，应分别与相邻层次的材料相容。

（6）伸出屋面的管道、设备或预埋件等，应在保温层和防水层施工前安设完毕。屋面保温层和防水层完工后，不得进行凿孔、打洞或重物冲击等有损屋面的作业。

（7）屋面工程各分项工程宜按屋面面积每 $500\sim1000m^2$ 划分为一个检验批，不足 $500m^2$ 应按一个检验批。每个检验批的抽检数量应符合规范的规定。

（8）屋面防水工程完工后，应进行观感质量检查和雨后观察或淋水、蓄水试验，不得有渗漏和积水现象。

（9）排水系统应通畅，在雨后或持续淋水 2h 后进行观察；具备蓄水条件的檐沟、天沟应进行蓄水试验，蓄水时间不得少于 24h。

5203 屋面工程应对哪些部位进行隐蔽工程验收？

答： 依据《屋面工程质量验收规范》GB 50207—2012，屋面工程应对下列部位进行隐蔽工程验收：

（1）卷材、涂膜防水层的基层。

（2）保温层的隔汽和排汽措施。

（3）保温层的铺设方式、厚度、板材缝隙填充质量及热桥部位的保温措施。

（4）接缝的密封处理。

（5）瓦材与基层的固定措施。

（6）檐沟、天沟、泛水、水落口和变形缝等细部做法。

（7）在屋面易开裂和渗水部位的附加层。

（8）保护层与卷材、涂膜防水层之间的隔离层。

（9）金属板材与基层的固定和板缝间的密封处理。

（10）坡度较大时，防止卷材和保温层下滑的措施。

5204 屋面工程防水等级和设防要求有哪些规定？

答： 依据《屋面工程技术规范》GB 50345—2012，屋面防水工程应根据建筑物的类别、重要程度、使用功能要求确定防水等级，并应按相应等级进行防水设防；对防水有特殊要求的建筑屋面，应进行专项防水设计。屋面防水等级和设防要求应符合表 5-46 的规定。

屋面防水等级和设防要求 表 5-46

防水等级	建筑类别	设防要求
Ⅰ级	重要建筑和高层建筑	两道防水设防
Ⅱ级	一般建筑	一道防水设防

5205 卷材及涂膜屋面防水等级和防水做法有何规定？

答： 依据《屋面工程技术规范》GB 50345—2012，卷材及涂膜屋面防水等级和防水做法应符合表 5-47 的规定。

卷材及涂膜屋面防水等级和防水做法 表 5-47

防水等级	防 水 做 法
Ⅰ级	卷材防水层和卷材防水层、卷材防水层和涂膜防水层、复合防水层
Ⅱ级	卷材防水层、涂膜防水层、复合防水层

注：在Ⅰ级屋面防水做法中，防水层仅作单层卷材时，应符合有关单层防水卷材屋面技术的规定。

5206 每道卷材防水层、涂膜防水层最小厚度有何规定？

答： 依据《屋面工程技术规范》GB 50345—2012，每道卷材防水层、涂膜防水层最小厚度应符合下列规定：

（1）每道卷材防水层最小厚度应符合表 5-48 的规定。

每道卷材防水层最小厚度（mm） 表 5-48

防水等级	合成高分子防水卷材	高聚物改性沥青防水卷材		
		聚酯胎、玻纤胎、聚乙烯胎	自粘聚酯胎	自粘无胎
Ⅰ级	1.2	3.0	2.0	1.5
Ⅱ级	1.5	4.0	3.0	2.0

（2）每道涂膜防水层最小厚度应符合表 5-49 的规定。

每道涂膜防水层最小厚度（mm）　　　　　　　　　　　表 5-49

防水等级	合成高分子防水涂膜	聚合物水泥防水涂膜	高聚物改性沥青防水涂膜
Ⅰ 级	1.5	1.5	2.0
Ⅱ 级	2.0	2.0	3.0

5207　卷材防水层施工有哪些规定？

答：依据《屋面工程技术规范》GB 50345—2012 及《屋面工程质量验收规范》GB 50207—2012，卷材防水层施工应符合下列规定：

（1）屋面坡度大于 25％时，卷材应采取满粘和钉压固定措施。

（2）卷材防水层铺贴顺序和方向应符合下列规定：

① 卷材防水层施工时，应先进行细部构造处理，然后由屋面最低标高向上铺贴。

② 檐沟、天沟卷材施工时，宜顺檐沟、天沟方向铺贴，搭接缝应顺流水方向。

③ 卷材宜平行屋脊铺贴，上下层卷材不得相互垂直铺贴。

（3）卷材搭接缝及搭接宽度应符合下列规定：

① 卷材搭接缝应符合下列规定：

a. 平行屋脊的卷材搭接缝应顺流水方向。

b. 同一层相邻两幅卷材短边搭接缝应错开，且不得小于 500mm。

c. 上下层卷材长边搭接缝应错开，且不得小于幅宽的 1/3。

d. 叠层铺贴的各层卷材，在天沟与屋面的交接处，应采用叉接法搭接，搭接缝应错开；搭接缝宜留在屋面与天沟侧面，不宜留在沟底。

② 防水卷材接缝应采用搭接缝，卷材搭接宽度应符合表 5-50 的规定。

卷材搭接宽度（mm）　　　　　　　　　　表 5-50

卷材类别		搭接宽度
合成高分子防水卷材	胶粘剂	80
	胶粘带	50
	单缝焊	60，有效焊接宽度不小于 25
	双缝焊	80，有效焊接宽度 10×2＋空腔宽
高聚物改性沥青防水卷材	胶粘剂	100
	自粘	80

（4）冷粘法铺贴卷材应符合下列规定：

① 胶粘剂涂刷应均匀，不得露底、堆积。

② 应控制胶粘剂涂刷与卷材铺贴的间隔时间。

③ 卷材下面的空气应排尽，并应辊压粘贴牢固。

④ 卷材铺贴应平整顺直，搭接尺寸应准确，不得扭曲、皱折。

⑤ 接缝口应用密封材料封严，宽度不应小于 10mm。

（5）热粘法铺贴卷材应符合下列规定：

① 熔化热熔型改性沥青胶结料时，宜采用专用导热油炉加热，加热温度不应高于 200℃，使用温度不宜低于 180℃。

② 粘贴卷材的热熔型改性沥青胶结料厚度宜为 1.0～1.5mm。

③ 采用热熔型改性沥青胶结料粘贴卷材时，应随刮随铺，并应展平压实。

（6）自粘法铺贴卷材应符合下列规定：

① 铺贴卷材时，应将自粘胶底面的隔离纸全部撕净。

② 卷材下面的空气应排尽，并应辊压粘贴牢固。

③ 铺贴的卷材应平整顺直，搭接尺寸应准确，不得扭曲、皱折。

④ 接缝口应用密封材料封严，宽度不应小于 10mm。

⑤ 低温施工时，接缝部位宜采用热风加热，并应随即粘贴牢固。

（7）防水层每个检验批抽检数量：应按屋面面积每 100m² 抽查一处，每处应为 10m²，且不得少于 3 处；接缝密封防水应按每 50m 抽查一处，每处应为 5m，且不得少于 3 处。

5208　涂膜防水层施工有哪些规定？

答：依据《屋面工程质量验收规范》GB 50207—2012，涂膜防水层施工应符合下列规定：

（1）防水涂料和胎体增强材料的质量，应符合设计要求。

（2）防水涂料应多遍涂布，并应待前一遍涂布的涂料干燥成膜后，再涂布后一遍涂料，且前后两遍涂料的涂布方向应相互垂直。

（3）铺设胎体增强材料应符合下列规定：

① 胎体增强材料宜采用聚酯无纺布或化纤无纺布。

② 胎体增强材料长边搭接宽度不应小于 50mm，短边搭接宽度不应小于 70mm。

③ 上下层胎体增强材料的长边搭接缝应错开，且不得小于幅宽的 1/3。

④ 上下层胎体增强材料不得相互垂直铺设。

（4）多组分防水涂料应按配合比准确计量，搅拌应均匀，并应根据有效时间确定每次配制的数量。

（5）涂膜防水层在檐口、檐沟、天沟、水落口、泛水、变形缝和伸出屋面管道的防水构造，应符合设计要求。

（6）涂膜防水层不得有渗漏和积水现象。

（7）涂膜防水层的平均厚度应符合设计要求，且最小厚度不得小于设计厚度的 80%。

（8）防水层每个检验批抽检数量：应按屋面面积每 100m² 抽查一处，每处应为 10m²，且不得少于 3 处；接缝密封防水应按每 50m 抽查一处，每处应为 5m，且不得少于 3 处。

5209　金属板屋面铺装有哪些规定？

答：依据《屋面工程质量验收规范》GB 50207—2012，金属板屋面铺装应符合下列规定：

（1）金属板材及其辅助材料的质量，应符合设计要求。

（2）金属板材应边缘整齐，表面应光滑，色泽应均匀，外形应规则，不得有翘曲、脱膜和锈蚀等缺陷。

（3）金属板材应用专用吊具安装，安装和运输过程中不得损伤金属板材。

（4）金属板材应根据要求板型和深化设计的排板图铺设，并应按设计图纸规定的连接方式固定。

（5）金属板固定支架或支座位置应准确，安装应牢固。

（6）金属板屋面铺装的有关尺寸应符合下列规定：

①金属板檐口挑出墙面的长度不应小于 200mm。

②金属板伸入檐沟、天沟内的长度不应小于 100mm。

③金属泛水板与突出屋面墙体的搭接高度不应小于 250mm。

④金属泛水板、变形缝盖板与金属板的搭接宽度不应小于 200mm。

⑤金属屋脊盖板在两坡面金属板上的搭盖宽度不应小于 250mm。

（7）金属板屋面不得有渗漏现象。

（8）金属板材铺装的允许偏差和检验方法应符合规范的规定。

（9）金属板材每个检验批的抽检数量，应按屋面面积每 $100m^2$ 抽查一处，每处应为 $10m^2$，且不得少于 3 处。

5210　玻璃采光顶的玻璃有哪些规定？

答： 依据《屋面工程技术规范》GB 50345—2012，玻璃采光顶的玻璃应符合下列规定：

（1）玻璃采光顶应采用安全玻璃，宜采用夹层玻璃或夹层中空玻璃。

（2）玻璃原片应根据设计要求选用，且单片玻璃厚度不宜小于 6mm。

（3）夹层玻璃的玻璃原片厚度不宜小于 5mm。

（4）上人的玻璃采光顶应采用夹层玻璃。

（5）点支承玻璃采光顶应采用钢化夹层玻璃。

（6）所有采光顶的玻璃应进行磨边倒角处理。

5211　民用建筑屋顶保温材料有哪些规定？

答：《民用建筑外保温系统及外墙装饰防火暂行规定》公通〔2009〕46 号，民用建筑屋顶保温材料应符合下列规定：

（1）对于屋顶基层采用耐火极限不小于 1.00h 的不燃烧体的建筑，其屋顶的保温材料不应低于 B2 级；其他情况，保温材料的燃烧性能不应低于 B1 级。

（2）屋顶与外墙交界处、屋顶开口部位四周的保温层，应采用宽度不小于 500mm 的 A 级保温材料设置水平防火隔离带。

（3）屋顶防水层或可燃保温层应采用不燃材料进行覆盖。

5212　屋面防水材料进场检验项目有哪些规定？

答： 依据《屋面工程质量验收规范》GB 50207—2012，屋面防水材料进场检验项目应符合表 5-51 的规定。

屋面防水材料进场检验项目 表 5-51

序号	防水材料名称	现场抽样数量	外观质量检验	物理性能检验
1	高聚物改性沥青防水卷材	大于 1000 卷抽 5 卷，每 500~1000 卷抽 4 卷，100~499 卷抽 3 卷，100 卷以下抽 2 卷，进行规格尺寸和外观质量检验。在外观质量检验合格的卷材中，任取一卷作物理性能检验	表面平整，边缘整齐，无孔洞、缺边、裂口、胎基未浸透、矿物粒料粒度，每卷卷材的接头	可溶物含量、拉力、最大拉力时延伸率、耐热度、低温柔度、不透水性
2	合成高分子防水卷材		表面平整，边缘整齐，无气泡、裂纹、粘结疤痕，每卷卷材的接头	断裂拉伸强度、扯断伸长率、低温弯折性、不透水性
3	高聚物改性沥青防水涂料		水乳型：无色差、凝胶、结块、明显沥青丝；溶剂型：黑色黏稠状，细腻、均匀胶状液体	固体含量、耐热性、低温柔性、不透水性、断裂伸长率或抗裂性
4	合成高分子防水涂料	每 10t 为一批，不足 10t 按一批抽样	反应固化型：均匀黏稠状、无凝胶、结块；挥发固化型：经搅拌后无结块，呈均匀状态	固体含量、拉伸强度、断裂伸长率、低温柔性、不透水性
5	聚合物水泥防水涂料		液体组分：无杂质、无凝胶的均匀乳液；固体组分：无杂质、无结块的粉末	固体含量、拉伸强度、断裂伸长率、低温柔性、不透水性
6	胎体增强材料	每 3000m² 为一批，不足 3000m² 的按一批抽样	表面平整，边缘整齐，无折痕、无孔洞、无污迹	拉力、延伸率
7	沥青基防水卷材用基层处理剂		均匀液体，无结块、无凝胶	固体含量、耐热性、低温柔性、剥离强度
8	高分子胶粘剂	每 5t 产品为一批，不足 5t 的按一批抽样	均匀液体，无杂质、无分散颗粒或凝胶	剥离强度、浸水 168h 后的剥离强度保持率
9	改性沥青胶粘剂		均匀液体，无结块、无凝胶	剥离强度
10	合成橡胶胶粘带	每 1000m 为一批，不足 1000m 的按一批抽样	表面平整，无固块、杂物、孔洞、外伤及色差	剥离强度、浸水 168h 后的剥离强度保持率
11	改性石油沥青密封材料		黑色均匀膏状，无结块和未浸透的填料	耐热性、低温柔性、拉伸粘结性、施工度
12	合成高分子密封材料	每 1t 产品为一批，不足 1t 的按一批抽样	均匀膏状物或黏稠液体，无结皮、凝胶或不易分散的固体团状	拉伸模量、断裂伸长率、定伸粘结性

序号	防水材料名称	现场抽样数量	外观质量检验	物理性能检验
13	烧结瓦、混凝土瓦	同一批至少抽一次	边缘整齐，表面光滑，不得有分层、裂纹、露砂	抗渗性、抗冻性、吸水率
14	玻纤胎沥青瓦		边缘整齐，切槽清晰，厚薄均匀，表面无孔洞、硌伤、裂纹、皱折及起泡	可溶物含量、拉力、耐热度、柔度、不透水性、叠层剥离强度
15	彩色涂层钢板及钢带	同牌号、同规格、同镀层重量、同涂层厚度、同涂料种类和颜色为一批	钢板表面不应有气泡、缩孔、漏涂等缺陷	屈服强度、抗拉强度、断后伸长率、镀层重量、涂层厚度

5213　屋面保温材料进场检验项目有哪些规定？

答：依据《屋面工程质量验收规范》GB 50207—2012，屋面保温材料进场检验项目应符合表 5-52 的规定。

屋面保温材料进场检验项目　　　　　表 5-52

序号	材料名称	组批及抽样	外观质量检验	物理性能检验
1	模塑聚苯乙烯泡沫塑料	同规格按 100m³ 为一批，不足 100m³ 的按一批计。在每批产品中随机抽取 20 块进行规格尺寸和外观质量检验。从规格尺寸和外观质量检验合格的产品中，随机取样进行物理性能检验	色泽均匀，阻燃型应掺有颜色的颗粒；表面平整，无明显收缩变形和膨胀变形；熔结良好；无明显油渍和杂质	表观密度、压缩强度、导热系数、燃烧性能
2	挤塑聚苯乙烯泡沫塑料	同类型、同规格按 50m³ 为一批，不足 50m³ 的按一批计。在每批产品中随机抽取 10 块进行规格尺寸和外观质量检验。从规格尺寸和外观质量检验合格的产品中，随机取样进行物理性能检验	表面平整，无夹杂物，颜色均匀；无明显起泡、裂口、变形	压缩强度、导热系数、燃烧性能
3	硬质聚氨酯泡沫塑料	同原料、同配方、同工艺条件按 50m³ 为一批，不足 50m³ 的按一批计。在每批产品中随机抽取 10 块进行规格尺寸和外观质量检验。从规格尺寸和外观质量检验合格的产品中，随机取样进行物理性能检验	表面平整，无严重凹凸不平	表观密度、压缩强度、导热系数、燃烧性能
4	泡沫玻璃绝热制品	同品种、同规格按 250 件为一批，不足 250 件的按一批计。在每批产品中随机抽取 6 个包装箱，每箱各抽 1 块进行规格尺寸和外观质量检验。从规格尺寸和外观质量检验合格的产品中，随机取样进行物理性能检验	垂直度、最大弯曲度、缺棱、缺角、孔洞、裂纹	表观密度、抗压强度、导热系数、燃烧性能

序号	材料名称	组批及抽样	外观质量检验	物理性能检验
5	膨胀珍珠岩制品（憎水型）	同品种、同规格按 2000 块为一批，不足 2000 块的按一批计。 在每批产品中随机抽取 10 块进行规格尺寸和外观质量检验。从规格尺寸和外观质量检验合格的产品中，随机取样进行物理性能检验	弯曲度、缺棱、掉角、裂纹	表观密度、抗压强度、导热系数、燃烧性能
6	加气混凝土砌块	同品种、同规格、同等级按 200m³ 为一批，不足 200m³ 的按一批计。 在每批产品中随机抽取 50 块进行规格尺寸和外观质量检验。从规格尺寸和外观质量检验合格的产品中，随机取样进行物理性能检验	缺棱掉角；裂纹、爆裂、粘膜和损坏深度；表面疏松、层裂；表面油污	干密度、抗压强度、导热系数、燃烧性能
7	泡沫混凝土砌块		缺棱掉角、平面弯曲；裂纹、粘膜和损坏深度，表面酥松、层裂；表面油污	干密度、抗压强度、导热系数、燃烧性能
8	玻璃棉、岩棉、矿渣棉制品	同原料、同工艺、同品种、同规格按 1000m² 为一批，不足 1000m² 的按一批计。 在每批产品中随机抽取 6 个包装箱或卷进行规格尺寸和外观质量检验。从规格尺寸和外观质量检验合格的产品中，抽取 1 个包装箱或卷进行物理性能检验	表面平整，伤痕、污迹、破损，覆层与基材粘贴	表观密度、导热系数、燃烧性能
9	金属面绝热夹芯板	同原料、同生产工艺、同厚度按 150 块为一批，不足 150 块的按一批计。 在每批产品中随机抽取 5 块进行规格尺寸和外观质量检验，从规格尺寸和外观质量检验合格的产品中，随机抽取 3 块进行物理性能检验	表面平整，无明显凹凸、翘曲、变形；切口平直、切面整齐，无毛刺；芯板切面整齐，无剥落	剥离性能、抗弯承载力、防火性能

第 12 节　人　防　工　程

5214　人防工程混凝土浇筑有哪些控制要点？

答： 依据《人民防空工程施工及验收规范》GB 50134—2004，混凝土浇筑控制要点如下：

（1）混凝土自高处倾落的自由高度，不应超过 2m；当浇筑高度超过 2m 时，应采用串筒、溜管或振动溜管使混凝土下落。

（2）工程口部、防护密闭段、采光井、水库、水封井、防毒井、防爆井等有防护密闭要求的部位，应一次整体浇筑混凝土。

（3）浇筑混凝土时，应按下列规定制作试块：

① 口部、防护密闭段应各制作一组试块。

② 每浇筑 $100m^3$ 混凝土应制作一组试块。

③ 变更水泥品种或混凝土配合比时，应分别制作试块。

④ 防水混凝土应制作抗渗试块。

（4）坑道、地道采用先墙后拱法浇筑混凝土时，应符合下列规定：

① 浇筑侧墙时，两边侧墙应同时分段分层进行。

② 浇筑顶拱时，应从两侧拱脚向上对称进行。

③ 超挖部分在浇筑前，应采用毛石回填密实。

（5）采用先拱后墙法浇筑混凝土时，应符合下列规定：

① 浇筑顶拱时，拱架标高应提高 $20\sim40mm$；拱脚超挖部分应采用强度等级相同的混凝土回填密实。

② 顶拱浇筑后，混凝土达到设计强度的 70％ 及以上方可开挖侧墙。

③ 浇筑侧墙时，必须消除拱脚处浮碴和杂物。

（6）后浇缝的施工，应符合下列规定：

① 后浇缝应在受力和变形较小的部位，其宽度可为 $0.8\sim1m$。

② 后浇缝宜在其两侧混凝土龄期达到 42d 后施工。

③ 施工前，应将接缝处的混凝土凿毛，清除干净，保持湿润，并刷水泥浆。

④ 后浇缝应采用补偿收缩混凝土浇筑，其配合比应经试验确定，强度宜高于两侧混凝土一个等级。

⑤ 后浇缝混凝土的养护时间不得少于 28d。

（7）施工缝的位置，应符合下列规定：

① 顶板、底板不宜设施工缝，顶拱、底拱不宜设纵向施工缝。

② 侧墙的水平施工缝应设在高出底板表面不小于 500mm 的墙体上；当侧墙上有孔洞时，施工缝距孔洞边缘不宜小于 300mm。

③ 当采用先墙后拱法时，水平施工缝宜设在起拱线以下 $300\sim500mm$ 处；当采用先拱后墙法时，水平施工缝可设在起拱线处，但必须采取防水措施。

④ 垂直施工缝应避开地下水和裂隙水较多的地段。

5215　防爆波活门、防爆超压排气活门的安装有哪些规定？

答：依据《人民防空工程施工及验收规范》GB 50134—2004，防爆波活门、防爆超压排气活门的安装应符合下列规定：

（1）防爆波悬摆活门安装：

① 底座与胶板粘贴应牢固、平整，其剥离强度不应小于 0.5MPa。

② 悬板关闭后底座胶垫贴合应严密。

③ 悬板应启闭灵活，能自动开启到限位座。

④ 闭锁定位机构应灵活可靠。

（2）胶管活门安装：

① 活门门框与胶板粘贴牢固、平整，其剥离强度不应小 0.5MPa。

② 门扇关闭后与门框贴合严密。

③ 胶管、卡箍应配套保管，直立放置。

④ 胶管应密封保存。

（3）防爆超压排气活门、自动排气活门安装：

① 活门开启方向必须朝向排风方向。

② 穿墙管法兰和在轴线视线上的杠杆均必须铅直。

③ 活门在设计超压下能自动启闭，关闭后阀盘与密封圈贴合严密。

5216 人防工程密闭穿墙短管的制作及安装有哪些规定？

答：依据《人民防空工程施工及验收规范》GB50134—2004，密闭穿墙短管的制作及安装应符合下列规定：

（1）当管道穿越防护密闭隔墙时，必须预埋带有密闭翼环和防护抗力片的密闭穿墙短管。当管道穿越密闭隔墙时，必须预埋带有密闭翼环的密闭穿墙短管。

（2）给水管、压力排水管、电缆电线等的密闭穿墙短管，应采用壁厚大于 3mm 的钢管。

（3）通风管的密闭穿墙短管，应采用厚 2～3mm 的钢板焊接制作，其焊缝应饱满、均匀、严密。

（4）密闭翼环应采用厚度大于 3mm 的钢板制作。钢板应平整，其翼高宜为 30～50mm。密闭翼环与密闭穿墙短管的结合部位应满焊。

（5）密闭翼环应位于墙体厚度的中间，并应与周围结构钢筋焊牢。密闭穿墙短管的轴线应与所在墙面垂直，管端面应平整。

（6）密闭穿墙短管两端伸出墙面的长度，应符合下列规定：

① 电缆、电线穿墙短管宜为 30～50mm。

② 给水排水穿墙短管应大于 40mm。

③ 通风穿墙短管应大于 100mm。

（7）密闭穿墙短管作套管时，应符合下列规定：

① 在套管与管道之间应用密封材料填充密实，并应在管口两端进行密闭处理。填料长度应为管径的 3～5 倍，且不得小于 100mm。

② 管道在套管内不得有接口。

③ 套管内径应比管道外径大 30～40mm。

（8）密闭穿墙短管应在朝向核爆冲击波端加装防护抗力片。抗力片宜采用厚度大于 6mm 的钢板制作。抗力片上槽口宽度应与所穿越的管线外径相同；两块抗力片的槽口必须对插。

（9）当同一处有多根管线需作穿墙密闭处理时，可在密闭穿墙短管两端各焊上一块密闭翼环。两块密闭翼环均应与所在墙体的钢筋焊牢，且不得露出墙面。

5217 人防设备安装工程的消声与防火有哪些规定？

答：依据《人民防空工程施工及验收规范》GB 50134—2004，设备安装工程的消声与防火应符合下列规定：

（1）安装有动力扰动的设备，当不设减震装置时，应采用厚 5～10mm 中等硬度的橡皮平板衬垫。

（2）当管道用支架、吊钩固定时，应采用软质材料作衬垫。管道自由端不得摆动。

（3）机房内的消声器及消声后的风管应做隔声处理，可外包厚 30～50mm 的吸声材料。

（4）当管、线穿越隔声墙时，管道与墙、电线与管道之间的空隙应用吸声材料填充密实。

（5）设备安装时，严禁采用明火施工。

（6）配电箱、板，严禁采用可燃材料制作。

（7）发热器件必须进行防火隔热处理，严禁直接安装在建筑装修层上。

（8）电热设备的电源引入线，应剥除原有绝缘，并套入瓷套管。瓷套管的长度应大于 100mm。

（9）处于易爆场所的电气设备，应采用防爆型。电缆、电线应穿管敷设，导线接头不得设在易爆场所。

（10）在顶棚内的电缆、电线必须穿管敷设，导线接头应采用密封金属接线盒。

5218　人防工程通风系统试验应符合哪些规定？

答： 依据《人民防空工程施工及验收规范》GB 50134—2004，通风系统试验应符合下列规定：

（1）防毒密闭管路及密闭阀门的气密性试验，充气加压 $5.06 \times 10^4 Pa$，保持 5min 不漏气。

（2）过滤吸收器的气密性试验，充气加压 $1.06 \times 10^4 Pa$ 后 5min 内下降值不大于 660Pa。

（3）过滤式通风工程的超压试验，超压值应为 30～50Pa。

（4）清洁式、过滤式和隔绝式通风方式相互转换运行，各种通风方式的进风、送风、排风及回风的风量和风压，满足设计要求。

（5）各主要房间的温度和相对温度应满足平时使用要求。

5219　人防工程给水排水系统试验应符合哪些规定？

答： 依据《人民防空工程施工及验收规范》GB 50134—2004，给水排水系统试验应符合下列规定：

（1）清洁式通风时，水泵的供水量符合设计要求。

（2）过滤式通风时，洗消用水量、饮用水量符合设计要求。

（3）柴油发电机组、空调机冷却设备的进、出水温度、供水量等符合设计要求。

（4）水库或油库，当贮满水或油时，在 24h 内液位无明显下降，在规定时间内能将水或油排净。

（5）渗水井的渗水量符合设计要求。

5220　人防工程电气系统试验应包括哪些内容？

答： 依据《人民防空工程施工及验收规范》GB 50134—2004，电气系统试验应包括下列内容：

    （1）检查电源切换的可靠性和切换时间。

    （2）测定设备运行总负荷。

    （3）检查事故照明及疏散指示电源的可靠性。

    （4）测定主要房间的照度。

    （5）检查用电设备远控、自控系统的联动效果。

    （6）测定各接地系统的接地电阻。

第6章 建筑设备安装工程

本章依据建筑设备安装工程各专业验收规范，介绍了建筑给水排水及采暖工程、通风与空调工程、建筑电气工程、智能建筑工程、电梯工程等专业技术知识。共编写90道题。

第1节 建筑给水排水及采暖工程

6001 给水排水及采暖工程材料设备进场有哪些规定？

答：依据《建筑给水排水及采暖工程施工质量验收规范》GB 50242—2002，所使用的材料设备应符合下列规定：

（1）所使用的主要材料、成品、半成品、配件、器具和设备必须具有中文质量合格证明文件，规格、型号及性能检测报告应符合国家技术标准或设计要求。进场时应做检查验收，并经项目监理机构核查确认。

（2）所有材料进场时应对品种、规格、外观等进行验收；包装应完好，表面无划痕及外力冲击破损。

（3）主要器具和设备必须有完整的安装使用说明书。在运输、保管和施工过程中，应采取有效措施防止损坏或腐蚀。

（4）阀门安装前，应作强度和严密性试验。试验应在每批（同牌号、同型号、同规格）数量中抽查10%，且不少于一个。对于安装在主干管上起切断作用的闭路阀门，应逐个作强度和严密性试验。

（5）阀门的强度和严密性试验，应符合下列规定：阀门的强度试验压力为公称压力的1.5倍；严密性试验压力为公称压力的1.1倍；试验压力在试验持续时间内应保持不变，且壳体填料及阀瓣密封面无渗漏。阀门试压的试验持续时间应不少于表6-1的规定。

阀门试验持续时间　　　　　　　　　　　　　表6-1

公称直径 DN（mm）	最短试验持续时间（s）		
	严密性试验		强度试验
	金属密封	非金属密封	
≤50	15	15	15
65～200	30	15	60
250～450	60	30	180

（6）管道上使用冲压弯头时，所使用的冲压弯头外径应与管道外径相同。

6002 给水排水及采暖工程施工过程有哪些质量控制要点？

答：依据《建筑给水排水及采暖工程施工质量验收规范》GB 50242—2002，施工过程质量控制要点如下：

（1）建筑给水、排水及采暖工程与相关各专业之间，应进行交接质量检验，并形成记录。

（2）隐蔽工程应在隐蔽前经验收各方检验合格后，才能隐蔽，并形成记录。

（3）地下室或地下构筑物外墙有管道穿过的，应采取防水措施；对有严格防水要求的建筑物，必须采用柔性防水套管。

（4）管道穿过结构伸缩缝、抗震缝及沉降缝敷设时，应根据情况采取下列保护措施：

① 在墙体两侧采取柔性连接。

② 在管道或保温层外皮上、下部留有不小于 150mm 的净空。

③ 在穿墙处做成方形补偿器，水平安装。

（5）在同一房间内，同类型的采暖设备、卫生器具及管道配件，除有特殊要求外，应安装在同一高度上。

（6）明装管道成排安装时，直线部分应互相平行。曲线部分：当管道水平或垂直并行时，应与直线部分保持等距；管道水平上下并行时，弯管部分的曲率半径应一致。

（7）管道支、吊、托架的安装，应符合下列规定：

① 位置正确，埋设应平整牢固。

② 固定支架与管道接触应紧密，固定应牢靠。

③ 滑动支架应灵活，滑托与滑槽两侧间应留有 3～5mm 的间隙，纵向移动量应符合设计要求。

④ 无热伸长管道的吊架、吊杆应垂直安装。

⑤ 有热伸长管道的吊架、吊杆应向热膨胀的反方向偏移。

⑥ 固定在建筑结构上的管道支、吊架不得影响结构的安全。

（8）钢管水平安装的支、吊架间距不应大于表 6-2 的规定。

钢管管道支架的最大间距　　　　表 6-2

公称直径（mm）		15	20	25	32	40	50	70	80	100	125	150	200	250	300
支架的最大间距（m）	保温管	2	2.5	2.5	2.5	3	3	4	4	4.5	6	7	7	8	8.5
	不保温管	2.5	3	3.5	4	4.5	5	6	6	6.5	7	8	9.5	11	12

（9）采暖、给水及热水供应系统的塑料管及复合管垂直或水平安装的支架间距应符合表 6-3 的规定。采用金属制作的管道支架，应在管道与支架间加衬非金属垫或套管。

塑料管及复合管管道支架的最大间距　　　　表 6-3

管径（mm）			12	14	16	18	20	25	32	40	50	63	75	90	110
最大间距（m）	立管		0.5	0.6	0.7	0.8	0.9	1.0	1.1	1.3	1.6	1.8	2.0	2.2	2.4
	水平管	冷水管	0.4	0.4	0.5	0.5	0.6	0.7	0.8	0.9	1.0	1.1	1.2	1.35	1.55
		热水管	0.2	0.2	0.25	0.3	0.3	0.35	0.4	0.5	0.6	0.7	0.8		

（10）铜管垂直或水平安装的支架间距应符合表 6-4 的规定。

铜管管道支架的最大间距   表 6-4

公称直径（mm）		15	20	25	32	40	50	65	80	100	125	150	200
支架的最大间距（m）	垂直管	1.8	2.4	2.4	3.0	3.0	3.0	3.5	3.5	3.5	3.5	4.0	4.0
	水平管	1.2	1.8	1.8	2.4	2.4	2.4	3.0	3.0	3.0	3.0	3.5	3.5

（11）采暖、给水及热水供应系统的金属管道立管管卡安装应符合下列规定：

① 楼层高度小于或等于 5m，每层必须安装 1 个。

② 楼层高度大于 5m，每层不得少于 2 个。

③ 管卡安装高度，距地面应为 1.5～1.8m，2 个以上管卡应匀称安装，同一房间管卡应安装在同一高度上。

（12）管道及管道支墩（座），严禁铺设在冻土和未经处理的松土上。

（13）管道穿过墙壁和楼板，应设置金属或塑料套管。安装在楼板内的套管，其顶部应高出装饰地面 20mm；安装在卫生间及厨房内的套管，其顶部应高出装饰地面 50mm，底部应与楼板底面相平；安装在墙壁内的套管其两端与饰面相平。穿过楼板的套管与管道之间缝隙应用阻燃密实材料和防水油膏填实，端面光滑。管道的接口不得设在套管内。

（14）弯制钢管，弯曲半径应符合下列规定：

① 热弯：应不小于管道外径的 3.5 倍。

② 冷弯：应不小于管道外径的 4 倍。

③ 焊接弯头：应不小于管道外径的 1.5 倍。

④ 冲压弯头：应不小于管道外径。

（15）管道接口应符合下列规定：

① 管道采用粘接接口，管端插入承口的深度不得小于表 6-5 的规定。

管端插入承口的深度   表 6-5

公称直径（mm）	20	25	32	40	50	75	100	125	150
插入深度（mm）	16	19	22	26	31	44	61	69	80

② 熔接连接管道的结合面应有一均匀的熔接圈，不得出现局部熔瘤或熔接圈凸凹不匀现象。

③ 采用橡胶圈接口的管道，允许沿曲线敷设，每个接口的最大偏转角不得超过 2°。

④ 法兰连接时衬垫不得凸入管内，其外边缘接近螺栓孔为宜。不得安放双垫或偏垫。

⑤ 连接法兰的螺栓，直径和长度应符合标准，拧紧后，突出螺母的长度不应大于螺杆直径的 1/2。

⑥ 螺纹连接管道安装后的管螺纹根部应有 2～3 扣的外露螺纹，多余的麻丝应清理干净并做防腐处理。

⑦ 承插口采用水泥捻口时，油麻必须清洁、填塞密实，水泥应捻入并密实饱满，其接口面凹入承口边缘的深度不得大于 2mm。

⑧ 卡箍（套）式连接两管口端应平整、无缝隙，沟槽应均匀，卡紧螺栓后管道应平直，卡箍（套）安装方向应一致。

（16）各种承压管道系统和设备应做水压试验，非承压管道系统和设备应做灌水试验。

6003　室内给水管道安装有哪些规定？

答：依据《建筑给水排水及采暖工程施工质量验收规范》GB 50242—2002，室内给水管道安装应符合下列规定：

（1）给水管道必须采用与管材相适应的管件。生活给水系统所涉及的材料必须达到饮用水卫生标准。

（2）管径小于或等于100mm的镀锌钢管应采用螺纹连接，套丝扣时破坏的镀锌层表面及外露螺纹部分应做防腐处理；管径大于100mm的镀锌钢管应采用法兰或卡套式专用管件连接，镀锌钢管与法兰的焊接处应二次镀锌。

（3）给水塑料管和复合管可以采用橡胶圈接口、粘接接口、热熔连接、专用管件连接及法兰连接等形式。塑料管和复合管与金属管件、阀门等的连接应使用专用管件连接，不得在塑料管上套丝。

（4）给水铸铁管管道应采用水泥捻口或橡胶圈接口方式进行连接。

（5）铜管连接可采用专用接头或焊接，当管径小于22mm时宜采用承插或套管焊接，承口应迎介质流向安装；当管径大于或等于22mm时宜采用对口焊接。

（6）给水立管和装有3个或3个以上配水点的支管始端，均应安装可拆卸的连接件。

（7）冷、热水管道同时安装应符合下列规定：

①上、下平行安装时热水管应在冷水管上方。

②垂直平行安装时热水管应在冷水管左侧。

（8）给水引入管与排水排出管的水平净距不得小于1m。室内给水与排水管道平行敷设时，两管间的最小水平净距不得小于0.5m；交叉铺设时，垂直净距不得小于0.15m。给水管应铺在排水管上面，若给水管必须铺在排水管下面时，给水管应加套管，其长度不得小于排水管管道径的3倍。

（9）管道及管件焊接的焊缝表面质量应符合下列要求：

①焊缝外形尺寸应符合图纸和工艺文件的规定，焊缝高度不得低于母材表面，焊缝与母材应圆滑过渡。

②焊缝及热影响区表面应无裂纹、未熔合、未焊透、夹渣、弧坑和气孔等缺陷。

（10）给水水平管道应有2‰～5‰的坡度坡向泄水装置。

（11）管道的支、吊架安装应平整牢固，其间距应符合规范的规定。

（12）水表应安装在便于检修、不受曝晒、污染和冻结的地方。安装螺翼式水表，表前与阀门应有不小于8倍水表接口直径的直线管段。表外壳距墙表面净距为10～30mm；水表进水口中心标高按设计要求，允许偏差为±10mm。

（13）室内直埋给水管道（塑料管道和复合管道除外）应做防腐处理。埋地管道防腐层材质和结构应符合设计要求。

（14）给水系统交付使用前必须进行通水试验并做好记录。

（15）生产给水系统管道在交付使用前必须冲洗和消毒，并经有关部门取样检验，符合国家《生活饮用水标准》方可使用。

6004 室内给水管道水压试验有哪些规定?

答: 依据《建筑给水排水及采暖工程施工质量验收规范》GB 50242—2002,室内给水管道水压试验必须符合设计要求。当设计未注明时,各种材质的给水管道系统试验压力均为工作压力的1.5倍,但不得小于0.6MPa。

检验方法:金属及复合管给水管道在试验压力下观测10min,压力降不应大于0.02MPa,然后降到工作压力进行检查,应不渗不漏;塑料管给水系统应在试验压力下稳压1h,压力降不得超过0.05MPa,然后在工作压力的1.15倍状态下稳压2h,压力降不得超过0.03MPa,同时检查各连接处不得渗漏。

6005 室内给水管道和阀门安装的允许偏差有何规定?

答: 依据《建筑给水排水及采暖工程施工质量验收规范》GB 50242—2002,室内给水管道和阀门安装的允许偏差应符合表6-6的规定。

管道和阀门安装的允许偏差和检验方法 表6-6

项次	项 目			允许偏差(mm)	检验方法
1	水平管道纵横方向弯曲	钢管	每米 全长25m以上	1 ≯25	用水平尺、直尺、拉线和尺量检查
		塑料管复合管	每米 全长25m以上	1.5 ≯25	
		铸铁管	每米 全长25m以上	2 ≯25	
2	立管垂直度	钢 管	每米 5m以上	3 ≯8	吊线和尺量检查
		塑料管复合管	每米 5m以上	2 ≯8	
		铸铁管	每米 5m以上	3 ≯10	
3	成排管段和成排阀门	在同一平面上间距		3	尺量检查

6006 室内消火栓系统安装有哪些规定?

答: 依据《建筑给水排水及采暖工程施工质量验收规范》GB 50242—2002,室内消火栓系统安装应符合下列规定:

(1)安装消火栓水龙带,水龙带与水枪和快速接头绑扎好后,应根据箱内构造将水龙带挂放在箱内的挂钉、托盘或支架上。

(2)箱式消火栓的安装应符合下列规定:

① 栓口应朝外,并不应安装在门轴侧。

② 栓口中心距地面为1.1m,允许偏差±20mm。

③ 阀门中心距箱侧面为140mm,距箱后内表面为100mm,允许偏差±5mm。

④ 消火栓箱体安装的垂直度允许偏差为3mm。

(3)室内消火栓系统安装完成后应取屋顶层(或水箱间内)试验消火栓和首层取二处消火栓做试射试验,达到设计要求为合格。

6007 室内排水管道安装有哪些规定？

答：依据《建筑给水排水及采暖工程施工质量验收规范》GB50242－2002，室内排水管道安装应符合下列规定：

（1）管道材料选用：

① 生活污水管道应使用塑料管、铸铁管或混凝土管（由成组洗脸盆或饮用喷水器到共用水封之间的排水管和连接卫生器具的排水短管，可使用钢管）。

② 雨水管道宜使用塑料管、铸铁管、镀锌和非镀锌钢管或混凝土管等。

③ 悬吊式雨水管道应选用钢管、铸铁管或塑料管。易受振动的雨水管道（如锻造车间等）应使用钢管。

（2）金属排水管道上的吊钩或卡箍应固定在承重结构上。固定件间距：横管不大于2m；立管不大于3m。楼层高度小于或等于4m，立管可安装1个固定件。立管底部的弯管处应设支墩或采取固定措施。

（3）排水塑料管道支、吊架间距应符合表6-7的规定。

排水塑料管道支吊架最大间距（单位：m）　　　　表6-7

管径（mm）	50	75	110	125	160
立管	1.2	1.5	2.0	2.0	2.0
横管	0.5	0.75	1.10	1.30	1.6

（4）安装未经消毒处理的医院含菌污水管道，不得与其他排水管道直接连接。

（5）饮食业工艺设备引出的排水管及饮用水水箱的溢流管，不得与污水管道直接连接，并应留出不小于100mm的隔断空间。

（6）通向室外的排水管，穿过墙壁或基础必须下返时，应采用45°三通和45°弯头连接，并应在垂直管段顶部设置清扫口。

（7）由室内通向室外排水检查井的排水管，井内引入管应高于排出管或两管顶相平，并有不小于90°的水流转角，如跌落差大于300mm可不受角度限制。

（8）用于室内排水的水平管道与水平管道、水平管道与立管的连接，应采用45°三通或45°四通和90°斜三通或90°斜四通。立管与排出管端部的连接，应采用两个45°弯头或曲率半径不小于4倍管径的90°弯头。

（9）生活污水铸铁管道和塑料管道的坡度必须符合设计或表6-8的规定。

生活污水铸铁管道和塑料管道的坡度　　　　表6-8

项次	类别	管径（mm）	标准坡度（‰）	最小坡度（‰）
1	铸铁管道	50	35	25
2		75	25	15
3		100	20	12
4		125	15	10
5		150	10	7
6		200	8	5

续表

项次	类别	管径（mm）	标准坡度（‰）	最小坡度（‰）
7	塑料管道	50	25	12
8		75	15	8
9		110	12	6
10		125	10	5
11		160	7	4

（10）排水塑料管必须按设计要求及位置装设伸缩节。如设计无要求时，伸缩节间距不得大于 4m。高层建筑中明设排水塑料管道应按设计要求设置阻火圈或防火套管。

（11）排水主立管及水平干管管道均应做通球试验，通球球径不小于排水管道管径的 2/3，通球率必须达到 100%。

（12）隐蔽或埋地的排水管道在隐蔽前必须做灌水试验，其灌水高度应不低于底层卫生器具的上边缘或底层地面高度。检验方法：满水 15min 水面下降后，再灌满观察 5min，液面不降，管道及接口无渗漏为合格。

（13）室内排水管道安装的允许偏差应符合表 6-9 的规定。

室内排水和雨水管道安装的允许偏差和检验方法　　　　表 6-9

项次	项　目				允许偏差（mm）	检验方法
1	坐　标				15	用水准仪（水平尺）、直尺、拉线和尺量检查
2	标　高				±15	
3	横管纵横方向弯曲	铸铁管	每 1m		≯1	
			全长（25m 以上）		≯25	
		钢　管	每 1m	管径小于或等于 100mm	1	
				管径大于 100mm	1.5	
			全长（25m 以上）	管径小于或等于 100mm	≯25	
				管径大于 100mm	≯38	
		塑料管	每 1m		1.5	
			全长（25m 以上）		≯38	
		钢筋混凝土管、混凝土管	每 1m		3	
			全长（25m 以上）		≯75	
4	立管垂直度	铸铁管	每 1m		3	吊线和尺量检查
			全长（5m 以上）		≯15	
		钢　管	每 1m		3	
			全长（5m 以上）		≯10	
		塑料管	每 1m		3	
			全长（5m 以上）		≯15	

6008　室内排水管道检查口或清扫口应符合哪些规定？

答：依据《建筑给水排水及采暖工程施工质量验收规范》GB 50242—2002，室内排水管道检查口或清扫口应符合下列规定：

（1）在生活污水管道上设置的检查口或清扫口，当设计无要求时应符合下列规定：

① 在立管上应每隔一层设置一个检查口，但在最底层和有卫生器具的最高层必须设置。如为两层建筑时，可仅在底层设置立管检查口；如有乙字弯管时，则在该层乙字弯管的上部设置检查口。检查口中心高度距操作地面一般为 1m，允许偏差±20mm；检查口的朝向应便于检修。暗装立管，在检查口处应安装检修门。

② 在连接 2 个及 2 个以上大便器或 3 个及 3 个以上卫生器具的污水横管上应设置清扫口。当污水管在楼板下悬吊敷设时，可将清扫口设在上一层楼地面上，污水管起点的清扫口与管道相垂直的墙面距离不得小于 200mm；若污水管起点设置堵头代替清扫口时，与墙面距离不得小于 400mm。

③ 在转角小于 135 度的污水横管上，应设置检查口或清扫口。

④ 污水横管的直线管段，应按设计要求的距离设置检查口或清扫口。

（2）埋在地下或地板下的排水管道的检查口，应设在检查井内。井底表面标高与检查口的法兰相平，井底表面应有 5% 坡度，坡向检查口。

6009　室内排水通气管有哪些规定？

答：依据《建筑给水排水及采暖工程施工质量验收规范》GB 50242—2002，排水通气管不得与风道或烟道连接，且应符合下列规定：

（1）通气管应高出屋面 300mm，但必须大于最大积雪厚度。

（2）在通气管出口 4m 以内有门、窗时，通气管应高出门、窗顶 600mm 或引向无门、窗一侧。

（3）在经常有人停留的平屋顶上，通气管应高出屋面 2m，并应根据防雷要求设置防雷装置。

（4）屋顶有隔热层从隔热层板面算起。

6010　室内热水供应系统管道安装有哪些规定？

答：依据《建筑给水排水及采暖工程施工质量验收规范》GB 50242—2002，室内热水供应系统管道安装应符合下列规定：

（1）热水供应系统的管道应采用塑料管、复合管、镀锌钢管和铜管。

（2）管道安装坡度应符合设计规定。

（3）热水供应系统管道应保温（浴室内明装管道除外），保温材料、厚度、保护壳等应符合设计规定。保温层厚度和平整度的允许偏差应符合规范的规定。

（4）热水供应管道应尽量利用自然弯补偿热伸缩，直线段过长则应设置补偿器。补偿器型式、规格、位置应符合设计要求，并按有关规定进行预拉伸。

（5）热水供应系统安装完毕，管道保温之前应进行水压试验。试验压力应符合设计要求。当设计未注明时，热水供应系统水压试验压力应为系统顶点的工作压力加 0.1MPa，同时在系统顶点的试验压力不小于 0.3MPa。

检验方法：钢管或复合管道系统试验压力下 10min 内压力降不大于 0.02MPa，然后降至工作压力检查，压力应不降，且不渗不漏；塑料管道系统在试验压力下稳压 1h 压力降不得超过 0.05MPa，然后在工作压力 1.15 倍状态下稳压 2h，压力降不得超过 0.03MPa，连接处不得渗漏。

（6）温度控制器及阀门应安装在便于观察和维护的位置。

（7）热水供应管道和阀门安装的允许偏差应符合规范的规定。

（8）热水供应系统竣工后必须进行冲洗。

6011 室内采暖系统管道安装有哪些规定？

答：依据《建筑给水排水及采暖工程施工质量验收规范》GB 50242—2002，室内采暖系统管道安装应符合下列规定：

（1）热量表、疏水器、除污器、过滤器及阀门的型号、规格、公称压力及安装位置应符合设计要求。

（2）焊接钢管的连接，管径小于或等于 32mm，应采用螺纹连接；管径大于 32mm，采用焊接。钢管管道焊口尺寸的允许偏差应符合规范的规定。

（3）采暖系统入口装置及分户热计量系统入户装置，应符合设计要求。安装位置应便于检修、维护和观察。

（4）散热器支管长度超过 1.5m 时，应在支管上安装管卡。

（5）上供下回式系统的热水干管变径应顶平偏心连接，蒸汽干管变径应底平偏心连接。

（6）在管道干管上焊接垂直或水平分支管道时，干管开孔所产生的钢渣及管壁等废弃物不得残留管内，且分支管道在焊接时不得插入干管内。

（7）膨胀水箱的膨胀管及循环管上不得安装阀门。

（8）当采暖热媒为 110～130℃的高温水时，管道可拆卸件应使用法兰，不得使用长丝和活接头。法兰垫料应使用耐热橡胶板。

（9）焊接钢管管径大于 32mm 的管道转弯，在作为自然补偿时应使用煨弯。塑料管及复合管除必须使用直角弯头的场合外应使用管道直接弯曲转弯。

（10）补偿器的型号、安装位置及预拉伸和固定支架的构造及安装位置应符合设计要求。

（11）平衡阀及调节阀型号、规格、公称压力及安装位置应符合设计要求。安装完后应根据系统平衡要求进行调试并作出标志。

（12）蒸汽减压阀和管道及设备上安全阀的型号、规格、公称压力及安装位置应符合设计要求。安装完毕后应根据系统工作压力进行调试，并做出标志。

（13）方形补偿器制作时，应用整根无缝钢管煨制，如需要接口，其接口应设在垂直臂的中间位置，且接口必须焊接。

（14）方形补偿器应水平安装，并与管道的坡度一致；如其臂长方向垂直安装必须设排气及泄水装置。

（15）管道、金属支架和设备的防腐和涂漆应附着良好，无脱皮、起泡、流淌和漏涂缺陷。

（16）采暖管道安装的允许偏差应符合表 6-10 的规定。

采暖管道安装的允许偏差和检验方法 表 6-10

项次	项　目			允许偏差	检验方法
1	横管道纵、横方向弯曲（mm）	每 1m	管径≤100mm	1	用水平尺、直尺、拉线和尺量检查
			管径＞100mm	1.5	
		全长（25m 以上）	管径≤100mm	≯13	
			管径＞100mm	≯25	
2	立管垂直度（mm）	每 1m		2	吊线和尺量检查
		全长（5m 以上）		≯10	
3	弯管	椭圆率 $\dfrac{D_{max}-D_{min}}{D_{max}}$	管径≤100mm	10%	用外卡钳和尺量检查
			管径＞100mm	8%	
		折皱不平度（mm）	管径≤100mm	4	
			管径＞100mm	5	

注：D_{max}，D_{min} 分别为管子最大外径及最小外径。

6012　室内采暖系统管道安装坡度有何规定？

答：依据《建筑给水排水及采暖工程施工质量验收规范》GB 50242—2002，室内采暖系统管道安装坡度，当设计未注明时，应符合下列规定：

（1）气、水同向流动的热水采暖管道和汽、水同向流动的蒸汽管道及凝结水管道，坡度应为 3‰，不得小于 2‰。

（2）气、水逆向流动的热水采暖管道和汽、水逆向流动的蒸汽管道，坡度不应小于 5‰。

（3）散热器支管的坡度应为 1%，坡向应利于排气和泄水。

6013　室内采暖系统散热器安装有哪些规定？

答：依据《建筑给水排水及采暖工程施工质量验收规范》GB 50242—2002，室内采暖系统散热器安装应符合下列规定：

（1）散热器组对后，以及整组出厂的散热器在安装之前应作水压试验。试验压力如设计无要求时应为工作压力的 1.5 倍，但不小于 0.6MPa。检验方法：试验时间为 2～3min，压力不降且不渗不漏。

（2）散热器组对应平直紧密，组对后的平直度应符合表 6-11 的规定。

组对后的散热器平直度允许偏差 表 6-11

项次	散热器类型	片　数	允许偏差（mm）
1	长翼型	2～4	4
		5～7	6

续表

项次	散热器类型	片　数	允许偏差（mm）
2	铸铁片式 钢制片式	3～15	4
		16～25	6

（3）组对散热器的垫片应符合下列规定：

① 组对散热器垫片应使用成品，组对后垫片外露不应大于 1mm。

② 散热器垫片材质当设计无要求时，应采用耐热橡胶。

（4）散热器支架、托架安装，位置应准确，埋设牢固。散热器支架、托架数量，应符合设计或产品说明书要求。如设计未注时，则应符合表 6-12 的规定。

散热器支架、托架数量　　　　表 6-12

项次	散热器型式	安装方式	每组片数	上部托钩 或卡架数	下部托钩或 卡架数	合计
1	长翼型	挂墙	2～4	1	2	3
			5	2	2	4
			6	2	3	5
			7	2	4	6
2	柱型 柱翼型	挂墙	3～8	1	2	3
			9～12	1	3	4
			13～16	2	4	6
			17～20	2	5	7
			21～25	2	6	8
3	柱型 柱翼型	带足落地	3～8	1	—	1
			8～12	1	—	1
			13～16	2	—	2
			17～20	2	—	2
			21～25	2	—	2

（5）散热器背面与装饰后的墙内表面安装距离，应符合设计或产品说明书要求。如设计未注明，应为 30mm。

（6）散热器安装允许偏差应符合表 6-13 的规定。

散热器安装允许偏差和检验方法　　　　表 6-13

项　次	项　　目	允许偏差（mm）	检验方法
1	散热器背面与墙内表面距离	3	尺　量
2	与窗中心线或设计定位尺寸	20	
3	散热器垂直度	3	吊线和尺量

（7）铸铁或钢制散热器表面的防腐及面漆应附着良好，色泽均匀，无脱落、起泡、流

淌和漏涂缺陷。

6014　低温热水地板辐射采暖系统安装有哪些规定?

答: 依据《建筑给水排水及采暖工程施工质量验收规范》GB 50242—2002，低温热水地板辐射采暖系统安装应符合下列规定:

(1) 分、集水器型号、规格、公称压力及安装位置、高度等应符合设计要求。

(2) 加热盘管管径、间距和长度应符合设计要求。间距偏差不大于±10mm。

(3) 防潮层、防水层、隔热层及伸缩缝应符合设计要求。

(4) 填充层强度标号应符合设计要求。

(5) 地面下敷设的盘管埋地不应有接头。

(6) 盘管隐蔽前必须进行水压试验，试验压力为工作压力的 1.5 倍，但不小于 0.6MPa。

检验方法: 稳压 1h 内压力降不大于 0.05MPa 且不渗不漏。

(7) 加热盘管弯曲部分不得出现硬折弯现象，曲率半径应符合: 塑料管: 不应小于管道外径的 8 倍; 复合管: 不应小于管道外径的 5 倍。

6015　室内采暖系统水压试验及调试有哪些规定?

答: 依据《建筑给水排水及采暖工程施工质量验收规范》GB 50242—2002，系统水压试验及调试应符合下列规定:

(1) 采暖系统安装完后，管道保温之前应进行水压试验，试验压力应符合设计要求。当设计未注明时，应符合下列规定:

① 蒸汽、热水采暖系统，应以系统顶点工作压力加 0.1MPa 作水压试验，同时在系统顶点的试验压力不小于 0.3MPa。

② 高温热水采暖系统，试验压力应为系统顶点工作压力加 0.4MPa。

③ 使用塑料管及复合管的热水采暖系统，应以系统顶点工作压力加 0.2MPa 作水压试验，同时在系统顶点的试验压力不小于 0.4MPa。

检验方法: 使用钢管及复合管的采暖系统应在试验压力下 10min 内压力降不大于 0.02MPa，降至工作压力后检查，不渗、不漏。

使用塑料管的采暖系统应在试验压力下 1h 内压力降不大于 0.05MPa，然后降压至工作压力的 1.15 倍，稳压 2h，压力降不大于 0.03MPa，同时各连接处不渗、不漏。

(2) 系统试压合格后，应对系统进行冲洗并清扫过滤器及除污器。

(3) 系统冲洗完毕应充水、加热，进行试运行和调试。

6016　室外给水管道安装有哪些规定?

答: 依据《建筑给水排水及采暖工程施工质量验收规范》GB 50242—2002，室外给水管道安装应符合下列规定:

(1) 输送生活给水的管道应采用塑料管、复合管、镀锌钢管或给水铸铁管。塑料管、复合管或给水铸铁管的管材、配件，应是同一厂家的配套产品。塑料管道不得露天架空铺设，必须露天架空铺设时应有保温和防晒等措施。

（2）管道的坐标、标高、坡度应符合设计要求。管道安装的允许偏差应符合表 6-14 的规定。

室外给水管道安装的允许偏差和检验方法　　表 6-14

项次	项　目			允许偏差（mm）	检验方法
1	坐标	铸铁管	埋地	100	拉线和尺量检查
			敷设在地沟内	50	
		钢管、塑料管、复合管	埋地	100	
			敷设在沟槽内或架空	40	
2	标高	铸铁管	埋地	±50	拉线和尺量检查
			敷设在地沟内	±30	
		钢管、塑料管、复合管	埋地	±50	
			敷设在地沟内或架空	±30	
3	水平管纵横向弯曲	铸铁管	直段（25m 以上）起点～终点	40	拉线和尺量检查
		钢管、塑料管、复合管	直段（25m 以上）起点～终点	30	

（3）管道连接应符合工艺要求，阀门、水表等安装位置应正确。塑料给水管道上的水表、阀门等设施其重量或启闭装置的扭矩不得作用于管道上，当管径≥50mm 时必须设独立的支承装置。

（4）给水管道与污水管道在不同标高平行敷设，其垂直间距在 500mm 以内时，给水管管径小于或等于 200mm 的，管壁水平间距不得小于 1.5m；管径大于 200mm 的，不得小于 3m。

（5）铸铁管承插捻口连接的对口间隙应不小于 3mm，最大间隙不得大于表 6-15 的规定。

铸铁管承插捻口的对口最大间隙　　表 6-15

管径（mm）	沿直线敷设（mm）	沿曲线敷设（mm）
75	4	5
100～250	5	7～13
300～500	6	14～22

（6）铸铁管沿直线敷设，承插捻口连接的环型间隙应符合表 6-16 的规定；沿曲线敷设，每个接口允许有 2°转角。

铸铁管承插捻口的环型间隙　　表 6-16

管径（mm）	标准环型间隙（mm）	允许偏差（mm）
75～200	10	+3 −2
250～450	11	+4 −2
500	12	+4 −2

（7）捻口用的油麻填料必须清洁，填塞后应捻实，其深度应占整个环型间隙深度的 1/3。

（8）捻口用水泥强度应不低于 32.5MPa，接口水泥应密实饱满，其接口水泥面凹入承口边缘的深度不得大于 2mm。

（9）采用水泥捻口的给水铸铁管，在安装地点有侵蚀性的地下水时，应在接口处涂抹沥青防腐层。

（10）采用橡胶圈接口的埋地给水管道，在土壤或地下水对橡胶圈有腐蚀的地段，在回填土前应用沥青胶泥、沥青麻丝或沥青锯末等材料封闭橡胶圈接口。橡胶圈接口的管道，每个接口的最大偏转角不得超过表 6-17 的规定。

橡胶圈接口最大允许偏转角　　　　　　表 6-17

公称直径（mm）	100	125	150	200	250	300	350	400
允许偏转角度	5°	5°	5°	5°	4°	4°	4°	3°

（11）给水管道在埋地敷设时，应在当地的冰冻线以下，如必须在冰冻线以上铺设时，应做可靠的保温防潮措施。在无冰冻地区，埋地敷设时，管顶的覆土埋深不得小于 500mm，穿越道路部位的埋深不得小于 700mm。

（12）给水管道不得直接穿越污水井、化粪池、公共厕所等污染源。

（13）管道接口法兰、卡扣、卡箍等应安装在检查井或地沟内，不应埋在土壤中。

（14）给水系统各种井室内的管道安装，如设计无要求，井壁距法兰或承口的距离：管径小于或等于 450mm 时，不得小于 250mm；管径大于 450mm 时，不得小于 350mm。

（15）镀锌钢管、钢管的埋地防腐必须符合设计要求，如设计无规定时，可按规范的规定执行。

（16）管网必须进行水压试验，试验压力为工作压力的 1.5 倍，但不得小于 0.6MPa。

检验方法：管材为钢管、铸铁管时，试验压力下 10min 内压力降不应大于 0.05MPa，然后降至工作压力进行检查，压力应保持不变，不渗不漏；管材为塑料管时，试验压力下，稳压 1h 压力降不大于 0.05MPa，然后降至工作压力进行检查，压力应保持不变，不渗不漏。

（17）给水管道在竣工后，必须对管道进行冲洗，饮用水管道还要在冲洗后进行消毒，满足饮用水卫生要求。

6017　室外排水管道安装有哪些规定？

答：依据《建筑给水排水及采暖工程施工质量验收规范》GB 50242—2002，室外排水管道安装应符合下列规定：

（1）室外排水管道应采用混凝土管、钢筋混凝土管、排水铸铁管或塑料管。其规格及质量必须符合现行国家标准及设计要求。

（2）管道的坐标和标高应符合设计要求。安装的允许偏差应符合表 6-18 的规定。

（3）排水铸铁管采用水泥捻口时，油麻填塞应密实，接口水泥应密实饱满，其接口面凹入承口边缘且深度不得大于 2mm。

室外排水管道安装的允许偏差和检验方法 表 6-18

项次		项 目	允许偏差（mm）	检验方法
1	坐标	埋地	100	拉线
		敷设在沟槽内	50	尺量
2	标高	埋地	±20	用水平仪、
		敷设在沟槽内	±20	拉线和尺量
3	水平管道 纵横向弯曲	每 5m 长	10	拉线
		全长（两井间）	30	尺量

（4）排水铸铁管外壁在安装前应除锈，涂二遍石油沥青漆。

（5）承插接口的排水管道安装时，管道和管件的承口应与水流方向相反。

（6）混凝土管或钢筋混凝土管采用抹带接口时，应符合下列规定：

①抹带前应将管口的外壁凿毛，扫净，当管径小于或等于 500mm 时，抹带可一次完成；当管径大于 500mm 时，应分二次抹成，抹带不得有裂纹。

②钢丝网应在管道就位前放入下方，抹压砂浆时应将钢丝网抹压牢固，钢丝网不得外露。

③抹带厚度不得小于管壁的厚度，宽度宜为 80～100mm。

（7）排水管道的坡度必须符合设计要求，严禁无坡或倒坡。

（8）管道埋设前必须做灌水试验和通水试验，排水应畅通，无堵塞，管接口无渗漏。

检验方法：按排水检查井分段试验，试验水头应以试验段上游管顶加 1m，时间不少于 30min，逐段观察。

6018 室外供热管网安装有哪些规定?

答：依据《建筑给水排水及采暖工程施工质量验收规范》GB 50242—2002，室外供热管网安装应符合下列规定：

（1）供热管网的管材应按设计要求。当设计未注明时，应符合下列规定：

① 管径小于或等于 40mm 时，应使用焊接钢管。

② 管径为 50～200mm 时，应使用焊接钢管或无缝钢管。

③ 管径大于 200mm 时，应使用螺旋焊接钢管。

（2）管道水平敷设其坡度应符合设计要求。

（3）供热管道连接均应采用焊接连接。管道及管件焊接的焊缝表面质量应符合下列规定：

① 焊缝外形尺寸应符合图纸和工艺文件的规定，焊缝高度不得低于母材表面，焊缝与母材应圆滑过渡。

② 焊缝及热影响区表面应无裂纹、未熔合、未焊透、夹渣、弧坑和气孔等缺陷。

（4）供热管道的供水管或蒸汽管，如设计无规定时，应敷设在载热介质前进方向的右侧或上方。

（5）地沟内的管道安装位置，其净距（保温层外表面）应符合下列规定：

① 与沟壁 100~150mm。

② 与沟底 100~200mm。

③ 与沟顶（不通行地沟）50~100mm，（半通行和通行地沟）200~300mm。

（6）架空敷设的供热管道安装高度，如设计无规定时，应符合下列规定（以保温层外表面计算）：

① 人行地区，不小于 2.5m。

② 通行车辆地区，不小于 4.5m。

③ 跨越铁路，距轨顶不小于 6m。

（7）平衡阀及调节阀型号、规格及公称压力应符合设计要求。安装后应根据系统要求进行调试，并作出标志。

（8）直埋无补偿供热管道预伸长及三通加固应符合设计要求。回填前应检查预制保温层外壳及接口的完好性。回填应按设计要求进行。

（9）补偿器的位置必须符合设计要求，并应按设计要求或产品说明书进行预拉伸。管道固定支架的位置和构造必须符合设计要求。

（10）检查井室，用户入口处管道布置应便于操作及维修，支、吊、托架稳固，并满足设计要求。

（11）直埋管道的保温应符合设计要求，接口在现场发泡时，接头处厚度应与管道保温层厚度一致，接头处保护层必须与管道保护层成一体，符合防潮防水要求。

（12）除污器构造应符合设计要求，安装位置和方向应正确。管网冲洗后应清除内部污物。

（13）室外供热管道安装的允许偏差应符合表 6-19 的规定。

室外供热管道安装的允许偏差和检验方法　　　　表 6-19

项次	项目		允许偏差	检验方法
1	坐标（mm）	敷设在沟槽内及架空	20	用水准仪（水平尺）、直尺、拉线
		埋地	50	
2	标高（mm）	敷设在沟槽内及架空	±10	尺量检查
		埋地	±15	
3	水平管道纵、横方向弯曲（mm）	每 1m　管径≤100mm	1	用水准仪（水平尺）、直尺、拉线和尺量检查
		每 1m　管径>100mm	1.5	
		全长（25m 以上）管径≤100mm	≯13	
		全长（25m 以上）管径>100mm	≯25	
4	弯管	椭圆率 $\frac{D_{max}-D_{min}}{D_{max}}$　管径≤100mm	8%	用外卡钳和尺量检查
		管径>100mm	5%	
		折皱不平度（mm）管径≤100mm	4	
		管径 125~200mm	5	
		管径 250~400mm	7	

注：D_{max}，D_{min} 分别为管子最大外径及最小外径。

（14）供热管道的水压试验压力应为工作压力的 1.5 倍，但不得小于 0.6MPa。

检验方法：在试验压力下 10min 内压力降不大于 0.05MPa，然后降至工作压力下检查，不渗不漏。

（15）管道试压合格后，应进行冲洗。

（16）管道冲洗完毕应通水、加热，进行试运行和调试。当不具备加热条件时，应延期进行。

（17）供热管道作水压试验时，试验管道上的阀门应开启，试验管道与非试验管道应隔断。

6019　建筑中水系统管道安装有哪些规定?

答：依据《建筑给水排水及采暖工程施工质量验收规范》GB 50242—2002，建筑中水系统管道安装应符合下列规定：

（1）中水给水管道管材及配件应采用耐腐蚀的给水管管材及附件。

（2）中水管道与生活饮用水管道、排水管道平行埋设时，其水平净距离不得小于 0.5m；交叉埋设时，中水管道应位于生活饮用水管道下面，排水管道的上面，其净距离不应小于 0.15m。

（3）中水管道不宜暗装于墙体和楼板内。如必须暗装于墙槽内时，必须在管道上有明显且不会脱落的标志。

（4）中水高位水箱应与生活高位水箱分设在不同的房间内，如条件不允许只能设在同一房间时，与生活高位水箱的净距离应大于 2m。

（5）中水给水管道不得装设取水水嘴。便器冲洗宜采用密闭型设备和器具。绿化、浇洒、汽车冲洗宜采用壁式或地下式的给水栓。

（6）中水供水管道严禁与生活饮用水给水管道连接，中水管道外壁应涂浅绿色标志；中水池（箱）、阀门、水表及给水栓均应有"中水"标志。

6020　供热锅炉安装有哪些规定?

答：依据《建筑给水排水及采暖工程施工质量验收规范》GB 50242—2002，锅炉安装应符合下列规定：

（1）锅炉设备基础的混凝土强度必须达到设计要求，基础的坐标、标高、几何尺寸和螺栓孔位置应符合规范的规定。

（2）非承压锅炉，应严格按设计或产品说明书的要求施工。锅筒顶部必须敞口或装设大气连通管，连通管上不得安装阀门。

（3）以天然气为燃料的锅炉的天然气释放管或大气排放管不得直接通向大气，应通向贮存或处理装置。

（4）两台或两台以上燃油锅炉共用一个烟囱时，每一台锅炉的烟道上均应配备风阀或挡板装置，并应具有操作调节和闭锁功能。

（5）锅炉的锅筒和水冷壁的下集箱及后棚管的后集箱的最低处排污阀及排污管道不得采用螺纹连接。

（6）机械炉排安装完毕后应做冷态运转试验，连续运转时间不应少于 8h。

（7）锅炉本体管道及管件焊接的焊缝质量应符合下列规定：

① 焊缝表面质量应符合规范的规定。

② 管道焊口尺寸的允许偏差应符合规范的规定。

③ 无损探伤的检测结果应符合锅炉本体设计的相关要求。

（8）铸铁省煤器破损的肋片数不应大于总肋片数的 5％，有破损肋片的根数不应大于总根数的 10％。

（9）锅炉本体安装应按设计或产品说明书要求布置坡度并坡向排污阀。

（10）锅炉由炉底送风的风室及锅炉底座与基础之间必须封、堵严密。

6021　供热锅炉水压试验有哪些规定？

答：依据《建筑给水排水及采暖工程施工质量验收规范》GB 50242—2002，锅炉的汽、水系统安装完毕后，必须进行水压试验。水压试验的压力应符合表 6-20 的规定。

水压试验压力规定　　　　　　　　　　　　　　表 6-20

项次	设备名称	工作压力 P（MPa）	试验压力（MPa）
1	锅炉本体	$P<0.59$	$1.5P$ 但不小于 0.2
		$0.59 \leqslant P \leqslant 1.18$	$P+0.3$
		$P>1.18$	$1.25P$
2	可分式省煤器	P	$1.25P+0.5$
3	非承压锅炉	大气压力	0.2

注：① 工作压力 P 对蒸汽锅炉指锅筒工作压力，对热水锅炉指锅炉额定出水压力。

　　② 铸铁锅炉水压试验同热水锅炉。

　　③ 非承压锅炉水压试验压力为 0.2MPa，试验期间压力应保持不变。

检验方法：

（1）在试验压力下 10min 内压力降不超过 0.02MPa；然后降至工作压力进行检查，压力不降，不渗、不漏；

（2）观察检查，不得有残余变形，受压元件金属壁和焊缝上不得有水珠和水雾。

6022　供热锅炉烘炉、煮炉和试运行有哪些规定？

答：依据《建筑给水排水及采暖工程施工质量验收规范》GB 50242—2002，烘炉、煮炉和试运行应符合下列规定：

（1）锅炉火焰烘炉应符合下列规定：

①火焰应在炉膛中央燃烧，不应直接烧烤炉墙及炉拱。

②烘炉时间一般不少于 4d，升温应缓慢，后期烟温不应高于 160℃，且持续时间不应少于 24h。

③链条炉排在烘炉过程中应定期转动。

④烘炉的中、后期应根据锅炉水水质情况排污。

（2）烘炉结束后应符合下列规定：

① 炉墙经烘烤后没有变形、裂纹及塌落现象。

②炉墙砌筑砂浆含水率达到 7% 以下。

（3）煮炉时间一般应为 2~3d，如蒸汽压力较低，可适当延长煮炉时间。非砌筑或浇注保温材料保温的锅炉，安装后可直接进行煮炉。煮炉结束后，锅筒和集箱内壁应无油垢，擦去附着物后金属表面应无锈斑。

（4）锅炉在烘炉、煮炉合格后，应进行 48h 的带负荷连续试运行，同时应进行安全阀的热状态定压检验和调整。

6023　建筑给水排水及采暖工程的检验和检测应包括哪些内容？

答：依据《建筑给水排水及采暖工程施工质量验收规范》GB 50242—2002，检验和检测应包括下列主要内容：

（1）承压管道系统和设备及阀门水压试验。

（2）排水管道灌水、通球及通水试验。

（3）雨水管道灌水及通水试验。

（4）给水管道通水试验及冲洗、消毒检测。

（5）卫生器具通水试验，具有溢流功能的器具满水试验。

（6）地漏及地面清扫口排水试验。

（7）消火栓系统测试。

（8）采暖系统冲洗及测试。

（9）安全阀及报警联动系统动作测试。

（10）锅炉 48h 负荷试运行。

第 2 节　通风与空调工程

6024　通风工程风管系统类别划分有何规定？

答：依据《通风与空调工程施工质量验收规范》GB 50243—2002，风管系统按其系统的工作压力划分为三个类别，其类别划分应符合表 6-21 的规定：

风管系统类别划分　　　　　　　　　　　　　　　　表 6-21

系统类别	系统工作压力 P（Pa）	密封要求
低压系统	$P \leqslant 500$	接缝和接管连接处严密
中压系统	$500 < P \leqslant 1500$	接缝和接管连接处增加密封措施
高压系统	$P > 1500$	所有的拼接缝和接管连接处均应采取密封措施

6025　通风工程风管制作有哪些规定？

答：依据《通风与空调工程施工质量验收规范》GB 50243—2002，风管制作应符合下列规定：

（1）风管的材料品种、规格、性能与厚度等应符合设计和现行国家产品标准的规定。当设计无规定时应按规范的规定执行。

（2）防火风管的本体、框架与固定材料、密封垫料必须为不燃材料，其耐火等级应符合设计的规定。

（3）复合材料风管的覆面材料必须为不燃材料，内部的绝热材料应为不燃或难燃 B1 级，且对人体无害的材料。

（4）风管必须通过工艺性的检测或验证，其强度和严密性要求应符合设计或有关标准的规定。

（5）金属风管的制作应符合下列规定：

①圆形弯管的曲率半径（以中心线计）和最少分节数量应符合表 6-22 的规定。圆形弯管的弯曲角度及圆形三通、四通支管与总管夹角的制作偏差不应大 3°。

圆形弯管曲率半径和最少节数　　　　　表 6-22

弯管直径 D (mm)	曲率半径 R	弯管角度和最少节数							
		90°		60°		45°		30°	
		中节	端节	中节	端节	中节	端节	中节	端节
80～220	≥1.5D	2	2	1	2	1	2	—	2
220～450	D～1.5D	3	2	2	2	1	2	—	2
450～800	D～1.5D	4	2	2	2	1	2	1	2
800～1400	D	5	2	3	2	2	2	1	2
1400～2000	D	8	2	5	2	3	2	2	2

②风管与配件的咬口缝应紧密、宽度应一致；折角应平直，圆弧应均匀；两端面平行。风管无明显扭曲与翘角；表面应平整，凹凸不大于 10mm。

③风管外径或外边长的允许偏差：当小于或等于 300mm 时，为 2mm；当大于 300mm 时，为 3mm。管口平面度的允许偏差为 2mm，矩形风管两条对角线长度之差不应大于 3mm；圆形法兰任意正交两直径之差不应大于 2mm。

④焊接风管的焊缝应平整，不应有裂缝、凸瘤、穿透的夹渣、气孔及其他缺陷等，焊接后板材的变形应矫正，并将焊渣及飞溅物清除干净。

（6）金属法兰连接风管的制作还应符合下列规定：

①风管法兰的焊缝应熔合良好、饱满，无假焊和孔洞；法兰平面度的允许偏差为 2mm，同一批量加工的相同规格法兰的螺孔排列应一致，并具有互换性。

②风管与法兰采用铆接连接时，铆接应牢固、不应有脱铆和漏铆现象；翻边应平整、紧贴法兰，其宽度应一致，且不应小于 6mm；咬缝与四角处不应有开裂与孔洞。

③风管与法兰采用焊接连接时，风管端面不得高于法兰接口平面。除尘系统的风管，宜采用内侧满焊、外侧间断焊形式，风管端面距法兰接口平面不应小于 5mm。

当风管与法兰采用点焊固定连接时，焊点应融合良好，间距不应大于 100mm；法兰与风管应紧贴，不应有穿透的缝隙或孔洞。

④当不锈钢板或铝板风管的法兰采用碳素钢时，其规格应符合规范的规定，并应根据设计要求做防腐处理；铆钉应采用与风管材质相同或不产生电化学腐蚀的材料。

（7）无法兰连接风管的制作还应符合下列规定：

①无法兰连接风管的接口及连接件，应符合规范的规定。圆形风管的芯管连接应符合规范的规定。

②薄钢板法兰矩形风管的接口及附件，其尺寸应准确，形状应规则，接口处应严密。

薄钢板法兰的折边（或法兰条）应平直，弯曲度不应大于 5/1000；弹性插条或弹簧夹应与薄钢板法兰相匹配；角件与风管薄钢板法兰四角接口的固定应稳固、紧贴，端面应平整、相连处不应有缝隙大于 2mm 的连续穿透缝。

③采用 C、S 形插条连接的矩形风管，其边长不应大于 630mm，插条与风管加工插口的宽度应匹配一致，其允许偏差为 2mm；连接应平整、严密，插条两端压倒长度不应小于 20mm。

④采用立咬口、包边立咬口连接的矩形风管，其立筋的高度应大于或等于同规格风管的角钢法兰宽度。同一规格风管的立咬口、包边立咬口的高度应一致，折角应倾角、直线度允许偏差为 5/1000；咬口连接铆钉的间距不应大于 150mm，间隔应均匀；立咬口四角连接处的铆固，应紧密、无孔洞。

（8）矩形风管弯管的制作，一般应采用曲率半径为一个平面边长的内外同心弧形弯管。当采用其他形式的弯管，平面边长大于 500mm 时必须设置弯管导流片。

（9）金属风管的连接应符合下列规定：

①风管板材拼接的咬口缝应错开，不得有十字形拼接缝。

②金属风管法兰材料规格不应小于表 6-23 或表 6-24 的规定。中、低压系统风管法兰的螺栓及铆钉孔的孔距不得大于 150mm；高压系统风管不得大于 100mm。矩形风管法兰的四角部位应设有螺孔。

当采用加固方法提高了风管法兰部位的强度时，其法兰材料规格相应的使用条件可适当放宽。无法兰连接风管的薄钢板法兰高度应参照金属法兰风管的规定执行。

金属圆形风管法兰及螺栓规格（mm）　　　　　　　表 6-23

风管直径 D	法兰材料规格		螺栓规格
	扁钢	角钢	
$D \leqslant 140$	20×4	—	M6
$140 < D \leqslant 280$	25×4	—	M6
$280 < D \leqslant 630$	—	25×3	M6
$630 < D \leqslant 1250$	—	30×4	M8
$1250 < D \leqslant 2000$	—	40×4	M8

金属矩形风管法兰及螺栓规格（mm）　　　　　　　表 6-24

风管长边尺寸 b	法兰材料规格（角钢）	螺栓规格
$b \leqslant 630$	25×3	M6
$630 < b \leqslant 1500$	30×3	M8
$1500 < b \leqslant 2500$	40×4	M8
$2500 < b \leqslant 4000$	50×5	M10

（10）非金属（硬聚氯乙烯、有机、无机玻璃钢）风管的连接还应符合下列规定：

① 法兰的规格应分别符合表 6-25～表 6-27 的规定，其螺栓孔的间距不得大于

120mm；矩形风管法兰的四角处，应设有螺孔。

② 采用套管连接时，套管厚度不得小于风管板材厚度。

硬聚氯乙烯圆形风管法兰规格（mm） 表 6-25

风管直径 D	材料规格（宽×厚）	连接螺栓	风管直径 D	材料规格（宽×厚）	连接螺栓
D≤180	35×6	M6	800<D≤1400	45×12	M10
180<D≤400	35×8	M8	1400<D≤1600	50×15	
400<D≤500	35×10		1600<D≤2000	60×15	
500<D≤800	40×10		D>2000	按设计	

硬聚氯乙烯矩形风管法兰规格（mm） 表 6-26

风管边长 b	材料规格（宽×厚）	连接螺栓	风管边长 b	材料规格（宽×厚）	连接螺栓
b≤160	35×6	M6	800<b≤1250	45×12	M10
160<b≤400	35×8	M8	1250<b≤1600	50×15	
400<b≤500	35×10		1600<b≤2000	60×15	
500<b≤800	40×10	M10	b>2000	按设计	

有机、无机玻璃钢风管法兰规格（mm） 表 6-27

风管直径 D 或风管边长 b	材料规格（宽×厚）	螺栓规格
D(b)≤400	30×4	M8
400<D(b)≤1000	40×6	
1000<D(b)≤2000	50×8	M10

（11）复合材料风管采用法兰连接时，法兰与风管板材的连接应可靠，其绝热层不得外露，不得采用降低板材强度和绝热性能的连接方法。

（12）砖、混凝土风道的变形缝，应符合设计要求，不应渗水和漏风。

（13）金属风管的加固应符合下列规定：

① 圆形风管（不包括螺旋风管）直径大于等于 800mm，且其管段长度大于 1250mm 或总表面积大于 4m² 均应采取加固措施。

② 矩形风管边长大于 630mm、保温风管边长大于 800mm，管段长度大于 1250mm 或低压风管单边平面积大于 1.2m²、中、高压风管大于 1.0m²，均应采取加固措施。

③ 非规则椭圆风管的加固，应参照矩形风管执行。

（14）非金属风管的加固，除应符合金属风管加固的规定外还应符合下列规定：

①硬聚氯乙烯风管的直径或边长大于 500mm 时其风管与法兰的连接处应设加强板，且间距不得大于 450mm。

②有机及无机玻璃钢风管的加固，应为本体材料或防腐性能相同的材料，并与风管成一整体。

（15）净化空调系统风管还应符合下列规定：

① 矩形风管边长小于或等于 900mm 时底面板不应有拼接缝；大于 900mm 时，不应有横向拼接缝。

② 风管所用的螺栓、螺母、垫圈和铆钉均应采用与管材性能相匹配、不会产生电化

学腐蚀的材料，或采取镀锌或其他防腐措施，并不得采用抽芯铆钉。

③ 不应在风管内设加固框及加固筋，风管无法兰连接不得使用 S 形插条、直角形插条及立联合角形插条等形式。

④ 空气洁净度等级为 1～5 级的净化空调系统风管不得采用按扣式咬口。

⑤ 风管的清洗不得用对人体和材质有危害的清洁剂。

⑥ 镀锌钢板风管不得有镀锌层严重损坏的现象，如表层大面积白花、锌层粉化等。

6026 通风工程风管部件与消声器制作有哪些规定?

答: 依据《通风与空调工程施工质量验收规范》GB 50243—2002，风管部件与消声器制作应符合下列规定:

(1) 手动单叶片或多叶片调节风阀的手轮或扳手，应以顺时针方向转动为关闭，其调节范围及开启角度指示应与叶片开启角度相一致。用于除尘系统间歇工作点的风阀，关闭时应能密封。手动单叶片或多叶片调节风阀还应符合下列规定:

①结构应牢固，启闭应灵活，法兰应与相应材质风管的相一致。

②叶片的搭接应贴合一致，与阀体缝隙应小于 2mm。

③截面积大于 $1.2m^2$ 的风阀应实施分组调节。

(2) 电动、气动调节风阀的驱动装置，动作应可靠，在最大工作压力下工作正常。

(3) 防火阀和排烟阀（排烟口）必须符合有关消防产品标准的规定，并具有相应的产品合格证明文件。

(4) 防爆风阀的制作材料必须符合设计规定，不得自行替换。

(5) 净化空调系统的风阀，其活动件、固定件以及紧固件均应采取镀锌或作其他防腐处理（如喷塑或烤漆）；阀体与外界相通的缝隙处，应有可靠的密封措施。

(6) 工作压力大于 1000Pa 的调节风阀，生产厂应提供（在 1.5 倍工作压力下能自由开关）强度测试合格的证书（或试验报告）。

(7) 防排烟系统柔性短管的制作材料必须为不燃材料。

(8) 风罩的制作应符合下列规定:

①尺寸正确、连接牢固、形状规则、表面平整光滑，其外壳不应有尖锐边角。

②槽边侧吸罩、条缝抽风罩尺寸应正确，转角处弧度均匀、形状规则，吸入口平整，罩口加强板隔间距应一致。

③厨房锅灶排烟罩应采用不易锈蚀材料制作，其下部集水槽应严密不漏水，并坡向排放口，罩内油烟过滤器应便于拆卸和清洗。

(9) 矩形弯管导流叶片的迎风侧边缘应圆滑，固定应牢固。导流片的弧度应与弯管的角度相一致。导流片的分布应符合设计规定。当导流叶片的长度超过 1250mm 时，应有加强措施。

(10) 柔性短管应符合下列规定:

① 应选用防腐、防潮、不透气、不易霉变的柔性材料。用于空调系统的应采取防止结露的措施；用于净化空调系统的还应是内壁光滑、不易产生尘埃的材料。

② 柔性短管的长度，一般宜为 150～300mn，其连接处应严密、牢固可靠。

③ 柔性短管不宜作为找正、找平的异径连接管。

④ 设于结构变形缝的柔性短管，其长度宜为变形缝的宽度加 100mm 及以上。

（11）消声器的制作应符合下列规定：

① 所选用的材料，应符合设计的规定，如防火、防腐、防潮和卫生性能要求。

② 外壳应牢固、严密，其漏风量应符合规范的规定。

③ 充填的消声材料，应按规定的密度均匀铺设，并应有防止下沉的措施。消声材料的覆面层不得破损，搭接应顺气流，且应拉紧，界面无毛边。

④ 隔板与壁板结合处应紧贴、严密；穿孔板应平整、无毛刺，其孔径和穿孔率应符合设计要求。

⑤ 消声弯管的平面边长大于 800mm 时，应加设吸声导流片；消声器内直接迎风面的布质覆面层应有保护措施；净化空调系统消声器内的覆面应为不易产尘的材料。

（12）风口的验收，规格以颈部外径与外边长为准，其尺寸的允许偏差值应符合表 6-28 的规定。风口的外表装饰面应平整、叶片或扩散环的分布应匀称、颜色应一致、无明显的划伤和压痕；调节装置转动应灵活、可靠，定位后应明显自由松动。

风口尺寸允许偏差（mm） 表 6-28

圆形风口		
直径	≤250	>250
允许偏差	0～—2	0～—3
矩 形 风 口		
边长	<300	300～800	>800
允许偏差	0～—1	0～—2	0～—3
对角线长度	<300	300～500	>500
对角线长度之差	≤1	≤2	≤3

6027 通风工程风管系统安装有哪些规定？

答：依据《通风与空调工程施工质量验收规范》GB 50243—2002，风管安装应符合下列规定：

（1）在风管穿过需要封闭的防火、防爆的墙体或楼板时，应设预埋管或防护套管，其钢板厚度不应小于 1.6mm。风管与防护套管之间，应用不燃且对人体无危害的柔性材料封堵。

（2）风管安装必须符合下列规定：

① 风管内严禁其他管线穿越。

② 输送含有易燃、易爆气体或安装在易燃、易爆环境的风管系统应有良好的接地，通过生活区或其他辅助生产房间时必须严密，并不得设置接口。

③ 室外立管的固定拉索严禁拉在避雷针或避雷网上。

（3）输送空气温度高于 80℃的风管，应按设计规定采取防护措施。

（4）风管部件安装必须符合下列规定：

① 各类风管部件及操作机构的安装应能保证其正常的使用功能，并便于操作。

② 斜插板风阀的安装，阀板必须为向上拉启；水平安装时，阀板还应为顺气流方向插入。

③ 止回风阀、自动排气活门的安装方向应正确。

（5）防火阀、排烟阀（口）的安装方向、位置应正确。防火分区隔墙两侧的防火阀，距墙表面不应大于 200mm。

（6）净化空调系统风管的安装还应符合下列规定：

① 风管、静压箱及其他部件，必须擦拭干净，做到无油污和浮尘，当施工停顿或完毕时，端口应封好。

② 法兰垫料应为不产尘、不易老化和具有一定强度和弹性的材料，厚度为 5～8mm，不得采用乳胶海绵；法兰垫片应尽量减少拼接，并不允许直缝对接连接，严禁在垫料表面涂涂料。

③ 风管与洁净室吊顶、隔墙等围护结构的接缝处应严密。

（7）集中式真空吸尘系统的安装应符合下列规定：

① 真空吸尘系统弯管的曲率半径不应小于 4 倍管径，弯管的内壁面应光滑，不得采用褶皱弯管。

② 真空吸尘系统三通的夹角不得大于 45°；四通制作应采用两个斜三通的做法。

（8）风管的连接应平直、不扭曲。明装风管水平安装，水平度的允许偏差为 3/1000，总偏差不应大于 20mm。明装风管垂直安装，垂直度的允许偏差为 2/1000，总偏差不应大于 20mm。暗装风管的位置，应正确、无明显偏差。

除尘系统的风管，宜垂直或倾斜敷设，与水平夹角宜大于或等于 45°，小坡度和水平管应尽量短。

对含有凝结水或其他液体的风管，坡度应符合设计要求，并在最低处设排液装置。

（9）各类风阀应安装在便于操作及检修的部位，安装后的手动或电动操作装置应灵活、可靠，阀板关闭应保持严密。

防火阀直径或长边尺寸大于等于 630mm 时，宜设独立支、吊架。

排烟阀（排烟口）及手控装置（包括预埋套管）的位置应符合设计要求。预埋套管不得有死弯及瘪陷。

除尘系统吸入管段的调节阀，宜安装在垂直管段上。

（10）风口与风管的连接应严密、牢固，与装饰面相紧贴；表面平整、不变形，调节灵活、可靠。条形风口的安装，接缝处应衔接自然，无明显缝隙。同一厅室、房间内的相同风口的安装高度应一致，排列应整齐。

明装无吊顶的风口，安装位置和标高偏差不应大于 10mm。

风口水平安装，水平度的偏差不应大于 3/1000。

风口垂直安装，垂直度的偏差不应大于 2/1000。

（11）风管系统安装后，必须进行严密性检验，合格后方能交付下道工序。风管系统严密性检验以主、干管为主。在加工工艺得到保证的前提下，低压风管系统可采用漏光法检测。

（12）手动密闭阀安装，阀门上标志的箭头方向必须与受冲击波方向一致。

6028　通风工程风管系统严密性检验有何规定？

答：依据《通风与空调工程施工质量验收规范》GB 50243—2002，风管系统安装完毕后，应按系统类别进行严密性检验，漏风量应符合设计与规范要求。风管系统严密性检验应符合下列规定：

（1）低压系统风管的严密性检验应采用抽检，抽检率为5％，且不得少于1个系统。在加工工艺得到保证的前提下，采用漏光法检测。检测不合格时，应按规定的抽检率做漏风量测试。

中压系统风管的严密性检验，应在漏光法检测合格后，对系统漏风量测试进行抽检，抽检率为20％，且不得少于1个系统。

高压系统风管的严密性检验，为全数进行漏风量测试。

系统风管严密性检验的被抽检系统，应全数合格，则视为通过；如有不合格时，则应再加倍抽检，直至全数合格。

（2）净化空调系统风管的严密性检验，1～5级的系统按高压系统风管的规定执行；6～9级的系统按规范的规定执行。

6029　通风工程风管支、吊架的安装有哪些规定？

答：依据《通风与空调工程施工质量验收规范》GB 50243—2002，风管支、吊架的安装应符合下列规定：

（1）风管水平安装，直径或长边尺寸小于等于400mm，间距不应大于4m；大于400mm，不应大于3m。螺旋风管的支、吊架间距可分别延长至5m和3.75m；对于薄钢板法兰的风管其支、吊架间距不应大于3m。

（2）风管垂直安装，间距不应大于4m，单根直管至少应有2个固定点。

（3）风管支、吊架宜按国标图集与规范选用强度和刚度相适应的形式和规格。对于直径或边长大于2500mm的超宽、超重等特殊风管的支、吊架应按设计规定。

（4）支、吊架不宜设置在风口、阀门、检查门及自控机构处，离风口或插接管的距离不宜小于200mm。

（5）当水平悬吊的主、干风管长度超过20m时应设置防止摆动的固定点，每个系统不应少于1个。

（6）吊架的螺孔应采用机械加工。吊杆应平直，螺纹完整、光洁。安装后各副支、吊架的受力应均匀，无明显变形。风管或空调设备使用的可调隔振支、吊架的拉伸或压缩量应按设计的要求进行调整。

（7）抱箍支架，折角应平直，抱箍应紧贴并箍紧风管。安装在支架上的圆形风管应设托座和抱箍，其圆弧应均匀，且与风管外径相一致。

6030　通风与空调设备安装有哪些规定？

答：依据《通风与空调工程施工质量验收规范》GB 50243—2002，通风与空调设备安装应符合下列规定：

（1）通风与空调设备应有装箱清单、设备说明书、产品质量合格证书和产品性能检测报告等随机文件，进口设备还应具有商检合格的证明文件。

（2）设备安装前，应进行开箱检查，并形成验收文字记录。参加人员为建设单位、项目监理机构、施工单位和厂商等代表。

（3）设备就位前应对其基础进行验收，合格后方能安装。

（4）通风机的安装：

① 型号、规格应符合设计规定，其出口方向应正确。

② 叶轮旋转应平稳，停转后不应每次停留在同一位置上。

③ 固定通风机的地脚螺栓应拧紧，并有防松动措施。

④ 通风机传动装置的外露部位以及直通大气的进、出口，必须装设防护罩（网）或采取其他安全设施。

（5）空调机组的安装：

① 型号、规格、方向和技术参数应符合设计要求。

② 现场组装的组合式空气调节机组应做漏风量的检测，其漏风量必须符合现行国家标准《组合式空调机组》GB/T 14294 的规定。

检查数量：按总数抽检 20%，不得少于 1 台。净化空调系统的机组，1～5 级全数检查，6～9 级抽查 50%。

（6）除尘器的安装：

① 型号、规格、进出口方向必须符合设计要求。

② 现场组装的除尘器壳体应做漏风量检测，在设计工作压力下允许漏风率为 5%，其中离心式除尘器为 3%。

③ 布袋除尘器、电除尘器的壳体及辅助设备接地应可靠。

（7）高效过滤器安装：

① 高效过滤器应在洁净室及净化空调系统进行全面清扫和系统连续试车 12h 以上后，在现场拆开包装并进行安装。

② 安装前需进行外观检查和仪器检漏。目测不得有变形、脱落、断裂等破损现象；仪器抽检检漏应符合产品质量文件的规定。

③ 合格后立即安装，其方向必须正确，安装后的高效过滤器四周及接口，应严密不漏；在调试前应进行扫描检漏。

（8）净化空调设备：

① 净化空调设备与洁净室围护结构相连的接缝必须密封。

② 风机过滤器单元（FFU 与 FMU 空气净化装置）应在清洁的现场进行外观检查，目测不得有变形、锈蚀、漆膜脱落、拼接板破损等现象；在系统试运转时，必须在进风口处加装临时中效过滤器作为保护。

（9）电加热器的安装：

① 电加热器与钢构架间的绝热层必须为不燃材料；接线柱外露的应加设安全防护罩。

② 电加热器的金属外壳接地必须良好。

③ 连接电加热器的风管的法兰垫片，应采用耐热不燃材料。

（10）消声器安装：

① 消声器安装前应保持干净，做到无油污和浮尘。

② 消声器安装的位置、方向应正确，与风管的连接应严密，不得有损坏与受潮。两组同类型消声器不宜直接串联。

③ 现场安装的组合式消声器，消声组件的排列、方向和位置应符合设计要求。单个消声器组件的固定应牢固。

④ 消声器、消声弯管均应设独立支、吊架。

（11）空气过滤器安装：

① 安装平整、牢固，方向正确。过滤器与框架、框架与围护结构之间应严密无穿透缝。

② 框架式或粗效、中效袋式空气过滤器的安装，过滤器四周与框架应均匀压紧，无可见缝隙，并应便于拆卸和更换滤料。

③ 卷绕式过滤器的安装，框架应平整、展开的滤料，应松紧适度、上下筒体应平行。

④ 静电空气过滤器金属外壳接地必须良好。

（12）风机盘管机组的安装：

① 机组安装前宜进行单机三速试运转及水压检漏试验。试验压力为系统工作压力的1.5倍，试验观察时间为2min，不渗漏为合格。

② 机组应设独立支、吊架，安装的位置、高度及坡度应正确、固定牢固。

③ 机组与风管、回风箱或风口的连接，应严密、可靠。

（13）干蒸汽加湿器的安装，蒸汽喷管不应朝下。蒸汽加湿器的安装应设置独立支架，并固定牢固；接管尺寸正确、无渗漏。

（14）过滤吸收器的安装方向必须正确，并应设独立支架，与室外的连接管段不得泄漏。

6031 空调制冷系统安装有哪些规定？

答：依据《通风与空调工程施工质量验收规范》GB 50243—2002，空调制冷系统安装应符合下列规定：

（1）制冷设备与制冷附属设备的安装：

①制冷设备、制冷附属设备的型号、规格和技术参数必须符合设计要求，并具有产品合格证书、产品性能检验报告。

②设备的混凝土基础必须进行质量交接验收，合格后方可安装。

③设备安装的位置、标高和管口方向必须符合设计要求。用地脚螺栓固定的制冷设备或制冷附属设备，其垫铁的放置位置应正确、接触紧密；螺栓必须拧紧，并有防松动措施。

（2）直接膨胀表面式冷却器的外表应保持清洁、完整，空气与制冷剂应呈逆向流动；表面式冷却器与外壳四周的缝隙应堵严，冷凝水排放应畅通。

（3）燃油系统的设备与管道，以及储油罐及日用油箱的安装，位置和连接方法应符合设计与消防要求。燃气系统设备的安装应符合设计和消防要求。调压装置、过滤器的安装和调节应符合设备技术文件的规定，且应可靠接地。

（4）制冷设备的各项严密性试验和试运行的技术数据，均应符合设备技术文件的规定。对组装式的制冷机组和现场充注制冷剂的机组，必须进行吹污、气密性试验、真空试验和充注制冷剂检漏试验，其相应的技术数据必须符合产品技术文件和有关现行国家标准规范的规定。

（5）制冷系统管道、管件和阀门的安装：

①制冷系统的管道、管件和阀门的型号、材质及工作压力等必须符合设计要求，并应具有出厂合格证、质量证明书。

②法兰、螺纹等处的密封材料应与管内的介质性能相适应。

③制冷剂液体管不得向上装成"Ω"形。气体管道不得向下装成"Ʊ"形（特殊回油管除外）；液体支管引出时，必须从干管底部或侧面接出；气体支管引出时，必须从干管顶部或侧面接出；有两根以上的支管从干管引出时，连接部位应错开，间距不应小于 2 倍支管直径，且不小于 200mm。

④制冷机与附属设备之间制冷剂管道的连接，其坡度与坡向应符合设计及设备技术文件要求。当设计无规定时，应符合表 6-29 的规定。

制冷剂管道坡度坡向　　　　　　　　　　表 6-29

管道名称	坡向	坡度
压缩机吸气水平管（氟）	压缩机	≥10/1000
压缩机吸气水平管（氨）	蒸发器	≥3/1000
压缩机排气水平管	油分离器	≥10/1000
冷凝器水平供液管	贮液器	(1～3)/1000
油分离器至冷凝器水平管	油分离器	(3～5)/1000

⑤ 制冷系统投入运行前，应对安全阀进行调试校核，其开启和回座压力应符合设备技术文件的要求。

（6）燃油管道系统必须设置可靠的防静电接地装置，其管道法兰应采用镀锌螺栓连接或在法兰处用铜导线进行跨接，且接合良好。

（7）燃气系统管道与机组的连接不得使用非金属软管。燃气管道的吹扫和压力试验应为压缩空气或氮气，严禁用水。当燃气供气管道压力大于 0.005MPa 时，焊缝的无损检测的执行标准应按设计规定。当设计无规定，且采用超声波探伤时，应全数检测，以质量不低于 II 级为合格。

（8）氨制冷剂系统管道、附件、阀门及填料不得采用铜或铜合金材料（磷青铜除外），管内不得镀锌。氨系统的管道焊缝应进行射线照相检验，抽检率为 10%，以质量不低于 III 级为合格。在不易进行射线照相检验操作的场合，可用超声波检验代替，以不低于 II 级为合格。

（9）输送乙二醇溶液的管道系统，不得使用内镀锌管道及配件。

（10）制冷管道系统应进行强度、气密性试验及真空试验，且必须合格。

6032 空调制冷系统阀门安装有哪些规定？

答：依据《通风与空调工程施工质量验收规范》GB 50243—2002，制冷系统阀门安装应符合下列规定：

（1）制冷剂阀门安装前应进行强度和严密性试验。强度试验压力为阀门公称压力的 1.5 倍，时间不得少于 5min。严密性试验压力为阀门公称压力的 1.1 倍，持续时间 30s 不漏为合格。合格后应保持阀体内干燥。如阀门进、出口封闭破损或阀体锈蚀的还应进行解体清洗。

（2）位置、方向和高度应符合设计要求。

（3）水平管道上的阀门的手柄不应朝下；垂直管道上的阀门手柄应朝向便于操作的地方。

（4）自控阀门安装的位置应符合设计要求。电磁阀、调节阀、热力膨胀阀、升降式止回阀等的阀头均应向上；热力膨胀阀的安装位置应高于感温包，感温包应装在蒸发器末端的回气管上，与管道接触良好，绑扎紧密。

（5）安全阀应垂直安装在便于检修的位置，其排气管的出口应朝向安全地带，排液管应装在泄水管上。

6033 空调水系统管道与设备安装有哪些规定？

答：依据《通风与空调工程施工质量验收规范》GB 50243—2002，空调水系统管道与设备安装应符合下列规定：

（1）空调工程水系统的设备与附属设备、管道、管配件及阀门的型号、规格、材质及连接形式应符合设计规定。

（2）管道安装应符合下列规定：

① 隐蔽管道必须按规范的规定执行。

② 镀锌钢管应采用螺纹连接。当管径大于 $DN100$ 时可采用卡箍式、法兰或焊接连接，但应对焊缝及热影响区的表面进行防腐处理。焊接钢管、镀锌钢管不得采用热煨弯。

③ 管道与设备的连接，应在设备安装完毕后进行，与水泵、制冷机组的接管必须为柔性接口。柔性短管不得强行对口连接，与其连接的管道应设置独立支架。

④ 冷热水及冷却水系统应在系统洗、冲排污合格（目测：以排出口的水色和透明度与入水口对比相近，无可见杂物）再循环试运行 2h 以上，且水质正常后才能与制冷机组、空调设备相贯通。

⑤ 固定在建筑结构上的管道支、吊架，不得影响结构的安全。管道穿越墙体或楼板处应设钢制套管，管道接口不得置于套管内，钢制套管应与墙体饰面或楼板底部平齐，上部应高出楼层地面 20～50mm，并不得将套管作为管道支撑。保温管道与套管四周间隙应使用不燃绝热材料填塞紧密。

（3）阀门的安装应符合下列规定：

① 阀门的安装位置、高度、进出口方向必须符合设计要求，连接应牢固紧密。

② 安装在保温管道上的各类手动阀门、手柄均不得向下。

③ 阀门安装前必须进行外观检查，阀门的铭牌应符合现行国家标准《通用阀门标志》

GB 12220 的规定。对于工作压力大于 1.0MPa 及在主干管上起到切断作用的阀门，应进行强度和严密性试验，合格后方准使用。其他阀门可不单独进行试验，待在系统试压中检验。强度试验时，试验压力为公称压力的 1.5 倍，持续时间不少于 5min，阀门的壳体、填料应无渗漏。

严密性试验时，试验压力为公称压力的 1.1 倍；试验压力在试验持续的时间内应保持不变，时间应符合表 6-30 的规定，以阀瓣密封面无渗漏为合格。

阀门压力持续时间 表 6-30

公称直径 DN（mm）	最短试验持续时间（s）	
	严密性试验	
	金属密封	非金属密封
≤50	15	15
65～200	30	15
250～450	60	30
≥500	120	60

检查数量：①、②项抽查 5%，且不得少于 1 个。水压试验以每批（同牌号、同规格、同型号）数量中抽查 20%，且不得少于 1 个。对于安装在主干管上起切断作用的闭路阀门，全数检查。

（4）补偿器的补偿量和安装位置必须符合设计及产品技术文件的要求，并应根据设计计算的补偿量进行预拉伸或预压缩。

设有补偿器（膨胀节）的管道应设置固定支架，其结构形式和固定位置应符合设计要求，并应在补偿器的预拉伸（或预压缩）前固定；导向支架的设置应符合所安装产品技术文件的要求。

（5）冷却塔的型号、规格、技术参数必须符合设计要求。对含有易燃材料冷却塔的安装，必须严格执行施工防火安全的规定。

（6）水泵的规格、型号、技术参数应符合设计要求和产品性能指标。水泵正常连续试运行的时间，不应少于 2h。

（7）水箱、集水缸、分水缸、储冷罐的满水试验或水压试验必须符合设计要求。储冷罐内壁防腐涂层的材质、涂抹质量、厚度必须符合设计或产品技术文件要求，储冷罐与底座必须进行绝热处理。

（8）风机盘管机组及其他空调设备与管道的连接，宜采用弹性接管或软接管（金属或非金属软管），其耐压值应大于等于 1.5 倍的工作压力。软管的连接应牢固、不应有强扭和瘪管。

（9）钢制管道的安装应符合下列规定：

①管道和管件在安装前，应将其内、外壁的污物和锈蚀清除干净。当管道安装间断时，应及时封闭敞开的管口。

②管道弯制弯管的弯曲半径，热弯不应小于管道外径的 3.5 倍、冷弯不应小于 4 倍；焊接弯管不应小于 1.5 倍；冲压弯管不应小于 1 倍。弯管的最大外径与最小外径的差不应

人于管道外径的 8/100，管壁减薄率不应大于 15%。

③冷凝水排水管坡度，应符合设计文件的规定。当设计无规定时，其坡度宜大于或等于 8‰；软管连接的长度，不宜大于 150mm。

④冷热水管道与支、吊架之间，应有绝热衬垫（承压强度能满足管道重量的不燃、难燃硬质绝热材料或经防腐处理的木衬垫），其厚度不应小于绝热层厚度，宽度应大于支、吊架支承面的宽度。衬垫的表面应平整、衬垫接合面的空隙应填实。

⑤管道安装的坐标、标高和纵、横向的弯曲度应符合表 6-31 的规定。在吊顶内等暗装管道的位置应正确，无明显偏差。

管道安装的允许偏差和检验方法　　　　表 6-31

项　　目			允许偏差（mm）	检　查　方　法
坐标	架空及地沟	室外	25	按系统检查管道的起点、终点、分支点和变向点及各点之间的直管
		室内	15	
	埋　地		60	
标高	架空及地沟	室外	±20	用经纬仪、水准仪、液体连通器、水平仪、拉线和尺量检查
		室内	±15	
	埋　地		±25	
水平管道平直度	$DN{\leqslant}100\text{mm}$		2L‰，最大 40	用直尺、拉线和尺量检查
	$DN{>}100\text{mm}$		3L‰，最大 60	
立管垂直度			5L‰，最大 25	用直尺、线锤、拉线和尺量检查
成排管段间距			15	用直尺尺量检查
成排管段或成排阀门在同一平面上			3	用直尺、拉线和尺量检查

注：L——管道的有效长度（mm）。

（10）管道系统安装完毕，外观检查合格后，应按设计要求进行水压试验。

6034　空调水系统管道水压试验有哪些规定？

答：依据《通风与空调工程施工质量验收规范》GB 50243—2002，管道系统安装完毕，外观检查合格后，应按设计要求进行水压试验。当设计无规定时，应符合下列规定：

（1）冷热水、冷却水系统的试验压力，当工作压力小于等于 1.0MPa 时为 1.5 倍工作压力，但最低不小于 0.6MPa；当工作压力大于 1.0MPa 时，为工作压力加 0.5MPa。

（2）对于大型或高层建筑垂直位差较大的冷（热）媒水、冷却水管道系统宜采用分区、分层试压和系统试压相结合的方法。一般建筑可采用系统试压方法。

分区、分层试压：对相对独立的局部区域的管道进行试压。在试验压力下，稳压 10min，压力不得下降，再将系统压力降至工作压力，在 60min 内压力不得下降、外观检查无渗漏为合格。

系统试压：在各分区管道与系统主、干管全部连通后，对整个系统的管道进行系统的试压。试验压力以最低点的压力为准，但最低点的压力不得超过管道与组成件的承受压力。压力试验升至试验压力后，稳压 10min，压力下降不得大于 0.02MPa，再将系统压力降至工作压力，外观检查无渗漏为合格。

（3）各类耐压塑料管的强度试验压力为 1.5 倍工作压力，严密性工作压力为 1.15 倍的设计工作压力。

（4）凝结水系统采用充水试验，应以不渗漏为合格。

6035 通风与空调工程防腐与绝热有哪些规定？

答：依据《通风与空调工程施工质量验收规范》GB 50243—2002，风管和管道的防腐与绝热应符合下列规定：

（1）风管与部件及空调设备绝热工程施工应在风管系统严密性检验合格后进行。

（2）空调工程的制冷系统管道，包括制冷剂和空调水系统绝热工程的施工，应在管路系统强度与严密性检验合格和防腐处理结束后进行。

（3）普通薄钢板在制作风管前，宜预涂防锈漆一遍。

（4）支、吊架的防腐处理应与风管或管道相一致，其明装部分必须涂面漆。

（5）油漆施工时，应采取防火、防冻、防雨等措施，并不应在低温或潮湿环境下作业。明装部分的最后一遍色漆，宜在安装完毕后进行。

（6）风管和管道的绝热，应采用不燃或难燃材料，其材质、密度、规格与厚度应符合设计要求。如采用难燃材料时，应对其难燃性进行检查，合格后方可使用。

（7）防腐涂料和油漆，必须是在有效保质期限内的合格产品。

（8）在下列场合必须使用不燃绝热材料：

① 电加热器前后 800mm 的风管和绝热层。

② 穿越防火隔墙两侧 2m 范围内风管、管道和绝热层。

（9）输送介质温度低于周围空气露点温度的管道，当采用非闭孔性的热材料时，隔汽层（防潮层）必须完整，且封闭良好。

（10）位于洁净室内的风管及管道的绝热，不应采用易产尘的材料（如玻璃纤维、短纤维矿棉等）。

6036 通风与空调工程管道绝热层与防潮层的施工有哪些规定？

答：依据《通风与空调工程施工质量验收规范》GB 50243—2002，管道绝热层与防潮层的施工应符合下列规定：

（1）管道绝热层的施工

①绝热产品的材质和规格，应符合设计要求，管壳的粘贴应牢固、铺设应平整；绑扎应紧密，无滑动、松弛与断裂现象。

②硬质或半硬质绝热管壳的拼接缝隙，保温时不应大于 5mm，保冷时不应大于 2mm，并用粘结材料勾缝填满；纵缝应错开，外层的水平接缝应设侧下方。当绝热层的厚度大于 100mm 时，应分层铺设，层间应压缝。

③硬质或半硬质绝热管完应用金属丝或难腐织带捆扎，其间距为 300～350mm，且每节至少捆扎 2 道。

④松散或软质绝热材料应按规定的密度压缩其体积，疏密应均匀。毡类材料在管道上包扎时，搭接处不应有空隙。

（2）管道防潮层的施工

①防潮层应紧密粘贴在绝热层上，封闭良好，不得有虚粘、气泡、褶皱、裂缝等缺陷。

②立管的防潮层，应由管道的低端向高端敷设，环向搭接的缝口应朝向低端；纵向的搭接缝应位于管道的侧面，并顺水。

③卷材防潮层采用螺旋形缠绕的方式施工时，卷材的搭接宽度宜为 30～50mm。

6037　通风与空调工程系统调试应包括哪些项目？

答：依据《通风与空调工程施工质量验收规范》GB 50243—2002，通风与空调工程安装完毕，必须进行系统的测定和调试。系统调试应包括下列项目：

（1）设备单机试运转及调试；

（2）系统无生产负荷下的联合试运转及调试。

6038　通风与空调工程系统调试应符合哪些规定？

答：依据《通风与空调工程施工质量验收规范》GB 50243—2002，通风与空调工程系统调试应符合下列规定：

（1）通风与空调工程系统无生产负荷的联合试运转及调试，应在制冷设备和通风与空调设备单机试运转合格后进行。空调系统带冷（热）源的正常联合试运转不应少于 8h，当竣工季节与设计条件相差较大时，仅做不带冷（热）源试运转。通风、除尘系统的连续试运转不应少于 2h。

（2）净化空调系统运行前应在回风、新风的吸入口处和粗、中效过滤器前设置临时用过滤器（如无纺布等），实行对系统的保护。净化空调系统的检测和调整，应在系统进行全面清扫，且已运行 24h 及以上达到稳定后进行。

（3）设备单机试运转及调试应符合下列规定：

① 通风机、空调机组中的风机，叶轮旋转方向正确、运转平稳、无异常振动与声响，其电机运行功率应符合设备技术文件的规定。在额定转速下连续运转 2h 后，滑动轴承外壳最高温度不得超过 70℃；滚动轴承不得超过 80℃。

② 水泵叶轮旋转方向正确，无异常振动和声响，紧固连接部位无松动，其电机运行功率值符合设备技术文件的规定。水泵连续运转 2h 后，滑动轴承外壳最高温度不得超过 70℃；滚动轴承不得超过 75℃。

③ 冷却塔本体应稳固、无异常振动，其噪声应符合设备技术文件的规定。风机试运转按第①款的规定；冷却塔风机与冷却水系统循环试运行不少于 2h，运行应无异常情况。

④ 制冷机组、单元式空调机组的试运转，应符合设备技术文件和现行国家标准《制冷设备、空气分离设备安装工程施工及验收规范》GB50274 的有关规定，正常运转不应少于 8h。

⑤ 电控防火、防排烟风阀（口）的手动、电动操作应灵活、可靠，信号输出正确。

（4）系统无生产负荷的联合试运转及调试应符合下列规定：

① 系统总风量调试结果与设计风量的偏差不应大于 10%。

② 空调冷热水、冷却水总流量测试结果与设计流量的偏差不应大于 10％。

③ 舒适空调的温度、相对湿度应符合设计的要求。恒温、恒湿房间室内空气温度、相对湿度及波动范围应符合设计规定。

（5）防排烟系统联合运行与调试的结果（风量及正压），必须符合设计与消防的规定。

（6）净化空调系统还应符合下列规定：

① 单向流洁净室系统的系统总风量调试结果与设计风量的允许偏差为 0～20％，室内各风口风量与设计风量的允许偏差为 15％。

新风量与设计新风量的允许偏差为 10％。

② 单向流洁净室系统的室内截面平均风速的允许偏差为 0～20％，且截面风速不均匀度不应大于 0.25。

新风量和设计新风量的允许偏差为 10％。

③ 相邻不同级别洁净室之间和洁净室与非洁净室之间的静压差不应小于 5Pa，洁净室与室外的静压差不应小于 10Pa；

④ 室内空气洁净度等级必须符合设计规定的等级或在商定验收状态下的等级要求。

高于等于 5 级的单向流洁净室，在门开启的状态下，测定距离门 0.6m 室内侧工作高度处空气的含尘浓度，亦不应超过室内洁净度等级上限的规定。

6039　通风与空调工程综合效能的测定与调整应包括哪些项目？

答： 依据《通风与空调工程施工质量验收规范》GB 50243—2002，综合效能的测定与调整应包括下列项目：

（1）通风、空调系统带生产负荷的综合效能试验测定与调整的项目，应由建设单位根据工程性质、工艺和设计的要求进行确定。

（2）通风、除尘系统综合效能试验可包括下列项目：

① 室内空气中含尘浓度或有害气体浓度与排放浓度的测定。

② 吸气罩罩口气流特性的测定。

③ 除尘器阻力和除尘效率的测定。

④ 空气油烟酸雾、过滤装置净化效率的测定。

（3）空调系统综合效能试验可包括下列项目：

① 送回风口空气状态参数的测定与调整。

② 空气调节机组性能参数的测定与调整。

③ 室内噪声的测定。

④ 室内空气温度和相对湿度的测定与调整。

⑤ 对气流有特殊要求的空调区域做气流速度的测定。

（4）恒温恒湿空调系统除应包括空调系统综合效能试验项目外尚可增加下列项目：

① 室内静压的测定和调整。

② 空调机组各功能段性能的测定和调整。

③ 室内温度、相对湿度场的测定和调整。

④ 室内气流组织的测定。

（5）净化空调系统除应包括恒温恒湿空调系统综合效能试验项目外尚可增加下列

项目：

① 生产负荷状态下室内空气洁净度等级的测定。

② 室内浮游菌和沉降菌的测定。

③ 室内自净时间的测定。

④ 空气洁净度高于 5 级的洁净室，除应进行净化空调系统综合效能试验项目外，尚应增加设备泄漏控制、防止污染扩散等特定项目的测定。

⑤ 洁净度等级高于等于 5 级的洁净室，可进行单向气流流线平行度的检测，在工作区内气流流向偏离规定方向的角度不大于 15°。

(6) 防排烟系统综合效能试验的测定项目，为模拟状态下安全区正压变化测定及烟雾扩散试验等。

第3节 建 筑 电 气 工 程

6040 建筑电气工程主要设备、材料及配件进场验收有何要求？

答： 依据《建筑电气工程施工质量验收规范》GB 50303—2002，主要设备、材料及配件进场应按下列要求进行验收：

(1) 电气设备、材料及配件进场使用前，施工单位应按工程材料、设备报验程序进行报验，项目监理机构进行审查，确认符合相关规范、技术标准及设计要求后，方可用于工程。

(2) 项目监理机构应重点检查设备、材料及配件的质量证明文件、质量检验报告、生产许可证和安全认证标志以及装箱单、随机文件和附件等资料是否齐全。

(3) 对进口电气设备、器具和材料进场验收，项目监理机构尚应检查商检证明和中文的质量合格证明文件、规格、型号、性能检测报告以及中文的安装使用维修和试验要求等技术文件。

(4) 对有异议的的材料，应送有资质试验室进行抽样检测，试验室出具检测报告，确认符合规范和相关技术标准规定，方能在施工中应用。

6041 电线电缆进场有哪些规定？

答： 依据《建筑电气工程施工质量验收规范》GB 50303—2002，电线电缆应符合下列规定：

(1) 按批查验合格证，有生产许可证编号，按《额定电压 450/750V 以下聚氯乙烯绝缘电缆》GB5023.1～5023.7 标准生产的产品有安全认证标志。

(2) 外观检查：包装完好，抽检的电线绝缘层完整无损，厚度均匀。电缆无压扁、扭曲，铠装不松卷。耐热、阻燃的电线、电缆外护层有明显标识和制造厂标。

(3) 按制造标准，现场抽样检测绝缘层厚度和圆形线芯的直径；线芯直径误差不大于标称直径的 1%；常用的 BV 型绝缘电线的绝缘层厚度不小于表 6-32 的规定。

(4) 对电线、电缆绝缘性能、导电性能和阻燃性能有异议时，按批抽样送有资质的试验室检测。

BV 型绝缘电线的绝缘层厚度 表 6-32

序号	1	2	3	4	5	6	7	8	9	10	11	12	13	14	15	16	17
电线芯线标称截面积（mm²）	1.5	2.5	4	6	10	16	25	35	50	70	95	120	150	185	240	300	400
绝缘层厚度规定值（mm）	0.7	0.8	0.8	0.8	1.0	1.0	1.2	1.2	1.4	1.4	1.6	1.6	1.8	2.0	2.2	2.4	2.6

6042 变压器、箱式变电所等电器进场有哪些规定？

答：依据《建筑电气工程施工质量验收规范》GB 50303—2002，变压器、箱式变电所、高压电器及电瓷制品应符合下列规定：

（1）查验合格证和随带技术文件，变压器有出厂试验记录。

（2）外观检查：有铭牌，附件齐全，绝缘件无缺损、裂纹，充油部分不渗漏，充气高压设备气压指示正常，涂层完整。

6043 配电柜、控制柜及配电箱（盘）进场有哪些规定？

答：依据《建筑电气工程施工质量验收规范》GB 50303—2002，高低压成套配电柜、蓄电池柜、不间断电源柜、控制柜（屏、台）及动力、照明配电箱（盘）应符合下列规定：

（1）查验合格证和随带技术文件，实行生产许可证和安全认证制度的产品，有许可证编号和安全认证标志。不间断电源柜有出厂试验记录；

（2）外观检查：有铭牌，柜内元器件无损坏丢失、接线无脱落脱焊，蓄电池柜内电池壳体无碎裂、漏液，充油、充气设备无泄漏，涂层完整，无明显碰撞凹陷。

6044 照明灯具及附件进场有哪些规定？

答：依据《建筑电气工程施工质量验收规范》GB 50303—2002，照明灯具及附件应符合下列规定：

（1）查验合格证，新型气体放电灯具有随带技术文件。

（2）外观检查：灯具涂层完整，无损伤，附件齐全。防爆灯具铭牌上有防爆标志和防爆合格证号，普通灯具有安全认证标志。

（3）对成套灯具的绝缘电阻、内部接线等性能进行现场抽样检测。灯具的绝缘电阻值不小于 $2M\Omega$，内部接线为铜芯绝缘电线，芯线截面积不小于 $0.5mm^2$，橡胶或聚氯乙烯（PVC）绝缘电线的绝缘层厚度不小于 0.6mm。对游泳池和类似场所灯具（水下灯及防水灯具）的密闭和绝缘性能有异议时，按批抽样送有资质的试验室检测。

6045 架空线路及杆上电气设备安装程序是什么？

答：依据《建筑电气工程施工质量验收规范》GB 50303—2002，架空线路及杆上电气设备安装应按下列程序进行。

（1）线路方向和杆位及拉线坑位测量埋桩后，经检查确认，才能挖掘杆坑和拉线坑。

（2）杆坑、拉线坑的深度和坑型，经检查确认，才能立杆和埋设拉线盘。

（3）杆上高压电气设备交接试验合格，才能通电。

（4）架空线路做绝缘检查，且经单相冲击试验合格，才能通电。

（5）架空线路的相位经检查确认，才能与接户线连接。

6046 裸母线、封闭母线、插接式母线安装程序是什么？

答：依据《建筑电气工程施工质量验收规范》GB 50303—2002，裸母线、封闭母线、插接式母线安装应按下列程序进行：

（1）变压器、高低压成套配电柜、穿墙套管及绝缘子等安装就位，经检查合格，才能安装变压器和高低压成套配电柜的母线。

（2）封闭、插接式母线安装，在结构封顶、室内底层地面施工完成或已确定地面标高、场地清理、层间距离复核后，才能确定支架设置位置。

（3）与封闭、插接式母线安装位置有关的管道、空调及建筑装修工程施工基本结束，确认扫尾施工不会影响已安装的母线，才能安装母线。

（4）封闭、插接式母线每段母线组对接续前，绝缘电阻测试合格，绝缘电阻值大于20MΩ，才能安装组对。

（5）母线支架和封闭、插接式母线的外壳接地（PE）或接零（PEN）连接完成，母线绝缘电阻测试和交流工频耐压试验合格，才能通电。

6047 电缆桥架安装和桥架内电缆敷设安装程序是什么？

答：依据《建筑电气工程施工质量验收规范》GB 50303—2002，电缆桥架安装和桥架内电缆敷设应按下列程序进行：

（1）测量定位，安装桥架的支架，经检查确认，才能安装桥架。

（2）桥架安装检查合格，才能敷设电缆。

（3）电缆敷设前绝缘测试合格，才能敷设。

（4）电缆电气交接试验合格，且对接线去向、相位和防火隔堵措施等检查确认，才能通电。

6048 电线导管、电缆导管和线槽敷设程序是什么？

答：依据《建筑电气工程施工质量验收规范》GB 50303—2002，电线导管、电缆导管和线槽敷设应按下列程序进行：

（1）除埋入混凝土中的非镀锌钢导管外壁不做防腐处理外，其他场所的非镀锌钢导管内外壁均做防腐处理，经检查确认，才能配管。

（2）室外直埋导管的路径、沟槽深度、宽度及垫层处理经检查确认，才能埋设导管。

（3）现浇混凝土板内配管在底层钢筋绑扎完成，上层钢筋未绑扎前敷设，且检查确认，才能绑扎上层钢筋和浇捣混凝土。

（4）现浇混凝土墙体内的钢筋网片绑扎完成，门、窗等位置已放线，经检查确认，才能在墙体内配管。

（5）被隐蔽的接线盒和导管在隐蔽前检查合格，才能隐蔽。

（6）在梁、板、柱等部位明配管的导管套管、埋件、支架等检查合格，才能配管。

（7）吊顶上的灯位及电气器具位置先放样，且与土建及各专业施工单位商定，才能在吊顶内配管。

（8）顶棚和墙面的喷浆、油漆或壁纸等基本完成，才能敷设线槽、槽板。

6049　电线、电缆穿管及线槽敷线程序是什么？

答：依据《建筑电气工程施工质量验收规范》GB 50303—2002，电线、电缆穿管及线槽敷线应按下列程序进行：

（1）接地（PE）或接零（PEN）及其他焊接施工完成，经检查确认，才能穿入电线或电缆以及线槽内敷线。

（2）与导管连接的柜、屏、台、箱、盘安装完成，管内积水及杂物清理干净，经检查确认，才能穿入电线、电缆。

（3）电缆穿管前绝缘测试合格，才能穿入导管。

（4）电线、电缆交接试验合格，且对接线去向和相位等检查确认，才能通电。

6050　照明灯具安装程序是什么？

答：依据《建筑电气工程施工质量验收规范》GB 50303—2002，照明灯具安装应按下列程序进行：

（1）安装灯具的预埋螺栓、吊杆和吊顶上嵌入式灯具安装专用骨架等完成，按设计要求做承载试验合格，才能安装灯具。

（2）影响灯具安装的模板、脚手架拆除；顶棚和墙面喷浆、油漆或壁纸等及地面清理工作基本完成后，才能安装灯具。

（3）导线绝缘测试合格，才能灯具接线。

（4）高空安装的灯具，地面通断电试验合格，才能安装。

6051　照明系统的测试和通电试运行程序是什么？

答：依据《建筑电气工程施工质量验收规范》GB 50303—2002，照明系统的测试和通电试运行应按下列程序进行：

（1）电线绝缘电阻测试前电线的接续完成。

（2）照明箱（盘）、灯具、开关、插座的绝缘电阻测试在就位前或接线前完成。

（3）备用电源或事故照明电源作空载自动投切试验前拆除负荷，空载自动投切试验合格，才能做有载自动投切试验。

（4）电气器具及线路绝缘电阻测试合格，才能通电试验。

（5）照明全负荷试验必须在（1）、（2）、（4）款完成后进行。

6052　接地装置安装程序是什么？

答：依据《建筑电气工程施工质量验收规范》GB 50303—2002，接地装置安装应按下列程序进行：

（1）建筑物基础接地体：底板钢筋敷设完成，按设计要求做接地施工，经检查确认，才能支模或浇捣混凝土。

（2）人工接地体：按设计要求位置开挖沟槽，经检查确认，才能打入接地极和敷设地下接地干线。

（3）接地模块：按设计位置开挖模块坑，并将地下接地干线引到模块上，经检查确认，才能相互焊接。

（4）装置隐蔽：检查验收合格，才能覆土回填。

6053 引下线安装程序是什么？

答：依据《建筑电气工程施工质量验收规范》GB 50303—2002，引下线安装应按下列程序进行：

（1）利用建筑物柱内主筋作引下线，在柱内主筋绑扎后，按设计要求施工，经检查确认，才能支模。

（2）直接从基础接地体或人工接地体暗敷埋入粉刷层内的引下线，经检查确认不外露，才能贴面砖或刷涂料等。

（3）直接从基础接地体或人工接地体引出明敷的引下线，先埋设或安装支架，经检查确认，才能敷设引下线。

6054 等电位联结程序是什么？

答：依据《建筑电气工程施工质量验收规范》GB 50303—2002，等电位联结应按下列程序进行：

（1）总等电位联结：对可作导电接地体的金属管道入户处和供总等电位联结的接地干线的位置检查确认，才能安装焊接总等电位联结端子板，按设计要求做总等电位联结。

（2）辅助等电位联结：对供辅助等电位联结的接地母线位置检查确认，才能安装焊接辅助等电位联结端子板，按设计要求做辅助等电位联结。

（3）对特殊要求的建筑金属屏蔽网箱，网箱施工完成，经检查确认，才能与接地线连接。

6055 变压器、箱式变电所安装有哪些规定？

答：依据《建筑电气工程施工质量验收规范》GB 50303—2002，变压器、箱式变电所安装应符合下列规定：

（1）变压器安装应位置正确，附件齐全，油浸变压器油位正常，无渗油现象。

（2）接地装置引出的接地干线与变压器的低压侧中性点直接连接；接地干线与箱式变电所的 N 母线和 PE 母线直接连接；变压器箱体、干式变压器的支架或外壳应接地（PE）。所有连接应可靠，紧固件及防松零件齐全。

（3）变压器的交接试验必须符合现行国家标准《电气装置安装工程电气设备交接试验标准》GB 50150 的规定。

（4）箱式变电所及落地式配电箱的基础应高于室外地坪，周围排水通畅。用地脚螺栓固定的螺帽齐全，拧紧牢固；自由安放的应垫平放正。金属箱式变电所及落地式配电箱，箱体应接地（PE）或接零（PEN）可靠，且有标识。

（5）箱式变电所的交接试验，必须符合下列规定：

①由高压成套开关柜、低压成套开关柜和变压器三个独立单元组合成的箱式变电所高压电气设备部分的交接试验必须符合现行国家标准《电气装置安装工程电气设备交接试验标准》GB 50150 的规定。

②高压开关、熔断器等与变压器组合在同一个密闭油箱内的箱式变电所，交接试验按产品提供的技术文件要求执行。

③低压成套配电柜交接试验符合规范的规定。

6056　配电柜、控制柜和动力、照明配电箱（盘）安装有哪些规定？

答：依据《建筑电气工程施工质量验收规范》GB 50303—2002，成套配电柜、控制柜（屏、台）和动力、照明配电箱（盘）安装应符合下列规定：

（1）柜、屏、台、箱、盘的金属框架及基础型钢必须接地（PE）或接零（PEN）可靠；装有电器的可开启门，门和框架的接地端子间应用裸编织铜线连接，且有标识。

（2）低压成套配电柜、控制柜（屏、台）和动力、照明配电箱（盘）应有可靠的电击保护。柜（屏、台、箱、盘）内保护导体应有裸露的连接外部保护导体的端子，当设计无要求时，柜（屏、台、箱、盘）内保护导体最小截面积 S_p 不应小于表 6-33 的规定。

保护导体的截面积　　　　　　　　　　　表 6-33

相线的截面积 S（mm²）	相应保护导体的最小截面积 S_p（mm²）
$S \leqslant 16$	S
$16 < S \leqslant 35$	16
$35 < S \leqslant 400$	$S/2$
$400 < S \leqslant 800$	200
$S > 800$	$S/4$

注：S 指柜（屏、台、箱、盘）电源进线相线截面积，且两者（S、S_p）材质相同。

（3）手车、抽出式成套配电柜推拉应灵活，无卡阻碰撞现象。动触头与静触头的中心线应一致，且触头接触紧密，投入时，接地触头先于主触头接触；退出时，接地触头后于主触头脱开。

（4）高压成套配电柜必须按规范的规定交接试验合格，且应符合下列规定：

①继电保护元器件、逻辑元件、变送器和控制用计算机等单体校验合格，整组试验动作正确，整定参数符合设计要求。

②凡经法定程序批准，进入市场投入使用的新高压电气设备和继电保护装置，按产品技术文件要求交接试验。

（5）低压成套配电柜交接试验，必须符合规范的规定。

（6）柜、屏、台、箱、盘间线路的线间和线对地间绝缘电阻值，馈电线路必须大于 0.5MΩ；二次回路必须大于 1MΩ。

（7）柜、屏、台、箱、盘间二次回路交流工频耐压试验，当绝缘电阻值大于 10MΩ 时，用 2500V 兆欧表摇测 1min，应无闪络击穿现象；当绝缘电阻值在 1～10MΩ 时，做

1000V交流工频耐压试验，时间1min，应无闪络击穿现象。

（8）直流屏试验，应将屏内电子器件从线路上退出，检测主回路线间和线对地间绝缘电阻值应大于0.5MΩ，直流屏所附蓄电池组的充、放电应符合产品技术文件要求；整流器的控制调整和输出特性试验应符合产品技术文件要求。

（9）照明配电箱（盘）安装应符合下列规定：

①箱（盘）内配线整齐，无绞接现象。导线连接紧密，不伤芯线，不断股。垫圈下螺丝两侧压的导线截面积相同，同一端子上导线连接不多于2根，防松垫圈等零件齐全。

②箱（盘）内开关动作灵活可靠，带有漏电保护的回路，漏电保护装置动作电流不大于30mA，动作时间不大于0.1s。

③照明箱（盘）内，分别设置零线（N）和保护地线（PE线）汇流排，零线和保护地线经汇流排配出。

④照明配电箱箱（盘）安装牢固，垂直度允许偏差为1.5‰；底边距地面为1.5m，照明配电板底边距地面不小于1.8m。

（10）柜、屏、台、箱、盘安装垂直度允许偏差为1.5‰，相互间接缝不应大于2mm，成列盘面偏差不应大于5mm。

（11）柜、屏、台、箱、盘间配线：电流回路应采用额定电压不低于750V、芯线截面积不小于2.5mm² 的铜芯绝缘电线或电缆；除电子元件回路或类似回路外，其他回路的电线应采用额定电压不低于750V、芯线截面不小于1.5mm² 的铜芯绝缘电线或电缆。

二次回路连线应成束绑扎，不同电压等级、交流、直流线路及计算机控制线路应分别绑扎，且有标识；固定后不应妨碍手车开关或抽出式部件的拉出或推入。

6057　不间断电源安装有哪些规定？

答：依据《建筑电气工程施工质量验收规范》GB 50303—2002，不间断电源安装应符合下列规定：

（1）不间断电源的整流装置、逆变装置和静态开关装置的规格、型号必须符合设计要求。内部结线连接正确，紧固件齐全，可靠不松动，焊接连接无脱落现象。

（2）不间断电源的输入、输出各级保护系统和输出的电压稳定性、波形畸变系数、频率、相位、静态开关的动作等各项技术性能指标试验调整必须符合产品技术文件要求，且符合设计文件要求。

（3）不间断电源装置间连接的线间、线对地间绝缘电阻值应大于0.5MΩ。

（4）不间断电源输出端的中性线（N极），必须与由接地装置直接引来的接地干线相连接，做重复接地。

（5）安放不间断电源的机架组装应横平竖直，水平度、垂直度允许偏差不应大于1.5‰，紧固件齐全。

（6）引入或引出不间断电源装置的主回路电线、电缆和控制电线、电缆应分别穿保护管敷设，在电缆支架上平行敷设应保持150mm的距离；电线、电缆的屏蔽护套接地连接可靠，与接地干线就近连接，紧固件齐全。

（7）不间断电源装置的可接近裸露导体应接地（PE）或接零（PEN）可靠，且有标识。

（8）不间断电源正常运行时产生的 A 声级噪声，不应大于 45dB；输出额定电流为 5A 及以下的小型不间断电源噪声，不应大于 30dB。

6058　电缆桥架安装有哪些规定？

答：依据《建筑电气工程施工质量验收规范》GB 50303—2002，电缆桥架安装应符合下列规定：

（1）金属电缆桥架及其支架和引入或引出的金属电缆导管必须接地（PE）或接零（PEN）可靠，且必须符合下列规定：

①金属电缆桥架及其支架全长不应少于 2 处与接地（PE）或接零（PEN）干线相连接。

②非镀锌电缆桥架间连接板的两端跨接铜芯接地线，接地线最小允许截面积不小于 4mm²。

③镀锌电缆桥架间连接板的两端不跨接接地线，但连接板两端不少于 2 个有防松螺帽或防松垫圈的连接固定螺栓。

（2）直线段钢制电缆桥架长度超过 30m、铝合金或玻璃钢制电缆桥架长度超过 15m 设有伸缩节；电缆桥架跨越建筑物变形缝处设置补偿装置。

（3）电缆桥架转弯处的弯曲半径，不小于桥架内电缆最小允许弯曲半径，电缆最小允许弯曲半径见表 6-34。

电缆最小允许弯曲半径　　　　　　　　　　表 6-34

序　号	电缆种类	最小允许弯曲半径
1	无铅包钢铠护套的橡皮绝缘电力电缆	10D
2	有钢铠护套的橡皮绝缘电力电缆	20D
3	聚氯乙烯绝缘电力电缆	10D
4	交联聚氯乙烯绝缘电力电缆	15D
5	多芯控制电缆	10D

注：D 为电缆外径。

（4）当设计无要求时，电缆桥架水平安装的支架间距为 1.5～3m；垂直安装的支架间距不大于 2m。

（5）桥架与支架间螺栓、桥架连接板螺栓固定紧固无遗漏，螺母位于桥架外侧；当铝合金桥架与钢支架固定时，有相互间绝缘的防电化腐蚀措施。

（6）电缆桥架敷设在易燃易爆气体管道和热力管道的下方，当设计无要求时，与管道的最小净距符合表 6-35 的规定；

与管道的最小净距（m）　　　　　　　　　　表 6-35

管道类别		平行净距	交叉净距
一般工艺管道		0.4	0.3
易燃易爆气体管道		0.5	0.5
热力管道	有保温层	0.5	0.3
	无保温层	1.0	0.5

（7）敷设在竖井内和穿越不同防火区的桥架，按设计要求位置，有防火隔堵措施。

（8）支架与预埋件焊接固定时，焊缝饱满；膨胀螺栓固定时，选用螺栓适配，连接紧固，防松零件齐全。

6059 电缆桥架内电缆敷设有哪些规定？

答：依据《建筑电气工程施工质量验收规范》GB 50303—2002，电缆桥架内电缆敷设应符合下列规定：

（1）电缆敷设严禁有绞拧、铠装压扁、护层断裂和表面严重划伤等缺陷。

（2）大于 45°倾斜敷设的电缆每隔 2m 处设固定点。

（3）电缆出入电缆沟、竖井、建筑物、柜（盘）、台处以及管子管口处等做密封处理。

（4）电缆敷设排列整齐，水平敷设的电缆，首尾两端、转弯两侧及每隔 5～10m 处设固定点；敷设于垂直桥架内的电缆固定点间距，不大于表 6-36 的规定。

（5）电缆的首端、末端和分支处应设标志牌。

电缆固定点的间距（mm）   表 6-36

电缆种类		固定点的间距
电力电缆	全塑型	1000
	除全塑型外的电缆	1500
控制电缆		1000

6060 电缆沟内和电缆竖井内电缆敷设有哪些规定？

答：依据《建筑电气工程施工质量验收规范》GB 50303—2002，电缆沟内和电缆竖井内电缆敷设应符合下列规定：

（1）金属电缆支架、电缆导管必须接地（PE）或接零（PEN）可靠。

（2）电缆支架安装应符合下列规定：

①当设计无要求时，电缆支架最上层至竖井顶部或楼板的距离不小于 150～200mm；电缆支架最下层至沟底或地面的距离不小于 50～100mm。

②当设计无要求时，电缆支架层间最小允许距离符合表 6-37 的规定。

电缆支架层间最小允许距离（mm）   表 6-37

电缆种类	固定点的间距
控制电缆	120
10kV 及以下电力电缆	150～200

③支架与预埋件焊接固定时，焊缝饱满；用膨胀螺栓固定时，选用螺栓适配，连接紧固，防松零件齐全。

（3）电缆敷设严禁有绞拧、铠装压扁、护层断裂和表面严重划伤等缺陷。

（4）电缆在支架上敷设，转弯处的最小允许弯曲半径应符合规范的规定。

（5）电缆敷设固定应符合下列规定：

①垂直敷设或大于 45°倾斜敷设的电缆在每个支架上固定；

②交流单芯电缆或分相后的每相电缆固定用的夹具和支架，不形成闭合铁磁回路；

③电缆排列整齐，少交叉；当设计无要求时电缆支持点间距不大于表 6-38 的规定。

电缆支持点的间距（mm）　　　　　　　　　　　　表 6-38

电缆种类		敷设方式	
		水　平	垂　直
电力电缆	全塑型	400	1000
	除全塑形外的电缆	800	1500
控制电缆		800	1000

④当设计无要求时，电缆与管道的最小净距，符合规范的规定，且敷设在易燃易爆气体管道和热力管道的下方。

⑤敷设电缆的电缆沟和竖井，按设计要求位置，有防火隔堵措施。

（6）电缆的首端、末端和分支处应设标志牌。

6061　电线导管、电缆导管和线槽敷设有哪些规定？

答：依据《建筑电气工程施工质量验收规范》GB 50303—2002，电线导管、电缆导管和线槽敷设应符合下列规定：

（1）金属的导管和线槽必须接地（PE）或接零（PEN）可靠，并符合下列规定：

①镀锌的钢导管、可挠性导管和金属线槽不得熔焊跨接接地线，以专用接地卡跨接的两卡间连线为铜芯软导线，截面积不小于 $4mm^2$。

②当非镀锌钢导管采用螺纹连接时，连接处的两端焊跨接接地线；当镀锌钢导管采用螺纹连接时，连接处的两端用专用接地卡固定跨接接地线。

③金属线槽不作设备的接地导体，当设计无要求时，金属线槽全长不少于 2 处与接地（PE）或接零（PEN）干线连接。

④非镀锌金属线槽间连接板的两端跨接铜芯接地线，镀锌线槽间连接板的两端不跨接接地线，但连接板两端不少于 2 个有防松螺帽或防松垫圈的连接固定螺栓。

（2）金属导管严禁对口熔焊连接；镀锌和壁厚小于等于 2mm 的钢导管不得套管熔焊接连接。

（3）防爆导管不应采用倒扣连接；当连接有困难时，应采用防爆活接头，其接合面应严密。

（4）当绝缘导管在砌体上剔槽埋设时，应采用强度等级不小于 M10 的水泥砂浆抹面保护，保护层厚度大于 15mm。

（5）室外埋地敷设的电缆导管，埋深不应小于 0.7m。壁厚小于等于 2mm 的钢电线导管不应埋设于室外土壤内。

（6）室外导管的管口应设置在盒、箱内。在落地式配电箱内的管口，箱底无封板的，管口应高出基础面 50～80mm；所有管口在穿入电线、电缆后应做密封处理。由箱式变电所或落地式配电箱引向建筑物的导管，建筑物一侧的导管管口应设在建筑物内。

（7）电缆导管的弯曲半径不应小于电缆最小允许弯曲半径。

（8）金属导管内外壁应防腐处理；埋设于混凝土内的导管内壁应防腐处理，外壁可不防腐处理。

（9）室内进入落地式柜、台、箱、盘内的导管管口，应高出柜、台、箱、盘的基础面50～80mm。

（10）暗配的导管，埋设深度与建筑物、构筑物表面的距离不应小于15mm；明配的导管应排列整齐，固定点间距均匀，安装牢固；在终端、弯头中点或柜、台、箱、盘等边缘的距离150～500mm范围内设有管卡，中间直线段管卡间的最大距离应符合表6-39的规定。

管卡间最大距离 表6-39

敷设方式	导管种类	导管直径（mm）				
		15～20	25～32	32～40	50～65	65以上
		管卡间最大距离（m）				
支架或沿墙明敷	壁厚＞2mm 刚性钢导管	1.5	2.0	2.5	2.5	3.5
	壁厚≤2mm 刚性钢导管	1.0	1.5	2.0	—	—
	刚性绝缘导管	1.0	1.5	1.5	2.0	2.0

（11）线槽应安装牢固，无扭曲变形，紧固件的螺母应在线槽外侧。

（12）防爆导管敷设应符合下列规定：

①导管间及与灯具、开关、线盒等的螺纹连接处紧密牢固，除设计有特殊要求外，连接处不跨接接地线，在螺纹上涂以电力复合酯或导电性防锈酯。

②安装牢固顺直，镀锌层锈蚀或剥落处做防腐处理。

（13）绝缘导管敷设应符合下列规定：

①管口平整光滑；管与管、管与盒（箱）等器件采用插入法连接时，连接处结合面涂专用胶合剂，接口牢固密封。

②直埋于地下或楼板内的刚性绝缘导管，在穿出地面或楼板易受机械损伤的一段，采取保护措施。

③当设计无要求时，埋设在墙内或混凝土内的绝缘导管，采用中型以上的导管。

④沿建筑物、构筑物表面和在支架上敷设的刚性绝缘导管，按设计要求装设温度补偿装置。

（14）金属、非金属柔性导管敷设应符合下列规定：

①刚性导管经柔性导管与电气设备、器具连接，柔性导管的长度在动力工程中不大于0.8m，在照明工程中不大于1.2m。

②可挠金属管或其他柔性导管与刚性导管或电气设备、器具间的连接采用专用接头；复合型可挠金属管或其他柔性导管的连接处密封良好，防液覆盖层完整无损。

③可挠性金属导管和金属柔性导管不能做接地（PE）或接零（PEN）的接续导体。

（15）导管和线槽，在建筑物变形缝处，应设补偿装置。

6062 电线、电缆穿管和线槽敷线有哪些规定？

答：依据《建筑电气工程施工质量验收规范》GB 50303—2002，电线、电缆穿管和线槽敷线应符合下列规定：

（1）三相或单相的交流单芯电缆，不得单独穿于钢导管内。

（2）不同回路、不同电压等级和交流与直流的电线，不应穿于同一导管内；同一交流回路的电线应穿于同一金属导管内，且管内电线不得有接头。

（3）爆炸危险环境照明线路的电线和电缆额定电压不得低于 750V，且电线必须穿于钢导管内。

（4）电线、电缆穿管前，应清除管内杂物和积水。管口应有保护措施，不进入接线盒（箱）的垂直管口穿入电线、电缆后，管口应密封。

（5）当采用多相供电时，同一建筑物、构筑物的电线绝缘层颜色选择应一致，即保护地线（PE 线）应是黄绿相间色，零线用淡蓝色；相线用：A 相—黄色、B 相—绿色、C 相—红色。

（6）线槽敷线应符合下列规定：

①电线在线槽内有一定余量，不得有接头。电线按回路编号分段绑扎，绑扎点间距不应大于 2m。

②同一回路的相线和零线，敷设于同一金属线槽内。

③同一电源的不同回路无抗干扰要求的线路可敷设于同一线槽内；敷设于同一线槽内有抗干扰要求的线路用隔板隔离，或采用屏蔽电线且屏蔽护套一端接地。

6063　电缆头制作、接线和线路绝缘测试有哪些规定？

答：依据《建筑电气工程施工质量验收规范》GB 50303—2002，电缆头制作、接线和线路绝缘测试应符合下列规定：

（1）高压电力电缆直流耐压试验必须按规范的规定交接试验合格。

（2）低压电线和电缆，线间和线对地间的绝缘电阻值必须大于 0.5MΩ。

（3）铠装电力电缆头的接地线应采用铜绞线或镀锡铜编织线，截面积不应小于表6-40 的规定。

电缆芯线和按地截面积（mm²）　　　　　　　　　　　表 6-40

电缆芯线截面积	接地线截面积
120 及以下	16
150 及以上	25

注：电缆芯线截面积在 16mm² 及以下，接地线截面积与电缆芯线截面积相等。

（4）电线、电缆接线必须准确，并联运行电线或电缆的型号、规格、长度、相位应一致。

（5）芯线与电器设备的连接应符合下列规定：

①截面积在 10mm² 及以下的单股铜芯线和单股铝芯线直接与设备、器具的端子连接。

②截面积在 2.5mm² 及以下的多股铜芯线拧紧搪锡或接续端子后与设备、器具的端子连接。

③截面积大于 2.5mm² 的多股铜芯线，除设备自带插接式端子外，接续端子后与设备或器具的端子连接；多股铜芯线与插接式端子连接前，端部拧紧搪锡。

④多股铝芯线接续端子后与设备、器具的端子连接。

⑤每个设备和器具的端子接线不多于 2 根电线。

（6）电线、电缆的芯线连接金具（连接管和端子），规格应与芯线的规格适配，且不得采用开口端子。

（7）电线、电缆的回路标记应清晰，编号准确。

6064　普通灯具安装有哪些规定？

答：依据《建筑电气工程施工质量验收规范》GB 50303—2002，普通灯具安装应符合下列规定：

（1）灯具的固定应符合下列规定：

①灯具重量大于 3kg 时，固定在螺栓或预埋吊钩上。

②软线吊灯，灯具重量在 0.5kg 及以下时，采用软电线自身吊装；大于 0.5kg 的灯具采用吊链，且软电线编叉在吊链内，使电线不受力。

③灯具固定牢固可靠，不使用木楔。每个灯具固定用螺钉或螺栓不少于 2 个；当绝缘台直径在 75mm 及以下时，采用 1 个螺钉或螺栓固定。

（2）花灯吊钩圆钢直径不应小于灯具挂销直径，且不应小于 6mm。大型花灯的固定及悬吊装置，应按灯具重量的 2 倍做过载试验。

（3）当钢管做灯杆时，钢管内径不应小于 10mm，钢管厚度不应小于 1.5mm。

（4）固定灯具带电部件的绝缘材料以及提供防触电保护的绝缘材料，应耐燃烧和防明火。

（5）当设计无要求时，灯具的安装高度和使用电压等级应符合下列规定：

①一般敞开式灯具，灯头对地面距离不小于下列数值（采用安全电压时除外）：

室外：2.5m（室外墙上安装）；厂房：2.5m；室内：2m；软吊线带升降器的灯具在吊线展开后：0.8m。

②危险性较大及特殊危险场所，当灯具距地面高度小于 2.4m 时，使用额定电压为 36V 及以下的照明灯具，或有专用保护措施。

（6）当灯具距地面高度小于 2.4m 时，灯具的可接近裸露导体必须接地（PE）或接零（PEN）可靠，并应有专用接地螺栓，且有标识。

（7）引向每个灯具的导线线芯最小截面积应符合表 6-41 的规定。

导线线芯最小截面积（mm²）

表 6-41

灯具安装的场所及用途		线芯最小截面积		
		铜芯软线	铜线	铝线
灯头线	民用建筑室内	0.5	0.5	2.5
	工业建筑室内	0.5	1.0	2.5
	室外	1.0	1.0	2.5

（8）变电所内，高低压配电设备及裸母线的正上方不应安装灯具。

（9）装有白炽灯泡的吸顶灯具，灯泡不应紧贴灯罩；当灯泡与绝缘台间距离小于 5mm 时，灯泡与绝缘台间应采用隔热措施。

（10）安装在重要场所的大型灯具的玻璃罩，应采取防止玻璃罩破裂后向下溅落的措施。

（11）安装在室外的壁灯应有泄水孔，绝缘台与墙面之间应有防水措施。

6065　专用灯具安装有哪些规定?

答：依据《建筑电气工程施工质量验收规范》GB 50303—2002，专用灯具安装必须符合下列规定：

（1）36V 及以下行灯变压器和行灯安装应符合下列规定：

①行灯电压不大于 36V，在特殊潮湿场所或导电良好的地面上以及工作地点狭窄、行动不便的场所行灯电压不大于 12V。

②变压器外壳、铁芯和低压侧的任意一端或中性点，接地（PE）或接零（PEN）可靠。

③行灯变压器为双圈变压器，其电源侧和负荷侧有熔断器保护，熔丝额定电流分别不应大于变压器一次、二次的额定电流。

④行灯灯体及手柄绝缘良好，坚固耐热耐潮湿；灯头与灯体结合紧固，灯头无开关，灯泡外部有金属保护网、反光罩及悬吊挂钩，挂钩固定在灯具的绝缘手柄上。

（2）游泳池和类似场所灯具（水下灯及防水灯具）的等电位联结应可靠，且有明显标识，其电源的专用漏电保护装置应全部检测合格。自电源引入灯具的导管必须绝缘导管，严禁采用金属或有金属护层的导管。

（3）手术台无影灯安装应符合下列规定：

①固定灯座的螺栓数量不少于灯具法兰底座上的固定孔数，且螺栓直径与底座孔径相适配；螺栓采用双螺母锁固。

②在混凝土结构上螺栓与主筋相焊接或将螺栓末端弯曲与主盘绑扎锚固。

③配电箱内装有专用的总开关及分路开关，电源分别接在两条专用的回路上，开关至灯具的电线采用额定电压不低于 750V 的铜芯多股绝缘电线。

（4）防爆灯具安装应符合下列规定：

①灯具的防爆标志、外壳防护等级和温度级别与爆炸危险环境相适配。当设计无要求时，灯具种类和防爆结构的选型应符合规范的规定。

②灯具配套齐全，不用非防爆零件替代灯具配件（金属护网、灯罩、接线盒等）。

③灯具的安装位置离开释放源，且不在各种管道的泄压口及排放口上下方安装灯具。

④灯具及开关安装牢固可靠，灯具吊管及开关与接线盒螺纹啮合扣数不少于 5 扣，螺纹加工光滑、完整、无锈蚀，并在螺纹上涂以电力复合酯或导电性防锈酯。

⑤开关安装位置便于操作，安装高度 1.3m。

6066　应急照明灯具安装有哪些规定?

答：依据《建筑电气工程施工质量验收规范》GB 50303—2002，应急照明灯具安装应符合下列规定：

（1）应急照明灯的电源除正常电源外，另有一路电源供电，或者是独立于正常电源的柴油发电机组供电，或由蓄电池柜供电或选用自带电源型应急灯具。

（2）应急照明在正常电源断电后，电源转换时间为：疏散照明≤15s；备用照明≤15s（金融商店交易所≤1.5s）；安全照明≤0.5s。

（3）疏散照明由安全出口标志灯和疏散标志灯组成。安全出口标志灯距地高度不低于

2m，且安装在疏散出口和楼梯口里侧的上方。

（4）疏散标志灯安装在安全出口的顶部，楼梯间、疏散走道及其转角处应安装在1m以下的墙面上。不易安装的部位可安装在上部。疏散通道上的标志灯间距不大于20m（人防工程不大于10m）。

（5）疏散标志灯的设置，不影响正常通行，且不在其周围设置容易混同疏散标志灯的其他标志牌等。

（6）应急照明灯具、运行中温度大于60℃的灯具，当靠近可燃物时，采取隔热、散热等防火措施。当采用白炽灯，卤钨灯等光源时，不直接安装在可燃装修材料或可燃物件上。

（7）应急照明线路在每个防火分区有独立的应急照明回路，穿越不同防火分区的线路有防火隔堵措施。

（8）疏散照明线路采用耐火电线、电缆，穿管明敷或在非燃烧体内穿刚性导管暗敷，暗敷保护层厚度不小于30mm。电线采用额定电压不低于750V的铜芯绝缘电线。

6067 建筑物景观照明灯和庭院灯安装有哪些规定？

答： 依据《建筑电气工程施工质量验收规范》GB 50303—2002，建筑物景观照明灯和庭院灯安装应符合下列规定：

（1）建筑物彩灯安装应符合下列规定：

①建筑物顶部彩灯采用有防雨性能的专用灯具，灯罩要拧紧。

②彩灯配线管路按明配管敷设，且有防雨功能。管路间、管路与灯头盒间螺纹连接，金属导管及彩灯的构架、钢索等可接近裸露导体接地（PE）或接零（PEN）可靠。

③垂直彩灯悬挂挑臂采用不小于10#的槽钢。端部吊挂钢索用的吊钩螺栓直径不小于10mm，螺栓在槽钢上固定，两侧有螺帽，且加平垫及弹簧垫圈紧固。

④悬挂钢丝绳直径不小于4.5mm，底把圆钢直径不小于16mm，地锚采用架空外线用拉线盘，埋设深度大于1.5m。

⑤垂直彩灯采用防水吊线灯头，下端灯头距离地面高于3m。

（2）霓虹灯安装应符合下列规定：

①霓虹灯管完好，无破裂。

②灯管采用专用的绝缘支架固定，且牢固可靠。灯管固定后，与建筑物、构筑物表面的距离不小于20mm。

③霓虹灯专用变压器采用双圈式，所供灯管长度不大于允许负载长度，露天安装的有防雨措施。

④霓虹灯专用变压器的二次电线和灯管间的连接采用额定电压大于15kV的高压绝缘电线。二次电线与建筑物、构筑物表面的距离不小于20mm。

（3）建筑物景观照明灯具安装应符合下列规定：

①每套灯具的导电部分对地绝缘电阻值大于2MΩ。

②在人行道等人员来往密集场所安装的落地式灯具，无围栏防护，安装高度距地面2.5m以上。

③金属构架和灯具的可接近裸露导体及金属软管的接地（PE）或接零（PEN）可靠，

且有标识。

（4）庭院灯安装应符合下列规定：

①每套灯具的导电部分对地绝缘电阻值大于 2MΩ。

②主柱式路灯、落地式路灯、特种园艺灯等灯具与基础固定可靠，地脚螺栓备帽齐全。灯具的接线盒或熔断器盒，盒盖的防水密封垫完整。

③金属立柱及灯具可接近裸露导体接地（PE）或接零（PEN）可靠。接地线单设干线，干线沿庭院灯布置位置形成环网状，且不少于 2 处与接地装置引出线连接。由干线引出支线与金属灯柱及灯具的接地端子连接，且有标识。

6068 照明开关安装有哪些规定？

答：依据《建筑电气工程施工质量验收规范》GB 50303—2002，照明开关安装应符合下列规定：

（1）同一建筑物、构筑物的开关采用同一系列的产品，开关的通断位置一致，操作灵活，接触可靠。

（2）相线经开关控制；民用住宅无软线引至床边的床头开关。

（3）开关安装位置便于操作，开关边缘距门框边缘的距离 0.15～0.2m，开关距地面高度 1.3m；拉线开关距地面高度 2～3m，层高小于 3m 时，拉线开关距顶板不小于 100mm，拉线出口垂直向下。

（4）相同型号并列安装及同一室内开关安装高度一致，且控制有序不错位。并列安装的拉线开关的相邻间距不小于 20mm。

（5）暗装的开关面板应紧贴墙面，四周无缝隙，安装牢固，表面光滑整洁、无碎裂、划伤，装饰帽齐全。

6069 插座安装有哪些规定？

答：依据《建筑电气工程施工质量验收规范》GB 50303—2002，插座安装应符合下列规定：

（1）当交流、直流或不同电压等级的插座安装在同一场所时，应有明显的区别，且必须选择不同结构、不同规格和不能互换的插座；配套的插头应按交流、直流或不同电压等级区别使用。

（2）特殊情况下插座安装应符合下列规定：

①当接插有触电危险家用电器的电源时，采用能断开电源的带开关插座，开关断开相线。

②潮湿场所采用密封型并带保护地线触头的保护型插座，安装高度不低于 1.5m。

（3）当不采用安全型插座时，托儿所、幼儿园及小学等儿童活动场所安装高度不小于 1.8m。

（4）暗装的插座面板紧贴墙面，四周无缝隙，安装牢固，表面光滑整洁、无碎裂、划伤，装饰帽齐全。

（5）车间及试（实）验室的插座安装高度距地面不小于 0.3m；特殊场所暗装的插座不小于 0.15m；同一室内插座安装高度一致。

（6）地插座面板与地面齐平或紧贴地面，盖板固定牢固，密封良好。

6070　插座接线有哪些规定？

答： 依据《建筑电气工程施工质量验收规范》GB 50303—2002，插座接线应符合下列规定：

（1）单相两孔插座，面对插座的右孔或上孔与相线连接，左孔或下孔与零线连接；单相三孔插座，面对插座的右孔与相线连接，左孔与零线连接。

（2）单相三孔、三相四孔及三相五孔插座的接地（PE）或接零（PEN）线接在上孔。插座的接地端子不与零线端子连接。同一场所的三相插座，接线的相序一致。

（3）接地（PE）或接零（PEN）线在插座间不串联连接。

6071　建筑物照明通电试运行有哪些规定？

答： 依据《建筑电气工程施工质量验收规范》GB 50303—2002，建筑物照明通电试运行应符合下列规定：

（1）照明系统通电，灯具回路控制应与照明配电箱及回路的标识一致；开关与灯具控制顺序相对应，风扇的转向及调速开关应正常。

（2）公用建筑照明系统通电连续试运行时间应为24h，民用住宅照明系统通电连续试运行时间应为8h。所有照明灯具均应开启，且每2h记录运行状态1次，连续试运行时间内无故障。

6072　建筑物接地装置安装有哪些规定？

答： 依据《建筑电气工程施工质量验收规范》GB 50303—2002，建筑物接地装置安装应符合下列规定：

（1）人工接地装置或利用建筑物基础钢筋的接地装置必须在地面以上按设计要求位置设测试点。

（2）测试接地装置的接地电阻值必须符合设计要求。

（3）防雷接地的人工接地装置的接地干线埋设，经人行通道处埋地深度不应小于1m，且应采取均压措施或在其上方铺设卵石或沥青地面。

（4）接地模块顶面埋深不应小于0.6m，接地模块间距不应小于模块长度的3～5倍；接地模块埋设基坑，一般为模块外形尺寸的1.2～1.4倍，且在开挖深度内详细记录地层情况。

（5）接地模块应垂直或水平就位，不应倾斜设置，保持与原土层接触良好。

（6）当设计无要求时，接地装置顶面埋设深度不应小于0.6m。圆钢、角钢及钢管接地极应垂直埋入地下，间距不应小于5m。接地装置的焊接应采用搭接焊，搭接长度应符合下列规定：

①扁钢与扁钢搭接为扁钢宽度的2倍，不少于三面施焊。

②圆钢与圆钢搭接为圆钢直径的6倍，双面施焊。

③圆钢与扁钢搭接为圆钢直径的6倍，双面施焊。

④扁钢与钢管，扁钢与角钢焊接，紧贴角钢外侧两面，或紧贴3/4钢管表面，上下两

侧施焊。

⑤除埋设在混凝土中的焊接接头外，有防腐措施。

（7）当设计无要求时，接地装置的材料采用为钢材，热浸镀锌处理，最小允许规格、尺寸应符合表 6-42 的规定。

最小允许规格、尺寸　　　　　　　　　　　　　　表 6-42

种类、规格及单位		敷设位置及使用类别			
		地上		地下	
		室内	室外	交流电流回路	直流电流回路
圆钢直径（mm）		6	8	10	12
扁钢	截面（mm²）	60	100	100	100
	厚度（mm）	3	4	4	6
角钢厚度（mm）		2	2.5	4	6
钢管管壁厚度（mm）		2.5	2.5	3.5	4.5

（8）接地模块应集中引线，用干线把接地模块并联焊接成一个环路，干线的材质与接地模块焊接点的材质应相同，钢制的采用热浸镀锌扁钢，引出线不少于 2 处。

6073　避雷引下线和变配电室接地干线敷设有哪些规定？

答：依据《建筑电气工程施工质量验收规范》GB 50303—2002，避雷引下线和变配电室接地干线敷设应符合下列规定：

（1）暗敷在建筑物抹灰层内的引下线应有卡钉分段固定；明敷的引下线应平直、无急弯，与支架焊接处，油漆防腐，且无遗漏。

（2）变压器室、高低压开关室内的接地干线应有不少于 2 处与接地装置引出干线连接。

（3）当利用金属构件、金属管道做接地线时，应在构件或管道与接地干线间焊接金属跨接线。

（4）明敷接地引下线及室内接地干线的支持件间距应均匀，水平直线部分 0.5～1.5m；垂直直线部分 1.5～3m；弯曲部分 0.3～0.5m。

（5）接地线在穿越墙壁、楼板和地坪处应加套钢管或其他坚固的保护套管，钢套管应与接地线做电气连通。

（6）变配电室内明敷接地干线安装应符合下列规定：

①便于检查，敷设位置不妨碍设备的拆卸与检修。

②当沿建筑物墙壁水平敷设时，距地面高度 250～300mm；与建筑物墙壁间的间隙 10～15mm。

③当接地线跨越建筑物变形缝时，设补偿装置。

④接地线表面沿长度方向，每段为 15～100mm，分别涂以黄色和绿色相间的条纹。

⑤变压器室、高压配电室的接地干线上应设置不少于 2 个供临时接地用的接线柱或接地螺栓。

（7）当电缆穿过零序电流互感器时，电缆头的接地线应通过零序电流互感器后接地；

由电缆头至穿过零序电流互感器的一段电缆金属护层和接地线应对地绝缘。

（8）配电间隔和静止补偿装置的栅栏门及变配电室金属门铰链处的接地连接，应采用编织铜线。变配电室的避雷器应用最短的接地线与接地干线连接。

（9）设计要求接地的幕墙金属框架和建筑物的金属门窗，应就近与接地干线连接可靠，连接处不同金属间应有防电化腐蚀措施。

6074　建筑物接闪器安装有哪些规定？

答：依据《建筑电气工程施工质量验收规范》GB 50303—2002，接闪器安装应符合下列规定：

（1）建筑物顶部的避雷针、避雷带等必须与顶部外露的其他金属物体连成一个整体的电气通路，且与避雷引下线连接可靠。

（2）避雷针、避雷带应位置正确，焊接固定的焊缝饱满无遗漏，螺栓固定的应备帽等防松零件齐全，焊接部分补刷的防腐油漆完整。

（3）避雷带应平正顺直，固定点支持件间距均匀、固定可靠，每个支持件应能承受大于 49N（5kg）的垂直拉力。当设计无要求时，支持件间距符合规范有关规定。

第4节　智能建筑工程

6075　智能建筑工程包括哪些子分部工程？

答：依据《智能建筑工程质量验收规范》GB 50339—2013，智能建筑工程包括的子分部工程有：智能化集成系统、信息接入系统、用户电话交换系统、信息网络系统、综合布线系统、移动通信室内信号覆盖系统、卫星通信系统、有线电视及卫星电视接收系统、公共广播系统、会议系统、信息导引及发布系统、时钟系统、信息化应用系统、建筑设备监控系统、火灾自动报警系统、安全技术防范系统、应急响应系统、机房工程、防雷与接地等。

6076　智能建筑综合布线系统检测有哪些规定？

答：依据《智能建筑工程质量验收规范》GB 50339—2013，综合布线系统检测应符合下列规定：

（1）综合布线系统检测应包括电缆系统和光缆系统的性能测试，且电缆系统测试项目应根据布线信道或链路的设计等级和布线系统的类别要求确定。

（2）综合布线系统检测单项合格判定应符合下列规定：

①一个及以上被测项目的技术参数测试结果不合格的，该项目应判为不合格；某一被测项目的检测结果与相应规定的差值在仪表准确度范围内的，该被测项目应判为合格；

②采用 4 对对绞电缆作为水平电缆或主干电缆，所组成的链路或信道有一项及以上指标测试结果不合格的，该链路或信道应判为不合格；

③主干布线大对数电缆中按 4 对对绞线对组成的链路一项及以上测试指标不合格的，该线对应判为不合格；

④光纤链路或信道测试结果不满足设计要求的，该光纤链路或信道应判为不合格；

⑤未通过检测的链路或信道应在修复后复检。

（3）综合布线系统检测的综合合格判定应符合下列规定：

①对绞电缆布线全部检测时，无法修复的链路、信道或不合格线对数量有一项及以上超过被测总数的 1％的，结论应判为不合格；光缆布线检测时，有一条及以上光纤链路或信道无法修复的，应判为不合格。

②对于抽样检测，被抽样检测点（线对）不合格比例不大于被测总数 1％的，抽样检测应判为合格，且不合格点（线对）应予以修复并复检；被抽样检测点（线对）不合格比例大于 1％的，应判为一次抽样检测不合格，并应进行加倍抽样，加倍抽样不合格比例不大于 1％的，抽样检测应判为合格；不合格比例仍大于 1％的，抽样检测应判为不合格，且应进行全部检测，并按全部检测要求进行判定。

③全部检测或抽样检测结论为合格的，系统检测的结论应为合格；全部检测结论为不合格的，系统检测的结论应为不合格。

（4）对绞电缆链路或信道和光纤链路或信道的检测应符合下列规定：

①自检记录应包括全部链路或信道的检测结果。

②自检记录中各单项指标全部合格时，应判为检测合格。

③自检记录中各单项指标中有一项及以上不合格时，应抽检，且抽样比例不应低于 10％，抽样点应包括最远布线点；抽检结果的判定应符合规范的规定。

（5）综合布线的标签和标识应按 10％抽检，综合布线管理软件功能应全部检测。检测结果符合设计要求的，应判为检测合格。

（6）电子配线架应检测管理软件中显示的链路连接关系与链路的物理连接的一致性，并应按 10％抽检。检测结果全部一致的，应判为检测合格。

6077　智能建筑公共广播系统检测有哪些规定？

答：依据《智能建筑工程质量验收规范》GB 50339—2013，公共广播系统检测应符合下列规定：

（1）公共广播系统可包括业务广播、背景广播和紧急广播。检测和验收的范围应根据设计要求确定。

（2）当紧急广播系统具有火灾应急广播功能时，应检查传输线缆、槽盒和导管的防火保护措施。

（3）公共广播系统检测时，应打开广播分区的全部广播扬声器，测量点宜均匀布置，且不应在广播扬声器附近和其声辐射轴线上。

（4）公共广播系统检测时，应检测公共广播系统的应备声压级，检测结果符合设计要求的应判定为合格。

（5）主观评价时应对广播分区逐个进行检测和试听，并应符合规范有关规定。

（6）公共广播系统检测时，应检测紧急广播的功能和性能，检测结果符合设计要求的应判定为合格。当紧急广播包括火灾应急广播功能时，还应检测下列内容：

①紧急广播具有最高级别的优先权；

②警报信号触发后，紧急广播向相关广播区播放警示信号、警报语声文件或实时指挥语声的响应时间；

③音量自动调节功能。

④手动发布紧急广播的一键到位功能。

⑤设备的热备用功能、定时自检和故障自动告警功能。

⑥备用电源的切换时间。

⑦广播分区与建筑防火分区匹配。

（7）公共广播系统检测时，应检测业务广播和背景广播的功能，符合设计要求的应判定为合格。

（8）公共广播系统检测时，应检测公共广播系统的声场不均匀度、漏出声衰减及系统设备信噪比，检测结果符合设计要求的应判定为合格。

（9）公共广播系统检测时，应检查公共广播系统的扬声器位置，分布合理、符合设计要求的应判定为合格。

6078　智能建筑会议系统检测有哪些规定？

答：依据《智能建筑工程质量验收规范》GB 50339—2013，会议系统检测应符合下列规定：

（1）会议系统检测和验收的范围应根据设计要求确定。

（2）会议系统检测时，应根据系统规模和实际所选用功能和系统，以及会议室的重要性和设备复杂性确定检测内容和验收项目。

（3）会议系统检测应符合下列规定：

①功能检测应采用现场模拟的方法，根据设计要求逐项检测。

②性能检测可采用客观测量或主观评价方法进行。

（4）会议扩声系统的检测应符合下列规定：

①声学特性指标可检测语言传输指数，或直接检测下列内容：

a. 最大声压级。

b. 传输频率特性。

c. 传声增益。

d. 声场不均匀度。

e. 系统总噪声级。

②声学特性指标的测量方法应符合现行国家标准《厅堂扩声特性测量方法》GB/T 4959 的规定，检测结果符合设计要求的应判定为合格。

③主观评价应符合下列规定：

a. 声源应包括语言和音乐两类；

b. 评价方法和评分标准应符合规范的规定。

（5）会议视频显示系统的检测应符合下列规定：

①显示特性指标的检测应包括下列内容：

a. 显示屏亮度。

b. 图像对比度。

c. 亮度均匀性。

d. 图像水平清晰度。

e. 色域覆盖率。

f. 水平视角、垂直视角。

②显示特性指标的测量方法应符合现行国家标准《视频显示系统工程测量规范》GB/T 50525 的规定。检测结果符合设计要求的应判定为合格。

③主观评价应符合规范的规定。

（6）具有会议电视功能的会议灯光系统，应检测平均照度值。检测结果符合设计要求的应判定为合格。

（7）会议讨论系统和会议同声传译系统应检测与火灾自动报警系统的联动功能。检测结果符合设计要求的应判定为合格。

（8）会议电视系统的检测应符合下列规定：

①应对主会场和分会场功能分别进行检测。

②性能评价的检测宜包括声音延时、声像同步、会议电视回声、图像清晰度和图像连续性。

③会议灯光系统的检测宜包括照度、色温和显色指数。

④检测结果符合设计要求的应判定为合格。

（9）其他系统的检测应符合下列规定：

①会议同声传译系统的检测应按现行国家标准《红外线同声传译系统工程技术规范》GB 50524 的规定执行。

②会议签到管理系统应测试签到的准确性和报表功能。

③会议表决系统应测试表决速度和准确性。

④会议集中控制系统的检测应采用现场功能演示的方法，逐项进行功能检测。

⑤会议录播系统应对现场视频、音频、计算机数字信号的处理、录制和播放功能进行检测，并检验其信号处理和录播系统的质量。

⑥具备自动跟踪功能的会议摄像系统应与会议讨论系统相配合，检查摄像机的预置位调用功能。

⑦检测结果符合设计要求的应判定为合格。

6079　智能建筑信息导引及发布系统检测有哪些规定？

答： 依据《智能建筑工程质量验收规范》GB 50339—2013，信息导引及发布系统检测应符合下列规定：

（1）信息引导及发布系统可由信息播控设备、传输网络、信息显示屏（信息标识牌）和信息导引设施或查询终端等组成，检测和验收的范围应根据设计要求确定。

（2）信息引导及发布系统检测应以系统功能检测为主，图像质量主观评价为辅。

（3）信息引导及发布系统功能检测应符合下列规定：

①应根据设计要求对系统功能逐项检测。

②软件操作界面应显示准确、有效。

③检测结果符合设计要求的应判定为合格。

（4）信息引导及发布系统检测时，应检测显示性能，且结果符合设计要求的应判定为合格。信息引导及发布系统检测时，应检查系统断电后再次恢复供电时的自动恢复功能，且结果符合设计要求的应判定为合格。

（5）信息引导及发布系统检测时，应检测系统终端设备的远程控制功能，且结果符合设计要求的应判定为合格。

（6）信息导引及发布系统的图像质量主观评价，应符合规范的规定。

6080　智能建筑信息化应用系统检测有哪些规定？

答：依据《智能建筑工程质量验收规范》GB 50339—2013，信息化应用系统检测应符合下列规定：

（1）信息化应用系统可包括专业业务系统、信息设施运行管理系统、物业管理系统、通用业务系统、公众信息系统、智能卡应用系统和信息安全管理系统等，检测和验收的范围应根据设计要求确定。

（2）信息化应用系统按构成要素分为设备和软件，系统检测应先检查设备，后检测应用软件。

（3）信息化应用系统检测时，应检查设备的性能指标，结果符合设计要求的应判定为合格。对于智能卡设备还应检测下列内容：

①智能卡与读写设备间的有效作用距离。

②智能卡与读写设备间的通信传输速率和读写验证处理时间。

③智能卡序号的唯一性。

（4）信息化应用系统检测时，应用软件的重要功能和性能测试应包括下列内容，结果符合软件需求规格说明的应判定为合格：

①重要数据删除的警告和确认提示。

②输入非法值的处理。

③密钥存储方式。

④对用户操作进行记录并保存的功能。

⑤各种权限用户的分配。

⑥数据备份和恢复功能。

⑦响应时间。

（5）应用软件修改后，应进行回归测试，修改后的应用软件能满足软件需求规格说明的应判定为合格。

（6）应用软件的一般功能和性能测试应包括下列内容，结果符合软件需求规格说明的应判定为合格：

①用户界面采用的语言。

②提示信息。

③可扩展性。

（7）信息化应用系统检测时，应检查运行软件产品的设备中安装的软件，没有安装与业务应用无关的软件的应判定为合格。

6081　智能建筑设备监控系统检测有哪些规定？

答：依据《智能建筑工程质量验收规范》GB 50339—2013，建筑设备监控系统检测应符合下列规定：

（1）建筑设备监控系统可包括暖通空调监控系统、变配电监测系统、公共照明监控系统、给排水监控系统、电梯和自动扶梯监测系统及能耗监测系统等。检测和验收的范围应根据设计要求确定。

（2）建筑设备监控系统检测应以系统功能测试为主，系统性能评测为辅。

（3）建筑设备监控系统检测应采用中央管理工作站显示与现场实际情况对比的方法进行。

（4）中央管理工作站与操作分站的检测应符合下列规定：

①中央管理工作站的功能检测应包括下列内容：

a. 运行状态和测量数据的显示功能。

b. 故障报警信息的报告应及时准确，有提示信号。

c. 系统运行参数的设定及修改功能。

d. 控制命令应无冲突执行。

e. 系统运行数据的记录、存储和处理功能。

f. 操作权限。

g. 人机界面应为中文。

②操作分站的功能应检测监控管理权限及数据显示与中央管理工作站的一致性；

③中央管理工作站功能应全部检测，操作分站应抽检 20％，且不得少于 5 个，不足 5 个时应全部检测；

④检测结果符合设计要求的应判定为合格。

（5）电梯和自动扶梯监测系统应检测启停、上下行、位置、故障等运行状态显示功能。检测结果符合设计要求的应判定为合格。

（6）能耗监测系统应检测能耗数据的显示、记录、统计、汇总及趋势分析等功能。检测结果符合设计要求的应判定为合格。

（7）建筑设备监控系统实时性的检测应符合下列规定：

①检测内容应包括控制命令响应时间和报警信号响应时间。

②应抽检 10％且不得少于 10 台，少于 10 台时应全部检测。

③抽测结果全部符合设计要求的应判定为合格。

（8）建筑设备监控系统可靠性的检测应符合下列规定：

①检测内容应包括系统运行的抗干扰性能和电源切换时系统运行的稳定性。

②应通过系统正常运行时，启停现场设备或投切备用电源，观察系统的工作情况进行检测。

③检测结果符合设计要求的应判定为合格。

（9）建筑设备监控系统可维护性的检测应符合下列规定：

①检测内容应包括：

a. 应用软件的在线编程和参数修改功能。

b. 设备和网络通信故障的自检测功能。

②应通过现场模拟修改参数和设置故障的方法检测。

③检测结果符合设计要求的应判定为合格。

（10）建筑设备监控系统性能评测项目的检测应符合下列规定：

①检测宜包括下列内容：

a. 控制网络和数据库的标准化、开放性。

b. 系统的冗余配置。

c. 系统可扩展性。

d. 节能措施。

②检测方法应根据设备配置和运行情况确定。

③检测结果符合设计要求的应判定为合格。

6082 智能建筑暖通空调监控系统功能检测有哪些规定？

答：依据《智能建筑工程质量验收规范》GB 50339—2013，暖通空调监控系统功能检测应符合下列规定：

（1）检测内容应按设计要求确定。

（2）冷热源的监测参数应全部检测；空调、新风机组的监测参数应按总数的 20% 抽检，且不应少于 5 台，不足 5 台时应全部检测；各种类型传感器、执行器应按 10% 抽检，且不应少于 5 只，不足 5 只时应全部检测。

（3）抽检结果全部符合设计要求的应判定为合格。

6083 智能建筑变配电监测系统功能检测有哪些规定？

答：依据《智能建筑工程质量验收规范》GB 50339—2013，变配电监测系统功能检测应符合下列规定：

（1）检测内容应按设计要求确定。

（2）对高低压配电柜的运行状态、变压器的温度、储油罐的液位、各种备用电源的工作状态和联锁控制功能等应全部检测；各种电气参数检测数量应按每类参数抽 20%，且数量不应少于 20 点，数量少于 20 点时应全部检测。

（3）抽检结果全部符合设计要求的应判定为合格。

6084 智能建筑公共照明监控系统功能检测有哪些规定？

答：依据《智能建筑工程质量验收规范》GB 50339—2013，公共照明监控系统功能检测应符合下列规定：

（1）检测内容应按设计要求确定。

（2）应按照明回路总数的 10% 抽检，数量不应少于 10 路，总数少于 10 路时应全部检测。

（3）抽检结果全部符合设计要求的应判定为合格。

6085 智能建筑给排水监控系统功能检测有哪些规定？

答：依据《智能建筑工程质量验收规范》GB 50339—2013，给排水监控系统功能检测应符合下列规定：

（1）检测内容应按设计要求确定；

（2）给水和中水监控系统应全部检测；排水监控系统应抽检 50%，且不得少于 5 套，总数少于 5 套时应全部检测；

（3）抽检结果全部符合设计要求的应判定为合格。

6086　智能建筑安全技术防范系统检测有哪些规定？

答： 依据《智能建筑工程质量验收规范》GB 50339—2013，安全技术防范系统检测应符合下列规定：

（1）安全技术防范系统可包括安全防范综合管理系统、入侵报警系统、视频安防监控系统、出入口控制系统、电子巡查系统和停车库（场）管理系统等子系统。检测和验收的范围应根据设计要求确定。

（2）安全技术防范系统检测应符合下列规定：

①子系统功能应按设计要求逐项检测。

②摄像机、探测器、出入口识读设备、电子巡查信息识读器等设备抽检的数量不应低于 20%，且不应少于 3 台，数量少于 3 台时应全部检测。

③抽检结果全部符合设计要求的，应判定子系统检测合格。

④全部子系统功能检测均合格的，系统检测应判定为合格。

（3）安全防范综合管理系统的功能检测应包括下列内容：

①布防/撤防功能。

②监控图像、报警信息以及其他信息记录的质量和保存时间。

③安全技术防范系统中的各子系统之间的联动。

④与火灾自动报警系统和应急响应系统的联动、报警信号的输出接口。

⑤安全技术防范系统中的各子系统对监控中心控制命令的响应准确性和实时性。

⑥监控中心对安全技术防范系统中的各子系统工作状态的显示、报警信息的准确性和实时性。

（4）视频安防监控系统的检测应符合下列规定：

①应检测系统控制功能、监视功能、显示功能、记录功能、回放功能、报警联动功能和图像丢失报警功能等，并应按现行国家标准《安全防范工程技术规范》GB 50348 中有关视频安防监控系统检验项目、检验要求及测试方法的规定执行。

②对于数字视频安防监控系统，还应检测下列内容：

a. 具有前端存储功能的网络摄像机及编码设备进行图像信息的存储。

b. 视频智能分析功能。

c. 音视频存储、回放和检索功能。

d. 报警预录和音视频同步功能。

e. 图像质量的稳定性和显示延迟。

（5）入侵报警系统的检测应包括入侵报警功能、防破坏及故障报警功能、记录及显示功能、系统自检功能、系统报警响应时间、报警复核功能、报警声级、报警优先功能等，并应按现行国家标准《安全防范工程技术规范》GB 50348 中有关入侵报警系统检验项目、检验要求及测试方法的规定执行。

（6）出入口控制系统的检测应包括出入目标识读装置功能、信息处理/控制设备功能、执行机构功能、报警功能和访客对讲功能等，并应按现行国家标准《安全防范工程技术规范》GB 50348 中有关出入口控制系统检验项目、检验要求及测试方法的规定执行。

（7）电子巡查系统的检测应包括巡查设置功能、记录打印功能、管理功能等，并应按现行国家标准《安全防范工程技术规范》GB 50348 中有关电子巡查系统检验项目、检验要求及测试方法的规定执行。

（8）停车库（场）管理系统的检测应符合下列规定：

①应检测识别功能、控制功能、报警功能、出票验票功能管理功能和显示功能等，并应按现行国家标准《安全防范工程技术规范》GB 50348 中有关停车库（场）管理系统检验项目、检验要求及测试方法的规定执行。

②应检测紧急情况下的人工开闸功能。

（9）安全技术防范系统检测时，应检查监控中心管理软件中电子地图显示的设备位置，且与现场位置一致的应判定为合格。

（10）安全技术防范系统的安全性及电磁兼容性检测应符合现行国家标准《安全防范工程技术规范》GB 50348 的有关规定。

6087　智能建筑机房工程系统检测有哪些规定？

答：依据《智能建筑工程质量验收规范》GB 50339—2013，机房工程系统检测应符合下列规定：

（1）机房工程宜包括供配电系统、防雷与接地系统、空气调节系统、给水排水系统、综合布线系统、监控与安全防范系统、消防系统、室内装饰装修和电磁屏蔽等。检测和验收的范围应根据设计要求确定。

（2）机房工程验收时，应检测供配电系统的输出电能质量，检测结果符合设计要求的应判定为合格。

（3）机房工程验收时，应检测不间断电源的供电时延，检测结果符合设计要求的应判定为合格。

（4）机房工程验收时，应检测静电防护措施，检测结果符合设计要求的应判定为合格。

（5）弱电间检测应符合下列规定：

①室内装饰装修应检测下列内容，检测结果符合设计要求的应判定为合格：

a. 房间面积、门的宽度及高度和室内顶棚净高；

b. 墙、顶和地的装修面层材料；

c. 地板铺装；

d. 降噪隔声措施。

②线缆路由的冗余应符合设计要求。

③供配电系统的检测应符合下列规定：

a. 电气装置的型号、规格和安装方式应符合设计要求；

b. 电气装置与其他系统联锁动作的顺序及响应时间应符合设计要求；

c. 电线、电缆的相序、敷设方式、标志和保护等应符合设计要求；

d. 不间断电源装置支架应安装平整、稳固，内部接线应连接正确，紧固件应齐全、可靠不松动，焊接连接不应有脱落现象；

e. 配电柜（屏）的金属框架及基础型钢接地应可靠；

f. 不同回路、不同电压等级和交流与直流的电线的敷设应符合设计要求；

g. 工作面水平照度应符合设计要求。

④空调通风系统应检测下列内容，检测结果符合设计要求的应判定为合格：

a. 室内温度和湿度；

b. 室内洁净度；

c. 房间内与房间外的压差值。

⑤防雷与接地的检测应按规范有关规定执行。

⑥消防系统的检测应按按规范有关规定执行。

（6）对于弱电间以外的机房，应按现行国家标准《电子信息系统机房施工及验收规范》GB 50462 中有关供配电系统、防雷与接地系统、空气调节系统、给水排水系统、综合布线系统、监控与安全防范系统、消防系统、室内装饰装修和电磁屏蔽等系统的检验项目、检验要求及测试方法的规定执行，检测结果符合设计要求的应判定为合格。

第 5 节　电　梯　工　程

6088　电梯井道必须符合哪些规定？

答：依据《电梯工程施工质量验收规范》GB 50310—2002，电梯井道必须符合下列规定：

（1）当底坑底面下有人员能到达的空间存在，且对重（或平衡重）上未设有安全钳装置时，对重缓冲器必须能安装在（或平衡重运行区域的下边必须）一直延伸到坚固地面上的实心桩墩上。

（2）电梯安装之前，所有层门预留孔必须设有高度不小于 1.2m 的安全保护围封，并应保证有足够的强度。

（3）当相邻两层门地坎间的距离大于 11m 时，其间必须设置井道安全门，井道安全门严禁向井道内开启，且必须装有安全门处于关闭时电梯才能运行的电气安全装置。当相邻轿厢间有相互救援用轿厢安全门时，可不执行本款。

6089　电力驱动的曳引式或强制式电梯安装质量验收有哪些规定？

答：依据《电梯工程施工质量验收规范》GB 50310—2002，安装质量验收应符合下列规定：

（1）设备进场验收：

随机文件应包括下列资料：

①土建布置图。

②产品出厂合格证。

③门锁装置、限速器、安全钳及缓冲器的型式试验证书复印件。

（2）土建交接检验：

①机房（如果有）内部，井道土建（钢架）结构及布置须符合电梯土建布置图要求。

②主电源开关必须符合下列规定：

a. 主电源开关应能够切断电梯正常使用情况下最大电流。

b. 对有机房电梯该开关应能从机房入口处方便地接近。

c. 对无机房电梯该开关应设置在井道外工作人员方便接近的地方，且应具有必要的安全防护。

③电梯井道必须符合有关规定。

④在一个机房内，当有两个以上不同平面的工作平台，且相邻平台高度差大于0.5m时，应设置楼梯或台阶，并应设置高度不小于0.9m的安全防护栏杆。当机房地面有深度大于0.5m的凹坑或槽坑时，均应盖住。供人员活动空间和工作台面以上的净高度不应小于1.8m。

⑤电源零线和接地线应分开。机房内接地装置的接地电阻值不应大于4Ω。

（3）驱动主机：紧急操作装置动作必须正常。可拆卸的装置必须置于驱动主机附近易接近处，紧急救援操作说明必须贴于紧急操作时易见处。

（4）导轨：导轨安装位置必须符合土建布置图要求。

（5）门系统

①层门地坎至轿厢地坎之间的水平距离偏差为0～+3mm，且最大距离严禁超过35mm。

②层门强迫关门装置必须动作正常。

③动力操纵的水平滑动门在关门开始的1/3行程之后，阻止关门的力严禁超过150N。

④层门锁钩必须动作灵活，在证实锁紧电气安全装置动作之前，锁紧元件的最小啮合长度为7mm。

（6）轿厢

①当距轿底面1.1m以下使用玻璃轿壁时，必须在距轿底面0.9～1.1m的高度安装扶手，且扶手必须独立地固定，不得与玻璃有关。

②当轿顶外侧边缘至井道壁水平方向的自由距离大于0.3m时，轿顶应装设防护栏及警示性标识。

（7）对重（平衡重）

①对重（平衡重）架有反绳轮，反绳轮应设置防护装置和挡绳装置；

②对重（平衡重）块应可靠固定。

（8）安全部件

①限速器动作速度整定封记必须完好，且无拆动痕迹。

②当安全钳可调节时，整定封记应完好，且无拆动痕迹。

③限速器张紧装置与其限位开关相对位置安装应正确。

（9）悬挂装置、随行电缆、补偿装置

①绳头组合必须安全可靠，且每个绳头组合必须安装防螺母松动和脱落的装置。

②钢丝绳严禁有死弯。

③当轿厢悬挂在两根钢丝绳或链条上，且其中一根钢丝绳或链条发生异常相对伸长时，为此装设的电气安全开关应动作可靠。

④随行电缆严禁有打结和波浪扭曲现象。

（10）电气装置

①电气设备接地必须符合下列规定：

a. 所有电气设备及导管、线槽的外露可导电部分均必须可靠接地（PE）。

b. 接地支线应分别直接接至接地干线接线柱上，不得互相连接后再接地。

②导体之间和导体对地之间的绝缘电阻必须大于 $1000\Omega/\mathrm{V}$，且其值不得小于：

a. 动力电路和电气安全装置电路：$0.5\mathrm{M}\Omega$。

b. 其他电路（控制、照明、信号等）：$0.25\mathrm{M}\Omega$。

c. 主电源开关不应切断下列供电电路：轿厢照明和通风；机房和滑轮间照明；机房、轿顶和底坑的电源插座；井道照明；报警装置。

d. 导管、线槽的敷设应整齐牢固。线槽内导线总面积不应大于线槽净面积 60%；导管内导线总面积不应大于导管内净面积 40%；软管固定间距不应大于 1m，端头固定间距不应大于 0.1m。

（11）整机安装验收

①安全保护验收必须符合下列规定：

a. 必须检查下列安全装置或功能：

（a）断相、错相保护装置或功能：当控制柜三相电源中任何一相断开或任何二相错接时，断相、错相保护装置或功能应使电梯不发生危险故障（注：当错相不影响电梯正常运行时可没有错相保护装置或功能）。

（b）短路、过载保护装置：动力电路、控制电路、安全电路必须有与负载匹配的短路保护装置；动力电路必须有过载保护装置。

（c）限速器：限速器上的轿厢（对重、平衡重）下行标志必须与轿厢（对重、平衡重）的实际下行方向相符。限速器铭牌上的额定速度、动作速度必须与被检电梯相符。

（d）安全钳：安全钳必须与其型式试验证书相符。

（e）缓冲器：缓冲器必须与其型式试验证书相符。

（f）门锁装置：门锁装置必须与其型式试验证书相符。

（g）上、下极限开关：上、下极限开关必须是安全触点，在端站位置进行动作试验时必须动作正常。在轿厢或对重（如果有）接触缓冲器之前必须动作，且缓冲器完全压缩时，保持动作状态。

（h）轿顶、机房（如果有）、滑轮间（如果有）、底坑的停止装置：位于轿顶、机房（如果有）、滑轮间（如果有）、底坑停止装置的动作必须正常。

b. 下列安全开关，必须动作可靠：

（a）限速器绳张紧开关。

（b）液压缓冲器复位开关。

（c）有补偿张紧轮时，补偿绳张紧开关。

（d）当额定速度大于 3.5m/s 时，补偿绳轮防跳开关。

（e）轿厢安全窗（如果有）开关。

（f）安全门、底坑门、检修活板门（如果有）的开关。

（g）对可拆卸式紧急操作装置所需要的安全开关。

（h）悬挂钢丝绳（链条）为两根时，防松动安全开关。

②限速器安全钳联动试验必须符合下列规定：

a. 限速器与安全钳电气开关在联动试验中必须动作可靠，且应使驱动主机立即制动。

b. 对瞬时式安全钳，轿厢应载有均匀分布的额定载重量；对渐进式安全钳，轿厢应载有均匀分布的 125％额定载重量。当短接限速器及安全钳电气开关，轿厢以检修速度下行，人为使限速器机械动作时，安全钳应可靠动作，轿厢必须可靠制动，且轿底倾斜度不应大于 5％。

③层门与轿门的试验必须符合下列规定：

a. 每层层门必须能够用三角钥匙正常开启。

b. 当一个层门或轿门（在多扇门中任何一扇门）非正常打开时，电梯严禁启动或继续运行。

④曳引式电梯的曳引能力试验必须符合下列规定：

a. 轿厢在行程上部范围空载上行及行程下部范围载有 125％额定载重量下行，分别停层 3 次以上，轿厢必须可靠地制停（空载上行工况应平层）。轿厢载有 125％额定载重量以正常运行速度下行时，切断电动机与制动器供电，电梯必须可靠制动。

b. 当对重完全压在缓冲器上，且驱动主机按轿厢上行方向连续运转时，空载轿厢严禁向上提升。

⑤电梯安装后应进行运行试验；轿厢分别在空载、额定载荷工况下，按产品设计规定的每小时启动次数和负载持续率各运行 1000 次（每天不少于 8h），电梯应运行平稳、制动可靠、连续运行无故障。

⑥运行速度检验应符合下列规定：

当电源为额定频率和额定电压、轿厢载有 50％额定载荷时，向下运行至行程中段（除去加速加减速段）时的速度，不应大于额定速度的 105％，且不应小于额定速度的 92％。

6090　自动扶梯、自动人行道安装质量验收有哪些规定？

答：依据《电梯工程施工质量验收规范》GB 50310—2002，安装质量验收应符合下列规定：

（1）设备进场验收

①必须提供的技术资料：

a. 梯级或踏板的型式试验报告复印件，或胶带的断裂强度证明文件复印件。

b. 对公共交通型自动扶梯、自动人行道应有扶手带的断裂强度证书复印件。

②随机文件：

a. 土建布置图；

b. 产品出厂合格证。

（2）土建交检验

①土建工程应按照土建布置图进行施工，且其主要尺寸允许误差应为：提升速度－15～＋15mm；跨度 0～＋15mm。

②自动扶梯的梯级或自动人行道的踏板或胶带上空，垂直净高度严禁小于 2.3m。

③在安装之前，井道周围必须设有保证安全的栏杆或屏障，其高度严禁小于 1.2m。

④电源零线和接地线应始终分开。接地装置的接地电阻值不应大于 4Ω。

（3）整机安装验收：

①在下列情况下，自动扶梯、自动人行道必须自动停止运行，且第 d 款至第 k 款情况下的开关断开的动作必须通过安全触点或安全电路来完成。

a. 无控制电压。

b. 电路接地的故障。

c. 过载。

d. 控制装置在超速和运行方向非操纵逆转下动作。

e. 附加制动器（如果有）动作。

f. 直接驱动梯级、踏板或胶带的部件（如链条或齿条）断裂或过分伸长。

g. 驱动装置与转向装置之间的距离（无意性）缩短。

h. 梯级、踏板或胶带进入梳齿板处有异物夹住，且产生损坏梯级、踏板或胶带支撑结构。

i. 无中间出口的连续安装的多台自动扶梯、自动人行道中的一台停止运行。

j. 扶手带入口保护装置动作。

k. 梯级或踏板下陷。

②应测量不同回路导线对地的绝缘电阻。测量时，电子元件应断开。导体之间和导体对地之间的绝缘电阻应大于 1000Ω/V，且其值必须大于：

a. 动力电路和电气安全装置电路 0.5MΩ。

b. 其他电路（控制、照明、信号等）0.25MΩ。

③电气设备接地必须符合规范的规定。

④性能试验应符合下列规定：

a. 在额定频率和额定电压下，梯级、踏板或胶带沿运行方向空载时的速度与额定速度之间的允许偏差为 ±5%。

b. 扶手带的运行速度相对梯级、踏板或胶带的速度允许偏差为 0～+2%。

第7章 建筑节能与绿色施工

本章依据《建筑节能工程施工质量验收规范》GB 50411—2007、《建筑工程绿色施工规范》GB/T 50905—2014，介绍了建筑节能与绿色施工的相关专业知识。共编写 56 道题。

第1节 建 筑 节 能

7001 什么是"建筑节能"？

答：依据《民用建筑节能管理规定》建设部令第 143 号，建筑节能是指建筑物在选址、规划、设计、建造、改造和使用过程中，通过采用新型墙体材料，执行建筑节能标准，加强建筑物用能设备的运行管理，合理设计建筑围护结构的热工性能，提高采暖、制冷、照明、通风、给排水和管道系统的运行效率，以及利用可再生能源，在保证建筑物使用功能和室内热环境质量的前提下，降低建筑能源消耗，合理、有效地利用能源的活动。

7002 建筑节能工程材料与设备进场验收有哪些规定？

答：依据《建筑节能工程施工质量验收规范》GB 50411—2007，材料和设备进场验收应符合下列规定：

（1）对材料和设备的品种、规格、包装、外观和尺寸等进行检查验收，并应经专业监理工程师确认，形成相应的验收记录。

（2）对材料和设备的质量证明文件进行核查，并应经专业监理工程师确认，纳入工程技术档案。进入施工现场用于节能工程的材料和设备均应具有出厂合格证、中文说明书及相关性能检测报告；定型产品和成套技术应有型式检验报告，进口材料和设备应按规定进行出入境商品检验。

（3）对材料和设备应按照规范规定在施工现场抽样复验。复验应为见证取样送检。

（4）使用材料的燃烧性能等级和阻燃处理，应符合设计要求和现行国家标准《高层民用建筑设计防火规范》GB 50045、《建筑内部装修设计防火规范》GB 50222 和《建筑设计防火规范》GB 50016 等的规定。

（5）使用的材料应符合国家现行有关标准对材料有害物质限量的规定，不得对室内外环境造成污染。

7003 建筑节能分项工程划分有哪些规定？

答：依据《建筑节能工程施工质量验收规范》GB 50411—2007，建筑节能工程为单位建筑工程的一个分部工程，其分项工程应按表 7-1 进行划分。

建筑节能分项工程划分　　　　　　　　表 7-1

序号	分 项 工 程	主要验收内容
1	墙体节能工程	主体结构基层；保温材料；饰面层等
2	幕墙节能工程	主体结构基层；隔热材料；保温材料；隔汽层；幕墙玻璃；单元式幕墙板块；通风换气系统；遮阳设施；冷凝水收集排放系统等
3	门窗节能工程	门；窗；玻璃；遮阳设施等
4	屋面节能工程	基层；保温隔热层；保护层；防水层；面层等
5	地面节能工程	基层；保温层；保护层；面层等
6	采暖节能工程	系统制式；散热器；阀门与仪表；热力入口装置；保温材料；调试等
7	通风与空气调节节能工程	系统制式；通风与空气设备；阀门与仪表；绝热材料；调试等
8	空调与采暖系统的冷热源及管网节能工程	系统制式；冷热源设备；辅助设备；管网；阀门与仪表；绝热、保温材料；调试等
9	配电与照明节能工程	低压配电电源；照明光源、灯具；附属装置；控制功能；调试等
10	监测与控制节能工程	冷、热源系统的监测控制系统；空调水系统的监测控制系统；通风与空调系统的监测控制系统；监测与计量装置；供配电的监测控制系统；照明自动控制系统；综合控制系统等

7004　建筑节能工程材料和设备进场复验应包括哪些项目？

答： 依据《建筑节能工程施工质量验收规范》GB 50411—2007，建筑节能工程材料和设备进场复验项目见表 7-2，复验应为见证取样送检。

建筑节能工程材料和设备进场复验项目　　　　　　　　表 7-2

序号	分项工程	复验项目	检查数量
1	墙体节能工程	(1) 保温材料的导热系数、密度、抗压强度或压缩强度； (2) 粘结材料的粘结强度； (3) 增强网的力学性能、抗腐蚀性能	同一厂家同一品种的产品，当单位工程建筑面积在 20000m² 以下时各抽查不少于 3 次，当单位工程建筑面积在 20000m² 以上时各抽查不少于 6 次
2	幕墙节能工程	(1) 保温材料：导热系数、密度； (2) 幕墙玻璃：可见光透射比、传热系数、遮阳系数、中空玻璃露点； (3) 隔热型材：抗拉强度、抗剪强度	同一厂家的同一种产品抽查不少于一组
3	门窗节能工程（建筑外窗）	(1) 严寒、寒冷地区：气密性、传热系数和中空玻璃露点； (2) 夏热冬冷地区：气密性、传热系数、玻璃遮阳系数、可见光透射比、中空玻璃露点； (3) 夏热冬暖地区：气密性、玻璃遮阳系数、可见光透射比、中空玻璃露点	同一厂家的同一品种同一类型的产品各抽查不少于 3 樘（件）
4	屋面节能工程	保温隔热材料的导热系数、密度、抗压强度或压缩强度、燃烧性能	同一厂家同一品种的产品各抽查不少于 3 组

序号	分项工程	复验项目	检查数量
5	地面节能工程	保温材料的导热系数、密度、抗压强度或压缩强度、燃烧性能	同一厂家同一品种的产品各抽查不少于3组
6	采暖节能工程	(1) 散热器的单位散热量、金属热强度； (2) 保温材料的导热系数、密度、吸水率	同一厂家同一规格的散热器按其数量的1%进行见证取样送检，但不得少于2组；同一厂家同材质的保温材料见证取样送检的次数不得少于2次
7	通风与空调节能工程	(1) 风机盘管机组的供冷量、供热量、风量、出口静压、噪声及功率； (2) 绝热材料的导热系数、密度、吸水率	同一厂家的风机盘管机组按数量复验2%，但不得少于2台；同一厂家同材质的绝热材料复验次数不得少于2次
8	空调与采暖系统冷、热源及管网节能工程	绝热材料的导热系数、密度、吸水率	同一厂家同材质的绝热材料复验次数不得少于2次
9	配电与照明节能工程	电缆、电线截面和每芯导体电阻值	同厂家各种规格总数的10%，且不少于2个规格

7005 建筑节能隐蔽工程验收主要包括哪些项目？

答： 依据《建筑节能工程施工质量验收规范》GB 50411—2007，建筑节能工程施工中应对下列部位或项目进行隐蔽工程验收，并应有详细的文字记录和必要的图像资料：

（1）墙体节能工程
①保温层附着的基层及其表面处理。
②保温板粘结或固定。
③锚固件。
④增强网铺设。
⑤墙体热桥部位处理。
⑥预置保温板或预制保温墙板的板缝及构造节点。
⑦现场喷涂或浇注有机类保温材料的界面。
⑧被封闭的保温材料厚度。
⑨保温隔热砌块填充墙体。

（2）幕墙节能工程
①被封闭的保温材料厚度和保温材料的固定。
②幕墙周边与墙体的接缝处保温材料的填充。
③构造缝、结构缝。
④隔汽层。
⑤热桥部位、断热节点。
⑥单元式幕墙板块间的接缝构造。
⑦冷凝水收集和排放构造。

⑧幕墙的通风换气装置。

（3）建筑外门窗工程

门窗框与墙体接缝处的保温填充做法。

（4）屋面节能工程

①基层。

②保温层的敷设方式、厚度；板材缝隙填充质量。

③屋面热桥部位。

④隔汽层。

（5）地面节能工程

①基层。

②被封闭的保温材料厚度。

③保温材料粘结。

④隔断热桥部位。

7006　墙体节能工程验收检验批划分有哪些规定？

答： 依据《建筑节能工程施工质量验收规范》GB 50411—2007，墙体节能工程验收检验批划分应符合下列规定：

（1）采用相同材料、工艺和施工做法的墙面，每 $500 \sim 1000 m^2$ 面积划分为一个检验批，不足 $500 m^2$ 也为一个检验批。

（2）检验批的划分也可根据与施工流程相一致且方便施工与验收的原则，由施工单位与监理单位共同商定。

7007　墙体节能工程材料和构件有哪些规定？

答： 依据《建筑节能工程施工质量验收规范》GB 50411—2007，墙体节能工程材料和构件应符合下列规定：

（1）进场节能保温材料与构件的外观和包装应完整无破损，符合设计要求和产品标准的规定。

（2）用于墙体节能工程的材料、构件等，其品种、规格应符合设计要求和相关标准的规定。

（3）墙体节能工程使用的保温隔热材料，其导热系数、密度、抗压强度或压缩强度、燃烧性能应符合设计要求。

（4）严寒和寒冷地区外保温使用的粘结材料，其冻融试验结果应符合该地区最低气温环境的使用要求。

（5）严寒和寒冷地区外墙热桥部位，应按设计要求采取节能保温等隔断热桥措施。

7008　墙体节能工程施工有哪些规定？

答： 依据《建筑节能工程施工质量验收规范》GB 50411—2007，墙体节能工程施工应符合下列规定：

（1）保温隔热材料的厚度必须符合设计要求。

（2）保温板材与基层及各构造层之间的粘结或连接必须牢固。粘结强度和连接方式应符合设计要求。保温板材与基层的粘结强度应做现场拉拔试验。

（3）保温浆料应分层施工。当采用保温浆料做外保温时，保温层与基层之间及各层之间的粘结必须牢固，不应脱层、空鼓和开裂。

（4）当墙体节能工程的保温层采用预埋或后置锚固件固定时，锚固件数量、位置、锚固深度和拉拔力应符合设计要求。后置锚固件应进行锚固力现场拉拔试验。

7009 墙体节能工程基层及面层施工有哪些规定？

答：依据《建筑节能工程施工质量验收规范》GB 50411—2007，墙体节能工程各类饰面层的基层及面层施工，应符合设计和《建筑装饰装修工程质量验收规范》GB 50210的要求，并应符合下列规定：

（1）饰面层施工的基层应无脱层、空鼓和裂缝，基层应平整、洁净，含水率应符合饰面层施工的要求。

（2）外墙外保温工程不宜采用粘贴饰面砖做饰面层；当采用时，其安全性与耐久性必须符合设计要求。饰面砖应做粘结强度拉拔试验，试验结果应符合设计和有关标准的规定。

（3）外墙外保温工程的饰面层不得渗漏。当外墙外保温工程的饰面层采用饰面板开缝安装时，保温层表面应具有防水功能或采取其他防水措施。

（4）外墙外保温层及饰面层与其他部位交接的收口处，应采取密封措施。

7010 预制保温墙板现场安装墙体质量有哪些规定？

答：依据《建筑节能工程施工质量验收规范》GB 50411—2007，采用预制保温墙板现场安装的墙体应符合下列规定：

（1）保温墙板应有型式检验报告，型式检验报告中应包含安装性能的检验。

（2）保温墙板的结构性能、热工性能及与主体结构的连接方法应符合设计要求，与主体结构连接必须牢固。

（3）保温墙板的板缝处理、构造节点及嵌缝做法应符合设计要求。

（4）保温墙板板缝不得渗漏。

7011 幕墙节能工程材料和构件有哪些规定？

答：依据《建筑节能工程施工质量验收规范》GB 50411—2007，幕墙节能工程材料和构件应符合下列规定：

（1）用于幕墙节能工程的材料、构件等，其品种、规格应符合设计要求和相关标准的规定。

（2）幕墙节能工程使用的保温隔热材料，其导热系数、密度、燃烧性能应符合设计要求。幕墙玻璃的传热系数、遮阳系数、可见光透射比、中空玻璃露点应符合设计要求。

（3）幕墙节能工程采用隔热型材时，隔热型材生产厂家应提供型材所使用的隔热材料的力学性能和热变形性能试验报告。

（4）幕墙节能工程使用的保温材料，其厚度应符合设计要求，安装牢固，且不得松脱。

7012　幕墙气密性能应符合哪些规定?

答: 依据《建筑节能工程施工质量验收规范》GB 50411—2007,幕墙的气密性能应符合设计规定的等级要求。当幕墙面积大于 3000m² 或建筑外墙面积 50%时,应现场抽取材料和配件,在检测试验室安装制作试件进行气密性能检测,检测结果应符合设计规定的等级要求。

密封条应镶嵌牢固、位置正确、对接严密。单元幕墙板块之间的密封应符合设计要求。开启扇应关闭严密。

气密性能检测试件应包括幕墙的典型单元、典型拼缝、典型可开启部分。试件应按照幕墙工程施工图进行设计。试件设计应经建筑设计单位项目负责人、总监理工程师同意并确认。气密性能的检测应按照国家现行有关标准的规定执行。

检查数量:核查全部质量证明文件和性能检测报告。现场观察及启闭检查按检验批抽查 30%,并不少于 5 件(处)。气密性能检测应对一个单位工程中面积超过 1000m² 的每一种幕墙均抽取一个试件进行检测。

7013　建筑外门窗工程检验批划分与检查数量有哪些规定?

答: 依据《建筑节能工程施工质量验收规范》GB 50411—2007,建筑外门窗工程检验批与检查数量应符合下列规定:

(1) 建筑外门窗工程检验批按下列规定划分:

①同一厂家的同一品种、类型、规格的门窗及门窗玻璃每 100 樘划分为一个检验批,不足 100 樘也为一个检验批。

②同一厂家的同一品种、类型和规格的特种门每 50 樘划分为一个检验批,不足 50 樘也为一个检验批。

③对于异型或有特殊要求的门窗,检验批的划分应根据其特点和数量,由项目监理机构和施工单位协商确定。

(2) 建筑外门窗工程的检查数量应符合下列规定:

①建筑门窗每个检验批应抽查 5%,并不少于 3 樘,不足 3 樘时应全数检查;高层建筑的外窗,每个检验批应抽查 10%,并不少于 6 樘,不足 6 樘时应全数检查。

②特种门每个检验批应抽查 50%,并不少于 10 樘,不足 10 樘时应全数检查。

7014　建筑门窗节能工程质量应符合哪些规定?

答: 依据《建筑节能工程施工质量验收规范》GB 50411—2007,建筑门窗节能工程质量应符合下列规定:

(1) 建筑外门窗的品种、规格应符合设计要求和相关标准的规定。

(2) 建筑外窗的气密性、保温性能、中空玻璃露点、玻璃遮阳系数和可见光透射比应符合设计要求。

(3) 建筑门窗采用的玻璃品种应符合设计要求。中空玻璃应采用双道密封。

(4) 金属外门窗隔断热桥措施应符合设计要求和产品标准的规定,金属副框的隔断热桥措施应与门窗框的隔断热桥措施相当。

（5）严寒、寒冷、夏热冬冷地区的建筑外窗，应对其气密性做现场实体检验，检测结果应满足设计要求。

（6）外门窗框或副框与洞口之间的间隙应采用弹性闭孔材料填充饱满，并使用密封胶密封；外门窗框与副框之间的缝隙应使用密封胶密封。

（7）严寒、寒冷地区的外门安装，应按照设计要求采取保温、密封等节能措施。

（8）外窗遮阳设施的性能、尺寸应符合设计和产品标准要求；遮阳设施的安装应位置正确、牢固，满足安全和使用功能的要求。

（9）特种门的性能应符合设计和产品标准要求；特种门安装中的节能措施，应符合设计要求。

（10）门窗扇密封条和玻璃镶嵌的密封条，其物理性能应符合相关标准的规定。密封条安装位置应正确，镶嵌牢固，不得脱槽，接头处不得开裂。关闭门窗时密封条应接触严密。

（11）门窗镀（贴）膜玻璃的安装方向应正确，中空玻璃的均压管应密封处理。

7015 屋面节能工程质量应符合哪些规定？

答：依据《建筑节能工程施工质量验收规范》GB 50411—2007，屋面节能工程质量应符合下列规定：

（1）用于屋面节能工程的保温隔热材料，其品种、规格应符合设计要求和相关标准的规定。

（2）屋面节能工程使用的保温隔热材料，其导热系数、密度、抗压强度或压缩强度、燃烧性能应符合设计要求。

（3）屋面保温隔热层应按施工方案施工，并应符合下列规定：

①松散材料应分层敷设、按要求压实、表面平整、坡向正确。

②现场采用喷、浇、抹等工艺施工的保温层，其配合比应计量准确，搅拌均匀，分层连续施工，表面平整，坡向正确。

③板材应粘贴牢固、缝隙严密、平整。

（4）屋面保温隔热层的敷设方式、厚度、缝隙填充质量及屋面热桥部位的保温隔热做法，必须符合设计要求和有关标准的规定。

（5）屋面的通风隔热架空层，其架空高度、安装方式、通风口位置及尺寸应符合设计及有关标准要求。架空层内不得有杂物。架空面层应完整，不得有断裂和露筋等缺陷。

（6）采光屋面的传热系数、遮阳系数、可见光透射比、气密性应符合设计要求。节点的构造做法应符合设计和相关标准的要求。采光屋面的可开启部分应按规范的要求验收。

（7）采光屋面的安装应牢固，坡度正确，封闭严密，嵌缝处不得渗漏。

（8）屋面的隔汽层位置应符合设计要求，隔汽层应完整、严密。

7016 地面节能分项工程检验批划分有何规定？

答：依据《建筑节能工程施工质量验收规范》GB 50411—2007，地面节能分项工程检验批划分应符合下列规定：

（1）检验批可按施工段或变形缝划分。

（2）当面积超过 200m² 时，每 200m² 可划分为一个检验批，不足 200m² 也为一个检验批。

（3）不同构造做法的地面节能工程应单独划分检验批。

7017　地面节能工程质量应符合哪些规定？

答：依据《建筑节能工程施工质量验收规范》GB 50411—2007，地面节能工程质量应符合下列规定：

（1）用于地面节能工程的保温材料，其品种、规格应符合设计要求和相关标准的规定。

（2）地面节能工程使用的保温材料，其导热系数、密度、抗压强度或压缩强度、燃烧性能应符合设计要求。

（3）地面节能工程施工前，应对基层进行处理，使其达到设计和施工方案的要求。

（4）地面保温层、隔离层、保护层等各层的设置和构造做法以及保温层的厚度应符合设计要求，并应按施工方案施工。

（5）地面节能工程的施工质量应符合下列规定：

①保温板与基层之间、各构造层之间的粘结应牢固，缝隙应严密。

②保温浆料应分层施工。

③穿越地面直接接触室外空气的各种金属管道应按设计要求，采取隔断热桥的保温措施。

（6）有防水要求的地面，其节能保温做法不得影响地面排水坡度，保温层面层不得渗漏。

（7）严寒、寒冷地区的建筑首层直接与土壤接触的地面、采暖地下室与土壤接触的外墙、毗邻不采暖空间的地面以及底面直接接触室外空气的地面应按设计要求采取保温措施。

（8）保温层的表面防潮层、保护层应符合设计要求。

7018　采暖系统安装应符合哪些规定？

答：依据《建筑节能工程施工质量验收规范》GB 50411—2007，采暖系统安装应符合下列规定：

（1）采暖系统的制式，应符合设计要求。

（2）散热设备、阀门、过滤器、温度计及仪表应按设计要求安装齐全，不得随意增减和更换。

（3）室内温度调控装置、热计量装置、水力平衡装置以及热力入口装置的安装位置和方向应符合设计要求，并便于观察、操作和调试。

（4）温度调控装置和热计量装置安装后，采暖系统应能实现设计要求的分室（区）温度调控、分栋热计量和分户或分室（区）热量分摊的功能。

7019　散热器与散热器恒温阀安装应符合哪些规定？

答：依据《建筑节能工程施工质量验收规范》GB 50411—2007，散热器与散热器恒温阀安装应符合下列规定：

（1）散热器安装：

①每组散热器的规格、数量及安装方式应符合设计要求；

②散热器外表面应刷非金属性涂料。

（2）散热器恒温阀安装：

①恒温阀的规格、数量应符合设计要求。

②明装散热器恒温阀不应安装在狭小和封闭空间，其恒温阀阀头应水平安装，且不应被散热器、窗帘或其他障碍物遮挡。

③暗装散热器的恒温阀应采用外置式温度传感器，并应安装在空气流通且能正确反映房间温度的位置上。

7020 低温热水地面辐射供暖系统安装应符合哪些规定？

答： 依据《建筑节能工程施工质量验收规范》GB 50411—2007，低温热水地面辐射供暖系统安装除了应符合规范中采暖系统安装的规定外，尚应符合下列规定：

（1）防潮层和绝热层的做法及绝热层的厚度应符合设计要求。

（2）室内温控装置的传感器应安装在避开阳光直射和有发热设备且距地 1.4m 处的内墙面上。

7021 采暖系统热力入口装置的安装应符合哪些规定？

答： 依据《建筑节能工程施工质量验收规范》GB 50411—2007，采暖系统热力入口装置的安装应符合下列规定：

（1）热力入口装置中各种部件的规格、数量，应符合设计要求。

（2）热计量装置、过滤器、压力表、温度计的安装位置、方向应正确，并便于观察、维护。

（3）水力平衡装置及各类阀门的安装位置、方向应正确，并便于操作和调试。安装完毕后，应根据系统水力平衡要求进行调试并做出标志。

7022 采暖管道保温层和防潮层的施工有哪些规定？

答： 依据《建筑节能工程施工质量验收规范》GB 50411—2007，采暖管道保温层和防潮层的施工应符合下列规定：

（1）保温层应采用不燃或难燃材料，其材质、规格及厚度等应符合设计要求。

（2）保温管壳的粘贴应牢固、铺设应平整；硬质或半硬质的保温管壳每节至少应用防腐金属丝或难腐织带或专用胶带捆扎或粘贴 2 道，其间距为 300～350mm，且捆扎、粘贴应紧密，无滑动、松弛与断裂现象。

（3）硬质或半硬质保温管壳的拼接缝隙不应大于 5mm，并用粘结材料勾缝填满；纵缝应错开，外层的水平接缝应设在侧下方。

（4）松散或软质保温材料应按规定的密度压缩其体积，疏密应均匀；毡类材料在管道上包扎时，搭接处不应有空隙。

（5）防潮层应紧密粘贴在保温层上，封闭良好，不得有虚粘、气泡、褶皱、裂缝等缺陷。

（6）防潮层的立管应由管道的低端向高端敷设，环向搭接缝应朝向低端；纵向搭接缝应位于管道的侧面，并顺水。

（7）卷材防潮层采用螺旋形缠绕的方式施工时，卷材的搭接宽度宜为 30～50mm。

（8）阀门及法兰部位的保温层结构应严密，且能单独拆卸并不得影响其操作功能。

7023　采暖系统试运转和调试有何规定？

答： 依据《建筑节能工程施工质量验收规范》GB 50411—2007，采暖系统安装完毕后，应在采暖期内与热源进行联合试运转和调试。联合试运转和调试结果应符合设计要求，采暖房间温度相对于设计计算温度不得低于 2℃，且不高于 1℃。

7024　通风与空调节能工程材料、设备进场有哪些规定？

答： 依据《建筑节能工程施工质量验收规范》GB 50411—2007，通风与空调系统节能工程所使用的设备、管道、阀门、仪表、绝热材料等产品进场时，应按设计要求对其类型、材质、规格及外观等进行验收，并应对下列产品的技术性能参数进行核查。验收与核查的结果应形成相应的验收、核查记录。各种产品和设备的质量证明文件和相关技术资料应齐全，并应符合有关国家现行标准和规定：

（1）组合式空调机组、柜式空调机组、新风机组、单元式空调机组、热回收装置等设备的冷量、热量、风量、风压、功率及额定热回收效率。

（2）风机的风量、风压、功率及其单位风量耗功率。

（3）成品风管的技术性能参数。

（4）自控阀门与仪表的技术性能参数。

7025　送、排风系统及空调风、水系统的安装有哪些规定？

答： 依据《建筑节能工程施工质量验收规范》GB 50411—2007，通风与空调节能工程中的送、排风系统及空调风系统、空调水系统的安装，应符合下列规定：

（1）各系统的制式，应符合设计要求。

（2）各种设备、自控阀门与仪表应按设计要求安装齐全，不得随意增减和更换。

（3）水系统各分支管路水力平衡装置、温控装置与仪表的安装位置、方向应符合设计要求，并便于观察、操作和调试。

（4）空调系统应能实现设计要求的分室（区）温度调控功能。对设计要求分栋、分区或分户（室）冷、热计量的建筑物，空调系统应能实现相应的计量功能。

7026　风管的制作与安装有哪些规定？

答： 依据《建筑节能工程施工质量验收规范》GB 50411—2007，风管的制作与安装应符合下列规定：

（1）风管的材质、断面尺寸及厚度应符合设计要求。

（2）风管与部件、风管与土建风道及风管间的连接应严密、牢固。

（3）风管的严密性及风管系统的严密性检验和漏风量，应符合设计要求和现行国家标准《通风与空调工程施工质量验收规范》GB 50243 的有关规定。

（4）需要绝热的风管与金属支架的接触处、复合风管及需要绝热的非金属风管的连接和内部支撑加固等处，应有防热桥的措施，并应符合设计要求。

7027　风机盘管机组的安装有哪些规定？

答：依据《建筑节能工程施工质量验收规范》GB 50411—2007，风机盘管机组的安装应符合下列规定：

（1）规格、数量应符合设计要求。

（2）位置、高度、方向应正确，并便于维护、保养。

（3）机组与风管、回风箱及风口的连接应严密、可靠。

（4）空气过滤器的安装应便于拆卸和清理。

7028　空调风管系统及部件的绝热层和防潮层施工有哪些规定？

答：依据《建筑节能工程施工质量验收规范》GB 50411—2007，空调风管系统及部件的绝热层和防潮层施工应符合下列规定：

（1）绝热层应采用不燃或难燃材料，其材质、规格及厚度等应符合设计要求；

（2）绝热层与风管、部件及设备应紧密贴合，无裂缝、空隙等缺陷，且纵、横向的接缝应错开。

（3）绝热层表面应平整，当采用卷材或板材时，其厚度允许偏差为 5mm；采用涂抹或其他方式时，其厚度允许偏差为 10mm。

（4）风管法兰部位绝热层的厚度，不应低于风管绝热层厚度的 80%。

（5）风管穿楼板和穿墙处的绝热层应连续不间断。

（6）防潮层（包括绝热层的端部）应完整，且封闭良好，其搭接缝应顺水。

（7）带有防潮层隔汽层绝热材料的拼缝处，应用胶带封严，粘胶带的宽度不应小于 50mm。

（8）风管系统部件的绝热，不得影响其操作功能。

7029　空调水系统管道及配件的绝热层和防潮层施工有哪些规定？

答：依据《建筑节能工程施工质量验收规范》GB 50411—2007，空调水系统管道及配件的绝热层和防潮层施工应符合下列规定：

（1）绝热层应采用不燃或难燃材料，其材质、规格及厚度等应符合设计要求。

（2）绝热管壳的粘贴应牢固、铺设应平整；硬质或半硬质的绝热管壳每节至少应用防腐金属丝或难腐织带或专用胶带进行捆扎或粘贴 2 道，其间距为 300～350mm，且捆扎、粘贴应紧密，无滑动、松弛与断裂现象。

（3）硬质或半硬质绝热管壳的拼接缝隙，保温时不应大于 5mm、保冷时不应大于 2mm，并用粘结材料勾缝填满；纵缝应错开，外层的水平接缝应设在侧下方。

（4）松散或软质保温材料应按规定的密度压缩其体积，疏密应均匀；毡类材料在管道上包扎时，搭接处不应有空隙。

（5）防潮层与绝热层应结合紧密，封闭良好，不得有虚粘、气泡、褶皱、裂缝等

缺陷;

(6) 防潮层的立管应由管道的低端向高端敷设,环向搭接缝应朝向低端;纵向搭接缝应位于管道的侧面,并顺水。

(7) 卷材防潮层采用螺旋形缠绕的方式施工时,卷材的搭接宽度宜为 30～50mm。

(8) 空调冷热水管穿楼板和穿墙处的绝热层应连续不间断,且绝热层与穿楼板和穿墙处的套管之间应用不燃材料填实不得有空隙,套管两端应进行密封封堵。

(9) 管道阀门、过滤器及法兰部位的绝热结构应能单独拆卸,且不得影响其操作功能。

7030 通风与空调系统试运转和调试有何规定?

答: 依据《建筑节能工程施工质量验收规范》GB 50411—2007,通风与空调系统安装完毕,应进行通风机和空调机组等设备的单机试运转和调试,并应进行系统的风量平衡调试。单机试运转和调试结果应符合设计要求;系统的总风量与设计风量的允许偏差不应大于 10%,风口的风量与设计风量的允许偏差不应大于 15%。

7031 冷热源设备和辅助设备及其管网系统安装有哪些规定?

答: 依据《建筑节能工程施工质量验收规范》GB 50411—2007,空调与采暖系统冷热源设备和辅助设备及其管网系统安装应符合下列规定:

(1) 管道系统的制式应符合设计要求。

(2) 各种设备、自控阀门与仪表应按设计要求安装齐全,不得随意增减和更换。

(3) 空调冷(热)水系统,应能实现设计要求的变流量或定流量运行。

(4) 供热系统应能根据热负荷及室外温度变化实现设计要求的集中质调节、量调节或质—量调节相结合的运行。

7032 空调与采暖系统冷热源和辅助设备试运转及调试有何规定?

答: 依据《建筑节能工程施工质量验收规范》GB 50411—2007,空调与采暖系统冷热源和辅助设备及其管道和管网系统安装完毕后,系统试运转及调试必须符合下列规定:

(1) 冷热源和辅助设备必须进行单机试运转及调试。

(2) 冷热源和辅助设备必须同建筑物室内空调或采暖系统进行联合试运转及调试。

(3) 联合试运转及调试结果应符合设计要求,且允许偏差或规定值应符合表 7-3 的有关规定。当联合试运转及调试不在制冷期或采暖期时,应先对表 7-3 中序号 2、3、5、6 四个项目进行检测,并在第一个制冷期或采暖期内,带冷(热)源补做序号 1、4 两个项目的检测。

联合试运转及调试检测项目与允许偏差或规定值 表 7-3

序号	检测项目	允许偏差或规定值
1	室内温度	冬季不得低于设计计算温度 2℃,且不应高于 1℃;夏季不得高于设计计算温度 2℃,且不应低于 1℃
2	供热系统室外管网的水力平衡度	0.9～1.2

序号	检测项目	允许偏差或规定值
3	供热系统的补水率	≤0.5%
4	室外管网的热输送效率	≥0.92
5	空调机组的水流量	≤20%
6	空调系统冷热水、冷却水总流量	≤10%

7033　监测与控制系统安装质量应符合哪些规定？

答：依据《建筑节能工程施工质量验收规范》GB 50411—2007，监测与控制系统安装质量应符合下列规定：

（1）传感器的安装质量应符合《自动化仪表工程施工及验收规范》GB 50093 的有关规定。

（2）阀门型号和参数应符合设计要求，其安装位置、阀前后直管段长度、流体方向等应符合产品安装要求。

（3）压力和差压仪表的取压点、仪表配套的阀门安装应符合产品要求。

（4）流量仪表的型号和参数、仪表前后的直管段长度等应符合产品要求。

（5）温度传感器的安装位置、插入深度应符合产品要求。

（6）变频器安装位置、电源回路敷设、控制回路敷设应符合设计要求。

（7）智能化变风量末端装置的温度设定器安装位置应符合产品要求。

（8）涉及节能控制的关键传感器应预留检测孔或检测位置，管道保温时应做明显标注。

7034　照明自动控制系统应实现哪些控制功能？

答：依据《建筑节能工程施工质量验收规范》GB 50411—2007，照明自动控制系统的功能应符合设计要求，当设计无要求时应实现下列控制功能：

（1）大型公共建筑的公用照明区应采用集中控制并应按照建筑使用条件和天然采光状况采取分区、分组控制措施，并按需要采取调光或降低照度的控制措施。

（2）旅馆的每间（套）客房应设置节能控制型开关。

（3）居住建筑有天然采光的楼梯间、走道的一般照明，应采用节能自熄开关。

（4）房间或场所设有两列或多列灯具时，应按下列方式控制：

①所控灯列与侧窗平行。

②电教室、会议室、多功能厅、报告厅等场所，按靠近或远离讲台分组。

7035　建筑节能工程现场实体检验包括哪些项目？

答：依据《建筑节能工程施工质量验收规范》GB 50411—2007，建筑节能工程现场实体检验包括围护结构现场实体检验和系统节能性能检测。

（1）围护结构现场实体检验

①建筑围护结构施工完成后，应对围护结构的外墙节能构造和严寒、寒冷、夏热冬冷

地区的外窗气密性进行现场实体检测。当条件具备时，也可直接对围护结构的传热系数进行检测。

②严寒、寒冷、夏热冬冷地区的外窗现场实体检测应按照国家现行有关标准的规定执行。其检验目的是验证建筑外窗气密性是否符合节能设计要求和国家有关标准的规定。

③外墙节能构造和外窗气密性的现场实体检验，其抽样数量可以在合同中约定，但合同中约定的抽样数量不应低于规范的要求。当无合同约定时应按照下列规定抽样：

a. 每个单位工程的外墙至少抽查 3 处，每处一个检查点。当一个单位工程外墙有 2 种以上节能保温做法时，每种节能做法的外墙应抽查不少于 3 处。

b. 每个单位工程的外窗至少抽查 3 樘。当一个单位工程外窗有 2 种以上品种、类型和开启方式时，每种品种、类型和开启方式的外窗应抽查不少于 3 樘。

（2）系统节能性能检测

采暖、通风与空调、配电与照明工程安装完成后，应进行系统节能性能的检测，且应由建设单位委托具有相应检测资质的检测机构检测并出具报告。受季节影响未进行的节能性能检测项目，应在保修期内补做。系统节能性能检测的项目和抽样数量按表 7-4 进行，也可以在工程合同中约定，必要时可增加其他检测项目，但合同中约定的检测项目和抽样数量不应低于规范的规定。

系统节能性能检测主要项目及要求　　　　　　　　　　表 7-4

序号	检测项目	抽样数量	允许偏差或规定值
1	室内温度	居住建筑每户抽测卧室或起居室 1 间，其他建筑按房间总数抽测 10%	冬季不得低于设计计算温度 2℃，且不应高于 1℃；夏季不得高于设计计算温度 2℃，且不应低于 1℃
2	供热系统室外管网的水力平衡度	每个热源与换热站均不少于 1 个独立的供热系统	0.9～1.2
3	供热系统的补水率	每个热源与换热站均不少于 1 个独立的供热系统	0.5%～1%
4	室外管网的热输送效率	每个热源与换热站均不少于 1 个独立的供热系统	≥0.92
5	各风口的风量	按风管系统数量抽查 10%，且不得少于 1 个系统	≤15%
6	通风与空调系统的总风量	按风管系统数量抽查 10%，且不得少于 1 个系统	≤10%
7	空调机组的水流量	按系统数量抽查 10%，且不得少于 1 个系统	≤20%
8	空调系统冷热水、冷却水总流量	全数	≤10%
9	平均照度与照明功率密度	按同一功能区不少于 2 处	≤10%

7036　建筑节能工程外墙节能构造钻芯检验有哪些规定？

答：依据《建筑节能工程施工质量验收规范》GB 50411—2007，外墙节能构造钻芯

检验应符合下列规定：

（1）钻芯检验外墙节能构造应在外墙施工完工后，节能分部工程验收前进行。

（2）钻芯检验外墙节能构造的取样部位和数量，应遵守下列规定：

①取样部位应由监理（建设）与施工双方共同确定，不得在外墙施工前预先确定。

②取样部位应选取节能构造有代表性的外墙上相对隐蔽的部位，并宜兼顾不同朝向和楼层；取样部位必须确保钻芯操作安全，且应方便操作。

③外墙取样数量为一个单位工程每种节能保温做法至少取 3 个芯样。取样部位宜均匀分布，不宜在同一个房间外墙上取 2 个或 2 个以上芯样。

（3）钻芯检验外墙节能构造应在监理（建设）人员见证下实施。

（4）钻芯检验外墙节能构造可采用空心钻头，从保温层一侧钻取直径 70mm 的芯样。钻取芯样深度为钻透保温层到达结构层或基层表面，必要时也可钻透墙体。当外墙的表层坚硬不易钻透时，也可局部剔除坚硬的面层后钻取芯样。但钻取芯样后应恢复原有外墙的表面装饰层。

（5）钻取芯样时应尽量避免冷却水流入墙体内及污染墙面，从空心钻头中取出芯样时应谨慎操作，以保持芯样完整。当芯样严重破损难以准确判断节能构造或保温层厚度时，应重新取样检验。

（6）对钻取的芯样，应按照下列规定进行检查：

①对照设计图纸观察、判断保温材料种类是否符合设计要求；必要时也可采用其他方法加以判断。

②用分度值为 1mm 的钢尺，在垂直于芯样表面（外墙面）的方向上量取保温层厚度，精确到 1mm。

③观察或剖开检查保温层构造做法是否符合设计和施工方案要求。

（7）在垂直于芯样表面（外墙面）的方向上实测芯样保温层厚度，当实测芯样厚度的平均值达到设计厚度的 95% 及以上且最小值不低于设计厚度的 90% 时，应判定保温层厚度符合设计要求；否则，应判定保温层厚度不符合设计要求。

（8）当取样检验结果不符合设计要求时，应委托具备检测资质的见证检测机构增加一倍数量再次取样检验。仍不符合设计要求时应判定围护结构节能构造不符合设计要求。此时应根据检验结果委托原设计单位或其他有资质的单位重新验算房屋的热工性能，提出技术处理方案。

（9）外墙取样部位的修补，可采用聚苯板或其他保温材料制成的圆柱形塞填充并用建筑密封胶密封。修补后宜在取样部位挂贴注有"外墙节能构造检验点"的标志牌。

7037　建筑节能工程验收时应对哪些资料进行核查？

答：依据《建筑节能工程施工质量验收规范》GB 50411—2007，建筑节能工程验收时应对下列资料进行核查：

（1）设计文件、图纸会审记录、设计变更和洽商。

（2）主要材料、设备和构件的质量证明文件、进场检验记录、进场核查记录、进场复验报告、见证试验报告。

（3）隐蔽工程验收记录和相关图像资料。

（4）分项工程质量验收记录。必要时应核查检验批验收记录。

（5）建筑围护结构节能构造现场实体检验记录。

（6）严寒、寒冷和夏热冬冷地区的外窗气密性现场检测报告。

（7）风管及系统严密性检验记录。

（8）现场组装的组合式空调机组的漏风量测试记录。

（9）设备单机试运转及调试记录。

（10）系统联合试运转及调试记录。

（11）系统节能性能检验报告。

（12）其他对工程质量有影响的重要技术资料。

第 2 节　绿　色　施　工

7038　什么是绿色施工？

答：依据《建筑工程绿色施工规范》GB/T 50905—2014，绿色施工是指在保证质量、安全等基本要求的前提下，通过科学管理和技术进步，最大限度地节约资源，减少对环境负面影响，实现节能、节材、节水、节地和环境保护（"四节一环保"）的建筑工程施工活动。

7039　施工现场扬尘控制有哪些规定？

答：依据《建筑工程绿色施工规范》GB/T 50905—2014，施工现场扬尘控制应符合下列规定：

（1）施工现场宜搭设封闭式垃圾站。

（2）细散颗粒材料、易扬尘材料应封闭堆放、存储和运输。

（3）施工现场出口应设冲洗池，施工场地、道路应采取定期洒水抑尘措施。

（4）土石方作业区内扬尘目测高度应小于 1.5m，结构施工、安装、装饰装修阶段目测扬尘高度应小于 0.5m，不得扩散到工作区域外。

（5）施工现场使用的热水锅炉等宜使用清洁燃料。不得在施工现场融化沥青或焚烧油毡、油漆以及其他产生有毒、有害烟尘和恶臭气体的物质。

7040　施工现场噪声控制有哪些规定？

答：依据《建筑工程绿色施工规范》GB/T 50905—2014，施工现场噪声控制应符合下列规定：

（1）施工现场宜对噪声进行实时监测；施工场界环境噪声排放昼间不应超过 70dB（A），夜间不应超过 55dB（A）。噪声测量方法应符合现行国家标准《建筑施工场界环境噪声排放标准》GB 12523 的规定。

（2）施工过程宜使用低噪声、低振动的施工机械设备，对噪声控制要求较高的区域应采取隔声措施。

（3）施工车辆进出现场，不宜鸣笛。

7041　施工现场光污染控制有哪些规定？

答：依据《建筑工程绿色施工规范》GB/T 50905—2014，施工现场光污染控制应符合下列规定：

（1）应根据现场和周边环境采取限时施工、遮光和全封闭等避免或减少施工过程中光污染的措施。

（2）夜间室外照明灯应加设灯罩，光照方向应集中在施工范围内。

（3）在光线作用敏感区域施工时，电焊作业和大型照明灯具应采取防光外泄措施。

7042　施工现场水污染控制有哪些规定？

答：依据《建筑工程绿色施工规范》GB/T 50905—2014，施工现场水污染控制应符合下列规定：

（1）污水排放应符合现行行业标准《污水排入城镇下水道水质标准》CJ 343 的有关要求。

（2）使用非传统水源和现场循环水时，宜根据实际情况对水质进行检测。

（3）施工现场存放的油料和化学溶剂等物品应设专门库房，地面应做防渗漏处理。废弃的油料和化学溶剂应集中处理，不得随意倾倒。

（4）易挥发、易污染的液态材料，应使用密闭容器存放。

（5）施工机械设备使用和检修时，应控制油料污染；清洗机具的废水和废油不得直接排放。

（6）食堂、盥洗室、淋浴间的下水管线应设置过滤网，食堂应另设隔油池。

（7）施工现场宜采用移动式厕所，并应定期清理。固定厕所应设化粪池。

（8）隔油池和化粪池应做防渗处理，并应进行定期清运和消毒。

7043　施工现场垃圾处理有哪些规定？

答：依据《建筑工程绿色施工规范》GB/T 50905—2014，施工现场垃圾处理应符合下列规定：

（1）垃圾应分类存放、按时处置。

（2）应制定建筑垃圾减量计划，建筑垃圾的回收利用应符合现行国家标准《工程施工废弃物再生利用技术规范》GB/T 50743 的规定。

（3）有毒有害废弃物的分类率应达到100％；对有可能造成二次污染的废弃物应单独储存，并设置醒目标识。

（4）现场清理时，应采用封闭式运输，不得将施工垃圾从窗口、洞口、阳台等处抛撒。

7044　节材及材料利用有哪些规定？

答：依据《建筑工程绿色施工规范》GB/T 50905—2014，节材及材料利用应符合下列规定：

（1）应根据施工进度、材料使用时点、库存情况等制定材料的采购和使用计划。

（2）现场材料应堆放有序，并满足材料储存及质量保持的要求。

（3）工程施工使用的材料宜选用距施工现场 500km 以内生产的建筑材料。

7045　节水与水资源利用有哪些规定？

答：依据《建筑工程绿色施工规范》GB/T 50905—2014，节水及水资源利用应符合下列规定：

（1）现场应结合给排水点位置进行管线线路和阀门预设位置的设计，并采取管网和用水器具防渗漏的措施。

（2）施工现场办公区、生活区的生活用水应采用节水器具。

（3）宜建立雨水、中水或其他可利用水资源的收集利用系统。

（4）应按生活用水与工程用水的定额指标进行控制。

（5）施工现场喷洒路面、绿化浇灌不宜使用自来水。

7046　节能及能源利用有哪些规定？

答：依据《建筑工程绿色施工规范》GB/T 50905—2014，节能及能源利用应符合下列规定：

（1）应合理安排施工顺序及施工区域，减少作业区机械设备数量。

（2）应选择功率与负荷相匹配的施工机械设备，机械设备不宜低负荷运行，不宜采用自备电源。

（3）应制定施工能耗指标，明确节能措施。

（4）应建立施工机械设备档案和管理制度，机械设备应定期保养维修。

（5）生产、生活、办公区域及主要机械设备宜分别进行耗能、耗水及排污计量，并做好相应记录。

（6）应合理布置临时用电线路，选用节能器具，采用声控、光控和节能灯具；照明照度宜按最低照度设计。

（7）宜利用太阳能、地热能、风能等可再生能源。

（8）施工现场宜错峰用电。

7047　节地及土地资源保护有哪些规定？

答：依据《建筑工程绿色施工规范》GB/T 50905—2014，节地及土地资源保护应符合下列规定：

（1）应根据工程规模及施工要求布置施工临时设施。

（2）施工临时设施不宜占用绿地、耕地以及规划红线以外场地。

（3）施工现场应避让、保护场区及周边的古树名木。

7048　桩基工程绿色施工有哪些规定？

答：依据《建筑工程绿色施工规范》GB/T 50905—2014，桩基工程绿色施工应符合下列规定：

（1）成桩工艺应根据桩的类型、使用功能、土层特性、地下水位、施工机械、施工环境、施工经验、制桩材料供应条件等，按安全适用、经济合理的原则选择。

（2）混凝土灌注桩施工应符合下列规定：

①灌注桩采用泥浆护壁成孔时，应采取导流沟和泥浆池等排浆及储浆措施。

②施工现场应设置专用泥浆池，并及时清理沉淀的废渣。

（3）工程桩不宜采用人工挖孔成桩。当特殊情况采用时，应采取护壁、通风和防坠落措施。

（4）在城区或人口密集地区施工混凝土预制桩和钢桩时，宜采用静压沉桩工艺。静力压桩宜选择液压式和绳索式压桩工艺。

（5）工程桩桩顶剔除部分的再生利用应符合现行国家标准《工程施工废弃物再生利用技术规范》GB/T 50743 的规定。

7049　钢筋工程绿色施工有哪些规定？

答：依据《建筑工程绿色施工规范》GB/T 50905—2014，钢筋工程绿色施工应符合下列规定：

（1）钢筋宜采用专用软件优化放样下料，根据优化配料结果确定进场钢筋的定尺长度。

（2）钢筋工程宜采用专业化生产的成型钢筋。钢筋现场加工时，宜采取集中加工方式。

（3）钢筋连接宜采用机械连接方式。

（4）进场钢筋原材料和加工半成品应存放有序、标识清晰、储存环境适宜，并应制定保管制度，采取防潮、防污染等措施。

（5）钢筋除锈时，应采取避免扬尘和防止土壤污染的措施。

（6）钢筋加工中使用的冷却液体，应过滤后循环使用，不得随意排放。

（7）钢筋加工产生的粉末状废料，应收集和处理，不得随意掩埋或丢弃。

（8）钢筋安装时，绑扎丝、焊剂等材料应妥善保管和使用，散落的余废料应收集利用。

（9）箍筋宜采用一笔箍或焊接封闭箍。

7050　模板工程绿色施工有哪些规定？

答：依据《建筑工程绿色施工规范》GB/T 50905—2014，模板工程绿色施工应符合下列规定：

（1）应选用周转率高的模板和支撑体系。模板宜选用可回收利用高的塑料、铝合金等材料。

（2）宜使用大模板、定型模板、爬升模板和早拆模板等工业化模板及支撑体系。

（3）当采用木或竹制模板时，宜采取工厂化定型加工、现场安装的方式，不得在工作面上直接加工拼装。在现场加工时，应设封闭场所集中加工，并采取隔声和防粉尘污染措施。

（4）模板安装精度应符合现行国家标准《混凝土结构工程施工质量验收规范》GB 50204 的要求。

（5）脚手架和模板支撑宜选用承插式、碗扣式、盘扣式等管件合一的脚手架材料搭设。

（6）高层建筑结构施工，应采用整体或分片提升的工具式脚手架和分段悬挑式脚手架。

（7）模板及脚手架施工应回收散落的铁钉、铁丝、扣件、螺栓等材料。

（8）短木方应叉接接长，木、竹胶合板的边角余料应拼接并利用。

（9）模板脱模剂应选用环保型产品，并派专人保管和涂刷，剩余部分应加以利用。

（10）模板拆除宜按支设的逆向顺序进行，不得硬撬或重砸。拆除平台楼层的底模，应采取临时支撑、支垫等防止模板坠落和损坏的措施。并应建立维护维修制度。

7051　混凝土工程绿色施工有哪些规定？

答：依据《建筑工程绿色施工规范》GB/T 50905—2014，混凝土工程绿色施工应符合下列规定：

（1）在混凝土配合比设计时，应减少水泥用量，增加工业废料、矿山废渣的掺量；当混凝土中添加粉煤灰时，宜利用其后期强度。

（2）混凝土宜采用泵送、布料机布料浇筑；地下大体积混凝土宜采用溜槽或串筒浇筑。

（3）超长无缝混凝土结构宜采用滑动支座法、跳仓法和综合治理法施工；当裂缝控制要求较高时，可采用低温补仓法施工。

（4）混凝土振捣应采用低噪声振捣设备，也可采取围挡等降噪措施；在噪声敏感环境或钢筋密集时，宜采用自密实混凝土。

（5）混凝土宜采用塑料薄膜加保温材料覆盖保湿、保温养护；当采用洒水或喷雾养护时，养护用水宜使用回收的基坑降水或雨水；混凝土竖向构件宜采用养护剂进行养护。

（6）混凝土结构宜采用清水混凝土，其表面应涂刷保护剂。

（7）混凝土浇筑余料应制成小型预制件，或采用其他措施加以利用，不得随意倾倒。

（8）清洗泵送设备和管道的污水应经沉淀后回收利用，浆料分离后可作室外道路、地面等垫层的回填材料。

7052　砌体结构工程绿色施工有哪些规定？

答：依据《建筑工程绿色施工规范》GB/T 50905—2014，砌体结构工程绿色施工应符合下列规定：

（1）砌体结构宜采用工业废料或废渣制作的砌块及其他节能环保的砌块。

（2）砌块运输宜采用托板整体包装，现场应减少二次搬运。

（3）砌块湿润和砌体养护宜使用检验合格的非自来水源。

（4）混合砂浆掺合料可使用粉煤灰等工业废料。

（5）砌筑施工时，落地灰应随即清理、收集和再利用。

（6）砌块应按组砌图砌筑；非标准砌块应在工厂加工按计划进场，现场切割时应集中加工，并采取防尘降噪措施。

（7）毛石砌体砌筑时产生的碎石块，应加以回收利用。

7053 钢结构工程绿色施工有哪些规定？

答： 依据《建筑工程绿色施工规范》GB/T 50905—2014，钢结构工程绿色施工应符合下列规定：

（1）钢结构深化设计时，应结合加工、运输、安装方案和焊接工艺要求，确定分段、分节数量和位置，优化节点构造，减少钢材用量。

（2）钢结构安装连接宜选用高强螺栓连接，钢结构宜采用金属涂层进行防腐处理。

（3）大跨度钢结构安装宜采用起重机吊装、整体提升、顶升和滑移等机械化程度高、劳动强度低的方法。

（4）钢结构加工应制定废料减量计划，优化下料，综合利用余料，废料应分类收集、集中堆放、定期回收处理。

（5）钢材、零（部）件、成品、半成品件和标准件等应堆放在平整、干燥场地或仓库内。

（6）复杂空间钢结构制作和安装，应预先采用仿真技术模拟施工过程和状态。

（7）钢结构现场涂料应采用无污染、耐候性好的材料。防火涂料喷涂施工时，应采取防止涂料外泄的专项措施。

7054 装饰装修工程绿色施工有哪些一般规定？

答： 依据《建筑工程绿色施工规范》GB/T 50905—2014，装饰装修工程绿色施工应符合下列规定：

（1）施工前，块材、板材和卷材应进行排版优化设计。

（2）门窗、幕墙、块材、板材宜采用工厂化加工。

（3）装饰用砂浆宜采用预拌砂浆；落地灰应回收使用。

（4）装饰装修成品、半成品应采取保护措施。

（5）材料的包装物应分类回收。

（6）不得采用沥青类、煤焦油类等材料作为室内防腐、防潮处理剂。

（7）应制定材料使用的减量计划，材料损耗宜比额定损耗率降低30%。

（8）室内装饰装修材料应按现行国家标准《民用建筑工程室内环境污染控制规范》GB 50325的要求进行甲醛、氨、挥发性有机化合物和放射性等有害指标的检测。

（9）民用建筑工程验收时，必须进行室内环境污染物浓度检测，其限量应符合表7-5的规定。

民用建筑工程室内环境污染物浓度限量   表7-5

污染物	Ⅰ类民用建筑工程	Ⅱ类民用建筑工程
氡（Bq/m³）	≤200	≤400
甲醛（mg/m³）	≤0.08	≤0.1
苯（mg/m³）	≤0.09	≤0.09
氨（mg/m³）	≤0.2	≤0.2
TVOC（mg/m³）	≤0.5	≤0.6

7055　防水工程绿色施工有哪些规定？

答： 依据《建筑工程绿色施工规范》GB/T 50905—2014，防水工程绿色施工应符合下列规定：

（1）防水工程施工时，应满足防水设计的要求。

（2）防水材料及辅助用材，应根据材料特性进行有害物质限量的现场复检。

（3）卷材施工应结合防水的工艺要求，进行预先排版。

（4）基层清理应采取控制扬尘的措施。

（5）卷材防水层施工应符合下列规定：

①宜采用自粘型防水卷材。

②采用热熔法施工时，应控制燃料泄漏，并控制易燃材料储存地点与作业点的间距。高温环境或封闭条件施工时，应采取措施加强通风。

③防水层不宜采用热粘法施工。

④采用的基层处理剂和胶粘剂应选用环保型材料，并封闭存放。

⑤防水卷材余料应回收处理。

（6）涂膜防水层施工应符合下列规定：

①液态防水涂料和粉末状涂料应采用封闭容器存放，余料应及时回收。

②涂膜防水宜采用滚涂或涂刷工艺，当采用喷涂工艺时，应采取遮挡等防止污染的措施。

③涂膜固化期内应采取保护措施。

（7）块瓦屋面宜采用干挂法施工。

（8）蓄水、淋水试验宜采用非自来水源。

（9）防水层应采取成品保护措施。

7056　机电安装工程绿色施工有哪些规定？

答： 依据《建筑工程绿色施工规范》GB/T 50905—2014，机电安装工程绿色施工应符合下列规定：

（1）机电安装工程施工应采用工厂化制作，整体化安装的方法。

（2）机电安装工程施工前应对通风空调、给水排水、强弱电、末端设施布置及装修等进行综合分析，并绘制综合管线图。

（3）管线的预埋、预留应与土建及装修工程同步进行，不得现场临时剔凿。

（4）除锈、防腐宜在工厂内完成，现场涂装时应采用无污染、耐候性好的材料。

（5）机电安装工程应采用低能耗的施工机械。

（6）管道工程施工应符合下列规定：

①管道连接宜采用机械连接方式。

②采暖散热片组装应在工厂完成。

③设备安装产生的油污应随即清理。

④管道试验及冲洗用水应有组织排放，处理后重复利用。

⑤污水管道、雨水管道试验及冲洗用水宜利用非自来水源。

（7）通风工程施工应符合下列规定：

①预制风管下料宜按先大管料，后小管料，先长料，后短料的顺序进行。

②预制风管安装前应将内壁清扫干净。

③预制风管连接宜采用机械连接方式。

④冷媒储存应采用压力密闭容器。

（8）电气工程施工应符合下列规定：

①电线导管暗敷应做到线路最短。

②应选用节能型电线、电缆和灯具等，并应进行节能测试。

③预埋管线口应采取临时封堵措施。

④线路连接宜采用免焊接头和机械压接方式。

⑤不间断电源柜试运行时应进行噪声监测。

⑥不间断电源安装应采取防止电池液泄漏的措施，废旧电池应回收。

⑦电气设备的试运行不得低于规定时间，且不应超过规定时间的 1.5 倍。

第8章 市政公用工程

本章依据市政公用工程各专业质量验收规范，介绍了城镇道路工程、城市道路照明工程、城市桥梁工程、城镇给水排水管道工程、城镇供热管网工程、城镇燃气输配工程、城市轨道交通工程、城市污水处理工程、园林绿化工程等专业知识。共编写172道题。

第1节 城镇道路工程

8001 路基挖方施工有哪些规定？

答：依据《城镇道路工程施工与质量验收规范》CJJ 1—2008，挖方施工应根据地面坡度、开挖断面、纵向长度及出土方向等因素结合土方调配，选用安全、经济的开挖方案。挖方施工应符合下列规定：

（1）挖土时应自上而下分层开挖，严禁掏洞开挖。作业中断或作业后，开挖面应做成稳定边坡。

（2）机械开挖作业时，必须避开构筑物、管线，在距管道边1m范围内应采用人工开挖；在距直埋缆线2m范围内必须采用人工开挖。

（3）严禁挖掘机等机械在电力架空线路下作业。需在其一侧作业时，垂直及水平安全距离应符合表8-1的规定。

挖掘机、起重机（含吊物、载物）等机械与电力架空线路的最小安全距离　　表8-1

电压（kV）		<1	10	35	110	220	330	500
安全距离（m）	沿垂直方向	1.5	3.0	4.0	5.0	6.0	7.0	8.5
	沿水平方向	1.5	2.0	3.5	4.0	6.0	7.0	8.5

（4）弃土、暂存土均不得妨碍各类地下管线等构筑物的正常使用与维护，且应避开建筑物、围墙、架空线等。严禁占压、损坏、掩埋各种检查井、消火栓等设施。

8002 路基填方施工有哪些规定？

答：依据《城镇道路工程施工与质量验收规范》CJJ 1—2008，填方施工应符合下列规定：

（1）填方施工前应将地面积水、积雪（冰）和冻土层、生活垃圾等清除干净。

（2）填方材料的强度（CBR）值应符合设计要求，其最小强度值应符合表8-2的规定。不应使用淤泥、沼泽土、泥炭土、冻土、有机土以及含生活垃圾的土做路基填料；对液限大于50%、塑性指数大于26、可溶盐含量大于5%、700℃有机质烧失量大于8%的土，未经技术处理不得用作路基填料。

路基填料强度（CBR）的最小值　　　　　表 8-2

填方类型	路床顶面以下深度（cm）	最小强度（%）	
		城市快速路、主干路	其他等级道路
路床	0～30	8.0	6.0
路基	30～80	5.0	4.0
路基	80～150	4.0	3.0
路基	>150	3.0	2.0

（3）填方中使用房渣土、工业废渣等需经过试验，确认可靠并经建设单位、设计单位同意后方可使用。

（4）路基填方高度应按设计标高增加预沉量值。预沉量应根据工程性质、填方高度、填料种类、压实系数和地基情况与建设单位、项目监理机构、设计单位共同商定确认。

（5）不同性质的土应分类、分层填筑，不得混填，填土中大于 10cm 的土块应打碎或剔除。

（6）填土应分层进行。下层填土验收合格后，方可进行上层填筑。路基填土宽度每侧应比设计规定宽 50cm。

（7）路基填筑中宜做成双向横坡，一般土质填筑横坡宜为 2%～3%，透水性小的土类填筑横坡宜为 4%。

（8）透水性较大的土壤边坡不宜被透水性较小的土壤所覆盖。

（9）受潮湿及冻融影响较小的土壤应填筑在路基的上部。

（10）在路基宽度内，每层虚铺厚度应视压实机具的功能确定。人工夯实虚铺厚度应小于 20cm。

（11）路基填土中断时，应对已填路基表面土层压实并进行维护。

（12）原地面横向坡度在 1∶10～1∶5 时，应先翻松表土再进行填土；原地面横向坡度陡于 1∶5 时应做成台阶形，每级台阶宽度不得小于 1m，台阶顶面应向内倾斜；在沙土地段可不作台阶，但应翻松表层土。

（13）路基压实应符合下列要求：

①路基压实度应符合表 8-3 的规定。

路基压实度标准　　　　　表 8-3

填挖类型	路床顶面以下深度（cm）	道路类别	压实度（%）（重型击实）	检验频率		检验方法
				范围	点数	
挖方	0～30	城市快速路、主干路	≥95			
		次干路	≥93			
		支路及其他小路	≥90			
填方	0～80	城市快速路、主干路	≥95	1000m²	每层3点	环刀法、灌水法或灌砂法
		次干路	≥93			
		支路及其他小路	≥90			
	>80～150	城市快速路、主干路	≥93			
		次干路	≥90			
		支路及其他小路	≥90			
	>150	城市快速路、主干路	≥90			
		次干路	≥90			
		支路及其他小路	≥87			

②压实应先轻后重、先慢后快、均匀一致。压路机最快速度不宜超过 4km/h。

③填土的压实遍数，应按压实度要求，经现场试验确定。

④压实过程中应采取措施保护地下管线、构筑物安全。

⑤碾压应自路基边缘向中央进行，压路机轮外缘距路基边应保持安全距离，压实度应达到要求，且表面应无显著轮迹、翻浆、起皮、波浪等现象。

⑥压实应在土壤含水量接近最佳含水量值时进行，其含水量偏差幅度经试验确定。

⑦当管道位于路基范围内时，其沟槽的回填土压实度应符合现行国家标准《给水排水管道工程施工及验收规范》GB 50268 的有关规定，且管顶以上 50cm 范围内不得用压路机压实。当管道结构顶面至路床的覆土厚度不大于 50cm 时，应对管道结构进行加固。当管道结构顶面至路床的覆土厚度在 50~80cm 时，路基压实过程中应对管道结构采取保护或加固措施。

（14）旧路加宽时，填土宜选用与原路基土壤相同的土壤或透水性较好的土壤。

8003 路基范围内存在既有地下管线等构筑物时路基施工有哪些规定？

答：依据《城镇道路工程施工与质量验收规范》CJJ1—2008，路基范围内存在既有地下管线等构筑物时，施工应符合下列规定：

（1）施工前，应根据管线等构筑物顶部与路床的高差，结合构筑物结构状况，分析、评估其受施工影响程度，采取相应的保护措施。

（2）构筑物拆改或加固保护处理措施完成后，应由建设单位、管线管理单位参加进行隐蔽验收，确认符合要求、形成文件后，方可进行下一工序施工。

（3）施工中，应保持构筑物的临时加固设施处于有效工作状态。

（4）对构筑物的永久性加固，应在达到规定强度后，方可承受施工荷载。

（5）新建管线等构筑物间或新建管线与既有管线、构筑物间有矛盾时，应报请建设单位，由管线管理单位、设计单位确定处理措施，并形成文件，据以施工。

（6）沟槽回填土施工应符合下列规定：

①回填土应保证涵洞（管）、地下构筑物结构安全和外部防水层及保护层不受破坏。

②预制涵洞的现浇混凝土基础强度及预制件装配接缝的水泥砂浆强度达 5MPa 后，方可进行回填。砌体涵洞应在砌体砂浆强度达到 5MPa，且预制盖板安装后进行回填；现浇钢筋混凝土涵洞，其胸腔回填土宜在混凝土强度达到设计强度 70% 后进行，顶板以上填土应在达到设计强度后进行。

③涵洞两侧应同时回填，两侧填土高差不得大于 30cm。

④对有防水层的涵洞靠防水层部位应回填细粒土，填土中不得含有碎石、碎砖及大于 10cm 的硬块。

⑤涵洞位于路基范围内时，其顶部及两侧回填土应符合规范路基填方施工的有关规定。

⑥土壤最佳含水量和最大干密度应经试验确定。

⑦回填过程不得劈槽取土，严禁掏洞取土。

8004 特殊土路基施工前应做好哪些准备工作？

答：依据《城镇道路工程施工与质量验收规范》CJJ 1—2008，特殊土路基施工前项目监理机构应督促施工单位做好下列准备工作：

（1）进行详细的现场调查，依据工程地质勘察报告核查特殊土的分布范围、埋置深度和地表水、地下水状况，根据设计文件、水文地质资料编制专项施工方案。

（2）做好路基施工范围内的地面、地下排水设施，并保证排水通畅。

（3）进行土工试验，提供施工技术参数。

（4）选择适宜的季节进行路基加固处理施工，并宜符合下列要求：

①湖、塘、沼泽等地的软土路基宜在枯水期施工。

②膨胀土路基宜在少雨季节施工。

③强盐渍土路基应在春季施工；黏性盐渍土路基宜在夏季施工；砂性盐渍土路基宜在春季和夏初施工。

8005 软土路基施工有哪些规定？

答：依据《城镇道路工程施工与质量验收规范》CJJ1—2008，软土路基施工应符合下列规定：

（1）软土路基施工应列入地基固结期。应按设计要求进行预压，预压期内除补填因加固沉降引起的补填土方外，严禁其他作业。

（2）施工前应修筑路基处理试验路段，以获取各种施工参数。

（3）置换土施工应符合下列要求：

①填筑前，应排除地表水，清除腐殖土、淤泥。

②填料宜采用透水性土。处于常水位以下部分的填土，不得使用非透水性土壤。

③填土应由路中心向两侧按要求分层填筑并压实，层厚宜为 15cm。

④分段填筑时，接茬应按分层做成台阶形状，台阶宽不宜小于 2m。

（4）当软土层厚度小于 3.0m，且位于水下或为含水量极高的淤泥时，可使用抛石挤淤，并应符合下列要求：

①应使用不易风化石料，石料中尺寸小于 30cm 粒径的含量不得超过 20%。

②抛填方向应根据道路横断面下卧软土地层坡度而定。坡度平坦时自地基中部渐次向两侧扩展；坡度陡于 1：10 时，自高侧向低侧抛填，并在低侧边部多抛投，使低侧边部约有 2m 宽的平台顶面。

③抛石露出水面或软土面后，应用较小石块填平、碾压密实，再铺设反滤层填土压实。

（5）采用砂垫层置换时，砂垫层应宽出路基边脚 0.5～1.0m，两侧以片石护砌。

（6）采用反压护道时，护道宜与路基同时填筑。当分别填筑时，必须在路基达到临界高度前将反压护道施工完成。压实度应符合设计规定，且不应低于最大干密度的 90%。

（7）采用土工材料处理软土路基应符合下列要求：

①土工材料应由耐高温、耐腐蚀、抗老化、不易断裂的聚合物材料制成。其抗拉强度、顶破强度、负荷延伸率等均应符合设计及有关产品质量标准的要求。

②土工材料铺设前，应对基面压实整平。宜在原地基上铺设一层 30～50cm 厚的砂垫层。铺设土工材料后，运、铺料等施工机具不得在其上直接行走。

③每压实层的压实度、平整度经检验合格后，方可于其上铺设土工材料。土工材料应

完好，发生破损应及时修补或更换。

④铺设土工材料时，应将其沿垂直于路轴线展开，并视填土层厚度选用符合要求的锚固钉固定、拉直，不得出现扭曲、折皱等现象。土工材料纵向搭接宽度不应小于 30cm，采用锚接时其搭接宽度不得小于 15cm；采用胶结时胶接宽度不得小于 5cm，其胶结强度不得低于土工材料的抗拉强度。相邻土工材料横向搭接宽度不应小于 30cm。

⑤路基边坡留置的回卷土工材料，其长度不应小于 2m。

⑥土工材料铺设完后，应立即铺筑上层填料，其间隔时间不应超过 48h。

⑦双层土工材料上、下层接缝应错开，错缝距离不应小于 50cm。

（8）采用袋装砂井排水应符合下列要求：

①宜采用含泥量小于 3% 的粗砂或中砂做填料。砂袋的渗透系数应大于所用砂的渗透系数。

②砂袋存放使用中不应长期曝晒。

③砂袋安装应垂直入井，不应扭曲、缩颈、断割或磨损，砂袋在孔口外的长度应能顺直伸入砂垫层不小于 30cm。

④袋装砂井的井距、井深、井径等应符合设计要求。

（9）采用塑料排水板应符合下列要求：

①塑料排水板应具有耐腐性、柔韧性，其强度与排水性能应符合设计要求。

②塑料排水板贮存与使用中不得长期曝晒，并应采取保护滤膜措施。

③塑料排水板敷设应直顺，深度符合设计规定，超过孔口长度应伸入砂垫层不小于 50cm。

（10）采用砂桩处理软土地基应符合下列要求：

①砂宜采用含泥量小于 3% 的粗砂或中砂。

②应根据成桩方法选定填砂的含水量。

③砂桩应砂体连续、密实。

④桩长、桩距、桩径、填砂量应符合设计规定。

（11）采用碎石桩处理软土地基应符合下列要求：

①宜选用含泥砂量小于 10%、粒径 19～63mm 的碎石或砾石作桩料。

②应进行成桩试验，确定控制水压、电流和振冲器的振留时间等参数。

③应分层加入碎石（砾石）料，观察振实挤密效果，防止断桩、缩颈。

④桩距、桩长、灌石量等应符合设计规定。

（12）采用粉喷桩加固土桩处理软土地基应符合下列要求：

①石灰应采用磨细 I 级钙质石灰（最大粒径小于 2.36mm、氧化钙含量大于 80%），宜选用 SiO_2 和 Al_2O_3 含量大于 70%，烧失量小于 10% 的粉煤灰、普通或矿渣硅酸盐水泥。

②工艺性成桩试验桩数不宜少于 5 根，以获取钻进速度、提升速度、搅拌、喷气压力与单位时间喷入量等参数。

③桩距、桩长、桩径、承载力等应符合设计规定。

（13）施工中，施工单位应按设计与施工方案要求记录各项控制观测数值，并与设计单位、项目监理机构及时沟通反馈有关工程信息以指导施工。路堤完工后，应观测沉降值与位移至符合设计规定并稳定后，方可进行后续施工。

8006 湿陷性黄土路基施工有哪些规定？

答： 依据《城镇道路工程施工与质量验收规范》CJJ 1—2008，湿陷性黄土路基施工应符合下列规定：

（1）施工前应作好施工期拦截、排除地表水的措施，且宜与设计规定的拦截、排除、防止地表水下渗的设施结合。

（2）路基内的地下排水构筑物与地面排水沟渠必须采取防渗措施。

（3）施工中应详探道路范围内的陷穴，当发现设计有遗漏时，应及时报建设单位、设计单位，进行补充设计。

（4）用换填法处理路基时应符合下列要求：

①换填材料可选用黄土、其他黏性土或石灰土，其填筑压实要求同土方路基。采用石灰土换填时，消石灰与土的质量配合比，宜为石灰：土为 9：91（二八灰土）或 12：88（三七灰土）。石灰应符合规范的规定。

②换填宽度应宽出路基坡脚 0.5～1.0m。

③填筑用土中大于 10cm 的土块必须打碎，并应在接近土的最佳含水量时碾压密实。

（5）强夯处理路基时应符合下列要求：

①夯实施工前，必须查明场地范围内的地下管线等构筑物的位置及标高，严禁在其上方采用强夯施工，靠近其施工必须采取保护措施。

②施工前应按设计要求在现场选点进行试夯，通过试夯确定施工参数，如夯锤质量、落距、夯点布置、夯击次数和夯击遍数等。

③地基处理范围不宜小于路基坡脚外 3m。

④应划定作业区，并应设专人指挥施工。

⑤施工过程中，应设专人对夯击参数进行监测和记录。当参数变异时，应及时采取措施处理。

（6）路堤边坡应整平夯实，并应采取防止路面水冲刷措施。

8007 盐渍土路基施工有哪些规定？

答： 依据《城镇道路工程施工与质量验收规范》CJJ 1—2008，盐渍土路基施工应符合下列规定：

（1）过盐渍土、强盐渍土不应作路基填料。弱盐渍土可用于城市快速路、主干路路床 1.5m 以下范围填土，也可用于次干路及其他道路路床 0.8m 以下填土。

（2）施工中应对填料的含盐量及其均匀性加强监控，路床以下每 1000m³ 填料、路床部分每 500m³ 填料至少应做一组试件（每组取 3 个土样），不足上列数量时，也应做一组试件。

（3）用石膏土作填料时，应先破坏其蜂窝状结构。石膏含量可不限制，但应控制压实度。

（4）地表为过盐渍土、强盐渍土时，路基填筑前应按设计要求将其挖除，土层过厚时，应设隔离层，并宜设在距路床下 0.8m 处。

（5）盐渍土路基应分层填筑、夯实，每层虚铺厚度不宜大于 20cm。

（6）盐渍土路堤施工前应测定其基底（包括护坡道）表土的含盐量、含水量和地下水位，分别按设计规定进行处理。

8008　膨胀土路基施工有哪些规定？

答：依据《城镇道路工程施工与质量验收规范》CJJ 1—2008，膨胀土路基施工应符合下列规定：

（1）施工应避开雨期，且保持良好的路基排水条件。

（2）应采取分段施工。各道工序应紧密衔接，连续施工，逐段完成。

（3）路堑开挖应符合下列要求：

①边坡应预留 30～50cm 厚土层，路堑挖完后应立即按设计要求进行削坡与封闭边坡。

②路床应比设计标高超挖 30cm，并应及时采用粒料或非膨胀土等换填、压实。

（4）路基填方应符合下列要求：

①施工前应按规定做试验段。

②路床顶面 30cm 范围内应换填非膨胀土或经改性处理的膨胀土。当填方路基填土高度小于 1m 时，应对原地表 30cm 内的膨胀土挖除，进行换填。

③强膨胀土不得做路基填料。中等膨胀土应经改性处理方可使用，但膨胀总率不得超过 0.7%。

④施工中应根据膨胀土自由膨胀率，选用适宜的碾压机具，碾压时应保持最佳含水量；压实土层松铺厚度不得大于 30cm；土块粒径不得大于 5cm，且粒径大于 2.5cm 的土块量应小于 40%。

（5）在路堤与路堑交界地段，应采用台阶方式搭接，每阶宽度不得小于 2m，并碾压密实。压实度标准应符合规范的规定。

（6）路基完成施工后应及时进行基层施工。

8009　冻土路基施工有哪些规定？

答：依据《城镇道路工程施工与质量验收规范》CJJ 1—2008，冻土路基施工应符合下列规定：

（1）路基范围内的各种地下管线基础应设置于冻土层以下。

（2）填方地段路堤应预留沉降量，在修筑路面结构之前，路基沉降应已基本稳定。

（3）路基受冰冻影响部位，应选用水稳定性和抗冻稳定性均较好的粗粒土，碾压时的含水量偏差应控制在最佳含水量允许偏差范围内。

（4）当路基位于永久冻土的富冰冻土、饱冰冻土或含冰层地段时，必须保持路基及周围的冻土处于冻结状态，且应避免施工时破坏土基热流平衡。排水沟与路基坡脚距离不应小于 2m。

（5）冻土区土层为冻融活动层，设计无地基处理要求时，应报请设计部门进行补充设计。

8010　道路土方路基（路床）质量检验应符合哪些规定？

答：依据《城镇道路工程施工与质量验收规范》CJJ 1—2008，土方路基（路床）质量检验应符合下列规定：

（1）主控项目

①路基压实度应符合规范的规定。检查数量：每 1000m²、每压实层抽检 3 点。检验方法：环刀法、灌砂法或灌水法。

②弯沉值，不应大于设计规定。检查数量：每车道、每 20m 测 1 点。检验方法：弯沉仪检测。

（2）一般项目

①土方路基允许偏差应符合表 8-4 的规定。

土方路基允许偏差

表 8-4

项　目	允许偏差（m）	检验频率		检验方法
		范围（m）	点数	
路床纵断高程（mm）	−20，+10	20	1	用水准仪测量
路床中线偏位（mm）	≤30	100	2	用经纬仪、钢尺量取最大值
路床平整度（mm）	≤15	路宽（m） <9	1	用 3m 直尺和塞尺连续量两尺，取较大值
		路宽（m） 9～15	2	
		路宽（m） >15	3	
路床宽度（mm）	不小于设计值+B	40	1	用钢尺量
路床横坡	±0.3% 且不反坡	路宽（m） <9	2	用水准仪测量
		路宽（m） 9～15	4	
		路宽（m） >15	6	
边坡	不陡于设计值	20	2	用坡度尺量，每侧 1 点

注：B 为施工时必要的附加宽度。

②路床应平整、坚实，无显著轮迹、翻浆、波浪、起皮等现象，路堤边坡应密实、稳定、平顺等。检查数量：全数检查。检验方法：观察。

8011　石灰稳定土类基层施工有哪些规定？

答：依据《城镇道路工程施工与质量验收规范》CJJ 1—2008，石灰稳定土类基层施工应符合下列规定：

（1）石灰稳定土类材料宜在冬期开始前 30～45d 完成施工。

（2）高填土路基与软土路基，应在沉降值符合设计规定且沉降稳定后，方可施工道路基层。

（3）基层材料的摊铺宽度应为设计宽度两侧加施工必要附加宽度。

（4）基层施工中严禁用贴薄层方法整平修补表面。

（5）原材料（土、石灰、水）、石灰土配合比应符合规范有关规定。

（6）采用人工搅拌石灰土应符合下列规定：

①所用土应预先打碎、过筛（20mm 方孔），集中堆放、集中拌合。

②应按需要量将土和石灰按配合比要求，进行掺配。掺配时土应保持适宜的含水量，

掺配后过筛（20mm 方孔），至颜色均匀一致为止。

③作业人员应佩戴劳动保护用品，现场应采取防扬尘措施。

（7）在城镇人口密集区，应使用厂拌石灰土，不得使用路拌石灰土。

（8）厂拌石灰土应符合下列规定：

①石灰土搅拌前，应先筛除集料中不符合要求的颗粒，使集料的级配和最大粒径符合要求。

②宜采用强制式搅拌机进行搅拌。配合比应准确，搅拌应均匀；含水量宜略大于最佳值；石灰土应过筛（20mm 方孔）。

③应根据土和石灰的含水量变化、集料的颗粒组成变化，及时调整搅拌用水量。

④拌成的石灰土应及时运送到铺筑现场。运输中应采取防止水分蒸发和防扬尘措施。

⑤搅拌厂应向现场提供石灰土配合比，R7 强度标准值及石灰中活性氧化物含量的资料。

（9）厂拌石灰土摊铺应符合下列规定：

①路床应湿润。

②压实系数应经试验确定。现场人工摊铺时，压实系数宜为 1.65～1.70。

③石灰土宜采用机械摊铺。每次摊铺长度宜为一个碾压段。

④摊铺掺有粗集料的石灰土时，粗集料应均匀。

（10）碾压应符合下列规定：

①铺好的石灰土应当天碾压成活。

②碾压时的含水量宜在最佳含水量的允许偏差范围内。

③直线和不设超高的平曲线段，应由两侧向中心碾压；设超高的平曲线段，应由内侧向外侧碾压。

④初压时，碾速宜为 20～30m/min，灰土初步稳定后，碾速宜为 30～40m/min。

⑤人工摊铺时，宜先用 6～8t 压路机碾压，灰土初步稳定，找补整形后，方可用重型压路机碾压。

⑥当采用碎石嵌丁封层时，嵌丁石料应在石灰土底层压实度达到 85% 时撒铺，然后继续碾压，使其嵌入底层，并保持表面有棱角外露。

（11）纵、横接缝均应设直茬。接缝应符合下列规定：

①纵向接缝宜设在路中线处。接缝应做成阶梯形，梯级宽不应小于 1/2 层厚。

②横向接缝应尽量减少。

（12）石灰土养护应符合下列规定：

①石灰土成活后应立即洒水（或覆盖）养护，保持湿润，直至上层结构施工为止。

②石灰土碾压成活后可采取喷洒沥青透层油养护，并宜在其含水量为 10% 左右时进行。

③石灰土养护期应封闭交通。

8012　石灰、粉煤灰稳定砂砾基层施工有哪些规定？

答：依据《城镇道路工程施工与质量验收规范》CJJ 1—2008，石灰、粉煤灰稳定砂砾基层施工应符合下列规定：

（1）石灰、粉煤灰稳定砂砾材料宜在冬期开始前 30～45d 完成施工。

（2）高填土路基与软土路基，应在沉降值符合设计规定且沉降稳定后，方可施工道路基层。

（3）基层材料的摊铺宽度应为设计宽度两侧加施工必要附加宽度。

（4）基层施工中严禁用贴薄层方法整平修补表面。

（5）原材料（石灰、粉煤灰、砂砾（碎石）、水）、配合比应符合规范有关规定。

（6）混合料应由搅拌厂集中拌制且应符合下列规定：

①宜采用强制式搅拌机拌制，并应符合下列要求：a. 搅拌时应先将石灰、粉煤灰搅拌均匀，再加入砂砾（碎石）和水搅拌均匀。混合料含水量宜略大于最佳含水量。b. 拌制石灰粉煤灰砂砾均应做延迟时间试验，以确定混合料在贮存场存放时间及现场完成作业时间。c. 混合料含水量应视气候条件适当调整。

②搅拌厂应向现场提供产品合格证及石灰活性氧化物含量、粒料级配、混合料配合比及 R7 强度标准值的资料。

③运送混合料应覆盖，防止遗撒、扬尘。

（7）摊铺应符合下列规定：

①路床应湿润。

②压实系数应经试验确定。现场人工摊铺时，压实系数宜为 1.65～1.70。

③宜采用机械摊铺。每次摊铺长度宜为一个碾压段。

④混合料在摊铺前其含水量宜在最佳含水量的允许偏差范围内。

⑤混合料每层最大压实厚度应为 20cm，且不宜小于 10cm。

⑥摊铺中发生粗、细集料离析时，应及时翻拌均匀。

（8）碾压应符合下列规定：

①铺好的混合料应当天碾压成活。

②碾压时的含水量宜在最佳含水量的允许偏差范围内。

③直线和不设超高的平曲线段，应由两侧向中心碾压；设超高的平曲线段，应由内侧向外侧碾压。

④初压时，碾速宜为 20～30m/min，混合料初步稳定后，碾速宜为 30～40m/min。

⑤人工摊铺时，宜先用 6～8t 压路机碾压，混合料初步稳定，找补整形后，方可用重型压路机碾压。

（9）养护应符合下列规定：

①混合料基层，应在潮湿状态下养护。养护期视季节而定，常温下不宜少于 7d。

②采用洒水养护时，应及时洒水，保持混合料湿润；采用喷洒沥青乳液养护时，应及时在乳液面撒嵌丁料。

③养护期间宜封闭交通。需通行的机动车辆应限速，严禁履带车辆通行。

8013　石灰稳定土类基层及底基层质量检验应符合哪些规定？

答：依据《城镇道路工程施工与质量验收规范》CJJ 1—2008，石灰稳定土，石灰、粉煤灰稳定砂砾（碎石），石灰、粉煤灰稳定钢渣基层及底基层质量检验应符合下列规定：

（1）主控项目

①原材料质量检验应符合规范的有关规定。检查数量：按不同材料进厂批次，每批检查 1 次。检验方法：查检验报告、复验。

②基层及底基层的压实度应符合下列要求：

a. 城市快速路、主干路基层大于或等于 97％，底基层大于或等于 95％。

b. 其他等级道路基层大于或等于 95％，底基层大于或等于 93％。

检查数量：每 1000m²，每压实层抽检 1 点。检验方法：环刀法、灌砂法或灌水法。

③基层及底基层试件作 7d 无侧限抗压强度应符合设计要求。

检查数量：每 2000m² 抽检 1 组（6 块）。检验方法：现场取样试验。

（2）一般项目

①表面应平整、坚实、无粗细骨料集中现象，无明显轮迹、推移、裂缝，接茬平顺，无贴皮、散料。

②基层及底基层允许偏差应符合表 8-5 的规定。

石灰、水泥稳定土类基层及底基层允许偏差　　　　　　　　表 8-5

项　目		允许偏差	检验频率		检验方法
			范围	点数	
中线偏位（mm）		≤20	100m	1	用经纬仪测量
纵断高程（mm）	基层	±15	20m	1	用水准仪测量
	底基层	±20			
平整度（mm）	基层	≤10	20m	路宽（m） <9	1	用 3m 直尺和塞尺连续量两尺，取较大值
	底基层	≤15		9～15	2	
				>15	3	
宽度（mm）		不小于设计规定＋B	40m	1	用钢尺量
横坡		±0.3％且不反坡	20m	路宽（m） <9	2	用水准仪测量
				9～15	4	
				>15	6	
厚度（mm）		±10	1000m²	1	用钢尺量

8014　水泥稳定土类基层施工有哪些规定？

答： 依据《城镇道路工程施工与质量验收规范》CJJ 1—2008，水泥稳定土类基层施工应符合下列规定：

（1）水泥稳定土类材料宜在冬期开始前 15～30d 完成施工。

（2）高填土路基与软土路基，应在沉降值符合设计规定且沉降稳定后，方可施工道路基层。

（3）基层材料的摊铺宽度应为设计宽度两侧加施工必要附加宽度。

（4）基层施工中严禁用贴薄层方法整平修补表面。

（5）水泥稳定土类基层原材料、颗粒范围、配合比应符合规范有关规定。

（6）城镇道路中使用水泥稳定土类材料，宜采用搅拌厂集中拌制。

（7）集中搅拌水泥稳定土类材料应符合下列规定：

①集料应过筛，级配应符合设计要求；

②混合料配合比应符合要求，计量准确；含水量应符合施工要求，并搅拌均匀。

③搅拌厂应向现场提供产品合格证及水泥用量、粒料级配、混合料配合比、R7 强度标准值。

④水泥稳定土类材料运输时，应采取措施防止水分损失。

（8）摊铺应符合下列规定：

①施工前应通过试验确定压实系数。水泥土的压实系数宜 1.53～1.58；水泥稳定砂砾的压实系数宜为 1.30～1.35。

②宜采用专用摊铺机械摊铺。

③水泥稳定土类材料自搅拌至摊铺完成，不应超过 3h。应按当班施工长度计算用料量。

④分层摊铺时，应在下层养护 7d 后，方可摊铺上层材料。

（9）碾压应符合下列要求：

①应在含水量等于或略大于最佳含水量时进行。碾压找平应符合规范的有关规定。

②宜采用 12～18t 压路机作初步稳定碾压，混合料初步稳定后用大于 18t 的压路机碾压，压至表面平整、无明显轮迹，且达到要求的压实度。

③水泥稳定土类材料，宜在水泥初凝前碾压成活。

④当使用振动压路机时，应符合环境保护和周围建筑物及地下管线、构筑物的安全要求。

（10）纵、横接缝均应设直茬。接缝应符合下列规定：

①纵向接缝宜设在路中线处。接缝应做成阶梯形，梯级宽不应小于 1/2 层厚。

②横向接缝应尽量减少。

（11）养护应符合下列规定：

①基层宜采用洒水养护，保持湿润。采用乳化沥青养护，应在其上撒布适量石屑。

②养护期间应封闭交通。

③常温下成活后应经 7d 养护，方可在其上铺筑面层。

（12）基层及底基层质量检验应符合下列规定：

① 主控项目

a. 原材料应符合规范的有关规定。检查数量：按不同材料进厂批次，每批检查 1 次；检查方法：查检验报告、复验。

b. 基层、底基层压实度应符合下列要求：

城市快速路、主干路基层大于等于 97％，底基层大于等于 95％。

其他等级道路基层大于等于 95％，底基层大于等于 93％。检查数量：每 1000m²，每压实层抽查 1 点。检查方法：灌砂法或灌水法。

c. 基层、底基层 7d 无侧限抗压强度应符合设计要求。检查数量：每 2000m² 抽检 1 组（6 块）。检验方法：现场取样试验。

②一般项目

a. 表面应平整、坚实、接缝平顺、无明显粗、细骨料集中现象，无推移、裂缝，贴皮、松散、浮料。

b. 基层及底基层的允许偏差应符合规范的规定（见 8013 题表 8-5）。

8015　沥青混合料面层施工有哪些规定？

答：依据《城镇道路工程施工与质量验收规范》CJJ 1—2008，沥青混合料面层施工应符合下列规定：

（1）施工中应根据面层厚度和沥青混合料的种类、组成、施工季节，确定铺筑层次及各分层厚度。

（2）沥青混合料面层不得在雨、雪天气及环境最高温度低于 5℃时施工。

（3）城镇道路不宜使用煤沥青。确需使用时，应制定保护施工人员防止吸入煤沥青蒸气或皮肤直接接触煤沥青的措施。

（4）当采用旧沥青路面作为基层加铺沥青混合料面层时，应对原有路面进行处理、整平或补强，符合设计要求，并应符合下列规定：

① 符合设计强度、基本无损坏的旧沥青路面经整平后可作基层使用。

② 旧路面有明显损坏，但强度能达到设计要求的，应对损坏部分进行处理。

③ 填补旧沥青路面，凹坑应按高程控制、分层铺筑，每层最大厚度不宜超过 10cm。

（5）旧路面整治处理中刨除与铣刨产生的废旧沥青混合料应集中回收，再生利用。

（6）当旧水泥混凝土路面作为基层加铺沥青混合料面层时，应对原水泥混凝土路面进行处理，整平或补强，符合设计要求，并应符合下列规定：

① 对原混凝土路面应作弯沉试验，符合设计要求，经表面处理后，可作基层使用。

② 对原混凝土路面层与基层间的空隙，应填充处理。

③ 对局部破损的原混凝土面层应剔除，并修补完好。

④ 对混凝土面层的胀缝、缩缝、裂缝应清理干净，并应采取防反射裂缝措施。

（7）原材料应符合下列规定：

① 沥青、粗集料、细集料等质量、性能、技术要求应符合规范的有关规定。

② 矿粉应用石灰岩等憎水性石料磨制。城市快速路与主干路的沥青面层不宜采用粉煤灰做填料。当次干路及以下道路用粉煤灰作填料时，其用量不应超过填料总量 50％，粉煤灰的烧失量应小于 12％。沥青混合料用矿粉质量要求应符合规范的有关规定。

③ 纤维稳定剂应在 250℃条件下不变质。不宜使用石棉纤维。木质素纤维技术要求应符合规范的有关规定。

（8）不同料源、品种、规格的原材料应分别存放，不得混存。

（9）沥青混合料配合比设计应符合国家现行标准《公路沥青路面施工技术规范》JTGF 40 的要求，并应遵守下列规定：

① 各地区应根据气候条件、道路等级、路面结构等情况，通过试验，确定适宜的沥青混合料技术指标。

② 开工前，应对当地同类道路的沥青混合料配合比及其使用情况进行调研，借鉴成功经验。

③ 各地区应结合当地自然条件，充分利用当地资源，选择合格的材料。

（10）基层施工透层油或下封层后，应及时铺筑面层。

8016 热拌沥青混合料面层施工有哪些规定？

答：依据《城镇道路工程施工与质量验收规范》CJJ 1—2008，热拌沥青混合料面层施工应符合下列规定：

（1）热拌沥青混合料（HMA）应按工程要求选择适宜的混合料规格、品种。

（2）沥青混合料面层集料的最大粒径应与分层压实层厚度相匹配。密级配沥青混合料，每层的压实厚度不宜小于集料公称最大粒径的 2.5～3 倍；对 SMA 和 OGFC 等嵌挤型混合料不宜小于公称最大粒径的 2～2.5 倍。

（3）各层沥青混合料应满足所在层位的功能性要求，便于施工，不得离析。各层应连续施工并连接成一体。

（4）热拌沥青混合料铺筑前，应复查基层和附属构筑物质量，确认符合要求，并对施工机具设备进行检查，确认处于良好状态。

（5）沥青混合料搅拌及施工温度应根据沥青标号及黏度、气候条件、铺装层的厚度、下卧层温度确定。

（6）热拌沥青混合料宜由有资质的沥青混合料集中搅拌站供应。

（7）自行设置集中搅拌站应符合下列规定：

① 搅拌站的设置必须符合国家有关环境保护、消防、安全等规定。

② 搅拌站与工地现场距离应满足混合料运抵现场时，施工对温度的要求，且混合料不离析。

③ 搅拌站贮料场及场内道路应做硬化处理，具有完备的排水设施。

④ 各种集料（含外掺剂、混合料成品）必须分仓贮存，并有防雨设施。

⑤ 搅拌机必须设二级除尘装置。矿粉料仓应配置振动卸料装置。

⑥ 采用连续式搅拌机搅拌时，使用的集料料源应稳定不变。

⑦ 采用间歇式搅拌机搅拌时，搅拌能力应满足施工进度要求。冷料仓的数量应满足配合比需要，通常不宜少于 5～6 个。

⑧ 沥青混合料搅拌设备的各种传感器必须按规定周期检定。

⑨ 集料与沥青混合料取样应符合现行试验规程的要求。

（8）搅拌机应配备计算机控制系统。生产过程中应逐盘采集材料用量和沥青混合料搅拌量、搅拌温度等各种参数指导生产。

（9）沥青混合料搅拌时间应经试拌确定，以沥青均匀裹覆集料为度。间歇式搅拌机每盘的搅拌周期不宜少于 45s，其中干拌时间不宜少于 5～10s。改性沥青和 SMA 混合料的搅拌时间应适当延长。

（10）用成品仓贮存沥青混合料，贮存期混合料降温不得大于 10 ℃。贮存时间普通沥青混合料不得超过 72h；改性沥青混合料不得超过 24h；SMA 混合料应当日使用；OGFC 应随拌随用。

（11）生产添加纤维的沥青混合料时，搅拌机应配备同步添加投料装置，搅拌时间宜延长 5s 以上。

（12）沥青混合料出厂时，应逐车检测沥青混合料的质量和温度，并附带载有出厂时间的运料单，不合格品不得出厂。

（13）热拌沥青混合料的运输应符合下列规定：

① 热拌沥青混合料宜采用与摊铺机匹配的自卸汽车运输。

② 运料车装料时，应防止粗细集料离析。

③ 运料车应具有保温、防雨、防混合料遗撒与沥青滴漏等功能。

④ 沥青混合料运输车辆的总运力应比搅拌能力或摊铺能力有所富余。

⑤ 沥青混合料运至摊铺地点，应对搅拌质量与温度进行检查，合格后方可使用。

（14）热拌沥青混合料的摊铺应符合下列规定：

① 热拌沥青混合料应采用机械摊铺。摊铺温度应符合规范的规定。城市快速路、主干路宜采用两台以上摊铺机联合摊铺，每台机器的摊铺宽度宜小于 6m。表面层宜采用多机全幅摊铺，减少施工接缝。

② 摊铺机应具有自动或半自动方式调节摊铺厚度及找平的装置、可加热的振动熨平板或初步振动压实装置、摊铺宽度可调整等功能，且受料斗斗容应能保证更换运料车时连续摊铺。

③ 采用自动调平摊铺机摊铺最下层沥青混合料时，应使用钢丝或路缘石、平石控制高程与摊铺厚度，以上各层可用导梁引导高程控制，或采用声纳平衡梁控制方式。经摊铺机初步压实的摊铺层应符合平整度、横坡的要求。

④ 沥青混合料的最低摊铺温度应根据气温、下卧层表面温度、摊铺层厚度与沥青混合料种类经试验确定。城市快速路、主干路不宜在气温低于 10℃ 条件下施工。

⑤ 沥青混合料的松铺系数应根据混合料类型、施工机械和施工工艺等通过试验段确定，试验段长不宜小于 100m。松铺系数可按表 8-6 进行初选。

沥青混合料的松铺系数　　表 8-6

种类	机械摊铺	人工摊铺
沥青混凝土混合料	1.15～1.35	1.25～1.50
沥青碎石混合料	1.15～1.30	1.20～1.45

⑥ 摊铺沥青混合料应均匀、连续不间断，不得随意变换摊铺速度或中途停顿。摊铺速度宜为 2～6m/min。摊铺时螺旋送料器应不停顿地转动，两侧应保持有不少于送料器高度 2/3 的混合料，并保证在摊铺机全宽度断面上不发生离析。熨平板按所需厚度固定后不得随意调整。

⑦ 摊铺层发生缺陷应找补，并停机检查，排除故障。

⑧ 路面狭窄部分、平曲线半径过小的匝道小规模工程可采用人工摊铺。

（15）热拌沥青混合料的压实应符合规范的规定。

（16）热拌沥青混合料的施工接缝应符合下列规定：

① 沥青混合料面层的施工接缝应紧密、平顺。

② 上、下层的纵向热接缝应错开 15cm；冷接缝应错开 30～40cm。相邻两幅及上、下层的横向接缝均应错开 1m 以上。

③ 表面层接缝应采用直茬，以下各层可采用斜接茬，层较厚时也可做阶梯形接茬。

④ 对冷接茬施作前，应在茬面涂少量沥青并预热。

（17）热拌沥青混合料路面应待摊铺层自然降温至表面温度低于 50℃ 后，方可开放交通。

(18) 沥青混合料面层完成后应加强保护，控制交通，不得在面层上堆土或拌制砂浆。

8017　沥青混合料面层的透层施工有哪些规定？

答： 依据《城镇道路工程施工与质量验收规范》CJJ 1—2008，透层施工应符合下列规定：

(1) 沥青混合料面层的基层表面应喷洒透层油，在透层油完全渗透入基层后方可铺筑面层。

(2) 施工中应根据基层类型选择渗透性好的液体沥青、乳化沥青做透层油。透层油的规格应符合规范的规定。

(3) 用作透层油的基质沥青针入度不宜小于 100。液体沥青的黏度应通过调节稀释剂的品种和掺量经试验确定。

(4) 透层油的用量与渗透深度宜通过试洒确定，并应符合规范的规定。

(5) 用于石灰稳定土类或水泥稳定土类基层的透层油宜紧接在基层碾压成形后表面稍变干燥，但尚未硬化的情况下喷洒，洒布透层油后，应封闭各种交通。

(6) 透层油宜采用沥青洒布车或手动沥青洒布机喷洒。洒布设备喷嘴应与透层沥青匹配，喷洒应呈雾状，洒布管高度应使同一地点接受 2~3 个喷油嘴喷洒的沥青。

(7) 透层油应洒布均匀，有花白遗漏应人工补洒，喷洒过量的应立即撒布石屑或砂吸油，必要时作适当碾压。

(8) 透层油洒布后的养护时间应根据透层油的品种和气候条件由试验确定。液体沥青中的稀释剂全部挥发或乳化沥青水分蒸发后，应及时铺筑沥青混合料面层。

(9) 当气温在 10℃ 及以下，风力大于 5 级及以上时，不应喷洒透层油。

(10) 透层质量检验应符合下列规定：

① 主控项目：所采用沥青的品种、标号和粒料质量、规格应符合规范的有关规定。

检查数量：按进场品种、批次，同品种、同批次检查不应少于 1 次。

② 一般项目：透层的宽度不应小于设计规定值。检查数量：每 40m 抽检 1 处。

8018　沥青混合料面层的粘层施工有哪些规定？

答： 依据《城镇道路工程施工与质量验收规范》CJJ 1—2008，粘层施工应符合下列规定：

(1) 双层式或多层式热拌热铺沥青混合料面层之间应喷洒粘层油，或在水泥混凝土路面、沥青稳定碎石基层、旧沥青路面层上加铺沥青混合料层时，应在既有结构和路缘石、检查井等构筑物与沥青混合料层连接面喷洒粘层油。

(2) 粘层油宜采用快裂或中裂乳化沥青、改性乳化沥青，也可采用快、中凝液体石油沥青，其规格和用量应符合规范的规定。所使用的基质沥青标号宜与主层沥青混合料相同。

(3) 粘层油品种和用量应根据下卧层的类型通过试洒确定，并应符合规范的规定。

(4) 粘层油宜在摊铺面层当天洒布。

(5) 粘层油喷洒应符合规范的有关规定。

(6) 当气温在 10℃ 及以下，风力大于 5 级及以上时，不应喷洒粘层油。

（7）粘层质量检验应符合下列规定：

① 主控项目：所采用沥青的品种、标号和粒料质量、规格应符合规范的有关规定。

检查数量：按进场品种、批次，同品种、同批次检查不应少于 1 次。

② 一般项目：粘层的宽度不应小于设计规定值。检查数量：每 40m 抽检 1 处。

8019　沥青混合料面层的封层施工有哪些规定？

答： 依据《城镇道路工程施工与质量验收规范》CJJ 1—2008，封层施工应符合下列规定：

（1）封层油宜采用改性沥青或改性乳化沥青。集料应质地坚硬、耐磨、洁净、粒径级配应符合要求。

（2）用于稀浆封层的混合料其配合比应经设计、试验，符合要求后方可使用。

（3）下封层宜采用层铺法表面处治或稀浆封层法施工。沥青（乳化沥青）和集料用量应根据配合比设计确定。

（4）沥青应洒布均匀、不露白，封层应不透水。

（5）当气温在 10℃ 及以下，风力大于 5 级及以上时，不应喷洒封层油。

（6）封层质量检验应符合下列规定：

① 主控项目：所采用沥青的品种、标号和封层粒料质量、规格应符合规范的有关规定。

检查数量：按进场品种、批次，同品种、同批次检查不应少于 1 次。

② 一般项目：

a. 封层的宽度不应小于设计规定值。检查数量：每 40m 抽检 1 处。

b. 封层油层与粒料洒布应均匀，不应有松散、裂缝、油丁、泛油、波浪、花白、漏洒、堆积、污染其他构筑物等现象。

8020　热拌沥青混合料面层质量检验应符合哪些规定？

答： 依据《城镇道路工程施工与质量验收规范》CJJ 1—2008，热拌沥青混合料面层质量检验应符合下列规定：

（1）主控项目

① 热拌沥青混合料质量应符合下列要求：

a. 道路用沥青的品种、标号应符合国家现行有关标准和规范的有关规定。检查数量：按同一生产厂家、同一品种、同一标号、同一批号连续进场的沥青（石油沥青每 100t 为 1 批，改性沥青每 50t 为 1 批）每批次抽检 1 次。

b. 沥青混合料所选用的粗集料、细集料、矿粉、纤维稳定剂等的质量及规格应符合规范的有关规定。检查数量：按不同品种产品进场批次和产品抽样检验方案确定

c. 热拌沥青混合料、热拌改性沥青混合料、SMA 混合料，查出厂合格证、检验报告并进场复验，拌合温度、出厂温度应符合规范的有关规定。检查数量：全数检查

d. 沥青混合料品质应符合马歇尔试验配合比技术要求。检查数量：每日、每品种检查 1 次。

② 热拌沥青混合料面层质量检验：

a. 沥青混合料面层压实度，对城市快速路、主干路不应小于96%；对次干路及以下道路不应小于95%。检查数量：每1000m² 测1点。

b. 面层厚度应符合设计规定，允许偏差为+10～－5mm。检查数量：每1000m² 测1点。

c. 弯沉值，不应大于设计规定。检查数量：每车道、每20m，测1点。

（2）一般项目

a. 表面应平整、坚实，接缝紧密，无枯焦；不应有明显轮迹、推挤裂缝、脱落、烂边、油斑、掉渣等现象，不得污染其他构筑物。面层与路缘石、平石及其他构筑物应接顺，不得有积水现象。检查数量：全数检查。

b. 热拌沥青混合料面层允许偏差应符合表8-7的规定。

热拌沥青混合料面层允许偏差 　　　　　　　　　表 8-7

项　目			允许偏差	检验频率			检验方法
				范围	点数		
纵断高程（mm）			±15	20m	1		用水准仪测量
中线偏位（mm）			≤20	100m	1		用经纬仪测量
平整度（mm）	标准差σ值	快速路、主干路	≤1.5	100m	路宽（m）	<9　　1	用测平仪检测，见注1
						9～15　2	
		次干路、支路	≤2.4			>15　　3	
	最大间隙	次干路、支路	≤5	20m	路宽（m）	<9　　1	用3m直尺和塞尺连续量两尺，取最大值
						9～15　2	
						>15　　3	
宽度（mm）			不小于设计值	40m	1		用钢尺量
横坡			±0.3%且不反坡	20m	路宽（m）	<9　　2	用水准仪测量
						9～15　4	
						>15　　6	
井框与路面高差（mm）			≤5	每座	1		十字法，用直尺、塞尺量取最大值
抗滑	摩擦系数		符合设计要求	200m	1		摆式仪
					全线连续		横向力系数车
	构造深度		符合设计要求	200m	1		砂铺法
							激光构造深度仪

注：1. 测平仪为全线每车道连续检测每100m计算标准差σ；无测平仪时可采用3m直尺检测；表中检验频率点数为测线数。

2. 平整度、抗滑性能也可采用自动检测设备进行检测。

3. 底基层表面、下面层应按设计规定量洒泼透层油、粘层油。

4. 中面层、底面层仅进行中线偏位、平整度、宽度、横坡的检测。

5. 改性（再生）沥青混凝土路面可采用此表进行检验。

6. 十字法检查井框与路面高差，每座检查井均应检查。十字法检查中，以平行于道路中线、过检查井盖中心的直线做基线，另一条线与基线垂直，构成检查用十字线。

8021　沥青混合料类面层冬雨期施工有哪些规定？

答： 依据《城镇道路工程施工与质量验收规范》CJJ 1—2008，沥青混合料类面层冬雨期施工应符合下列规定：

（1）冬期施工：当施工现场环境日平均气温连续 5d 稳定低于 5℃，或最低环境气温低于 −3℃时，应视为进入冬期施工。

① 粘层、透层、封层严禁冬期施工。

② 城市快速路、主干路的沥青混合料面层严禁冬期施工。次干路及其以下道路在施工温度低于 5℃时，应停止施工。

③ 沥青混合料施工时，应视沥青品种、标号，比常温适度提高混合料搅拌与施工温度。

④ 当风力在 6 级及以上时，沥青混合料不应施工。

⑤ 贯入式沥青面层与表面处治沥青面层严禁冬期施工。

（2）雨期施工：各地区的防汛期，宜作为雨期施工的控制期。

① 雨期施工应充分利用地形与既有排水设施，做好防雨和排水工作。

② 施工中应采取集中工力、设备，分段流水、快速施工，不宜全线展开。

③ 降雨或基层有集水或水膜时，不应施工。

④ 施工现场应与沥青混合料生产厂保持联系，遇天气变化及时调整产品供应计划。

⑤ 沥青混合料运输车辆应有防雨措施。

8022　水泥混凝土面层模板与钢筋安装有哪些规定？

答： 依据《城镇道路工程施工与质量验收规范》CJJ 1—2008，模板与钢筋安装应符合下列规定：

（1）模板应符合下列规定：

① 模板应与混凝土的摊铺机械相匹配。模板高度应为混凝土板设计厚度。

② 钢模板应直顺、平整，每 1m 设置 1 处支撑装置。

③ 木模板直线部分板厚不宜小于 5cm，每 0.8～1m 设 1 处支撑装置；弯道部分板厚宜为 1.5～3cm，每 0.5～0.8m 设 1 处支撑装置，模板与混凝土接触面及模板顶面应刨光。

④ 模板制作允许偏差应符合规范的规定。

（2）模板安装应符合下列规定：

① 支模前应核对路面标高、面板分块、胀缝和构造物位置。

② 模板应安装稳固、顺直、平整，无扭曲，相邻模板连接应紧密平顺，不应错位。

③ 严禁在基层上挖槽嵌入模板。

④ 使用轨道摊铺机应采用专用钢制轨模。

⑤ 模板安装完毕，应进行检验，合格后方可使用。

（3）钢筋安装应符合下列规定：

① 钢筋安装前应检查其原材料品种、规格与加工质量，确认符合设计规定。

② 钢筋网、角隅钢筋等安装应牢固、位置准确。钢筋安装后应进行检查，合格后方可使用。

③ 传力杆安装应牢固、位置准确。胀缝传力杆应与胀缝板、提缝板一起安装。

④ 钢筋加工、安装允许偏差应符合规范规定。

（4）混凝土抗压强度达 8.0MPa 及以上方可拆模。当缺乏强度实测数据时，侧模允许最早拆模时间宜符合规范的规定。

8023 水泥混凝土面层混凝土铺筑前应检查哪些项目？

答：依据《城镇道路工程施工与质量验收规范》CJJ 1—2008，混凝土铺筑前应检查下列项目：

（1）基层或砂垫层表面、模板位置、高程等符合设计要求。模板支撑接缝严密、模内洁净、隔离剂涂刷均匀。

（2）钢筋、预埋胀缝板的位置正确，传力杆等安装符合要求。

（3）混凝土搅拌、运输与摊铺设备，状况良好。

8024 水泥混凝土面层横缝施工有哪些规定？

答：依据《城镇道路工程施工与质量验收规范》CJJ 1—2008，横缝施工应符合下列规定：

（1）胀缝间距应符合设计规定，缝宽宜为 20mm。在与结构物衔接处、道路交叉和填挖土方变化处，应设胀缝。

（2）胀缝上部的预留填缝空隙，宜用提缝板留置。提缝板应直顺，与胀缝板密合、垂直于面层。

（3）缩缝应垂直板面，宽度宜为 4～6mm。切缝深度：设传力杆时，不应小于面层厚的 1/3，且不得小于 70mm；不设传力杆时不应小于面层厚的 1/4，且不应小于 60mm。

（4）机切缝时，宜在水泥混凝土强度达到设计强度 25%～30% 时进行。

8025 水泥混凝土面层养护与填缝有哪些规定？

答：依据《城镇道路工程施工与质量验收规范》CJJ 1—2008，面层养护与填缝应符合下列规定：

（1）水泥混凝土面层成活后，应及时养护。可选用保湿法和塑料薄膜覆盖等方法养护。气温较高时，养护不宜少于 14d；低温时，养护期不宜少于 21d。

（2）昼夜温差大的地区，应采取保温、保湿的养护措施。

（3）养护期间应封闭交通，不应堆放重物；养护终结，应及时清除面层养护材料。

（4）混凝土板在达到设计强度的 40% 以后，方可允许行人通行。

（5）填缝应符合下列规定：

① 混凝土板养护期满后应及时填缝，缝内遗留的砂石、灰浆等杂物，应剔除干净。

② 应按设计要求选择填缝料，并根据填料品种制定工艺技术措施。

③ 浇注填缝料必须在缝槽干燥状态下进行，填缝料应与混凝土缝壁粘附紧密，不渗水。

④ 填缝料的充满度应根据施工季节而定，常温施工应与路面平，冬期施工，宜略低于板面。

（6）在面层混凝土弯拉强度达到设计强度，且填缝完成前不得开放交通。

8026 水泥混凝土面层冬雨期施工有哪些规定？

答：依据《城镇道路工程施工与质量验收规范》CJJ1—2008，水泥混凝土面层冬雨期施工应符合下列规定：

（1）冬期施工

① 施工中应根据气温变化采取保温防冻措施。当连续 5 昼夜平均气温低于−5℃，或最低气温低于−15℃时，宜停止施工。

② 水泥应选用水化总热量大的 R 型水泥或单位水泥用量较多的 32.5 级水泥，不宜掺粉煤灰。

③ 对搅拌物中掺加的早强剂、防冻剂应经优选确定。

④ 采用加热水或砂石料拌制混凝土，应依据混凝土出料温度要求，经热工计算，确定水与粗细集料加热温度。水温不得高于 80℃；砂石温度不宜高于 50℃。

⑤ 搅拌机出料温度不得低于 10℃，摊铺混凝土温度不应低于 5℃。

⑥ 养护期应加强保温，保湿覆盖，混凝土面层最低温度不应低于 5℃。

⑦ 养护期应经常检查保温、保湿隔离膜，保持其完好。并应按规定检测气温与混凝土面层温度。

⑧ 当面层混凝土弯拉强度未达到 1MPa 或抗压强度未达到 5MPa 时，必须采取防止混凝土受冻的措施，严禁混凝土受冻。

（2）雨期施工

① 搅拌站应具有良好的防水条件与防雨措施。

② 根据天气变化情况及时测定砂石含水量，准确控制混合料的水灰比。

③ 雨天运输混凝土时，车辆必须采取防雨措施。

④ 施工前应准备好防雨棚等防雨设施。

⑤ 施工中遇雨时，应立即使用防雨设施完成对已铺筑混凝土的振实成型，不应再开新作业段，并应采用覆盖等措施保护尚未硬化的混凝土面层。

8027 水泥混凝土面层质量检验应符合哪些规定？

答：依据《城镇道路工程施工与质量验收规范》CJJ 1—2008，水泥混凝土面层质量检验应符合下列规定：

（1）主控项目

① 原材料质量应符合下列要求：

a. 水泥品种、级别、质量、包装、贮存，应符合国家现行有关标准的规定。检查数量：按同一生产厂家、同一等级、同一品种，同一批号且连续进场的水泥，袋装水泥不超过 200t 为一批，散装水泥不超过 500t 为一批，每批抽样 1 次。水泥出厂超过三个月（快硬硅酸盐水泥超过一个月）时，应进行复验，复验合格后方可使用。

b. 混凝土中掺加外加剂的质量应符合现行国家标准《混凝土外加剂》GB 8076 和《混凝土外加剂应用技术规范》GB 50119 的规定。检查数量：按进场批次和产品抽样检验方法确定，每批不少于 1 次。

c. 钢筋品种、规格、数量、下料尺寸及质量应符合设计要求及国家现行有关标准的规定。检查数量：全数检查。

d. 钢纤维的规格质量应符合设计要求及规范的规定。检查数量：按进场批次，每批抽检 1 次。

e. 粗集料、细集料应符合规范的规定。检查数量：同产地、同品种、同规格且连续进场的集料，每 400m³ 为一批，不足 400m³ 按一批计，每批抽检 1 次。

f. 水应符合国家现行标准的规定，宜使用饮用水及不含油类等杂质的清洁中性水，pH 值宜为 6～8。检查数量：同水源检查 1 次。

② 混凝土面层质量应符合设计要求。

a. 混凝土弯拉强度应符合设计规定。检查数量：每 100m³ 的同配合比的混凝土，取样 1 次；不足 100m³ 时按 1 次计。每次取样应至少留置 1 组标准养护试件。同条件养护试件的留置组数应根据实际需要确定，最少 1 组。

b. 混凝土面层厚度应符合设计规定，允许误差为 ±5mm。检查数量：每 1000m² 抽测 1 点。

c. 抗滑构造深度应符合设计要求。检查数量：每 1000m² 抽测 1 点。

（2）一般项目

① 水泥混凝土面层应板面平整、密实，边角应整齐、无裂缝，并不应有石子外露和浮浆、脱皮、踏痕、积水等现象，蜂窝麻面面积不得大于总面积的 0.5%。检查数量：全数检查。

② 伸缩缝应垂直、直顺，缝内不应有杂物。伸缩缝在规定的深度和宽度范围内应全部贯通，传力杆应与缝面垂直。检查数量：全数检查。

③ 混凝土路面允许偏差应符合表 8-8 的规定。

混凝土路面允许偏差　　　　表 8-8

项　　目		允许偏差或规定值		检验频率		检验方法
		城市快速路、主干路	次干路、支路	范围	点数	
纵断高程（mm）		±15		20m	1	用水准仪测量
中线偏位（mm）		≤20		100m	1	用经纬仪测量
平整度	标准差 σ（mm）	≤1.2	≤2	100m	1	用测平仪检测
	最大间隙（mm）	≤3	≤5	20m	1	用 3m 直尺和塞尺连续量两尺，取较大值
宽度（mm）		0 -20		40m	1	用钢尺量
横坡（%）		±0.3% 且不反坡		20m	1	用水准仪测量
井框与路面高差（mm）		≤3		每座	1	十字法，用直尺和塞尺量，取最大值
相邻板高差（mm）		≤3		20m	1	用钢板尺和塞尺量
纵缝直顺度（mm）		≤10		100m	1	用 20m 线和钢尺量
横缝直顺度（mm）		≤10		40m		
蜂窝麻面面积①（%）		≤2		20m	1	观察和用钢板尺量

① 每 20m 查 1 块板的侧面。

第 2 节　城市道路照明工程

8028　道路照明电缆线路敷设有哪些规定?

答： 依据《城市道路照明工程施工及验收规程》CJJ 89—2012，电缆线路敷设应符合下列规定：

（1）电缆敷设时，电缆应从盘的上端引出，不应使电缆在支架上及地面摩擦拖拉。电缆外观应无损伤，绝缘良好，不得有铠装压扁、电缆绞拧、护层折裂等机械损伤。电缆在敷设前应进行绝缘电阻测量，阻值应符合现行国家标准《电气装置安装工程　电气设备交接试验标准》GB 50150 的要求。

（2）电缆敷设的最小弯曲半径应符合表 8-9 的规定。

电缆最小弯曲半径　　　　　　　　　　　　　　　表 8-9

电缆类型		多　芯	单　芯
塑料电缆	有铠装	12D	15D
	无铠装	15D	20D

注：表中的 D 为电缆外径。

（3）电缆敷设和电缆接头预留量宜符合下列规定：

① 电缆的敷设长度宜为电缆路径长度的 110%；

② 当电缆在灯杆内对接时，每基灯杆两侧的电缆预留量宜各不小于 2m；当路灯引上线与电缆 T 接时，每基灯杆电缆的预留量宜不小于 1.5m。

（4）三相四线制应采用四芯电力电缆，不应采用三芯电缆另加一根单芯电缆或以金属护套作中性线。三相五线制应采用五芯电力电缆线，PE 线截面应符合表 8-10 的规定。

PE 线截面（mm²）　　　　　　　　　　　　　　表 8-10

相线截面 S	PE 线截面
S≤10	S
16≤S≤35	16
S≥50	S/2

（5）电缆直埋或在保护管中不得有接头。

（6）电缆芯线的连接宜采用压接方式，压接面应满足电气和机械强度要求。

（7）电缆标志牌的装设应符合下列规定：

① 在电缆终端、分支处，工作井内有两条及以上的电缆，应设标志牌。

② 标志牌上应注明电缆编号、型号规格、起止地点。标志牌字迹清晰，不易脱落。

③ 标志牌规格宜统一，材质防腐、经久耐用，挂装应牢固。

（8）电缆从地下或电缆沟引出地面时应加保护管，保护管的长度不得小于 2.5m，沿墙敷设时采用抱箍固定，固定点不得少于 2 处；电缆上杆应加固定支架，支架间距不得大于 2m。所有支架和金属部件应热镀锌处理。

（9）电缆保护管不应有孔洞、裂缝和明显的凹凸不平，内壁应光滑无毛刺，金属电缆管应采用热镀锌管、铸铁管或热浸塑钢管，直线段保护管内径不应小于电缆外径的 1.5 倍，有弯曲时不应小于 2 倍；混凝土管、陶土管、石棉水泥管其内径不宜小于 100mm。

（10）电缆保护管的弯曲半径不应小于所穿入电缆的最小允许弯曲半径，弯制后不应有裂缝和显著的凹瘪现象，其弯扁程度不宜大于管子外径的 10%。管口应无毛刺和尖锐棱角，管口宜做成喇叭形。

（11）硬质塑料管连接采用套接或插接时，其插入深度宜为管子内径的 1.1～1.8 倍，在插接面上应涂以胶粘剂粘牢密封；采用套接时套接两端应采用密封措施。

（12）金属电缆保护管连接应牢固，密封良好；当采用套接时，套接的短套管或带螺纹的管接头长度不应小于外径的 2.2 倍，金属电缆保护管不宜直接对焊，宜采用套管焊接的方式。

（13）敷设混凝土、陶土、石棉等电缆管时，地基应坚实、平整，不应有沉降。电缆管连接时，管孔应对准，接缝应严密，不得有地下水和泥浆渗入。

（14）交流单芯电缆不得单独穿入钢管内。

（15）在经常受到振动的高架路、桥梁上敷设的电缆，应采取防振措施。桥墩两端和伸缩缝处的电缆，应留有松弛部分。

（16）电缆保护管在桥梁上明敷时应安装牢固，支持点间距不宜大于 3m。当电缆保护管的直线长度超过 30m 时，宜加装伸缩节。

（17）当直线段钢制的电缆桥架超过 30m、铝合金的超过 15m 或跨越桥墩伸缩缝处宜采用伸缩连接板连接。

（18）电缆桥架转弯处的转弯半径，不应小于该桥架上的电缆最小允许弯曲半径。

（19）电缆金属保护管和桥架、架空电缆钢绞线等金属管线应有良好的接地保护，系统接地电阻不得大于 4Ω。

（20）采用电缆架空敷设时应符合下列规定：

① 架空电缆承力钢绞线截面不宜小于 35mm²，钢绞线两端应有良好接地和重复接地。

② 电缆在承力钢绞线上固定应自然松弛，在每一电杆处应留一定的余量，长度不应小于 0.5m。

③ 承力钢绞线上电缆固定点的间距应小于 0.75m，电缆固定件应进行热镀锌处理，并应加软垫保护。

8029 道路照明电缆直埋敷设有哪些规定？

答：依据《城市道路照明工程施工及验收规程》CJJ 89—2012，电缆直埋敷设应符合下列规定：

（1）电缆直埋敷设时，沿电缆全长上下应铺厚度不小于 100mm 的软土或细砂层，并加盖保护，其覆盖宽度应超过电缆两侧各 50mm，保护可采用混凝土盖板或砖块。电缆沟回填土应分层夯实。

（2）直埋电缆应采用铠装电力电缆。

（3）电缆直埋或在保护管中不得有接头。

（4）直埋电缆在直线段每隔 50～100m 处、电缆接头处、转弯处、进入建筑物等处，应设置明显的方位标志或标桩。

(5) 电缆埋设深度应符合下列规定：

① 绿地、车行道下不应小于 0.7m；

② 人行道下不应小于 0.5m；

③ 在冻土地区，应敷设在冻土层以下；

④ 在不能满足上述要求的地段应按设计要求敷设。

(6) 在含有酸、碱强腐蚀或有振动、热影响、虫鼠等危害性地段，应采取防护措施。

(7) 直埋敷设的电缆穿越铁路、道路、道口等机动车通行的地段时应敷设在能满足承压强度的保护管中，应留有备用管道。

8030 电缆之间、电缆与管道、道路、建筑物的最小净距有何规定？

答： 依据《城市道路照明工程施工及验收规程》CJJ 89—2012，电缆之间、电缆与管道、道路、建筑物之间平行和交叉时的最小净距应符合表 8-11 的规定。如不能满足要求，应采取隔离保护措施。

电缆之间、电缆与管道、道路、建筑物之间平行和交叉时的最小净距　　表 8-11

项　　目		最小净距（m）	
		平行	交叉
电力电缆间及控制电缆间	10kV 及以下	0.1	0.5
	10kV 以上	0.25	0.5
控制电缆间		—	0.5
不同使用部门的电缆间		0.5	0.5
热管道（管沟）及电力设备		2.0	0.5
油管道（管沟）		1.0	0.5
可燃气体及易燃液体管道（沟）		1.0	0.5
其他管道（管沟）		0.5	0.5
铁路轨道		3.0	1.0
电气化铁路轨道	交流	3.0	1.0
	直流	10.0	1.0
公路		1.5	1.0
城市街道路面		1.0	0.7
杆基础（边线）		1.0	—
建筑物基础（边线）		0.6	—
排水沟		1.0	0.5

8031 道路照明电缆线路工作井设置有哪些规定？

答： 依据《城市道路照明工程施工及验收规程》CJJ 89—2012，过街管道两端、直线段超过 50m 时应设工作井，灯杆处宜设置工作井，工作井应符合下列规定：

(1) 工作井不宜设置在交叉路口、建筑物门口、与其他管线交叉处。

(2) 工作井宜采用 M5 砂浆砖砌体，内壁粉刷应用 1：2.5 防水水泥砂浆抹面，井壁光滑、平整。

（3）井盖应有防盗措施，并应满足车行道和人行道相应的承重要求。

（4）井深不宜小于1m，并应有渗水孔。

（5）井内壁净宽不宜小于0.7m。

（6）电缆保护管伸出工作井壁30～50mm，有多根电缆管时，管口应排列整齐，不应有上翘下坠现象。

8032 道路照明电气设备的哪些金属部分应接零或接地保护？

答：依据《城市道路照明工程施工及验收规程》CJJ 89—2012，城市道路照明电气设备的下列金属部分均应接零或接地保护：

（1）变压器、配电柜（箱、屏）等的金属底座、外壳和金属门。

（2）室内外配电装置的金属构架及靠近带电部位的金属遮拦。

（3）电力电缆的金属铠装、接线盒和保护管。

（4）钢灯杆、金属灯座、Ⅰ类照明灯具的金属外壳。

（5）其他因绝缘破坏可能使其带电的外露导体。

8033 道路照明接地装置有哪些规定？

答：依据《城市道路照明工程施工及验收规程》CJJ 89—2012，接地装置应符合下列规定：

（1）接地装置可利用自然接地体，如构筑物的金属结构（梁、柱、桩）埋设在地下的金属管道（易燃、易爆气体、液体管道除外）及金属构件等。

（2）人工接地装置应符合下列规定：

① 垂直接地体所用的钢管，其内径不应小于40mm、壁厚3.5mm；角钢应采用L50mm×50mm×5mm以上，圆钢直径不应小于20mm，每根长度不小于2.5m，极间距离不宜小于其长度的2倍，接地体顶端距地面不应小于0.6m。

② 水平接地体所用的扁钢截面不小于4mm×30mm，圆钢直径不应小于10mm，埋深不小于0.6m，极间距离不宜小于5m。

（3）保护接地线必须有足够的机械强度，应满足不平衡电流及谐波电流的要求，并应符合下列规定：

① 保护接地线和相线的材质应相同，当相线截面在35mm^{2}及以下时，保护接地线的最小截面不应小于相线的截面，当相线截面在35mm^{2}以上时，保护接地线的最小截面不得小于相线截面的50%。

② 采用扁钢时不应小于4mm×30mm，圆钢直径不应小于10mm。

③ 箱式变电站、地下式变电站、控制柜（箱、屏）可开启的门应与接地的金属框架可靠连接，采用的裸铜软线截面不应小于4mm^2。

（4）明敷接地体（线）安装应符合下列规定：

① 敷设位置不应妨碍设备的拆卸和检修，接地体（线）与构筑物的距离不应小于1.5m。

② 接地体（线）应水平或垂直敷设，亦可与构筑物倾斜结构平行敷设；在直线段上不应有起伏或弯曲现象。

③ 跨越桥梁及构筑物的伸缩缝、沉降缝时，应将接地线弯成弧状。

④ 接地线支持件间距：水平直线部分宜为 0.5～1.5m，垂直部分宜为 1.5～3.0m。转弯部分宜为 0.3～0.5m。

⑤ 沿配电房墙壁水平敷设时，距地面宜为 0.25～0.3m。与墙壁间的距离宜为 0.01～0.015m。

（5）接地体（线）的连接应采用搭接焊，焊接必须牢固无虚焊。接至电气设备上的接地线，应采用热镀锌螺栓连接；对有色金属接地线不能采用焊接时，可用螺栓连接、压接、热剂焊等方式连接。

（6）接地体搭接焊的搭接长度应符合下列规定：

① 当扁钢与扁钢焊接时，焊接长度为扁钢宽度的 2 倍（4 个棱边焊接）。

② 当圆钢与圆钢焊接时，焊接长度为圆钢直径的 6 倍（圆钢两面焊接）。

③ 当圆钢与扁钢连接时，焊接长度为圆钢直径的 6 倍（圆钢两面焊接）。

④ 当扁钢与角钢连接时，其长度为扁钢宽度的 2 倍，并应在其接触部位两侧进行焊接。

（7）接地体（线）及接地卡子、螺栓等金属件必须热镀锌，焊接处应做防腐处理，在有腐蚀性的土壤中，应适当加大接地体（线）的截面积。

8034　路灯安装有哪些规定？

答： 依据《城市道路照明工程施工及验收规程》CJJ89—2012，路灯安装应符合下列规定：

（1）灯杆位置应合理选择，与架空线路、地下设施以及影响路灯维护的建筑物的安全距离应符合规程的规定。

（2）同一街道、广场、桥梁等的路灯，从光源中心到地面的安装高度、仰角、装灯方向宜保持一致。灯具安装纵向中心线和灯臂纵向中心线应一致，灯具横向水平线应与地面平行。

（3）基础顶面标高应根据标桩确定。基础开挖后应将坑底夯实。若土质等条件无法满足上部结构承载力要求时，应采取相应的防沉降措施。

（4）钢筋混凝土基础宜采用 C20 等级及以上的商品混凝土，电缆保护管应从基础中心穿出，并应超过混凝土基础平面 30～50mm，保护管穿电缆之前应将管口封堵。

（5）灯杆基础螺栓高于地面时，灯杆紧固校正后，应将根部法兰、螺栓用现浇厚度不小于 100mm 的混凝土保护或采取其他防腐措施，表面平整光滑且不积水。

（6）灯杆基础螺栓低于地面时，基础螺栓顶部宜低于地面 150mm，灯杆紧固校正后，将法兰、螺栓用混凝土包封或其他防腐措施。

（7）道路照明灯具的效率不应低于 70%，泛光灯灯具效率不应低于 65%，灯具光源腔的防护等级不应低于 IP54，灯具电器腔的防护等级不应低于 IP43，且应符合下列规定：

① 灯具配件应齐全，无机械损伤、变形、油漆剥落、灯罩破裂等现象。

② 反光器应干净整洁、表面应无明显划痕。

③ 透明罩外观应无气泡、明显的划痕和裂纹。

④ 封闭灯具的灯头引线应采用耐热绝缘导线，灯具外壳与尾座连接紧密。

⑤ 灯具的温升和光学性能应符合现行国家标准《灯具第1部分：一般要求与试验》GB7000.1的规定，并应具备省级及以上灯具检测资质的机构出具的合格报告。

（8）LED道路照明灯具应符合规程的有关规定。

（9）灯泡座应固定牢靠，可调灯泡座应调整至正确位置。绝缘外壳应无损伤、开裂；相线应接在灯泡座中心触点端子上，零线应接螺口端子。

（10）灯具引至主线路的导线应使用额定电压不低于500V的铜芯绝缘线，最小允许线芯截面不应小于$1.5mm^2$时，功率400W及以上的最小允许线芯截面不宜小于$2.5mm^2$。

（11）在灯臂、灯杆内穿线不得有接头，穿线孔口或管口应光滑、无毛刺，并应采用绝缘套管或包带包扎（电缆、护套线除外），包扎长度不得小于200mm。

（12）每盏灯的相线应装设熔断器，熔断器应固定牢靠，熔断器及其他电器电源进线应上进下出或左进右出。

（13）气体放电灯应将熔断器安装在镇流器的进电侧，熔丝应符合下列规定：

① 150W及以下应为4A。

② 250W应为6A。

③ 400W应为10A。

④ 1000W应为15A。

（14）气体放电灯应设无功补偿，宜采用单灯无功补偿。气体放电灯的灯泡、镇流器、触发器等应配套使用。镇流器、触发器等接线端子瓷柱不得破裂，外壳密封良好，无锈蚀现象。

（15）灯具内各种接线端子不得超过两个线头，线头弯曲方向，应按顺时针方向并压在两垫圈之间。当采用多股导线接线时，多股导线不能散股。

（16）各种螺栓紧固，宜加垫片和防松装置。紧固后螺丝露出螺母不得少于两个螺距，最多不宜超过5个螺距。

（17）路灯安装使用的灯杆、灯臂、抱箍、螺栓、压板等金属构件应进行热镀锌处理，防腐质量应符合国家现行标准的相关规定。

（18）灯杆、灯臂等热镀锌后，外表涂层处理时，覆盖层外观应无鼓包、针孔、粗糙、裂纹或漏喷区等缺陷，覆盖层与基体应有牢固的结合强度。

8035 单挑灯、双挑灯和庭院灯安装有哪些规定？

答： 依据《城市道路照明工程施工及验收规程》CJJ 89—2012，单挑灯、双挑灯和庭院灯安装应符合下列规定：

（1）钢灯杆应进行热镀锌处理，镀锌层厚度不应小于$65\mu m$，表面涂层处理应在钢杆热镀锌后进行，因校直等因素涂层破坏部位不得超过2处，且修整面积不得超过杆身表面积的5%。

（2）钢灯杆长度13m及以下的锥形杆应无横向焊缝，纵向焊缝应匀称、无虚焊。

（3）钢灯杆的允许偏差应符合下列规定：

① 长度允许偏差宜为杆长的±0.5%。

② 杆身直线度允许误差宜小于3‰。

③ 杆身横截面直径、对角线或对边距允许偏差宜为±1%。

④ 检修门框尺寸允许偏差宜为±5mm。

⑤ 悬挑灯臂仰角允许偏差宜为±1°。

（4）直线路段安装单挑灯、双挑灯、庭院灯时，无特殊情况时，灯间距与设计间距的偏差应小于 2%。

（5）灯杆垂直度偏差应小于半个杆梢，直线路段单、双挑灯、庭院灯排列成一直线时，灯杆横向位置偏移应小于半个杆根。

（6）钢灯杆吊装时应采取防止钢缆擦伤灯杆表面防腐装饰层的措施。

（7）钢灯杆检修门朝向应一致，宜朝向人行道或慢车道侧，并应采取防盗措施。

（8）灯臂应固定牢靠，灯臂纵向中心线与道路纵向成 90°角，偏差不应大于 2°。

（9）庭院灯具结构应便于维护，铸件表面不得有影响结构性能与外观的裂纹、砂眼、疏松气孔和夹杂物等缺陷。镀锌外表涂层应符合规程的规定。

（10）庭院灯宜采用不碎灯罩，灯罩托盘应采用压铸铝或压铸铜材质，并应有泄水孔；采用玻璃灯罩紧固时，螺栓应受力均匀，玻璃灯罩卡口应采用橡胶圈衬垫。

8036　路灯安装工程交接验收应符合哪些规定？

答：依据《城市道路照明工程施工及验收规程》CJJ 89—2012，路灯安装工程交接验收时应符合下列规定：

（1）试运行前应检查灯杆、灯具、光源、镇流器、触发器、熔断器等电器的型号、规格符合设计要求。

（2）杆位合理，杆高、灯臂悬挑长度、仰角一致；各部位螺栓紧固牢靠，电源接线准确无误。

（3）灯杆、灯臂、灯具、电器等安装固定牢靠。杆上安装路灯的引下线松紧一致。

（4）灯具纵向中心线和灯臂中心线应一致，灯具横向中心线和地面应平行，投光灯具投射角度应调整适当。

（5）灯杆、灯臂的热镀锌和涂层不应有损坏。

（6）基础尺寸、标高与混凝土强度等级应符合设计要求，基础无视觉可辨识的沉降。

（7）金属灯杆、灯座均应接地（接零）保护，接地线端子固定牢固。

8037　路灯控制系统应符合哪些规定？

答：依据《城市道路照明工程施工及验收规程》CJJ89—2012，路灯控制系统应符合下列规定：

（1）路灯控制模式宜采用具有光控和时控相结合的智能控制器和远程监控系统等。

（2）路灯开灯时的天然光照度水平宜为15lx；关灯时的天然光照度水平，快速路和主干路宜为 30lx；次干路和支路宜为 20lx。

（3）路灯控制器应符合下列规定：

① 工作电压范围宜为 180～250V。

② 照度调试范围应为 0～50lx，在调试范围内应无死区。

③ 时间精度应为±1s/d。

④ 应具有分时段控制开、关功能。

⑤ 工作温度范围宜为－35～65℃。

⑥ 防水防尘性能不应低于现行国家标准《外壳防护等级（IP 代码）》GB 4208 中IP43 级的规定。

⑦ 性能可靠，操作简单，易于维护，具有较强的抗干扰能力，存储数据不丢失。

（4）城市道路照明监控系统应具有经济性、可靠性、兼容性和可拓展性，具备系统容量大、通信质量好、数据传输速率快、精确度高、覆盖范围广等特点。宜采用无线公网通信方式。

（5）监控系统终端采用无线专网通信方式，应具有智能路由中继能力，路由方案可调，可实现灵活的通信组网方案。同时，可实现数/话通信的兼容设计。

（6）监控系统功能应满足设计要求，可根据不同功能需求实现群控、组控、自动或手动巡测、选测各种电参数的功能。并应能自动检测系统的各种故障，发出语音声光、防盗等相应的报警，系统误报率应小于 1％。

（7）智能终端应满足对电压、电流、用电量等电参数的采集需求，并应有对采集的各种数据进行分析、运算、统计、处理、存储、显示的功能。

（8）监控系统具有软硬件相结合的防雷、抗干扰多重保护措施，确保监控设备运行的可靠性。

（9）监控系统具有运行稳定、安装方便、调试简单、系统操作界面直观、可维护性强等特点。

8038　道路照明配电室安装有哪些规定？

答：依据《城市道路照明工程施工及验收规程》CJJ 89—2012，配电室安装应符合下列规定：

（1）配电室的位置应接近负荷中心并靠近电源，宜设在尘少、无腐蚀、无振动、干燥、进出线方便的地方，并应符合现行国家标准《10kV 及以下变电所设计规范》GB 50053的相关规定。

（2）配电室的耐火等级不应低于三级，屋顶承重的构件耐火等级不应低于二级。其建筑工程质量应符合国家现行标准的有关规定。

（3）配电室门应向外开启，门锁应牢固可靠。当相邻配电室之间有门时，应采用双向开启门。

（4）配电室宜设不能开启的自然采光窗，应避免强烈日照，高压配电室窗台距室外地坪不宜低于 1.8m。

（5）当配电室内有采暖时，暖气管道上不应有阀门和中间接头，管道与散热器的连接应采用焊接。严禁通过与其无关的管道和线路。

（6）配电室应设置防雨雪和小动物进入的防护设施。

（7）配电室内宜适当留有发展余地。

（8）配电室内电缆沟深度宜为 0.6m，电缆沟盖板宜采用热镀锌花纹钢板盖板或钢筋混凝土盖板。电缆沟应有防水排水措施。

（9）配电室的架空进出线应采用绝缘导线，进户支架对地距离不应小于 2.5m，导线穿越墙体时应采用绝缘套管。

8039　道路照明配电柜（箱、屏）安装有哪些规定？

答： 依据《城市道路照明工程施工及验收规程》CJJ 89—2012，配电柜（箱、屏）安装应符合下列规定：

（1）在同一配电室内单列布置高低压配电装置时，高压配电柜和低压配电柜的顶面封闭外壳防护等级符合 IP2X 级时，两者可靠近布置。

（2）高压配电装置、低压配电装置在室内布置时四周通道最小宽度应符合规程的规定。

（3）当电源从配电柜（屏）后进线，并在墙上设隔离开关及其手动操作机构时，柜（屏）后通道净宽不应小于 1500mm，当柜（屏）背后的防护等级为 IP2X，可减为 1300mm。

（4）配电柜（屏）的基础型钢安装允许偏差应符合表 8-12 的规定。基础型钢安装后，其顶部宜高出抹平地面 10mm；手车式成套柜应按产品技术要求执行。基础型钢应有可靠的接地装置。

配电柜（屏）的基础型钢安装的允许偏差　　　　表 8-12

项　　目	允许偏差	
	mm/m	mm/全长
不直度	<1	<5
水平度	<1	<5
位置误差及不平行度	—	<5

（5）配电柜（箱、屏）安装在振动场所，应采取防振措施。设备与各构件间连接应牢固。主控制盘、分路控制盘、自动装置盘等不宜与基础型钢焊死。

（6）配电柜（箱、屏）单独或成列安装的允许偏差应符合表 8-13 的规定。

配电柜（箱、屏）安装的允许偏差　　　　表 8-13

项　　目		允许偏差（mm）
垂直度		<1.5
水平偏差	相邻两盘顶部	<2
	成列盘顶部	<5
盘面偏差	相邻两盘边	<1
	成列盘面	<5
柜间接缝		<2

（7）配电柜（箱、屏）的柜门应向外开启，可开启的门应以裸铜软线与接地的金属构架可靠连接。柜体内应装有供检修用的接地连接装置。

（8）配电柜（箱、屏）的安装应符合下列规定：

① 机械闭锁、电气闭锁动作应准确、可靠。

② 动、静触头的中心线应一致，触头接触紧密。

③ 二次回路辅助切换接点应动作准确，接触可靠。

④ 柜门和锁开启灵活，应急照明装置齐全。

⑤ 柜体进出线孔洞应做好封堵。

⑥ 控制回路应留有适当的备用回路。

（9）配电柜（箱、屏）的漆层应完整无损伤。安装在同一室内的配电柜（箱、屏）其盘面颜色宜一致。

（10）室外配电箱应有足够强度，箱体薄弱位置应增设加强筋，在起吊、安装中防止变形和损坏。箱顶应有一定落水斜度，通风口应按防雨型制作。

（11）落地配电箱基础应采用砖砌或混凝土预制，混凝土强度等级不得低于 C20，基础尺寸应符合设计要求，基础平面应高出地面 200mm。进出电缆应穿管保护，并应留有备用管道。

（12）配电箱的接地装置应与基础同步施工，并应符合规程的相关规定。

（13）配电箱体宜采用喷塑、热镀锌处理，所有箱门把手、锁、铰链等均应采用防锈材料，并应具有相应的防盗功能。

（14）杆上配电箱箱底至地面高度不应低于 2.5m，横担与配电箱应保持水平，进出线孔应设在箱体侧面或底部，所有金属构件应热镀锌。

（15）配电箱应在明显位置悬挂安全警示标志牌。

8040 道路照明配电柜（箱、屏）电器安装有哪些规定？

答： 依据《城市道路照明工程施工及验收规程》CJJ 89—2012，配电柜（箱、屏）电器安装应符合下列规定：

（1）电器安装应符合下列规定：

① 型号、规格应符合设计要求，外观完整，附件齐全，排列整齐，固定牢固。

② 各电器应能单独拆装更换，不影响其他电器和导线束的固定。

③ 发热元件应安装在散热良好的地方；两个发热元件之间的连线应采用耐热导线或裸铜线套瓷管。

④ 信号灯、电铃、故障报警等信号装置工作可靠；各种仪器仪表显示准确，应急照明设施完好。

⑤ 柜面装有电气仪表设备或其他有接地要求的电器其外壳应可靠接地；柜内应设置零（N）排、接地保护（PE）排，并应有明显标识符号。

⑥ 熔断器的熔体规格、自动开关的整定值应符合设计要求。

（2）配电柜（箱、屏）内两导体间、导电体与裸露的不带电的导体间允许最小电气间隙及爬电距离应符合表 8-14 的规定。裸露载流部分与未经绝缘的金属体之间，电气间隙不得小于 12mm，爬电距离不得小于 20mm。

允许最小电气间隙及爬电距离（mm）　　　　　　　　表 8-14

额定电压（V）	电气间隙		爬电距离	
	额定工作电流		额定工作电流	
	≤63A	>63A	≤63A	>63A
$U \leqslant 60$	3.0	5.0	3.0	5.0
$60 < U \leqslant 300$	5.0	6.0	6.0	8.0
$300 < U \leqslant 500$	8.0	10.0	10.0	12.0

（3）引入柜（箱、屏）内的电缆及其芯线应符合下列规定：

① 引入柜（箱、屏）内的电缆应排列整齐、避免交叉、固定牢靠，电缆回路编号清晰。

② 铠装电缆在进入柜（箱、屏）后，应将钢带切断，切断处的端部应扎紧，并应将钢带接地。

③ 橡胶绝缘芯线应采用外套绝缘管保护。

④ 柜（箱、屏）内的电缆芯线应按横平竖直有规律地排列，不得任意歪斜交叉连接。备用芯线长度应有余量。

8041 道路照明专用变压器及箱式变电站的设置有哪些规定？

答： 依据《城市道路照明工程施工及验收规程》CJJ 89—2012，道路照明专用变压器及箱式变电站的设置应符合下列规定：

（1）应设置在接近电源、位处负荷中心，并应便于高低压电缆管线的进出，设备运输安装应方便。

（2）应避开具有火灾、爆炸、化学腐蚀及剧烈振动等潜在危险的环境，通风应良好。

（3）应设置在不易积水处。当设置在地势低洼处，应抬高基础并应采取防水、排水措施。

（4）设置地点四周应留有足够的维护空间，并应避让地下设施。

（5）对景观要求较高或用地紧张的地段宜采用地下式变电站。

8042 道路照明变压器及箱式变电站的设备现场外观检查有哪些规定？

答： 依据《城市道路照明工程施工及验收规程》CJJ 89—2012，设备到达现场后，应及时进行外观检查，并应符合下列规定：

（1）不得有机械损伤，附件应齐全，各组合部件无松动和脱落，标识、标牌准确完整。

（2）油浸式变压器应密封良好，无渗漏现象。

（3）地下式变电站箱体应完全密封，防水良好，防腐保护层完整，无破损现象；高低压电缆引入、引出线无磨损、折伤痕迹，电缆终端头封头完整。

（4）箱式变电站内部电器部件及连接无损坏。

（5）变压器、箱式变电站安装前，技术文件未规定必须进行器身检查的，可不进行器身检查；当需进行器身检查时，环境条件应符合下列规定：

① 环境温度不应低于0℃，器身温度不应低于环境温度，当器身温度低于环境温度时，应加热器身，使其温度高于环境温度10℃。

② 当空气相对湿度小于75%时，器身暴露在空气中的时间不得超过16h。

③ 空气相对湿度或露空时间超过规定时，必须采取相应的保护措施。

④ 进行器身检查时，应保持场地四周清洁并有防尘措施；雨雪天或雾天不应在室外进行。

（6）器身检查应符合下列规定：

① 所有螺栓应紧固，并应有防松措施；绝缘螺栓应无损坏，防松绑扎应完好。

② 铁芯应无变形，无多点接地。

③ 绕组绝缘层应完整，无缺损、变位现象。

④ 引出线绝缘包扎应牢固，无破损、拧弯现象；引出线绝缘距离应合格，引出线与套管的连接应牢固，接线正确。

（7）变压器、箱式变电站在运输途中应有防雨和防潮措施。存放时，应置于干燥的室内。

（8）变压器到达现场后，当超出三个月未安装时应加装吸湿器，并应进行下列检测工作：

① 检查油箱密封情况。

② 测量变压器内油的绝缘强度。

③ 测量绕组的绝缘电阻。

（9）变压器投入运行前应按现行国家标准《电力变压器第1部分：总则》GB1094.1要求进行试验并合格，投入运行后连续运行24h无异常即可视为合格。

8043 变压器、箱式和地下式变电站安装工程交接验收有哪些规定？

答：依据《城市道路照明工程施工及验收规程》CJJ89—2012，变压器、箱式和地下式变电站安装工程交接检查验收应符合下列规定：

（1）变压器、箱式和地下式变电站等设备、器材应符合规定，无机械损伤。

（2）变压器、箱式和地下式变电站应安装正确牢固，防雷接地等安全保护合格、可靠。

（3）变压器、箱式和地下式变电站应在明显位置设置，并应符合规定的安全警告标志牌。

（4）变电站箱体应密封，防水应良好。

（5）变压器各项试验应合格，油漆完整，无渗漏油现象，分接头接头位置应符合运行要求，器身无遗留物。

（6）各部接线应正确、整齐，安全距离和导线截面应符合设计规定。

（7）熔断器的熔体及自动开关整定值应符合设计要求。

（8）高低压一、二次回路和电气设备等应标注清晰、正确。

（9）提交验收的资料和文件应符合规范的规定。

第3节 城市桥梁工程

8044 桥梁工程模板、支架和拱架的变形值有何规定？

答：依据《城市桥梁工程施工与质量验收规范》CJJ 2—2008，验算模板、支架和拱架的刚度时，其变形值不得超过下列规定数值：

（1）结构表面外露的模板挠度为模板构件跨度的1/400。

（2）结构表面隐蔽的模板挠度为模板构件跨度的1/250。

（3）拱架和支架受载后挠曲的杆件，其弹性挠度为相应结构跨度的1/400。

（4）钢模板的面板变形值为1.5mm。

（5）钢模板的钢楞、柱箍变形值为$L/500$及$B/500$（L—计算跨度，B—柱宽度）。

8045 桥梁工程模板、支架和拱架的安装有哪些规定?

答: 依据《城市桥梁工程施工与质量验收规范》CJJ 2—2008,模板、支架和拱架的安装应符合下列规定:

(1) 模板与混凝土接触面应平整、接缝严密。

(2) 支架立柱必须落在有足够承载力的地基上,立柱底端必须放置垫板或混凝土垫块。支架地基严禁被水浸泡,冬期施工必须采取防止冻胀的措施。

(3) 支架通行孔的两边应加护桩,夜间应设警示灯。施工中易受漂流物冲撞的河中支架应设牢固的防护设施。

(4) 安装拱架前,应对立柱支承面标高进行检查和调整,确认合格后方可安装。在风力较大的地区,应设置风缆。

(5) 安设支架、拱架过程中,应随安装随架设临时支撑。采用多层支架时,支架的横垫板应水平,立柱应铅直,上下层立柱应在同一中心线上。

(6) 支架或拱架不得与施工脚手架、便桥相连。

(7) 安装模板应符合下列规定:

① 支架、拱架安装完毕,经检验合格后方可安装模板。

② 安装模板应与钢筋工序配合进行,妨碍绑扎钢筋的模板,应待钢筋工序结束后再安装。

③ 安装墩、台模板时,其底部应与基础预埋件连接牢固,上部应采用拉杆固定。

④ 模板在安装过程中,必须设置防倾覆设施。

(8) 当采用充气胶囊作空心构件芯模时,模板安装应符合下列规定:

① 胶囊在使用前应经检查确认无漏气。

② 从浇筑混凝土到胶囊放气止,应保持气压稳定。

③ 使用胶囊内模时,应采用定位箍筋与模板连接固定,防止上浮和偏移。

④ 胶囊放气时间应经试验确定,以混凝土强度达到能保持构件不变形为度。

(9) 浇筑混凝土和砌筑前,应对模板、支架和拱架进行检查和验收,合格后方可施工。

8046 桥梁工程模板、支架和拱架的拆除有哪些规定?

答: 依据《城市桥梁工程施工与质量验收规范》CJJ 2—2008,模板、支架和拱架的拆除应符合下列规定:

(1) 非承重侧模应在混凝土强度能保证结构棱角不损坏时方可拆除,混凝土强度宜为2.5MPa 及以上。

(2) 芯模和预留孔道内模应在混凝土抗压强度能保证结构表面不发生塌陷和裂缝时,方可拔出。

(3) 钢筋混凝土结构的承重模板、支架和拱架的拆除,应符合设计要求。当设计无规定时,应符合表 8-15 的规定。

(4) 浆砌石、混凝土砌块拱桥的卸落应符合下列规定:

① 浆砌石、混凝土砌块拱桥应在砂浆强度达到设计要求强度后卸落拱架,设计未规定时,砂浆强度应达到设计标准值的80%以上。

现浇结构拆除底模时的混凝土强度 表 8-15

结构类型	结构跨度（m）	按设计混凝土强度标准值的百分率（%）
板	≤2	50
	2~8	75
	>8	100
梁、拱	≤8	75
	>8	100
悬臂构件	≤2	75
	>2	100

注：构件混凝土强度必须通过同条件养护的试件强度确定。

② 跨径小于 10m 的拱桥宜在拱上结构全部完成后卸落拱架；中等跨径实腹式拱桥宜在护拱完成后卸落拱架；大跨径空腹式拱桥宜在腹拱横墙完成（未砌腹拱圈）后卸落拱架。

③ 在裸拱状态卸落拱架时，应对主拱进行强度及稳定性验算，并采取必要的稳定措施。

（5）模板、支架和拱架拆除应按设计要求的程序和措施进行。遵循"先支后拆，后支先拆"的原则。支架和拱架，应按几个循环卸落，卸落量宜由小渐大。每一循环中，在横向应同时卸落，在纵向应对称均衡卸落。

（6）预应力混凝土结构的侧模应在预应力张拉前拆除；底模应在结构建立预应力后拆除。

（7）拆除模板、支架和拱架时不得猛烈敲打、强拉和抛扔。模板、支架和拱架拆除后，应维护整理，分类妥善存放。

8047　桥梁工程预应力筋进场检验有哪些规定？

答：依据《城市桥梁工程施工与质量验收规范》CJJ 2—2008，预应力混凝土结构中采用的钢丝、钢绞线、无粘结预应力筋等，应符合国家现行标准《预应力混凝土用钢丝》GB/T 5223、《预应力混凝土用钢绞线》GB/T 5224、《无粘结预应力钢绞线》JG 161 等的规定。每批钢丝、钢绞线、钢筋应由同一牌号、同一规格、同一生产工艺的产品组成。进场时，应对其质量证明文件、包装、标志和规格进行检验，并应符合下列规定：

（1）钢丝检验批每批不得大于 60t；从每批钢丝中抽查 5%，且不少于 5 盘，进行形状、尺寸和表面检查，如检查不合格，则将该批钢丝全数检查；从检查合格的钢丝中抽取 5%，且不少于 3 盘，在每盘钢丝的两端取样进行抗拉强度、弯曲和伸长率试验，试验结果有一项不合格时，则不合格盘报废，并从同批未检验过的钢丝盘中取双倍数量的试样进行该不合格项的复验，如仍有一项不合格，则该批钢丝为不合格。

（2）钢绞线检验批每批不得大于 60t；从每批钢绞线中任取 3 盘，并从每盘所选用的钢绞线端部正常部位截取一根试样，进行表面质量、直径偏差检查和力学性能试验，如每批少于 3 盘，应全数检验，试验结果如有一项不合格时，则不合格盘报废，并再从该批未检验过的钢绞线中取双倍数量的试样进行该不合格项的复验，如仍有一项不合格，则该批钢绞线为不合格。

（3）精轧螺纹钢筋检验批每批不得大于 60t；对表面质量应该逐根检查；检查合格后，在每批中任选 2 根钢筋截取试件进行拉伸试验，试验结果如有一项不合格，则取双倍数量试件重做试验，如仍有一项不合格，则该批钢筋为不合格。

8048 桥梁工程预应力筋锚具、夹具和连接器进场检验有哪些规定？

答： 依据《城市桥梁工程施工与质量验收规范》CJJ 2—2008，预应力筋锚具、夹具和连接器应符合国家现行标准《预应力筋锚具、夹具和连接器》GB/T 14370 和《预应力锚具、夹具和连接器应用技术规程》JGJ 85 的规定。进场时，应对其质量证明文件、型号、规格等进行检验，并应符合下列规定：

（1）锚具、夹片和连接器验收批的划分：在同种材料和同一生产工艺条件下，锚具和夹片应以不超过 1000 套为一个验收批，连接器应以不超过 500 套为一个验收批。

（2）外观检查：应从每批中抽取 10％的锚具（夹片或连接器）且不少于 10 套，检查其外观和尺寸，如有一套表面有裂纹或超过产品标准及设计要求规定的允许偏差，则应另取双倍数量的锚具重做检查，如仍有一套不符合要求，则应全数检查，合格者方可投入使用。

（3）硬度检查：应从每批中抽取 5％的锚具（夹片或连接器）且不少于 5 套，对其中有硬度要求的零件做硬度试验，对多孔夹片式锚具的夹片，每套至少抽取 5 片。每个零件测试 3 点，其硬度应在设计要求范围内，如有一个零件不合格，则应另取双倍数量的零件重新试验，如仍有一个零件不合格，则应逐个检查，合格后方可使用。

（4）静载锚固性能试验：大桥、特大桥等重要工程，质量证明文件不齐全、不正确或质量有疑点的锚具，经上述检查合格后，应从同批锚具中抽取 6 套锚具（夹片或连接器）组成 3 个预应力锚具组装件，进行静载锚固性能试验，如有一个试件不符合要求，则应另取双倍数量的锚具（夹片或连接器）重做试验，如仍有一个试件不符合要求，则该批锚具（夹片或连接器）为不合格品。一般中、小桥使用的锚具（夹片或连接器），其静载锚固性能可由锚具生产厂提供试验报告。

8049 桥梁工程预应力管道有哪些要求？

答： 依据《城市桥梁工程施工与质量验收规范》CJJ 2—2008，预应力管道应具有足够的刚度、能传递粘结力，且应符合下列要求：

（1）胶管的承受压力不得小于 5kN，极限抗拉强度不得小于 7.5kN，且应具有较好的弹性恢复性能。

（2）钢管和高密度聚乙炔烯管的内壁应光滑，壁厚不得小于 2mm。

（3）金属螺旋管道宜采用镀锌材料制作，制作金属螺旋管的钢带厚度不宜小于 0.3mm。金属螺旋管性能应符合国家现行标准《预应力混凝土用金属螺旋管》JG/T 3013 的规定。

8050 预应力钢筋制作有哪些要求？

答： 依据《城市桥梁工程施工与质量验收规范》CJJ 2—2008，预应力钢筋制作应符合下列要求：

（1）预应力筋下料应符合下列规定：

① 预应力筋的下料长度应根据构件孔道或台座的长度、锚夹具长度等经过计算确定。

② 预应力筋宜使用砂轮锯或切断机切断，不得采用电弧切割。钢绞线切断前，应在距切口 5cm 处用绑丝绑牢。

③ 钢丝束的两端均采用墩头锚具时，同一束中各根钢丝下料长度的相对差值，当钢丝束长度小于或等于 20m 时，不宜大于 1/3000；当钢丝束长度大于 20m 时，不宜大于 1/5000，且不得大于 5mm。长度不大于 6m 的先张预应力构件，当钢丝成束张拉时，同束钢丝下料长度的相对差值不得大于 2mm。

（2）高强钢丝采用镦头锚固时，宜采用液压冷镦。

（3）预应力筋由多根钢丝或钢绞线组成时，在同束预应力筋内，应采用强度相等的预应力钢材。编束时，应逐根梳理顺直，不扭转，绑扎牢固，每隔 1m 一道，不得互相缠绕。编束后的钢丝和钢绞线应按编号分类存放。钢丝和钢绞线束移运时支点距离不得大于 3m，端部悬出长度不得大于 1.5m。

8051 预应力张拉施工有哪些要求？

答：依据《城市桥梁工程施工与质量验收规范》CJJ 2—2008，预应力张拉施工应符合下列要求：

（1）预应力钢筋张拉应由工程技术负责人主持，张拉作业人员应经培训考核合格后方可上岗。

（2）张拉设备的校准期限不得超过半年，且不得超过 200 次张拉作业。张拉设备应配套校准，配套使用。

（3）预应力筋的张拉控制应力必须符合设计规定。

（4）预应力筋采用应力控制方法张拉时，应以伸长值进行校核。实际伸长值与理论伸长值的差值应符合设计要求；设计无规定时，实际伸长值与理论伸长值之差应控制在 6% 以内。

（5）预应力张拉时，应先调整到初应力（σ_0），该初应力宜为张拉控制应力（σ_{con}）的 10%～15%，伸长值应从初应力时开始量测。

（6）预应力筋的锚固应在张拉控制应力处于稳定状态下进行，锚固阶段张拉端预应力筋的内缩量，不得大于设计规定。当设计无规定时，应符合表 8-16 的规定。

锚固阶段张拉端预应力筋的内缩量允许值（mm）　　　　表 8-16

锚具类别	内缩量允许值
支承式锚具（镦头锚、带有螺丝端杆的锚具等）	1
锥塞式锚具	5
夹片式锚具	5
每块后加的锚具垫板	1

注：内缩量值系指预应力筋锚固过程中，由于锚具零件之间和锚具与预应力筋之间的相对移动和局部塑性变形造成的回缩量。

8052　桥梁工程先张法预应力施工有哪些规定？

答：依据《城市桥梁工程施工与质量验收规范》CJJ 2—2008，先张法预应力施工应符合下列规定：

（1）张拉台座应具有足够的强度和刚度，其抗倾覆安全系数不得小于1.5，抗滑移安全系数不得小于1.3。张拉横梁应有足够的刚度，受力后的最大挠度不得大于2mm。锚板受力中心应与预应力筋合力中心一致。

（2）预应力筋连同隔离套管应在钢筋骨架完成后一并穿入就位。就位后，严禁使用电弧焊对梁体钢筋及模板进行切割或焊接。隔离套管内端应堵严。

（3）预应力筋张拉应符合下列要求：

① 同时张拉多根预应力筋时，各根预应力筋的初始应力应一致。张拉过程中应使活动横梁与固定横梁保持平行。

② 张拉程序应符合设计要求，设计未规定时，其张拉程序应符合表8-17的规定。张拉钢筋时，为保证施工安全，应在超张拉放张至$0.9\sigma_{con}$时安装模板、普通钢筋及预埋件。

先张法预应力筋张拉程序　　　　　　　　　　　　　　　表 8-17

预应力筋种类	张　拉　程　序
钢筋	0→初应力→$1.05\sigma_{con}$→$0.9\sigma_{con}$→σ_{con}（锚固）
钢丝、钢绞线	0→初应力→$1.05\sigma_{con}$（持荷 2min）→0→σ_{con}（锚固）
	对于夹片式等具有自锚性能的锚具： 普通松弛力筋 0→初应力→$1.03\sigma_{con}$（锚固） 低松弛力筋 0→初应力→σ_{con}（持荷 2min 锚固）

注：σ_{con}张拉时的控制应力值，包括预应力损失值。

③ 张拉过程中，预应力筋的断丝、断筋数量不得超过表8-18的规定。

先张法预应力筋断丝、断筋控制值　　　　　　　　　　表 8-18

预应力筋种类	项　　目	控制值
钢丝、钢绞线	同一构件内断丝数不得超过钢丝总数的	1%
钢筋	断筋	不允许

（4）放张预应力筋时混凝土强度必须符合设计要求。设计未规定时，不得低于设计强度的75%。放张顺序应符合设计要求。设计未规定时，应分阶段、对称、交错地放张。放张前，应将限制位移的模板拆除。

8053　桥梁工程后张法预应力施工有哪些规定？

答：依据《城市桥梁工程施工与质量验收规范》CJJ 2—2008，后张法预应力施工应符合下列规定：

（1）预应力管道安装应符合下列要求：

① 管道应采用定位钢筋牢固地固定于设计位置。

② 金属管道接头应采用套管连接，连接套管宜采用大一个直径型号的同类管道，且

应与金属管道封裹严密。

③ 管道应留压浆孔和溢浆孔；曲线孔道的波峰部位应留排气孔；在最低部位宜留排水孔。

④ 管道安装就位后应立即通孔检查，发现堵塞应及时疏通。管道经检查合格后应及时将其端面封堵。

⑤ 管道安装后，需在其附近进行焊接作业时，必须对管道采取保护措施。

（2）预应力筋安装应符合下列要求：

① 先穿束后浇混凝土时，浇筑之前，必须检查管道，并确认完好；浇筑混凝土时应定时抽动、转动预应力筋。

② 先浇混凝土后穿束时，浇筑后应立即疏通管道，确保其畅通。

③ 混凝土采用蒸汽养护时，养护期内不得装入预应力筋。

④ 穿束后至孔道灌浆完成应控制在下列时间以内，否则应对预应力筋采取防锈措施：

a. 空气湿度大于 70% 或盐分过大时　　　　7d。

b. 空气湿度 40%～70% 时　　　　　　　　15d。

c. 空气湿度小于 40% 时　　　　　　　　　20d。

⑤ 在预应力筋附近进行电焊时，应对预应力钢筋采取保护措施。

（3）预应力筋张拉应符合下列要求：

① 混凝土强度应符合设计要求；设计未规定时，不得低于设计强度的 75%。且应将限制位移的模板拆除后，方可进行张拉。

② 预应力筋张拉端的设置，应符合设计要求，当设计未规定时，应符合下列规定：

a. 曲线预应力筋或长度大于或等于 25m 的直线预应力筋，宜在两端张拉；长度小于 25m 的直线预应力筋，可在一端张拉。

b. 当同一截面中有多束一端张拉的预应力筋时，张拉端宜均匀交错的设置在结构的两端。

③ 张拉前应根据设计要求对孔道的摩阻损失进行实测，以便确定张拉控制应力，并确定预应力筋的理论伸长值。

④ 预应力筋的张拉顺序应符合设计要求，当设计无规定时，可采用分批、分阶段对称张拉。宜先中间，后上、下或两侧。

⑤ 预应力筋张拉程序应符合表 8-19 的规定。

后张法预应力张拉程序　　　　　　　　　　　　　　表 8-19

预应力筋种类		张　拉　程　序
钢绞线束	对夹片式等有自锚性能的锚具	普通松弛力筋 $0 \to$ 初应力 $\to 1.03\sigma_{con}$（锚固） 低松弛力筋 $0 \to$ 初应力 $\to \sigma_{con}$（持荷 2min 锚固）
	其他锚具	$0 \to$ 初应力 $\to 1.05\sigma_{con}$（持荷 2min）$\to \sigma_{con}$（锚固）
钢丝束	对夹片式等有自锚性能的锚具	普通松弛力筋 $0 \to$ 初应力 $\to 1.03\sigma_{con}$（锚固） 低松弛力筋 $0 \to$ 初应力 $\to \sigma_{con}$（持荷 2min 锚固）
	其他锚具	$0 \to$ 初应力 $\to 1.05\sigma_{con}$（持荷 2min）$\to 0 \to \sigma_{con}$（锚固）

预应力筋种类		张 拉 程 序
精轧螺纹钢筋	直线配筋时	$0 \rightarrow$ 初应力 $\rightarrow \sigma_{con}$（持荷 2min 锚固）
	曲线配筋时	$0 \rightarrow \sigma_{con}$（持荷 2min）$\rightarrow 0$（上述过程可反复几次）$\rightarrow$ 初应力 $\rightarrow \sigma_{con}$（持荷 2min 锚固）

注：1. σ_{con} 为张拉时的控制应力值，包括预应力损失值；

　　2. 梁的竖向预应力筋可一次张拉到控制应力，持荷 5min 锚固。

⑥ 张拉过程中预应力筋断丝、滑丝、断筋的数量不得超过表 8-20 的规定。

后张法预应力筋断丝、滑丝、断筋控制值 表 8-20

预应力筋种类	项 目	控制值
钢丝束、钢绞线束	每束钢丝断丝、滑丝	1 根
	每束钢绞线断丝、滑丝	1 丝
	每个断面断丝之和不超过该断面钢丝总数的	1%
钢筋	断筋	不允许

注：1. 钢绞线断丝系指单根钢绞线内钢丝的断丝。

　　2. 超过表列控制数量时，原则上应更换，当不能更换时，在条件许可下，可采取补救措施，如提高其他钢丝束控制应力值，应满足设计上各阶段极限状态的要求。

（4）张拉控制应力达到稳定后方可锚固，预应力筋锚固后的外露长度不宜小于 30mm，锚具应采用封端混凝土保护，当需较长时间外露时，应采取防锈蚀措施。锚固完毕经检验合格后，方可切割端头多余的预应力筋，严禁使用电弧焊切割。

（5）预应力筋张拉后，应及时进行孔道压浆，对多跨连续有连接器的预应力筋孔道，应张拉完一段灌注一段。孔道压浆宜采用水泥浆，水泥浆的强度应符合设计要求；设计无规定时，不得低于 30MPa。

（6）压浆后应从检查孔抽查压浆的密实情况，如有不实，应及时处理。压浆作业，每一工作班应留取不少于 3 组砂浆试块，标准养护 28d，以其抗压强度作为水泥浆质量的评定依据。

（7）压浆过程中及压浆后 48h 内，结构混凝土的温度不得低于 5℃，否则应采取保温措施。当白天气温高于 35℃时，压浆宜在夜间进行。

（8）埋设在结构内的锚具，压浆后应及时浇筑封锚混凝土，封锚混凝土的强度等级应符合设计要求，不宜低于结构混凝土强度等级的 80%，且不得低于 30MPa。

（9）孔道内的水泥浆强度达到设计规定后方可吊移预制构件；设计未规定时，不应低于砂浆设计强度的 75%。

8054 桥梁工程基础灌注桩施工有哪些规定？

答： 依据《城市桥梁工程施工与质量验收规范》CJJ 2—2008，灌注桩施工应符合下列规定：

（1）钻孔施工准备工作应符合下列规定：

① 钻孔场地应符合下列要求：

a. 在旱地上，应清除杂物，平整场地；遇软土应进行处理。

b. 在浅水中，宜用筑岛法施工。

c. 在深水中，宜搭设平台。如水流平稳，钻机可设在船上，船必须锚固稳定。

② 制浆池、储浆池、沉淀池，宜设在桥的下游，也可设在船上或平台上。

③ 钻孔前应埋设护筒。护筒可用钢或混凝土制作，应坚实、不漏水。当使用旋转钻时，护筒内径应比钻头直径大 20cm；使用冲击钻机时，护筒内径应大 40cm。

④ 护筒顶面宜高出施工水位或地下水位 2m，并宜高出施工地面 0.3m。其高度尚应满足孔内泥浆面高度的要求。

⑤ 护筒埋设应符合下列要求：

a. 在岸滩上的埋设深度：黏性土、粉土不得小于 1m；砂性土不得小于 2m；当表面土层松软时，护筒应埋入密实土层中 0.5m 以下。

b. 水中筑岛，护筒应埋入河床面以下 1m 左右。

c. 在水中平台上沉入护筒，可根据施工最高水位、流速、冲刷及地质条件等因素确定沉入深度，必要时应沉入不透水层。

d. 护筒埋设允许偏差：顶面中心偏位宜为 5cm。护筒斜度宜为 1%。

⑥ 在砂类土、碎石土或黏土砂土夹层中钻孔应用泥浆护壁。

⑦ 泥浆宜选用优质黏土、膨润土或符合环保要求的材料制备。

（2）钻孔施工应符合下列规定：

① 钻孔时，孔内水位宜高出护筒底脚 0.5m 以上或地下水位以上 1.5～2m。

② 钻孔时，起落钻头速度应均匀，不得过猛或骤然变速。孔内出土，不得堆积在钻孔周围。

③ 钻孔应一次成孔，不得中途停顿。钻孔达到设计深度后，应对孔位、孔径、孔深和孔形等进行检查。

④ 钻孔中出现异常情况，应进行处理，并应符合下列要求：

a. 坍孔不严重时，可加大泥浆相对密度继续钻进，严重时必须回填重钻。

b. 出现流沙现象时，应增大泥浆相对密度，提高孔内压力或用黏土、大泥块、泥砖投下。

c. 钻孔偏斜、弯曲不严重时，可重新调整钻机在原位反复扫孔，钻孔正直后继续钻进。发生严重偏斜、弯曲、梅花孔、探头石时，应回填重钻。

d. 出现缩孔时，可提高孔内泥浆量或加大泥浆相对密度采用上下反复扫孔的方法，恢复孔径。

e. 冲击钻孔发生卡钻时，不宜强提，应采取措施，使钻头松动后再提起。

（3）清孔应符合下列规定：

① 钻孔至设计标高后，应对孔径、孔深进行检查，确认合格后即进行清孔。

② 清孔时，必须保持孔内水头，防止坍孔。

③ 清孔后应对泥浆试样进行性能指标试验。

④ 清孔后的沉渣厚度应符合设计要求。设计未规定时，摩擦桩的沉渣厚度不应大于 300mm；端承桩的沉渣厚度不应大于 100mm。

（4）吊装钢筋笼应符合下列规定：

① 钢筋笼宜整体吊装入孔。需分段入孔时，上下两段应保持顺直。接头应符合规范的规定。

② 应在骨架外侧设置控制保护层厚度的垫块，其间距竖向宜为 2m，径向圆周不得少于 4 处。钢筋笼入孔后，应牢固定位。

③ 在骨架上应设置吊环。为防止骨架起吊变形，可采取临时加固措施，入孔时拆除。

④ 钢筋笼吊放入孔应对中、慢放、防止碰撞孔壁。下放时应随时观察孔内水位变化，发现异常应立即停放，检查原因。

（5）灌注水下混凝土应符合下列规定：

① 灌注水下混凝土之前，应再次检查孔内泥浆性能指标和孔底沉渣厚度，如超过规定，应进行第二次清孔，符合要求后方可灌注水下混凝土。

② 水下混凝土的原材料及配合比应满足规范的规定。

③ 浇筑水下混凝土的导管应符合下列规定：

a. 导管内壁应光滑圆顺，直径宜为 20～30cm，节长宜为 2m。

b. 导管不得漏水，使用前应试拼、试压，试压的压力宜为孔底静水压力的 1.5 倍。

c. 导管轴线偏差不宜超过孔深的 0.5％，且不宜大于 10cm。

d. 导管采用法兰盘接头宜加锥形活套；采用螺旋丝扣型接头时必须有防止松脱装置。

④ 水下混凝土施工应符合下列要求：

a. 在灌注水下混凝土前，宜向孔底射水（或射风）翻动沉淀物 3～5min。

b. 混凝土应连续灌注，中途停顿时间不宜大于 30min。

c. 在灌注过程中，导管的埋置深度宜控制在 2～6m。

d. 灌注混凝土应采取防止钢筋骨架上浮的措施。

e. 灌注的桩顶标高应比设计高出 0.5～1m。

f. 使用全护筒灌注水下混凝土时，护筒底端应埋于混凝土内不小于 1.5m，随导管提升逐步上拔护筒。

（6）灌注水下混凝土过程中，发生断桩，应会同设计、监理根据断桩情况研究处理措施。

（7）在特殊条件下需人工挖孔时，应根据设计文件、水文地质条件、现场状况，编制专项施工方案。其护壁结构应经计算确定。施工中应采取防坠落、坍塌、缺氧和有毒、有害气体中毒的措施。

8055　桥梁工程墩台施工有哪些规定？

答： 依据《城市桥梁工程施工与质量验收规范》CJJ 2—2008，墩台施工应符合下列规定：

（1）重力式混凝土墩台施工应符合下列规定：

① 墩台混凝土浇筑前应对基础混凝土顶面做凿毛处理，清除锚筋污锈。

② 墩台混凝土宜水平分层浇筑，每次浇筑高度宜为 1.5～2m。

③ 墩台混凝土分块浇筑时，接缝应与墩台截面尺寸较小的一边平行，邻层分块接缝应错开，接缝宜做成企口形。分块数量，墩台水平截面积在 200m² 内不得超过 2 块；在

300m² 以内不得超过 3 块，每块面积不得小于 50m²。

（2）柱式墩台施工应符合下列规定：

① 模板、支架除应满足强度、刚度外，稳定计算中应考虑风力影响。

② 墩台柱与承台基础接触面应凿毛处理，清除钢筋污锈。浇筑墩台柱混凝土时，应铺同配合比的水泥砂浆一层。墩台柱的混凝土宜一次连续浇筑完成。

③ 柱身高度内有系梁连接时，系梁应与柱同步浇筑，V 形墩柱混凝土应对称浇筑。

④ 采用预制混凝土管做柱身外模时，预制管安装应符合下列要求：

a. 基础面宜采用凹槽接头，凹槽深度不得小于 5cm。

b. 上下管节安装就位后，应采用四根竖方木对称设置在管柱四周并绑扎牢固，防止撞击错位。

c. 混凝土管柱外模应设斜撑，保证浇筑时的稳定。

d. 管接口应采用水泥砂浆密封。

（3）钢管混凝土墩台柱应采用补偿收缩混凝土，一次连续浇筑完成。钢管的焊制与防腐应符合规范的有关规定。

8056　桥梁工程预制钢筋混凝土柱和盖梁安装有哪些规定？

答：依据《城市桥梁工程施工与质量验收规范》CJJ 2—2008，预制钢筋混凝土柱和盖梁安装应符合下列规定：

（1）基础杯口的混凝土强度必须达到设计要求，方可进行预制柱安装。

（2）预制柱安装应符合下列规定：

① 杯口在安装前应校核长、宽、高，确认合格。杯口与预制件接触面均应凿毛处理，埋件应除锈并应校核位置。合格后方可安装。

② 预制柱安装就位后应采用硬木楔或钢楔固定，并加斜撑保持柱体稳定，在确保稳定后方可摘去吊钩。

③ 安装后应及时浇筑杯口混凝土，待混凝土硬化后拆除硬楔，浇筑二次混凝土，待杯口混凝土达到设计强度 75% 后方可拆除斜撑。

（3）预制钢筋混凝土盖梁安装应符合下列规定：

① 预制盖梁安装前，应对接头混凝土面凿毛处理，预埋件应除锈。

② 在墩台柱上安装预制盖梁时，应对墩台柱进行固定和支撑，确保稳定。

③ 盖梁就位时，应检查轴线和各部尺寸，确认合格后方可固定，并浇筑接头混凝土，接头混凝土达到设计强度后，方可卸除临时固定设施。

8057　桥梁工程支座安装有哪些规定？

答：依据《城市桥梁工程施工与质量验收规范》CJJ 2—2008，支座安装应符合下列规定：

（1）当实际支座安装温度与设计要求不同时，应通过计算设置支座顺桥方向的预偏量。

（2）支座安装平面位置和顶面高程必须正确，不得偏斜、脱空、不均匀受力。

（3）支座滑动面上的聚四氟乙烯滑板和不锈钢板位置应正确，不得有划痕、碰伤。

（4）墩台帽、盖梁上的支座垫石和挡块宜二次浇筑，确保其高程和位置的准确。垫石混凝土的强度必须符合设计要求。

（5）板式橡胶支座

① 支座安装前应将垫石顶面清理干净，采用干硬性水泥砂浆抹平，顶面标高应符合设计要求。

② 梁板安放时应位置准确，且与支座密贴。如就位不准或与支座不密贴时，必须重新起吊，采取垫钢板等措施，并应使支座位置控制在允许偏差内，不得用撬棍移动梁、板。

（6）盆式橡胶支座

① 当支座上、下座板与梁底和墩台顶采用螺栓连接时，螺栓预留孔尺寸应符合设计要求，安装前应清理干净，采用环氧砂浆灌注；当采用电焊连接时，预埋钢垫板应锚固可靠、位置准确。墩顶预埋钢板下的混凝土宜分2次浇筑，且一端灌入，另端排气，预埋钢板不得出现空鼓。焊接时应采取防止烧坏混凝土的措施。

② 现浇梁底部预埋钢板或滑板应根据浇筑时气温、预应力筋张拉、混凝土收缩和徐变对梁长的影响设置相对设计支承中心的预偏值。

③ 活动支座安装前应采取丙酮或酒精解体清洗其各相对滑移面，擦净后在聚四氟乙烯板顶面满注硅脂。重新组装时应保持精度。

④ 支座安装后，支座与墩台顶钢垫板间应密贴。

（7）球形支座

① 支座出厂前，应由生产厂家将支座调平，并拧紧连接螺栓，防止运输安装过程中发生转动和倾覆。支座可根据设计需要预设转角和位移，但需在厂内装配时调整好。

② 支座安装前应开箱检查配件清单、检验报告、支座产品合格证及支座安装养护细则。施工单位开箱后不得拆卸、转动连接螺栓。

③ 当下支座板与墩台采用螺栓连接时，应先用钢楔块将下支座板四角调平，高程、位置应符合设计要求，用环氧砂浆灌注地脚螺栓孔及支座底面垫层。环氧砂浆硬化后，方可拆除四角钢楔，并用环氧砂浆填满楔块位置。

④ 当下支座板与墩台采用焊接连接时，应采用对称、间断焊方法将下支座板与墩台上预埋钢板焊接。焊接时应采取防止烧伤支座和混凝土的措施。

⑤ 当梁体安装完毕，或现浇混凝土梁体达到设计强度后，在梁体预应力张拉之前，应拆除上、下支座板连接板。

8058　桥梁工程混凝土梁（板）支架上浇筑施工有哪些规定？

答：依据《城市桥梁工程施工与质量验收规范》CJJ 2—2008，混凝土梁（板）支架上浇筑应符合下列规定：

（1）在固定支架上浇筑施工应符合下列规定：

① 支架的地基承载力应符合要求，必要时，应采取加强处理或其他措施。

② 应有简便可行的落架拆模措施。

③ 各种支架和模板安装后，宜采取预压方法消除拼装间隙和地基沉降等非弹性变形。

④ 安装支架时，应根据梁体和支架的弹性、非弹性变形，设置预拱度。

⑤ 支架底部应有良好的排水措施，不得被水浸泡。

⑥ 浇筑混凝土时应采取防止支架不均匀下沉的措施。

（2）在移动模架上浇筑时，模架长度必须满足分段施工要求，分段浇筑的工作缝，应设在零弯矩点或其附近。

8059 桥梁工程钢梁现场安装前应做哪些准备工作？

答： 依据《城市桥梁工程施工与质量验收规范》CJJ 2—2008，项目监理机构应要求并检查施工单位在钢梁现场安装前做好下列准备工作：

（1）安装前应对临时支架、支承、吊车等临时结构和钢梁结构本身在不同受力状态下的强度、刚度和稳定性进行验算。

（2）安装前应按构件明细表核对进场的杆件和零件。查验产品出厂合格证、钢材质量证明书。

（3）对杆件进行全面质量检查，对装运过程中产生缺陷和变形的杆件，应进行矫正。

（4）安装前应对桥台、墩顶面高程、中线及各孔跨径进行复测。误差在允许偏差内方可安装。

（5）安装前应根据跨径大小、河流情况、起吊能力选择安装方法。

8060 桥梁工程钢梁安装有哪些规定？

答： 依据《城市桥梁工程施工与质量验收规范》CJJ 2—2008，钢梁安装应符合下列规定：

（1）钢梁安装前应清除杆件上的附着物，摩擦面应保持干燥、清洁。安装中应采取措施防止杆件产生变形。

（2）在满布支架上安装钢梁时，冲钉和粗制螺栓总数不得少于孔眼总数的 1/3，其中冲钉不得多于 2/3。孔眼较少的部位，冲钉和粗制螺栓不得少于 6 个或将全部孔眼插入冲钉和粗制螺栓。

（3）用悬臂和半悬臂法安装钢梁时，连接处所需冲钉数量应按所承受荷载计算确定，且不得少于孔眼总数的 1/2，其余孔眼布置精制螺栓。冲钉和精制螺栓应均匀安放。

（4）高强度螺栓栓合梁安装时，冲钉数量应符合上述规定，其余孔眼布置高强度螺栓。

（5）安装用的冲钉直径宜小于设计孔径 0.3mm，冲钉圆柱部分的长度应大于板束厚度；安装用的精制螺栓直径宜小于设计孔径 0.4mm；安装用的粗制螺栓直径宜小于设计孔径 1.0mm。冲钉和螺栓宜选用 Q345 碳素结构钢制造。

（6）吊装杆件时，必须等杆件完全固定后方可摘除吊钩。

（7）安装过程中，每完成一个节间应测量其位置、高程和预拱度，不符合要求应及时校正。

8061 桥梁工程钢梁高强度螺栓连接有哪些规定？

答： 依据《城市桥梁工程施工与质量验收规范》CJJ2—2008，高强度螺栓连接应符合下列规定：

（1）安装前应复验出厂所附摩擦面试件的抗滑移系数，合格后方可进行安装。

（2）高强度螺栓连接副使用前应进行外观检查并应在同批内配套使用。

（3）使用前，高强度螺栓连接副应按出厂批号复验扭矩系数，其平均值和标准偏差应符合设计要求。设计无要求时，扭矩系数平均值应为 0.11～0.15，其标准偏差应小于或等于 0.01。

（4）高强度螺栓应顺畅穿入孔内，不得强行敲入，穿入方向应全桥一致。被栓合的板束表面应垂直于螺栓轴线，否则应在螺栓垫圈下面加斜坡垫板。

（5）施拧高强度螺栓时，不得采用冲击拧紧、间断拧紧方法。拧紧后的节点板与钢梁间不得有间隙。

（6）当采用扭矩法施拧高强度螺栓时，初拧、复拧和终拧应在同一工作班内完成。初拧扭矩应由试验确定，可取终拧值的 50%。

（7）当采用扭角法施拧高强螺栓时，可按国家现行标准《铁路钢桥高强度螺栓连接施工规定》TBJ 214 的有关规定执行。

（8）施拧高强度螺栓连接副采用的扭矩扳手，应定期进行标定，作业前应进行校正，其扭矩误差不得大于使用扭矩值的 ±5%。

（9）高强度螺栓终拧完毕必须当班检查。每栓群应抽查总数的 5%，且不得少于 2 套。抽查合格率不得小于 80%，否则应继续抽查，直至合格率达到 80% 以上。对螺栓拧紧度不足者应补拧，对超拧者应更换、重新施拧并检查。

8062　桥梁工程钢梁焊缝连接有哪些规定？

答：依据《城市桥梁工程施工与质量验收规范》CJJ 2—2008，焊缝连接应符合下列规定：

（1）首次焊接之前必须进行焊接工艺评定试验。

（2）焊工和无损检测员必须经考试合格取得资格证书后，方可从事资格证书中认定范围内的工作，焊工停焊时间超过 6 个月，应重新考核。

（3）焊接环境温度，低合金钢不得低于 5℃，普通碳素结构钢不得低于 0℃。焊接环境湿度不宜高于 80%。

（4）焊接前应进行焊缝除锈，并应在除锈后 24h 内进行焊接。

（5）焊接前，对厚度 25mm 以上的低合金钢预热温度宜为 80～120℃，预热范围宜为焊缝两侧 50～80mm。

（6）多层焊接宜连续施焊，并应控制层间温度。每一层焊缝焊完后应及时清除药皮、熔渣、溢流和其他缺陷后，再焊下一层。

（7）钢梁杆件现场焊缝连接应按设计要求的顺序进行。设计无要求时，纵向应从跨中向两端进行，横向应从中线向两侧对称进行。

（8）现场焊接应设防风设施，遮盖全部焊接处。雨天不得焊接，箱形梁内进行 CO_2 气体保护焊时，必须使用通风防护设施。

（9）焊接完毕，所有焊缝必须进行外观检查。外观检查合格后，应在 24h 后按规定进行无损检验，确认合格。

（10）焊缝外观质量应符合表 8-21 的规定。

焊缝外观质量标准　　　　　　　　　　　　　表 8-21

项目	焊缝种类	质量标准（mm）
气孔	横向对接焊缝	不允许
	纵向对接焊缝、主要角焊缝	直径小于 1.0，每米不多于 2 个，间距不小于 20
	其他焊缝	直径小于 1.5，每米不多于 3 个，间距不小于 20
咬边	受拉杆件横向对接焊缝及竖加劲肋角焊缝（腹板侧受拉区）	不允许
	受压杆件横向对接焊缝及竖加劲肋角焊缝（腹板侧受压区）	≤0.3
	纵向对接焊缝及主要角焊缝	≤0.5
	其他焊缝	≤1.0
焊脚余高	主要角焊缝	$+2.0$ / 0
	其他角焊缝	$+2.0$ / -1.0
焊波	角焊缝	≤2.0（任意 25mm 范围内高低差）
余高	对接焊缝	≤3.0（焊缝宽 b≤12 时）
		≤4.0（12<b≤25 时）
		≤$4b/25$（b>25 时）
余高铲磨后表面	横向对接焊缝	不高于母材 0.5
		不低于母材 0.3
		粗糙度 Ra50

注：1. 手工角焊缝全长 10％区段内焊脚余高允许误差为 $^{+3.0}_{-1.0}$。

　　2. 焊脚余高指角焊缝斜面相对于设计理论值的误差。

（11）采用超声波探伤检验时，其内部质量分级应符合表 8-22 的规定。焊缝超声波探伤范围和检验等级应符合表 8-23 的规定。

焊缝超声波探伤内部质量等级　　　　　　　表 8-22

项目	质量等级	适用范围
对接焊缝	Ⅰ	主要杆件受拉横向对接焊缝
	Ⅱ	主要杆件受压横向对接焊缝、纵向对接焊缝
角焊缝	Ⅱ	主要角焊缝

焊缝超声波探伤范围和检验等级　　　　　　表 8-23

项目	探伤数量	探伤部位（mm）	板厚（mm）	检验等级
Ⅰ、Ⅱ级横向对接焊缝	全部焊缝	全长	10～45	B
			>46～56	B（双面双侧）
Ⅱ级纵向对接焊缝		两端各 1000	10～45	B
			>46～56	B（双面双侧）
Ⅱ级角焊缝		两端螺栓孔部位并延长 500，板梁主梁及纵、横梁跨中加探 1000	10～45	B
			>46～56	B（双面双侧）

（12）当采用射线探伤检验时，其数量不得少于焊缝总数的 10%，且不得少于 1 条焊缝。探伤范围应为焊缝两端各 250～300mm；当焊缝长度大于 1200mm 时，中部应加探 250～300mm；焊缝的射线探伤应符合现行国家标准《金属熔化焊焊接接头射线照相》GB/T 3323 的规定，射线照相质量等级应为 B 级；焊缝内部质量应为 Ⅱ 级。

8063 桥梁工程钢梁现场涂装有哪些规定？

答：依据《城市桥梁工程施工与质量验收规范》CJJ 2—2008，现场涂装应符合下列规定：

（1）防腐涂料应有良好的附着性、耐蚀性，其底漆应具有良好的封孔性能。钢梁表面处理的最低等级应为 Sa2.5。

（2）上翼缘板顶面和剪力连接器均不得涂装，在安装前应进行除锈、防腐蚀处理。

（3）涂装前应先进行除锈处理。首层底漆于除锈后 4h 内开始，8h 内完成。涂装时的环境温度和相对湿度应符合涂料说明书的规定，当产品说明书无规定时，环境温度宜在 5～38℃，相对湿度不得大于 85%；当相对湿度大于 75% 时应在 4h 内涂完。

（4）涂料、涂装层数和涂层厚度应符合设计要求；涂层干漆膜总厚度应符合设计要求。当规定层数达不到最小干漆膜总厚度时，应增加涂层层数。

（5）涂装应在天气晴朗、4 级（不含）以下风力时进行，夏季应避免阳光直射。涂装时构件表面不应有结露，涂装后 4h 内应采取防护措施。

8064 拱架上浇筑混凝土拱圈有哪些规定？

答：依据《城市桥梁工程施工与质量验收规范》CJJ 2—2008，拱架上浇筑混凝土拱圈应符合下列规定：

（1）跨径小于 16m 的拱圈或拱肋混凝土，应按拱圈全宽从拱脚向拱顶对称、连续浇筑，并在混凝土初凝前完成。当预计不能在限定时间内完成时，则应在拱脚预留一个隔缝并最后浇筑隔缝混凝土。

（2）跨径大于或等于 16m 的拱圈或拱肋，宜分段浇筑。分段位置，拱式拱架宜设置在拱架受力反弯点、拱架节点、拱顶及拱脚处；满布式拱架宜设置在拱顶、1/4 跨径、拱脚及拱架节点等处。各段的接缝面应与拱轴线垂直，各分段点应预留间隔槽，其宽度宜为 0.5～1m。当预计拱架变形较小时，可减少或不设间隔槽，应采取分段间隔浇筑。

（3）分段浇筑程序应对称于拱顶进行，且应符合设计要求。

（4）各浇筑段的混凝土应一次连续浇筑完成，因故中断时，应将施工缝凿成垂直于拱轴线的平面或台阶式接合面。

（5）间隔槽混凝土，应待拱圈分段浇筑完成，其强度达到 75% 设计强度，且结合面按施工缝处理后，由拱脚向拱顶对称浇筑。拱顶及两拱脚间隔槽混凝土应在最后封拱时浇筑。

（6）分段浇筑钢筋混凝土拱圈（拱肋）时，纵向不得采用通长钢筋，钢筋接头应安设在后浇的几个间隔槽内，并应在浇筑间隔槽混凝土时焊接。

（7）浇筑大跨径拱圈（拱肋）混凝土时，宜采用分环（层）分段方法浇筑，也可纵向分幅浇筑，中幅先行浇筑合龙，达到设计要求后，再横向对称浇筑合龙其他幅。

（8）拱圈（拱肋）封拱合龙时混凝土强度应符合设计要求，设计无规定时，各段混凝土强度应达到设计强度的 75％；当封拱合龙前用千斤顶施加压力的方法调整拱圈应力时，拱圈（包括已浇间隔槽）的混凝土强度应达到设计强度。

8065 桥梁工程拱桥的拱上结构施工有哪些规定？

答： 依据《城市桥梁工程施工与质量验收规范》CJJ 2—2008，拱桥的拱上结构施工应符合下列规定：

（1）拱桥的拱上结构，应按照设计规定程序施工。如设计无规定，可由拱脚至拱顶均衡、对称加载，使施工过程中的拱轴线与设计拱轴线尽量吻合。

（2）在砌筑拱圈上砌筑拱上结构应符合下列规定：

① 当拱上结构在拱架卸架前砌筑时，合龙砂浆达到设计强度的 30％即可进行。

② 当先卸架后砌拱上结构时，应待合龙砂浆达到设计强度的 70％方可进行。

③ 当采用分环砌筑拱圈时，应待上环合龙砂浆达到设计强度的 70％方可砌筑拱上结构。

④ 当采用预施压力调整拱圈应力时，应待合龙砂浆达到设计强度后方可砌筑拱上结构。

（3）在支架上浇筑的混凝土拱圈，其拱上结构施工应符合下列规定：

① 拱上结构应在拱圈及间隔槽混凝土浇筑完成且混凝土强度达到设计强度以后进行施工。设计无规定时，可达到设计强度的 30％以上；如封拱前需在拱顶施加预压力，应达到设计强度的 75％以上。

② 立柱或横墙底座应与拱圈（拱肋）同时浇筑，立柱上端施工缝应设在横梁承托底面上。

③ 相邻腹拱的施工进度应同步。

④ 桥面系的梁与板宜同时浇筑。

⑤ 两相邻伸缩缝间的桥面板应一次连续浇筑。

（4）装配式拱桥的拱上结构施工，应待现浇接头和合龙缝混凝土强度达到设计强度的 75％以上，且卸落支架后进行。

（5）采用无支架施工的大、中跨径的拱桥，其拱上结构宜利用缆索吊装施工。

8066 斜拉桥拉索施工有哪些规定？

答： 依据《城市桥梁工程施工与质量验收规范》CJJ 2—2008，拉索施工应符合下列规定：

（1）拉索架设应符合下列规定：

① 拉索架设前应根据索塔高度、拉索类型、拉索长度、拉索自重、安装拉索时的牵引力以及施工现场状况等综合因素选择适宜的拉索安装方法和设备。

② 施工中不得损伤拉索保护层和锚头，不得对拉索施加集中力或过度弯曲。

③ 安装由外包 PE 护套单根钢绞线组成的半成品拉索时，应控制每一根钢绞线安装后的拉力差在±5％内，并应设置临时减振器。

④ 施工中，必须对索管与锚端部位采取临时防水、防腐和防污染措施。

（2）拉索张拉应符合下列规定：

① 张拉设备应按预应力施工的有关规定进行标定。

② 拉索张拉的顺序、批次和量值应符合设计要求。应以振动频率计测定的索力油压表量值为准，并应视拉索减振器以及拉索垂度状况对测定的索力予以修正，以延伸值作校核。

③ 拉索应按设计要求同步张拉。对称同步张拉的斜拉索，张拉中不同步的相对差值不得大于 10%。两侧不对称或设计索力不同的斜拉索，应按设计要求的索力分段同步张拉。

④ 在下列工况下，应采用传感器或振动频率测力计检测各拉索索力值，并进行修正：

a. 每组拉索张拉完成后。

b. 悬臂施工跨中合龙前后。

c. 全桥拉索全部张拉完成后。

d. 主梁体内预应力钢筋全部张拉完成，且桥面及附属设施安装完成后。

⑤ 拉索张拉完成后应检查每根拉索的防护情况，发现破损应及时修补。

8067　桥面防水层施工有哪些规定？

答：依据《城市桥梁工程施工与质量验收规范》CJJ 2—2008，桥面防水层施工应符合下列规定：

（1）桥面应采用柔性防水，不宜单独铺设刚性防水层。桥面防水层使用的涂料、卷材、胶粘剂及辅助材料必须符合环保要求。

（2）桥面防水层应在现浇桥面结构混凝土或垫层混凝土达到设计要求强度，经验收合格后方可施工。

（3）桥面防水层应直接铺设在混凝土表面上，不得在二者间加铺砂浆找平层。

（4）防水基层面应坚实、平整、光滑、干燥、阴阳角处应按规定半径做成圆弧。施工防水层前应将浮尘及松散物质清除干净，并应涂刷基层处理剂。基层处理剂应使用与卷材或涂料性质配套的材料。涂层应均匀、全面覆盖，待渗入基层且表面干燥后方可施作卷材或涂膜防水层。

（5）防水卷材和防水涂膜均应具有高延伸率、高抗拉强度、良好的弹塑性、耐高温和低温与抗老化性能。防水卷材及防水涂料应符合国家现行标准和设计要求。

（6）桥面采用热铺沥青混合料作磨耗层时，应使用可耐 140~160℃ 高温的高聚物改性沥青等防水卷材及防水涂料。

（7）桥面防水层应采用满贴法；防水层总厚度和卷材或胎体层数应符合设计要求；缘石、地袱、变形缝、汇水槽和泄水口等部位应按设计和防水规范细部要求作局部加强处理。防水层与汇水槽、泄水口之间必须粘结牢固、封闭严密。

（8）防水层完成后应加强成品保护，防止压破、刺穿、划痕损坏防水层，并及时经验收合格后铺设桥面铺装层。

（9）防水层严禁在雨天、雪天和 5 级（含）以上大风天气施工，气温低于 −5℃ 时不宜施工。

（10）涂膜防水层施工应符合下列规定：

① 基层处理剂干燥后，方可涂防水涂料，铺贴胎体增强材料。涂膜防水层应与基层粘结牢固。

② 涂膜防水层的胎体材料，应顺流水方向搭接，搭接宽度长边不得小于 50mm，短边不得小于 70mm，上下层胎体搭接缝应错开 1/3 幅宽。

③ 下层干燥后，方可进行上层施工，每一涂层应厚度均匀，表面平整。

（11）卷材防水层施工应符合下列规定：

① 胶粘剂应与卷材和基层处理剂相互匹配，进场后应取样检验合格后方可使用。

② 基层处理剂干燥后，方可涂胶粘剂，卷材与基层粘结牢固，各层卷材之间也应相互粘结牢固，卷材铺贴应不皱不折。

③ 卷材应顺桥方向铺贴，应自边缘最低处开始，顺流水方向搭接，长边搭接宽度宜为 70~80mm，短边搭接宽度宜为 100mm，上下层搭接缝错开距离不应小于 300mm。

（12）防水粘结层施工应符合下列规定：

① 防水粘结材料的品种、规格、性能应符合设计要求和国家现行标准规定。

② 粘结层宜采用高黏度的改性沥青、环氧沥青防水涂料。

③ 防水粘结层施工时的环境温度和相对湿度应符合防水粘结材料产品说明书的要求。

④ 施工时严格控制防水粘结层材料的加热温度和洒布温度。

8068　桥面铺装层施工有哪些规定？

答：依据《城市桥梁工程施工与质量验收规范》CJJ 2—2008，桥面铺装层施工应符合下列规定：

（1）桥面防水层经验收合格后应及时进行桥面铺装层施工。雨天和雨后桥面未干燥时，不得进行桥面铺装层施工。

（2）铺装层应在纵向 100cm、横向 40cm 范围内，逐渐降坡，与汇水槽、泄水口平顺相接。

（3）沥青混合料桥面铺装层施工应符合下列规定：

① 在水泥混凝土桥面上铺筑沥青铺装层应符合下列要求：

a. 铺筑前应在桥面防水层上撒布一层沥青石屑保护层，或在防水粘结层上撒布一层石屑保护层，并用轻碾慢压。

b. 沥青铺装宜采用双层式，底层宜采用高温稳定性较好的中粒式密级配热拌沥青混合料，表层应采用防滑面层。

c. 铺装宜采用轮胎或钢筒式压路机碾压。

② 在钢桥面上铺筑沥青铺装层应符合下列要求：

a. 铺装材料应防水性能良好，具有高温抗流动变形和低温抗裂性能；具有较好的抗疲劳性能和表面抗滑性能；与钢板粘结良好，具有较好的抗水平剪切、重复荷载和蠕变变形能力。

b. 桥面铺装宜采用改性沥青，其压实设备和工艺应通过试验确定。

c. 桥面铺装宜在无雨、少雾季节、干燥状态下施工。施工气温不得低于 15℃。

d. 桥面铺筑沥青铺装层前应涂刷防水粘结层。涂防水粘结层前应磨平焊缝、除锈、除污，涂防锈层。

e. 采用浇注式沥青混凝土铺筑桥面时，可不设防水粘结层。

（4）水泥混凝土桥面铺装层施工应符合下列规定：

① 铺装层的厚度、配筋、混凝土强度等应符合设计要求。结构厚度误差不得超过 −20mm。

② 铺装层的基面（裸梁或防水层保护层）应粗糙、干净，并于铺装前湿润。

③ 桥面钢筋网应位置准确、连续。

④ 铺装层表面应作防滑处理。

⑤ 水泥混凝土施工工艺及钢纤维混凝土铺装的技术要求应符合国家现行标准《城镇道路工程施工与质量验收规范》CJJ 1 的有关规定。

（5）人行天桥塑胶混合料面层铺装应符合下列规定：

① 人行天桥塑胶混合料的品种、规格、性能应符合设计要求和国家现行标准的规定。

② 施工时的环境温度和相对湿度应符合材料产品说明书的要求，风力超过 5 级（含）、雨天和雨后桥面未干燥时，严禁铺装施工。

③ 塑胶混合料均应计量准确，严格控制拌合时间。拌合均匀的胶液应及时运到现场铺装。

④ 塑胶混合料必须采用机械搅拌，应严格控制材料的加热温度和洒布温度。

⑤ 人行天桥塑胶铺装宜在桥面全宽度内、两条伸缩缝之间，一次连续完成。

⑥ 塑胶混合料面层终凝之前严禁行人通行。

8069　桥梁工程竣工验收内容应符合哪些规定？

答：依据《城市桥梁工程施工与质量验收规范》CJJ 2—2008，工程竣工验收内容应符合下列规定：

（1）主控项目

① 桥下净空不得小于设计要求。检查数量：全数检查。

② 单位工程所含分部工程有关安全和功能的检测资料应完整。检查数量：全数检查。

（2）一般项目

① 桥梁实体检测允许偏差应符合表 8-24 的规定。

桥梁实体检测允许偏差　　　　表 8-24

项　目		允许偏差（mm）	检验频率		检验方法
			范围	点数	
桥梁轴线位移		10	每座或每跨、每孔	3	用经纬仪或全站仪检测
桥宽	车行道	±10		3	用钢尺量每孔 3 处
	人行道				
长度		+200，−100		2	用测距仪
引道中线与桥梁中线偏差		±20		2	用经纬仪或全站仪检测
桥头高程衔接		±3		2	用水准仪测量

注：1. 项目 3 长度为桥梁总体检测长度；受桥梁形式、环境温度、伸缩缝位置等因素的影响，实际检测中通常检测两条伸缩缝之间的长度，或多条伸缩缝之间的累加长度。

　　2. 连续梁、结合梁两条伸缩缝之间长度允许偏差为±15mm。

② 桥梁实体外形检查应符合下列要求：

a. 墩台混凝土表面应平整，色泽均匀，无明显错台、蜂窝麻面，外形轮廓清晰。

b. 砌筑墩台表面应平整，砌缝应无明显缺陷，勾缝应密实坚固、无脱落，线角应顺直。

c. 桥台与挡墙、护坡或锥坡衔接应平顺，应无明显错台；沉降缝、泄水孔设置正确。

d. 索塔表面应平整，色泽均匀，无明显错台和蜂窝麻面，轮廓清晰，线形直顺。

e. 混凝土梁体（框架桥体）表面应平整，色泽均匀，轮廓清晰、无明显缺陷；全桥整体线形应平顺、梁缝基本均匀。

f. 钢梁安装线形应平顺，防护涂装色泽应均匀、无漏涂、无划伤、无起皮，涂膜无裂纹。

g. 拱桥表面平整，无明显错台；无蜂窝麻面、露筋或砌缝脱落现象，色泽均匀；拱圈（拱肋）及拱上结构轮廓线圆顺、无折弯。

h. 索股钢丝应顺直、无扭转、无鼓丝、无交叉、锚环与锚垫板应密贴并居中，锚环及外丝应完好、无变形，防护层应无损伤，斜拉索色泽应均匀、无污染。

i. 桥梁附属结构应稳固，线形应直顺，应无明显错台、无缺棱掉角。

第4节　城镇给水排水管道工程

8070　给水排水管道工程质量控制有哪些强制性条文？

答：依据《给水排水管道工程施工及验收规范》GB 50268—2008，给水排水管道工程施工质量控制有下列强制性条文：

（1）给排水管道工程所用的原材料、半成品、成品等产品的品种、规格、性能必须符合国家有关标准的规定和设计要求；接触饮用水的产品必须符合有关卫生要求。严禁使用国家明令淘汰、禁用的产品；

（2）工程所用的管材、管道附件、构（配）件和主要原材料等产品进入施工现场时必须进行进场验收并妥善保管。进场验收时应检查每批产品的订购合同、质量合格证书、性能检验报告、使用说明书、进口产品的商检报告及证件等，并按国家有关标准规定进行复检，验收合格后方可使用。

（3）给排水管道工程施工质量控制应符合下列规定：

① 各分项工程应按照施工技术标准进行质量控制，每分项工程完成后，必须进行检验。

② 相关各分项工程之间，必须进行交接检验，所有隐蔽分项工程必须进行隐蔽验收，未经检验或验收不合格不得进行下道分项工程。

（4）通过返修或加固处理仍不能满足结构安全或使用功能要求的分部（子分部）工程、单位（子单位）工程，严禁验收。

（5）给水管道必须水压试验合格；并网运行前进行冲洗与消毒，经检验水质达到标准后，方可允许并网通水投入运行。

（6）污水、雨污水合流管道及湿陷土、膨胀土、流砂地区的雨水管道，必须经严密性试验合格后方可投入运行。

8071　管道沟槽开挖有哪些规定?

答: 依据《给水排水管道工程施工及验收规范》GB 50268—2008,沟槽开挖应符合下列规定:

(1) 沟槽的开挖断面应符合施工组织设计(方案)的要求。人工开挖沟槽的槽深超过3m时应分层开挖,每层的深度不超过2m;采用机械挖槽时,沟槽分层的深度按机械性能确定。槽底原状地基土不得扰动,机械开挖时槽底预留200~300mm土层由人工开挖至设计高程,整平。

(2) 地质条件良好、土质均匀、地下水位低于沟槽底面高程,且开挖深度在5m以内、沟槽不设支撑时,沟槽边坡最陡坡度应符合规范及施工方案的规定。人工开挖多层沟槽的层间留台宽度:放坡开槽时不应小于0.8m,直槽时不应小于0.5m,安装井点设备时不应小于1.5m。

(3) 沟槽每侧临时堆土或施加其他荷载时,应符合下列规定:

① 不得影响建(构)筑物、各种管线和其他设施的安全。

② 不得掩埋消火栓、管道闸阀、雨水口、测量标志以及各种地下管道的井盖,且不得妨碍其正常使用;

③ 堆土距沟槽边缘不小于0.8m,且高度不应超过1.5m;沟槽边堆置土方不得超过设计堆置高度。

(4) 槽底不得受水浸泡或受冻,槽底局部扰动或受水浸泡时,宜采用天然级配砂砾石或石灰土回填;槽底扰动土层为湿陷性黄土时,应按设计要求进行地基处理。

(5) 槽底土层为杂填土、腐蚀性土时,应全部挖除并按设计要求进行地基处理。

(6) 槽壁平顺,边坡坡度符合施工方案的规定。

(7) 在沟槽边坡稳固后设置供施工人员上下沟槽的安全梯。

8072　管道沟槽地基处理有哪些规定?

答: 依据《给水排水管道工程施工及验收规范》GB 50268—2008,沟槽地基处理应符合下列规定:

(1) 管道地基应符合设计要求,管道天然地基的强度不能满足设计要求时应按设计要求加固。

(2) 槽底局部超挖或发生扰动时,处理应符合下列规定:

① 超挖深度不超过150mm时,可用挖槽原土回填夯实,其压实度不应低于原地基土的密实度。

② 槽底地基土壤含水量较大,不适于压实时,应采取换填等有效措施。

(3) 排水不良造成地基土扰动时,可按以下方法处理:

① 扰动深度在100mm以内,宜填天然级配砂石或砂砾处理。

② 扰动深度在300mm以内,但下部坚硬时,宜填卵石或块石,再用砾石填充空隙并找平表面。

(4) 设计要求换填时,应按要求清槽,并经检查合格;回填材料应符合设计要求或有关规定。

（5）灰土地基、砂石地基和粉煤灰地基施工前必须按规范规定验槽并处理。

（6）采用其他方法进行管道地基处理时，应满足国家有关规范规定和设计要求。

（7）柔性管道处理宜采用砂桩、搅拌桩等复合地基。

8073 管道交叉处理应符合哪些规定？

答： 依据《给水排水管道工程施工及验收规范》GB 50268—2008，管道交叉处理应符合下列规定：

（1）应满足管道间最小净距的要求，且按有压管道避让无压管道、支管道避让干线管道、小口径管道避让大口径管道的原则处理。

（2）新建给排水管道与其他管道交叉时，应按设计要求处理；施工过程中对既有管道进行临时保护时，所采取的措施应征求有关单位意见。

（3）新建给排水管道与既有管道交叉部位的回填压实度应符合设计要求，并应使回填材料与被支承管道贴紧密实。

8074 管道铺设完经检验合格后沟槽回填前应符合哪些规定？

答： 依据《给水排水管道工程施工及验收规范》GB 50268—2008，给排水管道铺设完毕并经检验合格后，应及时回填沟槽。回填前，应符合下列规定：

（1）预制钢筋混凝土管道的现浇筑基础的混凝土强度、水泥砂浆接口的水泥砂浆强度不应小于 5MPa。

（2）现浇钢筋混凝土管渠的强度应达到设计要求。

（3）混合结构的矩形或拱形管渠，砌体的水泥砂浆强度应达到设计要求。

（4）井室、雨水口及其他附属构筑物的现浇混凝土强度或砌体水泥砂浆强度应达到设计要求。

（5）回填时采取防止管道发生位移或损伤的措施。

（6）化学建材管道或管径大于 900mm 的钢管、球墨铸铁管等柔性管道在沟槽回填前，应采取措施控制管道的竖向变形。

（7）雨期应采取措施防止管道漂浮。

8075 管道沟槽回填有哪些规定？

答： 依据《给水排水管道工程施工及验收规范》GB 50268—2008，管道沟槽回填应符合下列规定：

（1）沟槽回填时管道应符合下列规定：

① 压力管道水压试验前，除接口外，管道两侧及管顶以上回填高度不应小于 0.5m；水压试验合格后，应及时回填沟槽的其余部分。

② 无压管道在闭水或闭气试验合格后应及时回填。

（2）管道沟槽回填材料应符合下列规定：

① 管道沟槽回填材料的质量应符合设计要求或有关标准的规定。

② 槽底至管顶以上 500mm 范围内，土中不得含有机物、冻土以及大于 50mm 的砖、石等硬块；在抹带接口处、防腐绝缘层或电缆周围，应采用细粒土回填。

③ 冬期回填时管顶以上 500mm 范围以外可均匀掺入冻土，其数量不得超过填土总体积的 15%，且冻块尺寸不得超过 100mm。

④ 回填土的含水量，宜按土类和采用的压实工具控制在最佳含水率±2% 范围内。

（3）沟槽回填时，沟槽内砖、石、木块等杂物清除干净；沟槽内不得有积水；保持降排水系统正常运行，不得带水回填。

（4）每层回填土的虚铺厚度，应根据所采用的压实机具按表 8-25 的规定选取。

（5）回填土或其他回填材料运入槽内时不得损伤管道及其接口，并应符合下列规定：

① 根据每层虚铺厚度的用量将回填材料运至槽内，且不得在影响压实的范围内堆料。

每层回填土的虚铺厚度　　　　　　　　　表 8-25

压实机具	虚铺厚度（mm）
木夯、铁夯	≤200
轻型压实设备	200～250
压路机	200～300
振动压路机	≤400

② 管道两侧和管顶以上 500mm 范围内的回填材料，应由沟槽两侧对称运入槽内，不得直接回填在管道上；回填其他部位时，应均匀运入槽内，不得集中推入。

③ 需要拌合的回填材料，应在运入槽内前拌合均匀，不得在槽内拌合。

（6）回填作业每层土的压实遍数，按压实度要求、压实工具、虚铺厚度和含水量，应经现场试验确定。

（7）采用重型压实机械压实或较重车辆在回填土上行驶时，管道顶部以上应有一定厚度的压实回填土，其最小厚度应按压实机械的规格和管道的设计承载力，通过计算确定。

（8）软土、湿陷性黄土、膨胀土、冻土等地区的沟槽回填，应符合设计要求和当地工程标准规定。

8076　井室、雨水口及其他附属构筑物周围回填有哪些规定？

答：依据《给水排水管道工程施工及验收规范》GB 50268—2008，井室、雨水口及其他附属构筑物周围回填应符合下列规定：

（1）井室周围的回填，应与管道沟槽回填同时进行；不便同时进行时，应留台阶形接茬。

（2）井室周围回填压实时应沿井室中心对称进行，且不得漏夯。

（3）回填材料压实后应与井壁紧贴。

（4）路面范围内的井室周围，应采用石灰土、砂、砂砾等材料回填，其回填宽度不宜小于 400mm。

（5）严禁在槽壁取土回填。

8077　刚性管道沟槽回填压实作业有哪些规定？

答：依据《给水排水管道工程施工及验收规范》GB 50268—2008，刚性管道沟槽回填压实作业应符合下列规定：

(1) 回填压实应逐层进行，且不得损伤管道。

(2) 管道两侧和管顶以上 500mm 范围内胸腔夯实，应采用轻型压实机具，管道两侧压实面的高差不应超过 300mm。

(3) 管道基础为土弧基础时，应填实管道支撑角范围内腋角部位；压实时，管道两侧应对称进行，且不得使管道位移或损伤。

(4) 同一沟槽中有双排或多排管道的基础底面位于同一高程时，管道之间的回填压实应与管道与槽壁之间的回填压实对称进行。

(5) 同一沟槽中有双排或多排管道但基础底面的高程不同时，应先回填基础较低的沟槽；回填至较高基础底面高程后，再按上一款规定回填。

(6) 分段回填压实时，相邻段的接茬应呈台阶形，且不得漏夯。

(7) 采用轻型压实设备时，应夯夯相连；采用压路机时，碾压的重叠宽度不得小于 200mm。

(8) 采用压路机、振动压路机等压实机械压实时，其行驶速度不得超过 2km/h。

(9) 接口工作坑回填时底部凹坑应先回填压实至管底，然后与沟槽同步回填。

(10) 管道埋设的管顶覆土最小厚度应符合设计要求，且满足当地冻土层厚度要求。管顶覆土回填压实度达不到设计要求时应与设计协商进行处理。

8078 柔性管道沟槽回填作业有哪些规定？

答： 依据《给水排水管道工程施工及验收规范》GB 50268—2008，柔性管道沟槽回填作业应符合下列规定：

(1) 回填前，检查管道有无损伤或变形，有损伤的管道应修复或更换。

(2) 管内径大于 800mm 的柔性管道，回填施工时应在管内设有竖向支撑。

(3) 管基有效支承角范围应采用中粗砂填充密实，与管壁紧密接触，不得用土或其他材料填充。

(4) 管道半径以下回填时应采取防止管道上浮、位移的措施。

(5) 管道回填时间宜在一昼夜中气温最低时段，从管道两侧同时回填，同时夯实。

(6) 沟槽回填从管底基础部位开始到管顶以上 500mm 范围内，必须采用人工回填；管顶 500mm 以上部位，可用机械从管道轴线两侧同时夯实；每层回填高度应不大于 200mm。

(7) 管道位于车行道下，铺设后即修筑路面或管道位于软土地层以及低洼、沼泽、地下水位高地段时，沟槽回填宜先用中、粗砂将管底腋角部位填充密实后，再用中、粗砂分层回填到管顶以上 500mm。

(8) 回填作业的现场试验段长度应为一个井段或不少于 50m，因工程因素变化改变回填方式时，应重新进行现场试验。

(9) 管道回填至设计高程时，应在 12～24h 内测量并记录管道变形率，管道变形率应符合设计要求；设计无要求时，钢管或球墨铸铁管道变形率应不超过 2%，化学建材管道变形率应不超过 3%；当超过时，应采取下列处理措施。

① 当钢管或球墨铸铁管道变形率超过 2%，但不超过 3% 时；化学建材管道变形率超

过 3%，但不超过 5%时；应采取下列处理措施：

a. 挖出回填材料至露出管径 85%处，管道周围内应人工挖掘以避免损伤管壁。

b. 挖出管节局部有损伤时，应进行修复或更换。

c. 重新夯实管道底部的回填材料。

d. 选用适合回填材料按规定重新回填施工，直至设计高程。

e. 按规定重新检测管道变形率。

② 钢管或球墨铸铁管道的变形率超过 3%时，化学建材管道变形率超过 5%时，应挖出管道并会同设计单位研究处理。

（10）管道埋设的管顶覆土最小厚度应符合设计要求，且满足当地冻土层厚度要求。管顶覆土回填压实度达不到设计要求时应与设计协商进行处理。

8079　开槽施工管道主体结构有哪些规定？

答：依据《给水排水管道工程施工及验收规范》GB 50268—2008，开槽施工管道主体结构应符合下列规定：

（1）管道各部位结构和构造形式、所用管节、管件及主要工程材料等应符合设计要求。

（2）管节和管件装卸时应轻装轻放，运输时应垫稳、绑牢，不得相互撞击，接口及钢管的内外防腐层应采取保护措施。金属管、化学建材管及管件吊装时，应采用柔韧的绳索、兜身吊带或专用工具；采用钢丝绳或铁链时不得直接接触管节。

（3）管节堆放宜选用平整、坚实的场地；堆放时必须垫稳，防止滚动，堆放层高可按照产品技术标准或生产厂家的要求。

（4）化学建材管节、管件贮存、运输过程中应采取防止变形措施，并符合下列规定：

① 长途运输时，可采用套装方式装运，套装的管节间应设有衬垫材料，并应相对固定，严禁在运输过程中发生管与管之间、管与其他物体之间的碰撞。

② 管节、管件运输时，全部直管宜设有支架，散装件运输应采用带挡板的平台和车辆均匀堆放，承插口管节及管件应分插口、承口两端交替堆放整齐，两侧加支垫，保持平稳。

③ 管节、管件搬运时，应小心轻放，不得抛、摔、拖管以及受剧烈撞击和被锐物划伤。

④ 管节、管件应堆放在温度一般不超过 40℃，并远离热源及带有腐蚀性试剂或溶剂的地方；室外堆放不应长期露天曝晒。堆放高度不应超过 2.0m，堆放附近应有消防设施（备）。

（5）橡胶圈贮存、运输应符合下列规定：

① 贮存的温度宜为−5～30℃，存放位置不宜长期受紫外线光源照射，离热源距离应不小于 1m。

② 不得将橡胶圈与溶剂、易挥发物、油脂或对橡胶产生不良影响的物品放在一起。

③ 在贮存、运输中不得长期受挤压。

（6）管道安装前，宜将管节、管件按施工方案的要求摆放，摆放的位置应便于起吊及运送。

（7）起重机下管时，起重机架设的位置不得影响沟槽边坡的稳定；起重机在架空高压输电线路附近作业时，与线路间的安全距离应符合有关规定。

（8）管道应在沟槽地基、管基质量检验合格后安装；安装时宜自下游开始，承口应朝向施工前进的方向。

（9）接口工作坑应配合管道铺设及时开挖，开挖尺寸应符合施工方案的要求，并满足下列规定：

① 对于预应力、自应力混凝土管以及滑入式柔性接口球墨铸铁管，应符合表 8-26 的规定。

接口工作坑开挖尺寸 表 8-26

管材种类	管外径 D_0 (mm)	宽度 (mm)	长度 (mm)		深度 (mm)
			承口前	承口后	
预应力、自应力混凝土管、滑入式柔性接口球墨铸铁管	≤500	承口外径加	800	承口长度加 200	200
	600～1000		1000		400
	1100～1500		1600	200	450
	>1600		1800		500

② 对于钢管焊接接口、球墨铸铁管机械式柔性接口及法兰接口，接口处开挖尺寸应满足操作人员和连接工具的安装作业空间要求，并便于检验人员的检查。

（10）管节下入沟槽时，不得与槽壁支撑及槽下的管道相互碰撞；沟内运管不得扰动原状地基。

（11）合槽施工时，应先安装埋设较深的管道，当回填土高程与邻近管道基础高程相同时，再安装相邻的管道。

（12）管道安装时，应将管节的中心及高程逐节调整正确，安装后的管节应进行复测，合格后方可进行下一工序的施工。

（13）管道安装时，应随时清除管道内的杂物，暂时停止安装时，两端应临时封堵。

（14）雨期施工应采取以下措施：

① 合理缩短开槽长度，及时砌筑检查井，暂时中断安装的管道及与河道相连通的管口应临时封堵；已安装的管道验收后应及时回填；

② 制定槽边雨水径流疏导、槽内排水及防止漂管事故的应急措施；

③ 刚性接口作业宜避开雨天。

（15）冬期施工不得使用冻硬的橡胶圈。

（16）地面坡度大于 18％，且采用机械法施工时，应采取措施防止施工设备倾翻。

（17）安装柔性接口的管道，其纵坡大于 18％时；或安装刚性接口的管道，其纵坡大于 36％时，应采取防止管道下滑的措施。

（18）压力管道上的阀门，安装前应逐个进行启闭检验。

（19）钢管内、外防腐层遭受损伤或局部未做防腐层的部位，下管前应修补，修补的质量应符合规范的有关规定。

（20）露天或埋设在对橡胶圈有腐蚀作用的土质及地下水中的柔性接口，应采用对橡胶圈无不良影响的柔性密封材料，封堵外露橡胶圈的接口缝隙。

（21）管道保温层的施工应符合规范的规定。

（22）污水和雨、污水合流的金属管道内表面，应按国家有关规范的规定和设计要求进行防腐层施工。

（23）管道与法兰接口两侧相邻的第一至第二个刚性接口或焊接接口，待法兰螺栓紧固后方可施工。

（24）管道安装完成后，应按相关规定和设计要求设置管道位置标识。

8080　管道保温层施工有哪些规定？

答：依据《给水排水管道工程施工及验收规范》GB 50268—2008，管道保温层施工应符合下列规定：

（1）在管道焊接、水压试验合格后进行。

（2）法兰两侧应留有间隙，每侧间隙的宽度为螺栓长加 20～30mm。

（3）保温层与滑动支座、吊架、支架处应留出空隙。

（4）硬质保温结构，应留伸缩缝。

（5）施工期间，不得使保温材料受潮。

（6）保温层伸缩缝宽度的允许偏差应为±5mm。

（7）保温层厚度允许偏差为：瓦块制品＋5％；柔性材料＋8％。

8081　管道基础施工有哪些规定？

答：依据《给水排水管道工程施工及验收规范》GB 50268—2008，管道基础施工应符合下列规定：

（1）管道基础采用原状地基时，施工应符合下列规定：

① 原状土地基局部超挖或扰动时应按规范有关规定进行处理；岩石地基局部超挖时，应将基底碎渣全部清理，回填低强度等级混凝土或粒径 10～15mm 的砂石回填夯实。

②原状地基为岩石或坚硬土层时，管道下方应铺设砂垫层。其厚度应符合表 8-27 的规定。

砂垫层厚度　　　　　　　　　　　　　　　　表 8-27

管道种类/管外径	垫层厚度（mm）		
	$D_0 \leqslant 500$	$500 < D_0 \leqslant 1000$	$D_0 > 1000$
柔性管道	≥100	≥150	≥200
柔性接口的刚性管道	150～200		

③ 非永冻土地区，管道不得铺设在冻结的地基上；管道安装过程中，应防止地基冻胀。

（2）混凝土基础施工应符合下列规定：

① 平基与管座的模板，可一次或两次支设，每次支设高度宜略高于混凝土的浇筑

高度。

② 平基、管座的混凝土设计无要求时，宜采用强度等级不低于 C15 的低坍落度混凝土。

③ 管座与平基分层浇筑时，应先将平基凿毛冲洗干净，并将平基与管体相接触的腋角部位，用同强度等级的水泥砂浆填满、捣实后，再浇筑混凝土，使管体与管座混凝土结合严密。

④ 管座与平基采用垫块法一次浇筑时，必须先从一侧灌注混凝土，对侧的混凝土高过管底与灌注侧混凝土高度相同时，两侧再同时浇筑，并保持两侧混凝土高度一致。

⑤ 管道基础应按设计要求留变形缝，变形缝的位置应与柔性接口相一致。

⑥ 管道平基与井室基础宜同时浇筑；跌落水井上游接近井基础的一段应砌砖加固，并将平基混凝土浇至井基础边缘。

⑦ 混凝土浇筑中应防止离析；浇筑后应进行养护，强度低于 1.2MPa 时不得承受荷载。

（3）砂石基础施工应符合下列规定：

① 铺设前应先对槽底进行检查，槽底高程及槽宽须符合设计要求，且不应有积水和软泥。

② 柔性管道的基础结构设计无要求时，宜铺设厚度不小于 100mm 的中粗砂垫层；软土地基宜铺垫一层厚度不小于 150mm 的砂砾或 5～40mm 粒径碎石，其表面再铺厚度不小于 50mm 的中、粗砂垫层。

③ 柔性接口的刚性管道的基础结构，设计无要求时一般土质地段可铺设砂垫层，亦可铺设 25mm 以下粒径碎石，表面再铺 20mm 厚的砂垫层（中、粗砂），垫层总厚度应符合表 8-28 的规定。

柔性接口刚性管道砂石垫层总厚度　　　　　　　　　　　　　　表 8-28

管径 D_0（mm）	垫层总厚度（mm）
300～800	150
900～1200	200
1350～1500	250

④ 管道有效支承角范围内必须用中、粗砂填充插捣密实，与管底紧密接触，不得用其他材料填充。

8082　钢管管道安装有哪些规定？

答：依据《给水排水管道工程施工及验收规范》GB 50268—2008，钢管管道安装应符合下列规定：

（1）管道安装应符合现行国家标准《工业金属管道工程施工及验收规范》GB 50235、《现场设备、工业管道焊接工程施工及验收规范》GB 50236 等规范的规定，并应符合下列规定：

① 对首次采用的钢材、焊接材料、焊接方法或焊接工艺，施工单位必须在施焊前按

设计要求和有关规定进行焊接试验，并应根据试验结果编制焊接工艺指导书。

② 焊工必须按规定经相关部门考试合格后持证上岗，并应根据经过评定的焊接工艺指导书进行施焊。

③ 沟槽内焊接时，应采取有效技术措施保证管道底部的焊缝质量。

（2）管节的材料、规格、压力等级等应符合设计要求，管节宜工厂预制。现场加工应符合规范的规定。

（3）管道安装前，管节应逐根测量、编号，宜选用管径相差最小的管节组对对接。

（4）下管前应先检查管节的内外防腐层，合格后方可下管。

（5）管节组成管段下管时，管段的长度、吊距，应根据管径、壁厚、外防腐层材料的种类及下管方法确定。

（6）弯管起弯点至接口的距离不得小于管径，且不得小于 100mm。

（7）管节组对焊接时应先修口、清根，管端端面的坡口角度、钝边、间隙，应符合设计要求，设计无要求时应符合规范的规定；不得在对口间隙夹焊帮条或用加热法缩小间隙施焊。

（8）对口时应使内壁齐平，错口的允许偏差应为壁厚的 20%，且不得大于 2mm。

（9）对口时纵、环向焊缝的位置应符合下列规定：

① 纵向焊缝应放在管道中心垂线上半圆的 45°左右处。

② 纵向焊缝应错开，管径小于 600mm 时，错开的间距不得小于 100mm；管径大于或等于 600mm 时，错开的间距不得小于 300mm。

③ 有加固环的钢管，加固环的对焊焊缝应与管节纵向焊缝错开，其间距不应小于 100mm；加固环距管节的环向焊缝不应小于 50mm。

④ 环向焊缝距支架净距离不应小于 100mm。

⑤ 直管管段两相邻环向焊缝的间距不应小于 200mm，并不应小于管节的外径。

⑥ 管道任何位置不得有十字形焊缝。

（10）不同壁厚的管节对口时，管壁厚度相差不宜大于 3mm。不同管径的管节相连时，两管径相差大于小管管径的 15% 时，可用渐缩管连接。渐缩管的长度不应小于两管径差值的 2 倍，且不应小于 200mm。

（11）管道上开孔应符合下列规定：

① 不得在干管的纵向、环向焊缝处开孔。

② 管道上任何位置不得开方孔。

③ 不得在短节上或管件上开孔。

④ 开孔处的加固补强应符合设计要求。

（12）直线管段不宜采用长度小于 800mm 的短节拼接。

（13）组合钢管固定口焊接及两管段间的闭合焊接，应在无阳光直照和气温较低时施焊；采用柔性接口代替闭合焊接时，应与设计协商确定。

（14）在寒冷或恶劣环境下焊接应符合下列规定：

① 清除管道上的冰、雪、霜等。

② 工作环境的风力大于 5 级、雪天或相对湿度大于 90% 时，应采取保护措施。

③ 焊接时，应使焊缝可自由伸缩，并应使焊口缓慢降温。

④ 冬期焊接时，应根据环境温度进行预热处理。

（15）钢管对口检查合格后，方可进行接口定位焊接。定位焊接采用点焊时，应符合下列规定：

① 点焊焊条应采用与接口焊接相同的焊条。

② 点焊时，应对称施焊，其焊缝厚度应与第一层焊接厚度一致。

③ 钢管的纵向焊缝及螺旋焊缝处不得点焊。

④ 点焊长度与间距应符合表 8-29 的规定。

点焊长度与间距　　　　　　　　　　　　　　　　　　表 8-29

管外径 D_0（mm）	点焊长度（mm）	环向点焊点（处）
350～500	50～60	5
600～700	60～70	6
≥800	80～100	点焊间距不宜大于 400mm

（16）焊接方式应符合设计和焊接工艺评定的要求，管径大于 800mm 时，应采用双面焊。

（17）管道对接时，环向焊缝的检验应符合下列规定：

① 检查前应清除焊缝的渣皮、飞溅物。

② 应在无损检测前进行外观质量检查，并应符合规范的规定。

③ 无损探伤检测方法应按设计要求选用。

④ 无损检测取样数量与质量要求应按设计要求执行；设计无要求时，压力管道的取样数量应不小于焊缝量的 10%。

⑤ 不合格的焊缝应返修，返修次数不得超过 3 次。

（18）钢管采用螺纹连接时，管节的切口断面应平整，偏差不得超过一扣；丝扣应光洁，不得有毛刺、乱扣、断扣，缺扣总长不得超过丝扣全长的 10%；接口紧固后宜露出 2～3 扣螺纹。

（19）管道采用法兰连接时，应符合下列规定：

① 法兰应与管道保持同心，两法兰间应平行。

② 螺栓应使用相同规格，且安装方向应一致；螺栓应对称紧固，紧固好的螺栓应露出螺母之外。

③ 与法兰接口两侧相邻的第一至第二个刚性接口或焊接接口，待法兰螺栓紧固后方可施工。

④ 法兰接口埋入土中时，应采取防腐措施。

8083　钢管管道内外防腐层施工有哪些规定？

答： 依据《给水排水管道工程施工及验收规范》GB 50268—2008，钢管管道内外防腐层施工应符合下列规定：

（1）钢管管体的内外防腐层宜在工厂内完成，现场连接的补口按设计要求处理。

（2）水泥砂浆内防腐层应符合下列规定：

① 施工前应具备的条件：

a. 管道内壁的浮锈、氧化皮、焊渣、油污等，应彻底清除干净；焊缝突起高度不得大于防腐层设计厚度的 1/3。

b. 现场施做内防腐的管道，应在管道试验、土方回填验收合格，且管道变形基本稳定后进行。

c. 内防腐层的材料质量应符合设计要求。

② 内防腐层施工应符合下列规定：

a. 水泥砂浆内防腐层可采用机械喷涂、人工抹压、拖筒或离心预制法施工；工厂预制时，在运输、安装、回填土过程中，不得损坏水泥砂浆内防腐层。

b. 管道端点或施工中断时，应预留搭茬。

c. 水泥砂浆抗压强度符合设计要求，且不应低于 30MPa。

d. 采用人工抹压法施工时，应分层抹压。

e. 水泥砂浆内防腐层成形后，应立即将管道封堵，终凝后进行潮湿养护；普通硅酸盐水泥砂浆养护时间不应少于 7d，矿渣硅酸盐水泥砂浆不应少于 14d；通水前应继续封堵，保持湿润。

③ 水泥砂浆内防腐层厚度应符合表 8-30 的规定。

钢管水泥砂浆内防腐层厚度要求　　　　　　　表 8-30

管径 D_i（mm）	厚度（mm）	
	机械喷涂	手工涂抹
500～700	8	—
800～1000	10	—
1100～1500	12	14
1600～1800	14	16
2000～2200	15	17
2400～2600	16	18
2600 以上	18	20

（3）液体环氧涂料内防腐层施工应符合下列规定：

① 施工前具备的条件应符合下列规定：

a. 宜采用喷（抛）射除锈，除锈等级应不低于《涂装前钢材表面锈蚀等级和除锈等级》GB/T 8923 中规定的 Sa2 级；内表面经喷（抛）射处理后，应用清洁、干燥、无油的压缩空气将管道内部的砂粒、尘埃、锈粉等微尘清除干净；

b. 管道内表面处理后，应在钢管两端 60～100mm 范围内涂刷硅酸锌或其他可焊性防锈涂料，干膜厚度为 20～40μm；

② 内防腐层的材料质量应符合设计要求。

③ 内防腐层施工应符合下列规定：

a. 应按涂料生产厂家产品说明书的规定配制涂料，不宜加稀释剂。

b. 涂料使用前应搅拌均匀。

c. 宜采用高压无气喷涂工艺，在工艺条件受限时，可采用空气喷涂或挤涂工艺。

d. 应调整好工艺参数且稳定后，方可正式涂敷；防腐层应平整、光滑，无流挂、无划痕等；涂敷过程中应随时监测湿膜厚度。

e. 环境相对湿度大于85%时，应对钢管除湿后方可作业；严禁在雨、雪、雾及风沙等气候条件下露天作业。

（4）埋地管道外防腐层应符合设计要求，其构造应符合表8-31～表8-33的规定。

（5）石油沥青涂料、环氧煤沥青涂料、环氧树脂玻璃钢外防腐层施工应符合设计要求和规范的规定。

石油沥青涂料外防腐层构造　　　　　　表8-31

材料种类	普通级（三油二布）		加强级（四油三布）		特加强级（五油四布）	
	构　造	厚度（mm）	构　造	厚度（mm）	构　造	厚度（mm）
石油沥青涂料	（1）底料一层 （2）沥青（厚度≥1.5mm） （3）玻璃布一层 （4）沥青（厚度1.0～1.5mm） （5）玻璃布一层 （6）沥青（厚度1.0～1.5mm） （7）聚氯乙烯工业薄膜一层	≥4.0	（1）底料一层 （2）沥青（厚度≥1.5mm） （3）玻璃布一层 （4）沥青（厚度1.0～1.5mm） （5）玻璃布一层 （6）沥青（厚度1.0～1.5mm） （7）玻璃布一层 （8）沥青（厚度1.0～1.5mm） （9）聚氯乙烯工业薄膜一层	≥5.5	（1）底料一层 （2）沥青（厚度≥1.5mm） （3）玻璃布一层 （4）沥青（厚度1.0～1.5mm） （5）玻璃布一层 （6）沥青（厚度1.0～1.5mm） （7）玻璃布一层 （8）沥青（厚度1.0～1.5mm） （9）玻璃布一层 （10）沥青（厚度1.0～1.5mm） （11）聚氯乙烯工业薄膜一层	≥7.0

环氧煤沥青涂料外防腐层构造　　　　　　表8-32

材料种类	普通级（三油）		加强级（四油一布）		特加强级（六油二布）	
	厚度（mm）	构造	厚度（mm）	构造	厚度（mm）	构造
环氧煤沥青涂料	≥0.3	（1）底料 （2）面料 （3）面料 （4）面料	≥0.4	（1）底料 （2）面料 （3）面料 （4）玻璃布 （5）面料 （6）面料	≥0.6	（1）底料 （2）面料 （3）面料 （4）玻璃布 （5）面料 （6）面料 （7）玻璃布 （8）面料 （9）面料

环氧树脂玻璃钢外防腐层构造 表 8-33

材料种类	加强级	
	构造	厚度（mm）
环氧树脂玻璃钢	（1）底层树脂 （2）面层树脂 （3）玻璃布 （4）面层树脂 （5）玻璃布 （6）面层树脂 （7）面层树脂	≥3

（6）外防腐层的外观、厚度、电火花试验、粘结力应符合设计要求，设计无要求时应符合表 8-34 的规定。

外防腐层的外观、厚度、电火花试验、粘结力的技术要求 表 8-34

材料种类	防腐等级	构造	厚度（mm）	外观	电火花试验		粘结力
石油沥青涂料	普通级	三油二布	≥4.0	外观均匀无褶皱、空泡、凝块	16kV	用电火花检漏仪检查无打火花现象	以夹角为 45°～60°边长40～50mm 的切口，从角尖端撕开防腐层；首层沥青应 100% 地粘附在管道的外表面
	加强级	四油三布	≥5.5		18kV		
	特加强级	五油四布	≥7.0		20kV		
环氧煤沥青涂料	普通级	三油	≥0.3		2kV		以小刀割开一舌形切口，用力撕开切口处的防腐层，管道表面仍为漆皮所覆盖。不得露出金属表面
	加强级	四油一布	≥0.4		2.5kV		
	特加强级	六油二布	≥0.6		3kV		
环氧树脂玻璃钢	加强级	—	≥3	外观平整光滑、色泽均匀，无脱层、起壳和固化不完全等缺陷	3～3.5kV		以小刀割开一舌形切口，用力撕开切口处的防腐层，管道表面仍为漆皮所覆盖。不得露出金属表面

注：聚氨酯（PU）外防腐涂层可按规范选择。

（7）防腐管在下沟槽前应进行检验，检验不合格应修补至合格。沟槽内的管道，其补口防腐层应经检验合格后方可回填。

（8）阴极保护施工应与管道施工同步进行。

（9）阴极保护系统的阳极的种类、性能、数量、分布与连接方式，测试装置和电源设备应符合国家有关标准的规定和设计要求。

（10）牺牲阳极保护法的施工应符合下列规定：

① 根据工程条件确定阳极施工方式，立式阳极宜采用钻孔法施工，卧式阳极宜采用开槽法施工。

② 牺牲阳极使用之前，应对表面进行处理，清除表面的氧化膜及油污。

③ 阳极连接电缆的埋设深度不应小于 0.7m，四周应垫有 50～100mm 厚的细砂，砂的顶部应覆盖水泥护板或砖，敷设电缆要留有一定富裕量。

④ 阳极电缆可以直接焊接到被保护管道上，也可通过测试桩中的连接片相连。与钢质管道相连接的电缆应采用铝热焊接技术，焊点应重新进行防腐绝缘处理，防腐材料、等级应与原有覆盖层一致。

⑤ 电缆和阳极钢芯宜采用焊接连接，双边焊缝长度不得小于 50mm；电缆与阳极钢芯焊接后，应采取防止连接部位断裂的保护措施。

⑥ 阳极端面、电缆连接部位及钢芯均要防腐、绝缘。

⑦ 填料包可在室内或现场包装，其厚度不应小于 50mm；并应保证阳极四周的填料包厚度一致、密实；预包装的袋子须用棉麻织品。不得使用人造纤维织品。

⑧ 填包料应调拌均匀，不得混入石块、泥土、杂草等；阳极埋地后应充分灌水，并达到饱和。

⑨ 阳极埋设位置一般距管道外壁 3～5m，不宜小于 0.3m，埋设深度（阳极顶部距地面）不应小于 1m。

（11）外加电流阴极保护法的施工应符合下列规定：

① 联合保护的平行管道可同沟敷设；均压线间距和规格应根据管道电压降、管道间距离及管道防腐层质量等因素综合考虑。

② 非联合保护的平行管道间距，不宜小于 10m；间距小于 10m 时，后施工的管道及其两端各延伸 10m 的管段做加强级防腐层。

③ 被保护管道与其他地下管道交叉时，两者间垂直净距不应小于 0.3m；小于 0.3m 时，应设有坚固的绝缘隔离物，并应在交叉点两侧各延伸 10m 以上的管段上做加强级防腐层。

④ 被保护管道与埋地通信电缆平行敷设时，两者间距离不宜小于 10m；小于 10m 时，后施工的管道或电缆按本条第②款的规定执行。

⑤ 被保护管道与供电电缆交叉时，两者间垂直净距不应小于 0.5m；同时应在交叉点两侧各延伸 10m 以上的管道和电缆段上做加强级防腐层。

（12）阴极保护绝缘处理应符合下列规定：

① 绝缘垫片应在干净、干燥的条件下安装，并应配对供应或在现场扩孔。

② 法兰面应清洁、平直、无毛刺并正确定位。

③ 在安装绝缘套筒时，应确保法兰准直；除一侧绝缘的法兰外，绝缘套筒长度应包括两个垫圈的厚度。

④ 连接螺栓在螺母下应设有绝缘垫圈。

⑤ 绝缘法兰组装后应对装置的绝缘性能按国家现行标准《埋地钢质管道阴极保护参数测试方法》SY/T 0023 进行检测。

⑥ 阴极保护系统安装后，应按国家现行标准《埋地钢质管道阴极保护参数测试方法》SY/T 0023 的规定进行测试，测试结果应符合规范的规定和设计要求。

8084　球墨铸铁管道安装有哪些规定？

答：依据《给水排水管道工程施工及验收规范》GB 50268—2008，球墨铸铁管道安装应符合下列规定：

（1）管节及管件的规格、尺寸公差、性能应符合国家有关标准规定和设计要求，进入施工现场时其外观质量应符合下列规定：

①管节及管件表面不得有裂纹，不得有妨碍使用的凹凸不平的缺陷。

②采用橡胶圈柔性接口的球墨铸铁管，承口的内工作面和插口的外工作面应光滑、轮廓清晰，不得有影响接口密封性的缺陷。

（2）管节及管件下沟槽前，应清除承口内部的油污、飞刺、铸砂及凹凸不平的铸瘤；柔性接口铸铁管及管件承口的内工作面、插口的外工作面应修整光滑，不得有沟槽、凸脊缺陷；有裂纹的管节及管件不得使用。

（3）沿直线安装管道时，宜选用管径公差组合最小的管节组对连接，确保接口的环向间隙应均匀。

（4）采用滑入式或机械式柔性接口时，橡胶圈的质量、性能、细部尺寸，应符合国家有关球墨铸铁管及管件标准的规定，并应符合规范的规定。

（5）橡胶圈安装经检验合格后，方可进行管道安装。

（6）安装滑入式橡胶圈接口时，推入深度应达到标记环，并复查与其相邻已安好的第一至第二个接口推入深度。

（7）安装机械式柔性接口时，应使插口与承口法兰压盖的轴线相重合；螺栓安装方向应一致，用扭矩扳手均匀、对称地紧固。

（8）管道沿曲线安装时，接口的允许转角应符合表 8-35 的规定。

接口的允许转角　　　　　　　　　　　　　　　　　　　　　　　表 8-35

管径 D_i（mm）	允许转角（°）
75～600	3
700～800	2
≥900	1

8085　钢筋混凝土管及预（自）应力混凝土管安装有哪些规定？

答：依据《给水排水管道工程施工与质量验收规范》GB 50268—2008，钢筋混凝土管及预（自）应力混凝土管安装应符合下列规定：

（1）管节的规格、性能、外观质量及尺寸公差应符合国家有关标准的规定。

（2）管节安装前应进行外观检查，发现裂缝、保护层脱落、空鼓、接口掉角等缺陷，应修补并经鉴定合格后方可使用。

（3）管节安装前应将管内外清扫干净，安装时应使管道中心及内底高程符合设计要求，稳管时必须采取措施防止管道发生滚动。

（4）采用混凝土基础时，管道中心、高程复验合格后，应按规范的规定及时浇筑管座混凝土。

（5）柔性接口形式应符合设计要求，橡胶圈应符合下列规定：

① 材质应符合相关规范的规定；

② 应由管材厂配套供应；

③ 外观应光滑平整，不得有裂缝、破损、气孔、重皮等缺陷；

④ 每个橡胶圈的接头不得超过 2 个。

（6）柔性接口的钢筋混凝土管、预（自）应力混凝土管安装前，承口内工作面、插口外工作面应清洗干净；套在插口上的橡胶圈应平直、无扭曲，应正确就位；橡胶圈表面和承口工作面应涂刷无腐蚀性的润滑剂；安装后放松外力，管节回弹不得大于10mm，且橡胶圈应在承、插口工作面上。

（7）刚性接口的钢筋混凝土管道，钢丝网水泥砂浆抹带接口材料应符合下列规定：

① 选用粒径0.5～1.5mm，含泥量不大于3%的洁净砂。

② 选用网格10mm×10mm、丝径为20号钢丝网。

③ 水泥砂浆配比满足设计要求。

（8）刚性接口的钢筋混凝土管道施工应符合下列规定：

① 抹带前应将管口的外壁凿毛、洗净。

② 钢丝网端头应在浇筑混凝土管座时插入混凝土内，在混凝土初凝前，分层抹压钢丝网水泥砂浆抹带。

③ 抹带完成后应立即用吸水性强的材料覆盖，3～4h后洒水养护。

④ 水泥砂浆填缝及抹带接口作业时落入管道内的接口材料应清除；管径大于或等于700mm时，应采用水泥砂浆将管道内接口部位抹平、压光；管径小于700mm时，填缝后应立即拖平。

（9）钢筋混凝土管沿直线安装时，管口间的纵向间隙应符合设计及产品标准要求，无明确要求时应符合表8-36的规定；预（自）应力混凝土管沿曲线安装时，管口间的纵向间隙最小处不得小于5mm，接口转角应符合表8-37的规定。

钢筋混凝土管管口间的纵向间隙　　　　表8-36

管材种类	接口类型	管内径 D_i（mm）	纵向间隙（mm）
钢筋混凝土管	平口、企口	500～600	1.0～5.0
		≥700	7.0～15
	承插式乙型口	600～3000	5.0～1.5

预（自）应力混凝土管沿曲线安装接口的允许转角　　　　表8-37

管材种类	管内径 D_i（mm）	允许转角（°）
预应力混凝土管	500～700	1.5
	800～1400	1.0
	1600～3000	0.5
自应力混凝土管	500～800	1.5

（10）预（自）应力混凝土管不得截断使用。

（11）井室内暂时不接支线的预留管（孔）应封堵。

（12）预（自）应力混凝土管道采用金属管件连接时，管件应进行防腐处理。

8086　硬聚氯乙烯管、聚乙烯管及其复合管安装有哪些规定？

答：依据《给水排水管道工程施工及验收规范》GB 50268—2008，硬聚氯乙烯管、聚乙烯管及其复合管安装应符合下列规定：

（1）管节及管件的规格、性能应符合国家有关标准的规定和设计要求，进入施工现场时其外观质量应符合下列规定：

①不得有影响结构安全、使用功能及接口连接的质量缺陷。

②内、外壁光滑、平整，无气泡、无裂纹、无脱皮和严重的冷斑及明显的痕纹、凹陷。

③管节不得有异向弯曲，端口应平整。

④橡胶圈应符合规范的规定。

（2）管道铺设应符合下列规定：

①采用承插式（或套筒式）接口时，宜人工布管且在沟槽内连接；槽深大于 3m 或管外径大于 400mm 的管道，宜用非金属绳索兜住管节下管；严禁将管节翻滚抛入槽中。

②采用电熔、热熔接口时，宜在沟槽边上将管道分段连接后以弹性铺管法移入沟槽；移入沟槽时，管道表面不得有明显的划痕。

（3）管道连接应符合下列规定：

① 承插式柔性连接、套筒（带或套）连接、法兰连接、卡箍连接等方法采用的密封件、套筒件、法兰、紧固件等配套管件，必须由管节生产厂家配套供应；电熔连接、热熔连接应采用专用电器设备、挤出焊接设备和工具进行施工。

② 管道连接时必须对连接部位、密封件、套筒等配件清理干净，套筒（带或套）连接、法兰连接、卡箍连接用的钢制套筒、法兰、卡箍、螺栓等金属制品应根据现场土质并参照相关标准采取防腐措施。

③ 承插式柔性接口连接宜在当日温度较高时进行，插口端不宜插到承口底部，应留出不小于 10mm 的伸缩空隙，插入前应在插口端外壁做出插入深度标记；插入完毕后，承插口周围空隙均匀，连接的管道平直。

④ 电熔连接、热熔连接、套筒（带或套）连接、法兰连接、卡箍连接应在当日温度较低或接近最低时进行；电熔连接、热熔连接时电热设备的温度控制、时间控制，挤出焊接时对焊接设备的操作等，必须严格按接头的技术指标和设备的操作程序进行；接头处应有沿管节圆周平滑对称的外翻边，内翻边应铲平。

⑤ 管道与井室宜采用柔性连接，连接方式符合设计要求；设计无要求时，可采用承插管件连接或中介层做法。

⑥ 管道系统设置的弯头、三通、变径处应采用混凝土支墩或金属卡箍拉杆等技术措施；在消火栓及闸阀的底部应加垫混凝土支墩；非锁紧型承插连接管道，每根管节应有 3 点以上的固定措施。

⑦ 安装完的管道中心线及高程调整合格后，即将管底有效支撑角范围用中粗砂回填密实，不得用土或其他材料回填。

8087　不开槽施工管道主体结构方法选择有哪些规定？

答：依据《给水排水管道工程施工及验收规范》GB 50268—2008，不开槽施工方法有：顶管、盾构、浅埋暗挖、地表式水平定向钻及夯管等。施工方法选择应符合下列规定：

（1）顶管顶进方法的选择，应根据工程设计要求、工程水文地质条件、周围环境和现场条件，经技术经济比较后确定，并应符合下列规定：

① 采用敞口式（手掘式）顶管机时，应将地下水位降至管底以下不小于 0.5m 处，并应采取措施，防止其他水源进入顶管的管道。

② 周围环境要求控制地层变形或无降水条件时，宜采用封闭式的土压平衡或泥水平衡顶管机施工。

③ 穿越建（构）筑物、铁路、公路、重要管线和防汛墙等时，应制订相应的保护措施；

④ 小口径的金属管道，无地层变形控制要求且顶力满足施工要求时，可采用一次顶进的挤密土层顶管法。

（2）盾构机选型，应根据工程设计要求（管道的外径、埋深和长度），工程水文地质条件，施工现场及周围环境安全等要求，经技术经济比较确定。

（3）浅埋暗挖施工方法的选择，应根据工程设计（隧道断面和结构形式、埋深、长度），工程水文地质条件，施工现场及周围环境安全等要求，经过技术经济比较后确定。

（4）定向钻机的回转扭矩和回拖力确定，应根据终孔孔径、轴向曲率半径、管道长度，结合工程水文地质和现场周围环境条件，经过技术经济比较综合考虑后确定，并应有一定的安全储备；导向探测仪的配置应根据定向钻机类型、穿越障碍物类型、探测深度和现场探测条件选用。

（5）夯管锤的锤击力应根据管径、钢管力学性能、管道长度，结合工程地质、水文地质和周围环境条件，经过技术经济比较后确定，并应有一定的安全储备。

（6）工作井宜设置在检查井等附属构筑物的位置。

8088 管道功能性试验有哪些要求？

答：依据《给水排水管道工程施工及验收规范》GB 50268—2008，管道安装完成后应按下列要求进行管道功能性试验：

（1）压力管道应按规范的规定进行压力管道水压试验，试验分为预试验和主试验阶段；试验合格的判定依据分为允许压力降值和允许渗水量值，按设计要求确定；设计无要求时，应根据工程实际情况，选用其中一项值或同时采用两项值作为试验合格的最终判定依据。

（2）无压管道应按规范的规定进行管道的严密性试验，严密性试验分为闭水试验和闭气试验，按设计要求确定；设计无要求时，应根据实际情况选择闭水试验或闭气试验进行管道功能性试验。

（3）压力管道水压试验进行实际渗水量测定时，宜采用注水法。

（4）向管道内注水应从下游缓慢注入，注入时在试验管段上游的管顶及管段中的高点应设置排气阀，将管道内的气体排除。

（5）冬期进行压力管道水压或闭水试验时，应采取防冻措施。

（6）单口水压试验合格的大口径球墨铸铁管、玻璃钢管、预应力钢筒混凝土管或预应力混凝土管等管道，设计无要求时应符合下列要求：

① 压力管道可免去预试验阶段，而直接进行主试验阶段。

② 无压管道应认同严密性试验合格，无需进行闭水或闭气试验。

（7）全断面整体现浇的钢筋混凝土无压管渠处于地下水位以下时，除设计有要求外，管渠的混凝土强度、抗渗性能检验合格，并按规范的规定进行检查符合设计要求时，可不必进行闭水试验。

（8）管道采用两种（或两种以上）管材时，宜按不同管材分别进行试验；不具备分别试验的条件必须组合试验，且设计无具体要求时，应采用不同管材的管段中试验控制最严的标准进行试验。

（9）管道的试验长度除规范规定和设计另有要求外，压力管道水压试验的管段长度不宜大于 1.0km；无压力管道的闭水试验，条件允许时可一次试验不超过 5 个连续井段；对于无法分段试验的管道，应由工程有关方面根据工程具体情况确定。

（10）给水管道必须水压试验合格，并网运行前进行冲洗与消毒，经检验水质达到标准后，方可允许并网通水投入运行。

（11）污水、雨污水合流管道及湿陷土、膨胀土、流砂地区的雨水管道，必须经严密性试验合格后方可投入运行。

8089　压力管道水压试验应符合哪些规定？

答： 依据《给水排水管道工程施工及验收规范》GB 50268—2008，压力管道水压试验应符合下列规定：

（1）水压试验前准备工作应符合下列规定：

① 试验管段所有敞口应封闭，不得有渗漏水现象。

② 试验管段不得用闸阀做堵板，不得含有消火栓、水锤消除器、安全阀等附件。

③ 水压试验前应清除管道内的杂物。

（2）试验管段注满水后，宜在不大于工作压力条件下充分浸泡后再进行水压试验，浸泡时间应符合表 8-38 的规定。

压力管道水压试验前浸泡时间　　　　表 8-38

管材种类	管道内径 D_i（mm）	浸泡时间（h）
球墨铸铁管（有水泥砂浆衬里）	D_i	≥24
钢管（有水泥砂浆衬里）	D_i	≥24
化学建材管	D_i	≥24
现浇钢筋混凝土管渠	D_i≤1000	≥48
	D_i>1000	≥72
预（自）应力混凝土管、预应力钢筒混凝土管	D_i≤1000	≥48
	D_i>1000	≥72

（3）水压试验应符合下列规定：

① 试验压力应按表 8-39 选择确定。

压力管道水压试验的试验压力（MPa）　　　　　表 8-39

管材种类	工作压力 P	试验压力
钢管	P	$P+0.5$，且不小于 0.9
球墨铸铁管	$\leqslant 0.5$	$2P$
	>0.5	$P+0.5$
预（自）应力混凝土管、预应力钢筒混凝土管	$\leqslant 0.6$	$1.5P$
	>0.6	$P+0.3$
现浇钢筋混凝土管渠	$\geqslant 0.1$	$1.5P$
化学建材管	$\geqslant 0.1$	$1.5P$，且不小于 0.8

② 预试验阶段：将管道内水压缓缓地升至试验压力并稳压 30min，期间如有压力下降可注水补压，但不得高于试验压力；检查管道接口、配件等处有无漏水、损坏现象；有漏水、损坏现象时应及时停止试压，查明原因并采取相应措施后重新试压。

③ 主试验阶段：停止注水补压，稳定 15min；当 15min 后压力下降不超过表 8-40 中所列允许压力降数值时，将试验压力降至工作压力并保持恒压 30min，进行外观检查若无漏水现象，则水压试验合格。

压力管道水压试验的允许压力降（MPa）　　　　　表 8-40

管材种类	试验压力	允许压力降
钢管	$P+0.5$，且不小于 0.9	0
球墨铸铁管	$2P$	0.03
	$P+0.5$	
预（自）应力混凝土管、预应力钢筒混凝土管	$1.5P$	
	$P+0.3$	
现浇钢筋混凝土管渠	$1.5P$	
化学建材管	$1.5P$，且不小于 0.8	0.02

④ 管道升压时，管道的气体应排除；升压过程中，发现弹簧压力计表针摆动、不稳，且升压较慢时，应重新排气后再升压。

⑤ 应分级升压，每升一级应检查后背、支墩、管身及接口，无异常现象时再继续升压。

⑥ 水压试验过程中，后背顶撑、管道两端严禁站人。

⑦ 水压试验时，严禁修补缺陷；遇有缺陷时，应做出标记，卸压后修补。

（4）压力管道采用允许渗水量进行最终合格判定依据时，实测渗水量应小于或等于规范规定的允许渗水量。

（5）聚乙烯管、聚丙烯管及其复合管的水压试验应符合规范的规定。

（6）大口径球墨铸铁管、玻璃钢管及预应力钢筒混凝土管道的接口单口水压试验应符合下列规定：

① 安装时应注意将单口水压试验用的进水口（管材出厂时已加工）置于管道顶部；

② 管道接口连接完毕后进行单口水压试验，试验压力为管道设计压力的 2 倍，且不得小于 0.2MPa。

③ 试压采用手提式打压泵，管道连接后将试压嘴固定在管道承口的试压孔上，连接试压泵，将压力升至试验压力，恒压 2min，无压力降为合格。

④ 试压合格后，取下试压嘴，在试压孔上拧上 M10×20mm 不锈钢螺栓并拧紧。

⑤ 水压试验时应先排净水压腔内的空气。

⑥ 单口试压不合格且确认是接口漏水时，应马上拔出管节，找出原因，重新安装，直至符合要求为止。

8090　无压管道闭水试验应符合哪些规定？

答： 依据《给水排水管道工程施工及验收规范》GB 50268—2008，管道闭水试验应符合下列规定：

(1) 闭水试验法应按设计要求和试验方案进行。

(2) 试验管段应按井距分隔，抽样选取，带井试验。

(3) 无压管道闭水试验时，试验管段应符合下列规定：

① 管道及检查井外观质量已验收合格。

② 管道未回填土且沟槽内无积水。

③ 全部预留孔应封堵，不得渗水。

④ 管道两端堵板承载力经核算应大于水压力的合力；除预留进出水管外，应封堵坚固，不得渗水。

⑤ 顶管施工，其注浆孔封堵且管口按设计要求处理完毕，地下水位于管底以下。

(4) 管道闭水试验应符合下列规定：

① 试验段上游设计水头不超过管顶内壁时，试验水头应以试验段上游管顶内壁加 2m 计。

② 试验段上游设计水头超过管顶内壁时，试验水头应以试验段上游设计水头加 2m 计。

③ 计算出的试验水头小于 10m，但已超过上游检查井井口时，试验水头应以上游检查井井口高度为准。

④ 管道闭水试验应按规范规定的方法（闭水法试验）进行。

(5) 管道闭水试验时，应进行外观检查，不得有漏水现象，符合规范规定时，管道闭水试验为合格：

(6) 管道内径大于 700mm 时，可按管道井段数量抽样选取 1/3 进行试验；试验不合格时，抽样井段数量应在原抽样基础上加倍进行试验。

(7) 不开槽施工的内径大于或等于 1500mm 钢筋混凝土管道，设计无要求且地下水位高于管道顶部时，可采用内渗法测渗水量；渗漏水量测方法按规范的规定进行，符合下列规定时，则管道抗渗性能满足要求，不必再进行闭水试验：

① 管壁不得有线流、滴漏现象。

② 对有水珠、渗水部位应进行抗渗处理。

③ 管道内渗水量允许值 $q \leqslant 2 \ [\text{L}/ \ (\text{m}^2 \cdot \text{d})]$。

第5节　城镇供热管网工程

8091　供热管网工程土方开挖有哪些规定?

答: 依据《城镇供热管网工程施工及验收规范》CJJ 28—2014,土方开挖应符合下列规定:

(1) 施工前应对工程影响范围内的障碍物进行现场核查,并应逐项查清障碍物构造情况及与拟建工程的相对位置。

(2) 对工程施工影响范围内的各种既有设施应采取保护措施,不得影响地下管线及建(构)筑物的正常使用功能和结构安全。

(3) 在地下水位高于基底的地段应采取降水措施或地下水控制措施。降水措施应符合现行行业标准《建筑与市政降水工程技术规范》JGJ/T 111 的相关规定,并应将施工部位的地下水位降至基底以下 0.5m 后方可开挖。

(4) 土方开挖前应根据施工现场条件、结构埋深、土质和有无地下水等因素选用不同的开槽断面,并应确定各施工段的槽底宽度、边坡、留台位置、上口宽度及堆土和外运土量。

(5) 当施工中采用边坡支护时,应符合现行行业标准《建筑基坑支护技术规程》JGJ 120 的相关规定。

(6) 当土方开挖中发现事先未探明的地下障碍物时,应与产权或主管单位协商,采取措施后,再进行施工。

(7) 开挖过程中应对开槽断面的中线、横断面、高程进行校核。当采用机械开挖时,应预留不少于 150mm 厚的原状土,人工清底至设计标高,不得超挖。

(8) 土方开挖应保证施工范围内的排水畅通,并应采取防止地面水、雨水流入沟槽的措施。

(9) 土方开挖完成后,应对槽底高程、坡度、平面拐点、坡度折点等进行测量检查,并应合格。

(10) 土方开挖至槽底后,应对地基进行验收。

(11) 当槽底土质不符合设计要求时,应制定处理方案。在地基处理完成后应对地基处理进行记录,并按规范的规定填写。

(12) 当槽底局部土质不合格时,应按下列方法进行处理:

①当土质处理厚度小于或等于 150mm 时,宜采用原土回填夯实,其压实度不应小于 95%;当土质处理厚度大于 150mm 时,宜采用砂砾、石灰土等压实,压实度不应小于 95%。

②当槽底有地下水或含水量较大时,应采用级配砂石或砂回填至设计标高。

(13) 直埋保温管接头处应设置工作坑,工作坑的尺寸应满足接口安装操作的要求。

(14) 沟槽开挖与地基处理后的质量应符合下列规定:

①沟槽开挖不应扰动原状地基。

②槽底不得受水浸泡或受冻。

③地基处理应符合设计要求。

④槽壁应平整，边坡坡度应符合现行国家标准《建筑地基基础工程施工质量验收规范》GB 50202 的相关规定。

⑤沟槽中心线每侧的最小净宽不应小于管道沟槽设计底部开挖宽度的 1/2。

⑥槽底高程的允许偏差：开挖土方应为 ±20mm；开挖石方应为 −200mm～+20mm。

（15）沟槽验收合格后，应对隐蔽工程检查进行记录，并可按规范的规定填写。

8092　管沟与检查室土建工程施工应符合哪些规定？

答：依据《城镇供热管网工程施工及验收规范》CJJ 28—2014，管沟与检查室土建工程施工应符合下列规定：

（1）管沟与检查室土建工序的安排和衔接应符合工程构造原理，施工缝设置应符合供热管网工程施工的需要。

（2）深度不同的相邻基础，应按先深后浅的顺序进行施工。

（3）管沟及检查室砌体结构施工应符合现行国家标准《砌体结构工程施工质量验收规范》GB 50203 的相关规定。

（4）钢筋混凝土的钢筋、模板、混凝土等工序的施工，应符合现行国家标准《混凝土结构工程施工质量验收规范》GB 50204 的相关规定。

（5）预制构件的外形尺寸和混凝土强度等级应符合设计要求，构件应有安装方向的标识。预制构件运输、安装时的强度不应小于设计强度的 75%。

（6）检查室施工应符合下列规定：

①室内底应平顺，并应坡向集水坑。

②爬梯位置应符合设计的要求，安装应牢固。

③井圈、井盖型号应符合设计要求，安装应平稳。

④检查室允许偏差及检验方法应符合表 8-41 规定。

检查室允许偏差及检验方法　　　　表 8-41

项　　目		允许偏差（mm）	检验频率		量　具
			范　围	点　数	
检查室尺寸	长、宽	±20	每座	2	量尺
	高	0～20	每座	2	量尺
井盖顶高程	道路路面	±5	每座	1	水准仪
	非道路路面	0～20	每座	1	水准仪

（7）防水施工应符合现行国家标准《地下工程防水技术规范》GB 50108 及《城镇供热管网工程施工及验收规范》CJJ 28—2014 的相关规定。

（8）固定支架与土建结构应结合牢固。固定支架的混凝土强度没有达到设计要求时不得与管道固定，并应防止其他外力破坏。

（9）管道滑动支架应按设计间距安装。支架顶钢板面的高程应按管道坡度逐个测量，高程允许偏差应为 0～10mm。支座底部找平层应满铺密实。

（10）管道导向支架应按设计间距安装，导向翼板与支架的间隙应符合设计要求。

（11）弹簧支架安装前，其底面基层混凝土强度应已达到设计要求。

（12）管沟、检查室封顶前，应将里面的渣土、杂物清扫干净。预制盖板安装过程中找平层应饱满，安装后盖板接缝及盖板与墙体结合缝隙应先勾严底缝，再将外层压实抹平。

（13）穿墙套管安装应符合设计要求。

8093 供热管网工程土方回填有哪些规定？

答： 依据《城镇供热管网工程施工及验收规范》CJJ 28—2014，土方回填应符合下列规定：

（1）沟槽、检查室的主体结构经隐蔽工程验收合格及测量后应及时进行回填，在固定支架、导向支架承受管道作用力之前，应回填到设计高度。

（2）回填前应先将槽底杂物、积水清除干净。

（3）回填过程中不得影响构筑物的安全，并应检查墙体结构强度、外墙防水抹面层硬结强度、盖板或其他构件安装强度，当能承受施工操作动荷载时，方可进行回填。

（4）回填土中不得含有碎砖、石块、大于100mm的冻土块及其他杂物。

（5）直埋保温管道沟槽回填还应符合下列规定：

①回填前，直埋管外护层及接头应验收合格，不得有破损。

②管道接头工作坑回填可采用水撼砂的方法分层撼实。

③管顶应铺设警示带，警示带距离管顶不得小于300mm，且不得敷设在道路基础中。

④弯头、三通等管路附件处的回填应按设计要求进行。

⑤设计要求进行预热伸长的直埋管道，回填方法和时间应按设计要求进行。

（6）回填土厚度应根据夯实或压实机具的性能及压实度确定，并应分层夯实，虚铺厚度可按表8-42的规定执行。

回填土铺土厚度 表 8-42

夯实或压实机具	虚铺厚度（mm）	夯实或压实机具	虚铺厚度（mm）
振动压路机	≤400	动力夯实机	≤250
压路机	≤300	木夯	<200

（7）回填压实应不得影响管道或结构的安全。管顶或结构顶以上500mm范围内应采用人工夯实，不得采用动力夯实机或压路机压实。

（8）沟槽回填土种类、密实度应符合下列规定：

①回填土种类、密实度应符合设计要求。

②回填土的密实度应逐层进行测定，当设计对回填土的密实度无规定时，应按下列规定执行：

a. 管顶或结构顶以下管道两侧回填土的密实度不应小于95%。

b. 管顶或结构顶上500mm范围内，回填土的密实度不应小于87%。

c. 管顶或结构顶上500mm范围以上回填土的密实度不应小于87%，或符合道路、绿地等对回填的要求。

（9）检查室部位的回填应符合下列规定：

①主要道路范围内的井室周围应采用石灰土、砂、砂砾等材料回填。

②检查室周围的回填应与管道沟槽的回填同时进行，当不能同时进行时应留回填台阶。

③检查室周围回填压实应沿检查室中心对称进行，且不得漏夯。

④密实度应按明挖沟槽回填要求执行。

（10）暗挖竖井的回填应根据现场情况选择回填材料，并应符合设计要求。

8094　管道焊接质量检验有哪些规定？

答：依据《城镇供热管网工程施工及验收规范》CJJ 28—2014，焊接质量检验应符合下列规定：

（1）焊接质量检验应按下列次序进行：

①对口质量检验。

②外观质量检验。

③无损探伤检验。

④强度和严密性试验。

（2）焊缝应进行 100％外观质量检验，并符合下列规定：

①焊缝表面应清理干净，焊缝应完整并圆滑过渡，不得有裂纹、气孔、夹渣及熔合性飞溅物等缺陷。

②焊缝高度不应小于母材表面，并应与母材圆滑过渡。

③加强高度不得大于被焊件壁厚的 30％，且应小于或等于 5mm。焊缝宽度应焊出坡口边缘 1.5～2.0mm。

④咬边深度应小于 0.5mm，且每道焊缝的咬边长度不得大于该焊缝总长的 10％。

⑤表面凹陷深度不得大于 0.5mm，且每道焊缝表面凹陷长度不得大于该焊缝总长的 10％。

⑥焊缝表面检查完毕应填写检验报告，并可按规范的规定填写。

（3）焊缝应进行无损检测，并应符合下列规定：

①应由有资质的单位进行检测。

②宜采用射线探伤。当采用超声波探伤时，应采用射线探伤复检，复检数量应为超声波探伤数量的 20％。角焊缝处的无损检测可采用磁粉或渗透探伤。

③无损检测数量应符合设计的要求，当设计未规定时，应符合下列规定：

a. 干线管道与设备、管件连接处和折点处的焊缝应进行 100％无损探伤检测。

b. 穿越铁路、高速公路的管道在铁路路基两侧各 10m 范围内，穿越城市主要道路的不通行管沟在道路两侧各 5m 范围内，穿越江、河或湖等的管道在岸边各 10m 范围内的焊缝应进行 100％无损探伤。

c. 不具备强度试验条件的管道焊缝，应进行 100％无损探伤检测。

d. 现场制作的各种承压设备和管件，应进行 100％无损探伤检测。

e. 其他无损探伤检测数量应按规范的规定执行，且每个焊工不应少于一个焊缝。

④无损检测合格标准应符合设计的要求。当设计未规定时，应符合下列规定：

a. 要求进行 100％无损探伤的焊缝，射线探伤不得小于现行国家标准《无损检测 金属管道熔化焊环向对接接头射线照相检测方法》GB/T 12605 的Ⅱ级质量要求，超声波探伤不得小于现行国家标准《焊缝无损检测超声检测技术、检测等级和评定》GB/T 11345 的Ⅰ级质量要求。

b. 要求进行无损检测抽检的焊缝，射线探伤不得小于现行国家标准《无损检测 金属管道熔化焊环向对接接头射线照相检测方法》GB/T 12605 的Ⅲ级质量要求，超声波探伤不得小于现行国家标准《焊缝无损检测超声检测技术、检测等级和评定》GB/T 11345 的Ⅱ级质量要求。

⑤当无损探伤抽检出现不合格焊缝时，对不合格焊缝返修后，并应按下列规定扩大检验：

a. 每出现一道不合格焊缝，应再抽检两道该焊工所焊的同一批焊缝，按原探伤方法进行检验。

b. 第二次抽检仍出现不合格焊缝，应对该焊工所焊全部同批的焊缝按原探伤方法进行检验。

c. 同一焊缝的返修次数不应大于 2 次。

⑥对焊缝无损探伤记录应进行整理，并应纳入竣工资料中。磁粉探伤或渗透探伤、射线探伤、超声波探伤的检测报告应按规范的规定填写。

（4）焊接质量应根据每道焊缝外观质量和无损探伤记录结果进行综合评价，并应按规范的规定填写焊缝综合质量记录表。

（5）焊接工作完成后应按规范的规定编制焊缝排位记录及示意图。

（6）支架、吊架的焊缝均应进行检查，固定支架的焊接安装应按规范的规定进行检查和记录。

（7）管道焊接完成并检验合格后应进行强度和严密性试验，并应符合规范的规定。

8095 管道管口质量检验有哪些规定？

答：依据《城镇供热管网工程施工及验收规范》CJJ 28—2014，管道管口质量检验应符合下列规定：

（1）钢管切口端面应平整，不得有裂纹、重皮等缺陷，并应将毛刺，熔渣清理干净。

（2）管口加工的允许偏差应符合表 8-43 的规定。

管口加工的允许偏差　　　　　　　　　　　表 8-43

项　　　目			允许偏差（mm）
弯头	周长	DN≤1000	±4
		DN＞1000	±6
	切口端面倾斜偏差		≤外径的 1%，且≤3
异径管	椭圆度		≤外径的 1%，且≤5
三通	支管垂直度		≤高度的 1%，且≤3
钢管	切口端面垂直度		≤外径的 1%，且≤3

8096　管道支架、吊架安装有哪些规定?

答: 依据《城镇供热管网工程施工及验收规范》CJJ 28—2014,管道支架、吊架安装应符合下列规定:

(1) 管道支架、吊架的安装应在管道安装、检验前完成。安装完成后应对安装调整进行记录,并可按规范的规定填写。

(2) 管道支架支承面的标高可采用加设金属垫板的方式进行调整,垫板不得大于 2 层,垫板应与预埋铁件或钢结构进行焊接。

(3) 管道支架、吊架安装位置应正确,标高和坡度应符合设计要求,安装应平整,埋设应牢固。

(4) 管道支架结构接触面应洁净、平整。

(5) 固定支架卡板和支架结构接触面应贴实。

(6) 活动支架的偏移方向、偏移量及导向性能应符合设计要求。

(7) 弹簧支架、吊架安装高度应按设计要求进行调整。弹簧的临时固定件应在管道安装、试压、保温完毕后拆除。

(8) 管道支架、吊架处不应有管道焊缝,导向支架、滑动支架和吊架不得有歪斜和卡涩现象。

(9) 支架、吊架应按设计要求焊接,焊缝不得有漏焊、缺焊、咬边或裂纹等缺陷。当管道与固定支架卡板等焊接时,不得损伤管道母材。

(10) 当管道支架采用螺栓紧固在型钢的斜面上时,应配置与翼板斜度相同的钢制斜垫片,找平并焊接牢固。

(11) 当使用临时性的支架、吊架时,应避开正式支架、吊架的位置,且不得影响正式支架、吊架的安装。临时性的支架、吊架应做出明显标识,并应在管道安装完毕后拆除。

(11) 有轴向补偿器的管段,补偿器安装前,管道和固定支架之间不得进行固定。

(12) 有角向型、横向型补偿器的管段应与管道同时进行安装及固定。

(13) 管道支架、吊架安装的允许偏差及检验方法应符合表 8-44 的规定。

(14) 固定支架的制作应进行记录,并可按规范的规定填写。

管道支架、吊架安装的允许偏差及检验方法　　　表 8-44

项　　目		允许偏差(mm)	量　具
支架、吊架中心点平面位置		0~25	钢尺
支架标高△		−10~0	水准仪
两个固定支架间的其他支架中心线	距固定支架每 10m 处	0~5	钢尺
	中心处	0~25	钢尺

注:表中带"△"为主控项目,其余为一般项目。

8097　管沟及地上管道安装有哪些规定?

答: 依据《城镇供热管网工程施工及验收规范》CJJ 28—20014,管沟和地上管道安装应符合下列规定：

（1）管道安装前的准备工作应符合下列规定：

①管径、壁厚和材质应符合设计要求并检验合格。

②安装前应对钢管及管件进行除污，对有防腐要求的宜在安装前进行防腐处理。

③安装前应对中心线和支架高程进行复核。

（2）管道安装坡向、坡度应符合设计要求。

（3）安装前应清除封闭物及其他杂物。

（4）管道应使用专用吊具进行吊装，运输吊装应平稳，不得损坏管道、管件。

（5）管道在安装过程中不得碰撞沟壁、沟底、支架等。

（6）地上敷设的管道应采取固定措施，管组长度应按空中就位和焊接的需要来确定，宜大于或等于2倍支架间距。

（7）管件上不得安装、焊接任何附件。

（8）管口对接应符合下列规定：

①当每个管组或每根钢管安装时应按管道的中心线和管道坡度对接管口。

②对接管口应在距接口两端各200mm处检查管道平直度，允许偏差应为0～1mm，在所对接管道的全长范围内，允许偏差应为0～10mm。

③管道对口处应垫置牢固，在焊接过程中不得产生错位和变形。

④管道焊口距支架的距离应满足焊接操作的需要。

⑤焊口及保温接口不得置于建（构）筑物等的墙壁中，且距墙壁的距离应满足施工的需要。

（9）管道穿越建（构）筑物的墙板处应安装套管，并应符合下列规定：

①当穿墙时，套管的两侧与墙面的距离应大于20mm；当穿楼板时，套管高出楼板面的距离应大于50mm。

②套管中心的允许偏差应为0～10mm。

③套管与管道之间的空隙应采用柔性材料填充。

④防水套管应按设计要求制作，并应在建（构）筑物砌筑或浇灌混凝土之前安装就位。套管缝隙应按设计要求进行填充。

（10）当管道开孔焊接分支管道时，管内不得有残留物，且分支管伸进主管内壁长度不得大于2mm。

（11）管道安装的允许偏差及检验方法应符合表8-45，管件安装对口间隙允许偏差及检验方法应符合表8-46的规定。

管道安装允许偏差及检验方法 表8-45

项　　目	允许偏差	检验频率		量　　具
		范围	点数	
高程△	±10mm	50m	—	水准仪
中心线位移	每10m≤5mm	50m	—	挂边线、量尺
	全长≤30mm			

续表

项 目		允许偏差	检验频率		量 具
			范围	点数	
立管垂直度		每米≤2mm	每根	—	垂线、量尺
		全高≤10mm			
对口间隙△ (mm)	管道壁厚4~9 间隙1.5~2.0	±1.0mm	每10 个口	1	焊口检测器
	管道壁厚≥10 间隙2.0~3.0	−2.0mm +1.0mm			

注：表中带"△"为主控项目，其余为一般项目。

管件安装对口间隙允许偏差及检验方法　　　　　表8-46

项 目		允许偏差 (mm)	检验频率		量 具
			范围	点数	
对口间隙 (mm)	管件壁厚4~9 间隙1.0~1.5	±1.0	每个口	2	焊口检测器
	管件壁厚≥10 间隙1.5~2.0	−1.5 +1.0			

注：表中为主控项目。

（12）管沟及地上敷设的管道应做标识，并应符合下列规定：

①管道和设备应标明名称、规格型号，并应标明介质、流向等信息。

②管沟应在检查室内标明下一个出口的方向、距离。

③检查室应在井盖下方的人孔壁上安装安全标识。

8098　预制直埋管道安装有哪些规定？

答：依据《城镇供热管网工程施工及验收规范》CJJ 28—2014，预制直埋管道安装应符合下列规定：

（1）预制直埋热水管道安装应符合现行行业标准《城镇供热直埋热水管道技术规程》CJJ/T 81的相关规定，预制直埋蒸汽管道的安装应符合现行行业标准《城镇供热直埋蒸汽管道技术规程》CJJ 104的相关规定。

（2）预制直埋管道和管件应采用工厂预制的产品，质量应符合相关标准的规定。

（3）预制直埋管道及管件在运输、现场存放及施工过程中的安全保护应符合下列规定：

①不得直接拖拽，不得损坏外护层、端口和端口的封闭端帽。

②保温层不得进水，进水后的直埋管和管件应修复后方可使用。

③当堆放时不得大于3层，且高度不得大于2m。

（4）预制直埋管道及管件外护管的划痕深度应符合下列规定，不合格应进行修补：

①高密度聚乙烯外护管划痕深度不应大于外护管壁厚的10%，且不应大于1mm。

②钢制外护管防腐层的划痕深度不应大于防腐层厚度的 20%。

（5）预制直埋管道在施工过程中应采取防火措施。

（6）预制直埋管道安装坡度应与设计一致。当管道安装过程中出现折角或管道折角大于设计值时，应与设计单位确认后再进行安装。

（7）当管道中需加装圆筒形收缩端帽或穿墙套袖时，应在管道焊接前将收缩端帽或穿墙套袖套装在管道上。

（8）预制直埋管道现场切割后的焊接预留段长度应与原成品管道一致，且应清除表面无污物。

（9）接头保温施工应符合下列规定：

①现场保温接头使用的原材料在存放过程中应根据材料特性采取保护措施。

②接头保温的结构、保温材料的材质及厚度应与直埋管相同。

③接头保温施工应在工作管强度试验合格，且在沟内无积水、非雨天的条件下进行，当雨、雪天施工时应采取防护措施。

④接头的保温层应与相接的直埋管保温层衔接紧密，不得有缝隙。

（10）当管段被水浸泡时，应清除被浸湿的保温材料后方可进行接头保温。

（11）预制直埋管道现场安装完成后，必须对保温材料裸露处进行密封处理。

（12）预制直埋管道在固定墩结构承载力未到达设计要求之前，不得进行预热伸长或试运行。

（13）预制直埋蒸汽管道的安装及预制直埋热水管道安装应符合规范的相关规定。

（14）接头外护层安装完后，必须全部进行气密性检验并应合格。

（15）气密性检验应在接头外护管冷却到 40℃ 以下进行。气密性检验的压力应为 0.02MPa，保压时间不应小于 2min，压力稳定后应采用涂上肥皂水的方法检查，无气泡为合格。

（16）监测系统的安装应符合现行行业标准《城镇供热直埋热水管道技术规程》 CJJ/T 81 的相关规定，并应符合下列规定：

①监测系统应与管道安装同时进行。

②在安装接头处的信号线前，应清除直埋管两端潮湿的保温材料。

③接头处的信号线应在连接完毕并检测合格后进行接头保温。

8099　管道法兰安装有哪些规定？

答：依据《城镇供热管网工程施工及验收规范》CJJ 28—2014，法兰安装应符合下列规定：

（1）法兰应符合现行国家标准《钢制管法兰技术条件》GB/T 9124 的相关规定，安装前应对密封面及密封垫片进行外观检查。

（2）两个法兰连接端面应保持平行，偏差不应大于法兰外径的 1.5%，且不得大于 2mm；不得采用加偏垫、多层垫或加强力拧紧法兰一侧螺栓的方法消除法兰接口端面的偏差。

（3）法兰与法兰、法兰与管道应保持同轴，螺栓孔中心偏差不得大于孔径的 5%，垂直偏差应为 0~2mm。

（4）软垫片的周边应整齐，垫片尺寸应与法兰密封面相符，其允许偏差应符合现行国家标准《工业金属管道工程施工规范》GB 50235 的相关规定。

（5）垫片应采用高压垫片，其材质和涂料应符合设计要求。垫片尺寸应与法兰密封面相同，当垫片需要拼接时，应采用斜口拼接或迷宫形式的对接，不得采用直缝对接。

（6）不得采用先加垫片并拧紧法兰螺栓，再焊接法兰焊口的方法进行法兰安装。

（7）法兰内侧应进行封底焊。

（8）法兰螺栓应涂二硫化钼油脂或石墨机油等防锈油脂进行保护。

（9）法兰连接应使用同一规格的螺栓，安装方向应一致，紧固螺栓应对称、均匀地进行，松紧应适度。紧固后丝扣外露长度应为 2～3 倍螺距，当需用垫圈调整时，每个螺栓应只能使用一个垫圈。

（10）法兰距支架或墙面的净距不应小于 200mm。

8100　管道阀门安装有哪些规定？

答：依据《城镇供热管网工程施工及验收规范》CJJ 28—2014，阀门安装应符合下列规定：

（1）阀门进场前应进行强度和严密性试验，试验完成后应进行记录，并可按规范的规定填写。

（2）阀门吊装应平稳，不得用阀门手轮作为吊装的承重点，不得损坏阀门，已安装就位的阀门应防止重物撞击。

（3）安装前应清除阀口的封闭物及其他杂物。

（4）阀门的开关手轮应安装于便于操作的位置。

（5）阀门应按标注方向进行安装。

（6）当闸阀、截止阀水平安装时，阀杆应处于上半周范围内。

（7）阀门的焊接应符合规范的规定。

（8）当焊接安装时，焊机地线应搭在同侧焊口的钢管上，不得搭在阀体上。

（9）阀门焊接完成降至环境温度后方可操作。

（10）焊接蝶阀的安装应符合下列规定：

①阀板的轴应安装在水平方向上，轴与水平面的最大夹角不应大于 60°，不得垂直安装。

②安装焊接前应关闭阀板，并应采取保护措施。

（11）当焊接球阀水平安装时应将阀门完全开启；当垂直管道安装，且焊接阀体下方焊缝时应将阀门关闭。焊接过程中应对阀体进行降温。

（12）阀门安装完毕后应正常开启 2～3 次。

（13）阀门不得作为管道末端的堵板使用，应在阀门后加堵板，热水管道应在阀门和堵板之间充满水。

（14）泄水阀和放气阀与管道连接的插入式支管台应采用厚壁管，厚壁管厚度不得小于母管厚度的 60%，且不得大于 8mm。插入式支管台的连接及尺寸应符合规范的相关规定。

（15）电动调节阀的安装应符合规范的相关规定。

8101 管道补偿器安装有哪些规定？

答： 依据《城镇供热管网工程施工及验收规范》CJJ 28—2014，补偿器安装应符合下列规定：

（1）安装前应按照设计图纸核对每个补偿器的型号和安装位置，并应对补偿器外观进行检查、核对产品合格证。

（2）补偿器应与管道保持同轴。安装操作时不得损伤补偿器，不得采用使补偿器变形的方法来调整管道的安装偏差。

（3）补偿器应按设计要求进行预变位，预变位完成后应对预变位量进行记录，并可按规范的规定填写。

（4）补偿器安装完毕后应拆除固定装置，并应调整限位装置。

（5）补偿器应进行防腐和保温，采用的防腐和保温材料不得腐蚀补偿器。

（6）补偿器安装完毕后应进行记录，并可按规范的规定填写。

（7）波纹管补偿器的安装应符合下列规定：

①轴向波纹管补偿器的流向标记应与管道介质流向一致。

②角向型波纹管补偿器的销轴轴线应垂直于管道安装后形成的平面。

（8）套筒补偿器安装应符合下列规定：

①采用成型填料圈密封的套筒补偿器，填料应符合产品要求。

②采用非成型填料的补偿器，填注密封填料应按产品要求依次均匀注压。

（9）球形补偿器的安装应符合设计要求，外伸部分应与管道坡度保持一致。

（10）方型补偿器的安装应符合下列规定：

①当水平安装时，垂直臂应水平放置，平行臂应与管道坡度相同。

②预变形应在补偿器两端均匀、对称地进行。

（11）直埋补偿器安装过程中，补偿器固定端应锚固，活动端应能自由活动。

（12）一次性补偿器的安装应符合下列规定：

①一次性补偿器与管道连接前，应按预热位移量确定限位板位置并进行固定。

②预热前，应将预热段内所有一次性补偿器上的固定装置拆除。

③管道预热温度和变形量达到设计要求后方可进行一次性补偿器的焊接。

（13）自然补偿管段的预变位应符合下列规定：

①预变位焊口位置应留在有利于操作的地方，预变位长度应符合设计规定。

②完成下列工作后方可进行预变位：

a. 预变位段两端的固定支架已安装完毕，并应达到设计强度。

b. 管段上的支架、吊架已安装完毕，管道与固定支架已固定连接。

c. 预变位焊口附近吊架的吊杆应预留位移余量。

d. 管段上的其他焊口已全部焊完并检验合格。

e. 管段的倾斜方向及坡度应符合设计规定。

f. 法兰、仪表、阀门等的螺栓均已拧紧。

③预变位焊口焊接完毕并经检验合格后，方可拆除预变位卡具。

④管道预变位施工应进行记录，并可按规范的规定填写。

8102　热力站和中继泵站内管道安装有哪些规定？

答：依据《城镇供热管网工程施工及验收规范》CJJ 28—2014，站内管道安装应符合下列规定：

（1）站内管道安装前应对规格、型号和质量等进行检验和记录，并应符合设计要求。

（2）管道安装过程中，当临时中断安装时应对管扣进行封闭。

（3）管道穿越基础、墙壁和楼板，应配合土建施工预埋套管或预留孔洞，并应符合下列规定：

①管道环形焊缝不应置于套管和孔洞内。

②当穿墙时，套管两侧应伸出墙面 20mm～25mm，当穿楼板时，套管应高出楼板面 50mm。

③套管与管道之间的空隙应填塞柔性材料。

④预埋套管中心的允许偏差不应大于 0～10mm，预留孔洞中心的允许偏差不应大于 0～25mm。

⑤当设计无要求时，套管直径应比保温管道外径大 50mm。

⑥位于套管内的管道保温层外壳应做保护层。

（4）当设计对站内管道水平安装的支架、吊架间距无要求时，其间距不得大于表8-47 的规定。

站内管道支架、吊架的间距　　　　　　　　　　表 8-47

管道公称直径（mm）	25	32	40	50	65	80	100	125	150	200	250
间距（m）	2.0	2.5	3.0	3.0	4.0	4.0	4.5	5.0	6.0	7.0	8.0
管道公称直径（mm）	300	350	400	450	500	600	700	800	900	1000	1200
间距（m）	8.5	9.0	9.5	10.0	12.0	13.0	15.0	15.0	16.0	16.0	18.0

（5）在水平管道上安装法兰连接的阀门，当管道的公称直径大于或等于125mm 时，两侧应分别设支架或吊架；当管道的公称直径小于125mm 时，一侧应设支架或吊架。

（6）在垂直管道上安装阀门应符合设计要求，当设计无要求时，阀门上部的管道应设吊架或托架。

（7）管道支架、吊架的安装应符合下列规定：

①安装位置准确，埋设应平整牢固。

②固定支架卡板与管道接触应紧密，固定应牢固。

③滑动支架的滑动面应灵活，滑板与滑槽两侧间应留有 3mm～5mm 的空隙，偏移量应符合设计要求。

④无热位移管道的支架、吊杆应垂直安装，有热位移管道的吊架、吊杆应向热膨胀的反方向偏移。

（8）管道与设备连接时，设备不应承受附加外力，不得使异物进入设备内。

（9）管道与泵或阀门连接后，不应再对该管道进行焊接或气割。

（10）站内管道及管路附件的安装应符合下列规定：

①管道安装的允许偏差及检验方法应符合表 8-48 的规定。

管道安装的允许偏差及检验方法　　　　　表 8-48

项　　目		允许偏差		检验方法
		钢制管	塑料管和复合管	
水平安装	DN≤100mm	每米≤1.0mm	每米≤1.5mm	用水平尺、直尺、拉线和尺量检查
		全长≤13mm	全长≤25mm	
	DN>100mm	每米≤1.5mm	每米≤1.5mm	用水平尺、直尺、拉线和尺量检查
		全长≤25mm	全长≤25mm	
垂直安装		每米≤2.0mm	每米≤2.0mm	吊线和尺量检查
		全高≤10mm	全高≤25mm	

②当管道并排安装时应相互平行，在同一平面上的允许偏差为±3mm。

③法兰和阀门的安装应按规范的相关规定执行，阀门的阀杆宜平行放置。

（11）施工完成后，应对站内的管道及管路附件按设计要求设置标识。

8103　热力站和中继泵站内设备安装有哪些规定？

答：依据《城镇供热管网工程施工及验收规范》CJJ 28—2014，站内设备安装应符合下列规定：

（1）站内设备安装前应对规格、型号和质量等进行检验和记录，并应符合设计要求。检验应包括下列项目：

①说明书和产品合格证。

②箱号和箱数以及包装情况。

③名称、型号和规格。

④装箱清单、测试单、材质单、出厂检验报告、技术文件、资料及专用工具。

⑤有无缺损件，表面有无损坏和锈蚀等。

⑥其他需要记录的情况。

（2）设备的混凝土基础位置、几何尺寸应符合现行国家标准《混凝土结构工程施工质量验收规范》GB 50204 的相关规定。设备基础尺寸和位置的允许偏差及检验方法应符合表 8-49 的规定。

设备基础尺寸和位置的允许偏差及检验方法　　　　　表 8-49

项　　目		允许偏差（mm）	检验方法
坐标位置（纵、横轴线）		0～20	钢尺检查
不同平面的标高		−20～0	水准仪、拉线、钢尺检查
平面外形尺寸		±20	钢尺检查
凸台上平面外形尺寸		−20～0	钢尺检查
凹穴尺寸		0～20	钢尺检查
水平度	每米	0～5	水平仪（水平尺）和楔形塞尺检查
	全长	0～10	水平仪（水平尺）和楔形塞尺检查

项	目	允许偏差（mm）	检 验 方 法
垂直度	每米	0～5	经纬仪或吊线和钢尺检查
	全长	0～10	经纬仪或吊线和钢尺检查
预留地脚螺栓	顶部标高	0～20	水准仪或拉线、钢尺检查
	中心距	±2	钢尺检查
预留地脚螺栓孔	中心线位置	0～10	钢尺检查
	深度	0～20	钢尺检查
	垂直度	0～10	吊线、钢尺检查

（3）地脚螺栓埋设应符合下列规定：

①地脚螺栓底部锚固环钩的外缘与预留孔壁和孔底的距离不得小于15mm。

②地脚螺栓上的油污和氧化皮等应清理干净，螺纹部分应涂抹油脂。

③螺母与垫圈，垫圈与设备底座间的接触均应紧密。

④拧紧螺母后，螺栓外露长度应为2～5倍螺距。

⑤灌筑地脚螺栓使用的细石混凝土强度等级应比基础混凝土的高一等级；灌浆处应清理干净并捣固密实。

⑥灌筑的混凝土应达到设计强度的75％以上后，方可拧紧地脚螺栓。

⑦设备底座套入地脚螺栓应有调整余量，不得有卡涩现象。

（4）安装胀锚螺栓应符合下列规定：

①胀锚螺栓的安装应符合现行国家标准《机械设备安装工程施工及验收通用规范》GB 50231的相关规定。

②胀锚螺栓的中心线应按设计图纸放线。胀锚螺栓的中心至基础或构件边缘的距离不得小于7倍胀锚螺栓的直径；胀锚螺栓的底端至基础底面的距离不得小于3倍胀锚螺栓的直径，且不得小于30mm；相邻两根胀锚螺栓的中心距不得小于10倍胀锚螺栓的直径。

③装设胀锚螺栓的钻孔不得与基础或构件中的钢筋、预埋管和电缆等埋设物相碰；不得采用预留孔。

④应对钻孔的孔径和深度及时进行检查。

（5）设备支架安装应平直牢固，位置应正确。支架安装的允许偏差应符合表8-50的规定。

设备支架安装允许偏差 表 8-50

项	目	允许偏差（mm）	检验方法
支架立柱	位 置	0～5	钢尺检查
	垂直度	≤$H/1000$	钢尺检查
支架横梁	上表面标高	±5	钢尺检查
	水平弯曲	≤$L/1000$	钢尺检查

注：表中 H 为支架高度；L 为横梁长度。

（6）设备找正调平用的垫铁应符合现行国家标准《机械设备安装工程施工及验收通用

规范》GB 50231 的相关规定。

（7）设备调平后，垫铁端面应露出设备底面边缘 10mm～30mm。

（8）设备采用减振垫铁调平应符合下列规定：

①基础和地坪应符合设备技术要求。设备占地范围内基础的高差不得超出减振垫铁调整量的 30％～50％，放置减振垫铁的部位应平整。

②减振垫铁应采用无地脚螺栓或胀锚地脚螺栓固定。

③设备调平减振垫铁受力应均匀，调整范围内应留有余量，调平后应将螺母锁紧。

④当采用橡胶垫型减振垫铁时，设备调平后经过 1～2 周后应再进行 1 次调平。

8104　热力站和中继泵站内安全阀安装有哪些规定？

答：依据《城镇供热管网工程施工及验收规范》CJJ 28—2014，安全阀安装应符合下列规定：

（1）安全阀在安装前，应送有检测资质的单位按设计要求进行调校。

（2）安全阀应垂直安装，并应在两个方向检查其垂直度，发现倾斜应予以校正。

（3）安全阀的开启压力和回座压力应符合设计规定值，安全阀最终调校后，在工作压力下不得泄漏。

（4）安全阀调校合格后应对安全阀调整试验进行记录，并可按规范的规定填写。

8105　管道防腐施工有哪些规定？

答：依据《城镇供热管网工程施工及验收规范》CJJ 28—2014，防腐施工应符合下列规定：

（1）防腐材料及涂料的品种、规格、性能应符合设计和环保要求，产品应具有质量合格证明文件。

（2）防腐材料在运输、储存和施工过程中应采取防止变质和污染环境的措施。涂料应密封保存，不得遇明火或暴晒。所用材料应在有效期内使用。

（3）涂料的涂刷层数、涂层厚度及表面标记等应按设计规定执行，设计无规定时，应符合下列规定：

①涂刷层数、厚度应符合产品质量要求。

②涂料的耐温性能、抗腐蚀性能应按供热介质温度及环境条件进行选择。

（4）当采用多种涂料配合使用时，应按产品说明书对涂料进行选择，各涂料性能应相互匹配，配比应合适。调制成的涂料内不得有漆皮等影响涂刷的杂物，涂料应按涂刷工艺要求稀释，搅拌应均匀，色调应一致，并应密封保存。

（5）涂料涂刷前应对钢材表面进行处理，并应符合设计要求和现行国家标准《涂覆涂料前钢材表面处理　表面清洁度的目视评定》GB/T 8923 的相关规定。

（6）涂料涂刷时的环境温度和相对湿度应符合涂料产品说明书的要求。当产品说明书无要求时，环境温度宜为 5～40℃，相对湿度不应大于 75％。涂刷时金属表面应干燥，不得有结露。在雨雪和大风天气中进行涂刷时，应进行遮挡。涂刷未干燥前应免受雨淋。当环境温度在 5℃以下施工时应有防冻措施，在相对湿度大于 75％时应采取防结露措施。

（7）现场涂刷过程中应防止漆膜被污染和受损坏。当多层涂刷时，第一遍漆膜未干前不得涂刷第二遍漆。全部涂层完成后，漆膜未干燥固化前，不得进行下道工序施工。

（8）对已完成防腐的管道、管路附件、设备和支架等，在漆膜干燥过程中应防止冻结、撞击、振动和湿度剧烈变化，且不得进行施焊、气割等作业。

（9）对已完成防腐的成品应做保护，不得踩踏或当作支架使用。

（10）对管道、管路附件、设备和支架安装后无法涂刷或不易涂刷涂料的部位，安装前应预先涂刷。

（11）预留的未涂刷涂料部位，在其他工序完成后，应按要求进行涂刷。

（12）涂层上的缺陷、不合格处以及损坏的部位应及时修补，并应验收合格。

（13）聚乙烯防腐层的制作及性能应符合现行国家标准《埋地钢质管道聚乙烯防腐层》GB/T 23257 的相关规定。

（14）当采用涂料和玻璃纤维做加强防腐层时，应符合下列规定：

①底漆应涂刷均匀完整，不得有空白、凝块和流痕。

②玻璃纤维的厚度、密度、层数应符合设计要求，缠绕重叠部分宽度应大于布宽的 1/2，压边量应为 10 ～15mm。当采用机械缠绕时，缠布机应稳定匀速，并应与钢管旋转转速相配合。

③玻璃纤维两面沾油应均匀，经刮板或挤压滚轮后，布面应无空白，且不得淌油和滴油。

④防腐层的厚度不得小于设计厚度。玻璃纤维与管壁粘结牢固应无空隙，缠绕应紧密且无皱褶。防腐层表面应光滑，不得有气孔、针孔和裂纹。钢管两端应留 200～250mm 空白段。

（15）涂料的涂刷应符合下列规定：

①涂层应与基面粘结牢固、均匀，厚度应符合产品说明书的要求，面层颜色应一致。

②漆膜应光滑平整，不得有皱纹、起泡、针孔、流挂等现象，并均匀完整，不得漏涂、损坏。

③色环宽度应一致，间距应均匀，且应与管道轴线垂直。

④当设计有要求时应进行涂层附着力测试。

⑤钢材除锈、涂刷质量检验应符合表 8-51 的规定。

钢材除锈、涂刷质量检验　　　　　　　　　　　　　　表 8-51

项　目	检查频率		检 验 方 法
	范围（m）	点数	
除锈△	50	5	外观检查每 10m 计点
涂料	50	5	外观检查每 10m 计点

注：表中带"△"为主控项目，其余为一般项目。

（16）工程竣工验收前，管道、设备外露金属部分所刷涂料的品种、性能、颜色等应与原管道和设备所刷涂料一致。

（17）埋地钢管牺牲阳极防腐应符合下列规定：

①安装的牺牲阳极规格、数量及埋设深度应符合设计要求，当设计无规定时，应按现行行业标准《埋地钢质管道牺牲阳极阴极保护设计规范》SY/T 0019 的相关规定执行。

②牺牲阳极填包料应注水浸润。

③牺牲阳极电缆焊接应牢固，焊点应进行防腐处理。

④对钢管的保护电位值应进行检查，且不应小于$-0.85V_{cse}$。

（18）当保温外保护层采用金属板时，表面应清理干净，缝隙应填实、打磨光滑，并应按设计要求进行防腐。

（19）钢外护直埋管道的接头防腐应在气密性试验合格后进行，防腐层应采用电火花检漏仪检测。

8106　管道保温施工有哪些规定？

答：依据《城镇供热管网工程施工及验收规范》CJJ 28—2014，保温施工应符合下列规定：

（1）保温材料的品种、规格、性能等应符合设计和环保的要求，产品应具有质量合格证明文件。

（2）保温材料检验应符合下列规定：

①保温材料进场前应对品种、规格、外观等进行检查验收，并应从进场的每批材料中，任选1～2组试样进行导热系数、保温层密度、厚度和吸水（质量含水、憎水）率等测定。

②应对预制直埋保温管、保温层和保护层进行复检，并应提供复检合格证明；预制直埋保温管的复检项目应包括保温管的抗剪切强度、保温层的厚度、密度、压缩强度、吸水率、闭孔率、导热系数及外护管的密度、壁厚、断裂伸长率、拉伸强度、热稳定性。

③按工程要求可进行现场抽检。

（3）施工现场应对保温管和保温材料进行妥善保管，不得雨淋、受潮。受潮的材料经过干燥处理后应进行检测，不合格时不得使用。

（4）管道、管路附件、设备的保温应在试压试验、防腐验收合格后进行。当钢管需预先做保温时，应将环形焊缝等需检查处留出，待各项检验合格后，方可对留出部位进行防腐、保温。

（5）在雨、雪天进行室外保温施工时应采取防水措施。

（6）采用湿法保温时，施工环境温度不得低于5℃，否则应采取防冻措施。

（7）保温层施工应符合下列规定：

①当保温层厚度大于100mm时，应分为两层或多层逐层施工。

②保温棉毡、垫的密实度应均匀，外形应规整，保温厚度和容重应符合设计要求。

③瓦块式保温制品的拼缝宽度不得大于5mm。当保温层为聚氨酯瓦块时，应用同类材料将缝隙填满。其他类硬质保温瓦内应抹3～5mm厚的石棉灰胶泥层，并应砌严密。保温层应错缝铺设，缝隙处应采用石棉灰胶泥填实。当使用两层以上的保温制品时，同层应错缝，里外层应压缝，其搭接长度不应小于50mm。每块瓦应使用两道镀锌钢丝或箍带扎紧，不得采用螺旋形捆扎方法，镀锌钢丝的直径不得小于设计要求。

④支架及管道设备等部位的保温，应预留出一定间隙，保温结构不得妨碍支架的滑动及设备的正常运行。

⑤管道端部或有盲板的部位应做保温。

(8) 立式设备和垂直管道应设置保温固定件或支撑件，每隔 3m～5m 应设保温层承重环或抱箍，承重环或抱箍的宽度应为保温层厚度的 2/3，并应对承重环或抱箍进行防腐。

(9) 硬质保温施工应按设计要求预设伸缩缝，当设计无规定时应符合下列规定：

①两固定支架间的水平管道至少应预留 1 道伸缩缝。

②立式设备及垂直管道，应在支承环下面预留伸缩缝。

③弯头两端的直管段上，宜各预留 1 道伸缩缝。

④当两弯头之间的距离小于 1m 时，可仅预留 1 道伸缩缝。

⑤管径大于 DN300、介质温度大于 120℃ 的管道应在弯头中部预留 1 道伸缩缝。

⑥伸缩缝的宽度：管道宜为 20mm，设备宜为 25mm。

⑦伸缩缝材料应采用导热系数与保温材料相接近的软质保温材料，并应充填严密、捆扎牢固。

(10) 设备应按设计要求进行保温，当保温层遮盖设备铭牌时，应将铭牌复制到保温层外。

(11) 保温层端部应做封端处理。设备人孔、手孔等需要拆装的部位，保温层应做成 45°坡面。

(12) 保温结构不应影响阀门、法兰的更换及维修。靠近法兰处，应在法兰的一侧留出螺栓长度加 25mm 的空隙，有冷紧或热紧要求的法兰，应在完成冷紧或热紧后再进行保温。

(13) 纤维制品保温层应与被保温表面贴实，纵向接缝位于下方 45°位置，接头处不得有间隙。双层保温结构的层间应盖缝，表面应保持平整，厚度应均匀，捆扎间距不应大于 200mm，并应适当紧固。

(14) 软质复合硅酸盐保温材料应按设计要求施工。当设计无要求时，每层可抹 10mm 并应压实，待第一层有一定强度后，再抹第二层并应压光。

(15) 预制保温管道保温质量检验应按规范的相关规定执行。

(16) 现场保温层施工质量检验应符合下列规定：

①保温固定件、支承件的安装应正确、牢固，支承件不得外露，其安装间距应符合设计要求。

②保温层厚度应符合设计要求。

③保温层密度应现场取试样检查。对棉毡类保温层，密度允许偏差为 0～10%，保温板、壳类密度允许偏差为 0～5%；聚氨酯类保温的密度不得小于设计要求。

④保温层施工允许偏差及检验方法应符合表 8-52 的规定。

保温层施工允许偏差及检验方法　　　　　　　　　　　　　表 8-52

项　目		允许偏差	检验频率	检验方法
厚度△	硬质保温材料	0～5%	每隔 20m 测 1 点	用钢针刺入保温层测厚
	柔性保温材料	0～8%		
伸缩缝宽度		±5mm	抽查 10%	用尺检查

注：表中带"△"为主控项目，其余为一般项目。

8107　管道保护层施工有哪些规定？

答：依据《城镇供热管网工程施工及验收规范》CJJ 28—2014，管道保护层施工应符合下列规定：

（1）保护层施工前，保温层应已干燥并经检查合格，保护层应牢固、严密。

（2）复合材料保护层施工应符合下列规定：

①玻璃纤维布应以螺纹状紧缠在保温层外，前后均搭接不应小于50mm。布带两端及每隔300mm应采用镀锌钢丝或钢带捆扎，镀锌钢丝的直径不得小于设计要求，搭接处应进行防水处理。

②复合铝箔接缝处应采用压敏胶带粘贴、铆钉固定。

③玻璃钢保护壳连接处应采用铆钉固定，沿轴向搭接宽度应为50～60mm，环向搭接宽度应为40～50mm。

④用于软质保温材料保护层的铝塑复合板正面应朝外，不得损伤其表面，轴向接缝应用保温钉固定，且间距应为60～80mm。环向搭接宽度应为30～40mm，纵向搭接宽度不得小于10mm。

⑤当垂直管道及设备的保护层采用复合铝箔、玻璃钢保护壳和铝塑复合板等时，应由下向上，成顺水接缝。

（3）石棉水泥保护层施工应符合下列规定：

①石棉水泥不得采用闪石棉等国家禁止使用的石棉制品。

②涂抹石棉水泥保护层应检查钢丝网有无松动，并应对有缺陷的部位进行修整，保温层的空隙应采用胶泥填充。保护层应分2层，首层应找平、挤压严实，第2层应在首层稍干后加灰泥压实、压光。保护层厚度不应小于15mm。

③抹面保护层的灰浆干燥后不得产生裂缝、脱壳等现象，金属网不得外露。

④抹面保护层未硬化前应有防雨雪。当环境温度小于5℃，应采取防冻措施。

（4）金属保护层施工应符合下列规定：

①金属保护层材料应符合设计要求，当设计无要求时，宜选用镀锌薄钢板或铝合金板。

②安装前，金属板两边应先压出两道半圆凸缘。设备的保温，可在每张金属板对角线上压两条交叉筋线。

③水平管道的施工可直接将金属板卷合在保温层外，并应按管道坡向自下而上顺序安装。两板环向半圆凸缘重叠，金属板接口应在管道下方。

④搭接处应采用铆钉固定，其间距不应大于200mm。

⑤金属保护层应留出设备及管道运行受热膨胀量。

⑥当在结露或潮湿环境安装时，金属保护层应嵌填密封剂或在接缝处包缠密封带。

⑦金属保护层上不得踩踏或堆放物品。

（5）保护层质量检验应符合下列规定：

①缠绕式保护层应裹紧，搭接部分应为100～150mm，不得有松脱、翻边、皱褶和鼓包等缺陷，缠绕的起点和终点应采用镀锌钢丝或箍带捆扎结实，接缝处应进行防水处理。

②保护层表面应平整光洁、轮廓整齐，镀锌钢丝头不得外露，抹面层不得有酥松和裂缝。

③金属保护层不得有松脱、翻边、豁口、翘缝和明显的凹坑。保护层的环向接缝应与管道轴线保持垂直。纵向接缝应与管道轴线保持平行。保护层的接缝方向应与设备、管道的坡度方向一致。保护层的不圆度不得大于 10mm。

④保护层表面不平度允许偏差及检验方法应符合表 8-53 的规定。

表 8-53

保护层表面不平度允许偏差及检验方法

项　　目	允许偏差（mm）	检验频率	检验方法
涂抹保护层	0～10	每隔 20m 取一点	用靠尺和 1m 钢尺
缠绕式保护层	0～10	每隔 20m 取一点	用靠尺和 1m 钢尺
金属保护层	0～5	每隔 20m 取一点	用塞尺和 2m 钢尺
复合材料保护层	0～5	每隔 20m 取一点	用靠尺和 1m 钢尺

（6）保护层施工结束后应对防腐、保温层、保护层施工进行记录，并可按规范的规定填写。

8108　供热管网工程压力试验有哪些规定？

答：依据《城镇供热管网工程施工及验收规范》CJJ 28—2014，供热管网工程压力试验应符合下列规定：

（1）供热管网工程施工完成后应按设计要求进行强度试验和严密性试验；当设计无要求时应符合下列规定：

①强度试验压力应为 1.5 倍设计压力，且不得小于 0.6MPa；严密性试验压力应为 1.25 倍设计压力，且不得小于 0.6MPa。

②当设备有特殊要求时，试验压力应按产品说明书或根据设备性质确定。

③开式设备应进行满水试验，以无渗漏为合格。

（2）压力试验应按强度试验、严密性试验的顺序进行，试验介质宜采用清洁水。

（3）压力试验前，焊接质量外观和无损检验应合格。

（4）安全阀的爆破片与仪表组件等应拆除或已加盲板隔离。加盲板处应有明显的标记，并应做记录。安全阀应处于全开，填料应密实。

（5）压力试验应编制试验方案，并应报有关单位审批。试验前应进行技术、安全交底。

（6）压力试验前应划定试验区，设置安全标志，在整个试验过程应有专人值守，无关人员不得进入试验区。

（7）站内、检查室和沟槽中应有可靠的排水系统。试验现场应进行清理，具备检查的条件。

（8）强度试验前应完成下列工作：

①强度试验应在试验段内的管道接口防腐、保温及设备安装前进行。

②管道安装使用的材料、设备资料应齐全。

③管道自由端的临时加固装置应安装完成，并应经设计核算与检查确认安全可靠。试验管道与其他管线应用盲板或采取其他措施隔开，不得影响其他系统的安全。

④试验用的压力表应经校验，其精度不得小于 1.0 级。量程应为试验压力的 1.5～2 倍，数量不得少于 2 块，并应分别安装在试验泵出口和试验系统末端。

（9）严密性试验前应完成下列工作：

①严密性试验应在试验范围内的管道工程全部安装完成后进行。压力试验长度宜为一个完整的设计施工段。

②试验用的压力表应经校验，其精度不得小于 1.5 级。量程应为试验压力的 1.5 倍～2 倍，数量不得少于 2 块，并应分别安装在试验泵出口和试验系统末端。

③横向型、铰接型补偿器在严密性试验前不宜进行预变位。

④管道各种支架已安装调整完毕，固定支架的混凝土已达到设计强度，回填土及填充物已满足设计要求。

⑤管道自由端的临时加固装置应安装完成，并经设计核算与检查确认安全可靠。试验管道与无关系统应采用盲板或采取其他措施隔开，不得影响其他系统的安全。

（10）压力试验应符合下列规定：

①当管道充水时应将管道及设备中的空气排尽。

②试验时环境温度不宜低于 5℃；当环境温度低于 5℃时，应有防冻措施。

③当运行管道与试验管道之间的温度差大于 100℃时，应根据传热量对压力试验的影响采取运行管道和试验管道安全的措施。

④地面高差较大的管道，试验介质的静压应计入试验压力中。热水管道的试验压力应以最高点的压力为准，最低点的压力不得大于管道及设备能承受的额定压力。

⑤ 压力试验方法和合格判定应符合表 8-54 的规定。

压力试验方法和合格判定　　　　　　　　　　　　表 8-54

项　　目	试验方法和合格判定		检验范围
强度试验△	升压到试验压力，稳压 10min 无渗漏、无压降后降至设计压力，稳压 30min 无渗漏、无压降为合格		每个试验段
严密性试验△	升压至试验压力，当压力趋于稳定后，检查管道、焊缝、管路附件及设备等无渗漏，固定支架无明显的变形等		全段
	一级管网及站内	稳压在 1h，前后压降不大于 0.05MPa，为合格	
	二级管网	稳压在 30min，前后压降不大于 0.05MPa，为合格	

注：表中带"△"为主控项目，其余为一般项目。

（11）试验过程中发现渗漏时，不得带压处理。消除缺陷后，应重新进行试验。

（12）试验结束后应及时排尽管内积水、拆除试验用临时加固装置。排水时不得形成负压，试验用水应排到指定地点，不得随意排放，不得污染环境。

（13）压力试验合格后应填写供热管道水压试验记录、设备强度和严密性试验记录，并应按规范的规定进行记录。

第 6 节　城镇燃气输配工程

8109　承担燃气工程施工的单位和作业人员应符合哪些要求？

答：依据《城镇燃气输配工程施工及验收规范》CJJ 33—2005，承担燃气工程施工的单位和作业人员应符合下列要求：

（1）进行城镇燃气输配工程施工的单位必须具有与工程规模相适应的施工资质；进行城镇燃气输配工程监理的单位，必须具有相应的监理资质。工程项目必须取得建设行政主管部门批准的施工许可文件后方可开工。

（2）承担燃气钢质管道、设备焊接的人员，必须具有锅炉压力容器压力管道特种设备操作人员资格证（焊接）焊工合格证书，且在证书的有效期及合格范围内从事焊接工作。间断焊接时间超过 6 个月，再次上岗前应重新考试；承担其他材质燃气管道安装的人员，必须经过专门培训，并经考试合格，间断安装时间超过 6 个月，再次上岗前应重新考试和技术评定。当使用的安装设备发生变化时，应针对该设备操作要求进行专门培训。

8110 燃气管道沟槽开挖有哪些要求？

答：依据《城镇燃气输配工程施工及验收规范》CJJ33—2005，燃气管道沟槽开挖应符合下列要求：

（1）管道沟槽应按设计规定的平面位置和标高开挖。当采用人工开挖且无地下水时，槽底预留值宜为 0.05～0.10m；当采用机械开挖或有地下水时，槽底预留值不应小于 0.15m；管道安装前应人工清底至设计标高。

（2）混凝土路面和沥青路面的开挖应使用切割机切割。

（3）管沟沟底宽度和工作坑尺寸，应根据现场实际情况和管道敷设方法确定，也可按规范的要求确定。

（4）在无地下水的天然湿度土壤中开挖沟槽时，如沟槽深度不超过表 8-55 的规定，沟壁可不设边坡。

不设边坡沟槽深度　　　　　　　　　　　　　　　　　表 8-55

土壤名称	沟槽深度（m）	土壤名称	沟槽深度（m）
填实的砂土或砾石土	≤1.0	黏土	≤1.5
粉质砂土或粉质黏土	≤1.25	坚土	≤2.0

（5）当土壤具有天然湿度、构造均匀、无地下水、水文地质条件良好，且挖深小于 5m，不加支撑时，沟槽的最大边坡率可按表 8-56 确定。

深度在 5m 以内的沟槽最大边坡率（不加支撑）　　　　表 8-56

土壤名称	边坡率		
	人工开挖并将土抛于沟边上	机械开挖	
		在沟底挖土	在沟边上挖土
砂土	1∶1.0	1∶0.75	1∶1.0
粉质砂土	1∶0.67	1∶0.50	1∶0.75
粉质黏土	1∶0.50	1∶0.33	1∶0.75
黏土	1∶0.33	1∶0.25	1∶0.67
含砾土卵石土	1∶0.67	1∶0.50	1∶0.75
泥炭岩白垩土	1∶0.33	1∶0.25	1∶0.67
干黄土	1∶0.25	1∶0.10	1∶0.33

注：1. 如人工挖土抛于沟槽上即时运走，可采用机械在沟底挖土的坡度值。

2. 临时堆土高度不宜超过 1.5m，靠墙堆土时，其高度不得超过墙高的 1/3。

（6）在无法达到第（5）款的要求时，应采用支撑加固沟壁。对不坚实的土壤应及时做连续支撑，支撑物应有足够的强度。

（7）沟槽一侧或两侧临时堆土位置和高度不得影响边坡的稳定性和管道安装。堆土前应对消火栓、雨水口等设施进行保护。

（8）局部超挖部分应回填压实。当沟底无地下水时，超挖在 0.15m 以内，可采用原土回填；超挖在 0.15m 及以上，可采用石灰土处理。当沟底有地下水或含水量较大时，应采用级配砂石或天然砂回填至设计标高。超挖部分回填后应压实，其密实度应接近原地基天然土的密实度。

（9）在湿陷性黄土地区，不宜在雨期施工，或在施工时应排除沟内积水，开挖时应在槽底预留 0.03～0.06m 厚的土层进行压实处理。

（10）沟底遇有废弃构筑物、硬石、木头、垃圾等杂物时必须清除，并应铺一层厚度不小于 0.15m 的砂土或素土，整平压实至设计标高。

（11）对软土基及特殊性腐蚀土壤，应按设计要求处理。

（12）在沿车行道、人行道施工时，应在管沟沿线设置安全护栏，并应设置明显的警示标志。在施工路段沿线，应设置夜间警示灯。

8111 燃气管道沟槽回填有哪些要求？

答：依据《城镇燃气输配工程施工及验收规范》CJJ 33—2005，燃气管道沟槽回填应符合下列要求：

（1）管道主体安装检验合格后，沟槽应及时回填，但需留出未检验的安装接口。回填前，必须将槽底施工遗留的杂物清除干净。对特殊地段，应经项目监理机构（建设单位）认可，并采取有效的技术措施，方可在管道焊接、防腐检验合格后全部回填。

（2）不得采用冻土、垃圾、木材及软性物质回填。管道两侧及管顶以上 0.5m 内的回填土，不得含有碎石、砖块等杂物，且不得采用灰土回填。距管顶 0.5m 以上的回填土中的石块不得多于 10％、直径不得大于 0.1m，且均匀分布。

（3）沟槽的支撑应在管道两侧及管顶以上 0.5m 回填完毕并压实后，在保证安全的情况下进行拆除，并应采用细砂填实缝隙。

（4）沟槽回填时，应先回填管底局部悬空部位，再回填管道两侧。

（5）回填土应分层压实，每层虚铺厚度宜为 0.2～0.3m，管道两侧及管顶以上 0.5m 内的回填土必须采用人工压实，管顶 0.5m 以上的回填土可采用小型机械压实，每层虚铺厚度宜为 0.25～0.4m。

（6）回填土压实后，应分层检查密实度，并做好回填记录。管道两侧及管顶以上 0.5m 内回填土密实度不应小于 90％；管顶 0.5m 以上回填土密实度应符合相应地面对密实度的要求。

（7）回填路面的基础和修复路面材料的性能不应低于原基础和路面材料。

8112 燃气管道路面标志设置有哪些规定？

答：依据《城镇燃气输配工程施工及验收规范》CJJ 33—2005，管道路面标志设置应符合下列规定：

（1）当燃气管道设计压力大于或等于 0.8MPa 时，管道沿线宜设置路面标志。对混凝土和沥青路面，宜使用铸铁标志；对人行道和土路，宜使用混凝土方砖标志；对绿化带、荒地和耕地，宜使用钢筋混凝土桩标志。

（2）路面标志应设置在燃气管道的正上方，并能正确、明显地指示管道的走向和地下设施。设置位置应为管道转弯处、三通、四通处、管道末端等，直线管段路面标志的设置间隔不宜大于 200m。

（3）路面上已有能标明燃气管线位置的阀门井、凝水缸部件时，可将该部件视为路面标志。

（4）路面标志上应标注"燃气"字样，可选择标注"管道标志"、"三通"及其他说明燃气设施的字样或符号和"不得移动、覆盖"等警示语。

（5）铸铁标志和混凝土方砖标志的强度和结构应考虑汽车的荷载，使用后不松动或脱落；钢筋混凝土桩标志的强度和结构应满足不被人力折断或拔出。标志上的字体应端正、清晰，并凹进表面。

（6）铸铁标志和混凝土方砖标志埋入后应与路面平齐；钢筋混凝土桩标志埋入的深度，应使回填后不遮挡字体。混凝土方砖标志和钢筋混凝土桩标志埋入后，应采用红漆将字体描红。

8113　燃气管道埋地钢管敷设有哪些规定？

答：依据《城镇燃气输配工程施工及验收规范》CJJ 33—2005，埋地钢管敷设应符合下列规定：

（1）燃气管道应按照设计图纸的要求控制管道的平面位置、高程、坡度，与其他管道或设施的间距应符合现行国家标准《城镇燃气设计规范》GB 50028 的相关规定。

管道在保证与设计坡度一致且满足设计安全距离和埋深要求的前提下，管线高程和中心线允许偏差应控制在当地规划部门允许的范围内。

（2）管道在套管内敷设时，套管内的燃气管道不宜有环向焊缝。

（3）管道下沟前，应清除沟内的所有杂物，管沟内积水应抽净。

（4）管道下沟宜使用吊装机具，严禁采用抛、滚、撬等破坏防腐层的做法。吊装时应保护管口不受损伤。

（5）管道吊装时，吊装点间距不应大于 8m。吊装管道的最大长度不宜大于 36m。

（6）管道在敷设时应在自由状态下安装连接，严禁强力组对。

（7）管道环焊缝间距不应小于管道的公称直径，且不得小于 150mm。

（8）管道对口前应将管道、管件内部清理干净，不得存有杂物。每次收工时，敞口管端应临时封堵。

（9）当管道的纵断、水平位置折角大于 22.5°时，必须采用弯头。

（10）管道下沟前必须对防腐层进行 100% 的外观检查，回填前应进行 100% 电火花检漏，回填时必须对防腐层完整性进行全线检查，不合格必须返工处理直至合格。

8114　燃气管道钢管焊接质量检验有哪些规定？

答：依据《城镇燃气输配工程施工及验收规范》CJJ 33—2005，钢管焊接质量检验应符合下列规定：

（1）管道焊接完成后，强度试验及严密性试验之前，必须对所有焊缝进行外观检查和对焊缝内部质量进行检验，外观检查应在内部质量检验前进行。

（2）设计文件规定焊缝系数为 1 的焊缝或设计要求进行 100％ 内部质量检验的焊缝，其外观质量不得低于现行国家标准《现场设备、工业管道焊接工程施工及验收规范》GB 50236 要求的Ⅱ级质量要求；对内部质量进行抽检的焊缝，其外观质量不得低于现行国家标准《现场设备、工业管道焊接工程施工及验收规范》GB 50236 要求的Ⅲ级质量要求。

（3）焊缝内部质量应符合下列要求：

①设计文件规定焊缝系数为 1 的焊缝或设计要求进行 100％ 内部质量检验的焊缝，焊缝内部质量射线照相检验不得低于现行国家标准《钢管环缝熔化焊对接接头射线透照工艺和质量分级》GB/T 12605 中的Ⅱ级质量要求；超声波检验不得低于现行国家标准《钢焊缝手工超声波探伤方法和探伤结果分级》GB 11345 中的Ⅰ级质量要求。当采用 100％ 射线照相或超声波检测方法时，还应按设计的要求进行超声波或射线照相复查。

②对内部质量进行抽检的焊缝，焊缝内部质量射线照相检验不得低于现行国家标准《钢管环缝熔化焊对接接头射线透照工艺和质量分级》GB/T 12605 中的Ⅲ级质量要求；超声波检验不得低于现行国家标准《钢焊缝手工超声波探伤方法和探伤结果分级》GB 11345 中的Ⅱ级质量要求。

（4）焊缝内部质量的抽样检验应符合下列要求：

①管道内部质量的无损探伤数量，应按设计规定执行。当设计无规定时，抽查数量不应少于焊缝总数的 15％，且每个焊工不应少于一个焊缝。抽查时，应侧重抽查固定焊口。

②对穿越或跨越铁路、公路、河流、桥梁、有轨电车及敷设在套管内的管道环向焊缝，必须进行 100％ 的射线照相检验。

③当抽样检验的焊缝全部合格时，则此次抽样所代表的该批焊缝应为全部合格；当抽样检验出现不合格焊缝时，对不合格焊缝返修后，应按下列规定扩大检验：

a. 每出现一道不合格焊缝，应再抽检两道该焊工所焊的同一批焊缝，按原探伤方法进行检验。

b. 如第二次抽检仍出现不合格焊缝，则应对该焊工所焊全部同批的焊缝按原探伤方法进行检验。对出现的不合格焊缝必须进行返修，并应对返修的焊缝按原探伤方法进行检验。

c. 同一焊缝的返修次数不应超过 2 次。

8115　管道法兰连接有哪些规定？

答： 依据《城镇燃气输配工程施工及验收规范》CJJ 33—2005，法兰连接应符合下列规定：

（1）法兰在安装前应进行外观检查，并应符合下列要求：

①法兰的公称压力应符合设计要求。

②法兰密封面应平整光洁，不得有毛刺及径向沟槽。法兰螺纹部分应完整，无损伤。凹凸面法兰应能自然嵌合，凸面的高度不得低于凹槽的深度。

③螺栓及螺母的螺纹应完整，不得有伤痕、毛刺等缺陷；螺栓与螺母应配合良好，不得有松动或卡涩现象。

（2）设计压力大于或等于1.6MPa的管道使用的高强度螺栓、螺母应按以下规定进行检查：

①螺栓、螺母应每批各取2个进行硬度检查，若有不合格，需加倍检查，如仍有不合格则应逐个检查，不合格者不得使用。

②硬度不合格的螺栓应取该批中硬度值最高、最低的螺栓各1只，校验其机械性能，若不合格，再取其硬度最接近的螺栓加倍校验，如仍不合格，则该批螺栓不得使用。

（3）法兰垫片应符合下列要求：

①石棉橡胶垫、橡胶垫及软塑料等非金属垫片应质地柔韧，不得有老化变质或分层现象，表面不应有折损、皱纹等缺陷。

②金属垫片的加工尺寸、精度、光洁度及硬度应符合要求，表面不得有裂纹、毛刺、凹槽、径向划痕及锈斑等缺陷。

③包金属及缠绕式垫片不应有径向划痕、松散、翘曲等缺陷。

（4）法兰与管道组对应符合下列要求：

①法兰端面应与管道中心线相垂直，其偏差值可采用角尺和钢尺检查，当管道公称直径小于或等于300mm时，允许偏差值为1mm；当管道公称直径大于300mm时，允许偏差值为2mm。

②管道与法兰的焊接结构应符合国家现行标准《管路法兰及垫片》JB/T 74的要求。

（5）法兰应在自由状态下安装连接，并应符合下列要求：

①法兰连接时应保持平行，其偏差不得大于法兰外径的1.5‰，且不得大于2mm，不得采用紧螺栓的方法消除偏斜。

②法兰连接应保持同一轴线，其螺孔中心偏差不宜超过孔径的5%，并应保证螺栓自由穿入。

③法兰垫片应符合标准，不得使用斜垫片或双层垫片。采用软垫片时，周边应整齐，垫片尺寸应与法兰密封面相符。

④螺栓与螺孔的直径应配套，并使用同一规格螺栓，安装方向一致，紧固螺栓应对称均匀，紧固适度，紧固后螺栓外露长度不应大于1倍螺距，且不得低于螺母。

⑤螺栓紧固后应与法兰紧贴，不得有楔缝。需要加垫片时，每个螺栓所加垫片每侧不应超过1个。

（6）法兰与支架边缘或墙面距离不宜小于200mm。

（7）法兰直埋时，必须对法兰和紧固件按管道相同的防腐等级进行防腐。

8116　聚乙烯管道敷设有哪些规定？

答：依据《城镇燃气输配工程施工及验收规范》CJJ 33—2005，聚乙烯管道敷设应符合下列规定：

（1）直径在90mm以上的聚乙烯燃气管材、管件连接可采用热熔对接连接或电熔连接；直径小于90mm的管材及管件宜使用电熔连接。聚乙烯燃气管道和其他材质的管道、阀门、管路附件等连接应采用法兰或钢塑过渡接头连接。

（2）对不同级别、不同熔体流动速率的聚乙烯原料制造的管材或管件，不同标准尺寸比（SDR 值）的聚乙烯燃气管道连接时，必须采用电熔连接。施工前应进行试验，判定试验连接质量合格后，方可进行电熔连接。

（3）热熔连接的焊接接头连接完成后，应进行 100％外观检验及 10％翻边切除检验，并应符合国家现行标准《聚乙烯燃气管道工程技术规程》CJJ 63 的要求。

（4）电熔连接的焊接接头连接完成后，应进行外观检查，并应符合国家现行标准《聚乙烯燃气管道工程技术规程》CJJ 63 的要求。

（5）电熔鞍形连接完成后，应进行外观检查，并应符合国家现行标准《聚乙烯燃气管道工程技术规程》CJJ 63 的要求。

（6）钢塑过渡接头金属端与钢管焊接时，过渡接头金属端应采取降温措施，但不得影响焊接接头的力学性能。

（7）法兰或钢塑过渡连接完成后，其金属部分应按设计要求的防腐等级进行防腐，并检验合格。

（8）聚乙烯燃气管道利用柔性自然弯曲改变走向时，其弯曲半径不应小于 25 倍的管材外径。

（9）聚乙烯燃气管道敷设时，应在管顶同时随管道走向敷设示踪线，示踪线的接头应有良好的导电性。

（10）聚乙烯燃气管道敷设完毕后，应对外壁进行外观检查，不得有影响产品质量的划痕、磕碰等缺陷；检查合格后，方可对管沟进行回填，并做好记录。

8117　钢骨架聚乙烯复合管道敷设有哪些规定？

答： 依据《城镇燃气输配工程施工及验收规范》CJJ33—2005，钢骨架聚乙烯复合管道敷设应符合下列规定：

（1）钢骨架聚乙烯复合管道（以下简称复合管）连接应采用电熔连接或法兰连接。当采用法兰连接时，宜设置检查井。

（2）电熔连接所选焊机类型应与安装管道规格相适应。

（3）施工现场断管时，其截面应与管道轴线垂直，截口应进行塑料（与母材相同材料）热封焊。严禁使用未封口的管材。

（4）电熔连接后应进行外观检查，溢出电熔管件边缘的溢料量（轴向尺寸）不得超过表 8-57 的规定值。

电熔连接熔焊溢边量（轴向尺寸） 表 8-57

管道公称直径（mm）	50～300	350～500
溢出电熔管件边缘量（mm）	10	15

（5）电熔连接内部质量应符合国家现行标准《燃气用钢骨架聚乙烯塑料复合管件》CJ/T 126 的规定，可采用在现场抽检试验件的方式检查。试验件的接头应采用与实际施工相同的条件焊接制备。

（6）法兰连接应符合下列要求：

①法兰密封面、密封件（垫圈、垫片）不得有影响密封性能的划痕、凹坑等缺陷。

②管材应在自然状态下连接，严禁强行扭曲组装。

（7）钢质套管内径应大于穿越管段上直径最大部位的外径加 50mm；混凝土套管内径应大于穿越管段上直径最大部位的外径加 100mm。套管内严禁法兰接口，并尽量减少电熔接口数量。

（8）在复合管上安装口径大于 100mm 的阀门、凝水缸等管路附件时，应设置支撑。

（9）复合管可随地形弯曲敷设，其允许弯曲半径应符合表 8-58 的规定。

复合管道允许弯曲半径（mm）　　　　　　　表 8-58

管道公称直径 DN（mm）	允许弯曲半径
50～150	≥80DN
200～300	≥100DN
350～500	≥110DN

8118　管道阀门安装有哪些规定？

答：依据《城镇燃气输配工程施工及验收规范》CJJ 33—2005，阀门安装应符合下列规定：

（1）安装前应检查阀芯的开启度和灵活度，并根据需要对阀体进行清洗、上油。

（2）安装有方向性要求的阀门时，阀体上的箭头方向应与燃气流向一致。

（3）法兰或螺纹连接的阀门应在关闭状态下安装，焊接阀门应在打开状态下安装。焊接阀门与管道连接焊缝宜采用氩弧焊打底。

（4）安装时，吊装绳索应拴在阀体上，严禁拴在手轮、阀杆或转动机构上。

（5）阀门安装时，与阀门连接的法兰应保持平行，其偏差不应大于法兰外径的 1.5‰，且不得大于 2mm。严禁强力组装，安装过程中应保证受力均匀，阀门下部应根据设计要求设置承重支撑。

（6）法兰连接时，应使用同一规格的螺栓，并符合设计要求。紧固螺栓时应对称均匀用力，松紧适度，螺栓紧固后螺栓与螺母宜齐平，但不得低于螺母。

（7）在阀门井内安装阀门和补偿器时，阀门应与补偿器先组对好，然后与管道上的法兰组对，将螺栓与组对法兰紧固好后，方可进行管道与法兰的焊接。

（8）对直埋的阀门，应按设计要求做好阀体、法兰、紧固件及焊口的防腐。

（9）安全阀应垂直安装，在安装前必须经法定检验部门检验并铅封。

8119　管道补偿器安装有哪些要求？

答：依据《城镇燃气输配工程施工及验收规范》CJJ 33—2005，补偿器的安装应符合下列要求：

（1）波纹补偿器的安装：

①安装前应按设计规定的补偿量进行预拉伸（压缩），受力应均匀。

②补偿器应与管道保持同轴，不得偏斜。安装时不得用补偿器的变形（轴向、径向、扭转等）来调整管位的安装误差。

③安装时应设临时约束装置，待管道安装固定后再拆除临时约束装置，并解除限位

装置。

（2）填料式补偿器的安装：

①应按设计规定的安装长度及温度变化，留有剩余的收缩量，允许偏差应满足产品的安装说明书的要求。

②应与管道保持同心，不得歪斜。

③导向支座应保证运行时自由伸缩，不得偏离中心。

④插管应安装在燃气流入端。

⑤填料石棉绳应涂石墨粉并应逐圈装入，逐圈压紧，各圈接口应相互错开。

8120 顶管施工燃气管道安装有哪些要求？

答：依据《城镇燃气输配工程施工及验收规范》CJJ 33—2005，顶管施工燃气管道安装应符合下列要求：

（1）顶管施工宜按现行国家标准《给水排水管道工程施工及验收规范》GB 50268 中的顶管施工的有关规定执行。

（2）燃气管道的安装应符合下列要求：

①采用钢管时，燃气钢管的焊缝应进行 100% 的射线照相检验。

②采用 PE 管时，应先做相同人员、工况条件下的焊接试验。

③接口宜采用电熔连接；当采用热熔对接时，应切除所有焊口的翻边，并应进行检查。

④燃气管道穿入套管前，管道的防腐已验收合格。

⑤在燃气管道穿入过程中，应采取措施防止管体或防腐层损伤。

8121 定向钻施工燃气管道安装有哪些要求？

答：依据《城镇燃气输配工程施工及验收规范》CJJ 33—2005，定向钻施工燃气管道安装应符合下列要求：

（1）定向钻施工穿越铁路等重要设施处，必须征求相关主管部门的意见。当与其他地下设施的净距不能满足设计规范要求时，应报设计单位，采取防护措施，并应取得相关单位的同意。

（2）定向钻施工宜按国家现行标准《石油天然气管道穿越工程施工及验收规范》SY/T 4079 执行。

（3）燃气管道安装应符合下列要求：

①燃气钢管的焊缝应进行 100% 的射线照相检查。

②在目标井工作坑应按要求放置燃气钢管，用导向钻回拖敷设，回拖过程中应根据需要不停注入配制的泥浆。

③燃气钢管的防腐应为特加强级。

④燃气钢管敷设的曲率半径应满足管道强度要求且不得小于钢管外径的 1500 倍。

8122 燃气调压站内管道及设备安装应符合哪些要求？

答：依据《城镇燃气输配工程施工及验收规范》CJJ 33—2005，调压站内管道及设备安装应符合下列要求：

（1）焊缝、法兰和螺纹等接口，均不得嵌入墙壁和基础中。管道穿墙或穿基础时，应设置在套管内。焊缝与套管一端的间距不应小于100mm。

（2）干燃气的站内管道应横平竖直；湿燃气的进出口管道应分别坡向室外，仪器仪表接管应坡向干管。

（3）调压器的进出口箭头指示方向应与燃气流动方向一致。

（4）调压器前后的直管段长度应按设计或制造厂技术要求施工。

（5）调压器、安全阀、过滤器、仪表等设备的安装应在进出口管道吹扫、试压合格后进行，并应牢固平正，严禁强力连接。

8123 用户燃气管道运行压力应符合哪些规定？

答： 依据《城镇燃气技术规范》GB 50494—2009，用户燃气管道运行压力应符合下列规定：

（1）住宅内，不应大于0.2MPa。

（2）商业用户建筑内，不应大于0.4MPa。

（3）工业用户的独立、单层建筑物内，不应大于0.8MPa。其他建筑物内，不应大于0.4MPa。

8124 燃气管道不得穿过哪些场所？

答： 依据《城镇燃气技术规范》GB 50494—2009，燃气管道不得穿过卧室、易燃易爆物品仓库、配电间、变电室、电梯井、电缆（井）沟、烟道、进风道和垃圾道等场所。

8125 燃气管道穿越管沟、建筑物基础、墙和楼板有何要求？

答： 依据《城镇燃气室内工程施工与质量验收规范》CJJ 94—2009，燃气管道穿越管沟、建筑物基础、墙和楼板应符合下列要求：

（1）燃气管道必须敷设于套管中，且宜与套管同轴。

（2）套管内的燃气管道不得设有任何形式的连接接头（不含纵向或螺旋焊缝及经无损检测合格的焊接接头）。

（3）套管与燃气管道之间的间隙应采用密封性能良好的柔性防腐、防水材料填实，套管与建筑物之间的间隙应用防水材料填实。

（4）燃气管道穿墙套管的两端应与墙面齐平；穿楼板套管的上端宜高于最终形成的地面50mm，下端应与楼板底齐平。

（5）燃气管道穿过建筑物基础、墙和楼板所设套管的管径不宜小于表8-59的规定；高层建筑引入管穿越建筑物基础时，其套管管径应符合设计文件的规定。

燃气管道的套管公称尺寸　　　　　　　　　　　　　　　　表8-59

燃气管	DN10	DN15	DN20	DN25	DN32	DN40	DN50	DN65	DN80	DN100	DN150
套管	DN25	DN32	DN40	DN50	DN65	DN65	DN80	DN100	DN125	DN150	DN200

8126　室内燃气工程使用的管道组成件有哪些规定？

答： 依据《城镇燃气室内工程施工与质量验收规范》CJJ 94—2009，燃气室内工程使用的管道组成件应按设计文件选用；当设计文件无明确规定时，应符合现行国家标准《城镇燃气设计规范》GB 50028 的有关规定，并应符合下列规定：

（1）当管子公称尺寸小于或等于 DN50，且管道设计压力为低压时，宜采用热镀锌钢管和镀锌管件。

（2）当管子公称尺寸大于 DN50 时，宜采用无缝钢管或焊接钢管。

（3）铜管宜采用牌号为 TP2 的铜管及铜管件；当采用暗埋形式敷设时，应采用塑覆铜管或包有绝缘保护材料的铜管。

（4）当采用薄壁不锈钢管时，其厚度不应小于 0.6mm。

（5）不锈钢波纹软管的管材及管件的材质应符合国家现行相关标准的规定。

（6）薄壁不锈钢管和不锈钢波纹软管用于暗埋形式敷设或穿墙时，应具有外包覆层。

（7）当工作压力小于 10kPa，且环境温度不高于 60℃时，可在户内计量装置后使用燃气用铝塑复合管及专用管件。

8127　室内燃气管道的连接应符合哪些要求？

答： 依据《城镇燃气室内工程施工与质量验收规范》CJJ 94—2009，室内燃气管道的连接应符合下列要求：

（1）燃气管道的连接方式应符合设计文件的规定。当设计文件无明确规定时，设计压力大于或等于 10kPa 的管道以及布置在地下室、半地下室或地上密闭空间内的管道，除采用加厚的低压管或与专用设备进行螺纹或法兰连接以外，应采用焊接的连接方式。

（2）公称尺寸不大于 DN50 的镀锌钢管应采用螺纹连接；当必须采用其他连接形式时，应采取相应的措施。

（3）无缝钢管或焊接钢管应采用焊接或法兰连接。

（4）铜管应采用承插式硬钎焊连接，不得采用对接钎焊和软钎焊。

（5）薄壁不锈钢管应采用承插氩弧焊式管件连接或卡套式、卡压式、环压式等管件机械连接。

（6）不锈钢波纹软管及非金属软管应采用专用管件连接。

（7）燃气用铝塑复合管应采用专用的卡套式、卡压式连接方式。

8128　管道竖井内燃气管道安装有哪些规定？

答： 依据《城镇燃气室内工程施工与质量验收规范》CJJ 94—2009，敷设在管道竖井内的燃气管道的安装应符合下列规定：

（1）管道安装宜在土建及其他管道施工完毕后进行。

（2）当管道穿越竖井内的隔断板时，应加套管；套管与管道之间应有不小于 10mm 的间隙。

（3）燃气管道的颜色应明显区别于管道井内的其他管道，宜为黄色。

（4）燃气管道与相邻管道的距离应满足安装和维修的需要。

（5）敷设在竖井内的燃气管道的连接接头应设置在距该层地面 1.0～1.2m 处。

8129 采用暗埋形式敷设燃气管道有哪些规定？

答：依据《城镇燃气室内工程施工与质量验收规范》CJJ 94—2009，采用暗埋形式敷设燃气管道时应符合下列规定：

（1）埋设管道的管槽不得伤及建筑物的钢筋。管槽宽度宜为管道外径加 20mm，深度应满足覆盖层厚度不小于 10mm 的要求。未经原建筑设计单位书面同意，严禁在承重的墙、柱、梁、板中暗埋管道。

（2）暗埋管道不得与建筑物中的其他任何金属结构相接触，当无法避让时应采用绝缘材料隔离。

（3）暗埋管道不应有机械接头。

（4）暗埋管道宜在直埋管道的全长上加设有效地防止外力冲击的金属防护装置，金属防护装置的厚度宜大于 1.2mm。当与其他埋墙设施交叉时，应采取有效的绝缘和保护措施。

（5）暗埋管道在敷设过程中不得产生任何形式的损坏，管道固定应牢固。

（6）在覆盖暗埋管道的砂浆中不应添加快速固化剂。砂浆内应添加带色颜料作为永久色标。当设计无明确规定时，颜料宜为黄色。安装施工后还应将直埋管道位置标注在竣工图纸上，移交建设单位签收。

8130 燃气管道支架、托架、吊架、管卡的安装有何要求？

答：依据《城镇燃气室内工程施工与质量验收规范》CJJ 94—2009，管道支架、托架、吊架、管卡（以下简称"支架"）的安装应符合下列要求：

（1）管道的支架应安装稳定、牢固，支架位置不得影响管道的安装、检修与维护。

（2）每个楼层的立管至少应设支架 1 处。

（3）当水平管道上设有阀门时，应在阀门的来气侧 1m 范围内设支架并尽量靠近阀门。

（4）与不锈钢波纹软管、铝塑复合管直接相连的阀门应设有固定底座或管卡。

（5）钢管支架的最大间距宜按表 8-60 选择；铜管支架的最大间距及薄壁不锈钢管道支架的最大间距宜按规范的规定选择；不锈钢波纹软管的支架最大间距不宜大于 1m。

钢管支架最大间距 表 8-60

公称直径	最大间距（m）	公称直径	最大间距（m）	公称直径	最大间距（m）
DN15	2.5	DN65	6.0	DN250	14.5
DN20	3.0	DN80	6.5	DN300	16.5
DN25	3.5	DN100	7.0	DN350	18.5
DN32	4.0	DN125	8.0	DN400	20.5
DN40	4.5	DN150	10.0		
DN50	5.0	DN200	12.0		

（6）水平管道转弯处应在以下范围内设置固定托架或管卡座：

①钢质管道不应大于 1.0m。

②不锈钢波纹软管、铜管道、薄壁不锈钢管道每侧不应大于 0.5m。

③铝塑复合管每侧不应大于 0.3m。

（7）支架的结构形式应符合设计要求，排列整齐，支架与管道接触紧密，支架安装牢固，固定支架应使用金属材料。

（8）当管道与支架为不同种类的材质时，二者之间应采用绝缘性能良好的材料进行隔离或采用与管道材料相同的材料进行隔离；隔离薄壁不锈钢管道所使用的非金属材料，其氯离子含量不应大于 50×10^{-6}。

（9）支架的涂漆应符合设计要求。

8131 室内燃气钢管、铝塑复合管及阀门安装允许偏差有何规定？

答：依据《城镇燃气室内工程施工与质量验收规范》CJJ 94—2009，室内燃气钢管、铝塑复合管及阀门安装后的允许偏差和检验方法宜符合表 8-61 的规定，检查数量应符合下列规定：

室内燃气管道安装后检验的允许偏差和检验方法　　　　　　　　表 8-61

项　目			允许偏差
标高			±10mm
水平管道纵横方向弯曲	钢管	管径小于或等于 DN100	2mm/m 且≤13mm
		管径大于 DN100	3mm/m 且≤25mm
	铝塑复合管		1.5mm/m 且≤25mm
立管垂直度	钢管		3mm/m 且≤8mm
	铝塑复合管		2mm/m 且≤8mm
引入管阀门	阀门中心距地面		±15mm
管道保温	厚度（δ）		$+0.1\delta$，-0.05δ
	表面不整度	卷材或板材	±2mm
		涂抹或其他	±2mm

（1）管道与墙面的净距，水平管的标高：检查管道的起点、终点，分支点及变方向点间的直管段，不应少于 5 段。

（2）纵横方向弯曲：按系统内直管段长度每 30m 应抽查 2 段，不足 30m 的不应少于 1 段；有分隔墙的建筑，以隔墙为分段数，抽查 5%，且不应少于 5 段。

（3）立管垂直度：一根立管为一段，两层及两层以上按楼层分段，各抽查 5%，但均不应少于 10 段。

（4）引入管阀门：100%检查。

（5）其他阀门：抽查 10%，且不应少于 5 个。

（6）管道保温：每 20m 抽查 1 处，且不应少于 5 处。

8132 燃具和用气设备安装前应检查哪些内容？

答：依据《城镇燃气室内工程施工与质量验收规范》CJJ 94—2009，燃具和用气设备安装前应检查下列内容：

（1）应检查燃具和用气设备的产品合格证、产品安装使用说明书和质量保证书；

（2）产品外观的显见位置应有产品参数铭牌，并有出厂日期；

（3）应核对性能、规格、型号、数量是否符合设计文件的要求。

8133　燃气管道试验有哪些规定？

答：依据《城镇燃气输配工程施工及验收规范》CJJ 33—2005，管道试验应符合下列规定：

（1）管道安装完毕后应依次进行管道吹扫、强度试验和严密性试验。

（2）燃气管道穿（跨）越大中型河流、铁路、二级以上公路、高速公路时，应单独进行试压。

（3）管道吹扫、强度试验及中高压管道严密性试验前应编制施工方案，制定安全措施，确保施工人员及附近民众与设施的安全。

（4）试验时应设巡视人员，无关人员不得进入。在试验的连续升压过程中和强度试验的稳压结束前，所有人员不得靠近试验区。人员离试验管道的安全间距可按表 8-62 确定。

安　全　间　距　　　　　　　　　　　　　　　表 8-62

管道设计压力（MPa）	安全间距（m）
≤0.4	6
0.4～1.6	10
2.5～4.0	20

（5）管道上的所有堵头必须加固牢靠，试验时堵头端严禁人员靠近。

（6）吹扫和待试验管道应与无关系统采取隔离措施，与已运行的燃气系统之间必须加装盲板且有明显标志。

（7）试验前应按设计图检查管道的所有阀门，试验段必须全部开启。

（8）在对聚乙烯管道或钢骨架聚乙烯复合管道吹扫及试验时，进气口应采取油水分离及冷却等措施，确保管道进气口气体干燥，且其温度不得高于 40℃；排气口应采取防静电措施。

（9）试验时所发现的缺陷，必须待试验压力降至大气压后进行处理，合格后应重新试验。

8134　燃气管道吹扫有哪些规定？

答：依据《城镇燃气输配工程施工及验收规范》CJJ33—2005，管道吹扫应符合下列规定：

（1）管道吹扫应按下列要求选择气体吹扫或清管球清扫：

①球墨铸铁管道、聚乙烯管道、钢骨架聚乙烯复合管道和公称直径小于 100mm 或长度小于 100m 的钢质管道，可采用气体吹扫。

②公称直径大于或等于 100mm 的钢质管道，宜采用清管球进行清扫。

（2）管道吹扫应符合下列要求：

① 吹扫范围内的管道安装工程除补口、涂漆外，已按设计图纸全部完成。

②管道安装检验合格后，应由施工单位负责组织吹扫工作，并应在吹扫前编制吹扫方案。

③应按主管、支管、庭院管的顺序进行吹扫，吹扫出的脏物不得进入已合格的管道。

④吹扫管段内的调压器、阀门、孔板、过滤网、燃气表等设备不应参与吹扫，待吹扫合格后再安装复位。

⑤吹扫口应设在开阔地段并加固，吹扫时应设安全区域，吹扫出口前严禁站人。

⑥吹扫压力不得大于管道的设计压力，且不应大于 0.3MPa。

⑦吹扫介质宜采用压缩空气，严禁采用氧气和可燃性气体。

⑧吹扫合格设备复位后，不得再进行影响管内清洁的其他作业。

（3）气体吹扫应符合下列要求：

①吹扫气体流速不宜小于 20m/s。

②吹扫口与地面的夹角应在 $30°\sim45°$ 之间，吹扫口管段与被吹扫管段必须采取平缓过渡对焊，吹扫口直径应符合表 8-63 的规定。

吹扫口直径（mm）　　　　　　　　　　表 8-63

末端管道公称直径 DN	$DN<150$	$150{\leqslant}DN{\leqslant}300$	$DN{\geqslant}350$
吹扫口公称直径	与管道同径	150	250

③每次吹扫管道的长度不宜超过 500m；当管道长度超过 500m 时，宜分段吹扫。

④当管道长度在 200m 以上，且无其他管段或储气容器可利用时，应在适当部位安装吹扫阀，采取分段储气，轮换吹扫；当管道长度不足 200m，可采用管道自身储气放散的方式吹扫，打压点与放散点应分别设在管道的两端。

⑤当目测排气无烟尘时，应在排气口设置白布或涂白漆木靶板检验，5min 内靶上无铁锈、尘土等其他杂物为合格。

8135　燃气管道强度试验有哪些规定？

答： 依据《城镇燃气输配工程施工及验收规范》CJJ 33—2005，强度试验应符合下列规定：

（1）强度试验前应具备下列条件：

①试验用的压力计及温度记录仪应在校验有效期内。

②试验方案已经批准，有可靠的通信系统和安全保障措施，已进行了技术交底。

③管道焊接检验、清扫合格。

④埋地管道回填土宜回填至管上方 0.5m 以上，并留出焊接口。

（2）管道应分段进行压力试验，试验管道分段最大长度宜按表 8-64 执行。

管道试压分段最大长度　　　　　　　　　　表 8-64

设计压力 PN（MPa）	试验管段最大长度（m）
$PN{\leqslant}0.4$	1000
$0.4<PN{\leqslant}1.6$	5000
$1.6<PN{\leqslant}4.0$	10000

（3）管道试验用压力计及温度记录仪表均不应少于两块，并应分别安装在试验管道的两端。

（4）试验用压力计的量程应为试验压力的 1.5~2 倍，其精度不得低于 1.5 级。

（5）强度试验压力和介质应符合表 8-65 的规定。

强度试验压力和介质　　表 8-65

管道类型	设计压力 PN（MPa）	试验介质	试验压力（MPa）
钢　管	$PN>0.8$	清洁水	1.5PN
	$PN\leqslant 0.8$	压缩空气	1.5PN 且不小于 0.4
球墨铸铁管	PN		
钢骨架聚乙烯复合管	PN		
聚乙烯管	PN（SDR11）		
	PN（SDR17.6）		1.5PN 且不小于 0.2

（6）水压试验时，试验管段任何位置的管道环向应力不得大于管材标准屈服强度的 90%。架空管道采用水压试验前，应核算管道及其支撑结构的强度，必要时应临时加固。试压宜在环境温度 5℃ 以上进行，否则应采取防冻措施。

（7）水压试验应符合《液体石油管道压力试验》GB/T 16805 的有关规定。

（8）进行强度试验时，压力应逐步缓升，首先升至试验压力的 50%，应进行初检，如无泄漏、异常，继续升压至试验压力，然后宜稳压 1h 后，观察压力计不应少于 30min，无压力降为合格。

（9）水压试验合格后，应及时将管道中的水放（抽）净，并按规范的要求进行吹扫。

（10）经分段试压合格的管段相互连接的焊缝，经射线照相检验合格后，可不再进行强度试验。

8136　燃气管道严密性试验有哪些规定？

答：依据《城镇燃气输配工程施工及验收规范》CJJ 33—2005，严密性试验应符合下列规定：

（1）严密性试验应在强度试验合格、管线全线回填后进行。

（2）试验用的压力计应在校验有效期内，其量程应为试验压力的 1.5~2 倍，其精度等级、最小分格值及表盘直径应满足规范规定及试验的要求。

（3）严密性试验介质宜采用空气，试验压力应满足下列要求：

①设计压力小于 5kPa 时，试验压力应为 20kPa。

②设计压力大于或等于 5kPa 时，试验压力应为设计压力的 1.15 倍，且不得小于 0.1MPa。

（4）试压时的升压速度不宜过快。对设计压力大于 0.8MPa 的管道试压，压力缓慢上升至 30% 和 60% 试验压力时，应分别停止升压，稳压 30min，并检查系统有无异常情况，如无异常情况继续升压。管内压力升至严密性试验压力后，待温度、压力稳定后开始记录。

（5）严密性试验稳压的持续时间应为 24h，每小时记录不应少于 1 次，当修正压力降小于 133Pa 为合格。修正压力降应按规范规定确定。

（6）所有未参加严密性试验的设备、仪表、管件，应在严密性试验合格后进行复位，然后按设计压力对系统升压，应采用发泡剂检查设备、仪表、管件及其与管道的连接处，不漏为合格。

第7节 城市轨道交通工程

8137 城市轨道交通限界有哪些规定?

答: 依据《城市轨道交通技术规范》GB 50490—2009,城市轨道交通工程限界应符合下列规定:

(1) 城市轨道交通应根据不同车辆和规定的运行工况,确定相应的车辆限界、设备限界和建筑限界。

(2) 轨行区土建工程和机电设备的设置应符合相应的限界要求。列车(车辆)在各种运行状态下,不应发生列车(车辆)与列车(车辆)、列车(车辆)与轨行区内任何固定的或可移动物体之间的接触。

(3) 当采用顶部架空接触网授电时,建筑限界高度应按受电弓工作高度和接触网系统结构高度计算确定;当采用侧向接触网或接触轨授电时,建筑限界高度应按设备限界高度加不小于 200mm 的安全间隙计算确定。

(4) 建筑限界宽度应符合下列规定:

①对双线区间,当两线间无建(构)筑物时,两条线设备限界之间的安全间隙不应小于 100mm。

②对单线地下区间,当无构筑物或设备时,隧道结构与设备限界之间的距离不应小于 100mm;当有构筑物或设备时,设备限界与构筑物或设备之间的安全间隙不应小于 50mm。

③对高架区间,设备限界与建(构)筑物之间的安全间隙不应小于 50mm;当采用接触轨授电时,还应满足受流器与轨旁设备之间电气安全距离的要求。

④当地面线外侧设置防护栏杆、接触网支柱等构筑物时,应保证与设备限界之间有足够的设备安装空间。

⑤人防隔断门、防淹门的建筑限界与设备限界在宽度方向的安全间隙不应小于 100mm。

(5) 车站站台不应侵入车辆限界;直线车站站台边缘与车厢地板面高度处车辆轮廓线的水平间隙不应大于 100mm,曲线车站站台边缘与车厢地板面高度处车辆轮廓线的水平间隙不应大于 180mm。

(6) 在任何工况下,车站站台面的高度均不得高于车辆客室地板面的高度;在空车静止状态下,二者高差不应大于 50mm。

(7) 站台屏蔽门不应侵入车辆限界,直线车站时,站台屏蔽门与车体最宽处的间隙不应大于 130mm。

(8) 区间内的纵向应急疏散平台应在设备限界外侧设置,建筑限界应包容通道所必需的净空尺寸。

(9) 线路上运行的其他车辆均不应超出所运行线路的车辆限界。

8138 城市轨道交通轨道与路基工程有哪些规定?

答: 依据《城市轨道交通技术规范》GB 50490—2009,轨道与路基工程应符合下列规定:

（1）轨道结构应具有足够的强度、稳定性、耐久性和适当的弹性，应保证列车运行平稳、安全，并应满足减振、降噪的要求。

（2）钢轮、钢轨系统轨道的标准轨距应采用 1435mm。

（3）钢轮、钢轨系统钢轨的断面及轨底坡应与轮缘踏面相匹配，并应保证对运行列车具有足够的支承强度、刚度和良好的导向作用。

（4）跨座式单轨系统的轨道梁应具有足够的竖向、横向和抗扭刚度，应保证结构的整体性和稳定性，并应满足列车走行轮、导向轮和稳定轮的走行要求以及其他相关系统的安装要求。

（5）钢轮、钢轨系统正线曲线段轨道应根据列车运行速度设置超高，允许未被平衡的横向加速度不应超过 $0.4m/s^2$，且最大超高应满足列车静止状态下的横向稳定要求。车站内曲线超高不应超过 15mm，允许未被平衡的横向加速度不应超过 $0.3m/s^2$。

（6）轨道尽端应设置车挡。设在正线、折返线和车辆试车线的车挡应能承受列车以 15km/h 速度撞击时的冲击荷载。

（7）轨道道岔结构应安全可靠，并应与列车运行安全相适应。

（8）区间线路的轨道中心道床面或轨道旁，应设有逃生、救援的应急通道，应急通道的最小宽度不应小于 550mm。

（9）当利用走行轨做牵引网回流时，轨道应进行绝缘处理，并应防止杂散电流扩散。

（10）轨道路基应具有足够的强度、稳定性和耐久性，并应满足防洪、防涝的要求。

8139　城市轨道交通消火栓系统设置应符合哪些规定？

答：依据《城市轨道交通技术规范》GB 50490—2009，城市轨道交通消火栓系统设置应符合下列规定：

（1）车站及超过 200m 的地下区间隧道应设消火栓系统。

（2）车站消火栓的布置应保证每一个防火分区同层有两只水枪的充实水柱同时到达任何部位，水枪的充实水柱不应小于 10m。

（3）当消火栓口处出水压力大于 0.5MPa 时，应设置减压装置。

（4）当供水压力不能满足消防所需压力时，应设消防泵增压设施。

8140　隧道开挖常用施工方法有哪些？

答：依据《地下铁道工程施工及验收规范》GB 50299—1999（2003 年版），隧道施工方法应根据地质、覆盖层厚度、结构断面及地面环境条件等，经过经济、技术比较后按规范规定的施工方法选用。常用施工方法有：全断面法、台阶法、中隔壁法、单侧壁导洞法、双侧壁导洞法、双侧壁边桩导洞法、环形留核心土法、双侧壁及梁柱导洞法、双侧壁桩、梁、柱导洞法。

（1）全断面法在稳定岩体中应采用光面或预裂爆破成型后施工仰拱，并按设计做初期支护结构或直接进行二次衬砌施工。

（2）台阶法应根据地质和开挖断面跨度等可采用长、短和超短台阶施工，下台阶应在拱部初期支护结构基本稳定后开挖，在土层和不稳定岩体中的下台阶，应先施工边墙初期支护结构后方可开挖中间土体，并适时施工仰拱。

（3）中隔壁法应采用台阶法先分部施工拱部初期支护结构后再分部施工下台阶及仰拱。上下台阶的左右洞体施工时，前后错开距离不应小于15m。

（4）单侧壁导洞法施工，其导洞应结合边墙设置，跨度不宜大于0.5倍隧道宽度，洞顶宜至起拱线。施工时应先完成导洞后再施工上下台阶及仰拱。

（5）双侧壁导洞法施工，其导洞跨度不宜大于0.3倍隧道宽度，施工时，左右导洞前后错开距离不应小于15m。并在导洞施工完后方可按台阶法施工上下台阶及仰拱。

（6）双侧壁边桩导洞法施工，其导洞断面尺寸应满足边桩施工要求。施工应先完成边桩再开挖上台阶，并做好拱部初期支护结构后，方可按逆筑法施工下台阶至封底。

（7）环形留核心土法施工，应先开挖上台阶的环形拱部，并及时施工初期支护结构后再开挖核心土。核心土应留坡度，并不得出现反坡。上台阶施工完后，应按台阶法施工下台阶及仰拱。

（8）双侧壁及梁柱导洞法施工，其侧壁导洞设置应符合规范规定，梁柱导洞断面尺寸应满足梁柱施工要求。施工时，相邻洞前后错开距离不应小于15m，并先开挖侧壁导洞和柱洞，施工完梁柱做好拱部初期支护结构后方可按台阶法施工下台阶及仰拱。

（9）双侧壁桩、梁、柱导洞法施工，其导洞断面尺寸应满足桩、梁柱施工要求，如隧道设置底梁时，则上、下导洞中心线应在同一垂直面内。施工应先开挖导洞，做好桩、梁柱结构，上台阶拱部初期支护结构完成后，方可按逆筑法施工下台阶至封底。

8141 隧道开挖有哪些规定？

答： 依据《地下铁道工程施工及验收规范》GB 50299—1999（2003年版），隧道开挖应符合下列规定：

（1）隧道开挖前应制定防坍塌方案，备好抢险物资，并在现场堆码整齐。

（2）隧道在稳定岩体中可先开挖后支护，支护结构距开挖面宜为5～10m；在土层和不稳定岩体中，初期支护的挖、支、喷三环节必须紧跟，当开挖面稳定时间满足不了初期支护施工时，应采取超前支护或注浆加固措施。

（3）隧道开挖循环进尺，在土层和不稳定岩体中为0.5～1.2m；在稳定岩体中为1～1.5m。

（4）隧道应按设计尺寸严格控制开挖断面，不得欠挖，其允许超挖值应符合表8-66的规定。

隧道允许超挖值（mm）　　　　　　　　　　　　　　　　　　　　表8-66

隧道开挖部位	岩层分类							
	爆破岩层						土质和不需爆破岩层	
	硬岩		中硬岩		软岩		平均	最大
	平均	最大	平均	最大	平均	最大		
拱部	100	200	150	250	150	250	100	150
边墙及仰拱	100	150	100	150	100	150	100	150

注：超挖或小规模坍方处理时，必须采用耐腐蚀材料回填，并做好回填注浆。

（5）两条平行隧道（包括导洞），相距小于1倍隧道开挖跨度时，其前后开挖面错开距离不应小于 15m。

(6) 同一条隧道相对开挖,当两工作面相距 20m 时应停挖一端,另一端继续开挖,并做好测量工作,及时纠偏。其中线贯通允许偏差为:平面位置±30mm,高程±20mm。

(7) 隧道台阶法施工,应在拱部初期支护结构基本稳定且喷射混凝土达到设计强度的 70% 以上时,方可进行下部台阶开挖,并应符合下列规定:

①边墙应采用单侧或双侧交错开挖,不得使上部结构同时悬空。

②一次循环开挖长度,稳定岩体不应大于 4m,土层和不稳定岩体不应大于 2m。

③边墙挖至设计高程后,必须立即支立钢筋格栅拱架并喷射混凝土。

④仰拱应根据监控量测结果及时施工。

(8) 通风道、出入口等横洞与正洞相连或变断面、交叉点等隧道开挖时,应采取加强措施。

(9) 隧道采用分布开挖时,必须保持各开挖阶段围岩及支护结构的稳定性。

(10) 隧道开挖过程中,应进行地质描述并做好记录,必要时尚应进行超前地质勘探。

8142 隧道支护钢筋格栅安装与钢筋网铺设有哪些规定?

答: 依据《地下铁道工程施工及验收规范》GB 50299—1999(2003 年版),钢筋格栅安装与钢筋网铺设应符合下列规定:

(1) 钢筋格栅安装:

①基面应坚实并清理干净,必要时应进行预加固。

②钢筋格栅应垂直线路中线,允许偏差为:横向±30mm,纵向±50mm,高程±30mm,垂直度 5‰。

③钢筋格栅与壁面应楔紧,每片钢筋格栅节点及相邻格栅纵向必须分别连接牢固。

(2) 钢筋网铺设:

①铺设应平整,并与格栅或锚杆连接牢固。

②钢筋格栅采用双层钢筋网时,应在第一层铺设好后再铺第二层。

③每层钢筋网之间应搭接牢固,且搭接长度不应小于 200mm。

8143 隧道支护喷射混凝土作业有哪些规定?

答: 依据《地下铁道工程施工及验收规范》GB 50299—1999(2003 年版),隧道内喷射混凝土作业应符合下列规定:

(1) 喷射混凝土前应清理场地,清扫受喷面;检查开挖尺寸,清除浮渣及堆积物;埋设控制喷射混凝土厚度的标志;对机具设备进行试运转。就绪后方可进行喷射混凝土作业。

(2) 喷射混凝土作业应紧跟开挖工作面,并符合下列规定:

①混凝土喷射应分片依次自下而上进行并先喷钢筋格栅与壁面间混凝土,然后再喷两钢筋格栅之间混凝土。

②每次喷射厚度为:边墙 70～100mm;拱顶 50～60mm。

③分层喷射时,应在前一层混凝土终凝后进行,如终凝 1h 后再喷射,应清洗喷层表面。

④喷层混凝土回弹量，边墙不宜大于 15%，拱部不宜大于 25%。

⑤爆破作业时，喷射混凝土终凝到下一循环放炮间隔时间不应小于 3h。

（3）喷射混凝土 2h 后应养护，养护时间不应少于 14d，当气温低于＋5℃时，不得喷水养护。

（4）喷射混凝土施工区气温和混合料进入喷射机温度均不得低于＋5℃。喷射混凝土低于设计强度的 40%时不得受冻。

（5）喷射混凝土结构试件制作及工程质量应符合下列规定：

①抗压强度和抗渗压力试件制作组数：同一配合比，区间或小于其断面的结构，每 20m 拱和墙各取一组抗压强度试件，车站各取二组；抗渗压力试件区间结构每 40m 取一组，车站每 20m 取一组。

② 喷层与围岩以及喷层之间粘结应用锤击法检查。对喷层厚度，区间或小于区间断面的结构每 20m 检查一个断面，车站每 10m 检查一个断面。每个断面从拱顶中线起，每 2m 凿孔检查一个点。断面检查点 60%以上喷射厚度不小于设计厚度，最小值不小于设计厚度 1/3，厚度总平均值不小于设计厚度时，方为合格。

③喷射混凝土应密实、平整，无裂缝、脱落、漏喷、漏筋、空鼓、渗漏水等现象。平整度允许偏差为 30mm，且矢弦比不应大于 1/6。

8144　隧道结构混凝土灌注有哪些规定？

答：依据《地下铁道工程施工及验收规范》GB 50299—1999（2003 年版），隧道结构混凝土灌注应符合下列规定：

（1）隧道结构均应采用防水混凝土，其施工应符合相关规范的规定。

（2）混凝土灌注地点应采取防止暴晒和雨淋措施。混凝土灌注前应对模板、钢筋、预埋件、端头止水带等进行检查，清除模内杂物，隐检合格后，方可灌注混凝土。

（3）垫层混凝土应沿线路方向灌注，布灰应均匀，其允许偏差为：高程 $^{+5}_{-10}$mm，表面平整度 3mm。

（4）底板混凝土应沿线路方向分层留台阶灌注。混凝土灌注至高程初凝前，应用表面振捣器振一遍后抹面，其允许偏差为：高程±10mm，表面平整度 10mm。

（5）墙体和顶板混凝土灌注应符合下列规定：

①墙体混凝土左右对称、水平、分层连续灌注，至顶板交界处间歇 1~1.5h，然后再灌注顶板混凝土。

②顶板混凝土连续水平、分台阶由边墙、中墙分别向结构中间方向进行灌注。混凝土灌至高程初凝前，应用表面振捣器振捣一遍后抹面，其允许偏差为：高程±10mm，表面平整度 5mm。

（6）混凝土柱可单独施工，并应水平、分层灌注。如和墙、顶板结构同时施工而混凝土强度等级不同时，必须采取措施，不得混用。

（7）结构变形缝设置嵌入式止水带时，混凝土灌注应符合下列规定：

①灌注前应校正止水带位置，表面清理干净，止水带损坏处应修补。

②顶、底板结构止水带的下侧混凝土应振实，将止水带压紧后方可继续灌注混凝土。

③边墙处止水带必须固定牢固，内外侧混凝土应均匀、水平灌注，保持止水带位置正确、平直、无卷曲现象。

（8）混凝土灌注过程中应随时观测模板、支架、钢筋、预埋件和预留孔洞等情况，发现问题，及时处理。

（9）混凝土终凝后应及时养护，垫层混凝土养护期不得少于 7d，结构混凝土养护期不得少于 14d。

（10）混凝土抗压、抗渗试件应在灌注地点制作，同一配合比的留置组数应符合下列规定：

①抗压强度试件：

a. 垫层混凝土每灌注一次留置一组。

b. 每段结构（不应大于 30m 长）的底板、中边墙及顶板，车站主体各留置 4 组，区间及附属建筑物结构各留置 2 组。

c. 混凝土柱结构，每灌注 10 根留置一组，一次灌注不足 10 根者，也应留置一组。

d. 如需要与结构同条件养护的试件，其留置组数可根据需要确定。

②抗渗压力试件：每段结构（不应大于 30m），车站留置 2 组，区间及附属建筑物各留置一组。

8145　隧道内运输有轨线路铺设有哪些规定？

答：依据《地下铁道工程施工及验收规范》GB 50299—1999（2003 年版），隧道内运输有轨线路铺设应符合下列规定：

（1）钢轨和道岔型号：钢轨不宜小于 24kg/m，并宜选用较大型号的道岔，必要时尚应安装转辙器。

（2）轨枕：铺设间距不应大于 0.7m，轨枕长应为轨距加 0.6m，上下面平整，道岔处铺长轨枕。

（3）平面曲线半径不应小于机动车或车辆轨距的 7 倍。

（4）线路铺设：道床应平整坚实，轨距允许偏差为 $^{+6}_{-2}$mm，曲线应加宽和超高，必要时可设轨距杆。直线地段两轨水平，钢轨接头处应铺两根枕木并保持水平，配件齐全并连接牢固。

（5）线间距：双线应保持两列车间距不小于 400mm。

（6）车辆距隧道壁、人行步道栏杆及隧道壁上的电缆不应小于 200mm。人行道宽度不应小于 700mm。

（7）井底车场和隧道内宜设双股道，如受条件限制设单股道时，错车线有效长度应满足最长列车运行要求。

8146　隧道内供电和照明有哪些规定？

答：依据《地下铁道工程施工及验收规范》GB 50299—1999（2003 年版），隧道内供电和照明应符合下列规定：

（1）隧道施工应设双回路电源，并有可靠切断装置。照明线路电压在施工区域内不得大于 36V，成洞和施工区以外地段可用 220V。

（2）隧道内电缆线路布置与敷设应符合下列规定：

①成洞地段固定电线路应采用绝缘线；施工工作面区段的临时电线路宜采用橡套电缆；竖井及正线处宜采用铠装电缆。

②照明和动力电线（缆）安装在隧道同一侧时，应分层架设，电缆悬挂高度距地面不应小于 2m。

③36V 变压器应设置于安全、干燥处，机壳应接地。

④动力干线的每一支线必须装设开关及保险丝具。不得在动力线上架挂照明设施。

（3）隧道施工范围内必须有足够照明。交通要道、工作面和设备集中处并应设置安全照明。

（4）动力照明的配电箱应封闭严密，不得乱接电源，应设专人管理并经常检查、维修和保养。

8147　隧道内供风和供水有哪些规定？

答：依据《地下铁道工程施工及验收规范》GB 50299—1999（2003 年版），隧道内供风和供水应符合下列规定：

（1）空压机站输出的风压应能满足同时工作的各种风动机具的最大额定风量；设置的位置宜在竖井地面附近，并应采取防水、降温、保温和消音措施。

（2）高压风管及水管管径应经计算确定，其安装应符合下列规定：

①管材和闸阀安装前应检验合格并清洗干净。

②管路安装应直顺，接头严密。

③空压机站和供水总管处应设闸阀，干管每 100～200m 并设置分闸阀。

④高压风管长度大于 1000m 时，应在管路最低处设油水分离器并定期放出管中的积水和积油。

⑤隧道内宜安装在电缆线对面一侧，并不得妨碍交通和运输。

⑥管路前端距开挖面宜为 30m，并且高压软管接至分风或分水器。

⑦严寒地区冬季隧道外水管应有防冻措施。

8148　隧道盾构掘进施工有哪些规定？

答：依据《地下铁道工程施工及验收规范》GB 50299—1999（2003 年版），盾构掘进应符合下列规定：

（1）盾构掘进中，必须保证正面土体稳定，并根据地质、线路平面、高程、坡度、胸板等条件，正确编组千斤顶。

（2）盾构掘进速度，应与地表控制的隆陷值、进出土量、正面土压平衡调整值及同步注浆等相协调。如停歇时间较长时，必须及时封闭正面土体。

（3）盾构掘进中遇有下列情况之一时，应停止掘进，分析原因并采取措施：

①盾构前方发生坍塌或遇有障碍。

②盾构自转角度过大。

③盾构位置偏离过大。

④盾构推力较预计的增大。

⑤可能发生危及管片防水、运输及注浆遇有故障等。

(4) 盾构掘进中应严格控制中线平面位置和高程，其允许偏差均为±50mm。发现偏离应逐步纠正，不得猛纠硬调。

(5) 敞口式盾构切口环前檐刃口切入土层后，应在正面土体支撑系统支撑下，自上而下分层进行土方开挖。必要时应采取降水、气压或注浆加固等措施。

(6) 网格式盾构应随盾构推进同时进行土方开挖，在土体挤入网格转盘内后应及时运出。当采用水力盾构时，应采用水枪冲散土体后，用管道运至地面，经泥水处理后排出。

(7) 土压平衡式盾构掘进时，工作面压力应通过试推进 50～100m 后确定，在推进中应及时调整并保持稳定。掘进中开挖出的土砂应填满土仓，并保持盾构掘进速度和出土量的平衡。

(8) 泥水平衡式盾构掘进时，应将刀盘切割下的土体输入泥水室，经搅拌器充分搅拌后，采用流体输送并进行水土分离，分离后的泥水应返回泥水室，并将土体排走。

(9) 挤压式盾构胸板开口率应根据地质条件确定，进土孔应对称设置。盾构外壳应设置防偏转稳定装置。掘进时的推力应与出土量相适应。

(10) 局部气压式盾构掘进前应将正面土体封堵严密，并根据覆土厚度、地质条件等设定压力值；掘进中，出土量和掘进速度应相适应，并使切口处的出土口浸在泥土中；停止掘进时，应将出土管路关闭。

8149 钢筋混凝土管片拼装有哪些规定？

答： 依据《地下铁道工程施工及验收规范》GB 50299—1999（2003 年版），钢筋混凝土管片拼装应符合下列规定：

(1) 钢筋混凝土管片应验收合格后方可运至工地。拼装前应编号并进行防水处理，备齐连接件并将盾尾杂物清理干净，举重臂（钳）等设备经检查符合要求后方可进行管片拼装。

(2) 钢筋混凝土管片拼装中，应保持盾构稳定状态，并防止盾构后退和已砌管片受损。举重钳钳牢管片操作过程中，施工人员应退出管片拼装环范围。

(3) 钢筋混凝土管片拼装时应先就位底部管片，然后自下而上左右交叉安装，每环相邻管片应均布摆匀并控制环面平整度和封口尺寸，最后插入封顶管片成环。

(4) 钢筋混凝土管片拼装成环时，其连接螺栓应先逐仚初步拧紧，脱出盾尾后再次拧紧。当后续盾构掘进至每环管片拼装之前，应对相邻已成环的 3 环范围内管片螺栓进行全面检查并复紧。

(5) 管片拼装后，应按规范规定进行记录，并进行检验，其质量应满足设计要求，当设计未做具体要求时，应符合下列规定：

①管片在盾尾内拼装完成时，偏差宜控制为：高程和平面±50mm；每环相邻管片高差 5mm，纵向相邻环管片高差 6mm。

②在地铁隧道建成后，中线允许偏差为：高程和平面±100mm，且衬砌结构不得侵入建筑限界；每环相邻管片允许高差 10mm，纵向相邻环管片允许高差 15mm；衬砌环直径椭圆度小于 5‰D（D 为隧道外径）。

③环向及纵向螺栓应全部安装，螺栓应拧紧。

8150 钢筋混凝土管片检漏测试有哪些规定？

答： 依据《地下铁道工程施工及验收规范》GB 50299—1999（2003 年版），钢筋混凝土管片，每生产 50 环应抽查 1 块管片做检漏测试，连续三次达到检测标准，则改为每生产 100 环抽检 1 块管片，再连续三次达到检测标准，最终检测频率为每生产 200 环抽查 1 块管片做检漏测试。如果出现一次检测不达标，则恢复每生产 50 环抽查 1 块管片做检漏测试的最初检测频率，再按上述要求进行抽检。每套模具每生产 200 环做一组（3 环）水平拼装检验，其水平拼装检验标准应符合表 8-67 的规定。

钢筋混凝土管片水平拼装检验标准　　　　　　　　　　　　　　　　表 8-67

项目	检验要求	检验方法	质量误差（mm）
环向缝间隙	每环测 6 点	插片	2
纵向缝间隙	每条缝测 3 点	插片	2
成环后内径	测 4 条（不放衬垫）	用钢卷尺	±2
成环后外径	测 4 条（不放衬垫）	用钢卷尺	−2～+6

8151 轨道交通路堑施工有哪些规定？

答： 依据《地下铁道工程施工及验收规范》GB 50299—1999（2003 年版），路堑应符合下列规定：

（1）路堑开挖前应标出边坡线，坡顶、坡面应无危石、裂缝和其他不安全因素，必要时应进行处理。

（2）路堑应自上而下逐层开挖，严禁掏洞施工。路堑边坡应边开挖边修理。边坡设防护时，应紧跟边坡开挖施工，否则，应暂留一层保护层，待施工护坡时再刷坡至设计位置。

（3）在岩层走向及倾角不利边坡稳定的地段应顺层开挖，不得挖断及扰动岩层。设有挡土墙地段，应短开挖或采用马口式开挖，并采取临时支护措施。

（4）路堑两侧不宜弃土，如经批准弃土时，则应保证路堑边坡稳定。

（5）路堑边坡应密实平整、无明显高低差、凸悬危石、浮石、渣堆和杂物，平台台面应平整并符合设计要求。

（6）路堑挖至接近堑底时，应核对土质，测放基床边坡线，并修整压实。路堑的路基质量应符合下列规定：

①路基面应平顺，肩棱应整齐、路拱坡面应符合设计要求，不得有局部凹凸现象。

②路基面宽度，自线路中线至每侧路肩边宽允许偏差为±50mm。

③路肩高程允许偏差：每百米为±50mm，但连续长度不得大于 10m。

④路基面平整度允许偏差为：土质路基 15mm，石质路基 50mm。

⑤设有路拱的路基与无路拱路基面之间应顺坡相连。

8152 轨道交通路堤填筑有哪些规定？

答： 依据《地下铁道工程施工及验收规范》GB 50299—1999（2003 年版），路堤填筑应符合下列规定：

（1）路堤基底土质应符合设计要求，并在填筑前按下列要求进行处理：

①拔除树根、树墩、杂草，清除杂物和积水。

②基底坡度陡于 1：5 时，应挖成不小于 1m 宽的台阶。

③原地面松土应进行翻挖和压实。

（2）路堤填料和边坡坡度应符合设计要求。路堤填筑密实度如设计无规定时应符合表 8-68 的规定。

路堤填筑密实度标准

表 8-68

路肩高程以下范围（cm）	密实度要求（%）
0～50	95/98
50～120	93/95
>120	87/90

注：1. 表中分子为重锤击实标准，分母为轻锤击实标准，两者均以相应的击实试验法求得的最大压实度为 100%。

2. 路堤压实应采用重锤击实标准，如回填土含水量大，缺少重型压实机具时，可采用轻锤击实标准。

3. 构筑物基础以下的回填土密实度，应根据设计要求确定。

（3）路堤填筑施工应符合下列规定：

①碾压应顺路堤边缘向中央进行，碾轮外缘距填土边坡外沿 500mm 的填筑部位应辅以小型机具夯实。

②分段填筑时，每层接缝处应做成斜坡形，碾迹重叠 0.5～1.0m，上下层错缝不应小于 1m。

③采用振动压路机碾压时，宜先静压之后再振压。

④同一填筑层土质不得混填。分层填筑时，下层宜填筑透水性较大填料，如条件限制，只能填筑透水性小的填料时，表面应做排水坡或盲沟，边坡不得用透水性小的填料封闭。

⑤路堤填筑时的其他要求，应按规范的有关规定执行。

（4）桥头、涵洞（管）结构强度达到设计要求时方可进行背后土方填筑，施工除按（3）款要求外，尚应符合下列规定：

①桥头及挡土墙应填筑透水性好的填料，如受条件限制，填筑透水性差的填料时，应保证其密实度。

②桥台护坡和填筑宜同时进行，填面微向外侧倾斜。

③涵洞（管）填土应自两侧对称、均匀分层填筑，对防水层应有保护措施。

④桥头护坡及挡土墙背后填筑时，其滤水层或排水盲沟应按设计施工。

（5）沼泽地或杂填土地段的路堤应提前施工，对软土层、空洞及暗塘等，应按设计要求处理合格后方可进行填筑。

（6）路堤边坡应夯实，其坡度应符合设计要求。对受自然因素易损坏的路堤边坡坡面，应按设计要求采取防护措施。

（7）路堤雨季填筑施工应符合下列规定：

①取、运、填、铺、压各工序应连续作业，逐段完成。

②路堤周围应做好排水系统，傍山沿河地段，应采取防洪措施。

③涵洞（管）和易翻浆或低洼地段应提前施工。

④严禁在大、中雨或连阴雨天填筑非透水性填料。

⑤路堤填筑应留横向排水坡度并应边填边压实。

（8）冬季路堤填筑应符合下列规定：

①填料：冻土块不得大于150mm，体积含量不得大于填料30%，并均匀散布于填层内。路基面下1.2m、边坡面1m内和桥头路基不得使用冻土填筑。

②取、运、填、铺、压各工序应连续作业，周转时间应大于土的冻结时间。

③遇大雪或其他原因中途停工时，应整平填层及边坡面并加以覆盖，施工前应清除填筑面的冰雪和保温材料。

④路堤面及边坡整修宜在解冻后进行。

（9）路堤填筑应严格控制填料含水量，其碾压密实度检测应符合下列规定：

①每层填筑按路基长度，每50m（也不大于1000m²）取样一组，每组不应小于3个点，即路基中部和两边各1点。

②遇有填料类别和特征有明显变化和对压实质量可疑处，应增加测点。

8153　轨道交通涵洞施工有哪些规定？

答：依据《地下铁道工程施工及验收规范》GB 50299—1999（2003年版），涵洞施工应符合下列规定：

（1）涵洞采用预制钢筋混凝土圆管时，砌筑前基底应夯实，管底高程、坡度应符合设计要求，其管座混凝土应与管身密贴。

（2）涵洞采用石料砌筑时，应按先墙后拱的顺序施工，变形缝应直顺，缝中填料填塞应紧密。

（3）涵洞拱圈砌筑应采用拱架模板支撑，并应符合下列规定：

①砌筑宜分节施工，并从拱脚同时对称向拱顶方向进行。

②砌石大面应沿辐射线方向挤嵌稳固，成排砌好后，用中小石料嵌砌，并用砂浆捣实砌缝。

③拱圈下层外露面应选用平整块石。

④拱圈碹脸石应加工成同一规格和形状后砌筑。

⑤拱圈砌筑后，砂浆达到设计强度的70%时，方可砌筑拱端侧墙和拱背填土。

（4）涵洞采用现浇混凝土结构时，施工应符合规范的有关规定。采用预制钢筋混凝土盖板或拱圈时施工应符合设计规定。

（5）涵洞施工允许偏差应符合下列规定：

①现浇或砌筑涵洞孔径为±20mm。

②中线位移为±20mm。

③结构厚度：混凝土或钢筋混凝土结构为±15mm；砌石结构为±20mm。

④结构不平整度为：混凝土或钢筋混凝土结构15mm；砌石结构30mm。

⑤变形缝直顺度为15mm。

8154　轨道交通基标设置有哪些规定？

答：依据《地下铁道工程施工及验收规范》GB 50299—1999（2003 年版），基标设置应符合下列规定：

（1）基标设置前应进行隧道结构净空限界检测和轨道线路中线及水平贯通测量，偏差调整闭合后，应根据设计图敷设控制基标和加密基标。

（2）基标设置位置应符合下列规定：

①控制基标：直线上每 120m、曲线上每 60m 和曲线起止点、缓圆点、圆缓点、道岔起止点等均应各设置一个点。

②加密基标：直线上每 6m、曲线上每 5m 各设置一个点。

（3）基标设置允许偏差应符合下列规定：

①控制基标：方向为 $6''$；高程为 ±2mm；直线段距离为 1/5000；曲线段距离为 1/10000。

②加密基标：方向为 ±1mm；高程为 ±2mm；直线段距离为 ±5mm，曲线段距离为 ±3mm。

（4）基标标桩应埋设牢固，桩帽中线和高程调整符合要求后应及时固定，并标志清楚。

8155　轨道架设与轨枕或短轨（岔）枕安装有哪些规定？

答：依据《地下铁道工程施工及验收规范》GB 50299—1999（2003 年版），轨道架设与轨枕或短轨（岔）枕安装应符合下列规定：

（1）钢轨架设前必须调直，扣件的飞边、毛刺等应打磨干净并涂油。

（2）钢轨和道岔均应采用支撑架架设。钢轨支撑架架设间距：直线段宜 3m、曲线段宜 2.5m 设置一个，并直线段支撑架应垂直线路方向，曲线段支撑架应垂直线路的切线方向。道岔支撑架应按设计位置设置。

（3）架设于支撑架上的钢轨、道岔应初步调整其水平、位置、轨距和高程，并测放出轨枕、短轨（岔）枕位置。

（4）轨枕或短轨（岔）枕安装时，直线段两股钢轨的轨枕或短轨（岔）枕中心线应与线路中线垂直，曲线段应与线路中线的切线方向垂直。道岔辙岔部分的短岔枕应垂直辙岔角的平分线，转辙器及连接部分应与道岔直股方向垂直。

（5）轨枕或短轨（岔）枕安装距离允许偏差为 ±10mm，承轨槽边缘距整体道床变形缝和钢轨普通（绝缘）接缝中心均不应小于 70mm。

（6）轨枕或短轨（岔）枕的垫板安装完毕，其扣件宜先安装钢轨的一侧再安装另一侧，位置正确后拧紧螺栓。钢轨的普通接头和绝缘接头，应按设计轨缝宽度安装夹板后拧紧螺栓。

8156　轨道交通整体道床施工有哪些规定？

答：依据《地下铁道工程施工及验收规范》GB 50299—1999（2003 年版），整体道床施工应符合下列规定：

（1）整体道床混凝土的变形缝和水沟模板支立应牢固，其允许偏差为：位置±5mm；垂直度2mm。

（2）灌注混凝土的脚手架，必须独立设置并牢固，不得与钢轨和支撑架挂连。

（3）混凝土应分层、水平、分台阶灌注，并振捣密实，严禁振捣器触及支撑架和钢轨。

（4）道床混凝土初凝前应及时进行面层及水沟的抹面，并将钢轨、轨枕或短轨（岔）枕及接触轨预制底座、扣件、支撑架等表面灰浆清理干净。抹面允许偏差为：平整度3mm，高程 $_{-5}^{0}$mm。

（5）混凝土灌注终凝后应及时养护，其强度达到5MPa时方可拆除钢轨支撑架。混凝土未达到设计强度的70%时，道床上不得行驶车辆和承重。

（6）混凝土抗压试件留置组数：同一配合比，每灌注100m（不足者也按100m计）应取二组试件，一组在标准条件下养护，另一组与道床同条件下养护。

8157 轨道钢轨、道岔竣工验收其精度应符合哪些规定？

答： 依据《地下铁道工程施工及验收规范》GB 50299—1999（2003年版），轨道钢轨、道岔竣工验收，其精度应符合下列规定：

（1）轨道钢轨：

①轨道中心线：距基标中心线允许偏差为±3mm。

②轨道方向：直线段用10m弦量，允许偏差为2mm；曲线段用20m弦量正矢，允许偏差应符合表8-69的规定。

轨道曲线竣工正矢允许偏差值（mm）　　　　　　　　　　表8-69

曲线半径（m）	缓和曲线正矢与计算正矢差	圆曲线正矢连续差	圆曲线正矢最大最小值差
251～350	5	10	15
351～450	4	8	12
451～650	3	6	9
>650	3	4	6

③轨顶水平及高程：高程允许偏差为±2mm；左右股钢轨顶面水平允许偏差为2mm；在延长18m的距离范围内应无大于2mm三角坑。

④轨顶高低差：用10m弦量不应大于2mm。

⑤轨距：允许偏差为 $_{-2}^{+3}$mm，变化率不大于1‰。

⑥轨底坡：1/30～1/50。

⑦轨缝：允许偏差为 $_{0}^{+1}$mm。

⑧钢轨接头：轨面、轨头内侧应平（直）顺，允许偏差为1mm。

（2）轨道道岔：

①里程位置：允许偏差为±20mm。

②导曲线及附带曲线：导曲线支距允许偏差为 2mm；附带曲线用 10m 弦量正矢为 2mm。

③轨顶水平及高程：全长范围内高低差不应大于 3mm，高程允许偏差为 ±2mm。

④转辙器必须扳动灵活，曲尖轨在第一连接杆处的动程不应小于 152mm。尖轨与基本轨密贴，其间隙不应大于 1mm。尖轨尖端处轨距允许偏差为 ±1mm。

⑤护轨头部外侧至辙岔心作用边距离为 1391mm，允许偏差为 $^{+3}_{0}$mm。至翼轨作用边距离为 1348mm，允许偏差为 $^{0}_{-2}$mm。

⑥轨面应平顺，滑床板在同一平面内。轨撑与基本轨密贴，其间隙不应大于 1mm。

⑦其他精度应符合规范的规定。

8158 轨道交通信号工程电缆敷设有哪些规定？

答：依据《地下铁道工程施工及验收规范》GB 50299—1999（2003 年版），信号工程电缆敷设应符合下列规定：

(1) 电缆护套不得损伤，芯线不得混线、断线或接地，电气特性应符合产品技术文件的规定。

(2) 综合扭绞电缆的 A 端应与 B 端相接，一条电缆径路中间有接线箱（盒）时，A 端与 B 端应顺序连接。

(3) 电缆敷设的环境温度不得低于 -5℃。采用耐寒护层电缆时，环境温度不得低于 -10℃。

(4) 电缆弯曲半径：全塑电缆不得小于电缆外径的 10 倍，铠装电缆不得小于电缆外径的 15 倍。

(5) 托架上的电缆排列应整齐并自然松弛，同层电缆不得交叉、扭绞。

(6) 托架上和隧道顶板敷设的电缆，必须固定牢固。

(7) 电缆备用量：

①引至室内的电缆备用量不得小于 5m。

②室外设备端电缆备用量不得小于 2m，当电缆敷设长度小于 20m 时，备用量为 1m。

(8) 直埋电缆应符合下列规定：

①土质地带电缆埋设深度不得小于 700mm，石质地带电缆埋深不得小于 500mm，并均应在冻土层以下。电缆沟沟底应平坦，电缆排列应整齐并自然松弛，不宜交叉。

②电缆防护应符合设计规定。当采用管、槽防护时，钢质管、槽应作防腐处理。

③电缆通过碎石道床时，必须使用防护管，管内径不得小于管内所穿电缆堆积外径的 1.5 倍。防护管应伸出轨枕头部 500mm，管口封堵严密。

④平行于轨道的电缆距最近钢轨轨底边缘的距离：

a. 在线路外侧不得小于 2m。

b. 在两线路间不得小于 1.6m，如果线间距离为 4.5m 时，电缆距两线路中心的距离应相等。

⑤电缆与供电电压大于 500V 的电力电缆或其他地下管线平行、交叉敷设间距及防护

措施，应符合设计规定。

⑥干线电缆径路的下列地点应设电缆标志：

a. 电缆的转向处或分支处。

b. 大于500m的直线中间点。

c. 通过障碍物后需要标明电缆径路的部位。

d. 电缆地下接续处。

8159　牵引电网架空接触网设备安装与安全距离有哪些规定？

答：依据《地下铁道工程施工及验收规范》GB 50299—1999（2003年版），架空接触网设备安装与安全距离应符合下列规定：

（1）架空接触网设备安装：

①隔离开关：

a. 隔离开关瓷柱应直立并相互平行。

b. 传动杆应校直，并与隔离开关、操作机构保持顺直，手动操作机构安装距地面高度宜为1.1～1.2m。

c. 设有接地装置的开关主刀闸与接地刀闸的机械连锁应正确可靠。

②避雷器安装应牢固，支架水平。

③电分段绝缘器：

a. 位置应设在进站惰行处。

b. 底平面必须与轨道平面平行；中心线应与轨道中心线重合，允许偏差为±50mm。

c. 安装后应保持锚段原有张力。

d. 电分段绝缘器导流板与接触线连接处应平滑、不碰弓，绝缘器的连接螺栓应紧密。

④严禁侵入设备限界。

（2）架空接触网设备安装的安全距离：

①架空接触网带电部分至车辆限界线的最小安全间隙为115mm。

②架空接触网带电部分在静态时至建筑物及设备的最小安全距离为150mm。

③架空接触网设备安装后，受电弓与结构的最小安全间隙为150mm。

④架空接触网上配件的横向突出部分与受电弓最小安全间隙为15mm。

⑤隔离开关触头带电部分至顶部建筑物距离，不应小于500mm。

8160　轨道交通通风与空调系统测定和调整有哪些规定？

答：依据《地下铁道工程施工及验收规范》GB 50299—1999（2003年版），通风与空调系统安装完毕，系统交付使用前，必须进行系统的测定和调整。测定和调整应符合下列规定：

（1）通风与空调系统的测定和调整应按下列顺序进行：

①设备单机试运转。

②系统无负荷联合试运转。

③系统带负荷的综合效能试验。

（2）设备单机试运转，应包括通风机、水泵、淋水室或组合空调器、制冷机及系统中所有含有动力输入的相关设备。通风机试运行前，风亭、风道及区间隧道应预先冲洗干净。

（3）系统无负荷联合试运转应作下列项目的测定与调试：

①隧道通风系统、局部通风系统和空调送、回风系统：

a. 通风机的风量、风压或空调设备余压、转速及噪声的测定。

b. 风管、风道及风口的风速和风量分配的调整与测定。

c. 站台厅、站厅、设备与管理用房、区间隧道、隧道消声器及风亭格栅等处典型测点的风速和噪声的测定。

d. 在有列车运行的条件下，区间隧道及活塞风泄流风井或活塞风迂回风洞内的风速测定。

②空调系统、制冷系统和未设空调车站的通风系统：

a. 空气处理设备和制冷系统的冷、热媒及工质的压力、温度等各项参数的调整与测定。

b. 站台厅、站厅、设备与管理用房及区间隧道典型测点的温度、相对湿度测定。

c. 上一款测定当时的户外气温和相对湿度以及排风温度和相对湿度的测定。

③事故通风和排烟系统：

a. 事故通风用通风机及排烟风机的风量、风压、转速及噪声的测定。

b. 事故通风及排烟风管、风道及风口的风速和风量分配的调整与测定。

c. 上一款测定运行时，站台厅、站厅、疏散通道及区间隧道等典型测点的静压、气流方向和流速的测定。

④地面厅热风采暖系统和设备与管理用房电热采暖运行时房间温度的测定。

⑤各设备的就地、距离和远程控制的测定和调整。

⑥设计规定的其他调试项目。

（4）系统无负荷联合试运转时，应按设计规定的运行方式，适时投入通风、空调的各个系统。每个系统内的设备及主要部件的联动应协调，并运转正常。

（5）当竣工季节气温符合冷（热）源的运行条件时，空调系统应做带冷（热）源的联合试运转。当不符合运行条件时，空调系统可先做不带冷（热）源的试运转。

（6）无负荷联合试运转的时间，应符合下列规定：

①隧道通风系统、局部通风系统、事故通风和排烟系统应连续、稳定运行 6h 以上。

②空调系统、带制冷剂的制冷系统和采暖系统应连续、稳定运行 8h 以上。

③带制冷剂的制冷系统如在最低负荷能力条件下，不能连续运行，可缩短试运转时间。

（7）系统带负荷的综合效能试验应在地铁试运行期间接近设计负荷的条件下进行。

（8）系统带负荷的综合效能试验其测定与调整项目应由建设单位根据工程设计的要求拟定。

8161　轨道交通给水排水管道安装有哪些规定？

答：依据《地下铁道工程施工及验收规范》GB 50299—1999（2003 年版），给水排水管道安装应符合下列规定：

（1）给排水管道穿越隧道外墙结构时，必须设置防水套管。穿越内部结构时，可预留孔洞或预埋套管。

（2）给排水管道及附件应按设计要求进行防腐、保温和防杂散电流的绝缘处理。

（3）给排水管材、部件及设备安装前，应对其规格、型号和质量等进行检查并清理干净，合格后方可安装。管道安装中，敞口处应临时封闭。

（4）管道安装前应清扫管腔。采用承插口铸铁管时，其承口内侧及插口外侧应清理干净。

（5）管道支座位置应正确，并与结构固定牢固。其位置允许偏差为：纵向±50mm，横向±10mm，高程±10mm。

（6）管道采用法兰连接时应符合下列规定：

①两法兰面应相互平行，允许偏差为1mm。

②法兰橡胶垫圈质量合格，置放平整，其内径不得突入管口内沿并与外缘相齐。

③法兰连接螺栓的螺帽应置于法兰同一侧，并对称、均匀紧固。螺栓露出螺帽不得少于2倍螺距，并不得大于螺栓直径的1/2。

（7）钢管采用丝扣连接时应符合下列规定：

①钢管丝扣无裂纹、重皮等缺陷。

②钢管丝扣与套管丝扣相一致。安装后，外露丝扣为2～3扣，并清除麻头等杂物。

③钢管与套管连接应同心，管道无弯曲。

（8）铸铁管承插口连接的对口间隙为3～5mm，环向间隙应均匀一致，允许偏差为$^{+3}_{-2}$mm。其接缝填料应符合设计规定，并按国家现行的有关标准施工。

（9）给水管道阀门安装应符合下列规定：

①阀门安装前应做强度和严密性试验，其试验压力必须符合设计和产品技术文件的规定。

②阀门安装位置应正确，其轴线与管线一致。

③阀门安装完毕，应及时设置支座并固定牢固。

（10）管道安装位置应正确，其允许偏差为：中心线±15mm，高程为±20mm。

（11）排水管道安装应符合下列规定：

①管道安装应按规范有关规定执行。

②立管垂直度允许偏差为2‰。

③管道固定应牢固、无泄漏，并与水泵连接严密。

第8节　城市污水处理工程

8162　污水处理构筑物施工有哪些规定？

答：依据《城市污水处理厂工程质量验收规范》GB 50334—2002，污水处理构筑物施工应符合下列规定：

（1）污水处理构筑物的混凝土，除应具有良好的抗压性能外，还应具有抗渗性能、抗腐蚀性能，寒冷地区还应考虑抗冻性能。对混凝土的碱活性骨料反应，应加以控制，最大碱含量每立方米混凝土为 3kg。

（2）污水处理构筑物的混凝土池壁与底板、壁板间湿接缝以及施工缝等的混凝土应密实、结合牢固。

（3）污水处理构筑物处于地下水位较高时，施工时应根据当地实际情况采取抗浮措施。

（4）污水处理构筑物宜采用新型、耐久的"止水带"材料，质量验收应满足设计要求。

8163　污水处理水池满水试验有哪些规定？

答：依据《城市污水处理厂工程质量验收规范》GB 50334—2002，每座水池完工后，必须进行满水的渗漏试验。试验应符合现行国家标准《给水排水构筑物工程施工及验收规范》GB 50141—2008 的规定：

（1）池内注水应符合下列规定：

①向池内注水应分三次进行，每次注水为设计水深的 1/3；对大、中型池体，可先注水至池壁底部施工缝以上，检查底板抗渗质量，无明显渗漏时，再继续注水至第一次注水深度；

②注水时水位上升速度不宜超过 2m/d；相邻两次注水的间隔时间不应小于 24h；

③每次注水应读 24h 的水位下降值，计算渗水量，在注水过程中和注水以后，应对池体作外观和沉降量检测；发现渗水量或沉降量过大时，应停止注水，待作出妥善处理后方可继续注水；

④设计有特殊要求时，应按设计要求执行。

（2）满水试验合格标准应符合下列规定：

①水池渗水量计算应按池壁（不含内隔墙）和池底的浸湿面积计算；

②钢筋混凝土结构水池渗水量不得超过 2L/（m^2·d）；砌体结构水池渗水量不得超过 3L/（m^2·d）。

8164　污泥处理消化池气密性试验有哪些规定？

答：依据《城市污水处理厂工程质量验收规范》GB 50334—2002，消化池必须在满水试验合格后做气密性试验。检验方法和要求按现行国家标准《给水排水构筑物工程施工及验收规范》GB 50141—2008 的规定执行。

（1）气密性试验应符合下列规定：

①需进行满水试验和气密性试验的池体，应在满水试验合格后，再进行气密性试验；

②工艺测温孔的加堵封闭、池顶盖板的封闭、安装测温仪、测压仪及充气截门等均已完成；

③所需的空气压缩机等设备已准备就绪。

（2）气密性试验达到下列要求时，应判定为合格：

①试验压力宜为池体工作压力的 1.5 倍。

②24h 的气压降不超过试验压力的 20%。

8165 城市污水处理厂管道功能性检测有何规定？

答：依据《城市污水处理厂工程质量验收规范》GB 50334—2002，城市污水处理厂管道功能性检测应符合下列规定：

（1）给水、回用水、污泥以及热力等压力管道应做水压试验。

（2）沼气、氯气管道必须做强度和严密性试验：

①沼气、氯气管道应分段及整体分别进行强度试验，低压及中压管道试验压力为0.3MPa；次高压管道为 0.45MPa。

②沼气、氯气管道进行严密性试验时，试验压力及稳压时间应符合表8-70的规定。

管道严密性试验压力及试验稳压时间规定 表 8-70

试验压力（MPa）		试验稳压时间（h）	
管道类别	压力	管径（mm）	稳压时间（h）
低压及中压管道	0.1	＜300	6
		300～500	9
次高压管道	0.3	＞500	12

（3）污水管道、管渠、倒虹吸管等应按设计要求做闭水试验。

第 9 节　园 林 绿 化 工 程

8166 园林植物栽植土应符合哪些规定？

答：依据《园林绿化工程施工及验收规范》CJJ 82—2012，园林植物栽植土应包括客土、原土利用、栽植基质等，栽植土应符合下列规定：

（1）土壤 pH 值应符合本地区栽植土标准或按 pH 值 5.6～8.0 进行选择。

（2）土壤全盐含量应为 0.1％～0.3％。

（3）土壤容重应为 1.0～1.35g/cm³。

（4）土壤有机质含量不应小于 1.5％。

（5）土壤块径不应大于 50mm。

（6）栽植土应见证取样，经有资质检测单位检测并在栽植前取得符合要求的测试结果。

（7）栽植土壤有效土层下不得有不透水层。

（8）栽植土验收批及取样方法应符合下列规定：

①客土每 500m³ 或 2000m² 为一检验批，应于土层 200mm 及 500mm 处，随机取样 5处，每处 100g 经混合组成一组试样；客土 500m³ 或 2000m² 以下，随机取样不得少于3 处。

②原状土在同一区域每 2000mm² 为一检验批，应于土层 200mm 及 500mm 处，随机取样 5 处，每处取样 100g，混合后组成一组试样；原状土 2000m² 以下，随机取样不得少于 3 处。

③栽植基质每 200m³ 为一检验批，应随机取 5 袋，每袋取 100g，混合后组成一组试样；栽植基质 200m³ 以下，随机取样不得少于 3 袋。

8167 绿化栽植土壤有效土层厚度应符合哪些规定？

答：依据《园林绿化工程施工及验收规范》CJJ 82—2012，绿化栽植土壤有效土层厚度应符合表 8-71 规定。

绿化栽植土壤有效土层厚度 表 8-71

项次	项目	植被类型		土层厚度（cm）	检验方法
1	一般栽植	乔木	胸径≥20cm	≥180	挖样洞，观察或尺量检查
			胸径<20cm	≥150（深根） ≥100（浅根）	
		灌木	大、中灌木、大藤本	≥90	
			小灌木、宿根花卉、小藤本	≥40	
		棕榈类		≥90	
		竹类	大径	≥80	
			中、小径	≥50	
2	设施顶面绿化	草坪、花卉、草本地被		≥30	
		乔木		≥80	
		灌木		≥45	
		草坪、花卉、草本地被		≥15	

8168 栽植穴、槽的挖掘有哪些规定？

答：依据《园林绿化工程施工及验收规范》CJJ 82—2012，栽植穴、槽的挖掘应符合下列规定：

（1）栽植穴、槽的定点放线应符合下列规定：

①栽植穴、槽定点放线应符合设计图纸要求，位置应准确，标记明显。

②栽植穴定点时应标明中心点位置。栽植槽应标明边线。

③定点标志应标明树种名称（或代号）、规格。

④树木定点遇有障碍物时，应与设计单位取得联系，进行适当调整。

（2）栽植穴、槽的直径应大于土球或裸根苗根系展幅 40～60cm，穴深宜为穴径的 3/4～4/5。穴、槽应垂直下挖，上口下底应相等。

（3）栽植穴、槽挖出的表层土和底土应分别堆放，底部应施基肥并回填表土或改良土。

（4）栽植穴、槽底部遇有不透水层及重黏土层时，应进行疏松或采取排水措施。

（5）土壤干燥时应于栽植前灌水浸穴、槽。

（6）当土壤密实度大于 1.35g/cm³ 或渗透系数小于 10^{-4} cm/s 时，应采取扩大树穴，疏松土壤等措施。

8169 植物材料外观质量要求和检验方法有哪些规定？

答：依据《园林绿化工程施工及验收规范》CJJ 82—2012，植物材料外观质量要求和检验方法应符合表 8-72 的规定。

植物材料外观质量要求和检验方法　　　　　　　表 8-72

项次	项目		质量要求	检验方法
1	乔木灌木	姿态和长势	树干符合设计要求，树冠较完整，分枝点和分枝合理，生长势良好	检查数量：每 100 株检查 10 株，每株为 1 点，少于 20 株全数检查。检查方法：观察、量测
		病虫害	危害程度不超过树体的 5%～10%	
		土球苗	土球完整，规格符合要求，包装牢固	
		裸根苗根系	根系完整，切口平整，规格符合要求	
		容器苗木	规格符合要求，容器完整、苗木不徒长、根系发育良好不外露	
2	棕榈类植物		主干挺直，树冠匀称，土球符合要求，根系完整	
3	草卷、草块、草束		草卷、草块长宽尺寸基本一致，厚度均匀，杂草不超过 5%，草高适度，根系好，草芯鲜活	检查数量：按面积抽查 10%，4m² 为一点，不少于 5 个点。≤30m² 应全数检查检查方法：观察
4	花苗、地被、绿篱及模纹色块植物		株型苗壮，根系基本良好，无伤苗，茎、叶无污染，病虫害危害程度不超过植株的 5%～10%	检查数量：按数量抽查 10%，10 株为一点，不少于 5 个点。≤50 株应全数检查。检查方法：观察
5	整型景观树		姿态独特，曲虬苍劲，质朴古拙，株高不少于 150cm，多干式桩景的叶片托盘不少于 7～9 个，土球完整	检查数量：全数检查检查方法：观察、尺量

8170　植物材料规格允许偏差和检验方法有哪些规定？

答：依据《园林绿化工程施工及验收规范》CJJ 82—2012，植物材料规格允许偏差和检验方法有约定的应符合约定要求，无约定的应符合表 8-73 的规定。

植物材料规格允许偏差和检验方法　　　　　　　表 8-73

项次	项目			允许偏差（cm）	检查频率		检验方法
					范围	点数	
1	乔木	胸径	≤5cm	−0.2	每 100 株检查 10 株，每株为 1 点，少于 20 株全数检查	10	量测
			6～9cm	−0.5			
			10～15cm	−0.8			
			16～20cm	−1.0			
		高度	—	−20			
		冠径	—	−20			
2	灌木	高度	≥100cm	−10			
			<100cm	−5			
		冠径	≥100cm	−10			
			<100cm	−5			

续表

项次	项目			允许偏差（cm）	检查频率		检验方法
					范围	点数	
3	球类苗木	冠径	<50cm	0	每 100 株检查10 株，每株为 1点，少于 20 株全数检查	10	量测
			50～100cm	−5			
			110～200cm	−10			
			>200cm	−20			
		高度	<50cm	0			
			50～100cm	−5			
			110～200cm	−10			
			>200cm	−20			
4	藤本	主蔓长	≥150cm	−10			
		主蔓茎	≥1cm	0			
5	棕榈类植物	株高	≤100cm		每 100 株检查10 株，每株为 1点，少于 20 株全数检查	10	量测
			101～250cm	−10			
			251～400cm	−20			
			>400cm	−30			
		地径	≤10cm	−1			
			11～40cm	−2			
			>40cm	−3			

8171　树木栽植应符合哪些规定？

答：依据《园林绿化工程施工及验收规范》CJJ 82—2012，树木栽植应符合下列规定：

（1）树木栽植应根据树木品种的习性和当地气候条件，选择最适宜的栽植期进行栽植。

（2）栽植的树木品种、规格、位置应符合设计规定。

（3）带土球树木栽植前应去除土球不易降解的包装物。

（4）栽植时应注意观赏面的合理朝向，树木栽植深度应与原种植线持平。

（5）栽植树木回填的栽植土应分层踏实。

（6）除特殊景观树外，树木栽植应保持直立，不得倾斜。

（7）行道树或行列栽植的树木应在一条线上，相邻植株规格应合理搭配。

（8）绿篱及色块栽植时，株行距、苗木高度、冠幅大小应均匀搭配，树形丰满的一面应向外。

（9）树木栽植后应及时绑扎、支撑、浇透水。

（10）树木栽植成活率不应低于 95%，名贵树木栽植成活率应达到 100%。

8172　大树移植时应符合哪些规定？

答：依据《园林绿化工程施工及验收规范》CJJ 82—2012，大树移植时应符合下列规定：

（1）树木的规格符合下列条件之一的均应属于大树移植。

①落叶和阔叶常绿乔木：胸径在 20cm 以上。

②针叶常绿乔木：株高在 6m 以上或地径在 18cm 以上。

（2）大树的规格、种类、树形、树势应符合设计要求。

（3）定点放线应符合施工图规定。

（4）栽植穴应根据根系或土球的直径加大 60～80cm，深度增加 20～30cm。

（5）种植土球树木，应将土球放稳，拆除包装物；大树修剪应符合规范的要求。

（6）栽植深度应保持下沉后原土痕和地面等高或略高，树干或树木的重心应与地面保持垂直。

（7）栽植回填土壤应用种植土，肥料应充分腐熟，加土混合均匀，回填土应分层捣实、培土高度恰当。

（8）大树栽植后设立支撑应牢固，并进行裹干保湿，栽植后应及时浇水。

（9）大树栽植后，应对新植树木进行细致的养护和管理，应配备专职技术人员做好修剪、剥芽、喷雾、叶面施肥、浇水、排水、搭荫棚、包裹树干、设置风障、防台风、防寒和病虫害防治等管理工作。

参 考 文 献

1. 李明安. 建设工程监理操作指南. 北京：中国建筑工业出版社，2013
2. 李明安、邓铁军、杨卫东. 工程项目管理理论与实务. 长沙：湖南大学出版社，2012